HISTOIRE DES MATHEMATIQUES,

DANS laquelle on rend compte de leurs progrès depuis leur origine jusqu'à nos jours; où l'on expose le tableau & le développement des principales découvertes, les contestations qu'elles ont fait naître, & les principaux traits de la vie des Mathématiciens les plus célebres.

Par M. MONTUCLA, de l'Académie Royale des Sciences & Belles-Lettres de Prusse.

Multi pertransibunt & augebitur scientia. *Bâcon.*

TOME PREMIER.

A PARIS,

Chez CH. ANT. JOMBERT, Imprimeur-Libraire du Roi pour l'Artillerie & le Génie, rue Dauphine, à l'Image Notre-Dame.

M. DCC. LVIII.

Avec Approbation & Privilege du Roi.

PRÉFACE.

Un des ſpectacles les plus dignes d'intéreſſer un œil philoſophique, eſt ſans contredit celui du développement de l'eſprit humain, & des différentes branches de ſes connoiſſances. Le fameux Chancelier *Bâcon* le remarquoit, il y a plus d'un ſiecle; & c'eſt cette raiſon qui lui faiſoit comparer l'hiſtoire, telle qu'on l'avoit écrite juſqu'alors, à un tronc mutilé de ſes parties les plus nobles. Je ne ſçais cependant par quelle fatalité cette branche de l'hiſtoire a été de tout tems la plus négligée. Nos Bibliotheques ſont ſurchargées de prolixes narrateurs de ſieges, de batailles, de révolutions; combien de vies de Héros prétendus qui ne ſe ſont illuſtrés que par les traces de ſang qu'ils ont laiſſées ſur leur paſſage? A peine trouve-t'on, comme *Pline* le remarque avec regret, quelques Ecrivains qui ayent entrepris de tranſmettre à la poſtérité les noms de ces bienfaicteurs du genre humain, qui ont travaillé, les uns à ſoulager ſes beſoins par leurs inventions utiles, les autres à étendre les facultés de ſon entendement par leurs méditations & leurs recherches. Encore moins en trouve-t'on qui aient ſongé à préſenter le progrès de ces inventions, ou à ſuivre l'eſprit humain dans ſa marche & dans ſon développement. Un pareil tableau ſeroit-il moins intéreſſant, que celui des horreurs & des ſcenes ſanglantes que produiſent l'ambition & la méchanceté des hommes ?

Ce n'eſt pas que je prétende par ces réflexions déprimer l'hiſtoire des événemens politiques. Mais ſes Panégyriſtes même ne ſçauroient le conteſter, cette hiſtoire eſt pour le plus grand nombre des lecteurs, plutôt un objet de curioſité, qu'une ſource d'inſtructions. Peu d'hommes ſont à la tête du gouvernement & des armées, ou ſont deſtinés à ces places éminentes. Peu d'hommes par conſéquent ſont dans le cas de profiter des inſtructions de l'hiſtoire ordinaire, qui ne roule preſque que ſur les actions des Maîtres du monde, & de ceux qu'ils employent. J'ajouterois encore, combien peu de ceux-ci tirent-ils de l'hiſtoire le profit qu'ils pourroient en tirer! L'exécration qui accompagna les noms des *Tibere* & des *Néron*, arrêta-t'elle les *Héliogabales* & les *Caracalla*. La chûte de *Séjan*, & de tant de favoris coupables, a-t'elle retenu dans la modération, une foule d'autres qui dans tous les tems ont marché ſur les mêmes traces. L'amour propre, les paſſions qui nous ſéduiſent ou nous maîtriſent, nous repréſentent toujours les circonſtances comme différentes, & rendent inutiles les exemples des événemens précédens.

Le genre d'hiſtoire que nous avons ici en vue, eſt adapté à l'utilité d'un bien plus grand nombre de perſonnes, & va bien plus ſûrement à ſon but. Les réflexions ſuivantes ſont deſtinées à en convaincre.

L'hiſtoire d'une ſcience ne ſeroit, je l'avoue, que d'une très-petite utilité, ſi on la faiſoit conſiſter dans l'hiſtoire de ceux qui ont cultivé cette ſcience, & dans l'énumération de leurs ouvrages; si, à l'exemple de quelques Auteurs, on s'amusoit à étaler une érudition stérile sur des faits peu intéressans, comme seroit la date précise, ou le lieu de la naissance ou de la mort d'un Sçavant. Tout au plus auroit-on par là l'approbation de ces personnes pour qui la découverte d'un titre de Livre rare, ou d'une anecdote singuliere & ignorée, est plus précieuse que celle d'une vérité.

Mais si quelqu'un, remontant à l'origine d'une science, en suivoit le développement d'âge en âge, présentoit le tableau & l'esprit de toutes les découvertes qui l'ont successivement enrichie, & faisoit connoître par ce moyen la part de gloire ou d'estime dûe à chacun de ceux qui l'ont cultivée; si, chemin faisant, il indiquoit au lecteur les meilleures sources où il doit puiser, si par un exposé bien fait de ces découvertes, & des vues qui y ont conduit, il l'affranchissoit souvent de la nécessité de recourir à ces sources, qui peut douter que ce ne fût rendre un service marqué à tous ceux qui courent la carriere de cette science; les conduire par un chemin facile & agréable, au terme qu'ils se proposent; enfin ménager, pour ainsi dire, leurs forces, & les mettre en état d'aller plus facilement au delà. C'est une vérité que plusieurs hommes illustres ont reconnue, & qui leur a fait former des vœux pour une entreprise pareille. J'ai déja cité le Chancelier *Bâcon*. Ce génie supérieur, qui dans un siecle si voisin des ténebres, raisonna avec tant de justesse sur les moyens de hâter le progrès des Sciences (*a*), rangeoit leur histoire parmi les choses qui manquoient, & dont il desiroit l'exécu-

(*a*) *De augm. Scient.* L. II, c. 4.

tion. Il faisoit plus : il traçoit d'avance à celui qui en formeroit un jour l'entreprise, le plan qu'il falloit suivre, & ce plan differe peu de celui que je viens de présenter. M. de *Mairan* développe d'une maniere également convaincante & lumineuse, l'utilité d'un tel projet. « La connoissance historique des faits & des dé» couvertes, sert, dit-il, (*a*) à nous diriger dans nos tra» vaux; elle nous épargne la peine & le tems que nous » mettrions peut-être sans succès (toujours inutilement) » à nous ouvrir des routes déja tracées, & où il ne s'agit » plus que d'avancer : elle assure aux inventeurs la gloire » de l'invention ; elle en dégrade ceux qui se l'attri» buent injustement ou faute de lumieres : elle nous ga» rantit enfin d'une illusion semblable, toujours taxée » de vanité ou d'ignorance. » Ces mêmes raisons avoient aussi frappé le célebre M. Jacques *Bernoulli* (*b*), & lui faisoient exiger du Mathématicien ou du Physicien, une connoissance de ce qu'on avoit fait avant lui, c'est-à-dire, qu'il sçût jusqu'à un certain point l'histoire des Mathématiques & de la Physique (*c*).

(*a*) Eloge de M. de Bremond. *Mem. de l'Acad.* 1742.

(*b*) *Parallelismus ratiocinii logici & Algebrici*. Op. T. I.

(*c*) En effet, il me seroit facile de citer un très-grand nombre d'exemples de Géometres qui faute de connoître assez ce qu'on avoit fait avant eux, ont donné comme des nouveautés des choses déja trouvées, ou ont perdu un tems précieux à des travaux déja exécutés. M. de Lagni, par exemple, a donné dans les Mémoires de l'Académie de 1706, une méthode pour la résolution générale des équations, déja publiée dans les *Transactions Philosophiques* de 1669. Celle que M. Nicole donna pour le cas irréductible en 1738, avoit déja été proposée par M. Léibnitz, & se trouve dans le *Comm. Epist. de Analysi promota*. Je ne disconviens pas que M. Nicole l'a plus développée, mais enfin le fonds de l'idée est dû à M. Léibnitz. Que de tems n'a pas encore perdu M. Nicole à calculer les valeurs d'une suite de polygones inscrits & circonscrits au cercle, pour servir comme de pierre de touche aux quadratures

Il est donc incontestable que l'histoire d'une Science, envisagée, comme on l'a fait plus haut, est un ouvrage utile & capable de contribuer à ses progrès; sans parler de la satisfaction que goûtera tout esprit philosophique à contempler sa naissance, son accroissement, ses révolutions, &c. D'ailleurs s'il est honteux à quelqu'un d'ignorer l'histoire de sa patrie, doit-il l'être moins à celui qui cultive une science, d'ignorer par quels degrés elle s'est élevée au point où il l'a trouvée, & aux travaux de qui elle doit son avancement. Ceux pour qui cette connoissance est indifférente, ne méritent-ils pas, quelque recommandables qu'ils soient d'ailleurs, que la postérité leur rende la pareille, qu'elle profite de leurs vues & de leurs inventions, sans songer à leur Auteur?

Ce furent sans doute ces motifs qui inspirerent, vers le commencement de ce siecle à M. de *Montmort*, l'idée d'une histoire de la Géométrie. La maniere dont il s'exprime sur ce sujet vient trop bien ici pour l'omettre. « Il seroit fort à souhaiter, dit-il dans une

prétendues de cette courbe? C'est une chose que Snellius avoit déja faite, & même avec plus d'étendue dans son *Cyclometricus*. Je passe plusieurs autres exemples semblables, protestant au reste que je suis bien éloigné de prétendre porter par là aucune atteinte au mérite de ces habiles Géometres, & de la collection précieuse où sont consignés leurs écrits. Je finis par observer que le Géometre qui s'est tant débattu dans quelques Mercures de 1754, pour s'assurer le mérite d'une nouvelle méthode pour la quadrature des courbes, se seroit épargné la peine de la publier, s'il eût sçu qu'elle est non seulement dans la *Geometria universalis* de Jacques Grégori, mais encore dans les anciens Mémoires de l'Académie, (Tom. VI, p. 463, éd. de 1730) aussi-bien que dans ceux de 1703. (Voyez un Mémoire de M. Gallois). D'ailleurs une méthode qui mene tout au plus à quarrer les paraboles des ordres supérieurs, ce que son Auteur semble même n'avoir pas observé, à moins qu'il n'en fasse un mystere, ne méritoit pas d'être revendiquée avec tant de chaleur.

» Lettre à M. Nicolas *Bernoulli* (*a*), que quelqu'un vou-
» lût prendre la peine de nous apprendre comment,
» & en quel ordre les découvertes Mathématiques se
» sont succédé les unes aux autres, & à qui nous en
» avons l'obligation. On a fait l'histoire de la Peinture,
» de la Musique, de la Médecine. Une bonne histoire
» des Mathématiques, & en particulier de la Géomé-
» trie, seroit un ouvrage beaucoup plus curieux & plus
» utile. Quel plaisir n'auroit-on pas à voir la liaison des
» méthodes, l'enchaînement des diverses théories, à
» commencer depuis les premiers temps, jusqu'au nôtre
» où cette science se trouve portée à un si haut degré.
» Il me semble qu'un tel ouvrage bien fait, pourroit
» être regardé comme l'histoire de l'esprit humain,
» puisque c'est dans cette science plus que dans toute
» autre que l'homme fait connoître l'excellence de ce
» don d'intelligence que Dieu lui a donné pour l'élever
» au dessus de toutes les autres créatures. » M. de *Montmort* ne s'en tint pas à des souhaits, & à recommander cette histoire. Il l'entreprit bien-tôt lui-même, & il l'avoit fort avancée, comme l'apprend un fragment d'une de ses lettres, rapporté dans les Actes de Léipsick (*b*). Mais sa mort nous a privés de cet ouvrage, dont on ne sçauroit trop regretter la perte, quand on réfléchit sur l'habileté de M. de *Montmort* en Géométrie, avantage auquel il joignoit celui d'une correspondance fort étendue, qui le lioit avec la plûpart des principaux Géometres de l'Europe. Il eût été du moins à souhaiter que ses manuscrits se fussent conservés; mais les recher-

(*a*) Voyez analyse des Jeux de hazard, seconde édition, p. 399.
(*b*) Année 1721, p. 215.

ches

ches que j'en ai faites auprès de ses héritiers par l'entremise d'un homme célebre, n'ont abouti qu'à m'assurer de leur destruction, ou de leur dispersion totale.

Ce sont les mêmes motifs, & une sorte de goût mêlangé pour l'érudition & les Mathématiques, un certain zele enfin pour une branche de nos connoissances, que je voyois extrêmement négligée, qui m'ont inspiré mon entreprise, il y a bien des années. Je l'avois dès-lors envisagée de la maniere que j'ai exposée plus haut, avant même que de connoître les écrits du Chancelier *Bâcon*, dont la célébrité en France n'a guere pour date que celle de l'Encyclopédie. Je m'étois, à la vérité, d'abord borné à l'histoire de la Géométrie & des Mathématiques pures; mais la crainte de faire un ouvrage uniquement propre à intéresser un fort petit nombre de lecteurs, jointe aux exhortations de quelques personnes, m'ont fait étendre mon plan jusqu'à l'Histoire générale des Mathématiques. Je ne suis pas à reconnoître que j'aurois mieux fait de m'en tenir à mon premier projet.

Quoi qu'il en soit, voici la maniere dont j'ai exécuté cette histoire des Mathématiques. J'ai d'abord remonté, aussi haut que me l'a permis l'obscurité des temps, vers leur origine. J'ai suivi ensuite leurs traces chez les plus anciens peuples, m'éclairant, autant que je l'ai pu, du flambeau de la critique, & substituant quelquefois au développement inconnu de ces Sciences, un développement fictice & probablement fort approchant du véritable. Delà j'ai passé à rendre compte de leurs progrès dans tous les âges, faisant connoître surtout les découvertes propres à chacun, ou celles dont ils préſentent les germes. Quoique je ne me ſois point propoſé de faire l'hiſtoire de ceux qui ont cultivé les Mathématiques, c'eſt une partie que je n'ai pas entiérement négligée. J'ai donné des notices aſſez circonſtanciées ſur la perſonne, la vie, & les écrits de la plûpart des Mathématiciens de quelque célébrité. Il étoit encore important de rendre compte des conteſtations qu'on a vu quelquefois s'élever dans le ſein des Mathématiques; c'eſt auſſi un point auquel j'ai donné une attention particuliere, & je crois avoir fait de la plûpart de ces procès célebres, un rapport également précis & exact. Enfin, & c'eſt ici le point eſſentiel, celui duquel les lecteurs Mathématiciens tireront le principal fruit; je me ſuis ſoigneuſement attaché à préſenter une idée diſtincte, & les véritables principes de toutes les théories de quelque conſidération, dont le ſyſtême des Mathématiques eſt composé.

Afin de remplir avec ordre un plan ſi étendu, je l'ai diviſé en pluſieurs parties. Dans la premiere, après un diſcours préliminaire, qui a pour objet la nature & les avantages des Mathématiques, je fais leur hiſtoire chez les plus anciens peuples du monde, & en particulier chez les Grecs, depuis les premiers temps juſqu'à la deſtruction de l'Empire de Conſtantinople. Ce long intervalle que j'avois à parcourir, je l'ai diviſé en pluſieurs périodes, comme depuis les temps les plus reculés juſqu'à *Thalès*, depuis ce Philoſohe juſqu'à la fondation de l'Ecole d'Alexandrie; depuis la fondation de cette Ecole juſqu'à l'Ere Chrétienne; depuis le commencement de cette Ere juſqu'à la chûte de l'Empire Grec.

La ſeconde partie eſt deſtinée à rendre compte des connoiſſances Mathématiques de divers peuples Orientaux, comme les Arabes, les Chinois, &c. chez leſquels elles fleurirent durant le long intervalle de temps que l'Europe occidentale étoit plongée dans l'ignorance.

Dans la troiſieme partie, j'ai expoſé les progrès des Mathématiques chez les peuples Occidentaux, juſqu'au commencement du ſiecle paſſé. Elle eſt diviſée en pluſieurs Livres, dont la diſtribution & l'objet ſe voyent dans la Table qui ſuit la Préface.

La quatrieme partie, qui compoſe le ſecond volume entier, a pour objet les progrès de ces mêmes Sciences durant le cours du dix-ſeptieme ſiecle. Il ſeroit trop long d'entrer dans de plus grands détails ſur les Livres qui la compoſent; je renvoye pour cela à la Table indiquée plus haut.

Je me propoſois d'abord, en imprimant ces deux volumes, d'y comprendre auſſi l'hiſtoire des Mathématiques durant le ſiecle préſent. Mais les nouveaux faits que m'ont fourni le hazard, & les recherches que je n'ai ceſſé de faire durant le cours de l'impreſſion, ont tellement étendu la matiere, que je n'ai pu paſſer au-delà du dix-ſeptieme ſiecle, à moins de donner un troiſieme volume. Si le public indulgent pour cet eſſai, témoigne par ſon accueil deſirer ce troiſieme volume, il eſt en quelque ſorte prêt, & il ne tardera pas à paroître.

Au reſte, quoique j'aye dirigé ma marche ſuivant certaines époques, je ne m'y ſuis pas tellement aſtraint que je n'aye oſé quelquefois les franchir. Un attachement trop ſervile à l'ordre chronologique eût rendu l'ouvrage trop coupé. A peine un ſujet eût-il été entamé, qu'il auroit fallu l'abandonner pour paſſer à un autre. Il eſt aiſé de juger quel déſordre, quelle confuſion cela eût produit. J'ai pris une ſorte de milieu : tantôt après avoir traité une théorie qui avoit pris naiſſance, & même un certain accroiſſement dans un temps, j'ai ſaiſi cette occaſion de faire connoître les découvertes que pluſieurs des ſiecles poſtérieurs lui ont ajoutées. J'en ai, par exemple, uſé ainſi à l'égard du problême des deux moyennes proportionnelles, dont j'ai fait de ſuite l'hiſtoire chez les Anciens, à l'occaſion des efforts que firent pour le réſoudre divers Géometres de l'Ecole de *Platon*. De même les découvertes de M. *Huyghens* ſur les centres d'oſcillation, m'ont conduit à faire l'hiſtoire complette de ce problême juſqu'à nos jours. Quelquefois au contraire me contentant d'indiquer la naiſſance & les premiers progrès d'une théorie, je differe d'en rendre compte, juſqu'au temps où elle a reçu ſon principal accroiſſement ; & là j'ai épuiſé en quelque ſorte tout ce qu'il y avoit à en dire. Lorſque j'ai rencontré dans mon chemin des traits curieux, quoiqu'un peu indirects, & n'ayant qu'un rapport un peu éloigné avec mon ſujet principal, je les ai rapportés dans des notes. J'ajouterai en faveur des lecteurs qui n'ont pas des connoiſſances profondes dans les Mathématiques, que j'ai le plus ſouvent écarté de mon texte, & rejetté dans des notes particulieres, les choſes de diſcuſſion trop difficile, de maniere qu'il ſuffira d'être initié dans ces ſciences, & accoutumé à quelque attention, pour entendre la plus grande partie de cet ouvrage. J'aurois fort deſiré pouvoir de même le mettre à la portée de quelque genre de lecteurs que ce soit Mais les fleurs Mathématiques sont des fleurs qu'il n'est guere possible de dépouiller de toutes leurs épines. D'ailleurs en passant même dans cet ouvrage tout ce qui est de discussion scientifique, il reste encore suffisamment de quoi intéresser la curiosité de tout lecteur qui prend quelque intérêt aux Sciences.

Je n'en dis pas davantage sur le plan de mon entreprise. Il est facile de juger des difficultés que j'ai eues à essuyer pour en venir à bout. Quelle foule d'ouvrages ne m'a-t'il pas fallu lire, extraire, parcourir, & comparer entr'eux, pour rassembler les matériaux de mon édifice ! édifice d'autant plus difficile à élever, que personne n'en avoit encore ébauché le plan & l'exécution. Je ne dis rien de la nécessité d'allier à ces recherches une connoissance suffisamment approfondie de toutes les différentes parties des Mathématiques, dont le systême est si varié & si étendu. C'étoit, qu'on me permette le terme, le premier élément de mon projet : & qu'auroit fait sans elle un Historien de cette science, sinon un ouvrage entiérement vuide de choses, & uniquement propre à amuser ce genre de lecteurs à qui des mots suffisent, ou bien un ouvrage plein de fautes ridicules, & propres à faire rire les gens instruits (*a*), si cet Auteur se fût aventuré à aller tant soit peu au delà

(*a*) Il me seroit facile de citer mille de ces fautes commises par des personnes trop peu au fait des Mathématiques. En voici un exemple plaisant. Qu'on jette les yeux sur l'article d'Albategnius dans l'avant-derniere édition du Moréri : on y lira que cet Astronome *fit des observations fort curieuses sur la figure oblique du Zodiaque*. On vouloit dire qu'il observa l'obliquité de l'écliptique. C'est ainsi que les choses les plus simples en Mathématiques, passant par la plume d'un Auteur qui les ignore, sont travesties de la maniere la plus ridicule. J'ajouterai

de la superficie ? Ce n'est pas tout, les matériaux de mon édifice rassemblés, il falloit les ordonner, en former un tout dont les parties eussent de la liaison entr'elles ; je l'avouerai, mon embarras a été grand plus d'une fois, & peut-être que d'autres y en auroient trouvé. *Wolf*, qui desiroit fort que quelqu'un formât une pareille entreprise, avoit bien senti ces difficultés ; & elles lui faisoient dire qu'une histoire complette des Mathématiques, *ad græcas calendas prodibit.* Ces difficultés, j'ai eu cependant le courage, peut-être la témérité de les affronter, non pas à la vérité pour faire une histoire si complette des Mathématiques qu'elle ne laissât rien à dire après moi, mais pour en faire une suffisamment étendue & détaillée, pour produire les principaux fruits que l'on peut attendre d'un ouvrage de cette nature. C'est au public à juger de l'exécution ; quant au fonds, je crois avoir assez bien rempli mes engagemens. A l'égard de la forme, je ne me sens pas la même confiance. Je ne puis me dissimuler qu'il y a quelques parties de mon plan, qui arrangées d'une autre maniere, auroient mis plus d'ordre & de netteté dans tout l'ouvrage ; que les gens délicats sur le style desireront par fois dans le mien plus d'élégance & de correction. Mon excuse sera que ma principale attention s'est portée sur le fonds même de l'ouvrage, & que rebuté quelquefois d'un travail dont je n'ai bien reconnu la grandeur qu'après m'y être trop engagé, je n'ai pas eu le courage, ou si l'on veut, l'art de mieux

que c'est un écueil qu'il n'éviteroit pas, se borna-t'il à traduire d'une langue en une autre. J'en pourrois citer pareillement des exemples assez plaisans, si la chose en valloit la peine.

faire. Mon ambition d'ailleurs ne s'eſt jamais portée juſqu'à me faire deſirer de voir mon ouvrage entre les mains de toute ſorte de lecteurs. Je n'ai point écrit pour ceux qui ſont plus affectés des mots que des choſes, & dont l'oreille exceſſivement délicate eſt plus bleſſée du choc de deux voyelles, ou du trop grand voiſinage de deux ſons ſemblables, que l'eſprit ne l'eſt d'une bévue ou d'un faux raiſonnement. Ce ſont les Philoſophes, les gens du mêtier, ceux qui aiment les ſciences, que j'ai eu en vue; & j'eſpere qu'en faveur de l'immenſité de mon entrepriſe, ils me feront grace ſur les fautes qui m'auront échappées, je ne dis pas ſeulement celles dont je viens de faire l'aveu, mais d'autres plus eſſentielles. Celui qui s'engage le premier dans une région inconnue, mérite quelque indulgence pour les fauſſes routes qu'il y peut faire; & je crois pouvoir dire avec confiance que celle où je viens d'entrer avoit à peine été frayée ſur les lizieres.

Il me reſte encore une obſervation à faire. On auroit tort de s'attendre à trouver dans cet ouvrage une mention complette de tous ceux qui ont cultivé les Mathématiques, ou qui en ont traité. Je n'ai pas cru devoir me répandre en détails ſur la vie & les écrits de ceux qui n'ont rien fait de remarquable. Un Profeſſeur eſt, à la vérité, fort louable d'avoir tenté d'applanir à ſes éleves les routes des Mathématiques par de nouveaux élémens, ou en formant un corps de diverſes vérités éparſes çà & là. Mais à moins que ces ouvrages ne ſoient faits avec un goût & une intelligence rares, qu'on n'y voye éclater le génie par la façon neuve d'enviſager les objets, ce ne ſont pas des titres ſuffiſans pour figurer dans cette histoire. Cependant je n'ai point la vanité de penser que je n'ai rien omis qui méritât de trouver place dans cet ouvrage. Sans doute plusieurs faits intéressans peuvent m'avoir échappé. J'ai été obligé moi-même, surchargé de matieres, de retrancher ou de réduire considérablement des morceaux curieux & entiérement faits. Mais pour donner place à tout, il eût fallu multiplier les volumes; & le public n'est plus, on le sçait, dans le goût des collections volumineuses. Peut-être même, malgré mes efforts pour me resserrer, trouvera-t'on encore que j'aurois dû être plus court.

J'ai dit plus haut, & je l'ai dit avec confiance, qu'à peine l'entrée de la carriere où je viens de me jetter avoit été frayée. Ceci paroîtroit, si je ne le prouvois, un artifice d'Auteur, qui pour rehausser son travail, déprime, autant qu'il le peut, celui de tous ceux qui l'ont précédé. Il me faut donc faire passer en revue ceux qui avant moi ont cultivé ce genre d'érudition. Je vais rendre un compte fidele de leurs travaux.

Les Anciens avoient, ce semble, reconnu l'utilité de l'entreprise que je viens d'exécuter. Quelques-uns d'entr'eux avoient écrit l'histoire des diverses parties des Mathématiques jusqu'à leur temps. Le célebre successeur d'*Aristote* (*Theophraste*), ne dédaigna pas de s'en occuper. Il avoit fait celle de l'Arithmétique, de la Géométrie, & de l'Astronomie. Ces deux dernieres sciences eurent encore vers le même temps, un Historien dans *Eudemus*, autre Philosophe de l'Ecole Péripatéticienne. Enfin peu de temps avant l'Ere Chrétienne, *Geminus* écrivit de nouveau l'histoire de la Géométrie, ou du moins un ouvrage dont cette histoire faisoit

une

une partie considérable, sous le titre d'*Enarrationes Geometricæ.* Mais ces ouvrages précieux n'ont pû résister aux injures des temps. Il ne nous en reste que le peu que *Proclus* en a extrait, & qu'il a épars dans son prolixe Commentaire sur le premier Livre d'*Euclide.* Les autres Ecrivains de l'antiquité, à qui l'on doit quelques lumieres sur l'histoire des Mathématiques, sont *Diogene Laerce*, dans ses *Vies des Philosophes; Plutarque*, dans ses *Placita Philosophorum; Stobée*, dans ses *Eclogæ Physicæ;* l'Auteur des *Philosophumena;* Achille *Tatius*, dans son *Isagoge ad phenomena Arati*, Ecrivains, au reste, qu'il ne faut pas lire sans défiance. Car ils montrent très-souvent peu d'intelligence en ces matieres, comme je l'ai fait voir dans divers endroits (*a*). D'ailleurs ce qu'ils nous apprennent concerne presque uniquement l'Astronomie, & n'est par conséquent qu'une petite partie de ce qu'il nous importeroit de sçavoir.

A l'égard des Modernes qui ont couru la même carriere; voici ceux qui sont venus à ma connoissance.

1°. On a une *Chronica de' Mathematici, overo epitome delle vite loro*, ouvrage posthume de Bernardin *Baldi*, Mathématicien du seizieme siecle, qui parut à Urbin en 1707, in-4°. C'est un ouvrage de peu d'importance, un simple Catalogue chronologique des Mathématiciens, avec de très-légers détails sur leur vie & leurs écrits. Nous croyons pouvoir sans injustice ranger dans la même classe la *Chronologia clarorum Mathematicorum* que donna, en 1615, le Pere *Blancanus;* l'exécution répond strictement au titre.

2°. *Vossius* (Gerard-Jean) entreprit vers le milieu du

(*a*) Voyez entr'autres, T. I, p. 109.

ſiecle paſſé quelque choſe de plus étendu ſur le même ſujet, & l'exécuta dans ſon Livre *de Scientiis Mathematicis.* Mais *Voſſius* n'avoit pas les connoiſſances néceſſaires pour réuſſir dans une pareille entrepriſe au gré des Mathématiciens. Outre les fautes ridicules qu'on trouve aſſez fréquemment dans ſon Livre, ce n'eſt qu'un Catalogue chronologique, & par ordre de matiere, dans lequel les éloges les plus pompeux ſont ſouvent diſpenſés avec la juſteſſe qu'on peut attendre d'un ſçavant, doué, à la vérité, d'une rare érudition, mais trop peu verſé dans ces matieres. Ce pourroit bien être là, ou chez quelque compilateur de vie de Sçavans (*a*), qu'un Critique célebre que le genre de ſon eſprit rendoit peu favorable aux Mathématiques, a conçu l'idée que rien n'étoit plus commun que les grands Mathématiciens. Mais n'en déplaiſe à *Voſſius* & à ce Critique, les grands Mathématiciens ne ſont pas moins rares que les grands Poëtes, les grands Orateurs, &c. Le titre d'habile, d'intelligent, eſt le plus ſouvent celui auquel il faut réduire ceux de grand, de fameux, donnés d'une main ſi prodigue par des perſonnes étrangeres en Mathématiques.

3°. Le Pere *Riccioli* a rendu plus de ſervice à ceux qui entreprendroient d'écrire l'hiſtoire des Mathématiques, ou du moins celle d'une de leurs parties, ſçavoir l'Aſtronomie. Son *Almageſtum novum*, ſa *Geographia refor-*

(*a*) On n'a qu'à lire les Dictionnaires, & ſurtout ces Livres de Bibliographie qu'on nomme Bibliothéques; rien n'eſt plus ridiculement prodigué que le titre de grand, de célebre, d'illuſtre, & ſouvent les travaux de ces hommes décorés de titres ſi pompeux, ſe bornent à quelque traduction, ou à quelque ouvrage élémentaire : quelquefois même à des ouvrages mépriſés des gens du métier.

mata, ſont de vrais tréſors en ce genre par les détails hiſtoriques qu'ils contiennent. On y deſireroit ſeulement un peu plus de critique, de préciſion, & de juſteſſe à apprécier les inventions modernes.

4°. On trouve à la tête du *Mundus Mathematicus*, ou du Cours de Mathématiques du P. *Deſchalles* (Ed. de 1690.), un écrit intitulé de *Matheſeos progreſſu & illuſtribus Mathematicis*. Mais, à l'exception de quelques traits généraux & aſſez communément connus, ce n'eſt guere qu'un Catalogue chronologique d'ouvrages Mathématiques, bien moins étendu, & moins inſtructif que celui de *Voſſius*.

5°. *Wallis* donna en 1684, ſon Livre intitulé, *Tractatus Algebræ Hiſtoricus & practicus*. Cet ouvrage conſidéré du côté du ſçavoir Mathématique, eſt digne de la haute réputation de ſon Auteur; mais conſidéré du côté hiſtorique, rien de plus inexact; & ſi l'on en a fait quelque cas, c'eſt aſſurément parce que perſonne n'avoit entrepris les moindres recherches ſur ce ſujet. Je puis le dire enfin, puiſque je l'ai prouvé ailleurs (*a*) avec la derniere évidence, cette production de *Wallis* n'eſt que l'ouvrage de la partialité la plus aveugle. Il ſemble n'avoir pas daigné jetter les yeux ſur aucun Annaliſte qu'*Harriot* ſon compatriote, auxquels tous les autres ſont ſacrifiés. Auſſi lui attribue-t'il une foule de découvertes analytiques dûes à *Cardan*, *Bombelli*, & ſurtout à *Viete*. Mais je me ſuis ſuffiſamment étendu ſur ce ſujet dans les endroits convenables.

6°. Parmi les Mémoires de l'Académie des Inſcriptions, on en lit un de M. *Bourdelot* ſur *l'origine de la*

(*a*) Tom. I, p. 484 & *ſuiv*. Tom. II, p. 78 juſqu'à 90.

Sphere & de l'Astronomie. Je ne sçai si je me trompe, mais il me semble que ce morceau n'est guere digne de la profonde érudition de ce Sçavant. Je n'y ai rien trouvé que pût ignorer tout Mathématicien ayant quelque érudition astronomique.

7°. On auroit eu droit d'attendre de M. *Cassini* quelque chose de plus profond que ce qu'on lit dans les anciens Mémoires de l'Académie (Tom. VIII.), sous le titre *de l'origine & du progrès de l'Astronomie, &c.* Mais il y a grande apparence que l'objet de cet Astronome célebre n'a été que de tracer les premiers traits de l'histoire de cette science, pour servir d'introduction, à ce qu'il avoit à dire sur les découvertes récemment faites dans les Cieux, & leurs usages dans la Géographie & la Navigation.

8°. C'étoit-là tout ce qu'on avoit sur l'histoire des Mathématiques jusqu'à la fin du siecle passé. Celui-ci a produit quelques ouvrages plus considérables sur ce sujet, mais, nous l'osons dire, encore bien éloignés de remplir un pareil titre. Le premier est celui de feu M. *Weidler*, Professeur de Mathématiques à Wittemberg: il est intitulé *Historia Astronomiæ*, & parut en 1740. (Witt. in-4°.). Je me rendrois coupable d'ingratitude envers un Sçavant dont les travaux m'ont été souvent utiles, si je refusois à cet ouvrage un certain mérite. On y voit éclater beaucoup d'érudition, principalement dans les premiers Chapitres qui concernent les premieres traces de l'Astronomie. C'est à la vérité de cette érudition peu goûtée d'un lecteur François, & qui consiste en une foule de passages cousus à la suite les uns des autres, qui se contrarient même quelquefois, le tout entremêlé de citations de titres, de pages, & d'éditions, vrai cahos auquel on peut appliquer ces vers d'Ovide :

Rudis indigestaque moles ;
. . . . Congestaque eodem
Non bene junctarum discordia semina rerum.

Le reste est une énumeration par ordre de date de tous les écrits sur l'Astronomie dont M. *Weidler* a eu connoissance. Elle est accompagnée de quelques détails sur la personne, la vie de leurs Auteurs, quelquefois aussi, mais rarement, de détails scientifiques. Cet ouvrage, je le répéterai, m'a été utile ; mais j'ajouterai, sans craindre le résultat de sa comparaison avec le mien, que ce qu'on lira dans celui-ci de plus curieux & de plus intéressant, n'a point été puisé chez M. *Weidler*. J'aurois même souvent commis des fautes considérables, si je m'en étois tenu à ce guide que le flambeau de la critique n'éclaire pas toujours suffisamment. J'ai pris la liberté de le remarquer en quelques endroits.

9°. Ce que je viens de dire du Livre de M. *Weidler*, je le puis dire avec bien plus de raison de celui que M. *Heilbroner* publia en 1742, sous le titre d'*Historia Matheseos* (in-4°. Lipf.). Qu'on se représente des notices de Livres & d'Auteurs, bien moins instructives & moins exactes que celles de M. *Weidler* ; quelques morceaux aussi peu intéressans que les *Loca Mathematica* d'*Aristote*, compilés par *Blancanus* ; un fragment de *Psellus*, qui ne nous apprend rien, sinon que *Psellus* étoit un mince Mathématicien ; un extrait des Bibliotheques de manuscrits de *Hottinger*, *Montfaucon*, *&c* : Voilà en grande partie l'ouvrage de M. *Heilbroner*, qui ne nous conduit d'ailleurs que jusqu'à la fin du quatorzieme siecle. Est-ce là une histoire des Mathématiques.

10°. M. *Wolf* a donné au commencement du cinquieme volume de son Cours de Mathématiques, un écrit intitulé, *De præcipuis scriptis Mathematicis*. C'est un Recueil effectivement fait avec choix, & qui nous a servi utilement pour reconnoître les sources principales où nous avions à puiser. Il ne pouvoit guere nous être d'une utilité plus étendue.

11°. Le Dictionnaire de Mathématiques de M. *Saverien*, nous offre un grand nombre de traits concernant l'histoire de ces Sciences; mais je ne crois pas que l'Auteur très-estimable de ce grand ouvrage, me sçache mauvais gré, si je dis que ces traits ne forment qu'une fort petite partie de ceux que j'ai rassemblés dans celui-ci.

12°. Je n'ai eu connoissance que depuis fort peu de temps d'un ouvrage qui contient beaucoup d'historique sur la Géométrie. Ce sont les *Institutiones Geometriæ sublimioris* de M. G. W. *Craft* (Tub. 1753. in-4°.). On y trouve un morceau sur l'histoire de la Géométrie sublime, qui est sans contredit ce qui s'est fait jusqu'alors de plus étendu & de plus sçavant sur ce sujet, quoique l'Auteur, apparemment peu à portée de consulter quelques originaux, ait donné dans quelques méprises. Une des divisions de cet ouvrage, qui traite du cercle, contient aussi quantité de choses intéressantes sur les tentatives faites pour quarrer cette courbe, sur les lunulles, &c. Il m'auroit été d'une grande utilité, si je l'avois connu dès le moment qu'il a vu le jour.

13°. Je viens enfin à l'*Histoire générale & particuliere de l'Astronomie*, que M. *Esteve*, de la Société Royale de Montpellier, a donnée en 1755 (Paris 3 vol. in-12.). A la lecture de cet ouvrage, il est aisé d'appercevoir que son Auteur a bien plus eu pour objet d'amuser que d'instruire, & qu'il a craint d'appesantir sa plume en se livrant à des recherches un peu approfondies sur son sujet. S'il eut osé s'exposer à ce danger, il eut évité bien des fautes qui déparent son ouvrage, d'ailleurs écrit avec légéreté ? Il n'auroit pas dit, par exemple, que l'Empire des Califes fut détruit par les Mahometans (*a*); car les Califes ne sont, comme tout le monde sçait, que les Vicaires de Mahomet. Il n'eut pas fait créver les yeux à *Galilée* (*b*), ni donner aux taches de la Lune les noms usités des Astronomes, par M. *Hévelius* (*c*); (car quoique M. *E.* cite la Sélénographie d'*Hévelius*, comme s'il l'avoit lûe, il n'en est pas moins vrai qu'*Hévelius* donne aux taches de la Lune d'autres noms que ceux que nous leur donnons; ces derniers sont dûs à *Grimaldi* :) il n'eut pas attribué à *Descartes* d'avoir le premier rendu raison des effets des Télescopes (*d*); *Képler* l'avoit fait 30 ans auparavant, & beaucoup mieux : il eut connu assurément *Gréenwich*, le séjour si fameux de la Déesse Uranie en Angleterre, celui des *Flamstead*, des *Halley*, des *Bradley*, & ne l'eut pas nommé, d'après le latin de M. *Weidler*, *Grenovic* (*e*) : il auroit connu l'ouvrage de M. *Clairaut* & divers autres sur la figure de la terre, & il n'auroit pas dit (*f*) que personne n'a trai-

(*a*) T. I, p. 240.
(*b*) P. 290.
(*c*) P. 348.
(*d*) P. 348.
(*e*) T. II. p. 57.
(*f*) *Ibid.* p. 274.

té ce ſujet d'après d'autres principes que ceux de *Newton*. M. *Eſteve* eut ſçu enfin que le mouvement des apſides n'eſt aucunement incompatible avec l'attraction, & il n'eut pas penſé avoir porté un coup mortel au ſyſtême Newtonien en remarquant qu'elles ont un mouvement progreſſif (*a*). Je paſſe, pour abréger, une multitude d'autres fautes ſemblables. Peu de pages en ſont exemptes. Que dire encore du ſtyle cavalier avec lequel M. *E.* traite quelquefois des hommes fort eſtimables? Un Allemand nommé Frédéric *Weidler*, un nommé *Snellius*. En vérité, il y a de la part de M. *Eſteve* bien de l'ingratitude envers M. *Weidler*. Car on a déja remarqué que l'ouvrage du ſçavant Allemand a été de grande utilité à l'Ecrivain François (*b*). Quant à *Snellius*, celui qui meſura le premier la terre avec exactitude, qui découvrit la loi de la réfraction, un homme enfin qui tint un des premiers rangs parmi les Géometres & les Aſtronomes de ſon temps, méritoit-il une pareille qualification?

14°. L'impreſſion de cet ouvrage étoit preſque à ſa fin, lorſqu'à paru celui de *l'origine des Loix, des Sciences & des Arts* (in-4°. 3 volumes Par.), dont l'Auteur vient d'être enlevé à la République des Lettres par une mort prématurée. Le titre de ce Livre annonçoit un objet trop ſemblable au mien, du moins dans une de ſes parties, pour ne pas piquer ma curioſité. Je l'ai donc

(*a*) *Ibid.* p. 69 & *ſuiv.*

(*b*) Il me ſeroit effectivement facile de montrer chez M. Weidler, la ſource de pluſieurs des fautes de M. Eſteve. Pourquoi, par exemple, après avoir dit en parlant d'Hévélius, *dans un ouvrage qui a pour titre Sélénographie*, le cite-t'il au bas de la page, de cette maniere; *Selenographiam ſeu deſcriptionem Lunæ*, &c. C'eſt que M. Weidler avoit dit de cet Aſtronome, *publicavit*, & enſuite à la ligne, *Selenographiam, ſeu deſcriptionem Lunæ*, &c.

parcouru

parcouru, & j'y ai vu avec plaisir qu'en général je me suis accordé avec son Auteur, soit dans les faits, soit dans les conjectures auxquelles l'obscurité des premiers temps oblige de recourir. C'est-là tout ce que nous avons de commun; car il ne passe pas au delà de l'époque de l'établissement des Sciences en Grece.

Qu'on me permette de terminer cette Préface par une réflexion qui regarde la partie de l'histoire que j'ai eue pour objet. De toutes les Sciences, les Mathématiques sont celles dont les pas dans la recherche de la vérité ont été les plus assurés & les mieux soutenus. On les a vues, il est vrai, souvent marcher avec lenteur: elles ont été quelquefois, & même des siecles entiers, *Stationnaires*, je veux dire, comme arrêtées dans leur marche, & ne faisant aucun progrès sensible; mais on les a vues moins que toute autre, *rétrogrades*, c'est-à-dire, prenant l'erreur pour la vérité; car dans la marche de l'esprit humain, une erreur est un pas en arriere. Encore ceci ne regarde-t'il que les Mathématiques mixtes, celles qui, par leur alliance avec la Physique, ont dû nécessairement se ressentir de la foiblesse & des faux pas de celle-ci. Mais il n'en est pas ainsi des Mathématiques pures. Leur marche ne fut jamais interrompue par ces chûtes honteuses dont toutes les autres parties de nos connoissances offrent tant d'exemples humilians. Quoi de plus propre à intéresser un esprit philosophique, & à lui inspirer de l'estime pour ces Sciences?

SYSTÊME FIGURÉ

DES MATHEMATIQUES ET DE LEURS DIVISIONS.

MATHEMATIQUES PURES.

I. ARITHMETIQUE, ou ſcience des rapports numériques. Opérations ſur les nombres. Science des combinaiſons, &c.

II. GÉOMÉTRIE, ou ſcience des rapports d'étendue.

1. *ORDINAIRE.* Elémens de Géométrie. Géométrie pratique. Trigonométrie rectiligne & ſphérique.

2. *TRANSCENDANTE.*

Finie. Théorie des propriétés finies des courbes. Sections coniques. Théorie des courbes des genres ſupérieurs.

Infiniteſimale. Méthode d'exhauſtion des Anciens. Méthode des indiviſibles. Quadratures, rectifications, &c.

III. ALGEBRE, ou ſcience des rapports abſtraits des grandeurs.

1. *FINIE.*

Simple ou élémentaire. Comprenant la réſolution des équations ſimples, & du ſecond degré, leur application aux problêmes géométriques & arithmétiques.

Tranſcendante. Qui comprend l'analyſe des courbes, les conſtructions & les réſolutions des égalités des degrés ſupérieurs, &c.

2. *INFINITESIMALE.*

Calcul différentiel ou *des fluxions.* Méthode des tangentes, *de maximis & minimis*, des développées, des cauſtiques, &c.

Calcul intégral ou *des fluentes.* Les quadratures, & rectifications des courbes. La meſure des ſolides & de leur ſurface. L'invention des centres de gravité, d'oſcillation, &c.

Calcul exponentiel.

MATHEMATIQUES MIXTES.

I. MÉCHANIQUE, ou ſcience du mouvement.

1. *STATIQUE*, ou ſcience de l'équilibre.

Statique proprement dite, ou ſcience de l'équilibre des ſolides.

Hydroſtatique, ou conſidération de l'équilibre des fluides, ou des fluides & des ſolides entr'eux.

2. *DYNAMIQUE*, ou ſcience du mouvement actuel.

Dynamique proprement dite, ou du mouvement des ſolides. Loix du mouvement & du choc des corps. Théorie des forces centrales, &c. Baliſtique. Théorie des oſcillations.

Hydrodynamique, ou du mouvement des fluides. Hydraulique ou théorie de la conduite & du mouvement des eaux. Navigation ou manœuvre des vaiſſeaux. Réſiſtance des fluides au mouvement des corps qui les traverſent.

II. ASTRONOMIE, ou ſcience des phénomenes céleſtes.

1. *ASTRONOMIE SPHERIQUE*, ou conſidération des phénomenes généraux qui ſuivent de la forme apparente du ciel & de la terre.

Géographie, ou deſcription de la terre par rapport aux phénomenes qu'éprouvent ſes différentes parties.

Navigation, ou l'art de conduire les vaiſſeaux par l'inſpection du ciel.

Chronologie, ou arrangement des temps conformément aux périodes céleſtes.

Gnomonique, ou diviſion du temps qui s'écoule, par le mouvement des aſtres.

2. *ASTRONOMIE THEORIQUE*, ou recherche de l'arrangement de l'Univers. Détermination de la longueur des périodes céleſtes. Théorie du Soleil, de la Lune, des planetes ſupérieures & inférieures. Calcul des éclipſes & des autres phénomenes. Théorie de divers phénomenes Phyſico-Aſtronomiques.

III. Optique, ou ſcience de la viſion & des propriétés de la lumiere.

1. *Optique* proprement dite, ou ſcience de la viſion directe.

2. *Catoptrique*, ou ſcience de la lumiere réfléchie.

3. *Dioptrique*, ou conſidération des effets de la lumiere rompue.

4. *Perspective*, ou l'art de repréſenter les objets conformément à leurs apparences.

IV. Acoustique, ou ſcience des propriétés du ſon.

1. *Acoustique* proprement dite, ou conſidération des propriétés du ſon, comme produit par un fluide élaſtique.

2. *Musique*, ou conſidération des ſons dans leur rapport avec d'autres.

Mélodie, ſi on conſidere leur ſucceſſion.

Harmonie, ſi on conſidere leurs accords.

V. Pneumatologie, ou conſidération des propriétés des fluides élaſtiques, peſans, &c.

TABLE

Des divisions principales de cet Ouvrage.

PREMIERE PARTIE.

Qui contient l'histoire des Mathématiques depuis les temps les plus reculés, jusqu'à la chûte de l'Empire Grec.

SECONDE PARTIE.

Qui comprend l'histoire des Mathématiques chez divers peuples Orientaux.

TROISIEME PARTIE.

Comprenant l'hiſtoire des Mathématiques chez les Latins & les Occidentaux, juſqu'au commencement du dix-ſeptieme ſiecle.

QUATRIEME PARTIE.

Qui comprend l'hiſtoire des Mathématiques pendant le dix-ſeptieme ſiecle.

ADDITIONS ET CORRECTIONS du premier Volume.

Malgré les foins que j'ai pris à revifer cet ouvrage, il s'y eft gliffé quelques fautes, que le lecteur eft prié de corriger avant que d'en entreprendre la lecture, quelques-unes de ces fautes intéreffant le fens du difcours. Je profite de cette occafion pour faire quelques additions. Il y en a d'importantes & de curieufes, que le lecteur ne fera pas mal de rappeller à la marge des pages auxquelles elles fe rapportent.

PAGE 30, *ligne* 1, *lifez* le rang qu'elles méritent de tenir.

Page 40, *ligne* 6, dans, *lifez* fur.

Page 62, *ligne* 35, peut, *lifez* pourra.

Page 85, *ligne* 24, du, *lifez* des.

Page 88, *ligne* 18, parmi elles. Nous y trouvons, *lifez* parmi elles nous trouvons.

Page 113, *cit.* (*b*), *lifez de nat. Deorum, lib. 3.*

Page 137, *ligne* 8, j'ofe, *lifez* mais j'ofe.

Page 155, *ligne* 17, l'a fuivi, *lifez* la fuivit.

Page 173, *ligne* 24 & 25, *lifez* donc le rect. de CF × BE, ou de leurs égales BG × GH, eft égal à celui de CE × CB.

Page 177, *ligne* 23, les démêler, *ajoutez* fans l'aide des nouvelles méthodes.

Page 180, *ligne pénultieme*, comme les lignes compofées, *lifez* comme les rectangles des abfciffes par les lignes compofées.

Page 183, *après la ligne 3, ajoutez ce qui fuit.* Dans toute fection conique, fi une ligne comme AC, coupe la courbe en deux points B, C, & qu'on mene d'autres lignes ADE, *ade*, ou FHG, *fhg*, paralleles entr'elles, & coupant la même courbe, le rectangle AD × AE, & AB × AC, ou *ad* × *ae*, *a*B × *a*C, feront entr'eux dans la même raifon; fçavoir celle des quarrés des diametres paralleles à ces lignes, ou, à leur défaut, celle des quarrés des tangentes paralleles à ces mêmes lignes. On voit par là pourquoi dans le cercle ces rectangles font toujours égaux, c'eft que dans le cercle tous les diametres font égaux entr'eux. *Fig.* 14, n°. 1, 2, 3, 4.

Cette propriété des fections coniques détaillée dans tous fes cas, nous meneroit trop loin. Nous nous bornons à obferver que quand une des lignes, par exemple, $\alpha\delta$ touche la courbe, alors le rectangle *ad* × *ae*, dégenere dans le quarré de la tangente $\alpha\delta$, de forte qu'alors $\alpha\delta^2$, eft à αB × αC, dans la raifon donnée ci-deffus. Mais fi une des lignes, BC

Fig. 14, n°. 4. par exemple, & ses paralleles ne rencontrent la courbe qu'en un point; alors si les autres, comme DE & ses paralleles, la rencontrent en deux, les rectangles $AD \times AE$, $ad \times ae$, $\alpha\delta^2$, seront entr'eux comme AB, ab, αB, & les lignes αB, $\alpha'\beta$, seront comme les quarrés $\alpha\delta^2$, $\alpha'\delta^2$.

Page 198, *ligne* 19, AC est à A*e*, *lisez* A*e* est à AC.

Page 205, *ligne* 15, des sens, *ajoutez* que celle du mouvement de la terre.

Page 217. L'Auteur de la Bibliotheque de Sicile, revendique Euclide à cette Isle, & le fait natif de Géla. Mais quelque dépense que fasse ce Sçavant en citations d'Auteurs qui l'ont pensé, cette prétention n'est fondée que sur ce que Diogene Laerce parlant d'Euclide de Mégare, dit qu'il étoit, suivant quelques-uns, de Géla, *juxta quosdam, Gelous*. Or tirer de là la conséquence qu'Euclide le Géometre étoit de cette ville, est-ce raisonner, ou se connoître en conséquence solide. Les Arabes se sont avisés de le faire Tyrien; j'ignore sur quel fondement.

Page 224. L'Euclide Anglois-Latin, promis par M. Simpson, a vu le jour depuis cette annonce. Mais je n'ai pu me le procurer pour rendre compte des corrections qu'il fait aux éditions antérieures.

Page 225. Depuis l'impression de cette page, j'ai trouvé qu'Albert Girard, Géometre Flamand du siecle passé, promettoit dans sa traduction Françoise de la Statique de Stevin, de dévoiler la théorie des Porismes d'Euclide, dont il étoit, disoit-il, en possession. Cette promesse n'a pas été, que je sçache, effectuée. M. de Fermat avoit aussi fait quelques progrès dans cette théorie. Enfin M. Simpson a fait plus que de nous donner l'espérance qu'il devineroit le texte de Pappus sur les Porismes. Il a donné dans les *Transf. Phil.* de 1723, deux propositions de ce genre, auxquelles le lecteur trouvera bon que nous le renvoyons.

Page 246, *lignes* 38 & 39, après celui, *lisez* après. Celui (ou le silence).

Page 258, *ligne* 2, il étoit, *lisez* il étoit lui-même.

Page 269, *entre les lignes* 4 & 5, *ajoutez ceci.* Quelques Astronomes, Riccioli, par exemple, ont donné à Hipparque un second nom, sçavoir celui d'*Abrachis*, fondés sur ce qu'on le nomme ainsi dans quelques versions de Ptolémée faites d'après l'Arabe. Mais s'ils avoient eu quelque teinture de Langue Orientale, ils n'auroient pas commis cette méprise. Ils auroient vu que le nom d'*Abrachis* n'est que celui d'*Hipparcos* défiguré par les Arabes. En effet, ce peuple n'ayant point de *p*, fut contraint de le transformer en *Ibbarcos*, qui, écrit sans voyelles, à la maniere des manuscrits Orientaux, a ensuite dégénéré en *Abrachis*, sous la plume d'un traducteur auquel Hipparque n'étoit pas connu. C'est ainsi que de *Ptolemaios*, le même peuple a fait *Batalmious*. Il ne pouvoit ni l'écrire, ni le prononcer autrement.

Page 278, *ligne* 24, du moins, *lisez* au plutôt.

Page 297, *ligne* 28, circonstances, *lisez* détails.

Pages 301 & 302, *supprimez les figures cottées à ces pages.*

Page 309, *ligne* 12, d'une grande, *lisez* d'une bien plus grande,

Page

Page 340, *ligne* 15, 355, *lisez* 354.
Ibid. ligne 21, 365, *lisez* 355.
Page 341, *ligne* 24, 907, *lisez* 807.
Page 346, *ligne* 6, Orientaux, *lisez* Occidentaux.
Ibid. ligne 11, 228, *lisez* 282.

Page 347. C'est à dessein que j'ai appellé *Albatenius*, l'Astronome que vulgairement on appelle *Albategnius*. Il n'y a dans le nom (*Batan*) de la ville dont il tire le sien, ni *g*, ni *c*; ainsi ce n'est que par abus, & par un effet de l'ignorance des premiers traducteurs que le mot d'*Albategnius* s'est introduit.

Page 358. A l'occasion des sinus dont on parle dans cette page, comme d'une invention des Arabes, voici une étymologie de ce nom, tout-à-fait heureuse & vraisemblable. Je la dois à M. Godin, de l'Académie Royale des Sciences, Directeur de l'Ecole de Marine de Cadix. Les sinus sont, comme l'on sçait, des moitiés de cordes; & les cordes en Latin se nomment *inscripta*. Les sinus sont donc *semisses inscriptarum*, ce que probablement on écrivit ainsi pour abréger, *S. Ins.* Delà ensuite s'est fait par abus le mot de Sinus.

Page 370, *ligne* 25, des miroirs courbes, *lisez* des images dans les miroirs courbes.

Page 384. Je vais dire ici quelques mots de l'Arithmétique binaire, dont on croit que les anciens Chinois firent usage. Cette opinion est fondée sur une ancienne figure appellée *des Cova*, & formée de plusieurs lignes entieres (——) & brisées (— —), dont les Chinois rapportent l'origine à leur Empereur Fohi. Cette figure étoit depuis bien des siecles une énigme indéchiffrable pour eux; mais lorsque M. Leibnitz ayant imaginé son Arithmétique binaire, en eut fait part au P. Bouvet, ce sçavant Missionnaire reconnut aussi-tôt qu'elle donnoit l'explication des Cova de Fohi, & que cette figure n'étoit que la suite des nombres exprimés suivant les principes de la nouvelle Arithmétique de M. Leibnitz, la ligne entiere répondant à 1, & la ligne brisée à notre 0. Or comme un pareil accord ne sçauroit être réputé l'effet du hazard, il paroît fort raisonnable d'en conclure que les anciens Chinois se servirent d'une Arithmétique analogue à l'Arithmétique binaire. *Voyez sur cela les Mémoires de l'Académie, de 1703.*

Page 389, *ligne* 6, de proche, *lisez* que de proche.
Page 392, *ligne* 11, conclure, ou, *lisez* ou conclure.
Page 417, *ligne* 15, Gemblay, *lisez* Gemblours.

Page 433. Depuis l'impression de cette page, j'ai trouvé le Livre qui contient la Dissertation de M. Manni, chez M. Falconet, qui se fait un plaisir de communiquer aux gens de Lettres les trésors de sa rare & riche Bibliotheque. Voici donc les preuves sur lesquelles le sçavant Italien se fonde pour revendiquer à son compatriote, *Salvino degl' Armati*, l'invention des verres à lunettes. C'est un monument qui existoit dans la Cathédrale de Florence avant les réparations faites vers le commencement du siecle passé, & dont il est fait mention dans d'anciens sépultuaires manuscrits, & dans la *Firenze illustrata*. On y lisoit cette épitaphe, *qui giace Salvino d'Armato degl' Armati, di Firenze, inventor delli occhiali, &c.* MCCCXVII. C'est-là, dit M. Manni, ce premier inventeur des lunettes qui en faisoit mystere, & auquel le Frere *Alessandro di Spina*, arracha son secret pour en gratifier le public & la société; ce qui est assez vraisemblable.

Page 447, *not. col.* 2, *ligne* 1, ce manuscrit, *lisez* ces manuscrits.

Page 466. La Chaire fondée par *Ramus*, dont on parle dans cette page, n'étoit pas au College Gervais, mais au College Royal. Il y a bien des années qu'elle n'est point remplie, à cause de la modicité extrême des appointemens qui y sont attachés, & des frais qu'il faudroit faire pour la relever.

M. de *Foix-Candalle*, dont il est parlé dans cette même page, n'étoit pas Archevêque de Bordeaux, mais seulement Evêque d'Aires. Il mourut dans son Château de Cadillac, vers l'année 1694, âgé de 84 ans.

Page 468, *sur la division appellée de Nonius.* Depuis l'impression de cette page, nous avons eu la commodité d'examiner plus attentivement l'ouvrage de Nonius, & nous y avons remarqué que c'est à tort qu'on lui fait honneur de l'ingénieuse division à laquelle on donne son nom. La division que Nonius propose dans son Livre *de Crepusculis*, prop. 3, est très-différente. Celle que nous avons eu en vue, & qu'on appelle de Nonius, est dûe au sieur P. Vernier, dont on a un ouvrage sous ce titre. *La construction & les usages du nouveau Quadrant Mathématique, &c.* par le sieur Pierre Vernier, Capitaine & Châtelain du Roi en son Château d'Ornans, &c. Bruxelles. 1631. C'est une remarque déja faite par le D. Hook, dans son *Animadversio in Mach. celest. Hevelii.* Ainsi quand on voudra rendre justice à qui elle est dûe, il faudra dire la division de Vernier.

Page 473, *sur le P. Clavius, ajoutez ce qui suit.* Le P. *Clavius* (Christophe), naquit à Bamberg en 1537. Etant entré dans la Société de Jesus, il fut envoyé à Conimbre, où son talent pour les Mathématiques se fit connoître, & lui mérita d'être appellé à Rome pour les professer; ce qu'il fit durant un grand nombre d'années. Il mourut en 1612. Ses Œuvres ont été recueillies en 5 vol. in-fol. sous le titre de *Christophori Clavii Op. Math.* Mog. 1612.

Page 490, *ligne* 2, une, *lisez* cette.

Page 505, *ligne* 25, de la vérité, *ajoutez* qu'il le fit.

Page 517, *ligne* 3, cette, *lisez* elle.

Page 540, *ligne* 9, doigts, *lisez* droits.

Page 573, *ligne* 7, les autres planetes, *lisez* les mouvemens des autres planetes.

Page 588, *ligne* 9, de cette troisieme année, *lisez* de la derniere lunaison de cette troisieme année.

Page 633, *ligne* 17 & 18, ils enverront, *lisez* elle enverra.

Page 636. Depuis l'impression de cette page, il a paru un petit écrit sur la Perspective, intitulé *Essai sur la Perspective pratique*, par M. *Roi*,

1756. in-8°. L'Auteur s'y est proposé de réduire en faveur des Artistes, toutes les opérations de cet art en de simples calculs arithmétiques, & il a rempli son objet avec assez de succès.

Supplément aux additions & corrections des deux Volumes.

I. vol. pag. 57, *note* (*l.*). Je n'avois aucune teinture de Chimie, quand je me suis énoncé comme je l'ai fait dans cette note. Il faut lire le fameux Chimiste Olaus Borrichius.

— *Page* 103. En parlant de cette éclipse de Soleil prédite par *Thalès*, & qui sépara les Lydiens & les Medes prêts à en venir aux mains, nous avions cru pouvoir en sûreté suivre les calculs du P. *Riccioli*. Mais nous avons depuis peu trouvé, dans les Transactions Philosophiques de 1753, deux pieces, l'une de M. George *Costard*, l'autre de M. William *Stuckeley*, qui prouvent que cette éclipse n'a pu être que celle qui arriva l'an 603 avant J. C. La derniere de ces pieces est accompagnée d'une Carte des pays que traversa l'ombre de la Lune, & l'on y voit que l'éclipse fut totale vers le Midi, & pendant quelques minutes, pour la partie de l'Asie qui étoit probablement le théâtre de la guerre. Ainsi cet événement fameux dans l'histoire, paroît devoir être reculé 18 ans au-delà de l'époque que lui assignent les Chronologistes.

— *Page* 401. Ce n'est pas le Pere *Gaubil* qui a succedé au P. *Koegler* dans la place de Président du Tribunal de Mathématiques à Pekin. C'est le P. *Hallerstein*, dont on a dans les *Transf. Phil.* des années 1749, 1750 & suivantes, diverses observations astronomiques.

— *Page* 552. Ce que nous disons dans cette page sur la parallaxe annuelle des fixes, a besoin de correction. Au lieu de 10 à 15″, on doit lire 1 ou 2, ou, si l'on veut 3 ou 4. Nous sommes très-persuadés que si la parallaxe annuelle excédoit cette grandeur, elle n'auroit pas échappé à la sagacité des Astronomes modernes, malgré les divers mouvemens apparens des fixes avec lesquels elle se complique.

II. vol. pag. 28, *note*, *ligne* 8, sensiblement, *lisez* semblablement.

— *Page* 71, *ligne* 30, le quarré du rayon, *lisez* le quarré inscrit à la base; & chacune des fenêtres est égale au double du segment dont le côté de ce quarré est la corde.

— *Page* 153, *ligne* 10, *ajoutez ceci*. M. le Marquis de Courtivron a aussi donné dans les Mémoires de l'Académie de l'année 1744, des regles semblables pour la résolution des équations.

— *Page* 295. L'expérience projettée par M. *Bulfinger*, a été exécutée par M. l'Abbé *Nollet*, qui en a rendu compte dans les Mémoires de l'Académie de 1741. Le succès en a été précisément celui qu'on conjecture dans cette page. Sans entrer dans de plus grands détails, il nous suffira de dire qu'il résulte de cette expérience que ces deux mouvemens ne sont aucunement propres à ramasser au centre, en forme de globe, les matieres plus légeres ; de sorte qu'il n'en résulte aucun avantage pour l'explication Cartésienne de la gravité.

— *Page* 343. *Sur l'histoire du calcul différentiel.* L'histoire de ce calcul a été écrite par *Raphson*, sous le titre de *Historia Fluxionum*, (Lond. 1715. in-4°.) On s'attend bien qu'un Anglois ne manque pas de trouver *Léibnitz* évidemment plagiaire. Mais nous n'avons rencontré dans ce Livre aucune piece, aucun fait, auxquels nous n'ayons eu égard dans le récit que nous avons fait de cette découverte célebre, & de la querelle qu'elle a occasionnée.

— *Page* 449. *Sur le problême de la chaînette, ajoutez ceci.* Ce problême a été résolu dans la suite d'une maniere fort élégante & ingénieuse par M. *Stirling*, & l'on voit sa solution à la fin de son ouvrage sur l'énumération des lignes courbes de M. *Newton*. Pour y parvenir, il part de cette propriété de la chaînette dont nous avons parlé, sçavoir que ce seroit la courbure d'une voûte formée d'une infinité de voussoirs sphériques, & infiniment petits. M. *Stirling* recherche donc comment devroient être disposées plusieurs spheres de grandeur finie, & dont les deux dernieres seroient retenues par des puissances données, afin que toutes ces spheres se soutinssent en équilibre. Pour cet effet, il suppose d'abord qu'elles ne sont qu'au nombre de trois, ensuite de cinq, &c; enfin il suppose qu'elles deviennent infiniment petites; ce qui fait dégénerer le polygone formé de leurs rayons, en une courbe qui est la chaînette, & lui donne la propriété des élémens de cette courbe, d'où il tire son équation différentielle ou fluxionnelle.

APPROBATION DU CENSEUR ROYAL.

J'Ai lu par ordre de Monseigneur le Chancelier, un ouvrage intitulé *Histoire des Mathématiques.* L'Auteur a fait des recherches pénibles & sçavantes sur l'origine de ces Sciences : il a mis beaucoup d'ordre & de clarté dans cet ouvrage qui étoit desiré du public, & qui ne peut manquer d'en être bien reçu par la maniere dont il est traité. Fait à Paris ce 19 Août 1758.

MONTCARVILLE, Lecteur & Professeur Royal.

Le Privilege de cet ouvrage se trouve au Dictionnaire portatif de l'Ingénieur.

HISTOIRE

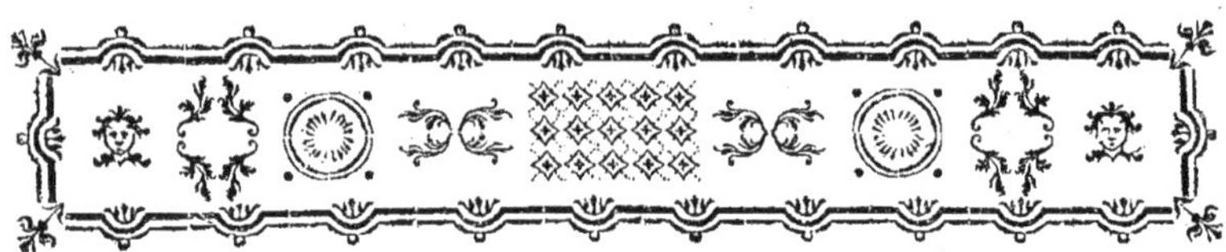

HISTOIRE
DES
MATHÉMATIQUES.

PREMIERE PARTIE.

Contenant l'Histoire des Mathématiques, depuis leur naissance jusqu'à la destruction de l'Empire Grec.

LIVRE PREMIER.

Discours préliminaire sur la nature, les divisions & l'utilité des Mathématiques.

SOMMAIRE.

I. *Quelle est l'origine du nom des Mathématiques.* II. *Quelle est leur nature & leur objet.* III. *Leur division & leur différente étendue parmi les anciens & les modernes.* IV. *Développement métaphysique de ces Sciences, & de leurs différentes branches.* V. *Remarque utile sur celles qu'on nomme abstraites.* VI. *Eloges qu'elles ont reçûs dans tous les tems des meilleurs esprits & des Philosophes les plus illustres. Examen de la maniere de penser de Socrate à leur égard.* VII. *Réponse aux difficultés élevées contre elles par les Scepticiens & les Epicuriens.* VIII. *Leur défense contre ceux qui ont affecté de les déprimer.* IX. *Leurs avan-*

tages & leur utilité. Note curieuse touchant les usages auxquels des esprits peu judicieux les ont appliquées. X. Apologie des Mathématiques abstraites, & purement intellectuelles.

I.

LES Mathématiques, si nous en croyons un sentiment presque universel, doivent leur nom à l'estime où elles furent auprès des Anciens. Frappés, dit-on, de la certitude lumineuse qui les caractérise, ils les appellerent *Mathesis* ou *Mathemata*; ce qu'on explique par *Sciences*, comme étant de toutes les connoissances humaines, celles qui répondent le mieux à l'étendue de ce nom.

Cette étymologie est si heureuse, elle fait tant d'honneur à ces Sciences, que nous desirerions pouvoir l'établir sur les fondemens les plus solides. Mais, nous l'avouerons, elle n'est appuyée du suffrage d'aucun auteur de l'antiquité (*a*), & c'est sans doute l'ouvrage de quelqu'un de leurs panégyristes modernes. Si un pareil motif eut conduit les Anciens dans le choix de cette dénomination, ne devroit-on pas en trouver chez eux des preuves plus décidées? Que devons-nous donc penser en voyant qu'ils furent aussi embarrassés que nous à en démêler la vraie cause? *Proclus* qui donne aux Mathématiques de si grands éloges (*b*), & qui rapporte avec tant de soin les sentimens de ses prédécesseurs sur leur nature, leurs divisions, &c. ne dit rien de cette prétendue origine: il va au contraire la chercher dans une métaphysique Platonicienne, trop déliée pour avoir quelque solidité. (*c*) Je l'épargne par cette raison au lecteur. L'abondance extrême de la matiere qui se présente à moi, m'oblige de ne m'attacher qu'à ce qui est le plus utile & le plus intéressant.

Quelques modernes, peu contens ou peu persuadés de cette étymologie, en donnent une autre; ils la tirent de ce que lors de la naissance des Mathématiques, & durant les siécles qui la suivirent de plus près, elles étoient les premieres instructions qu'on reçût chez les philosophes. En effet, la rhétorique, la dialectique, la grammaire, la morale, qui eurent dans la suite

(*a*) *Scapula*, dans son Dictionnaire grec, au mot μανθάνω, cite *Philon* ou l'auteur du livre *de mundo*, en preuve de cette étymologie: mais on n'y lit rien de semblable.

(*b*) Comm. in 1. Eucl. *l.* 1.

(*c*) *Ibid.* c. 15.

tant de part à la culture de l'esprit, étoient encore à naître; les Mathématiques & la Philosophie naturelle occupoient presque seules l'entendement humain : celle-ci étoit toujours précédée de l'étude des premieres qui en étoient comme l'avenue & l'introduction. Tout le monde sçait que dans l'école de *Pythagore*, la classe des mathématiciens précédoit celle des physiciens; que *Platon*, dans des tems bien postérieurs, excluoit de ses leçons physiques & métaphysiques, ceux qui ignoroient la géométrie: ce fut enfin ce qui attira cette réponse de *Xenocrate* à quelqu'un qui se présentoit à ses instructions, tout-à-fait étranger en géométrie & en arithmétique. Retirez-vous, lui dit durement le philosophe, *ansas philosophiæ non habes.* (*d*)

Ces traits établissent effectivement que les Mathématiques furent d'abord les premieres dont on s'occupa dans les écoles des philosophes; & c'est, disent les auteurs dont nous parlons (*e*), cette priorité, non de perfection, mais de tems, qui les fit appeller *Mathesis*, comme qui diroit *Sciences*, ou peut-être instruction. Il seroit téméraire de prononcer sur la validité de cette étymologie; car qui pouvoit mieux que les anciens dissiper notre incertitude à cet égard, & s'ils y ont trouvé tant d'embarras, eux qui étoient plus voisins de la source, quel fond devons-nous faire sur nos conjectures? Heureusement nous perdrons peu à laisser ce point indécis.

II.

Nous ne rencontrerons pas les mêmes difficultés à expliquer quelle est la nature des Mathématiques. Si nous les considérons sous un point de vûe général, c'est la science *des rapports de grandeur ou de nombre, que peuvent avoir entr'elles toutes les choses qui sont susceptibles d'augmentation ou de diminution.* Qu'on ne s'effraye pas de l'espece d'obscurité que présente d'abord cette définition toute métaphysique; ce que nous allons ajouter va la dissiper. La Géométrie, par exemple, considere les rapports des différentes parties de l'étendue; car *mesurer,* ce qui est l'objet primitif & principal de la Géométrie, n'est autre chose que connoître le rapport d'une certaine portion de

(*d*) Diog. Laer. *in Xenocr.*

(*e*) Ramus *proem. in Math.* Barrow, *lect. Math. lect.* 1.

l'étendue à une autre, prise pour mesure fixe. L'Astronomie s'occupe à démêler l'arrangement des astres, c'est-à-dire leurs éloignemens plus ou moins grands, à supputer les tems de leurs révolutions, à prévoir leurs rencontres & leurs retours. Dans la Méchanique on compare les poids ou les mouvemens entr'eux, on calcule les efforts qu'ils s'opposent les uns aux autres. Il y a dans toutes ces considérations des rapports de grandeur, & ce sont les seuls auxquels les Mathématiques s'attachent. Si l'esprit, passant ces bornes de leur ressort, entreprend de raisonner sur la nature des astres, de l'étendue ou du mouvement, sur la cause de la pesanteur, elles renvoyent ces recherches à la physique : la clarté pure & brillante dont elles sont jalouses, ne leur permet pas de s'en occuper.

III.

Les Mathématiques se divisent naturellement en deux classes; l'une comprend celles qu'on nomme pures & abstraites; l'autre celles qu'on appelle mixtes, ou plus ordinairement physico-mathématiques. Les premieres considerent les propriétés de la quantité d'une maniere tout-à-fait abstraite, & uniquement en tant qu'elle est capable d'augmentation ou de diminution : & comme l'esprit apperçoit aussitôt deux especes de grandeurs, l'une qui consiste dans le *nombre* ou la *multitude*, l'autre dans l'*espace* ou l'*étendue*, de là naissent aussi les deux branches principales de la premiere division; l'Arithmétique & la Géométrie. Les nombres sont l'objet de la premiere; l'étendue figurée, ses rapports & sa mesure, forment celui de la seconde.

A l'égard des Mathématiques mixtes, elles ne sont autre chose que certaines parties de la physique, susceptibles par leur nature d'une application spéciale des Mathématiques abstraites : nous éclaircirons encore ceci par des exemples. Ainsi dans l'Optique on traite des effets & des propriétés de la lumiere, d'après certains principes qui réduisent cette considération à la Géométrie pure. On y établit d'abord que les rayons de lumiere se transmettent en ligne droite tant qu'aucun obstacle ne s'oppose à leur passage; qu'ils se réfléchissent en faisant les angles de réflexion égaux à ceux d'incidence; qu'en pénétrant d'un milieu dans un autre de différente densité, ils s'écartent de leur premiere direction, en observant néanmoins une certaine loi géométrique. Ces principes une fois admis, quelle que soit la nature de la lumiere, des milieux qu'elle traverse ou qui la réfléchissent, le Mathématicien ne l'examine point : les rayons ne sont plus pour lui que des lignes droites; les surfaces réfléchissantes ou refringentes, des surfaces purement géométriques, dont la forme seule est ce qu'il considere. C'est de cette maniere qu'il détermine le chemin des rayons de lumiere sur les miroirs, & au travers des verres optiques, leurs effets sur la vûe, &c. On ne peut disconvenir que ces recherches ne soient proprement du ressort de la Physique: mais en tant que mêlées intimement, & dépendantes des Mathématiques abstraites qui leur font part de la certitude qui les distingue elles-mêmes, elles sont en quelque sorte élevées par-là au rang des Mathématiques dont elles forment la seconde division. En cette qualité elles occupent une sorte de milieu entre la physique, ordinairement enveloppée d'incertitude & de ténébres, & les Mathématiques pures dont la clarté & l'évidence sont toujours sans nuages. Elles ne sçauroient avoir plus de certitude absolue que le principe qui leur sert de fondement; c'est en quoi elles tiennent de la Physique : d'un autre côté elles jouissent d'une évidence hypothétique, égale à celle des Mathématiques abstraites; je veux dire que leur principe supposé vrai, elles ne sont pas moins certaines que ces dernieres. Elles ont même l'avantage de jouir d'une espece de certitude métaphysique, quand même leur principe ne seroit pas vrai ou existant dans la nature, pourvû qu'il n'ait rien de répugnant à la raison. Ce qu'*Archimede* a démontré sur le rapport des poids qui sont en équilibre aux extrêmités d'une balance est également vrai, soit que les directions des graves soient paralleles entre elles, soit qu'elles convergent dans un point. Dans le dernier cas seulement la théorie d'*Archimede* ne sera pas applicable aux poids qui gravitent sur la surface de notre terre; mais elle le sera également à ceux qui graviteront, ou que l'on concevra graviter suivant des lignes paralleles; ce qui n'est point métaphysiquement impossible. Aussi ce principe purement hypothétique, & qui n'a pas lieu dans l'ordre présent de l'univers, n'a-t-il pas laissé de conduire le géometre de Syracuse à la quadrature de la Parabole. Les découvertes physico-mathématiques de *Newton* sur la forme des orbites que les planetes doivent décrire suivant les différentes loix de l'attraction, n'en seroient pas moins vraies, quand on démontreroit que cette attraction n'existe point ; elles seroient alors dans le même cas que les propriétés d'un triangle ou d'un cercle, s'il n'y en avoit aucun dans la nature.

Il suit de ce qu'on vient de dire sur les Mathématiques mixtes, que leur nombre ne sçauroit être fixe & déterminé comme celui des abstraites. A mesure que la physique acquérant de nouvelles richesses s'est assurée de certains faits qui ont pû servir de principes, les premieres ont gagné en étendue ; l'illustre Chancelier *Bacon* le remarquoit avec cette sagacité qui lui faisoit prévoir le sort avenir des connoissances humaines. *Pro ut Physica*, dit-il (*f*), *majora in dies incrementa capiet, & nova axiomata educet, eo Mathematica novâ operâ in multis indigebit & plures demùm fient Mathematicæ mixtæ.*

On ne doit donc pas s'étonner que les Mathématiques mixtes n'ayent fait que des progrès lents & peu assurés parmi les Anciens, tandis que les abstraites s'accrurent rapidement chez eux d'un grand nombre de découvertes. L'esprit humain n'a qu'à rentrer en lui-même pour avancer dans celles-ci, mais les autres demandent une marche presque contraire ; elles exigent des amas de faits, d'observations : & ce fut là l'écueil de l'Antiquité. En général on y observa trop peu ; on donna trop au raisonnement & à la métaphysique, tandis qu'il ne falloit encore s'attacher qu'à voir & à observer avec exactitude. Excités par une curiosité impatiente, & après tout fort excusable, les Anciens voulurent expliquer la nature avant que d'avoir seulement reconnu ses premieres démarches : aussi l'édifice qu'ils éleverent, semblable à celui que d'imprudens architectes établiroient sur un fond sans consistance, s'écroula-t-il bientôt.

La naissance successive des diverses parties des Mathématiques, confirme le discours précédent. Les Pythagoriciens n'en reconnurent que quatre, les deux abstraites & deux mixtes. Ces deux dernieres étoient la Musique & l'Astronomie. Déja les observations de *Pythagore* sur le son, & celles qu'on avoit faites de tout tems sur les phénomènes célestes, jointes à quelques hypothèses propres à expliquer & à calculer les mouve-

(*f*) *De augmento scient.* liv. 3. cap. 6.

mens des astres, donnoient lieu d'appliquer les Mathématiques pures à ces objets de recherche. Ces sciences ne furent guères plus étendues chez les Platoniciens; la division qu'ils en firent (*g*) en Géométrie, Stéréométrie, Arithmétique, Musique & Astronomie, étoit peu judicieuse, & ne comprenoit rien de plus que celle de l'école Pythagoricienne: les deux premieres parties ne sont en effet qu'un développement de celles de la géométrie. Au reste les Mathématiques pures s'augmenterent considérablement par les soins des Platoniciens; mais philosophes trop contemplatifs ils furent moins heureux en physique. Il ne paroît pas qu'ils ayent établi aucun fait capable de servir de principe à une nouvelle science, si nous en exceptons peut-être la propagation rectiligne de la lumiere, & l'égalité des angles d'incidence & de réflexion. Quoiqu'il en soit l'Optique & la Méchanique semblent n'avoir été qu'assez tard comptées parmi les Mathématiques; cela arriva seulement vers le tems d'*Aristote*, lorsqu'on eut enfin démêlé quelques-unes des loix de la propagation de la lumiere, de la vision, & de l'équilibre. Les questions méchaniques de ce Philosophe, quelques-uns de ses problêmes, & le traité d'Optique attribué à *Euclide*, semblent être les premieres ébauches de ces sciences. Le systême général des Mathématiques fut alors composé de six parties, la Géométrie & l'Arithmétique, la Musique & l'Astronomie, l'Optique & la Méchanique: il ne s'accrut pas davantage chez les Anciens.

Les modernes, en cultivant la physique avec succès, ont soumis à la Géométrie un grand nombre d'autres sujets que les Anciens avoient à peine reconnus; l'Optique ne comprenoit parmi eux qu'une théorie assez simple de l'illumination des corps, la Catoptrique ou la science de la lumiere réfléchie, & une ébauche de la Perspective. La science de la vision ou l'Optique directe leur étoit inconnue; ils n'enseignoient que des erreurs grossieres ou puériles sur ce sujet. La dioptrique étoit encore à naître. A peine y a-t-il un siécle & demi depuis que l'on a découvert le principe sur lequel elle est entierement établie, de même que celui qui sert de fondement à l'optique directe: ces deux branches d'une science aujourd'hui très-étendue, doivent aux modernes presque jusques à leurs premiers traits.

(*g*) Plat. *dial.* 7. *de rep.* Theon de Smyrne, *in loca math. Platonis*.

Il y a auſſi peu de tems que la Méchanique eſt ſortie de l'état de foibleſſe dans lequel les Anciens nous l'avoient tranſmiſe; bornée alors à la ſeule ſcience de l'équilibre, elle ne renfermoit que ce que nous nommons aujourd'hui la Statique & l'Hydroſtatique, où l'on ne conſidere que l'équilibre des corps. La Méchanique eſt à préſent la ſcience du mouvement en général, & ce qui la compoſoit autrefois n'en eſt plus maintenant qu'une petite partie. Le mouvement eſt-il empêché par une réſiſtance contraire qui, ſans détruire ſa tendance, anéantit ſon exécution, & produit l'équilibre: voilà la Méchanique ancienne. Mais conſidere-t-on le mouvement actuel dans les corps, les phénomènes qui réſultent de leurs chocs & leurs rencontres, le chemin qu'ils décrivent & les vîteſſes dont ils ſe meuvent lorſqu'ils ſont ſollicités par diverſes forces combinées, la réſiſtance que les fluides oppoſent aux corps qui les traverſent, voilà la Dynamique. Ainſi toutes les autres parties des Mathématiques, ſans changer de nom, embraſſent aujourd'hui des objets plus vaſtes; & chacune d'elles a pouſſé un grand nombre de rejettons qui, cultivés avec ſoin par les modernes, ont bientôt ſurpaſſé la tige ancienne dont ils ſont ſortis.

IV.

On nous accuſeroit avec juſtice d'avoir omis une partie eſſentielle de notre plan, ſi nous négligions de mettre ſous les yeux le ſyſtême entier des Mathématiques, & de donner une idée claire des différentes branches qui le compoſent. D'ailleurs cet ouvrage devant repréſenter l'hiſtoire & les progrès de l'eſprit humain dans cette partie conſidérable de nos connoiſſances, leur développement, & pour ainſi dire leur génération métaphyſique, ſemblent y revendiquer néceſſairement une place: nous allons ſatisfaire ici à cet égard. Au reſte qu'on ne s'étonne pas de retrouver dans cet article pluſieurs des idées que l'Auteur du ſublime Diſcours qui eſt à la tête de l'Encyclopédie a ſçu mettre dans un ſi beau jour. Je ne ſuis pas aſſez épris de la nouveauté pour être plus flatté du mérite d'enfanter un ſyſtême qui me ſoit propre, que de celui d'expoſer ſeulement des vérités qui me paroiſſent bien établies.

Les corps ſont doués de pluſieurs propriétés, comme l'étendue,

due, la mobilité, l'impénétrabilité ; mais de toutes ces propriétés, celle qui semble la premiere en ordre, celle sans laquelle les autres ne pourroient subsister, & qui est également apperçue par les esprits les moins accoutumés à réfléchir, comme par les plus subtils, c'est l'étendue. Il n'est pas nécessaire d'être fort capable d'abstraction pour en saisir l'idée, pour discerner ses différentes especes, quoique physiquement inséparables les unes des autres. L'homme le moins instruit sçait très-bien reconnoître dans un globe de telle grosseur, de telle matiere, ou de telle couleur qu'on voudra, ce qui fait qu'il est un globe & non un cube, ou une pyramide. Lui parle-t-on de l'étendue d'une plaine, son esprit, par une opération qui est aussi naturelle que le raisonnement, écarte alors l'idée de profondeur, & ne lui attache que celle de longueur & de largeur. S'agit-il de la distance entre deux objets, il ne songe qu'à la longueur ; il va même plus loin : il dépouille dans ce cas de toute étendue ces deux termes de la distance qu'il se représente. Voilà le point, les lignes, les surfaces mathématiques, sujets de tant de mauvaises objections par lesquelles des gens peu Métaphysiciens, ou fauteurs d'un pyrrhonisme dangereux, se sont efforcés de jetter des doutes sur la solidité des Mathématiques.

Le corps, considéré en tant qu'étendu, & sous cet aspect unique, est donc le dernier terme où parvient l'esprit porté naturellement & par une suite de sa foiblesse, à décomposer les objets de ses recherches. Ainsi l'étendue bornée, & la figure qui l'accompagne nécessairement, seront les premieres considérations qui occuperont les hommes quand ils voudront approfondir la nature des corps qui les environnent. Ils commenceront à les comparer sous ces deux points de vûe, les seuls qui puissent avoir lieu, en vertu de l'abstraction qui écarte toutes les autres qualités capables de servir de base à quelque comparaison ; telle est l'origine métaphysique de la Géométrie.

L'idée de multitude ou de nombre, n'est pas moins naturelle à l'homme que celle de l'étendue ; environné d'êtres distincts & plus ou moins nombreux, il ne sçauroit faire usage de ses sens qu'ils ne la lui présentent à tout instant : d'ailleurs en même tems que l'esprit conçoit l'espace, qu'il le partage en portions figurées, & qu'il les compare entr'elles, il conçoit le nombre ſans lequel cette diviſion ne peut ſubſiſter. De là naît la diſtinction de la quantité en diſcrete & continue. La quantité, en tant que diviſée en parties plus ou moins nombreuſes, eſt l'objet de l'*Arithmétique*; en tant qu'étendue, & terminée par des bornes, c'eſt celui de la *Géométrie* dont nous allons à préſent expoſer quelques diviſions.

Parmi les différentes dimenſions des corps il en eſt de plus ſimples les unes que les autres; les lignes droites le ſont davantage que les courbes, & parmi ces dernieres, la circulaire eſt la moins compoſée; de même les ſurfaces planes, bornées par des lignes droites ou circulaires, les ſolides terminés par ces ſurfaces ſont les plus ſimples de leur eſpece. Ainſi ces ſujets de conſidération ont dû ſervir comme d'échelons pour s'élever à des recherches plus difficiles; ils ſont l'objet de la *Géométrie élémentaire*. On nomme *tranſcendante* la partie incomparablement plus étendue de cette ſcience qui s'occupe des figures courbes d'une nature plus relevée & plus abſtraite, comme les ſections coniques, & tant d'autres à la théorie deſquelles celles-ci ne ſont que l'introduction.

On peut conſidérer les figures ou comme des eſpaces qui ont certaines propriétés, ou analyſer ces eſpaces & les décompoſer, pour ainſi dire, dans les élémens infiniment petits dont ils ſont formés. Ces deux manieres d'enviſager l'étendue donnent lieu à la diviſion de la Géométrie tranſcendante, en *finie* & *infinitéſimale*. Les ſpéculations des anciens & des modernes ſur la théorie des courbes fourniſſent un exemple de la premiere. Leurs recherches ſur la meſure de ces courbes, recherches qui ne procedent ordinairement que par la conſidération des rapports ſuivant leſquels croiſſent ou décroiſſent leurs élémens, forment la ſeconde. Il faut obſerver que j'exclus juſqu'ici de la Géométrie toute eſpece de calcul, du moins algébrique: car à l'égard de l'Arithmétique, elle devient néceſſaire dès les premieres comparaiſons qu'on fait des grandeurs entre elles.

Il n'y a proprement de calcul que par les nombres; mais une maniere de concevoir plus généralement les rapports de quantité, a donné lieu à l'*Algébre*. Elle eſt, ſi l'on veut, une Arithmétique par ſignes, ou bien un langage particulier & abrégé par lequel on exprime des raiſonnemens géométriques.

En effet le Mathématicien déduit à son choix d'une expression algébrique, ou le rapport des grandeurs qu'elle désigne, au moyen du calcul, ou leur étendue respective, à l'aide d'une opération géométrique qu'on appelle *construction*. J'ai donc cru être fondé à regarder l'*Algebre* comme une science mitoyenne entre l'Arithmétique & la Géométrie; ou, pour mieux dire encore, comme les renfermant l'une & l'autre; & c'est en quoi je me suis écarté du systême ordinaire dans lequel on fait du calcul algébrique une espece d'Arithmétique. Je comparerois volontiers ces deux sciences à deux fleuves qui, après avoir roulé séparément leurs eaux, se réunissent enfin, & ne forment plus qu'un même lit grossi des acquisitions que chacun d'eux a faites dans son cours particulier. En continuant la comparaison, ce nouveau lit seroit l'Algebre, science formée en quelque sorte des découvertes réunies des deux autres qui se prêtent, par leur union, des forces que ni l'une ni l'autre n'auroit séparément: ceux à qui cet instrument de découvertes est familier, seront, je pense, du même avis.

L'*Algebre*, ou cette science des rapports quelconques des grandeurs en général, ou ne considere que les grandeurs finies, ou elle va jusqu'à examiner les rapports de leurs accroissemens instantanés & infiniment petits: la premiere est l'*Algebre ordinaire*, qui s'applique à la solution de mille problêmes, soit numériques, soit géométriques; la résolution & la construction des égalités, la théorie des propriétés des courbes en sont les branches. L'autre est l'*Algebre infinitésimale*. Celle-ci va tantôt de l'expression d'une quantité finie, à celle de ses élémens ou accroissemens infiniment petits, tantôt de l'expression de ceux-ci elle remonte à la grandeur finie, qui est formée de leur somme. Delà naît sa division en calcul *différentiel* & *intégral*; ou, comme on s'énonce en Angleterre, en calcul *des fluxions* & *des fluentes*, parce qu'on y appelle fluxion, ce que les Géometres du continent appellent différentielle, élément infiniment petit, ou accroissement instantané. Du calcul différentiel dépendent diverses théories particulieres, la méthode *des tangentes*, ou la détermination des tangentes à une courbe quelconque; celle *de maximis & minimis*, ou la maniere de reconnoître le dernier terme de l'accroissement ou de la diminution d'une grandeur qui, en vertu de la loi suivant laquelle elle varie, croît & ensuite diminue, ou au contraire ; celle des développées, &c. Le calcul intégral fournit les moyens de mesurer les aires, les longueurs des courbes, les surfaces & les solidités des corps, c'est-à-dire, tout ce qui est susceptible d'augmentation & de diminution ; car toute quantité qui observe une loi dans ses variations, peut être représentée par des espaces curvilignes, auxquels le Géometre applique ensuite les regles de son art.

Mais l'esprit humain, après s'être livré quelque tems à ces recherches purement géométriques, recherches d'autant plus flatteuses pour lui, qu'il y trouve toujours une évidence pure & lumineuse, est bientôt forcé par ses besoins ou sa curiosité, à rentrer dans le monde naturel. Le mouvement des corps & leurs efforts mutuels, occasionnés par leur impénétrabilité, sont les premiers objets dont il a intérêt de s'occuper. Aussi donnent-ils lieu à la partie la plus considérable & la plus utile des Mathématiques mixtes, savoir la *Méchanique*. On dira peut-être que l'origine que nous donnons ici à cette science, est peu conforme à son développement réel, puisqu'elle semble n'avoir fait partie des Mathématiques que vers le tems d'*Aristote*. L'observation est juste, mais elle n'empêche pas que les premieres recherches des hommes sur la méchanique ne doivent être regardées comme de la plus haute antiquité. On fit long-tems par instinct, ce qu'on a fait par une suite du raisonnement, depuis qu'on a approfondi les principes du mouvement & de l'équilibre. De tout tems presque, il y a eu des machines ; de tout tems les hommes ont employé des moyens pour contrarier la nature ou la plier à leur usage.

On peut considérer dans le corps, en tant que mobile, ou sa simple tendance au mouvement, tendance contrariée par des efforts contraires, ou son mouvement même. De la premiere considération naît la *Statique*, qu'on divise en *Statique* proprement dite, s'il s'agit des solides, & *hydrostatique*, lorsqu'il s'agit des fluides. Quand on considere le corps en mouvement, on nomme cette science la *Dynamique*, qui se divise, de même que la premiere branche, en *Dynamique* & *Hydrodynamique*. De la Dynamique sortent une foule de théories qu'il seroit trop long d'indiquer, & dont on se contente de présenter quelques-unes dans le systême figuré des Mathématiques qui est à la tête de cet ouvrage. Plusieurs sciences ne sont en quelque sorte que l'usage & l'application de la Dynamique. Telle est entr'autres la *Navigation* ou la *Science navale*, en tant qu'elle eſt l'art de faire mouvoir & de diriger un bâtiment à l'aide des puiſſances méchaniques qui le mettent en mouvement, comme les rames, les voiles frappées par le vent, le gouvernail, &c. Cette ſcience eſt aujourd'hui conſidérable par les méditations que de ſçavans Géometres ont faites ſur ce ſujet.

Après ces connoiſſances intéreſſantes pour nos beſoins, celle qui nous doit flatter le plus eſt l'*Aſtronomie*; les mouvemens des corps céleſtes ſont ſi réguliers qu'ils excitent l'admiration & la curioſité des hommes les moins ſenſibles au ſpectacle de la nature : ainſi l'eſprit humain dût bientôt ſe porter à en rechercher la cauſe & les différens rapports. J'ai appellé avec *Kepler* (*h*) *Aſtronomie ſphérique*, celle qui s'occupe des phénomènes qui ſuivent de cette ſuppoſition ſenſiblement vraie, que la terre eſt au centre d'une ſphere dont les aſtres occupent la ſurface; c'eſt la premiere branche de l'Aſtronomie: la ſeconde eſt la *théorique* où l'on tâche de démêler les différens rapports de poſition, d'éloignement, de vîteſſe des corps céleſtes, c'eſt-à-dire de reconnoître la véritable forme de l'univers: de l'*Aſtronomie* naiſſent quelques Sciences qui lui ſont ſubordonnées, la *Géographie* mathématique où l'on détermine la figure de la terre & la poſition de ſes principaux lieux par l'obſervation; la *Navigation* ou l'art de conduire au travers des mers un bâtiment par la ſeule inſpection des aſtres; la *Gnomonique* ou la maniere de partager le tems & d'en marquer les diviſions par le moyen des corps céleſtes, ſur-tout par le mouvement de l'ombre que projettent les corps expoſés au ſoleil; la *Chronologie* ou cette partie de la ſcience des tems, qui conſiſte à mettre un ordre dans la maniere de les compter, en faiſant accorder, autant qu'il eſt poſſible, les périodes civiles avec celles du ſoleil ou de la lune.

Les phénomènes de la propagation de la lumiere, c'eſt-à-dire du mouvement par lequel elle ſe porte des corps lumineux vers ceux qu'elle éclaire, ou de ceux-ci à nos yeux, ont donné naiſſance à l'*Optique*. La premiere obſervation ſur les rayons de lumiere, eſt qu'ils ſe tranſmettent en ligne droite tant qu'ils reſtent dans un même milieu; nous appercevons le plus communément les objets de cette maniere, & le ſen-

(*h*) *Epitome Aſtron. Copern.* p. 14.

timent que nous en recevons est diversement modifié suivant les circonstances de leur éloignement, de leur position, &c. Ces considérations forment ce qu'on nomme l'*Optique proprement dite*, ou *directe*; il auroit été naturel de lui subordonner la *Perspective*: celle-ci n'est en effet que l'art de représenter sur une surface ces dégradations de forme & de grandeur suivant lesquelles nous appercevons les objets qui nous environnent; & toutes ses regles sont uniquement fondées sur le principe de la propagation rectiligne de la lumiere. Je n'irai cependant pas contre l'usage ordinaire qui la range parmi les divisions principales de l'Optique.

Mais la lumiere ne se meut en ligne droite que lorsque son mouvement n'est traversé par aucun obstacle; rencontre-t-elle un corps opaque à son passage, elle se réfléchit contre sa surface; & si elle est polie, le faisceau entier de lumiere continue sa route en faisant un angle de réflection égal à celui d'incidence; si le corps opposé est transparent, & plus ou moins dense que le premier, elle pénétre au dedans en prenant une route plus ou moins inclinée que la premiere, ce qu'on nomme réfraction. De la premiere observation se déduisent les phénomènes nombreux des miroirs; de la seconde, ceux des verres & des instrumens que nous employons pour suppléer à la foiblesse de notre vûe: on a donné le nom de *Catoptrique* & de *Dioptrique* aux deux sciences qui s'occupent de ces objets.

L'*Acoustique* est à peu près à l'égard du son ce que l'Optique est à l'égard de la lumiere; mais il s'en faut encore beaucoup qu'elle soit aussi riche que celle-ci de connoissances certaines & incontestables. Nous en trouverons la raison dans la nature de son principe, plus difficile à ramener à la simplicité d'une supposition purement mathématique: ce principe est celui des vibrations des particules élastiques de l'air, qu'on voit d'abord être compliqué de plusieurs difficultés physiques. On doit rapporter à cette division générale la *Musique*, cet art enchanteur de flatter l'oreille par les accords & la succession des sons; elle est fondée sur un principe dont une partie a été découverte autrefois par *Pythagore*, & l'autre de nos jours par M. *Rameau*. Ce n'est pas qu'on prétende ici que l'on puisse, à l'aide des seules regles mathématiques, faire de la

Musique agréable. Non sans doute : une harmonie mathématiquement exacte pourroit être très-peu flatteuse ; c'est au génie, c'est au goût à choisir les accords les plus convenables pour le sujet qu'on traite. Aussi les Musiciens Mathématiciens, ou ceux qui ont traité cet art mathématiquement, n'ont jamais prétendu autre chose que rendre raison de certains phénomènes que nous appercevons, soit dans la mélodie, soit dans l'harmonie.

La crainte d'une trop grande prolixité nous oblige à nous contenter de mettre brièvement sous les yeux les autres parties des Mathématiques. La considération des rapports de pesanteur, d'élasticité, de densité dans l'air, & les autres fluides qui jouissent de ces propriétés, a été nommée par quelques modernes *Pneumatologie*, ou *Pneumatique*. L'application du calcul à déterminer la possibilité des événemens, donne l'*art de conjecturer*, dont l'*analyse des jeux de hazard* est une branche principale ; enfin la Géométrie pure, appliquée à l'art de tailler les pierres dans la forme convenable, pour former par leur réunion certains ouvrages d'Architecture, compose ce qu'on nomme la *Coupe des pierres*, art qui exige souvent des considérations géométriques assez fines. A l'égard de l'Architecture, soit civile, soit militaire, & de la Pyrotechnie, qu'on me permette, malgré l'estime qu'elles méritent, de ne point les ranger parmi les Mathématiques : ceux qui ont bien conçu l'objet & la nature de ce genre de connoissances, ne peuvent manquer de voir que ces arts en font à la vérité un usage fréquent ; mais que leur constitution n'est point celle des Sciences à qui l'on donne ce nom.

V.

Nous avons déja remarqué plus d'une fois, que toutes les parties des Mathématiques mixtes dépendent intimement des abstraites, & qu'elles n'en sont que des applications. C'est une observation sur laquelle on croit devoir insister pour l'avantage de ceux qui voulant acquérir une connoissance étendue & solide de ces Sciences, se seroient mépris sur le chemin propre à y parvenir, ou desireroient de le connoître : on s'attachera dans cette vûe à montrer clairement cette liaison & cette dépendance.

Toute queſtion de Mathématique mixte ſe réduit à un problême de Géométrie pure ; il ſuffit pour cela de la dépouiller de quelques circonſtances phyſiques indifférentes à ſa ſolution : l'exemple qu'on va donner le fera ſentir. On recherche, comme on ſçait, dans la Gnomonique la poſition de l'ombre que projette dans les différentes heures du jour un ſtyle parallele à l'axe du monde, ſur une ſurface dont la ſituation eſt donnée. Il ne faut qu'avoir une connoiſſance médiocre de la ſphere, pour appercevoir que ces heures ſont déterminées par la poſition du ſoleil dans les douze cercles horaires qui diviſent ſa révolution journaliere en vingt-quatre parties égales, & que ces cercles ſe coupent tous dans une même ligne, ſçavoir dans l'axe du monde. On remarque de plus que le ſtyle poſé dans la ſituation convenable, c'eſt-à-dire parallelement avec cet axe, coincide ſenſiblement avec lui ; car il le feroit effectivement ſi l'on étoit au centre de la terre, & l'éloignement où nous en ſommes, comparé à celui du ſoleil, eſt ſi peu conſidérable que nous pouvons nous y ſuppoſer. Il eſt enfin évident que l'ombre de l'axe ſolide poſé dans la commune interſection de tous les plans horaires, eſt toujours dans le même plan où ſe trouve le ſoleil & cet axe. L'ombre que projette cet axe, n'eſt donc que le plan horaire prolongé ; ainſi le problême de déterminer la poſition de cette ombre, ſe réduit à celui-ci : *Un certain nombre de plans qui ſe coupent dans une même ligne, & à angles par-tout égaux, étant propoſé, on demande leur interſection avec une ſurface dont la ſituation & la forme ſont données.* Or il eſt aiſé de voir que ceci n'eſt qu'un problême de Géométrie : auſſi pendant que celui qui l'ignore, ou qui n'y eſt que peu verſé, s'inſtruit laborieuſement des pratiques gnomoniques & de leurs raiſons, le Géometre intelligent trouve dans lui-même ces ſecours ; il réſoud la queſtion, il imagine & ſe forme des méthodes. Il en eſt de même de la Perſpective ; cette partie de l'Optique conſiſte dans un problême peu embarraſſant pour un Géometre. Il s'agit de déterminer ſur un plan dont la poſition eſt connue, l'interſection des différentes lignes qu'on conçoit tirées de l'œil aux linéamens de la figure qu'il faut repréſenter, & qu'on ſuppoſe placée derriere ce plan. Une médiocre intelligence en Géométrie ſuffit pour réſoudre une pareille queſtion dans toute ſon

ſon étendue, pendant que celui qui n'y a fait aucun progrès, arrêté à chaque pas, trouve une foule de difficultés dont il n'apperçoit ni ne comprend les ſolutions. Auſſi ne craindrons-nous pas de le dire, la Géométrie eſt la clef générale & unique des Mathématiques : celui-là ſeul peut aſpirer à pénétrer profondément dans ces ſciences qui poſſede la premiere ; tout autre reſtera néceſſairement confiné dans une ſphere étroite, & dans un état de médiocrité.

VI.

Les Mathématiques furent toujours accueillies avec une eſtime ſinguliere par les Philoſophes les plus reſpectables de l'antiquité. Nous remarquerons en effet que tous ceux dont la doctrine & les mœurs furent les plus parfaites, cultiverent ces connoiſſances, ou du moins en firent cas. Je dis à deſſein, ceux dont la doctrine & les mœurs furent les plus parfaites; car je n'ignore pas qu'on trouvera un ſophiſte *Protagore*, un voluptueux *Ariſtippe*, un épicurien *Zenon de Sidon*, & quelques autres de la même trempe, qui s'éleverent contr'elles : on fera plus bas quelques remarques ſur les motifs de cette averſion ; mais les plus dignes de notre eſtime leur rendirent toujours la juſtice qu'elles méritent. Ainſi penſerent, pour ne citer que les plus célébres, *Thalès*, *Pythagore*, *Démocrite*, *Anaxagore*, & tous les Philoſophes des écoles Ionienne & Italique ; *Platon* enfin, *Xenocrate*, *Ariſtote*, &c. Perſonne n'ignore que les premiers de ces Philoſophes contribuerent de tous leurs ſoins aux progrès qu'elles firent dans la Grece; que *Platon* fut un des plus habiles Géometres de ſon tems, & que ſes Ouvrages ſont remplis de témoignages honorables pour les Mathématiques. *Xenocrate*, l'un de ſes ſucceſſeurs, n'en penſa pas moins avantageuſement, témoin la réponſe que nous avons rapportée ailleurs. (*i*) Le chef de l'école Péripatéticienne ſe ſert fréquemment d'exemples tirés de la Géométrie dans ſes écrits métaphyſiques ; ce qui montre aſſez qu'il la regardoit comme un modéle de la méthode à ſuivre dans la recherche de la vérité : on ſçait d'ailleurs qu'il avoit écrit ſur divers ſujets mathématiques. Nous nous bornerons là, quoiqu'il nous fût facile

(*i*) Dans ce Livre, art. I.

d'accumuler un plus grand nombre d'autorités favorables. Nous ne trouvons dans l'antiquité que *Socrate* dont on puisse opposer le sentiment, avec quelque apparence de raison, à ce langage universel en faveur des Mathématiques. Ce sage, nous ne devons point le dissimuler, desapprouva une trop grande curiosité à pénétrer leurs mystères. Quand on sçait, dit-il, assez de Géométrie pour mesurer son champ, assez d'Astronomie pour connoître les heures & les tems, pour se conduire dans les voyages de terre & de mer, on ne doit pas affecter un sçavoir plus profond. (*l*)

Qu'il nous soit permis de faire sur ce langage de *Socrate*, quelques observations propres à réduire à leur juste valeur les conséquences qu'on voudroit en tirer. D'abord ce Philosophe ne nous accorde-t-il pas beaucoup, & bien plus qu'il ne paroît vouloir le faire, en nous permettant de cultiver les Mathématiques jusqu'à ce qu'on les ait amenées au point que demandent les besoins de la société. Si les circonstances du tems où il vivoit rendoient leur utilité assez bornée, il n'en est plus de même à présent; nous ne navigeons plus sur une mer étroite comme on le faisoit alors. Jamais plus à l'abri des dangers de la navigation, que quand on est éloigné des côtes, on se guide à travers l'océan, sans avoir pendant un tems considérable d'autre commerce qu'avec les étoiles: la connoissance de la position de tous ces corps célestes est donc nécessaire. Il est essentiel d'avoir une Géographie parfaite; on n'y atteindra qu'autant qu'on perfectionnera & qu'on multipliera les méthodes astronomiques. Si l'on travaille aujourd'hui à la théorie de la lune avec tant de soin, & un si grand appareil d'observations & de calculs, qu'on ne pense pas que ce soit une pure curiosité qu'il seroit cependant facile de justifier; c'est dans la vûe de procurer aux navigateurs un moyen assuré & parfait de reconnoître en tout tems le lieu de leur situation: voilà donc une Astronomie profonde, devenue nécessaire au jugement même de *Socrate*. Nous avons choisi l'Astronomie pour exemple, parce que c'est la partie des Mathématiques dont l'usage moins connu pourroit la faire regarder comme une Science vaine & inutile. Quelle multitude

(*l*) Diog. *in Socrat.* Xenoph. liv. IV. *de dic. & fac. Socr.*

d'usages n'aurions-nous pas trouvé dans la méchanique, l'optique, &c. ?

Mais nous devons principalement nos réflexions au motif qui inspiroit à *Socrate* cette maniere de penser. Ce Philosophe s'adonnant uniquement à la morale, se persuada (tant il est difficile de tenir un juste milieu) que la seule étude qui dût occuper l'homme étoit celle qui pouvoit servir à le rendre meilleur. Nous convenons qu'elle est la premiere & la plus essentielle; que sans les vertus morales, les qualités les plus éminentes de l'esprit & du génie méritent peu d'estime; mais ne doit-on pas convenir qu'il y a un excès de sévérité à ne permettre à l'esprit humain que cette occupation. S'il est nécessaire de fournir quelque aliment à une curiosité, qui lui est trop naturelle pour qu'il soit criminel de chercher à la satisfaire, quel autre lui convient mieux que l'étude des Mathématiques ? Incapables en effet d'égarer le cœur en même tems qu'elles éclairent l'entendement, ces Sciences, ne les supposât-on que curieuses, sont sans contredit les plus propres à l'occuper sans danger. Au reste *Socrate*, malgré le peu d'estime que cette rigueur excessive lui inspiroit pour elles, ne laissoit pas de reconnoître qu'elles étoient avantageuses à certains égards. Si nous en croyons *Platon*, il les regardoit comme fort propres à fortifier les facultés de l'esprit. » N'avez-» vous jamais remarqué, dit-il, (*m*) que ceux qui comptent » naturellement sont doués d'une intelligence propre à faire » des progrès rapides dans tous les arts, & que ceux qui sont » d'un génie tardif & peu ouvert, si on les exerce dans l'A-» rithmétique, deviennent, de l'aveu de tout le monde, plus » spirituels & plus intelligens : » Et ailleurs (*n*) il paroît reconnoître l'utilité des Mathématiques dans tous les arts; ce qui modifie beaucoup son jugement peu avantageux, ou du moins le rend peu conséquent. Car il est incontestable que des connoissances utiles dans la société, doivent être l'occupation de quelques particuliers doués de talens & de génie pour les perfectionner, & qu'il seroit à souhaiter que tous les hommes pussent y contribuer de leurs travaux & de leurs efforts. On ne peut enfin refuser de convenir qu'une étude qui rend l'en-

(*m*) *In Phedro.* & liv. VII. *de Republ.*.
(*n*) *In Phil.*

tendement plus propre à concevoir, plus capable d'exercer ses facultés, sçavoir le raisonnement & la méditation, devroit former une partie considérable de l'éducation de tous ceux qui sont destinés à penser dans le cours de leur vie. Ainsi bien loin que le témoignage de *Socrate* puisse servir à déprimer les Mathématiques, nous tirerons des faits même qu'il avoue une conséquence toute contraire.

Nous pouvons ramasser dans tous les siécles une suite de suffrages qui ne sont pas moins favorables à ces sciences que ceux des Philosophes de l'antiquité. S'il se trouve dans ces tems ténébreux dont le regne a été si long en occident, quelques hommes dignes d'un âge plus éclairé, & qui ont pris l'essor sur leurs contemporains, nous remarquerons qu'ils les ont cultivées, ou du moins appréciées avec justice. Tels furent le fameux *Boece*, *Cassiodore* dans le sixiéme siécle; le vénérable *Bede*, *Alcuin* son disciple, & Précepteur de *Charlemagne* dans le huitiéme; *Gerbert* dans le dixiéme; *Albert* le Grand, *Roger Bacon*, & quelques autres dans le treiziéme: tous ces personnages, d'autant plus respectables qu'ils ont sçu se faire jour au travers de l'ignorance & de la barbarie de leur siécle, ces personnages, dis-je, aimerent & estimerent les Mathématiques, & quelques-uns d'entr'eux les cultiverent avec ardeur: témoin *Roger Bacon*, dans les écrits duquel on trouve les germes de tant d'inventions brillantes; témoin *Gerbert* qui, épris de ces connoissances, s'échappa de son couvent pour voyager chez les Arabes, afin d'y chercher des secours que la Chrétienté ne lui fournissoit pas.

Passons à présent aux modernes; nous verrons que les Philosophes les plus illustres qui ont fleuri depuis la renaissance des Lettres, ces hommes à qui le genre humain doit une partie des lumieres dont il jouit aujourd'hui, ont cultivé ou apprécié justement les Mathématiques. Tel fut l'illustre Chancelier d'Angleterre, ce profond génie qui, dans un tems qui n'étoit que le crépuscule du grand jour qu'ont depuis répandu les Sciences, traçoit à l'esprit humain la route qu'il devoit tenir pour les perfectionner. Les Mathématiques lui parurent un moyen indispensable pour la restauration & l'avancement de la Physique, à laquelle il exhorte si fort de s'appliquer. Qui ignore que *Galilée*, *Torricelli*, *Descartes*, *Pascal*, tinrent les premiers rangs parmi les Mathématiciens de leur tems, & qu'ils enrichirent la Physique des découvertes les plus brillantes? *Boyle*, le principal restaurateur de la Physique expérimentale, a regretté plus d'une fois (*o*) de n'avoir pas pénétré assez profondément dans les mystères de la Géométrie & de l'analyse; néanmoins on ne peut pas dire qu'il y fut étranger, ses ouvrages témoignent le contraire en plusieurs endroits : mais il sentoit que des connoissances plus approfondies dans ce genre lui auroient été d'un grand secours. Le même génie à qui nous devons les plus belles découvertes géométriques, le grand *Newton*, est l'auteur des plus sublimes découvertes dans la Physique. Il étoit réservé au premier des Mathématiciens de décomposer la lumiere, de reconnoître & de démontrer d'une maniere incontestable le systême de l'univers, & les ressorts par lesquels il se perpétue. Les plus illustres Métaphysiciens viennent enfin ajouter leurs suffrages à ceux qu'on vient de recueillir ; *Mallebranche* n'a pas cru pouvoir donner de meilleur exemple de la maniere de procéder dans la recherche de la vérité, que la méthode des Géometres. (*p*) Je finis par le témoignage de *Locke*, témoignage bien pressant pour ceux à qui ce grand homme est connu. *J'ai insinué*, dit-il, (*q*) *que les Mathématiques étoient fort utiles pour accoutumer l'esprit à raisonner juste & avec ordre ; ce n'est pas que je croye nécessaire que tous les hommes deviennent des Mathématiciens : mais lorsque par cette étude ils ont acquis la bonne méthode du raisonnement, ils peuvent l'employer dans toutes les autres parties de nos connoissances, &c. L'algébre*, dit-il plus loin, *qui fait une partie des Mathématiques, donne de nouvelles vûes, & fournit de nouveaux secours à l'entendement, &c.* Je passe, pour abréger, plusieurs autres traits aussi décisifs de l'estime de *Locke* pour ces Sciences. Si l'autorité des grands hommes est de quelque poids, quels noms à opposer à leurs ennemis, & à ces écrivains qu'on voit de tems à autre les attaquer, si peu initiés dans leur connoissance, qu'ils tombent, dès qu'ils commencent à en parler, dans les plus ridicules méprises? Le fameux *Bayle* (*r*) à qui un penchant décidé vers

(*o*) *In Consid. circa utilit. Phil. experim. exercit.* VI.

(*p*) Rech. de la vérité, liv. 6. chap. 5. & *passim.*

(*q*) De la conduite de l'entend. §. 6. 7. &c.

(*r*) Diction. critique, article de *Zenon de Sidon.*

le Pyrrhonisme faisoit dire que les Mathématiques même avoient un côté foible, convenoit du moins que pour les combattre avec quelque succès, il falloit un homme également bon Philosophe & habile Mathématicien. Mais, nous le dirons avec confiance, cette attaque n'est point à craindre pour elles; & nous osons assurer que rien ne seroit plus capable de faire rétracter leurs adversaires, qu'une étude sincère & approfondie des vérités qu'elles enseignent.

Les annales de la Philosophie & de l'esprit humain nous fournissent une foule de traits honorables pour les Mathématiques; la plûpart des découvertes physiques dont nous sommes aujourd'hui en possession, ont été enfantées ou perfectionnées par des Physiciens Mathématiciens. On vient de le montrer par l'exemple des *Descartes*, des *Pascal*, des *Galilée*, des *Newton*, &c. au contraire si quelque vérité lumineuse & utile a essuyé des oppositions, elle est venue le plus souvent de la part de gens qui ignoroient ou déprimoient les Mathématiques. Les découvertes méchaniques de *Galilée*, la pesanteur de l'air, ne trouverent des contradicteurs que dans des hommes qui prouverent qu'ils étoient dénués de ces connoissances solides. Quels sont ceux qui combattent de nos jours les vérités méchaniques & optiques, enseignées par l'illustre Philosophe Anglois, sinon des gens qui ignorent la plûpart, ou qui décrient ces Sciences.

Si nous jettons maintenant les yeux sur ces sociétés de Sçavans, où un grand nombre de Physiciens Géometres donnent ordinairement le ton, nous verrons les saines opinions de la Physique toujours long-tems accueillies avant qu'elles pénétrent dans les écoles où les Mathématiques sont peu cultivées; elles ne passent que fort tard, & plutôt sous le titre d'opinion commune, qu'à la faveur d'une discussion éclairée, dans celles où on les néglige entierement. On discutoit la Physique de *Descartes* dans l'Académie des Sciences, dès les premieres années de son institution; *Aristote* a exercé son despotisme encore plus de quarante ans dans toutes les Universités, même les plus éclairées. La Société illustre dont je viens de parler, rejettoit l'opinion du Philosophe François sur les loix du choc des corps, sur le flux & le reflux, sur les couleurs; elle condamnoit enfin ses tourbillons, presque à mesure que des expériences bien constatées, & de nouveaux phénomènes physiques en démontroient le peu de consistance. Combien est-il encore d'écoles où regne *Aristote?* Combien d'autres où l'on n'a abandonné sa doctrine que depuis quelques années, & où substituant erreur à erreur, on enseigne à présent *Descartes* & ses opinions, quoique unanimement proscrites par-tout ailleurs. Il s'écoulera peut-être encore un demi-siécle avant que les vérités démontrées par *Newton* y soient connues ou victorieuses.

VII.

Après des témoignages si respectables, des faits si connus qui déposent en faveur des Mathématiques, peut-être étoit-il superflu de s'arrêter aux vaines déclamations de leurs ennemis. (*s*) Cependant comme il en est quelques-unes capables de séduire des esprits qui ont peu réfléchi sur la nature de ces Sciences, nous ne croyons pas qu'il soit inutile d'y répondre

(*s*) Si les Mathématiques se sont attiré les éloges d'une foule d'hommes respectables, elles ont eu aussi leurs adversaires ridicules; il ne sera pas question dans cette notte de ceux qui ont prétendu les attaquer avec les armes de la Philosophie même : on leur répond dans cet article. Nous nous bornerons ici à relever les noms de quelques-uns qui ont employé contre elles la plaisanterie, ou qui les ont rejettées par des motifs qui ne méritent pas une réponse sérieuse. Quelqu'un montroit à *Epicure* un cadran solaire pour relever l'utilité des Mathématiques : *Belle invention*, dit-il, *pour ne pas manquer l'heure du repas*. *Verdier Vauprivas*, (dans sa Biblioth.) ne trouve pas le sens commun à *Euclide*. Cela est excusable à un homme qui avoit la tête plus remplie de titres de Livres que de connoissances réelles. *Hobbes*, quoique estimable à certains autres égards, a reproché aux Mathématiques une illusion perpétuelle; mais c'étoit parce que ses fausses quadratures du cercle étoient contraires à leurs principes. Cela donna lieu à une longue querelle dont on voit les piéces dans les Transactions philosophiques; elles ne contribueront pas à assigner à M. *Hobbes* une place bien brillante dans la postérité. Je ne dis rien d'une foule d'auteurs qui ont fait des déclamations contre la prétendue vanité & l'incertitude des Sciences. La plûpart font rire les Mathématiciens par la maniere dont ils parlent des Mathématiques. La seule réponse qu'ils méritent est une invitation à s'instruire, du moins de leurs premiers élémens, avant que d'en parler. De ce genre sont quelques piéces répandues dans divers Journaux, entr'autres une dans le Journ. Littér. de Sept. 1713. p. 188. Celle-ci est si ridicule qu'on est tenté de croire que c'est une pure plaisanterie faite pour se mocquer de ces déclamateurs contre les Mathématiques, ou qu'elle est l'ouvrage d'un cerveau absolument dérangé.

Il y en a d'autres qui ont regardé les Mathématiques comme pernicieuses; l'esprit de *Pic de la Mirandole* avoit apparemment beaucoup baissé lorsqu'il disoit qu'il ne les croyoit pas compatibles avec la Théologie, parce qu'elles accoutument à de trop fortes preuves. Un certain *Pierre Poiret* (dans un Livre intitulé : *De verâ, falsâ & superficiariâ eruditione*, 1694. Leipf.) les traite d'occupations qui montrent dans l'esprit humain plus de foiblesse que de connoissance & de force; il les desapprouve sur-tout parce qu'elles détournent, dit-il, de la contemplation de la Divinité. Ce dévot Philosophe ne méritoit peut-être pas d'être réfuté; il l'a cependant été par le Comte d'*Herbestein*, dans un écrit intitulé : *Mathemata adv. umbratiles P. Poireti impetus propugnata*, 1709. *in*-8°.

directement : il ne faut pas de grands efforts pour en dévoiler la foibleſſe, & les réduire à leur juſte valeur.

Deux ſectes parmi les Anciens s'attacherent à décrier les Mathématiques ; ſçavoir, celles de *Pyrrhon* & d'*Epicure*. Nous examinerons d'abord les motifs de la premiere. Celle-ci, comme l'on ſçait, faiſoit ſon unique étude d'élever des doutes contre toutes les connoiſſances humaines ; ainſi l'on doit bien s'attendre que les Mathématiques eurent à en eſſuyer les premieres attaques. *Sextus Empiricus* nous a conſervé les raiſonnemens de ſa ſecte dans ſon fameux Livre *contre les Mathématiciens*, c'eſt le nom qu'il donne en général à tous ceux qui font profeſſion de quelque genre de ſçavoir que ce ſoit ; il leur déclare ſucceſſivement la guerre, & les Mathématiciens proprement dits, ſont attaqués dans les III, IV, V & VIme livres. Il ſuffiroit preſque, pour répondre à ſes objections, de remarquer le ridicule d'un Pyrrhoniſme qui va juſques à prétendre qu'il n'y a aucune démonſtration, aucun moyen de ſe procurer la moindre certitude, pour qui les axiômes du ſens commun ſont de moindre poids que le témoignage des ſens ſi ſouvent expoſés à l'erreur ; qui prétend enfin détruire & anéantir la ſcience du raiſonnement. Notre objet n'eſt pas ici de combattre cette maniere de penſer & de rétablir la raiſon humaine dans les prérogatives qu'on lui conteſte ; il n'eſt point d'eſprit droit qui, rentrant en lui-même, n'y trouve la réponſe à ces vaines ſubtilités. Quel eſt l'homme raiſonnable qui ne rira des prétentions abſurdes d'*Empiricus*, lorſqu'il entreprend de prouver contre les Géometres qu'il n'y a ni corps, ni étendue ; contre les Arithméticiens qu'il n'y a pas même de nombre ; contre les Muſiciens qu'il n'y a point de ſon ? L'expoſition ſeule de ces paradoxes ridicules ſuffit pour les réfuter.

Parmi les objections que le Pyrrhoniſme éleve contre les Mathématiques, les ſeules qui méritent quelque attention, ſont celles qui regardent la nature des objets dont elles s'occupent, & en particulier la Géométrie. Nous pourrions à cet égard nous contenter d'y faire une réponſe générale donnée pluſieurs fois par d'habiles gens. Les objets des Mathématiques, ont-ils dit, ſont ſi métaphyſiques qu'on ne doit point s'étonner qu'ils prêtent à des difficultés ; mais c'eſt ici le lieu de faire uſage d'une regle néceſſaire dans la recherche de la vérité,

vérité : c'eſt que quelques objections, fuſſent-elles même inſurmontables, ne doivent point nous ébranler d'un ſentiment qui ſe préſente avec cette évidence qui arrache le conſentement. Les Mathématiques ſont dans ce cas ; les doutes qu'on fait valoir contr'elles, uniquement fondés ſur le peu de connoiſſance que nous avons de la nature des corps, de l'étendue & du mouvement, ne doivent porter aucune atteinte à des conſéquences établies ſur des principes & des raiſonnemens dont l'évidence ne peut être conteſtée.

Nous ne nous bornerons cependant pas à ce genre de défenſe, & nous examinerons quelques-unes de ces difficultés ſi vantées par les Sceptiques, ou les ennemis des Mathématiques.

Les objets de la Géométrie, diſent-ils d'abord, n'ont aucune réalité, & ne peuvent exiſter ; des lignes ſans largeur, des ſurfaces ſans profondeur, un point mathématique, c'eſt-à-dire ſans longueur, largeur ni épaiſſeur, ſont des êtres de raiſon, de pures chimeres. Il en eſt de même des figures dont la Géométrie démontre les propriétés ; il n'y a & il ne ſçauroit y avoir aucun cercle, aucune ſphere parfaite : ainſi, concluent-ils, cette ſcience ne s'occupe que d'objets chimériques & impoſſibles. Ils étayent cette objection de pluſieurs raiſonnemens. Si l'on tire, diſent-ils, du centre d'un cercle des lignes à tous les points de la circonférence, elles rempliront toute la ſurface de ce cercle ; & tout cercle concentrique au premier, étant coupé par ces rayons en autant de points, lui ſera égal parce qu'il en contiendra un même nombre. Si l'on ſuppoſe une ſphere parfaite, & qu'elle touche un plan parfait, le contact ſera un point ſans étendue, un vrai point mathématique ; mais lorſque cette ſphere roulera ſur le plan, elle décrira une ligne par l'application continuelle de ſa ſurface à ce plan. Ainſi voilà, ajoutent-ils, une ligne compoſée de points non étendus, c'eſt-à-dire une étendue formée de parties non étendues ; ce qui eſt abſurde, & qui démontre qu'un cercle parfait, une ſphere parfaite ſont des êtres dont l'exiſtence entraîne des contradictions palpables. On vient encore à la charge, & l'on dit : Si l'on décrit par chacun des points du rayon d'un cercle des circonférences concentriques, elles ſe toucheront toutes, & elles rempliront le cercle entier ; nouvelle abſurdité qui conſiſte en ce que des lignes ſans largeur puiſſent, accumulées les unes ſur les autres, former une ſurface, ou bien les Géometres ſeront contraints de dire que leurs lignes ont de la largeur : ce qui ſuffit pour renverſer toutes leurs démonſtrations. Je ne rapporte pas un plus grand nombre d'objections de cette nature, parce qu'elles ne ſont, pour la plûpart, que la même idée retournée de diverſes manieres, & que la ſolution de quelques-unes peut ſervir de réponſe à toutes les autres.

Pour réſoudre ces difficultés il ſuffiroit preſque de renvoyer à ce que nous avons dit plus haut ſur le développement des connoiſſances mathématiques ; on y verroit que les Mathématiciens n'ont jamais prétendu qu'il y eût des corps étendus en long & en large, ſans avoir de la ſolidité ; qu'il y en eût qui n'euſſent que de la longueur ſans aucune autre dimenſion : ils n'ont fait que décompoſer l'étendue qu'ils conſidéroient dans ſes diverſes parties, qui n'en ſont pas moins néceſſairement liées enſemble, quoique l'eſprit s'attache à l'une d'entre elles ſans réfléchir à l'autre en même tems. Tout corps a de l'étendue en longueur, en largeur & en profondeur ; mais ce qui fait qu'il eſt étendu ſuivant les deux premieres dimenſions, n'eſt pas ce qui fait qu'il a de la profondeur. On a donc pû le conſidérer uniquement comme long & large ; ce qui a donné l'idée de la ſurface : & celle-ci, décompoſée de même par un nouveau degré d'abſtraction, a préſenté celle de la longueur. La ſurface eſt le terme du volume du corps, & par conſéquent elle n'a point d'épaiſſeur ; la ligne eſt le terme d'une ſurface bornée, & le point celui d'une ligne.

Il ſuit de là que les corps, les ſurfaces, les lignes ne ſont en aucune maniere des amas de ſurfaces, de lignes, de points entaſſés ; car le terme d'une étendue ne ſçauroit être pris pour une de ſes parties intégrantes : ainſi l'on peut nier l'hypothèſe ſur laquelle roule la premiere & la derniere objection. Quelque nombre de lignes qu'on tire du centre d'un cercle à ſa circonférence, ou du ſommet d'un triangle à ſa baſe, elles ne formeront jamais une ſurface ; elles ne ſeront que les termes des diviſions de cette ſurface en parties, comme les points de la circonférence ne ſont que les termes des portions de cette circonférence : car ce ſont ces portions qui la compoſent, & non leurs extrêmités. Lors donc que l'on prétend qu'il y a autant de points dans une grande que dans une petite ligne, cela ne peut s'entendre raiſonnablement que de cette maniere, ſçavoir, qu'on peut les diviſer en autant de parties l'une que l'autre: conſéquemment il y aura autant de termes de diviſions dans chacune; mais on ne peut en tirer aucune conſéquence pour leur grandeur qui dépend de celle des portions dans leſquelles on les a diviſées. La prétendue abſurdité qu'on s'efforce de prouver par la derniere objection, n'a pas plus de réalité. Toutes ces circonférences concentriques ne rempliront pas la ſurface du cercle; elles ne feront que la diviſer en bandes circulaires qu'elles borneront de part & d'autre.

Il importe peu aux Géometres qu'il exiſte phyſiquement une ſphere parfaite, un plan parfait; ces figures ne ſont que les limites intellectuelles des grandeurs matérielles qu'ils conſiderent, & ce qu'ils démontrent à l'égard de ces limites eſt d'autant plus vrai à l'égard des corps matériels, qu'ils en approchent davantage. Ainſi en admettant que les vérités de la Géométrie ne ſont qu'hypothétiques, c'eſt-à-dire ſeulement, que s'il exiſtoit un globe & un cylindre parfaits, ils ſeroient entre eux dans telle raiſon, il s'en faudra toujours beaucoup qu'elle en reçoive aucune atteinte. Il falloit démontrer qu'une ſphere parfaite ſeroit les deux tiers du cylindre parfait qui la circonſcriroit, pour ſçavoir que le même rapport regne ſenſiblement entre les corps matériels qui approchent de ces figures autant que nos ſens nous permettent d'en juger.

Mais inſiſtera-t-on peut-être, & demandera-t-on ſi ces corps doués de figures parfaites ſont poſſibles? nous répondrons à cela qu'il faudroit mieux connoître la nature de l'eſpace & de la matiere pour décider la queſtion, & pour juger ſi l'abſurdité qui ſuivroit, à ce qu'on prétend, de cette ſuppoſition, a quelque réalité. Il ſuffit aux Géometres que l'idée métaphyſique de ces figures ſoit claire & évidente pour ſervir de fondement à leurs recherches, & pour que leurs conſéquences jouiſſent de la même évidence & de la même clarté.

A l'égard des Mathématiques mixtes, leur certitude dépend en partie de celle de la Géométrie, en partie de la vérité de l'hypothèſe qu'elles prennent pour baſe; c'eſt pourquoi, en défendant la cauſe de cette ſcience, nous avons défendu la leur, du moins en ce qui concerne les conſéquences qu'elles tirent du fait qu'elles ſuppoſent. Quant à ce fait ou ce principe, comme il eſt fondé ſur l'obſervation ou l'expérience réitérée & conſtante, il faudroit pouſſer le ſcepticiſme plus loin que les Sceptiques même, pour refuſer de l'admettre ; car ces Philoſophes ne nioient pas les faits & les expériences. *Empiricus* qui refuſe de reconnoître la vérité des axiômes de la Géometrie, admettoit cette partie de l'Aſtrologie judiciaire qui conſiſte à prévoir les viciſſitudes des ſaiſons, parce qu'il la croyoit fondée ſur les obſervations des Aſtronomes.

Les invectives d'*Ariſtippe* contre les Mathématiques, le mépris qu'*Epicure* & ſes ſectateurs affecterent pour elles, ſeront de peu de poids auprès de ceux qui connoiſſent ces perſonnages. On ne doit pas être ſurpris que des Sciences qui exigent une forte contention d'eſprit ayent déplû à un voluptueux tel que le premier ; les plaiſirs qu'elles peuvent donner, plaiſirs qui n'affectent que l'ame, ne ſont point de la nature de ceux où il faiſoit réſider la félicité. (*t*) Quant à *Epicure*, à qui l'on auroit tort d'imputer une morale ſi groſſiere, un autre motif lui faiſoit rejetter les Mathématiques ; c'étoit l'incompatibilité de ſes dogmes avec les vérités qu'elles enſeignent. En effet, à quel Mathématicien auroit-il perſuadé que le ſoleil pouvoit n'avoir que la grandeur dont il nous paroît, ou même être encore moindre ; que les éclipſes du ſoleil & de la lune, les couchers des étoiles, ſe faiſoient peut-être par une extinction totale de leur lumiere, qui ſe rallumoit à leur lever, &c. Telle étoit la Phyſique d'*Epicure ;* Phyſique bien digne d'un pareil appréciateur des Mathématiques. Auſſi *Ciceron* ſe mocque-t-il de lui en plus d'un endroit, entr'autres dans l'un (*u*) où il dit qu'il l'en croit ſans peine, & ſans avoir beſoin de ſon ſerment, lorſqu'il ſe donne pour n'avoir jamais eu aucun maître ; mais qu'il auroit bien mieux fait d'en avoir un, & d'en recevoir quelques leçons de Géométrie, que de la décrier : il ajoute enfin que cette ſalutaire inſtruction lui auroit épargné un grand ridicule. (*x*) Qu'il me ſoit permis de re-

(*t*) Diog. Laert. *in Ariſtippo.*

(*u*) *De finib. bon. & mal.* lib. I. § 7.

(*x*) On voit par un autre endroit de Ciceron (*Acad. queſt.* liv. 2.) qu'Epicure étoit venu à bout de gagner à ſon parti un certain *Polyænus*, qui avoit été réputé pour un bon Mathématicien, & qui ſoutint enſuite que la Géométrie n'étoit qu'un tiſſu de fauſſetés. Il eſt fort poſſible que ce *Polyænus* ait paſſé pour habile dans les Mathématiques ſans l'être que très-médiocrement ; & il peut encore fort bien ſe faire

marquer ici que c'est un motif à peu près semblable qui soulevoit la plûpart des Philosophes de l'école contre l'étude des Mathématiques, & c'est encore le même qui souleve aujourd'hui contre la profonde Géométrie & son application à la Physique, quelques Philosophes modernes amateurs de ces systêmes, à l'aide desquels on explique tout à peu près, & rien en détail & avec exactitude. Ces Sciences dévoiloient la foiblesse de la Physique des premiers, & la Géométrie est le fléau de ces romans physiques, objet des complaisances des derniers.

Je ne dis rien des condamnations portées par quelques Empereurs contre les Mathématiciens. Tout le monde sçait que ce fut sous ce nom que s'annoncerent dans Rome ces Astrologues qui l'inonderent pendant plusieurs siécles ; ils le portoient encore au tems de S. *Augustin*, dont on lit une Homélie faite au sujet de la réconciliation d'un de ces prétendus Mathématiciens avec l'Eglise. (*y*) Mais les gens sensés, les Philosophes, les Empereurs même auteurs de ces décrets réitérés pour proscrire les Mathématiciens de l'Empire, sçavoient distinguer les véritables des imposteurs qui usurpoient leur nom ; ils donnoient des éloges aux uns pendant qu'ils s'élevoient ou décernoient des peines contre les autres. Il y a même un decret des Empereurs *Théodose* & *Valentinien*, (*z*) qui assigne des titres d'honneur tels que ceux de *Spectabiles* & *Clarissimi*, à ceux qui font profession de la Géométrie, ou qui l'étudient. Avant eux les Empereurs *Dioclétien* & *Maximien*, avoient déclaré par un rescrit qu'il étoit de l'intérêt public que la Géométrie fut cultivée : *Artem Geometriæ discere atque exercere publicè interest.*

VIII.

J'ai maintenant à répondre à des objections d'une autre nature ; celles-ci ne regardent pas la certitude des Mathéma-

qu'un habile Mathématicien donne dans un travers. Mais, ajouta-t-on à cet exemple, celui du Chevalier de Meré qui se donne, dans une lettre à M. Pascal, pour un Géometre de la premiere classe, (*Bayle*, Dict. art. *Zenon de Sidon* ; Lettres du Chev. de Meré, num. 19.) & qui traite de fausses les démonstrations de M. Pascal, & la Géométrie, ce ne seront point de pareilles raisons qui prouveront rien contre les Mathématiques ; il faudroit ou plus d'exemples semblables de Mathématiciens habiles qui les auroient abandonnées après en avoir sondé le foible, ou des objections qui égalassent, du moins en évidence, les principes sur lesquels la géométrie est appuyée.

(*y*) *In Psalm.* LXI. p. 32. *ed. Frob.* de 1556.

(*z*) L. 2. *Cod. de excusat. artif.*

tiques, mais ſeulement de tenir le rang qu'elles méritent parmi les connoiſſances humaines. Il eſt fort ordinaire aujourd'hui de voir des gens de Lettres affecter en toutes rencontres de déprimer ces Sciences, & de rabaiſſer le mérite de ceux qui y excellent. Qu'on écoute l'Abbé *Des Fontaines*, cet homme célébre par l'emploi qu'il a ſi long-tems exercé dans la littérature : ſi on l'en croit on a vû fleurir des Mathématiciens avec des Scholaſtiques dans les ſiécles les plus dénués de goût, de vraie ſcience & de délicateſſe. (*a*) Les plus grands Mathématiciens, dit-il ailleurs, ont toujours été les plus âgés ou ceux qui ont le plus travaillé. On ne peut ſe méprendre ſur le motif qui inſpiroit un pareil langage à ce critique pour qui l'exactitude & l'équité n'étoient ſouvent que des vertus de pure ſpéculation. C'étoit viſiblement d'exclure des Mathématiques toute eſpece de génie, & de les mettre au niveau des puérilités ſcholaſtiques dont s'occupoient ces ſiécles ignorans. Suivant *Scaliger* & pluſieurs autres qui l'ont répété, il ne falloit, pour réuſſir dans ces Sciences, qu'un eſprit lourd & peſant, & ceux qui s'y adonnoient ne devoient jamais eſpérer une part brillante à l'immortalité.

Ces reproches, ou plûtôt ces imputations, n'étonneront point ceux qui connoiſſent le cœur humain ; c'eſt l'ouvrage de cet amour propre qui anime la plûpart des hommes à ne regarder comme utile, comme digne d'eſtime, que ce qu'ils font, & qui les porte à relever avec ſoin tout ce qui peut rabaiſſer les occupations des autres. A l'égard des Mathématiques il y a une raiſon de plus : de tout tems eſtimées par les eſprits judicieux, je puis même le dire, puiſque je l'ai prouvé, par les premiers génies ; à la mode quelquefois, elles ſont d'un abord rude & difficile ; on ne s'initie qu'avec peine dans leurs myſtères, & pluſieurs de ceux qui s'efforcent de les déprimer avec malignité, ne le font que par une ſorte de dépit de n'avoir pû y pénétrer. Ce ne fut, par exemple, qu'un amour propre mêlé d'envie, qui animoit *Scaliger* contr'elles, & qui lui faiſoit tenir les diſcours qu'on vient de rapporter. Il faut remonter à la ſource de cette inimitié : *Joſeph Scaliger*, plein de cette confiance en lui-même qui l'entraîna dans tant de mé-

(*a*) J'ignore dans quel endroit de ſes écrits cela ſe trouve ; mais je l'ai oui objecter d'après lui à une perſonne fort pleine de ſa lecture.

prises, voulut se faire une réputation jusques parmi les Mathématiciens ; bien éloigné alors d'en penser d'une maniere si méprisante, il rechercha la solution de tous les problêmes qui leur avoient échappé, comme la quadrature du cercle, la trisection de l'angle, la duplication du cube, &c. Il dévoila (*b*) enfin ses prétendues découvertes avec beaucoup d'emphase ; il donna aussi une maniere de réformer le calendrier, & il l'opposa à celle de *Grégoire* XIII ; mais toutes ces nouveautés, loin de plaire aux Mathématiciens, en furent reçues comme devoit l'être un tissu de paralogismes palpables, annoncé avec la confiance la plus insultante : un cri universel s'éleva contre *Scaliger*, & le P. *Clavius* entr'autres écrivit pour le réfuter. Dès ce moment ceux qui cultivoient les Mathématiques avec succès ne furent plus que des esprits lourds & pesans ; & le *Jesuite* Géometre son principal adversaire, fut traité avec une distinction d'injures proportionnée à l'offense qu'il en avoit reçûe. (*c*) Elles ne méritent presque d'autre réponse que cette courte histoire.

Ceux qui applaudissent à ces imputations mal fondées montrent ou bien peu de connoissance des faits, ou bien peu de bonne foi. Etoient-ce donc des esprits lourds & pesans que ceux d'un *Pythagore*, d'un *Platon*, & de tant d'autres qui excellerent dans les Mathématiques chez les Anciens ? d'un *Descartes*, d'un *Leibnitz*, parmi les modernes ? Il y auroit une extrême injustice à en accuser la plûpart des Mathématiciens de nom qui fleurissent aujourd'hui. Quiconque sçaura apprécier le Discours préliminaire de l'Encyclopédie, Discours où éclatent le feu d'un génie profondément philosophique, & les talens d'un écrivain peu ordinaire : quiconque, dis-je, sçaura apprécier ce Discours, ne refusera pas à son auteur une place parmi les hommes rares qui illustrent notre nation. C'est néanmoins l'ouvrage d'un de nos premiers Mathématiciens, qui de la même plume dont il a calculé l'action des fluides & le dérangement de la lune, a écrit ce morceau vraiment sublime. Il en est un autre dont le nom est célébre par une des plus belles opérations que les

(*b*) *Cyclometria nova.* 1692. *in-folio.*

(*c*) *Scaliger* traita *Clavius* de bœuf. *Nota* que c'étoit encore la mode des injures qui n'est pas encore tout à fait éteinte. Son pere avoit traité à peu près de même *Cardan*, au sujet du Livre *De subtilitate*, & à bien des égards avec aussi peu de raison.

hommes ayent tentées, par des découvertes mathématiques & physiques de diverse espece, & qui a sçu couvrir de fleurs les recherches philosophiques les plus séches. Il me seroit aisé d'en citer plusieurs autres dans qui la méditation profonde n'a point nui à l'aménité de l'esprit; si l'on en trouve d'un caractère différent, ce sont ou des Mathématiciens d'un mérite fort médiocre, ou bien c'est un défaut contracté par la solitude du cabinet, si propre à éteindre tout le brillant & la vivacité de l'esprit. De beaux génies en tout genre, ont éprouvé ce sort dans divers tems, & sur-tout dans ces siécles où les Sçavans moins répandus ne voyoient presque que leurs Livres, & n'avoient jamais passé les bornes de la science à laquelle ils s'étoient voués. Si quelques Mathématiciens étoient alors tout-à-fait étrangers dans la littérature, combien peu de ceux qui faisoient profession de belles Lettres ou d'érudition, sçavoient les premiers élémens de la sphère. J'ai dit quelques Mathématiciens, car il seroit aisé de prouver par des exemples nombreux, que la plûpart ne manquoient pas de connoissances dans l'érudition & les belles Lettres; mais y en eût-il eu davantage qui vécurent dans une espece de barbarie littéraire, cela leur fut commun avec bien d'autres. Au reste ils se sont fort corrigés dans ce siécle. On trouveroit, je pense, encore bien des gens de Lettres, & sur-tout des Poëtes, qui ignorent pourquoi en été les jours sont plus longs que durant l'hyver. Un phénomène si réglé & si fréquent a-t-il moins de droit que les beautés sublimes de la Poësie & de l'Eloquence, à exciter l'admiration & la curiosité de l'entendement humain ?

Pour peu qu'on sçache l'histoire des Sciences il est aisé de repousser les traits lancés par l'Abbé *Des Fontaines*; ils n'ont de la force que pour ceux qui ne sçavent point peser les talens. En effet cet écrivain a sans doute pris pour les plus grands Mathématiciens les compilateurs des plus gros ouvrages; & comme on n'a pas fait à la fleur de son âge, ou sans un travail obstiné, d'épais volumes, il en a conclu que les plus habiles étoient les plus âgés ou les plus laborieux. Cette méprise n'est pardonnable qu'à un étranger en Mathématique : si l'Abbé *Des Fontaines* l'eut été un peu moins il auroit pensé autrement. Les Mathématiciens ont toujours reconnu plus de génie dans quelques pages de *Viete*, de *Kepler*, de *Copernic*,

de

de *Tycho Brahé*, que dans les vastes écrits de *Clavius*, de *Renaldini*, & de *Guarini*, &c. *Descartes*, encore à la fleur de son âge, enseignoit tous les Mathématiciens de son tems en donnant sa Géométrie, écrit très-court, & qui, par les découvertes nombreuses qu'il contient, forme aujourd'hui la partie la plus assurée de sa gloire. Le prodigieux accroissement de la Géométrie, depuis environ un siécle, n'est presque dû qu'à de jeunes Mathématiciens. M. *De Fermat* étoit aussi peu âgé que *Descartes*, lorsqu'il luttoit avec lui, & qu'il jettoit les fondemens de notre calcul de l'infini. *Wallis* étoit jeune dans le tems qu'il entoit ses découvertes sur celles de *Descartes* & *Fermat*; *Newton* atteignant à peine 23 ans étoit déja le premier Géometre de l'Europe, puisqu'à cet âge il avoit découvert plusieurs de ces sublimes méthodes analytiques, & entr'autres les fondemens des calculs différentiel & intégral. Peu d'années après il analysoit la lumiere, & il publia sa sçavante théorie à l'âge de 28 ans. Son immortel traité *des principes de la Philosophie naturelle*, est en partie une production de sa jeunesse. Il avoit dès lors conçû le plan de cet immense & admirable édifice; plusieurs vies ordinaires suffiroient à peine pour recueillir & mettre en œuvre les nombreux matériaux qu'il y employa, & qu'il tira de la Géométrie & de la Méchanique la plus subtile. Cependant il n'avoit pas atteint la moitié de sa carriere, quand il donna cet ouvrage à l'empressement du public. *Leibnitz* découvrant le calcul différentiel, & proposant aux Géometres des cartels, ou y satisfaisant, étoit encore peu avancé en âge; le sçavoir profond de cet homme illustre, dans les antiquités, dans l'histoire, dans la politique & la jurisprudence; son goût pour la Métaphysique la plus déliée, sont connus de tout le monde. Sans ces travaux variés, & qui le partagerent également durant toute sa vie, il est à croire que sa jeunesse, de même que celle de *Newton*, auroit été marquée par les découvertes les plus brillantes. Que dirai-je des deux célébres freres, MM. *Jacques* & *Jean Bernoulli*, du Marquis *de Lhôpital*, qui marchant sur les traces de *Leibnitz* & de *Newton*, furent après eux les plus habiles & les plus jeunes Mathématiciens de l'Europe: mais pourquoi chercher dans le siécle passé des exemples de ce phénomène, si c'en est un? Nous en avons de récens, & qui sont sous nos yeux. MM. *Clai-*

rault & *d'Alembert*, l'un & l'autre encore à la fleur de leur âge, ont été dès leur jeunesse au rang des premiers Géometres. Nous pouvons dire enfin qu'il n'y a pas aujourd'hui un Mathématicien de réputation qui n'ait annoncé dès ses premieres années, par quelque ouvrage de génie, ce qu'il étoit déja, & ce qu'il seroit un jour.

Concluons de ces traits dont il m'auroit été facile d'augmenter le nombre, que rien n'est moins fondé que la premiere accusation de l'Abbé *Des Fontaines* : il n'y a pas plus d'équité dans la seconde. Ces Mathématiciens qu'on vit fleurir dans des siécles ignorans & barbares, ne sont point tels que ce critique voudroit nous les représenter; indépendamment qu'ils furent en fort petit nombre pendant qu'on étoit inondé de scholastiques, indépendamment que la plûpart s'éleverent avec force contre le mauvais goût qui régnoit dans les écoles, les plus éclairés parmi eux peuvent-ils entrer en comparaison avec les génies que la Gréce produisit dans ses beaux jours, & avec ceux qu'on a vû fleurir en Europe depuis la renaissance des Lettres. Bornés aux connoissances les plus élémentaires en tout genre, ils réputoient comme un effort d'esprit d'entendre *Euclide* entier. Les Géometres d'un mérite plus relevé, les *Archimede*, les *Appollonius* à peine leur étoient connus de nom. Mais admettons pour un moment que ces siécles ténébreux ayent produit des Mathématiciens distingués, pourquoi la fécondité de la nature qui forme de tems à autre des génies éminens, auroit-elle dû être suspendue ? Ces hommes n'en furent que plus estimables d'avoir sçû se faire jour au travers des nuages de leur tems; & rien ne seroit plus honorable pour les Mathématiques, que de voir les meilleurs génies dans tous les siécles en avoir été instruits : on pourroit en conclure que rien n'est plus propre qu'elles, à donner à l'esprit cette force & cette vigueur qui le fait triompher des obstacles des préjugés & de l'ignorance. D'ailleurs, pourrai-je demander, dans quel siécle ont vécu les *Homere*, les *Hésiode*, &c. n'est-ce pas dans le tems où la Gréce étoit encore bien près de la barbarie. Quel est celui qui a donné à l'Italie le *Dante*, *Petrarque*, Poëtes estimables à bien des égards, sinon un siécle ignorant ? Combien de Poëtes dont plusieurs ne sont pas sans mérite, combien d'hommes dignes d'être estimés par une solide littérature, n'a pas produit le seiziéme siécle si voisin des ténébres & du mauvais goût, si peu fertile en Mathématiciens originaux par-tout ailleurs qu'en Italie où les Arts & les Lettres fleurissoient à l'envi ? Ainsi l'objection de l'Abbé *Des Fontaines* retourne contre lui-même, ou plûtôt ne prouve rien. Un examen moins partial fera voir que presque toujours les hommes célébres dans la littérature, & ceux qui l'ont été dans les Mathématiques, ont vécu en même tems. Les Mathématiciens habiles que produisit l'Italie lors du retour des Lettres en Europe, furent contemporains de l'*Arioste* & du *Tasse*. Le même âge qui a donné à la France les *Descartes*, les *Pascal*, les *Fermat*, le Marquis *de L'Hôpital*, lui a donné *Corneille*, *Moliere*, *Racine ;* en Angleterre *Wallis*, *Newton*, *Hallei* ont vécu avec *Milton*, *Addisson*, & *Pope*.

Les Anciens plus équitables reconnoissoient, ce semble, cette vérité, quand ils assignoient à une de leurs Muses l'emploi de présider à l'étude du ciel. Comme cette étude est la partie des Mathématiques qui en impose le plus par la noblesse de son objet, ce fut aussi celle qu'ils eurent la premiere en vûe, lorsqu'ils créerent cet être allégorique ; mais les attributs qu'ils lui donnerent appartiennent aux Mathématiques en général : en effet le compas & l'équerre sont les symboles de la Géométrie, & nous apprennent qu'ils eurent des vûes plus étendues qu'il ne paroît d'abord. D'ailleurs ce n'est que par les secours mutuels qu'elles se prêtent qu'on peut s'élever à la connoissance sublime des ressorts & des loix de l'univers ; ainsi elles entrent toutes nécessairement dans le nombre de celles auxquelles préside cette divinité. La Muse Uranie est donc non seulement celle qui conduit l'Astronome dans le ciel, c'est encore celle qui inspire le Géometre & le Méchanicien : ces derniers ont aussi leur place sur le Parnasse, & en effet pourquoi ceux qui sondent avec tant de sagacité les mystères de la nature, n'y monteroient-ils pas avec ceux qui la peignent avec tant de charmes ?

C'est par une suite de cette alliance de l'Astronomie avec la Poësie, que les anciens Poëtes ont mis souvent dans la bouche de leurs chantres des sujets dépendans de cette science, comme les plus dignes d'être annoncés dans le langage des Dieux. Ecoutons *Virgile* vers la fin du 1er Livre de l'Enéide.

. . . . Cytharâ crinitus Iopas
Personat auratâ docuit quæ maximus Atlas.
Hic canit errantem Lunam, Solisque labores,
Arcturum, pluviasque Hyadas, geminosque Triones,
Quid tantum Oceano properent se tingere soles
Hiberni, vel quæ tardis mora noctibus obstit.

Ce Prince des Poëtes témoigne même la prédilection qu'il ressent pour les connoissances naturelles & pour l'Astronomie, lorsqu'il s'énonce ainsi dans ses Géorgiques : (*d*)

Me verò primùm, dulces ante omnia, Musæ,
Quarum sacra fero ingenti perculsus amore,
Accipiant, cœlique vias & sidera monstrent;
Defectus Solis varios, Lunæque labores.
Unde tremor terris, quâ vi maria alta tumescant,
Obicibus ruptis, rursus que in se ipsa residant,
Quid tantum oceano properent, &c.

Je puis aussi faire valoir le témoignage de *Ciceron*, non de *Ciceron* orateur & faisant l'éloge de son art à l'exclusion de tout autre, mais de *Ciceron* Philosophe & appréciant les connoissances à la balance de la raison. Quels éloges ne donne-t-il pas à la Physique & aux Mathématiques ? (*e*) *Quid dulcius otio litterato ; iis dico litteris, quibus infinitatem rerum ac naturæ, & in hoc ipso mundo, cœlum, maria, terras, cognoscimus.* Il fait consister une partie de la sagesse à contempler & à développer ces merveilles ; il s'écrie (*f*) quelles richesses, quelles couronnes peuvent être préférées aux plaisirs que ressentoient un *Pythagore*, un *Démocrite*, un *Anaxagore* ! Quelles délectations ne goûte pas un sage à contempler le spectacle surprenant de cet univers ! Ailleurs (*g*) il ne craint pas d'appeller divin le génie d'*Archimede*, pour avoir sçû imiter dans une fragile machine, ce magnifique ouvrage ; & la sagacité des Astronomes lui paroît telle qu'il en tire une de ses principales preuves de l'existence d'une ame, portion ou image de la Divinité.

(*d*) Liv. II. v. 474.
(*e*) *Tuscul. quæst.* lib. v. vers. fin.
(*f*) *Ibid.* lib. v. vers. med.
(*g*) *Ibid.* lib. I. vers. med.

I X.

Il me reste à faire voir l'utilité qui accompagne l'étude des Mathématiques. (*h*) Je me borne ici aux usages sensibles qu'on

(*h*) Divers auteurs, animés d'un zéle mal entendu pour les Mathématiques, en ont exalté les usages d'une maniere fort puérile. Nous avons cru devoir en parler, ne fût-ce que pour les désavouer, & écarter de ces Sciences estimables le ridicule que jetteroient sur elles des prétentions si peu judicieuses, si elles n'étoient pas relevées. Le P. Mersenne (*Harm. univ.* tom. 2. liv. VIII. *Syn. Math. Pref.* § 13.) ne fait pas difficulté d'inviter les orateurs à orner leurs discours de traits & de textes tirés des Mathématiques. Les sections coniques lui paroissent même fournir les plus beaux sujets de comparaison à l'usage de la chaire. D'autres ont fait de ridicules applications des vérités mathématiques à des questions de théologie, de métaphysique & de morale. Les Pythagoriciens en montrerent autrefois l'exemple par les froides allusions qu'ils trouvoient dans toute la nature avec les figures & les nombres ; mais il est des modernes qui ont tellement enchéri sur ces visions creuses, qu'il n'est aucun Pythagorien qui ne leur eut cédé le pas : c'est un honneur qu'auroit mérité sur-tout, J. Caramuel de Lobkowitz, auteur du Livre intitulé : *Mathesis audax, rationalis, naturalis, supernaturalis*, &c. *Lov.* 1644. 4°. Tout ce que la Métaphysique a de profond, la Religion révélée d'incompréhensible, y est expliqué & développé par des raisons mathématiques dont l'application est des plus ridicules. On y discute si Dieu a pû créer des Anges dont le degré de perfection fut incommensurable ; on y examine si le mouvement de la terre est possible, par l'enlévement de S. Paul ; quelle sorte de triangle forme la Trinité, &c. Caramuel a eu des imitateurs dans un certain Michel Berns, auteur d'un livre Allemand dont le titre m'a échappé, dans Gaspard Schmidt, qui a encore trouvé toute la Religion, ses préceptes & ses mystères, dans les Mathématiques : son ouvrage, vrai tissu de délires, est intitulé : *Astrologia Cathetica*.

Vossius ne donne pas de grandes preuves de jugement dans son livre *De Scientiis Mathematicis*, c. 7. lorsqu'il examine l'utilité des Mathématiques. Il les trouve bonnes à tout, à la poësie, à la grammaire, à l'économie, à la théologie, &c. on auroit peine à deviner les raisons qu'il en apporte. L'art des combinaisons apprendra, dit-il, au poëte que le vers *rex, lex, sol, dux, fons, lux, mons, spes, pax, petra, christus*, se peut varier de 3628800 façons. Le Grammairien sçaura qu'un volume de la grosseur de Calepin suffiroit à peine à tenir tous les différens mots qu'on peut faire de seize lettres. L'économe apprendra des Mathématiques qu'un pois pourroit dans douze ans produire une postérité si nombreuse, que le prix, à bon marché même, en monteroit à plus de 1000000000000 écus ; mais le bon Vossius ignoroit les premiers élémens du commerce : car une denrée si excessivement abondante, ne seroit plus d'aucun prix. Le Théologien enfin y trouvera dequoi calmer l'inquiétude de ceux qui pourroient craindre qu'il n'y eût pas de place pour eux en Paradis ; les Mathématiques lui apprendront, dit-il, que quand même le monde dureroit 12000 ans, & qu'il y auroit 20 mille millions de sauvés, l'empirée est encore assez grand, pour que Dieu pût assigner à chacun d'eux, autant d'espace qu'en occupent plusieurs royaumes sur la terre.

Nous devons aussi nos remarques à divers Livres publiés par des gens peu judicieux, dans la vûe de montrer quelles lumieres fournissent les Mathématiques pour l'intelligence des Livres saints. En voici les titres : Andreæ Arnoldi, *Mathesis sacra*, 1676. 4°. Altorf. Sam. Reyheri, *Mathesis mosaïca*, 1679. Krist. Sturmii, *Math. ad S. Script. interp. applicata*. Norib. 1710. Wideburgi, *specimina Matheseos biblicæ* ; J. Schmidt *Mathesis biblica*, in-8°. 1736. en All. On ne peut disconvenir que quelque connoissance de calcul & de Géométrie ne soit utile pour développer certains faits énoncés dans l'Ecriture sainte ; mais il y a une simplicité extrême à accumuler, comme font les auteurs dont nous parlons,

peut en retirer, car à l'égard des avantages qu'elles peuvent procurer à l'esprit, on en a déja parlé plus haut; & il seroit une multitude de questions frivoles, pour y appliquer une Arithmétique & une Géométrie des plus élémentaires; car tel est le jugement qu'on doit porter de la plûpart de celles que nous présentent ces Livres, comme le calcul du sable dont il est parlé dans la Genese, XIII. 6. celui de la grandeur de Goliath, l'importante supputation du poids des cheveux d'Absalon, de la couronne du Roi des Ammonites, &c. Vossius n'a pas manqué d'en extraire quelques-unes des plus puériles, pour encourager les Théologiens à l'étude des Mathématiques.

Parmi les abus de ces Sciences, on doit compter l'application qu'on a prétendu en faire à la Métaphysique & à la Médecine; il est des auteurs qui se sont imaginé que quand ils avoient digéré leurs rêveries en forme de théorême, de problême, & de corollaires, ils les avoient mises au rang des vérités mathématiques: on a vû paroître dans ces derniers tems plusieurs Ouvrages où la Métaphysique la plus contentieuse étoit traitée à la maniere des Géometres, & dont les auteurs, après avoir entassé beaucoup de *quod erat demonstrandum*, de scholies & de corollaires, croyoient de bonne foi avoir donné à leurs opinions la certitude d'un théorême géométrique. Ce c'est point, nous le dirons ici, de la forme de leurs raisonnemens que les Mathématiques tirent la certitude qui les caractérise; elles ne la doivent qu'à la simplicité & à l'évidence de leurs principes, à la liaison lumineuse & incontestable qui regne constamment entre les propositions qu'elles déduisent les unes des autres. Un écrivain (le Sr. P. de Croza) semble s'être proposé de ridiculiser cet usage déplacé de la forme géométrique, dans un Traité sur la spiritualité & l'immortalité de l'ame. il y fait des raisonnemens tout-à-fait comiques, & toujours revêtus du style des Géometres, qui sont la vraie satyre des Métaphysiciens dont nous parlons. Au reste, comme je ne connois cet ouvrage que par des citations, j'ignore si son auteur n'a pas prétendu attaquer aussi les Mathématiques: dans ce cas il auroit montré lui-même une grande foiblesse d'esprit.

La Médecine nous fourniroit de nombreux exemples de l'abus des Mathématiques, si nous nous attachions à les relever tous. A la vérité on ne sçauroit nier qu'elles ne servent à rendre quelque raison approchée de certains effets méchaniques qui se passent dans le corps humain: le Livre de Borelli, *De motu animalium*, est un ouvrage très-estimable par cette raison; mais prétendre appliquer le calcul & l'analyse aux mouvemens compliqués des fluides & des solides, dans cette machine la plus composée de toutes, c'est une entreprise que nous osons déclarer chimérique. Je ne puis mieux faire que d'inviter à lire une des lettres de M. de Maupertuis sur ce sujet. C'est la XIVe. Il est plaisant, du moins aux yeux des Mathématiciens, de voir certains Physiologistes résoudre en quelques traits de plume des problêmes à la solution desquels renonceroit le plus profond Méchanicien-géometre. La dissertation de M. Bernoulli *De motu musculorum*, ne doit être regardée que comme un ingénieux essai de ses forces sur un problême hypothétique dont la solution est modifiée par mille circonstances. Voici les titres de quelques livres de Mathématique médicale: N. Stroem. *ratioc. Mechanic. in medicina usus vindicatus*, L. *Bat.* 1707. *in*-8°. N. Gaukes, *De Med. ad Math. certitud. evehendâ.* 1712. *in*-8°. Archibaldi Pitcarnii, *Elementa Medicinæ Physico-Math.* Lond. 1717. *in*-8°. Personne n'a, ce semble, plus abusé des Mathématiques que ce Médecin: il dit, ce qui est fort plaisant, avoir trouvé par leur secours la maniere de guérir les éblouissemens; & il osa se proposer ce problême, *une maladie étant donnée en trouver le remede*. Apparemment Pitcarn le résolvoit mal; car malgré sa solution, il n'est que trop vrai que l'art se trouve tous les jours en défaut dans des maladies même les plus connues. Il seroit vraiment curieux de sçavoir si ce Médecin audacieux réussissoit davantage dans le traitement de ses malades, que ceux qui promettoient moins.

La Jurisprudence présente quelquefois des questions qui exigent une certaine adresse dans l'Arithmétique, & quelques connoissances de Géométrie. Cela a donné lieu aux ouvrages suivans: N. Vogt, *Arithm.*

à desirer, comme le dit M. *Locke*, que tous ceux qui sont destinés à user de leur raison les eussent étudiées : on verroit moins de conséquences précipités, moins de mauvais raisonnemens vantés pour des démonstrations, enfin moins de personnes séduites par des apparences de vérité ; mais on s'est déja assez étendu sur cet article, & il suffit ici de le rappeller.

On ne peut d'abord refuser de reconnoître la nécessité de la Géométrie & de l'Arithmétique dans la société, & dans une infinité de cas économiques, juridiques, &c. par-tout enfin où il s'agit de calcul & de comparaison de grandeurs. A la vérité il n'est besoin dans la plûpart, que des connoissances élémentaires de ces Sciences, & souvent cette portion que la nature en a accordée à tous les hommes est suffisante ; mais il est des cas plus difficiles, qui exigent une analyse profonde : il importe à un Etat, à une Communauté qui crée des rentes viageres, quelquefois sous des conditions très-composées, qui permet ou autorise certains jeux que le hazard seul dirige, comme les lotteries, d'en connoître les avantages & les desavantages, & d'y conserver une certaine égalité. Ce sont des questions sur lesquelles les Mathématiciens sont toujours consultés, & l'inspection seule des livres profonds faits sur ces matieres, apprend qu'elles ne sont point du ressort de l'Arithmétique, ni même de l'analyse ordinaire.

C'est par la méchanique & l'ingénieuse combinaison de ses différentes puissances, que l'industrie humaine est parvenue à remuer & à transporter des fardeaux si supérieurs à nos forces ; à faire servir l'eau de moteur à une foule de machines, à l'élever au sommet des montagnes, pour la répandre ensuite

juridica. N. Polackii, *Mathesis forensis.* Si ces ouvrages ont été faits dans la vûe d'aider les Jurisconsultes à traiter ces questions, le motif est louable ; mais si leurs auteurs ont eu pour objet de donner aux Mathématiques une importance universelle, si leur but a été de les appliquer à mille questions puériles qui tiennent de près ou de loin à la Jurisprudence, nous les mettrons à côté des *Mathesis biblica*, *mosaïca*, &c.

Un Géometre (le Comte d'Herbestein) a publié une dissertation sous ce titre : *An studium Geometriæ, rempublicam administranti adminiculo sit, an obstaculo.* (à Prague.) *L'étude de la Géométrie est-elle utile ou nuisible à un Ministre d'Etat ?* J'ignore comment il résoud la question ; je conjecture néanmoins qu'il conclud, à ce que les Souverains ne choisissent plus desormais leurs Conseillers que parmi les Géometres : c'est ce qu'on a droit d'attendre d'un pays & d'un tems qui ont produit tant d'ouvrages frivoles sur l'utilité des Mathématiques. Quant à nous, nous pensons que du génie & de l'amour pour le bien public, valent mieux pour tenir les rênes d'un Etat, que les connoissances les plus sublimes de la Géométrie.

avec meſure pour notre agrément. *Archimede* défendit long-tems ſa patrie par ſes inventions, & preſque toutes les machines que les Anciens employoient dans la guerre, ont été imaginées ou perfectionnées dans des tems où les Mathématiques étoient très-floriſſantes dans la Gréce : ce qui eſt une ſorte de preuve qu'elles influerent beaucoup sur la perfection de cette partie de l'art militaire.

Les avantages de l'Aſtronomie ne ſeront point conteſtés par ceux qui réfléchiront ſur les faits ſuivans : c'eſt au ſort de l'Aſtronomie qu'eſt lié celui de la Géographie, de la Navigation, de la Chronologie. On admettra ſans doute qu'il eſt de quelque importance pour l'homme de connoître la forme, la grandeur, la poſition exacte des divers lieux du globe qu'il habite : comment y ſeroit-il parvenu ſans le ſecours de l'Aſtronomie ? Les plus exacts itinéraires ſont des moyens ſur leſquels il eſt aiſé de ſentir qu'on doit peu compter, du moins pour fixer la ſituation des lieux fort éloignés entr'eux. D'ailleurs dans combien peu de cas eſt-il poſſible d'employer cette méthode ; ſi elle étoit la ſeule, on en ſeroit encore à franchir les bornes étroites des lieux qui nous environnent de plus près. Par le ſecours de l'Aſtronomie les contrées les plus éloignées, malgré les mers *innavigables*, les déſerts & les peuples barbares qui les diviſent, ſont dans une ſorte de correſpondance dont le ciel eſt le ſeul médiateur.

Le commerce, cette ſource de l'opulence & de la force des Etats, eſt redevable, en quelque ſorte aux Mathématiques de l'étendue qu'il a aujourd'hui. En effet, elles ont plus de part qu'on ne l'eſtime vulgairement, à la découverte de ces pays d'où nous viennent tant de richeſſes. Lorſque l'Infant Don Jean de Portugal qui fut le principal promoteur de la découverte des Indes, mit ce projet à exécution, il employa des Mathématiciens qui lui étoient attachés, à inventer des inſtrumens, à imaginer des méthodes propres à ſe conduire en mer ; ce fut en partie par ces moyens qu'il engagea des hommes à entrer dans ſes vûes, & qu'il les raſſura contre les dangers d'une mer inconnue : telle fut la premiere origine de notre Aſtronomie nautique. Ce Prince lui-même, ſçavant en Mathématiques, fut l'inventeur des cartes qu'on employa dans cette navigation, & probablement une ſi magnifique entrepriſe

entreprise auroit encore tardé long-tems, peut-être même feroit à peine exécutée fans ces circonftances. *Colomb* concluoit par des raifons phyfiques & mathématiques, ou l'exiftence d'un nouveau continent à l'oueft de l'Europe, ou celle d'un paffage plus commode & plus court aux grandes Indes; & s'il eft vrai, comme on le raconte, qu'il prédit une éclipfe aux habitans de la Jamaïque, il devoit avoir des connoiffances aftronomiques bien fupérieures pour fon tems.

Si l'on fe conduit aujourd'hui avec tant de fûreté & de fcience au travers des mers, on le doit aux Mathématiques qui en ont fourni les moyens. C'eft à *Mercator*, Géographe & Aftronome des Pays-Bas, qu'eft dûe l'invention des cartes par latitude croiffante, les meilleures au jugement des navigateurs intelligens; c'eft fans doute aux Aftronomes qu'ils feront un jour redevables de la derniere perfection de leur art, lorfque le mouvement de la lune fera affez connu pour pouvoir à chaque inftant déterminer fa place avec exactitude.

Les habiles Chronologiftes ont toujours fait des phénomènes céleftes un des moyens de vérifier la datte de certaines époques fondamentales; on ne trouve aucun ordre dans les tems des anciens peuples, à caufe de l'ignorance où ils étoient des périodes céleftes. L'hiftoire certaine, & qui affigne aux événemens leur vraie place, ne prend naiffance qu'avec l'Aftronomie. Une forme d'année bien ordonnée, & telle qu'il convient à des nations raifonnables & policées, femble être le chef-d'œuvre de cette fcience. Quelle peine n'ont pas pris les anciens Grecs, les Perfans, les Européens modernes, pour donner à leur calendrier une forme conftante & parfaite, & ils n'en ont approché qu'à proportion que l'étude du ciel a été plus cultivée chez eux. Dois-je oublier que nous ne devons qu'à cette étude la ceffation de ces terreurs fi deshonorantes pour la raifon humaine, qui faififfoient autrefois les peuples à la vûe de certains phénomènes peu fréquens. On ne fe rappelle qu'avec pitié le trait de ce Prince imbécille qui, à l'afpect d'une éclipfe de foleil, fit couper les cheveux à fon fils comme dans un jour de calamité. L'ignorance de *Nicias* qui commandoit l'armée navale des Athéniens dans la guerre de Sicile, fut la caufe de l'échec malheureux qu'ils y essuyerent; épouvanté par une éclipse, *Nicias* n'osa mettre à la voile quand il en étoit tems, pour lever le siége de Syracuse : le lendemain les vents devenus contraires l'empêcherent de partir, & il fut pris avec toute son armée. Il n'y a pas encore long-tems que l'apparition d'une cométe inspiroit des frayeurs superstitieuses; l'Astronomie seule a pû les calmer en dévoilant les causes de ce phénomène. C'est aussi à ses progrès considérables qu'est dûe la chûte de l'Astrologie judiciaire : cet art imposteur, né de l'abus de l'Astronomie encore au berceau, a cessé de trouver du crédit, ou n'en a plus qu'auprès de quelques esprits foibles, depuis qu'elle a pris l'essor & qu'elle s'avance vers la perfection. De toutes les connoissances astronomiques il résulte enfin une grande lumiere pour le systême général de l'univers, objet assurément digne d'occuper les êtres intelligens qui jouissent de cet admirable spectacle : c'est ce que penseront sans doute tous ceux qui n'ont pas les yeux uniquement tournés vers la terre, & qui se souviendront de ces beaux vers d'*Ovide* :

Pronaque cum spectent animalia cætera terram,
Os homini sublime dedit, cœlumque tueri
Jussit, & erectos ad sidera tollere vultus.

X.

Ce seroit affecter une prolixité excessive & inutile, que de s'attacher à montrer avec ce détail les usages des autres parties des Mathématiques mixtes; la plûpart se présentent assez d'eux-mêmes pour me dispenser d'y insister : je me borne donc à quelques réflexions concernant les spéculations géométriques d'un certain ordre, dont on peut demander le but & l'utilité. Ici nous conviendrons qu'il en est un grand nombre qui ne sont que des curiosités intellectuelles, & qui ne présentent aucun usage sensible; mais qu'on fasse attention qu'elles sont les seules vérités incontestables & sans mêlange, dont l'esprit humain, aidé de ses propres lumieres, ait pû s'assurer, & l'on cessera de leur intenter le reproche de frivolité qu'elles paroissent mériter. En effet l'homme étant composé de deux parties, l'une spirituelle dont la nature est de penser & d'approfondir les propriétés des objets; l'autre corporelle, destinée à sentir & à jouir de ces mêmes objets, il faut convenir que si l'on doit étudier leurs propriétés sensibles dans la vûe de les tourner à l'avantage de la partie matérielle, celles qui ne sont qu'intellectuelles conviennent spécialement à la partie intelligente. D'ailleurs à quoi se réduiroient les connoissances humaines, si on bannissoit toutes celles dont on ne retire aucun avantage matériel? Bientôt l'ignorance reprendroit le dessus, & rameneroit tous les malheurs des siécles les plus grossiers & les plus barbares.

Je pourrois encore remarquer que ces vérités de pure théorie, dont l'utilité est peu apparente, ne laissent peut-être pas d'en avoir une que les siécles à venir découvriront; mais j'observerai sur-tout que plusieurs d'entr'elles, inutiles, ce semble, par elles-mêmes, servent d'échelons & d'échafaudages pour s'élever à d'autres qui sont très-importantes. Quel appareil de Géométrie ne demandent pas certaines questions méchaniques & astronomiques! Telle est parmi les dernieres celle du mouvement de la lune, de la solution de laquelle il est à présumer qu'on retirera le précieux avantage d'une navigation parfaite. Le sort des Mathématiques mixtes est nécessairement lié à celui des abstraites; toutes les vérités qu'enseignent celles-ci, participent donc à l'importance des premieres.

Je finis par une réflexion : Un Philosophe demandoit à quoi s'occuperoient les hommes s'ils étoient exempts des passions qui les agitent, & affranchis des besoins divers auxquels leur nature les assujettit. Il n'est pas douteux que l'amour & la recherche de la vérité, la contemplation des phénomènes de la nature, & l'accomplissement de leurs devoirs envers l'auteur de leur être, partageroient seuls une vie également tranquille & heureuse. Eh bien! ces objets si nobles, puisqu'ils sont les seules occupations d'une créature parfaite, ces objets, dis-je, sont ceux du Mathématicien. La recherche des vérités intellectuelles, leur application aux phénomènes de l'univers, voilà ce qui compose cette partie des Mathématiques qui ne peut se vanter de satisfaire à aucun besoin corporel, d'amener aucune richeſſe dans nos ports, ou de fournir aux hommes aucune arme pour ſe nuire mutuellement.

Felices animæ quibus hæc cognoſcere primis,
Atque domos ſuperas ſcandere cura fuit.
Credibile eſt illos pariter, vitiiſque jociſque
Altius humanis, exeruiſſe caput.
Admovere oculis diſtantia ſidera noſtris,
Ætheraque ingenio ſuppoſuere ſuo.
&c.

Ovid. 1. Faſt. v. 297. & ſeq.

Fin du Livre premier.

HISTOIRE DES MATHÉMATIQUES.

PREMIERE PARTIE.

Contenant l'Histoire des Mathématiques, depuis leur naissance jusqu'à la destruction de l'Empire Grec.

LIVRE SECOND.

Origine des diverses branches des Mathématiques, & leur histoire, chez les plus anciens peuples du monde.

SOMMAIRE.

I. *Incertitude où l'on est sur l'origine de la plûpart des Sciences.* II. *Naissance de l'Arithmétique. D'où vient que nous comptons par périodes de dix ; forme de l'Arithmétique des Grecs & des Orientaux.* III. *Origine qu'on donne à la Géométrie. Discussion des raisons sur lesquelles on se fonde. Conjecture sur les progrès que les Egyptiens y avoient faits.* IV. *Origine de l'Astronomie.* V. *Traces qui nous restent de l'Astronomie Caldéenne.* VI. *Conjectures sur celle des Egyptiens.* VII. *En quoi consistoit l'Astronomie Grecque avant le tems des Philosophes. Division du zodiaque & du ciel en constellations.* VIII. *Examen de divers systêmes au sujet de cette division.* IX. *Description des anciennes ſphères Perſane, Egyptienne & Indienne.* X. *Invention & progrès de la navigation chez les Anciens.* XI. *Naiſſance des autres parties des Mathématiques.*

I.

L'Histoire des Sciences, de même que celle des Empires, a ſes commencemens enveloppés de ténébres & d'incertitude; les premiers pas de l'eſprit humain, foibles & obſcurs, dûrent exciter ſi peu l'attention de ceux qui en furent les témoins, qu'on ne doit point s'étonner que leurs traces ſoient preſque entierement effacées: à cette raiſon ſe joint à notre égard celle de l'éloignement des tems où ils ſe rapportent. Si l'hiſtoire politique, qui fut toujours tranſmiſe avec le plus de ſoin, nous manque au-delà de certaines époques, il eſt raiſonnable de s'attendre à voir celle des Sciences & des Arts preſque toujours négligée, ſe perdre dans les fables ou les conjectures: car on ne doit guères regarder autrement la plûpart des traits qu'on trouve épars ſur ce ſujet. Dans ces circonſtances le devoir d'un hiſtorien conſiſte à ſçavoir apprécier les témoignages, & diſcerner ce qui porte l'empreinte de la crédulité ou de l'ignorance, de ce qui paroît établi ſur des fondemens ſolides; nous avons tâché de remplir ces objets. Commençons par l'Arithmétique: on raconte ſa naiſſance de la maniere ſuivante.

II.

Arithmétique.

Les Phéniciens, ont dit quelques-uns, furent les premiers & les plus habiles commerçans de l'univers; mais l'Arithmétique n'eſt nulle part plus utile & plus néceſſaire que dans le commerce: ainſi ces peuples ont dû être auſſi les premiers Arithméticiens. *Strabon* (*a*) nous donne cette opinion comme accréditée de ſon tems; & même ſi nous en croyons un hiſtorien, (*b*) *Phœnix* fils d'*Agenor* écrivit le premier une Arithmétique en langue Phénicienne. D'un autre côté l'Egypte ſe faiſoit gloire d'avoir été le berceau de cet art; (*c*) & comme une intelligence humaine parut à peine ſuffire pour une invention ſi utile, on imagina cette pieuſe fable qu'une Divinité en étoit l'auteur, & qu'elle en avoit fait part aux hom-

(*a*) *Geograph.* lib. XVII. (*b*) Cedrenus, p. 19. *édit. Par.* (*c*) Diog. Laer. *in proemio.*

mes. (*d*) C'étoit du moins l'opinion générale, ſuivant *Socrate* ou *Platon* (*e*) que *Theut* étoit l'inventeur des nombres, du calcul & de la Géométrie ; & il eſt fort probable que c'eſt de là que les Grecs ont pris l'idée, de donner à leur *Mercure*, avec qui le *Theut*, ou l'*Hermes* Egyptien a un rapport marqué, l'intendance du commerce & de l'Arithmétique.

Mais je n'inſiſterai pas davantage ſur ces traits fabuleux ou hazardés ; quand on voudra diſcuter un peu philoſophiquement l'origine de nos connoiſſances, on verra que l'Arithmétique a dû précéder toutes les autres. Les premieres ſociétés policées ne purent s'en paſſer ; car il ſuffit de poſſéder quelque choſe pour être obligé de faire uſage des nombres, & même les premiers hommes n'euſſent-ils que compté les jours, les années, leur âge, leurs troupeaux, en voilà aſſez pour dire qu'ils étoient en poſſeſſion de l'Arithmétique. Il eſt vrai que les ſociétés les plus riches ou les plus commerçantes ont pû étendre les limites de cette Arithmétique naturelle, en inventant peut-être des ſignes ou des procédés abrégés pour ſoulager l'eſprit dans les ſupputations un peu compliquées : & en ce ſens *Strabon* n'a rien dit que de conforme à la raiſon. Quant au récit de *Joſephe* (*f*) qui nous donne *Abraham* comme le plus ancien Arithméticien, & qui lui fait enſeigner aux Egyptiens les premiers élémens de l'Arithmétique, il eſt aiſé de voir que cet hiſtorien a voulu parer le premier pere de ſa nation de quelques-unes des connoiſſances qu'il voyoit en eſtime chez les étrangers. C'eſt un de ces traits qui ne peuvent trouver de l'accueil qu'auprès de quelque compilateur dénué de critique & de raiſonnement.

En remontant ainſi aux plus anciennes traces de l'Arithmétique, notre premiere attention doit naturellement ſe porter ſur l'accord ſurprenant de tous les hommes à choiſir le même ſyſtême de numération. En effet ſi nous en exceptons les anciens Chinois, & un autre peuple dont parle *Ariſtote*, tous les autres qui nous ſont connus ſemblent s'être accordés à choiſir la progreſſion décuple ; je veux dire qu'après avoir compté juſqu'à dix ils ont recommencé, en diſant l'équivalant

(*d*) *In Phœdro*. p. 1240. ed. 1602.
(*e*) *Ibid.*
(*f*) *Ant. Jud.* liv. 1. c. 9.

de 10 plus 1, plus 2, &c. (car onze & douze ne ſont autre choſe) juſqu'à 10 plus 10, ou deux fois dix ou vingt; puis continuant par deux fois 10 plus 1, plus deux ou vingt-un, vingt-deux, &c. ils ont de même recommencé par un à la troiſiéme, à la quatriéme dixaine, &c. juſqu'à la dixiéme, dont ils ont fait une eſpece différente; enſuite de dix centaines une nouvelle comme mille, &c. *Ariſtote* ſe propoſoit autrefois ce problême, (*h*) & il l'auroit mieux réſolu s'il s'en fut tenu à la derniere raiſon qu'il donne, après s'être mal à propos rejetté ſur les propriétés du nombre dix. C'eſt que tous les hommes, dans l'enfance de leur raiſon, ont commencé à compter ſur leurs doigts, & comme le nombre de ceux des deux mains ne paſſe pas dix, parvenus juſques-là ils ont été obligés de recommencer en retenant dans leur mémoire qu'ils l'avoient déja épuiſé une fois, & enſuite deux, trois, quatre fois, &c. ce qu'ils pouvoient encore marquer à l'aide des mêmes doigts. Mais après avoir épuiſé dix fois ce nombre, il leur fallut imaginer un autre ſigne équivalent à notre cent pour les exprimer, & par la même raiſon ils en formerent un nouveau pour dix fois cent, & ainſi de ſuite. Cette méthode étoit d'ailleurs indiſpenſable pour fixer l'imagination, & ſoulager la mémoire; elle n'auroit jamais pû ſuffire à retenir les ſignes néceſſaires pour repréſenter chaque nombre en particulier, ſi on ne les avoit pas ainſi rangés par claſſes.

Il eſt vrai que toute autre progreſſion auroit pû également ſervir à cet uſage; il faut ſeulement remarquer que quelques-unes auroient pû être embarraſſantes par le trop grand nombre de caractères différens, comme la progreſſion vigecuple, c'eſt-à-dire de vingt en vingt, ou une autre plus grande. Il auroit fallu vingt ſignes différens entr'eux, pour employer la premiere; il en eſt d'autres qui auroient eu l'incommodité d'exiger une trop grande ſuite des mêmes caractères répétés pour exprimer des nombres médiocres. Si l'on s'étoit fixé, par exemple, à la progreſſion double, un nombre entre 32 & 64 n'auroit pû être repréſenté que par ſept caractères. Ce défaut ſemble cependant n'avoir pas arrêté les anciens Chinois; ils ſe ſervirent, à ce que l'on croit, de cette progreſſion: ce qui a formé l'Arithmétique binaire, dont quelques Sçavans ont

(*h*) *Problem*, Sect. xv. 3.

exposé

exposé la constitution & les usages. *Aristote* nous donne encore l'exemple d'un peuple qui s'écartoit de la régle générale ; une nation de Thraces, dit-il, dans l'endroit cité, ne compte que jusqu'à quatre, ce qui paroît devoir s'entendre dans le même sens qu'il dit que nous comptons jusqu'à 10, c'est-à-dire par périodes de 10. Il en donne pour raison que ce peuple semblable aux enfans ne pouvoit pas se souvenir au-delà de quatre, & que vivant dans une grande simplicité il avoit besoin de peu de choses. Notre arithmétique seroit plus parfaite si au lieu de la progression décuple, nous avions adopté la duodécuple, c'est-à-dire celle de 12 en 12. Deux caracteres de plus auroient peu surchargé la mémoire. Un peuple sexdigitaire useroit suivant les apparences d'une arithmétique de cette nature, & ses calculateurs s'en trouveroient bien ; car le nombre 12 a par-dessus celui de dix, & tous les autres jusqu'à 60, l'avantage d'admettre le plus grand nombre de diviseurs d'usage ; ce qui seroit extrêmement commode dans beaucoup d'occasions.

Quant à la maniere de représenter les nombres par des signes écrits, presque toutes les nations anciennes qui nous sont connues, se sont accordées à y employer les caracteres de leur alphabet. C'étoient, en effet, les signes les plus naturels, soit parceque la forme de chacun d'eux étoit déja familiere, soit parceque leur ordre dans la suite de l'alphabet les rendoit fort propre à exciter sur le champ l'idée d'un nombre plus ou moins grand. Les Orientaux ont eu les premiers cet usage, & les Grecs semblent l'avoir emprunté d'eux ; car on remarque dans la suite de leurs caracteres numériques une imitation de ceux des Hébreux. Ces derniers, & probablement les Phéniciens qui parloient la même langue, employoient les 9 premieres lettres de leur alphabet, *aleph*, *beth*, *ghimel*, *daleth*, *he*, *vau*, *&c.* à exprimer les 9 premiers nombres, les 9 suivantes pour les dixaines, comme 10, 20, &c. & le reste de l'alphabet avec quelques signes particuliers pour les centaines. Les Grecs ne firent que traduire fidelement lettre pour lettre quand ils en eurent de semblables ou d'analogues dans leur langue, & lorsqu'ils en manquerent, au lieu d'employer le caractere suivant, ils aimerent mieux y substituer un signe. Ainsi n'ayant point de *vau* parmi eux, ils mirent en sa place le ſigne ϛ, auquel ils donneront le nom d'ἐπίσημον βαυ, *qui tient la place du vau*. Au lieu donc de faire α, β, γ, δ, ε, ζ, η, θ, ι, repréſenter 1, 2, 3, &c. ils exprimerent ces nombres par α, β, γ, δ, ε, ϛ, ζ, η, θ, afin de continuer avec les Hébreux à déſigner 10, 20, 30, 40, &c. par ι, κ, λ, μ, ν; qui répondent au *jod*, *kaph*, *lam*, *mem*, *nun*. Il eſt vrai qu'à l'égard des nombres ſuivans le reſte de leur alphabet étant fort différent de celui des Hébreux, ils prirent le parti de l'employer tel qu'il étoit, afin de ne point cauſer trop d'embarras. Mais le nom ſeul qu'ils ont donné à ce ſigne ϛ mis à la place du *vau* hébraïque, ſemble déſigner qu'ils ont d'abord été de ſimples imitateurs.

Je ne m'arrêterai pas davantage à expliquer cette ſorte d'arithmétique : comme elle appartient plutôt à la Philologie qu'aux Mathématiques, je me borne à renvoyer aux Auteurs qui en ont traité. La plûpart des Grammairiens Grecs donnent là-deſſus tous les éclairciſſemens qu'on peut deſirer.

III.

Il eſt une certaine Géometrie que la nature a accordée à tous les hommes, & dont l'origine eſt auſſi ancienne que celle des arts, & même que le raiſonnement. Il n'eſt pas néceſſaire de recourir aux inondations du Nil pour la faire naître ; tous les peuples chez leſquels les arts firent quelques progrès, nous en fourniſſent des veſtiges. On conſtruiſit, en Grece & ailleurs, long-tems avant la naiſſance de la Philoſophie, des ouvrages bien ordonnés qui exigerent certaines lumieres géometriques. Dans toutes les ſocietés policées & ſoumiſes à des loix, il ſe fit ſans doute des diviſions de terrain où l'on affecta de la préciſion. Voilà la Géometrie naturaliſée en quelque ſorte dans tous les pays.

Nous en trouvons cependant un, ſçavoir l'Egypte, où tous les Ecrivains s'accordent à placer l'origine de cette ſcience. On la raconte de bien des manieres : ſuivant les uns le Nil en couvrant dans ſes crûes périodiques toutes les terres de ce pays, confondoit les limites des poſſeſſions, ce qui obligeoit de recourir à de nouveaux partages après qu'il étoit rentré dans ſon lit. (*i*) Il étoit donc néceſſaire, de ſe former des régles pour

(*i*) Prock. *in* 1. Eucl. *l.* 11. *c.* 4. Servius, *in eclog.*

assigner à chacun une portion de terre égale à celle qu'il possédoit avant l'inondation. Telle fut, dit-on, l'origine de l'arpentage, premiere ébauche de la Géometrie, à laquelle néanmoins elle a donné le nom : car Géometrie, signifie en Grec, *mesure de la terre*, ou *des terrains*. Je remarque en passant que c'est assez gratuitement qu'on suppose que le Nil confondoit ainsi les limites des possessions ; il n'étoit pas bien difficile de lui en opposer d'assez stables ou d'assez profondes pour subsister malgré l'inondation. On ne sçauroit se persuader que l'Egypte fût chaque année ravagée par les eaux : cela s'accorderoit mal avec l'idée d'un pays délicieux, comme celle que nous en donne l'antiquité.

Quelques Ecrivains, parmi lesquels est *Hérodote*, fixent la naissance de la Géometrie au tems où Sesostris (*k*) coupa l'Egypte par des canaux nombreux, & en fit une sorte de répartition générale entre ses habitans. M. *Newton* (*l*) en adoptant le sentiment d'*Hérodote*, dit que ce partage fut fait par le conseil de *Thot*, le Ministre de *Sesostris*, qui est suivant lui *Osiris*. Cette conjecture sur l'emploi & la nature de ce personnage célébre, n'est pas destituée d'autorités anciennes, & s'accorde parfaitement avec l'opinion dont on a parlé ailleurs, que *Theut* étoit l'inventeur des nombres, du calcul & de la Géometrie. En effet, on peut dire que le partage projetté par *Sesostris* exigeant des connoissances Géometriques, son Ministre en jetta à cette occasion les fondemens. Ceci s'accorde encore avec le sentiment qui attribue ces inventions à *Hermes*, autrement le fameux *Mercure Trismegiste ;* car tous ces hommes sont probablement les mêmes. Un Ecrivain (*m*) raconte que ce Mercure grava les principes de la Géometrie sur des colonnes qui furent déposées dans de vastes souterrains ; & le fabuleux *Jamblique* (*n*) dit que *Pythagore* profita beaucoup de la vûe de ces monumens. Un Auteur enfin cité par *Diogene Laerce*, (*o*) dit que *Mœris*, apparemment ce Prince qui fit creuser le fameux lac de ce nom, pour servir de décharge au Nil, avoit inventé les principes de la Géometrie. On voit facilement le motif de sa conjecture.

(*k*) Herod. *l.* II.

(*l*) *Chron. ad ann.* 964.

(*m*) Ammian. Marcell. *rerum gest. l.* XXII.

(*n*) *In vita Pythagor.* c. 29.

(*o*) *In Pythag.*

On ne peut se refuser à tant d'autorités qui, quoique variant dans les circonstances, forment une espece de cri unanime en faveur des Egyptiens. Nous devons aussi considérer que ce fut chez eux que les premiers Philosophes Grecs allerent puiser leurs connoissances géométriques. C'est donc en Egypte, que l'on doit chercher, à ce qu'il paroît, les premieres étincelles de la Géométrie, je veux dire, de cette Géométrie un peu développée, par laquelle le Géometre différe de l'artiste, ou de l'artisan guidé seulement par un certain instinct. Nous en trouvons même dans *Aristote*, une raison plus philosophique & plus judicieuse que toutes celles que nous venons d'exposer. Sans recourir aux inondations du Nil, ou aux colonnes de *Mercure Trismegiste* : » les Mathématiques, dit-il, (*p*) sont » nées en Egypte, parce que dans cette contrée les Prêtres » jouissoient du privilege d'être détachés des affaires de la vie, » & avoient le loisir de s'adonner à l'étude. « C'est ce que nous apprennent aussi *Hérodote*, *Diodore*, & plusieurs autres. Il semble que parmi des hommes qui pouvoient suivre librement & sans inquiétude le penchant de leur esprit, il dût s'en trouver, qui se tournerent vers des objets curieux, comme la Physique, l'Astronomie, & qui s'attacherent à perfectionner cette Géométrie naturelle dont nous avons parlé. La maniere dont ce sentiment fait naître la Géométrie est le plus analogue au développement que nous lui avons donné, (*q*) & peut être estelle la plus conforme à la vérité.

Il nous reste maintenant à former quelques conjectures sur les progrès que les Egyptiens firent dans cette science. A cet égard, quelque grande idée que certains Auteurs ayent conçûe de leur sçavoir géométrique, je suis porté à croire qu'il ne fut pas considérable, & qu'ils ne passerent guére les bornes des vérités élémentaires les plus communes. Les travaux & les premieres démarches des Philosophes Grecs me paroissent en fournir des preuves. En effet, si les transports de joye que *Thalès* & *Pythagore* firent éclater à la vûe de quelques théorêmes géométriques qu'ils venoient de découvrir, ne furent point affectés, nous ne devons pas concevoir une idée bien relevée du sçavoir des Prêtres Egyptiens, ou bien il faut dire

(*p*) *Metaph.* l. 1. c. 1.
(*q*) Liv. précéd. *Art.* 4.

qu'ils ne leur révelerent que les plus élémentaires des connoissances dont ils étoient en possession ; ce qui me paroît difficile à croire. Mais en l'adoptant même, nous pouvons juger de la foiblesse du corps de science qu'ils cachoient, par la foiblesse des élémens qu'ils dévoiloient. Ils auroient été bien plus étendus, si leur sçavoir dans ce genre répondoit à l'imagination de leurs Panegyristes : en vain m'objectera-t-on l'antiquité de ce peuple, & le nombre des siécles écoulés depuis qu'il s'adonnoit aux sciences. Nous avons un exemple moderne qui nous fournit la réponse à cette objection. Les Chinois depuis plusieurs milliers d'années connoissent l'Astronomie, l'estiment, & font même une loi de leur empire de la cultiver. Cependant lorsque les Européens pénétrerent chez eux, ils en étoient encore presqu'à ses élémens. Le génie de l'invention s'étoit rarement fait sentir chez eux : toujours contens de ce que leurs peres leur avoient transmis, ils ne connoissoient point cette curiosité inquiete qui cherche à perfectionner, & qui seule est capable de procurer aux sciences des progrès rapides. Je crois qu'il en fut à peu près de même chez les Egyptiens, & je vois avec plaisir que mon opinion sur ce sujet s'accorde avec celle de *M. de Mairan.* (*r*) Il y a entre ces deux peuples certaines ressemblances de mœurs & de caractere, que plusieurs Sçavans ont saisies, & qui servent de fondement à cette conjecture.

IV.

L'Astronomie est de toutes les connoissances dont nous traitons dans cette histoire, celle sur laquelle il y a moins d'accord entre les Ecrivains, & l'on ne doit pas s'en étonner. Les phénomenes célestes & la régularité qu'on observe dans les mouvemens des astres, ont dû exciter à peu près dans le même tems la curiosité de tous les hommes. Aussi trouve-t-on des traces de l'étude du Ciel chez presque toutes les nations anciennes ; celles qui eurent la réputation d'être sçavantes, ne furent pas les seules sensibles à ce beau spectacle de la nature. Qu'il me soit permis de citer uniquement les Gaulois nos ancêtres. Jules César (*s*) nous apprend que les Druides, qui

(*r*) Hist. de l'Acad. *ann.* 1732. *p.* 24.
(*s*) *De bell. Gall.* l. 6.

répondent aſſez bien aux Prêtres Egyptiens, philoſophoient ſur le mouvement des Cieux, & en inſtruiſoient la jeuneſſe. L'Aſtronomie enfin fut preſque la premiere ſcience de tous les peuples.

On ignorera toujours quel progrès avoit fait l'eſprit humain chez les premiers habitans de l'univers avant le Déluge. Cette terrible cataſtrophe, en rompant le fil entr'eux & nous, ne permet que des fables ou des conjectures. Ainſi que les deſcendans d'*Adam* & de *Seth*, ayent été verſés dans l'Aſtronomie, je n'y vois rien d'impoſſible; mais que ces peres du genre humain leur ayant prédit que le monde périroit par deux déluge, l'un d'eau, l'autre de feu, ils ayent gravé les principes de cette ſcience ſur deux colonnes, l'une de pierre, l'autre de brique, pour les tranſmettre à leur poſtérité (*s*); que *Seth* lui-même ait diviſé le Ciel en conſtellations, & impoſé des noms aux planetes & aux étoiles, (*t*) c'eſt ce qu'on doit regarder comme des faits hazardés. Joſephe, qui rapporte le premier de ces traits, l'imagina ſans doute à l'imitation de ces colonnes dépoſitaires de l'ancienne hiſtoire Egyptienne que *Manethon* avoit conſultées. A peine le nom de l'Auteur de ces monumens & celui du lieu où on les voyoit, y ſont-ils déguiſés. Car on les nommoit, ou du moins *Manethon* les nomme les colonnes de Sothis, appellé autrement *Aſeth*, & elles étoient dans une contrée appellée *Seriadica*. Joſephe en fait l'ouvrage de *Seth* & de ſes deſcendans, & les place dans un pays qui porte le même nom, *in terra Siriade*. Il en eſt ſans doute de cette hiſtoire comme de celle d'*Abraham* montrant l'Aſtronomie & l'Arithmétique aux Egyptiens. L'Hiſtorien Juif a voulu mettre le pere de ſa nation pour quelque choſe dans l'invention des Sciences & des Arts qu'il voyoit en honneur chez les étrangers.

Sans donner dans la fable on peut conjecturer que les premiers hommes ne furent pas ſans quelques connoiſſances Aſtronomiques, n'euſſent-ils que tenté de compter les tems avec quelque régularité. D'ailleurs on ne ſçauroit croire que le ſpectacle du Ciel n'ait pas eu pour eux les mêmes charmes que pour leurs ſucceſſeurs; mais vouloir deviner juſqu'où ils

(*s*) *Ant. Jud.* l. 1. c. 3.
(*t*) *Malalas.* Chron. p. 4. *Glycas. ann. p.* 121.

avoient pénétré dans l'Aſtronomie, ce ſeroit une entrepriſe au-deſſus de nos forces, pour ne pas dire ridicule. Le célébre *M. Caſſini* (*u*) conjecturoit néanmoins leur ſçavoir Aſtronomique, d'après un paſſage de Joſephe. (*x*) Cet Hiſtorien après avoir dit que Dieu n'accorda aux premiers peres du genre humain une ſi longue vie, qu'afin de leur donner le tems de perfectionner l'Aſtronomie & la Géometrie, ajoute qu'ils ne l'auroient pas pû faire s'ils euſſent vêcu moins de 600 ans. Car ce n'eſt, dit-il, qu'après une révolution de ſix ſiécles que s'accomplit une grande année.. En effet, dit *M. Caſſini*, cette période de 600 ans ramene le ſoleil & la lune à très-peu de choſe près au même point du Ciel, & le feroit parfaitement ſi le mois lunaire étoit de 29 jours, 12 heures, 44′, 3″, & l'année ſolaire de 365 jours, 5 heures, 51′, 36″. C'eſt pourquoi, continue-t'il, ſi les Patriarches connurent cette période, il faudra leur accorder une connoiſſance aſſez profonde des mouvemens lunaires & ſolaires. Nous conviendrons que ſi ces Patriarches connurent la période dont parle *Joſephe*, ils furent fort ſçavans en Aſtronomie. Mais n'eſt-il pas bien plus probable que l'Ecrivain des Annales Juives a emprunté cette révolution luni-ſolaire des Caldéens ou des Egyptiens ; car on ſçait que les premiers avoient pluſieurs inventions de cette eſpece dont une entr'autres leur fait beaucoup d'honneur. C'eſt-là je penſe tout ce qu'on peut dire de cette Aſtronomie *Ante-diluvienne.* Je croirois perdre un tems précieux ſi je m'arrêtois à diſcuter les contes divers qu'on en fait, d'après les Livres apocriphes d'*Henoch*, &c. ils ne peuvent en impoſer qu'à des Ecrivains ſans diſcernement. Nous mettrons avec confiance l'Aſtronomie de ce Patriarche dans le même rang que les traités Philoſophiques dictés par *Abraham* dans la vallée de Mambré à ceux qui l'aiderent à délivrer *Lot*, traités qu'un Auteur (*y*) d'une crédulité extrême a dit ſe conſerver encore dans la Bibliotheque des Rois d'Ethiopie.

Les ſiécles fabuleux ou héroïques, c'eſt-à-dire qui s'écoulerent avant la guerre de Troye, ne ſont guére plus connus que ceux qui précéderent le Déluge. Je crois donc ne pas devoir

(*u*) Orig. & prog. de l'Aſtron. anc. Mem. de l'Acad. T. VIII.

(*x*) *Ant. Jud.* ibid.

(*y*) Le nom de cet Auteur nous eſt fourni par l'Encycl. Art. *Biblioth.*

m'y arrêter beaucoup. Dans cette vûe je passe légerement sur diverses fables de la Mythologie Grecque, où il a plû à quelques esprits de trouver les premiers traits de l'Astronomie; telles sont entr'autres celles de *Promethée*, d'*Endimion*, d'*Atlas*, &c. On a fait du premier un observateur attaché avec sollicitude, à contempler du haut du Caucase le mouvement des Cieux. C'est, a-t-on dit, cette curiosité inquiete qu'on a prétendu désigner par le Vautour qui lui rongeoit sans cesse le cœur. On a voulu qu'*Endimion* fut un Astronome qui passa un grand nombre d'années sur le Mont Latmos, pour observer les inégalités de la lune, & qui dormoit le jour & veilloit la nuit pour cette raison; ce fut, dit-on, ce qui donna lieu de feindre qu'il dormoit toujours hormis le tems des visites nocturnes dont la chaste *Diane* l'honoroit. Je ne vois que des liaisons fort arbitraires entre ces fables & les explications qu'on en donne. Il n'y a pas plus de solidité dans le sens qu'on attache à l'emblême d'*Atlas* chargé du poids de la voûte céleste. Rien n'est moins fondé que d'imaginer que les Anciens ayent eu en vûe l'invention de la sphère; car elle n'étoit pas encore connue au tems où cette fable étoit familiere aux Poëtes. Il est facile d'appercevoir que ce n'est-là qu'une fiction ingénieuse par laquelle les Grecs qui voyoient dans leurs navigations le Mont Atlas porter son sommet dans les nues, ont voulu désigner sa prodigieuse hauteur. Qui pourra ne pas rire en voyant la fable d'*Hercule* délassant *Atlas* quelques momens, expliquée par des leçons d'Astronomie que ce héros en reçut dans une visite qu'il lui rendit. Ce prétendu Roi de Mauritanie, quoique mis par *Riccioli* avec bien d'autres dans son Catalogue, n'est pas plus un Astronome qu'*Uranus* & son fils *Hesper*, dont un Historien Grec (*a*) raconte la triste aventure avec tant de détail, & qui donna son nom à une partie de la Mer Atlantique, de même qu'à l'étoile du soir.

Le *Musée* & le *Linus*, auxquels *Diogene Laerce* (*b*) attribue l'invention de la sphère, me paroissent aussi ressentir beaucoup la fiction. J'en dirai de même du fameux *Orphée*, sous le nom duquel on rapporte des Poëmes remplis d'idées

(*a*) Diod. *Bibl. Hist.* l. III. c. 5.
(*b*) *De vit. Philos. in proem.*

Pythagoriciennes

Pythagoriciennes ſur le ſyſtême de l'univers ; ſi ces perſonnages eurent jamais quelque réalité, les connoiſſances dont on les pare, leur furent probablement ſuppoſées par les Grecs jaloux de voir les étrangers en poſſeſſion des Sciences avant eux. Ils auroient été plus ſages d'imiter *Platon* ou l'Auteur de l'*Epinomide*, (*c*) qui convenant de ce fait mettoit la principale gloire de ſa nation à les avoir perfectionnées, ou du moins beaucoup étendues.

Ce ſeroit s'apprêter bien des motifs d'incertitude, que d'adopter aveuglément tous les témoignages des Auteurs anciens qui ont parlé de l'origine de l'Aſtronomie. On peut les voir raſſemblés dans le livre ſçavant que M. *Weidler* a intitulé *Hiſtoire de l'Aſtronomie*, livre fort eſtimable par les paſſages nombreux & les détails Bibliographiques qu'on y trouve accumulés, mais qui ne ſçauroit être pris pour une vraye Hiſtoire de l'Aſtronomie que par ceux qui n'auroient aucune idée de l'objet qu'annonce un pareil titre. (*d*)

A travers la diverſité d'opinions que nous préſente une foule de paſſages & d'autorités, laborieuſement compilés par M. *Weidler*, on démêle aiſément que les Babyloniens & les Egyptiens ſont les ſeuls qui puiſſent ſe diſputer d'avoir les premiers cultivé l'étude du Ciel. C'eſt ce qui réſulte du témoignage de *Platon*, (*e*) d'*Ariſtote*, (*f*) de *Ciceron*, (*g*) de *Diodore de Sicile*, (*h*) & de mille autres. Ces deux peuples ſe faiſoient gloire de pluſieurs monumens Aſtronomiques très-anciens. En Caldée, le Temple de *Jupiter Belus*, élevé par *Sémiramis*, dont il reſtoit des traces au tems de *Pline*, (*i*) avoit ſervi d'Obſervatoire aux Caldéens, ſi nous en croyons *Diodore*. (*k*) Les Egyptiens avoient leurs Colleges de Prêtres à Dioſpolis, Héliopolis & Memphis, avec le fameux monument du Roi *Oſymandyas*. C'étoit un cercle d'or, (*l*) ou plu-

(*c*) *Plat. Op.* p. 1012. Ed. 1602.

(*d*) Voyez la Préf.

(*e*) *In Phæd. & Epin. paſſim.*

(*f*) L. II. *De cœlo.* c. 12.

(*g*) *De Divinat.* l. 1. §. 1. & *alibi.*

(*h*) *Bib. Hiſt. paſſim.*

(*i*) *Hiſt. Nat.* l. 17. c. 26.

(*k*) *Bib. Hiſt.* l. 1. p. 11.

(*l*) Un Chimiſte Allemand, nommé Olaus Borrichius, a voulu que cet or fut l'ouvrage de la Chymie. En effet, il étoit embarraſſant de concevoir d'où pouvoit venir une ſi grande quantité de ce métal précieux. M. Mathias Boſe de Vittemberg, plus raiſonnable, a propoſé le dénouement de dire que ce cercle n'étoit que de cuivre tout au plus doré. Il ſeroit peut-être encore plus judicieux de le regarder comme fabuleux.

tôt doré, de 365 coudées de tour, & d'une de large, sur chacune des divisions duquel étoit marqué un jour de l'année avec le lever & le coucher des étoiles fixes qui lui convenoit. Cela s'entend du lever & du coucher héliaque dont les Anciens tenoient beaucoup de compte. (*m*) Les Caldéens vantoient leur *Zoroastre*, Roi de la Bactriane, (*n*) qui vivoit, dit-on, 500 ans avant la guerre de Troye, & ils en faisoient l'instaurateur de leur Astronomie. Les Egyptiens lui opposoient leur fameux *Thot*, ou leur *Mercure Trismegiste*, inventeur suivant eux, de l'Astronomie de même que de l'Arithmétique & de la Géométrie. (*o*) Les uns & les autres paroient enfin leurs Annales d'une prodigieuse antiquité, & faisoient remonter leurs travaux Astronomiques à plusieurs milliers de siécles. (*p*) Nous nous garderons bien d'entrer dans une discussion sérieuse de ces faits dont plusieurs portent l'empreinte de la crédulité & de l'exagération. Je pense que dans ce siécle éclairé des lumieres de la critique & de la Philosophie, l'immense cercle d'*Osymandyas* & l'observatoire de *Belus* trouveront peu de créance. Ce fameux *Zoroastre* pourroit bien n'être qu'un personnage chimérique. Au moins, si l'on s'en tient à ce qu'en rapportent la plûpart des Ecrivains, il a beaucoup plus l'air d'un Magicien ou d'un Astrologue, que d'un vrai Astronome; & l'on ne peut guére concevoir une idée différente de cet *Hostane*, ce *Beleses*, que de crédules compilateurs de noms d'Astronomes lui donnent pour successeurs. Il vaut beaucoup mieux passer à ce qui concerne le fonds de l'Astronomie Caldéene & Egyptienne, que de nous arrêter plus long-tems sur un sujet si obscur & si peu capable d'être éclairci.

V.

ASTRONOMIE CALDÉENE.

L'Astronomie des Caldéens nous présente plusieurs traits

(*m*) Une étoile se leve héliaquement lorsqu'elle commence à paroître le matin sur l'horison un peu avant l'aurore; ce qui désigne que le soleil l'a suffisamment dépassée par son mouvement propre pour ne plus l'offusquer de ses rayons lorsqu'elle se leve. C'est-là un des levers appellés poëtiques, parce que c'est un de ceux que les Poëtes ont eu souvent en vûe dans leurs ouvrages. Le coucher héliaque d'une étoile est son occultation occasionnée par le voisinage du soleil; cela arrive lorsque l'étoile en se couchant cesse d'être apperçûe par la clarté de l'horison encore trop brillant de la lumiere du soleil qui vient de se coucher.

(*n*) Justin. *l.* I. *c.* I. Diod. *l.* II.

(*o*) Diod. *l.* II. Platon, *in Phædro*.

(*p*) Herod. *l.* II. Plin. *l.* VII. *c.* 48. Cic. *de Divin. l.* I. §. 19. Diod. *l.* II.

dont la réalité ne peut être soupçonnée. Il est vrai que ces 493000 ans d'antiquité Astronomique dont ils se faisoient gloire, n'étoient qu'une fiction de leur vanité ; mais on ne peut leur disputer de s'être adonnés de très-bonne heure à remarquer les Phénomenes célestes. Si nous en croyons le rapport de *Simplicius*, (*q*) ils citoient au tems d'*Alexandre* une suite d'observations de 1903 ans, qu'*Aristote* se fit communiquer par l'entremise de *Callistène*. Si ce fait étoit suffisamment établi, l'Astronomie Caldéenne l'emporteroit en ancienneté sur celle des Chinois, qui ne cite pas de monumens Astronomiques d'un tems aussi reculé ; car cette époque remonte à plus de 2227 ans avant l'Ere Chrétienne, & la plus ancienne observation Chinoise la précéde seulement de 2155 ans. Mais, je ne sçaurois le dissimuler, on n'a pas les mêmes preuves de la vérité de ces observations Caldéenes, que de celle de l'observation Chinoise dont nous venons de parler. On peut même citer des témoignages qui sont absolument contraires à celui de *Simplicius*. *Berose*, qui étoit Caldéen, & qui florissoit en Grece vers l'an 300 avant J. C. ne reconnoissoit pas de monument de l'Astronomie Caldéene, plus ancien que de 480 ans. (*r*) Un certain *Epigène*, dont *Sénéque* (*s*) dit qu'il avoit étudié l'Astronomie chez les Caldéens, & que *Pline* (*t*) donne pour un Auteur grave & de considération, citoit seulement des observations de 720 ans d'antiquité, que l'on conservoit gravées sur de la terre cuite. On conjecture que cet *Epigène* n'est pas beaucoup antérieur à *Alexandre*. Ainsi le plus favorable de ces Ecrivains ne fait remonter les travaux des Caldéens en Astronomie, que quelques siécles avant l'Ere de *Nabonassar*, qui commença, le 26 Février de l'an 747 avant l'Ere Chrétienne.

Les plus anciennes observations Caldéenes, dont il soit fait mention dans l'Astronomie, sont des années 27 & 28 de l'Ere de *Nabonassar*, c'est-à-dire 719 & 720 avant J. C. Ce sont trois observations d'éclipses de lune, citées par *Ptolemée* (*u*). Cet Astronome en rapporte encore (*x*) quatre autres, dont la derniere est de l'année 367 avant notre Ere. Il les tenoit

(*q*) *Comm. in* Arist. *de cœlo. c.* 12.
(*r*) Plin. *Hist. Nat. l.* VII. *c.* 56.
(*s*) *Quæst. Nat. l.* VIII. *c.* 3.
(*t*) *Hist. Nat. ibid.*
(*u*) *Almagest.* l. IV. c. 6.
(*x*) *Ibid. c.* 9 & 11.

ſans doute d'*Hipparque*, qui avoit pris ſoin de recueillir celles qui étoient venues à la connoiſſance des Grecs : au reſte quoique *Ptolemée* & peut-être *Hipparque*, n'ayent pas employé d'obſervation plus ancienne que les premieres dont j'ai parlé, nous ne ſommes pas en droit d'en conclure qu'on ne commença en Caldée, à ſuivre les mouvemens céleſtes qu'à cette époque. Celles qui avoient été faites auparavant, ont pû leur être ſuſpectes pour bien des raiſons ; & d'ailleurs toutes celles qui précédoient l'Ere de *Nabonaſſar* n'avoient peut-être pas des dattes aſſez certaines pour pouvoir être employées. Car d'anciennes obſervations ne ſont qu'un monument preſqu'inutile, ſi l'on ignore le tems précis écoulé depuis elles ; & il a pû arriver qu'il régnât un grand deſordre dans le Calendrier Babylonien avant l'Ere de *Nabonaſſar*.

Les anciens Ecrivains font mention de quelques périodes luni-ſolaires, qui peuvent donner une idée fort avantageuſe de l'Aſtronomie Caldéene. *Geminus* (*y*) en explique une, d'où l'on conclut le mouvement diurne & moyen de la lune, de 13°, 10′, 35″, ce qui s'écarte à peine d'une ſeconde de la grandeur qui réſulte des obſervations modernes. Mais rien ne fait plus d'honneur à ces anciens Aſtronomes que la période à laquelle ils donnoient le nom de *Saros*, (*z*) elle étoit compoſée de 223 mois lunaires, ou 6585 j. 8 h. & elle avoit l'avantage remarquable de ramener après ce terme la lune preſque exactement dans la même poſition à l'égard du ſoleil, de ſon nœud & de ſon apogée ; d'où il ſuit que les phénomenes qui dépendent du mouvement combiné de ces deux aſtres, ſe renouvelloient avec aſſez de préciſion dans le cours des périodes ſuivantes. C'eſt pourquoi *Pline* diſoit (*a*) *Defectus ſolis & lunæ 223 menſibus, redire in orbem compertum eſt.* M. *Hallei* a ainſi rétabli ce paſſage dans ſon intégrité, en démontrant aſtronomiquement (*b*) qu'il faut lire 223 au lieu de 222 que portent la plûpart des manuſcrits de *Pline*, auſſi-bien que de *Suidas*. Le même M. *Hallei* a confirmé la juſteſſe de cette période, en remarquant que par le moyen d'une correction de 16′, 40″, elle donne le retour des mêmes erreurs de la lune avec une préciſion qui ſurpaſſe celle des meilleures tables. Des avantages

(*y*) *Elem. Aſtron.* c. 15.

(*z*) Suidas, *Lexicon* au mot *Saros*.

(*a*) *Hiſt. Nat.* l. II. c. 13.

(*b*) *Tranſ. Philoſ.* num. 204. an. 1694.

ſi marqués ont engagé cet Aſtronome à tenter ce moyen de perfectionner par l'obſervation immédiate la théorie de la lune ; il a penſé que ſi l'on obſervoit durant tout le cours d'une période ſemblable, le lieu de cette planete comparé à celui du ſoleil, on pourroit, moyennant de très-légeres corrections, trouver ſon lieu durant les périodes ſubſéquentes avec beaucoup plus d'exactitude que par les calculs ordinaires. M. *Hallei* entreprit cette ſuite d'obſervations en 1722. & il a eu pour ſucceſſeur M. *le Monier*, qui a achevé la période commencée par le célébre Aſtronome Anglois, & qui en a entrepris une ſeconde. Nous parlerons avec plus d'étendue de ces travaux lorſque nous rendrons compte des efforts qu'on a faits dans ces derniers tems pour ſoumettre au calcul le mouvement de cette planete rebelle.

L'Aſtronome Arabe *Albatenius*, (*c*) dit que les Caldéens faiſoient l'année aſtrale de 365 j. 6 h. 11′. Ne pourroit-on pas en conclure que la progreſſion des fixes ne leur fut pas inconnue ? Car il eſt évident par la comparaiſon des périodes ci-deſſus, qu'ils avoient approché de fort près de la vraie année ſolaire, & qu'ils l'avoient faite de 365 jours, 5 heures, 49′, 30″. D'où peut donc venir cette nouvelle année nommée aſtrale, ſinon de la connoiſſance qu'ils eurent que les étoiles fixes s'avançoient lentement dans l'ordre des ſignes ; dans ce cas on pourroit dire qu'ils déterminoient ce mouvement de 51″, & quelques tierces par an, ou d'un degré en 69 ans environ. Cette conjecture n'eſt pas ſans vraiſemblance : des peuples adonnés depuis long-tems à l'obſervation des phénomenes céleſtes, ne pouvoient manquer d'appercevoir cette progreſſion des fixes par le moyen de leurs levers & leurs couchers héliaques. (*d*) Je m'explique : c'eſt un phénomene qu'une étoile qui commence à ſe dégager des rayons du ſoleil un certain jour de l'année, & à paroître ſur l'horiſon un peu avant ſon lever, quelques ſiécles après ne commence à ſe montrer de cette maniere, toutes choſes d'ailleurs égales, que pluſieurs jours plus tard. Par exemple, une étoile remarquable, comme l'épi de la Vierge, qui dans le commencement de l'Aſtronomie Caldéene, ſe levoit vers le tems de l'équinoxe d'Automne,

(*c*) *Scient. Stell.* c. 17.
(*d*) Voyez la note précédente *m*.

douze ſiécles après ne devoit ſe lever que 16 ou 17 jours après cet équinoxe. Ceux qui comparant les anciennes obſervations avec les récentes, firent cette remarque, dûrent en conclure que cette étoile s'étoit éloignée de l'équinoxe d'environ 17 degrés, & répartiſſant cet intervalle ſur 1200 ans, ils dûrent trouver que ſon mouvement étoit de plus d'un degré & un tiers, ou moins d'un degré & demi par ſiécle. La premiere de ces déterminations donne pour la progreſſion annuelle des fixes 48 ſecondes, & l'autre 54, & par conſéquent 51 en prenant un milieu; ce qui s'accorde fort bien avec les obſervations modernes. Je ne donne cependant tout ceci que pour une conjecture que fait naître l'endroit de l'Aſtronome Arabe que nous avons cité.

L'art de diviſer la durée du jour par le moyen des horloges ſolaires, eſt une invention dont l'Aſtronomie Caldéene paroît avoir été en poſſeſſion fort anciennement. *Hérodote* dit (*e*) que les Grecs tenoient des Babyloniens la diviſion de la journée en 12 parties égales, & l'uſage des inſtrumens qu'il nomme le *pole* & le *gnomon*. Le dernier eſt aſſez connu, & probablement *Hérodote* n'entendoit par-là que celui que nous appellons ainſi, c'eſt-à-dire un ſtile vertical, qui par ſon ombre ſert à montrer la hauteur du ſoleil, les ſolſtices & les équinoxes. A l'égard de celui qu'il nomme *pole*, on eſt moins éclairé : un paſſage d'*Athenée* (*f*) nous porteroit à penſer que c'étoit une ſorte de cadran ſolaire mobile ; car il appelle ainſi quelque choſe de ſemblable à un cadran, qui étoit conſtruit dans le fameux vaiſſeau du Roi *Hieron*. Mais nous convenons de bonne foi que ce paſſage eſt fort obſcur, & qu'il ne faut pas beaucoup y compter. A l'égard de la gnomonique, nous conjecturons qu'elle fut connue dans la Caldée, même avant le commencement de l'Ere de *Nabonaſſar*, ou du tems d'*Achaz*, près de 250 ans avant qu'on en eut l'idée dans la Grece. Le cadran d'*Achaz*, dont l'Ecriture fait mention, me paroît en fournir une preuve. Quoiqu'on n'y trouve rien qui annonce que c'étoit l'ouvrage des Caldéens, on ne peut guére en douter quand on conſidérera les grandes liaiſons que ce Prince entretenoit avec eux, & l'ignorance extrême où furent tou-

(*e*) Liv. IV.
(*f*) *Deipnoſoph.* l. V.

jours les Juifs de ces ſortes de ſciences. Je ſuis fort éloigné d'adopter l'opinion, ou plutôt le paradoxe de M. *Flamſtead*, (*g*) qui a prétendu que ce furent les Iſraelites qui tranſplanterent l'Aſtronomie dans la Caldée. Un peuple qui dans ſes derniers tems avoit beſoin de recourir à la vûe de la premiere phaſe de la lune pour s'aſſurer du jour de ſon renouvellement, me paroît peu propre à avoir enſeigné l'Aſtronomie, ou avoit extrêmement dégéneré. Mais revenant au cadran d'*Achaz*, on pourroit demander quelle forme avoit ce premier monument de la gnomonique; c'eſt ce qu'il ſeroit aſſez curieux de connoître : il eſt à regreter que l'obſcurité de l'Ecriture ne le permette pas. Quoique divers Commentateurs ayent fait des efforts pour y parvenir, nous oſons dire que leurs conjectures n'ont jetté aucune lumiere ſur cette énigme.

Nous avons raſſemblé juſques ici les traits qui font le plus d'honneur à l'Aſtronomie Caldéene; mais pour en faire un tableau fidele, nous devons également rapporter ceux qui nous en donnent une idée moins avantageuſe. C'eſt un fait connu qu'elle fut extrêmement infectée des rêveries de l'Aſtrologie Judiciaire : les Caldéens s'acquirent même une telle renommée par la profeſſion particuliere qu'ils faiſoient de cet art inſenſé, que leur nom devint celui de tous ces impoſteurs. Si nous en croyons *Diodore*, (*h*) ces Aſtronomes connoiſſoient la cauſe des éclipſes de lune, mais ils diſputoient, c'eſt-à-dire ils étoient dans l'ignorance ſur celle des éclipſes de ſoleil : la rondeur de la terre leur étoit inconnue, & ils la faiſoient ſemblable à un bateau. A la vérité, j'ai bien de la peine à ajouter foi au récit de l'Hiſtorien Grec, & je ne ſçais comment allier une ignorance de cette eſpece avec tant d'autres indices de ſçavoir qui nous ſont parvenus d'eux. Néanmoins quand on fait attention qu'il y a des peuples Orientaux, comme les Siamois & les Indiens, qui ont des cycles & des périodes aſſez ingénieuſes, & qui ignorent cependant la rondeur de la terre, la cauſe des éclipſes & des phaſes de la lune, ce que *Diodore* nous apprend des Caldéens ne paroît pas abſolument impoſſible.

L'hiſtoire ne fait mention que d'un Aſtronome Caldéen,

(*g*) *Hiſt. Celeſt. prolegom.*
(*h*) Lib. II.

c'eſt le fameux *Beroſe*, qu'on ne doit peut-être pas diſtinguer de l'Hiſtorien qui vivoit vers le tems d'*Alexandre*. Il vint, dit-on, en Grece, & s'y acquit une ſi grande réputation par ſon ſçavoir en Aſtronomie & par ſes prédictions, que les Athéniens lui éleverent dans leur Académie publique, une Statue avec la langue dorée. Ces prédictions, conjointement avec divers autres traits, nous apprennent que *Beroſe* ne fut guére moins Aſtrologue qu'Aſtronome. *Vitruve* (*i*) nous rapporte une explication qu'il donnoit des phaſes de la lune; elle ne différe de la véritable, qu'en ce qu'il ſuppoſoit, ce ſemble, que la lune avoit un hemiſphere naturellement lumineux, & l'autre obſcur: il ajoutoit qu'elle tournoit toujours par une certaine ſympathie ſon hemiſphere lumineux du côté du ſoleil; ce qui produiſoit ſes phaſes différentes, tout de même que nous les expliquons, en partant du principe, qu'elle en eſt éclairée. Mais je ſuis fort tenté de ſoupçonner l'Architecte Latin d'avoir ajouté à l'explication de *Beroſe*, des circonſtances que ſon Auteur n'y mit point; car il lui eſt aſſez familier de montrer peu d'intelligence lorſqu'il s'écarte de l'art qui eſt ſa profeſſion. On attribue à *Beroſe* une eſpece de cadran qui fut appellé *hemicycle*. Il n'eſt pas bien important que nous nous attachions à en deviner la conſtruction; c'eſt pourquoi nous laiſſons cette énigme aux Œdipes qui voudront s'en occuper.

VI.

ASTRONOMIE EGYPTIENNE.

Quoiqu'il nous reſte moins de monumens Aſtronomiques des Egyptiens que des Caldéens, nous ne ſommes pas en droit d'en conclure qu'ils ſe ſoient moins adonnés qu'eux aux obſervations des phénomenes céleſtes. Divers motifs portent à croire que leurs travaux en Aſtronomie ne ſont guére moins anciens. Ils avoient conſervé dans leurs Annales la mémoire de 373 éclipſes de ſoleil, & de 832 de lune arrivées avant *Alexandre*. (*k*) C'eſt aſſez bien la proportion qui régne entre les éclipſes de ces deux aſtres vûes ſur un même horiſon; & cette remarque paroît prouver que ces éclipſes ne ſont point fictices, & qu'elles furent obſervées réellement. Mais ce

(*i*) *Arch. l.* IX. *c.* 4.
(*k*) Diog. Laer. *in proemio.*

ce qu'ils ajoutoient, sçavoir que ces phénomenes étoient arrivés dans 48853 ans, n'est qu'une fable mal-concertée ; car ce nombre d'éclipses a dû être vû dans 12 à 13 cens ans. Ainsi il paroît que l'époque des premieres observations Egyptiennes remonte à 16 ou 17 siécles avant l'Ere Chrétienne. *Aristote* confirme ce qu'on vient de dire par son témoignage. Après avoir parlé d'une occultation de *Mars* par la lune, qu'il avoit observée, » il ajoute, (*l*) les Babyloniens & les Egyptiens, » qui ont été attentifs aux mouvemens célestes depuis un » grand nombre d'années, ont vû arriver le même phéno- » mene à d'autres étoiles, & l'on tient d'eux un grand nom- » bre d'observations dignes de foi. « On sçait que *Conon*, l'ami d'*Archimede*, avoit ramassé les éclipses de soleil observées par les Egyptiens (*m*) ; nous devons regreter la perte de tant de travaux dont il ne subsiste plus aujourd'hui la moindre trace ; & l'on peut s'étonner que *Ptolemée*, qui vivoit & qui observoit à Aléxandrie, n'en ait jamais fait aucune mention ni aucun usage.

Les Egyptiens eurent probablement des méthodes pour calculer les éclipses, soit qu'elles ressemblassent aux nôtres, ce qui n'est cependant pas probable, soit qu'elles fussent des especes de formules de calcul, semblables à celles des Siamois & des Indiens d'aujourd'hui. Il semble, en effet, que c'est des Egyptiens que *Thalès* tenoit le moyen de prédire une éclipse de soleil. De légeres connoissances en Astronomie suffisent pour voir que ce Philosophe & les Grecs qui le suivirent pendant plusieurs siécles, n'y avoient pas fait assez de progrès, pour atteindre d'eux-mêmes à une prédiction de cette nature.

On conjecture avantageusement de l'Astronomie-pratique des Egyptiens, par la position de leurs Pyramides, dont les faces sont tournées avec beaucoup de précision vers les quatre points cardinaux (*n*). Une situation si exacte ne pouvant être l'effet du hazard, il faut en conclure qu'ils eurent de bonnes méthodes pour trouver la ligne méridienne ; & les adroits observateurs sçavent que cela est plus difficile qu'on ne pense vulgairement, puisque l'illustre *Tycho-Brahé*, le plus habile

(*l*) *De cœlo.* l. II. c. 12.
(*m*) Sénéque, *Quæst. nat. l.* VII. *c.* 3.
(*n*) Mem. de l'Acad. Ann. 1710.

obſervateur de ſon tems, s'étoit trompé de quelques minutes en traçant celle de ſon obſervatoire d'Uranibourg. L'exactitude avec laquelle ces Pyramides fameuſes ſont encore orientées, a fait évanouir la conjecture que l'erreur de *Tycho* avoit occaſionnée, ſçavoir que la poſition des méridiens avoit changé. *Proclus* (*o*) a dit que ces Pyramides ſervirent autrefois d'obſervatoire aux Prêtres Egyptiens. Cela n'eſt guére probable, ou bien ce n'auroit pas été ſans raiſon qu'il y auroit eu, comme on le dit, en Egypte des Colleges de Prêtres prépoſés à l'étude du Ciel, & qu'ils auroient été aſſez nombreux pour fournir un obſervateur à chaque jour. Car c'eſt preſque tout ce qu'auroit pû faire celui dont le tour ſeroit venu, que de monter à ſon obſervatoire, d'y obſerver, & d'en deſcendre dans la journée.

Une opinion fort propre à faire honneur aux Aſtronomes Egyptiens, s'il étoit bien aſſuré qu'ils en fuſſent les auteurs, eſt celle du mouvement de *Venus* & de *Mercure* autour du ſoleil. On la leur attribue communément ſur le témoignage de *Macrobe* (*p*), quoiqu'il la décrive d'une maniere ſi ambigue qu'il eſt très-probable qu'il ne l'entendoit pas. *Vitruve* (*q*) & *Martianus Capella* (*r*) donnent plus de marques d'intelligence dans la deſcription qu'ils en font, mais ils n'y parlent point des Egyptiens, ce qui pourroit jétter quelque doute ſur le droit qu'on leur donne à ce ſyſtême. Il eſt cependant preſque paſſé en coutume d'appeller ſyſtême Egyptien, celui qui ne différe du ſyſtême de *Ptolemée* qu'en ce qu'on y met *Venus* & *Mercure* en mouvement autour du ſoleil. On croit même que le premier des Grecs, *Pythagore*, par exemple, qui enſeigna que l'étoile du ſoir & celle du matin, n'étoient autre choſe que *Venus*, tantôt ſuivant, tantôt précédant le ſoleil: on croit, dis-je, que ce Philoſophe tenoit cette découverte des Egyptiens. On va même plus loin, & on fait honneur à l'Aſtronomie Egyptienne d'avoir donné naiſſance à ce ſyſtême dans lequel on fait tourner toutes les planetes autour du ſoleil immobile. Saint *Clément* d'Alexandrie (*s*) l'aſſure expreſſément, & nous remarquons pour appuyer ſon témoi-

(*o*) *Comm. in Timæum.* Hiſt. Univ. d'une Société, &c. T. I. p. 341.

(*p*) *Comm. in ſomn.* l. 1. c. 9.

(*q*) Architect. *l.* IX. *c.* 19.

(*r*) *De nupt. Philol.* l. VIII.

(*s*) *Stromat.* l. V.

gnage, qu'il n'est guére probable que les Pythagoriciens se fussent élevés d'eux-mêmes à ce sentiment. Soupçonner seulement une vérité si contrariée par le témoignage des sens, c'est, ce semble, l'ouvrage d'une Astronomie fort avancée. Je ne dissimulerai cependant pas un trait qui semble renverser tout cet édifice de conjectures honorables pour les Egyptiens ; c'est l'ordre suivant lequel ils rangeoient les planetes (*t*), ordre absolument semblable à celui que *Ptolemée* leur donnoit, & qui est une suite de sa maniere de penser sur la position de la terre. Mais peut-être cela doit-il s'entendre seulement des Egyptiens modernes, c'est-à-dire des Astronomes Grecs établis à Aléxandrie.

Je ne dois pas omettre de parler ici de la fameuse période ou année caniculaire, qui étoit en usage chez les Egyptiens. Elle naît de la combinaison de leur année solaire avec le lever héliaque (*u*) de la canicule, ou *Sirius*, étoile fort remarquable pour eux par les suites de ce lever. Je vais développer l'origine de cette période fort aisée à concevoir, d'après *Geminus*, (*x*) & quelques autres, quoique *Scaliger* & *Saumaise* soient tombés dans de grandes méprises sur ce sujet. (*y*)

Un événement qui excitoit l'attention de toute l'Egypte, étoit l'inondation du Nil ; aussi étoit-il annoncé par un phénomene très-remarquable, sçavoir l'apparition, ou le lever héliaque de *Sirius*. Il est probable que dans les premiers tems de l'empire des Egyptiens on en fit par cette raison le commencement de l'année. C'étoit un point fixe très-propre à cet usage, & qui sans le mouvement des étoiles rempliroit toutes les conditions de l'année solaire la mieux ordonnée.

Dans la suite on substitua à cette période une année solaire, ou qu'on prétendit du moins conformer au cours du soleil. On la composa d'abord de 360 jours, distribués en 12 mois de 30 jours chacun (*z*), mais on apperçut bientôt son écart considérable d'avec cet astre, & comme l'Astronomie faisoit déja des progrès en Egypte, on l'augmenta de cinq jours, qui s'intercaloient à la fin. Ce furent les Thébéens qui y firent cette correction : on se persuada alors qu'elle répondoit fort

(*t*) *Dio. Cass. hist. rom.* l. 37.
(*u*) Voyez note *m*, p. 58.
(*x*) *Isag. Astro.* c. 6.
(*y*) Petau. *Uranol. var. diss.*
(*z*) Sincell. *Chronolog. p.* 123. *ed. par.*

exactement à la durée d'une révolution solaire. Le monument d'*Osymandias* en est une preuve ; car autrement il auroit été très-mal entendu, puisque les levers & les couchers des étoiles, qui sont assignés à chacune de ses divisions, ne pouvoient leur convenir invariablement que dans cette supposition.

Mais l'erreur où l'on tomboit en faisant l'année solaire de 365 jours seulement, étoit de près de six heures par an ; & l'on sent aisément que l'effet qu'elle devoit produire étoit une rétrocession successive du commencement de l'année dans toutes les saisons. Je veux dire, que si cette année prétendue solaire, commençoit avec le solstice d'été, après un certain nombre de siécles, elle auroit commencé avec le printems, ensuite avec l'hyver & enfin avec l'autonne. Sans doute, on s'apperçut bientôt de cette rétrogradation annuelle ; mais bien loin de chercher à la corriger, on y trouva un mystére dont on fit un point de religion, & tandis que les autres peuples chercherent toujours à rendre le commencement de leur année fixe & invariable, les Egyptiens se plûrent dans un effet contraire, croyant sanctifier par-là toutes les parties de l'année : car leurs fêtes étant attachées à des jours fixes de leur année vague, la même fête arrivoit tantôt dans une saison, tantôt dans une autre. Telle fut la constitution de l'année Egyptienne jusqu'au tems d'*Auguste*, où les habitans d'Aléxandrie & le reste de l'Egypte adopterent l'année Julienne (*a*).

Cependant le lever de la canicule étoit un événement sur lequel l'Egypte avoit les yeux fixés ; c'est pourquoi on chercha à le lier de quelque maniere avec l'année civile. Or l'on apperçut bientôt que ce phénomene avançoit continuellement, de sorte que s'il étoit d'abord arrivé avec le commencement de l'année, quatre ans après il arrivoit le second jour, après quatre autres années, le troisiéme, &c. d'où il suit qu'au bout de 1461 ans, il devoit se renouveller avec le premier jour de l'année. On nomma cette période, l'année de *Thot*, l'année de Dieu, autrement encore la grande année, ou caniculaire, ou de *Sothis*. Car tous ces noms sont presque synonimes. On donnoit le nom de *Thot* à l'étoile de *Sirius*, en honneur du célébre *Mercure*, qui s'étoit appellé ainsi. *Thot*,

(*a*) Theon, *in canone exped.*

ou *Theut*, étoit encore un des noms de la divinité, & *Sothis* ſemble être le même mot un peu défiguré par les Grecs. Ces raiſons font qu'il eſt peut-être inutile de rechercher aucun perſonnage réel pour l'Auteur de cette période. *Cenſorin* paroît le penſer (*b*), & c'eſt l'opinion de pluſieurs Sçavans. Quelques autres néanmoins ſont d'un avis contraire, & parmi eux M. *de la Nauſe* (*c*) a tâché d'établir que ſon inſtituteur eſt le Roi *Aſeth*, ou *Sethoſis*, qui vivoit environ un ſiécle avant la guerre de Troye. Sa diſſertation mérite d'être lûe pour les profondes recherches dont elle eſt remplie. Le P. Petau (*d*) a fixé le commencement de la période caniculaire vers l'an 1330 avant J. C. ſe fondant ſur un paſſage de *Cenſorin*, (*e*) qui dit, que l'an du Conſulat d'*Antonin le Pieux* & de *Brutius*, la période caniculaire s'étoit renouvellée. Or cette année répond à la 138e après J. C. ainſi il faut remonter en arriere de 1460 années Juliennes, & l'on trouvera la 1321 avant notre Ere, c'eſt-à-dire, ſuivant la chronologie commune, la 137e avant la guerre de Troye.

Ce calcul reçoit une confirmation de la remarque ſuivante. On ſçait que le commencement de l'Ere de *Nabonaſſar* tombe au 26 Février de l'an 747 avant J. C. Donc le commencement de l'année Egyptienne avoit paſſé en rétrogradant, du lieu de ſon inſtitution primitive au 26 Février. Car les années de *Nabonaſſar* étoient abſolument les mêmes que les Egyptiennes. Mais au temps de cette inſtitution, il convenoit avec le lever de la canicule, qui, dans les ſiécles voiſins de la guerre de Troye, ſe levoit vers le 20 de Juillet pour Héliopolis. Ainſi il avoit rétrogradé du 20 Juillet au 26 Février, c'eſt-à-dire, de 144 jours. Or pour une ſemblable rétroceſſion, il faut un intervalle de 576 ans. Conſéquemment l'époque du commencement de la grande période caniculaire, eſt plus

(*b*) *De die natali.* c. 18.

(*c*) Mem. des Inſcript. *T.* XIV.

(*d*) *Uranol. in Diſſert.*

(*e*) *De die nat.* Ibid.

(*f*) Lorſque nous diſons que les années de Nabonaſſar s'accordoient avec les Egyptiennes, nous ne prétendons pas dire ce qu'on a cru juſqu'ici, ſçavoir que l'on eut compté dans l'Ere de Nabonaſſar par années qui euſſent préciſément convenu avec celles des Egyptiens. M. Freret a donné de fortes raiſons contre ce préjugé dans les *Mem. de l'Acad. des Inſcrip. T.* XIV. Il eſt beaucoup plus probable, que les années priſes juſqu'à préſent comme de Nabonaſſar, ne ſont que les années Egyptiennes même, auxquelles Hipparque & Ptolemée ont réduit les obſervations Caldéenes qui leur étoient parvenues.

reculée de 576 ans que la 747e année avant J. C. c'eſt pourquoi elle tombe à la 1323e. Cette détermination s'écarte ſi peu de celle du P. *Petau*, que bien loin de la contredire, elle lui donne & elle en reçoit un nouveau degré de probabilité.

Il nous auroit été facile de donner plus d'étendue à cet article, ſi nous nous étions attaché à raſſembler indiſtinctement tout ce que les Hiſtoriens nous préſentent concernant l'Aſtronomie Egyptienne. Mais la plûpart montrent ſi peu d'exactitude, ou ſi peu d'intelligence dans ces matieres, que ce ſeroit avoir peu de diſcernement que d'y ajouter quelque foi. Devons nous croire *Pline*, (*g*) lorſqu'il raconte que les Egyptiens donnoient à un degré de l'orbite de la lune ſeulement 33 ſtades. S'il y avoit chez ces peuples quelque connoiſſance de la rondeur de la terre, quelqu'ébauche groſſiere d'obſervation, enfin quelque légere teinture de Géométrie, pouvoient-ils ignorer qu'un degré terreſtre qui eſt moindre qu'un degré du cercle de la lune, a une étendue beaucoup plus conſidérable.

Macrobe a prétendu nous apprendre la maniere dont les Egyptiens diviſerent le Zodiaque, & il la décrit fort au long (*h*). Ils prirent, dit-il, un grand vaſe qu'ils remplirent d'eau, & ils la laiſſerent couler par une petite ouverture pratiquée à ſon fond durant une révolution entiere des étoiles fixes. Après quoi, ayant diviſé cette eau en douze parties égales, ils remarquerent quelle portion du Zodiaque s'élevoit pendant qu'une de ces parties s'écouloit. Mais *Macrobe* ne nous citant point ſes garands, & je crois qu'il eût eu de la peine à en citer aucuns, on ne doit, ſans doute, regarder cette hiſtoire que comme une fiction ; & même l'Aſtronomie Egyptienne y perdra peu, ſi nous la dépouillons de cette invention pour en faire honneur à cet Ecrivain, ou plutôt à *Sextus Empiricus* (*i*), qui raconte la même choſe des Caldéens. Si l'un & l'autre euſſent été plus verſés dans les Mathématiques, ils n'auroient pas manqué de s'appercevoir que le moyen qu'ils propoſoient n'étoit point propre à partager le Zodiaque en parties égales. Car en ſuppoſant même, ce qui n'eſt aucune-

(*g*) *Hiſt. Nat.* l. II. c. 24.
(*i*) *Com. in ſomn. Scip.* l. I. c. 21.
(*h*) *Chron. canon. Egypt.*

ment probable, que si ces premiers obſervateurs euſſent fait une attention ſuffiſante à la maniere dont l'eau s'écoule d'un vaſe percé à ſon fond, pour ſe procurer des intervalles de temps égaux, ils n'auroient pas réuſſi plus heureuſement. Ils auroient diviſé également l'Equateur, & non le Zodiaque, dont l'obliquité à l'axe de révolution fait qu'il s'éleve en temps égaux des portions inégales. Le Commentateur du ſonge de *Scipion*, donne encore une idée bien peu avantageuſe de ſon intelligence en Aſtronomie, lorſqu'il veut rapporter par quel moyen on trouva, dit-il, que le diametre apparent du ſoleil étoit la 108e partie du demi-cercle. Cette grandeur, qui revient à 1°, 40', eſt plus que triple de la véritable; & un Ecrivain doué de quelques connoiſſances Aſtronomiques, n'auroit pas manqué de l'obſerver. Devons nous juger l'Aſtronomie Egyptienne ſur des témoignages auſſi ſuſpects de fiction, d'ignorance, ou de peu d'exactitude ? Non ſans doute. Il eſt, je penſe, plus ſage & plus conforme aux régles de la critique, de ſuſpendre ſon jugement ſur ce qui la concerne, & nous devons ranger ce ſujet parmi tant d'autres, ſur leſquels le défaut de monumens certains, ne nous permettra jamais que des conjectures mal aſſurées. Je me borne à cette derniere obſervation ſur les Aſtronomes Egyptiens ; c'eſt qu'ils ne céderent point aux Caldéens, en entêtement ou en crédulité pour les vaines rêveries de l'Aſtrologie Judiciaire. Pluſieurs Auteurs nous l'apprennent, & il en ſubſiſte une preuve dans les *Apoteleſmatica*, ou régles de prédiction du fameux *Manethon*, Prêtre Egyptien, qui les compila ſous *Ptolemée Philadelphe ;* on ne peut douter que ce ne ſoit l'ouvrage de l'Aſtronomie Egyptienne, car les Grecs à cette époque n'avoient point encore donné dans ce travers ridicule. *Gronovius* a pris la peine inutile de publier ce morceau ; je dis, la peine inutile, car de pareilles ſottiſes, quoiqu'en vers Grecs, ne méritoient pas d'être tirées de la pouſſiere.

VII.

On ne doit pas chercher dans la Grece des veſtiges de travaux Aſtronomiques auſſi anciens que ceux des Caldéens & des Egyptiens ; ces peuples avoient déja fait des efforts pour reconnoître la durée des périodes céleſtes, & l'arrangement de l'univers ; ils avoient déja de longues ſuites d'obſervations que les Grecs commençoient à peine à lever les yeux vers le Ciel. Nous ne voulons pas dire qu'ils euſſent été abſolument inſenſibles au ſpectacle brillant qu'il préſente. On a remarqué ailleurs qu'une certaine connoiſſance du Ciel a été la premiere ſcience de tous les peuples. Nous entendons ſeulement par-là qu'ils ne s'étoient pas encore élevés à cette Aſtronomie ſeule digne de ce nom, (*k*) qui travaille à démêler la diſpoſition des corps céleſtes, à expliquer & à prévoir leurs phénomenes. Ce n'eſt qu'après l'établiſſement de la Philoſophie chez eux, qu'ils commencerent à s'adonner à cette ſorte d'étude. Bornés juſqu'alors à ce que l'agriculture & une navigation très-reſſerrée exigent de connoiſſance des aſtres, ils avoient ſeulement donné des noms aux conſtellations, ils obſervoient les levers & les couchers des étoiles fixes les plus remarquables, & ils s'en ſervoient pour déſigner les ſaiſons propres aux divers travaux de la campagne. Voilà toute l'Aſtronomie Grecque juſqu'au temps de *Thalès* & de *Pythagore* ; c'eſt la ſeule que nous préſentent les écrits d'*Héſiode* & d'*Homere*, les plus anciens Poëtes qui nous ſoient parvenus.

Il n'eſt preſque point de Héros Grec dont les Poëtes, ou d'autres Ecrivains, n'ayent fait dans des temps poſtérieurs des hommes fort verſés dans la ſcience des aſtres. *Euripide*, *Sophocle*, *Eſchile*, nous préſentent ſur la ſcene, *Promethée*, *Hercule*, *Palamede*, comme très-attachés à l'étude du Ciel (*l*). Mais il faudroit être bien crédule pour donner quelque vérité hiſtorique à ces déclamations théâtrales. *Lucien* & *Hygin* ont expliqué aſtronomiquement un grand nombre de traits de la Mythologie Grecque ; les gens raiſonnables doivent être fort ſurpris de voir *Phaëton*, *Dédale*, *Atrée* & *Thieſte*, *Bellerophon*, *Tireſias*, *&c*, transformés en Aſtronomes (*m*). Nous l'avons

(*k*) *In Epinom. Opp. Plat.* p. 1014. ed. 1602.

(*l*) *Iſag. in Arat. c.* 1.

(*m*) Nous ne pouvons nous refuſer à relever quelques traits plaiſans de la manie de ces Ecrivains à donner un ſens Aſtronomique à toutes les fables qu'ils peuvent y plier. Suivant Lucien, dans ſon Livre *de Aſtrologia*, Phaëton n'a paſſé pour avoir conduit le char du Soleil, & avoir été foudroyé par Jupiter, que parce que ce fut un Aſtronome qui mourut au milieu des obſervations qu'il avoit entrepriſes pour reconnoître le mouvement du ſoleil. Que ne diſoit-il, pour rendre ſon explication encore plus conforme avec les circonſtances de cette fable, qu'il étoit mort d'un coup de ſerein contracté en obſervant Ju-

déja dit, & nous ne craindrons pas de le répeter, il y a une puérilité extrême à proposer de pareilles explications.

Le monument le plus remarquable de l'ancienne Astronomie Grecque, est la division du Ciel en constellations. Comme elle subsiste encore aujourd'hui dans notre Astronomie, c'est un point qui doit nous intéresser, & que nous ne craindrons pas de discuter avec un peu d'étendue.

Tous les hommes que leurs occupations ou leurs demeures, mettent à portée de lever souvent les yeux vers le Ciel, ne manquent point de donner des noms aux grouppes d'étoiles les plus remarquables par leur forme, ou par leur éclat. Tantôt cette dénomination est tirée de leur ressemblance avec des objets que ces observateurs grossiers ont continuellement sous leurs yeux; tantôt ils leur appliquent les noms des personnages que regardent les traits d'histoire les plus célebres; quelquefois ils ont égard aux effets que l'apparition ou l'occultation de ces étoiles semble produire. Nous en avons des exemples dans nos campagnes, & sans doute nous en aurions un plus grand nombre, si nos agriculteurs étoient obligés de consulter aussi fréquemment le Ciel que les Anciens, pour leurs travaux. Il est vraisemblable, que c'est ainsi que la plûpart des constellations reçurent leurs noms dans la Grece. Qu'on imagine un peuple doué, comme étoient les Grecs, de l'imagination la plus riante, un peuple porté à embellir tous les objets par des fictions agréables, & qu'il veuille, soit par curiosité, soit par besoin, donner des noms à ces assemblages d'étoiles qui frappent sa vue, il fera, sans doute, mais d'une maniere beaucoup plus étendue & plus ingénieuse, ce que nous avons re-

Jupiter, & que c'est-là le coup de foudre dont cette Divinité le terrassa. Euripide, cité par Achille Tatius (*Isag. ad Arat. Phen.*) fait d'Atrée un Astronome qui avoit reconnu que le mouvement propre du soleil est rétrograde, ou contraire au mouvement journalier d'Orient en Occident. Hygin (dans ses Fables) va bien plus loin : il donne pour cause des démêlés d'Atrée & de Thieste, que celui-là avoit découvert la cause des éclipses; Thieste, dit-il, en fut si jaloux qu'il quitta Mycene, & jura à son frere une haine éternelle. On ne sçauroit mieux comparer ces ridicules prétentions, qu'à celles de certains Chimistes, dont l'imagination frappée du grand-œuvre, le trouve dans la Toison d'or, dans la fable de Médée rajeunissant le vieux pere de Jason, &c. Il ne faut pas donner à celle du soleil rebroussant en arriere à la vue du crime d'Atrée, d'autre origine qu'une expression assez naturelle, quoique poétique, pour exprimer l'atrocité d'une action. Blaeu, ou Cæsius, n'a pas manqué de rassembler toutes ces puérilités, & une foule d'autres dans son *Cœlum Astronomico-Poeticum*, le plus pédantesque ouvrage que je connoisse.

marqué avoir été fait par les hommes grossiers qui habitent nos campagnes. Tantôt à l'occasion de certaines dénominations naturelles qui ne satisferont pas assez son goût pour la fiction, il imaginera des fables. C'est de cette maniere que les Pleyades, ainsi nommées à cause de leur multitude, devinrent dans la suite les filles d'une Nymphe *Pléïone* & d'*Atlas*. C'est ainsi que la constellation d'*Orion*, remarquable par son étendue & son éclat, reçut le nom d'un géant, & comme elle suit continuellement les Pleyades, on en prit occasion de feindre qu'il les poursuivoit sans cesse, & qu'il en vouloit à leur honneur. Rien n'étoit plus naturel que de donner le nom de Couronne aux étoiles qui le portent aujourd'hui; car la figure qu'elles forment en est extrêmement approchante: les Poëtes feignirent que c'étoit celle d'une Princesse malheureuse dont ils raconterent au long la triste aventure. D'autres fois le peuple dont nous parlons recourra aux traits célebres, soit historiques, soit fabuleux, dont il aura la mémoire remplie. Il les transportera & les écrira en quelque sorte dans le Ciel, en donnant aux étoiles les noms des personnages qui y jouent les principaux rôles. C'est ainsi que le voyage des Argonautes semble retracé à la postérité dans les constellations célestes. Car on voit parmi elles, le navire *Argo*; le *Bélier*, dont la Toison étoit l'objet de cette expédition fameuse; *Castor* & *Pollux*, deux des héros qui y eurent part; *Hercule*, l'un d'entr'eux, avec le *Lion* de Némée, qu'il avoit tué, & le *Vautour*, qu'il avoit percé de ses fleches; la coupe empoisonnée de *Médée*; l'*Hydre* & le *Taureau*, qui gardoient le précieux dépôt de la *Toison*; la lyre d'*Orphée*, l'un des Argonautes. *Chiron* enfin, aussi célebre chasseur que renommé par sa piété envers les Dieux, y paroît tuant un *Loup* d'un côté, & ayant de l'autre un *Autel* fumant d'un sacrifice. La fable ou l'histoire défigurée de *Persée* & d'*Andromede*, y est représentée par ces constellations, & par celles de *Céphée*, de *Cassiopée* & de la *Baleine*, que *Persée* semble combattre. Celles du *Bouvier*, de la *Vierge*, & du petit *Chien*, semblent être des monumens de la piété paternelle d'*Hérigone*, qui ne put survivre à son pere *Icare*, & de l'attachement de son chien, qui mourut de douleur de la perte de ses maîtres.

A la vérité, il n'est aucun sujet sur lequel il y ait une plus grande variété d'opinions parmi les Mythologistes, que cette origine du nom des constellations (*n*); mais celle que nous venons de donner paroît la moins recherchée, & la plus généralement adoptée.

Un Auteur cité par *Clément* d'*Alexandrie* (*o*), fait honneur à *Chiron* de cette dénomination des signes célestes. Nous ne devons pas, ce semble, faire beaucoup de fond sur le témoignage d'un Poëte dont il ne nous reste qu'un demi vers; mais nous ne sçaurions négliger une remarque qui paroît du moins prouver qu'elle est d'une très-grande antiquité. C'est que toutes les constellations, si nous en exceptons celles de la *Balance*, de la *Chevelure de Bérénice* & d'*Antinoüs*, dont l'origine est connue, ont des rapports marqués avec l'expédition des Argonautes, ou des événemens antérieurs, jamais avec des fables ou des histoires beaucoup plus récentes. Ainsi il paroît presque certain que tous ces signes reçurent au plus tard leurs noms vers ce temps, & avant la guerre de Troye. Car il seroit difficile de croire que ce dernier événement, le plus fameux & le plus célébre de l'ancienne histoire Grecque, ne nous eût pas fourni plusieurs constellations, si leurs noms ne leur eussent été donnés qu'après cette époque (*p*).

M. *Newton* a fait de cette division du Ciel, exécutée au temps des Argonautes, un des fondemens de sa nouvelle Chronologie. Il a prétendu que *Chiron*, non seulement nomma alors les signes célestes, mais qu'il disposa les quatre signes équinoxiaux & solsticiaux, de sorte qu'ils fussent partagés en deux également par les colures des équinoxes & des solstices. Nous ne pouvons disconvenir que le systême chronologique de M. *Newton* ne soit appuyé sur plusieurs raisons très-sédui-

(*n*) Voyez Hygin dans son *Poeticon Astronomicon*, ou le *Cœlum Astronomico-Poeticum* de Blaeu.

(*o*) *Stromat.* l. 5.

(*p*) Je ne doute point que quelques lecteurs ne nous objectent qu'on doit donner à ces noms une antiquité bien plus grande, & une autre origine, puisque l'on trouve ceux d'*Orion*, des *Pleyades*, d'*Arcturus*, dans le livre de Job. (ch. x. p. 9.) Mais le sçavant M. *Scultens* a remarqué dans son Commentaire sur ce Livre, que ce n'étoit point-là le sens des expressions Hébraïques, qui veulent dire seulement, *qui fecit nocturnum circitorem, sidus torpidum, & penetralia austri.* Quel est ce *nocturnus circitor*, c'est ce qu'il ne nous est pas possible de déterminer. A l'égard du *sidus torpidum*, ce sont probablement les étoiles qui environnent le pôle arctique, & qui sont presque sans mouvement, ou si l'on l'explique comme fait M. Weidler, par *sidus calidum*, ce sera l'étoile de la Canicule, dont le lever ramenoit anciennement les grandes chaleurs. Ces *penetralia* ou *tabernacula austri*, peuvent n'être que les parties du Ciel, que l'abaissement du pôle austral sous l'horison, cachoit à la vue de l'Arabie.

ſantes; mais il nous ſemble que s'il n'étoit fondé que ſur cette prétendue diviſion de *Chiron*, il ſeroit peu capable & peu digne de former un ſchiſme parmi les Chronologiſtes. Qui pourra ſe perſuader qu'une détermination ſemblable ait une antiquité auſſi reculée ? Ne ſeroit-ce pas accorder à ces premiers Grecs des connoiſſances Aſtronomiques bien réfléchies, & à certains égards, fort ſupérieures à celles des peuples mêmes, qui furent toujours regardés comme leurs maîtres. Quel appareil d'inſtrumens & d'obſervations ne leur auroit-il pas fallu pour parvenir à une diviſion ſi exacte ? Ainſi quand il ſeroit ſuffiſamment démontré que le deſſein de *Chiron* fut de placer les quatre points cardinaux au milieu des quatre ſignes initiaux des ſaiſons, il faudroit auſſi néceſſairement convenir qu'il a pu ſe tromper de quatre à cinq degrés. Ce n'eſt pas, je penſe, concevoir une idée trop abjecte de la dexterité de ce pere prétendu de notre Aſtronomie, dans un temps où l'on ne connoiſſoit point encore l'inégalité du mouvement du ſoleil, où l'on n'avoit que des inſtrumens groſſiers, ſuppoſé même qu'on en eût aucuns. Que devient alors la preuve que M. *Newton* prétend tirer de cette poſition des colures, au temps du voyage des Argonautes, pour en fixer l'époque préciſe. Moyennant l'erreur qu'il faut néceſſairement admettre, cette époque peut facilement ſe ramener au milieu du treiziéme ſiécle avant l'Ere Chrétienne, où la Chronologie ordinaire l'a placée.

Mais voici une autre obſervation qui me paroît porter un grand coup, je ne dis pas au corps même du ſyſtême chronologique de *Newton*, mais à la premiere preuve qu'il tire des obſervations de *Chiron*. C'eſt qu'il n'y avoit autrefois qu'onze conſtellations dans le Zodiaque. Le Scorpion y occupoit la place de deux, & ſes pinces nommées χηλαι, formoient ce qu'on a depuis appellé la Balance; cela ſe prouve facilement par l'inſpection des deſcriptions anciennes du Ciel, comme le Poëme d'*Aratus* & ſes Commentaires. Il eſt d'ailleurs certain que les deux étoiles principales de la Balance, dont l'une devroit ſe nommer le baſſin auſtral, à cauſe de ſa poſition, ne ſe nommerent jamais que la pince auſtrale, la pince boreale, même après qu'on eut formé cette nouvelle conſtellation. Comment ces anciens Obſervateurs, partageant le Zodiaque avec tant de ſoin, & affectant de placer préciſément le milieu de leurs quatre ſignes cardinaux aux points des équinoxes & des ſolſtices, auroient-ils oublié de diviſer ce cercle en 12 parties égales. Une pareille omiſſion me paroît difficile à croire, & doit jetter de grands doutes ſur cette diviſion.

Ce manque d'un douziéme ſigne dans le Zodiaque des anciens Grecs, me fait naître dans l'eſprit une conjecture ſur la maniere dont ſe fit la premiere diviſion de ce cercle. Je penſe que les premiers qui aſſignerent des noms aux étoiles, les donnerent ſans s'aſtreindre à rien de plus qu'à placer dans le milieu, ou dans le corps des images qu'ils vouloient repréſenter, les étoiles les plus brillantes. Ce fut ainſi qu'ils formerent la Sphere céleſte, & il eſt vraiſemblable qu'ils ne firent encore aucune attention au Zodiaque. C'eût été une entrepriſe trop difficile pour eux que de déterminer le chemin du ſoleil parmi les étoiles qu'il traverſe, & qu'il offuſque à la fois de ſes rayons. On ne commença probablement à y ſonger que vers le temps où la Philoſophie prit racine dans la Grece. Alors ſes premiers Aſtronomes, obſervant la poſition de la route de cet aſtre dans le Ciel, y tracerent un cercle pour le déſigner, & les conſtellations qu'il traverſa furent les 12 ſignes du Zodiaque. Elles y ſont, en effet, aſſez irrégulierement ſituées pour former preſqu'une preuve de notre conjecture. Les unes y occupent une grande étendue, pendant que les autres y ſont reſſerrées. Il y en a peu qui ſoient partagées par l'écliptique en parties à peu près égales; au contraire, les unes ſont du côté des pôles, les autres du côté de l'équateur. Cela ſemble indiquer que le cercle fut tracé après les conſtellations déja déſignées, & non que les conſtellations furent inventées pour marquer leurs diviſions.

Mais il falloit douze ſignes dans le Zodiaque, & il n'y en avoit encore qu'onze. La premiere idée fut de former le douziéme des pinces du Scorpion, qui les étendoit extrêmement en avant, & on le nomma les pinces χηλαι. Enfin les Aſtronomes Grecs établis à Alexandrie, changerent cette dénomination en celle de la Balance, ſoit qu'ils euſſent en vue de déſigner l'égalité des jours & des nuits, ſoit qu'ils prétendiſſent la donner comme ſymbole de la juſtice à la Vierge, qui forme le ſigne précédent, & qu'on prenoit pour *Aſtrée*. On écarta donc alors dans les peintures du Ciel, les pinces du Scorpion, en les lui faisant recourber en arriere & sur les côtés, & l'on mit à leur place le nouveau signe. On conserva néanmoins l'usage d'appeller *les pinces*, les deux étoiles brillantes qui le distinguent principalement ; & c'est une sorte de monument qui ne permet point de douter de sa dénomination primitive.

VIII.

La recherche de l'origine des constellations du Zodiaque est un sujet qui a élevé un grand nombre d'opinions & de conjectures. Mais ce seroit nous amuser infructueusement, que de les examiner toutes avec étendue. Une seule mérite qu'on s'y arrête. Nous passerons donc rapidement sur la prétention d'un Anonime qui a voulu que les douze signes du Zodiaque fussent les symboles des douze fils de Jacob (*q*). Quoiqu'il fasse valoir en sa faveur divers rapports assez marqués de ces peres du peuple Juif, avec ces constellations, on ne peut regarder son opinion que comme un paradoxe soutenu avec esprit. Que penser encore du sentiment d'*Olaus Rudbeck*, qui a fait tous ses efforts (*r*) pour trouver dans la Scandinavie & la Norvege, l'origine de notre sphere ; le dirai-je même, celle de l'Astronomie & de la plûpart des inventions Astronomiques les plus heureuses, comme le cycle lunaire, &c ? Il faut être épris d'un singulier amour pour sa patrie, & être bien accoutumé aux frimats de ces pays disgraciés de la nature, pour prétendre que les montagnes de la Lapponie & de la Suede, furent l'endroit que choisirent par préférence les premiers qui vinrent habiter l'Europe ; que c'est-là cette délicieuse Atlantique si célébrée par les Ecrivains Grecs ; qu'enfin aucune contrée de l'univers n'étoit plus favorable à l'avancement de l'Astronomie. Je doute fort qu'une opinion si dénuée de vraisemblance ait jamais séduit quelqu'un parmi ses compariotes mêmes, malgré l'étalage surprenant d'érudition septentrionale que présente ce singulier ouvrage.

Il y a quelque chose de plus séduisant dans l'ingénieux systême de M. *Warburton*, sur l'origine de la Mythologie de la

(*q*) Mem. de l'Acad. des Inscript. *T.* VI.

(*r*) *Atlantica.* part. II. & III.

ſphere Grecque. M. *Pluche* lui a donné parmi nous une ſorte de célébrité par la maniere dont il l'a développé & préſenté dans ſon Hiſtoire du Ciel. Ce motif nous engage à l'expoſer avec ſoin, & à faire quelques réfléxions ſur ſon ſujet.

MM. *Warburton* & *Pluche* trouvent l'origine des noms que portent les ſignes du Zodiaque dans les diverſes productions de la campagne au temps où le ſoleil les parcourt, ou dans quelques circonſtances du mouvement de cet aſtre. *Macrobe* (*s*) a fourni la premiere idée de ce ſyſtême, en remarquant que le Cancer & le Capricorne pouvoient être regardés comme des ſymboles, l'un de la rétrogradation du ſoleil lorſqu'il eſt arrivé au tropique d'été, l'autre de ſon retour vers les parties ſupérieures de notre hémiſphere, après avoir atteint le tropique d'hiver. M. *Pluche* s'eſt attaché a étendre cette idée à tous les autres ſignes. Ainſi les trois premiers, le Bélier, le Taureau & les Gémeaux, doivent, dit-il, leurs noms aux agneaux, aux jeunes taureaux, & aux chevreaux, dont la naiſſance enrichit les Bergers dans le printems. Le Cancer ou l'Ecreviſſe, qui marche à reculons, marque le retour du ſoleil, qui parvenu à ſa plus grande diſtance de l'équateur, commence à rebrouſſer en arriere. Le Lion repréſente la fureur de l'été alors le plus ardent; & la Vierge n'eſt autre choſe qu'une glaneuſe, ſigne naturel de la moiſſon. La Balance annonce l'égalité des jours & des nuits à l'équinoxe d'automne. Le Scorpion eſt l'emblême des maladies de cette ſaiſon; & le Sagittaire celui de la chaſſe, occupation des derniers mois de l'année. Le Capricorne déſigne le retour du ſoleil qui commence à remonter vers le haut du Ciel, comme cet animal qui cherche toujours les hauteurs lorſqu'il eſt en pâturage. Le Verſeau & les Poiſſons annoncent enfin les pluyes qui terminent ordinairement l'hiver. A l'égard du temps où ſe fit cette diſtribution du Zodiaque, il n'eſt pas moins ancien, dit M. *Pluche*, que celui où nos premiers peres, encore raſſemblés dans les plaines de la Méſopotamie, y menoient la vie paſtorale. Il fait même la deſcription de la maniere dont ils entreprirent de meſurer la révolution du Ciel, & de diviſer le Zodiaque en douze parties égales. C'eſt à peu près celle que *Macrobe* & *Empiricus* ont attribuée, l'un aux

(*s*) *Saturnal.* l. 1. c. 17.

Chaldéens, l'autre aux Egyptiens, & dont nous avons parlé à la fin de l'article VI. Ils assignerent enfin à ces divisions & aux étoiles qu'elles renferment les noms ci-dessus; leurs descendans, ajoute-t-on, les conserverent, mais bientôt les raisons qui les avoient fait donner s'effacerent de leur souvenir, suite nécessaire de leurs transmigrations, ou de leur nouvelle maniere de vivre. En effet, habitans des climats différens de ceux pour lesquels ces signes avoient été établis, ils n'appercevoient plus les rapports qu'il y avoit entre leurs noms, & ce qui se passoit dans la nature pendant que le soleil les parcouroit. Il fallut donc imaginer des fables, pour suppléer aux raisons dont on avoit perdu la mémoire, & l'esprit humain encore vuide de faits dans cette enfance de l'univers, les adopta avec avidité. Alors le Bélier devint celui qui avoit transporté *Héllen* & sa sœur dans la Grece au travers des flots. Le Taureau fut un Dieu déguisé qui avoit ravi *Europe*, ou le gardien de la Toison, & ainsi des autres.

Plusieurs des constellations, continue M. *Pluche*, tirent leur origine de l'ignorance des Grecs dans les Langues Orientales, ignorance qui les entraînoit dans de fréquentes méprises. Il en donne divers exemples. C'est une méprise, suivant lui, qui a fait donner le nom d'Ourses aux deux constellations que nous appellons ainsi. Les Phéniciens, qui s'en servoient pour se diriger dans leurs navigations, les nommoient, dit-il, les étoiles parlantes, à cause qu'elles leur montroient leur vraie route. Mais le mot Phénicien & Hébreu (*Dabba*) avec quelques légers changemens de voyelles, chose familiere dans les Langues Orientales, signifioit aussi une Ourse; les Arabes & les Hébreux l'appellent, en effet, *Dubb*. De-là vint que les Grecs qui entendoient ainsi nommer ces étoiles par les navigateurs Phéniciens qui fréquentoient leurs côtes, prenant une signification pour l'autre, les appellerent les signes des *Ourses*. De-là vint ensuite la fable célébre de *Calisto* & d'*Arcas*, changés en ours, & que *Jupiter* transporta dans le Ciel, à quoi l'imagination des Poëtes, qui voyoient ces étoiles ne se coucher jamais dans le climat de la Grece, ajouta que *Junon* poursuivant toujours sa vengeance, leur avoit ôté le privilege de venir se reposer comme les autres dans la mer. Peut-être même la ressemblance des deux mots avoit-elle déja donné

donné lieu aux Phéniciens de former cette fable, de sorte que les Grecs ne firent que la recevoir d'eux, & y ajouterent seulement cette nouvelle circonstance de la vengeance de *Junon.* Car le phénomene qui en est le motif, n'a point lieu à l'égard des côtes de la Phénicie & de l'Afrique, ou d'autres pays plus méridionaux que les navigateurs Phéniciens fréquentoient principalement.

La constellation de la Canicule, & le nom de l'étoile brillante qui la distingue, n'ont pas d'autre origine. Cette étoile fut nommée par les Egyptiens l'étoile du Nil, ou *Sihor;* car ce fleuve portoit ce nom, comme nous l'apprend l'Ecriture (*t*). On avoit voulu désigner par-là que son apparition annonçoit le débordement du Nil. Une légere infléxion, avec la terminaison Grecque, en fit σείριος, *Sirius;* mais cette étoile se nommoit encore *Thot* ou *Tahaut*, c'est-à-dire, le chien, comme nous l'apprennent divers Auteurs de l'antiquité. On lui avoit donné ce nom, parce que comme un chien fidele, elle avertissoit de la crue du Nil, ou en mémoire du fameux *Thot* ou *Mercure*, dont l'histoire Egyptienne raconte tant de merveilles. Les Grecs le traduisirent litteralement dans leur langue, & en firent leur Ἀστρο-κύων, *Astro-canis*, ce qui leur donna lieu de former un chien des étoiles voisines. Je pourrois encore en donner, d'après M. *Pluche*, divers exemples, mais l'envie & la nécessité d'abréger, font que je me contente de renvoyer à son ouvrage.

Ce systême d'explications donne une origine fort ingenieuse, je le dirai même, quelquefois fort satisfaisante à divers traits de la Mythologie Grecque. Mais son Auteur, ou plutôt M. *Pluche* qui l'a principalement développé, l'auroit peut-être rendu plus séduisant s'il ne l'eût pas trop forcé. Je ne sçaurois me persuader, par exemple, que le voyage des Argonautes dépouillé de ce que la fiction lui a ajouté d'embellissement, ne soit qu'une fable fondée sur le mot *Argonioth*, qui signifioit en Phénicien, *Ouvrage de la Navette;* que les Grecs en ayent tiré leur navire *Argo*, & qu'ils ayent bâti sur ce leger fondement toute l'histoire de cette expédition fameuse. Mais ce n'est pas ici le lieu d'entrer dans cet examen. Quelle que

(*t*) *Jos.* XIII. 3. *Jerem.* I. 18.

ſoit l'origine de ces fables, elle ne porte aucune atteinte au ſentiment qui attribue aux Grecs la diviſion du Ciel en conſtellations; car ſoit qu'elles ayent été imaginées par leurs Poëtes, ſoit qu'elles ayent été occaſionnées de la maniere qu'on a expliquée, il ſera toujours vraiſemblable que ce fut la Grece qui tranſplantât ces objets fabuleux dans le Ciel. Quelques noms comme ceux de la Canicule, de Canope, des deux Ourſes, &c. ſeront, ſi l'on veut, empruntés des Etrangers; mais à l'égard du plus grand nombre, je crois que juſqu'à ce qu'il nous ſurvienne de nouvelles preuves, nous devons les regarder comme l'ouvrage des Grecs mêmes. A l'égard de la diviſion du Zodiaque dont M. *Pluche* fait le récit, & qui forme une partie conſiderable de ſon ſyſtême, nous ne pouvons nous empêcher de faire quelques réflexions propres à montrer combien peu ſa conjecture eſt fondée.

En premier lieu, le moyen qu'on veut avoir été mis en uſage par ces premiers habitans de la Chaldée, pour diviſer la route du Soleil en parties égales, n'eſt ſans doute qu'une fiction de *Sextus Empiricus*, de qui *Macrobe* l'a empruntée en l'attribuant aux Chaldéens. Perſonne, je penſe, ne ſe perſuadera que ces Auteurs, ni aucuns de ceux qui ont écrit avant eux, ayent pu avoir quelque lumiere ſur ce qui s'eſt paſſé dans un temps ſi reculé. M. *Pluche*, à la vérité, prétend que c'eſt une ancienne tradition qu'ils nous ont conſervée. Mais c'eſt fort gratuitement, & il eſt beaucoup plus vraiſemblable que ces reſtaurateurs du genre humain, bien plus jaloux de la proſpérité de leurs troupeaux & de l'excellence de leurs pâturages, que d'une diviſion parfaite du Zodiaque, ne ſongerent jamais à une Aſtronomie ſi relevée.

Il falloit, dira-t-on, à ces premiers hommes des moyens pour reconnoître les progrès de l'année, & pour régler les temps de leurs différens travaux. Nous en convenons, mais ils pouvoient ſans diviſer le Zodiaque trouver dans le Ciel ces divers ſignes propres à les guider. Jugeons de ceux qu'ils choiſirent, par ceux que nous voyons avoir été en uſage chez tous les peuples, dans les temps où le manque d'un calendrier bien réglé les obligeoient de conſulter ſans ceſſe le Ciel. Ce ſont les occultations & les apparitions ſucceſſives, ou pour ſe ſervir du terme conſacré chez les Anciens, les levers & les couchers (*u*), non des ſignes du Zodiaque, mais de diverſes étoiles ou conſtellations, très-remarquables par leur éclat ou leur figure, comme les Pleyades, les Hyades, Arcturus, Orion, la Couronne, &c. *Heſiode* fait à ſes Agriculteurs le précepte de moiſſonner au lever des Pleyades, & de labourer à leur coucher (*x*). C'eſt ſur des ſignes ſemblables que ſont fondées les inſtructions que donnent tous les anciens Auteurs, comme *Magon* le Carthaginois dans ſes Geoponiques, *Ovide* dans ſes Faſtes, *Virgile* dans ſes Georgiques, *Columelle* dans ſon ouvrage *de re Ruſticâ*, *Pline* enfin dans l'hiſtoire Naturelle. Je n'accumulerai pas toutes ces autorités, je me bornerai à quelques vers de *Virgile*, dont la beauté m'invite à les citer.

. . . Tam ſunt Arcturi ſidera nobis,
Hædorumque dies ſervandi, & lucidus Anguis,
Quàm quibus in patriam ventoſa per æquora vectis
Pontus & oſtriferi fauces tentantur Abydi.
. . . .
Ante tibi Eoæ Atlantides abſcondantur,
Gnoſſiaque ardentis decedat ſtella coronæ,
Debita quàm ſulcis committas ſemina; quàmque
Invitæ properes anni ſpem credere terræ.
Multi ante occaſum Maïæ cæpere: ſed illos
Expectata ſeges vanis eluſit avenis.
Si vero viciamque ſeres, vilemque phaſelum,
Nec Peluſiacæ curam aſpernabere lentis,
Haud obſcura cadens mittet tibi ſigna Bootes. Georg. l. 1.

(*u*) On diſtingue trois eſpeces de levers & de couchers des étoiles; ſçavoir ceux qu'on nomme *Coſmiques*, les *Héliaques*, & les *Acroniques*. Les premiers ſont ce qu'on entend ordinairement par le lever & le coucher d'un aſtre. Le lever Héliaque n'eſt autre choſe que ſon émerſion des rayons du ſoleil qui s'en éloigne, & qui fait qu'on peut l'appercevoir le matin au levant, un peu avant l'aurore. C'eſt celui dont il eſt queſtion dans le précepte d'Héſiode de moiſſonner au lever des Pleyades. Le coucher héliaque eſt l'oppoſé, c'eſt-à-dire, l'immerſion de l'aſtre dans les rayons du ſoleil, ce qui fait qu'on ne peut plus l'appercevoir le ſoir, ſe couchant après lui. Le lever acronique eſt celui qui ſe fait lorſqu'une étoile monte ſur l'horiſon, immédiatement ou peu après que le crépuſcule du ſoir eſt fini, & permet de l'appercevoir ſe levant. Au contraire, le coucher acronique arrive lorſqu'une étoile ſe plonge ſous l'horiſon, un peu auparavant le crépuſcule du matin. C'eſt de cette eſpece de coucher que parle Héſiode, lorſqu'il ordonne de labourer au coucher des Pleyades. C'eſt ce coucher des Hyades qui ramenoit ordinairement les temps pluvieux dans la Grece. C'eſt enfin cette ſorte de coucher que Virgile a en vue dans les vers des Georgiques que nous citons.

(*x*) ἔργα ϗ ἥμεραι. *Opera & dies.* l. II.

On ne peut douter que ces grands Maîtres n'aient proportionné leurs instructions à la simplicité de ceux qu'elles regardoient, & qu'ils n'ayent choisi les signes les plus naturels & les plus usités. C'est donc à des signes semblables qu'ont dû recourir les premiers hommes, & non aux constellations du Zodiaque même. En effet nous observerons que la plûpart sont peu remarquables, peu propres à servir de signes à des gens pour qui il en falloit de frappans. Aussi voyons-nous dans nos campagnes qu'on y connoît les Pleyades, les Hyades, la grande & la petite Ourse, Orion, Arcturus, la Couronne, &c. mais on n'y connoît ni le Bélier, ni le Cancer, ni le Verseau, encore moins les poissons, &c; & si quelqu'un les enseignoit à nos Bergers ou à nos laboureurs, certainement ce seroit une connoissance qui ne se transmettroit pas loin. Car la plûpart des signes même les plus brillans du Zodiaque n'ont rien dans leur forme qui soit capable d'exciter cette curiosité, seule capable de perpétuer une tradition chez des hommes grossiers.

En second lieu nous pouvons employer ici contre cette prétendue dénomination du Zodiaque, une remarque qui nous a servi contre celle qu'on a attribuée à *Chiron*. On a fait voir qu'il n'y avoit primitivement qu'onze signes dans ce Cercle, que la Balance étoit d'institution moderne, je veux dire, de quelques siécles seulement avant l'Ere chrétienne, & que sa place étoit occupée par les pinces du Scorpion. C'est donc en vain qu'on cherchera à faire remarquer l'analogie qui se trouve entre le nom de Balance & l'égalité des jours & des nuits, qui arrive lorsque le Soleil atteint ce signe. D'ailleurs, & ceci est une observation importante, dans les temps reculés auxquels on rapporte la division dont nous parlons, toutes les étoiles qui composent la Balance étoient placées avant le point de l'équinoxe. C'étoit le Scorpion, signe remarquable par une étoile de la premiere grandeur qui le suivoit immédiatement; c'est donc cette constellation qui devoit recevoir le nom de la Balance, & non celle qui le porte aujourd'hui.

La Vierge dont on fait une glaneuse, le signe de la moisson, ne répond point à la destination qu'on lui donne. Le Soleil étoit encore bien éloigné des étoiles qui la composent, & sur-tout de l'épi la plus brillante d'entre elles, lorsque la moiſſon étoit achevée dans les pays un peu chauds, comme la Grece, la Chaldée, &c. M. *Pluche* s'eſt trompé en jugeant du temps de la moiſſon dans ces pays méridionaux, par celui où elle ſe fait dans les parties ſeptentrionales de la France. L'écriture nous apprend que les épis étoient fort approchans de la maturité vers le temps de la Pâque, qui ſuivoit de près l'équinoxe du printemps; & ſuivant le précepte d'Heſiode rapporté plus haut, on moiſſonnoit dans la Grece vers le lever des Pleyades, c'eſt-à-dire, vers le milieu du mois d'avril. Cette prétendue glaneuſe n'a donc jamais pu déſigner la moiſſon que d'une maniere bien vague. Elle pourroit plutôt être l'indication de la vendange, & nous voyons en effet qu'elle l'étoit dans l'Italie; car les Latins donnoient le nom de *Vindemiatrix*, la vendangeuſe, à l'étoile que nous nommons l'épi; & celui de *Provindemiatrix*, à une autre de la troiſiéme grandeur qui la précede.

Nous citerons enfin pour derniere preuve, le témoignage d'un Auteur ancien, qui nous apprend qu'on ne voyoit point dans les ſpheres des Etrangers les mêmes conſtellations que dans la ſphere Grecque. « Les Egyptiens, dit-il, n'ont ni » *Dragon*, ni *Cephée*, ni *Caſſiopée*, &c. mais leurs ſignes cé» leſtes ſont autrement conformés & portent d'autres noms; » il en eſt de même chez les Caldéens. Les Grecs ont donné » aux leurs les noms des Héros & des perſonnages qui ſe ſont » illuſtrés chez eux (*y*).

IX.

Ce qu'*Achille Tatius* vient de nous apprendre, eſt aſſez bien confirmé par un morceau curieux que nous a tranſmis *Joſeph Scaliger* (*z*), & qui eſt tiré d'un livre du fameux Juif *Aben Eſra*, qu'il poſſédoit manuſcrit. Cet ouvrage contient une deſcription des trois ſpheres, l'Indienne, la Perſane, & celle que les Grecs vivans dans le climat de la Grece nommoient Barbarique, c'eſt-à-dire, Etrangere. Cette derniere n'étoit autre choſe que celle des Grecs mêmes, rapportée au climat d'Alexandrie, où leurs principaux Aſtronomes s'étoient établis. *Scaliger* nous a auſſi conſervé une (*a*) eſpéce de tableau de

(*y*) Ach. Tat. *iſag. &c.*
(*z*) *Ad Manil. Aſtronomicon*, p. 371.
(*a*) Ibid, p. 487

l'ancienne ſphere Egyptienne, tirée, dit-il, de divers Auteurs Arabes, qui l'avoient compilée ſur d'anciens manuſcrits Aſtrologiques. Ces pieces nous mettent en état de former une comparaiſon des figures qu'on voyoit dans ces quatre ſpheres.

A l'égard de la ſphere Egyptienne, on remarque d'abord qu'il y a à peine une ſeule des figures qui y ſont nommées, qu'on puiſſe rapprocher des conſtellations Grecques. On y voit un homme tenant une faulx, un autre avec une tête de chien, un troiſiéme avec des cheveux crépus. Il y en a un autre tuant un ours. On y trouve un chien aſſis ſur ſon derriere, & regardant un lion dans la même poſture ; pluſieurs animaux enfin dans des ſituations ou des lieux du Ciel qui ne permettent point de les prendre pour les mêmes que ceux qui ſont peints ſur notre ſphere. Celle dont nous parlons a de plus une particularité, ſçavoir, que ces conſtellations ſemblent être au nombre de 360, qui s'élevent ſucceſſivement avec chacun des degrés du Zodiaque. Ce cercle y paroît auſſi diviſé en 36 parties égales, dont chacune porte un nom propre, & eſt dédiée à une des planetes. Aucun de ces mots ne paroiſſant avoir une origine Hébraique ou Arabe, c'eſt un ſoupçon légitime qu'ils ſont de l'ancien langage Egyptien ; & cette circonſtance me paroît propre à confirmer l'antiquité de cette diviſion, & le droit des Egyptiens ſur elle. Il eſt vrai que j'ai peine à concevoir comment ils arrangeoient dans le Ciel un ſi grand nombre de conſtellations, & comment elles pouvoient être diſpoſées de maniere qu'il s'en levât une avec chaque degré du Zodiaque. Ce ſont des difficultés que je n'ai pas dû diſſimuler.

Le *P. Monfaucon*, nous a donné dans ſes *Antiquités*, & d'après lui, M. *Pluche* a fait repréſenter dans ſon *Hiſtoire du Ciel* (*a*), la figure d'un monument d'Aſtronomie Egyptienne. C'eſt un vieillard ayant autour de ſon corps un ſerpent entortillé, en forme de ſpirale, dont l'intervalle des tours eſt rempli par les ſignes du Zodiaque. On y apperçoit ſur-tout le Lion & le Cancer, ou le Scorpion. Mais rien ne nous aſſure que ce monument ſoit antérieur à l'établiſſement des Grecs en Egypte, & cela ſuffit pour détruire toutes les conſéquences qu'on pourroit en tirer contre notre ſentiment. On ſeroit encore

(*b*) Tom. I. pl. v. p. 71.

fort peu fondé à alleguer contre nous ce planisphere de pierre apporté d'Egypte à Rome, (*b*) où l'on voit divers signes du Zodiaque Grec, & d'autres constellations dans les intervalles de plusieurs cercles concentriques. Les lettres Grecques qu'on y lit, montrent suffisamment qu'il est postérieur au temps d'*Alexandre*; car personne n'ignore que leur usage ne s'introduisit en Egypte qu'à cette époque.

Les spheres Indienne & Persanne sont moins chargées de figures que l'Egyptienne, & c'est presqu'en cela seul qu'elles ressemblent à la sphere Grecque. Voici quelques-unes des constellations de la premiere. On y trouve d'abord un Chien, qui ne peut être, ni la Canicule, ni Procyon; cela se démontre facilement en observant que ces constellations ne se levent point avec les premiers degrés du Bélier, comme celle dont nous parlons ici. On voit ensuite un Ethiopien de taille gigantesque, une femme couverte d'un manteau, un homme roux en posture de se battre, qui semble être le même que *Persée*, quoiqué défiguré par les autres attributs que lui donnent les Indiens. Parmi plusieurs figures d'hommes & de femmes dans diverses postures, ou diverses occupations, je n'en trouve qu'une assez semblable au Sagittaire, mais occupant une place différente de celle de ce signe dans la sphere Grecque. On trouve enfin dans Ciel Indien, un Léopard, une Cigogne, deux Cochons, un grand arbre sur lequel est un Chien, &c. une énumeration plus étendue me paroît peu utile. C'est pourquoi nous la terminerons pour passer à d'autres objets.

La sphere Persanne nous présente, à la vérité, un assez grand nombre de constellations, qui sont les mêmes que celles des Grecs. Telles sont dans le Zodiaque, celle de la Vierge, qui y est représentée par une femme, tenant des épis à la main, allaitant un enfant, & ayant son mari à côté d'elle; la Balance y est portée par un homme d'un regard irrité, qui tient des livres de l'autre main, symbole évident d'un Juge éclairé & sévere. On y voit aussi des poissons. Hors du Zodiaque, on trouve la grande & la petite Ourse, la tête de Méduse, Cassiopée, le triangle Boréal, un Cheval aîlé, ou Pégase, &c. Mais il me paroît que toutes ces constellations ont été empruntées de la Grece; & en effet, si l'on considere qu'après

(*c*) Hist. de l'Acad. 1708.

l'expédition d'*Alexandre*, ce furent des Princes Grecs qui régnerent dans l'Orient, on sentira que l'Astronomie Grecque a dû nécessairement introduire dans celle des Persans quantité de choses qui lui étoient propres. On ne doit donc point s'étonner d'y retrouver des constellations Grecques, & l'on ne sçauroit en tirer aucune induction favorable au systême de M. *Pluche*. D'ailleurs, s'il étoit encore nécessaire de combattre sérieusement une conjecture aussi légerement fondée, nous remarquerions qu'on ne trouve dans le Zodiaque Persan, ni Bélier, ni Gémeaux, ni Cancer, ni Lion, ni Scorpion, ni Sagittaire; & c'est une observation qui la détruit entierement. Car si les Chaldéens eussent été les auteurs des noms des constellations, il devroit, sans doute, en rester plus de traces chez les Persans leurs descendans, que chez toute autre nation.

Nous distinguerons donc dans la sphere persanne les constellations qui lui sont étrangeres de celles qui lui sont propres & qui ont vraisemblablement une plus grande antiquité. Voici quelques-unes de ces dernieres. De ce nombre est un un Taureau, mais différent de celui de notre sphere, car il s'éleve avec les premiers degrés de l'écliptique, ce que ne fait pas le nôtre, qui est le second signe du Zodiaque. On y voit une cuirasse, un jeune homme siégeant sur un trône, un navire dans lequel est un Lion, monté d'un homme, & au-dessous une femme morte. Un homme jouant d'un instrument; deux chariots conduits par deux jeunes gens. Une espece de cor, &c. Je supprime le reste, de crainte qu'on ne m'impute de donner trop d'importance à ces détails. Il me suffira d'avoir indiqué les pieces d'où j'ai tiré ce que je viens de dire, afin que ceux des lecteurs qui en seroient curieux puissent y recourir.

X.

Origine de la Navigation.

On croit, & on le dit communément, que la navigation doit sa naissance aux Phéniciens. Ces peuples jouissent sans contestation du titre des premiers & des plus anciens commerçans de l'univers. Les nombreuses colonies qu'ils fonderent sur les côtes de la Méditerranée, & sur quelques-unes de l'Océan, où ils pénétrerent par le Détroit de Gibraltar, en sont des preuves. Tant d'ardeur pour cet art, tant d'entreprises

prises exécutées par son moyen, sont de puissantes raisons pour leur en faire honneur. Il est du moins nécessaire de convenir qu'ils le perfectionnerent beaucoup, & que la plûpart des habitans des côtes de la Méditerranée le reçurent d'eux. Mais qu'il me soit permis, quant à cette premiere ébauche de la navigation, de la reprendre d'un peu plus haut, & de la développer davantage.

On peut considérer la navigation sous deux points de vue. Sous l'un, c'est l'art de conduire un vaisseau à l'aide des puissances méchaniques, comme la rame, la voile, &c. qui servent à le mettre en mouvement & à le diriger. C'est ce que nous entendons par le nom de *manœuvre.* Sous l'autre point de vue, c'est la science de diriger ce vaisseau dans la route nécessaire pour aller d'un lieu dans un autre. Celle-ci emprunte le secours de l'Astronomie, celle-là est une application, une dépendance de la méchanique.

A l'égard de cette premiere partie de la navigation, il est difficile de se persuader que l'ébauche en soit dûe aux Phéniciens. Elle a, sans doute, une origine plus ancienne. Les premiers hommes, obligés de traverser des fleuves, ou des lacs, le firent d'abord sur des radeaux, ausquels on substitua peu après des bateaux creux, & par-là plus propres à contenir quantité de choses. L'invention de la rame vint bien-tôt après, & précéda tous les autres moyens de mettre les bateaux en mouvement. Son usage devint nécessaire dès qu'on commença de s'exposer à des eaux trop profondes pour pouvoir continuer à se servir des longues perches qu'on employa d'abord pour conduire ces frêles bâtimens. Ces perches elles-mêmes purent d'abord tenir lieu de rames, comme nous voyons qu'elles servent encore souvent à nos gens de riviere. Ensuite on s'apperçut, & il est aisé de le faire, qu'en donnant à la partie plongée dans l'eau plus de surface, on éprouveroit une plus grande résistance à fendre l'eau, & par conséquent on réagiroit davantage en sens contraire. Cela donna lieu aux rames, telles que nous les avons aujourd'hui; il n'étoit aucun besoin de recourir aux Coptes, comme a fait *Polidore Virgile*, pour les inventer, ni aux Platéens pour leur donner cette forme avantageuse qui augmente leur effet.

L'invention de la voile demande plus de raiſonnement, & par une conſéquence naturelle, a dû venir plus tard. Je ne ſçaurois croire cependant qu'elle ait été long-temps inconnue aux premiers hommes. L'action que le vent exerce contre les corps qui s'oppoſent à ſon mouvement, eſt trop ſenſible pour n'avoir pas bien-tôt fait naître l'idée, d'employer cette puiſſance qui ne coûte rien, & qui n'a beſoin que d'être ménagée ; & il n'eſt point néceſſaire de ſuppoſer aux inventeurs de cette pratique, trop de ſagacité : car nous voyons des nations de Sauvages Americains, connoître l'uſage de la voile, s'en ſervir même avec adreſſe, malgré leur ignorance & leur groſſiereté.

Quelques Auteurs ont ſérieuſement expliqué les fables d'*Eole*, de *Dédale* & d'*Icare*, par l'invention des voiles. Le Dieu des vents, eſt, ſelon eux, le premier qui ſçut ſi habilement les manier & les tourner à ſon avantage. Mais les Philoſophes aimeront mieux trouver dans *Eole*, un ouvrage de l'imagination riante des Grecs, portée à perſonnifier toute la nature. Je l'ai déja remarqué au ſujet de tant de fables qu'on prétend expliquer aſtronomiquement. Celle *Dédale* & d'*Icare* doit encore moins être regardée comme un monument de l'invention de la voile. Ceux qui l'ont dit, ne faiſoient pas attention que la voile étoit connue avant ce temps, puiſque *Theſée* arriva en Crete, dit la fable, ſur des vaiſſeaux dont les voiles étoient noires, & que l'oubli de les changer à ſon retour coûta la mort à ſon pere *Egée*, qui le crut la proye du Minotaure. Il eſt probable, que ſi la fable de *Dédale* & d'*Icare*, a quelque réalité, elle doit ſon origine à l'adreſſe extrême avec laquelle ils échapperent à *Minos*, malgré les ſoins qu'il avoit pris pour les retenir. Cela fit dire d'abord qu'ils n'avoient pu s'enfuir que par le chemin des oiſeaux, & bien-tôt après qu'ils l'avoient fait réellement.

Ce n'eſt pas ſeulement dans la Médecine qu'on a dit que les hommes avoient pris en quelque ſorte leçon des animaux, en ce qui concerne certaines pratiques. Tout le monde ſçait l'origine prétendue de la faignée, & d'un autre remede dont le nom trop peu décent ne doit ſe trouver que dans les livres de l'art. Il en eſt de même dans la navigation. On veut que ce ſoit au Milan, & à ſa maniere de ſe gouverner dans l'air avec ſa queue, que les navigateurs doivent le gouvernail (*d*). *Typhis*, dit-on, le fameux pilote des Argonautes, en fit la remarque, & le navire Argo fut le premier auquel on en vit un. La conjecture paroît ici avoir imaginé des faits propres à tenir lieu de ceux dont on avoit perdu la mémoire. La néceſſité du gouvernail eſt trop grande pour croire que pluſieurs ſiécles ſe ſoient écoulés avant qu'on l'ait connu. L'homme ſeroit à plaindre ſi les connoiſſances néceſſaires pour ſubvenir à ſes beſoins lui étoient trop profondément cachées. La nature la traité plus ſavorablement, & la plûpart de ces inventions ſe préſente ſans raiſonnement, ou plutôt à l'aide d'un certain inſtinct qui n'eſt qu'un raiſonnement moins développé.

Le gouvernail ne fut, ſans doute, d'abord qu'une rame manœuvrée par un homme ſe tenant à la poupe. On l'y attacha enſuite pour une plus grande commodité, & enfin on lui donna les différentes formes que nous lui voyons aujourd'hui. Le navire *Argo*, conſtruit avec ſoin, comme deſtiné à porter l'élite de la Grece, en eut peut-être un placé & conſtruit d'une façon particuliere, ce qui a donné lieu à la fable ci-deſſus.

Les Americains ont dans certaines contrées (*e*) une maniere de ſe gouverner qui mérite que nous en parlions, & qui montre ce dont eſt capable l'inſtinct ſeul aiguillonné par le beſoin. Les Sauvages dont nous parlons, ne navigent que ſur des radeaux, & leur gouvernail eſt compoſé de rames plates, & plantées perpendiculairement à l'avant & à l'arriere, dans une ligne parallele à la longueur, entre des fentes laiſſées à ce deſſein. Veulent-ils ſerrer davantage le vent, ou au contraire, il n'y a qu'à enfoncer plus ou moins de ces planches à l'avant ou à l'arriere. Un plus grand nombre à la proue fait tourner au vent, ſi l'on en met davantage à l'arriere, le radeau *arrivera*, c'eſt-à-dire, ſe tournera davantage dans la direction du vent. Ces rames plongées de ſuite, forment une eſpece d'arête au-deſſous du radeau, qui à proportion qu'elle eſt plus profonde, ou moins interrompue, préſente une plus grande ſurface à l'eau dans la direction perpendiculaire à la courſe, &

(*d*) Pline, *Hiſt. nat. l.* 10.

(*e*) *Voyage de l'Amérique méridionale*, par deux Officiers Eſpagnols, &c. *T.* 1.

ſert à l'y maintenir. Je viens maintenant à développer la naiſſance de la ſeconde partie de la navigation.

Les premiers qui s'expoſerent à la fureur des flots, ne le faiſant jamais juſqu'à perdre la terre de vue, n'avoient pas beſoin de tourner ſouvent les yeux au Ciel pour y lire leur route. Ils ne voyageoient point de nuit, & pendant le jour ils avoient le ſoleil pour les guider. Mais lorſque plus enhardis, ils eurent tentés la haute mer, ou que les tempêtes les y eurent portés, alors la connoiſſance du Ciel leur devint néceſſaire. Le premier élément de tout voyage dont la route n'eſt pas tracée, eſt de s'orienter. Il n'eſt aucun ſigne fixe du côté du Midi, de l'Occident & de l'Orient. Mais on remarque du côté du Nord, une conſtellation, ou un grouppe d'étoiles, ſi frappant par ſa figure, que preſque toutes les nations du monde y ont fait une attention particuliere. C'eſt la grande Ourſe parmi les Sçavans, le Charriot auprès du vulgaire & des habitans de la campagne. Cette conſtellation paroît toujours vers le même endroit du Ciel, & ne ſe couche qu'en partie à l'égard des côtes les plus méridionales de l'Europe. Elle étoit propre par-là à faire connoître le Nord, & elle en devint d'abord le ſigne, vague à la vérité, mais tel cependant qu'on pouvoit l'attendre lors de cette premiere ébauche de la navigation. Les Phéniciens furent, dit-on, les auteurs de cette invention, qu'ils perfectionnerent enſuite, en remarquant la conſtellation de la petite Ourſe, qui s'écarte moins du Nord que la premiere. C'eſt un fait que *Strabon* nous apprend en termes exprès (*f*). *Thalès*, à qui ſes compatriotes font mal-à-propos honneur de cette remarque, la tenoit des Phéniciens. Il s'efforça, dit-on, d'en introduire l'uſage dans ſa patrie, mais ſes inſtructions furent de peu d'utilité pour les hommes groſſiers qui exerçoient la navigation dans la Grece, & l'inſpection de la petite Ourſe continua à être particuliere aux Phéniciens. En effet, *Aratus* nous apprend que de ſon temps les navigateurs Grecs n'avoient pas encore abandonné l'uſage de la grande Ourſe.

Dat Graiis Helice curſus majoribus aſtris,

(*f*) Geogra. l. 1.

Phœnicas Cynosura regit. . . . .
Certior est Cynosura tamen sulcantibus æquor:
Quippe brevis totam fido se cardine vertit,
Sydoniamque ratem nunquam, spectata fefellit.

Ovide nous le témoigne aussi par ces deux vers :

Magna minorque feræ, quarum regit altera Graïas,
Altera Sydonias, utraque sicca, rates.

Ne nous étonnons point de ce que le préjugé & l'habitude l'emporterent ainsi dans la navigation Grecque, sur une utilité évidente. La même chose arrive encore si souvent parmi nous, quoique dans des temps bien plus éclairés, que nous ne devons point y trouver de sujet de surprise (*g*).

X I.

On doit s'attendre à trouver chez les Anciens une ébauche de toutes les connoissances Mathématiques qui peuvent procurer au genre humain des utilités sensibles. La nature, nous l'avons déja dit, auroit traité l'homme avec trop de dureté, si elle l'eût réduit à recourir à de longs raisonnemens, & à approfondir la nature des objets qui l'environnent, avant que de pouvoir en faire usage pour ses besoins. Il ne faut donc point s'étonner de rencontrer dans la plus haute antiquité, des traces d'une méchanique fort développée. Nous nous bornerons à quelques exemples frappans. Ces énormes masses de pierre, qu'entassa la vanité des Rois d'Egypte dans les plaines de Memphis, ces Obelisques que divers Princes firent élever, même avant la guerre de Troye, ne pouvoient manquer d'exiger des secours méchaniques très-puissans, pour les transporter & les mettre en place. Mais sans aller en Egypte, il y eut chez tous les peuples policés des édifices considérables, des arts qui de-

(*g*) Ce seroit ici le lieu propre à parler de quelques-uns des anciens voyages maritimes qui eurent le plus de célébrité. Nous en avions formé un article de quelqu'étendue. Mais ce n'est pas le seul morceau déja fait & arrangé, que nous nous sommes vus obligés de supprimer, pour nous contenir dans les limites que nous nous sommes imposées. Contraints à faire ce sacrifice, nous avons choisi ceux qui appartenoient moins directement à notre plan, & celui-ci en étoit un.

manderent à tout instant les secours de la méchanique, comme de cette Géometrie naturelle à tous les hommes. Si l'on veut enfin envisager un peu philosophiquement la naissance de cet art, on verra facilement que les principales puissances qui entrent dans la construction des machines, comme le levier, le plan incliné, la poulie, n'ont pas dû être long-temps cachées aux hommes; & pour le confirmer, nous croyons devoir développer la maniere dont se fit la premiere observation de quelques-unes.

On dut s'appercevoir de l'efficacité du levier, dès les premiers efforts qu'on fit pour soulever & ébranler des masses considérables. Imaginons un bloc de pierre qui repose sur le terrain, & qu'on veuille le déplacer. Un instinct naturel portera d'abord à tâcher de glisser par-dessous, le bout de quelque long instrument, afin de dégager sa base. Cela fait, le même instinct indiquera, ou de lever l'autre extrêmité, ou bien d'appliquer sous cet instrument, le plus près qu'il est possible du fardeau à lever, quelque corps formant un appui, sur lequel il tournera pendant qu'on abaissera cette autre extrêmité. Les premiers qui firent cette opération, durent voir avec étonnement que les masses les plus énormes ne résistoient pas à ce moyen, & que plus l'instrument étoit long, plus l'appui qu'ils lui avoient donné étoit près du fardeau, moins il falloit de force pour l'enlever. Une pareille observation ne pouvoit rester stérile, on l'étendit aussi-tôt autant qu'il fut possible, à tous les cas où il falloit surmonter de grandes résistances, & telle fut l'origine du levier.

L'observation du plan incliné ne sçauroit être moins ancienne. Lorsqu'on eut dans les commencemens de l'Architecture des masses considérables à élever à des hauteurs médiocres, on s'avisa, sans doute, de les y mener par un échaffaudage, ou une aire de terre en pente. Or on dut aussi remarquer qu'on les conduisoit avec d'autant moins de difficulté, que cette pente étoit plus douce, & prise de plus loin. Tout cela est presque indiqué par la nature. Des hommes plus ingénieux que les autres, imaginerent ensuite de faire couler dans certains cas le plan incliné sous le fardeau à élever, ou à ébranler. De-là nâquit la vis, qui n'est qu'un plan incliné, roulé autour d'un cilindre. A l'égard du coin, rien de plus naturel que son origine. Lorsqu'il s'agit de fendre un corps, le premier moyen qui se présente, est de tâcher d'y former une fente en frappant sur quelqu'instrument tranchant, & d'élargir cette fente en l'enfonçant de plus en plus; or c'est ce que fait le coin, dont l'angle est propre à se frayer d'abord un chemin, & l'écartement des côtés, à séparer de plus en plus les parties entre lesquelles on l'introduit avec violence. Il seroit superflu d'étendre davantage ce développement de l'origine de nos puissances méchaniques. Quoiqu'il ne reste aucun monument capable de nous donner de grandes lumieres sur la maniere dont on les combina & dont on les employa, il est probable que le même instinct qui avoit présidé à leur invention, secondé de ce génie que nous voyons quelquefois éclater dans des hommes sans étude, produisit dans l'antiquité diverses machines très-ingénieuses.

Ce que nous venons de dire de la méchanique, ou de la science des mouvemens des corps solides, s'applique aussi à l'hydraulique & à l'hydrostatique. De tout temps les besoins de la société obligerent de creuser des canaux, de conduire les eaux par divers moyens d'un endroit à l'autre. On fut donc de tout temps à portée de remarquer les principales loix du mouvement de ce fluide. On vit qu'il se soutenoit toujours à une même hauteur, qu'il tâchoit de l'atteindre en jaillissant lorsqu'il sortoit d'une ouverture au-dessous de son niveau, qu'il choquoit avec force les corps qui s'opposoient à son mouvement. Il n'en falloit pas davantage pour engager des hommes doués d'un certain génie, & d'ailleurs aiguillonnés par le besoin, à en tirer bien des usages. Mais l'obscurité qui couvre toutes ces inventions, nous dispense de nous arrêter davantage sur ce sujet.

Fin du Livre second.

HISTOIRE DES MATHÉMATIQUES.

PREMIERE PARTIE.

Contenant l'Hiſtoire des Mathématiques, depuis leur naiſſance juſqu'à la deſtruction de l'Empire Grec.

LIVRE TROISIÉME.

Qui comprend l'hiſtoire de ces Sciences tranſplantées dans la Grece juſqu'à la fondation de l'Ecole d'Alexandrie.

SOMMAIRE.

I. *Réfléxions ſur l'incertitude des progrès des Chaldéens & des Egyptiens dans les Mathématiques.* II. *Thalès va en Egypte, d'où il rapporte des connoiſſances de Géometrie & d'Aſtronomie. Fondation de l'école Ionienne.* III. *Progrès que fait la Géometrie ſous les premiers Philoſophes de cette école.* IV. *Dogmes Aſtronomiques de Thalès. Il prédit une éclipſe de ſoleil, & comment.* V. *Progrès de l'Aſtronomie ſous Anaximandre. Ce Philoſophe imagine la ſphere armillaire, & le gnomon. Il meſure*

mesure l'obliquité de l'écliptique. Invention des Cartes Géographiques & des Cadrans solaires. VI. *Défense d'Anaximandre & de divers Philosophes au sujet des opinions absurdes qu'on leur impute. Origine de ces imputations confirmée par des exemples. Persécution élevée contre les Philosophes, & dont Anaxagore est la victime. Exposition de quelques opinions Physico-Astronomiques de ce Philosophe.* VII. *Naissance & travaux de Pythagore; fondation de l'école Pythagoricienne. Progrès que doit la Géometrie à ce Philosophe & à ses disciples.* VIII. *Connoissances & dogmes Astronomiques de Pythagore & de ses sectateurs, sur le mouvement de la terre, la nature des Cometes, la destination des planetes & des étoiles.* IX. *Ils donnent naissance à l'Arithmétique. On leur attribue quelque chose de semblable au systême de notre Arithmétique moderne. Abus qu'ils font des propriétés mystérieuses des nombres, &c.* X. *Découverte de Pythagore sur les accords de la Musique. Histoire qu'on en fait. Erreur des Musiciens Pythagoriciens. Leur dispute avec les Aristoxeniens discutée. Diverses choses concernant la Musique ancienne.* XI. *Histoire du plusieurs Mathématiciens sortis de la secte Italique, Empedocle, Philolaus, Architas, Démocrite, Hippocrate de Chio, &c.* XII. *Développement successif & fictice des premieres découvertes Astronomiques sur la forme de la terre, les cercles de la sphere, le mouvement du soleil & de la lune, l'arrangement des corps célestes, &c.* XIII. *Histoire du Calendrier Grec. Diverses périodes imaginées avant celle de Meton; invention de ce dernier, perfectionnée par Callippe & Hipparque. Autres travaux de Meton. Traits singuliers sur cet Astronome.* XIV. *Fondation de l'école Platonicienne. Obligations que lui a la Géometrie; invention de l'analyse Géométrique expliquée & éclaircie.* XV. *Découvertes des sections coniques. Leur génération & quelques unes de leurs propriétés élémentaires.* XVI. *Invention des lieux géometriques. Esprit de la méthode qui les applique à la résolution des problêmes déterminés. Leurs divisions, &c.* XVII. *Histoire du problême de la duplication du cube; solutions données par Menechme, & par occasion celles qu'en donnerent les Anciens dans des temps postérieurs. Histoire de celui de la trisection de l'angle.* XVIII. *Divers Géometres Platoniciens & leurs travaux.* XIX. *Progrès peu considérables des Mathématiques mixtes ſous les Platoniciens, & quelle en fut la raiſon. Hypothèſe Aſtronomique d'Eudoxe, & ſes défauts monſtrueux. Ebauche de l'Optique. Conjectures puériles des Platoniciens ſur la viſion.* XX. *Les Mathématiques continuent à être cultivées dans le Lycée après la mort de Platon. Géometres qui paroiſſent en être ſortis.* XXI. *Les Mathématiques ſont auſſi eſtimées dans l'école d'Ariſtote; mais elles y prennent peu d'accroiſſemens. Premiers traits de l'Optique & de la Méchanique dans les écrits de ce Philoſophe. Leur imperfection extrême.* XXII. *Divers Mathématiciens & Géometres qui rempliſſent l'intervalle entre Ariſtote & la fondation de l'école d'Alexandrie.* XXIII. *De Pytheas. Son obſervation de l'obliquité de l'écliptique, & les conſéquences qu'on en tire diſcutées.* XXIV. *Précis du progrès des Mathématiques depuis Thalès juſqu'à Alexandre.*

I.

Nous touchons enfin à un temps où des traits de lumiere plus fréquens viennent diſſiper l'obſcurité où nous avons marché juſqu'ici. Les monumens que nous avons recueillis du ſçavoir des Egyptiens & des Chaldéens, ſont trop équivoques pour établir rien de certain ſur les progrès qu'ils avoient faits dans les Mathématiques. On voit, en effet, d'un côté les Grecs accourir pendant pluſieurs ſiécles en Egypte pour s'y inſtruire, & de l'autre on voit ces mêmes Grecs, quoique doués d'un eſprit pénétrant, bégayer pendant long-temps ſur les vérités les plus élémentaires. Si les découvertes géometriques dont *Thalès* & *Pythagore* témoignerent ſe ſçavoir tant de gré, furent leur propre ouvrage, il eſt difficile de concevoir une idée bien avantageuſe de ces hommes qu'on venoit conſulter de de-là les mers. Auſſi ſans trop déprimer leur habileté, nous croyons qu'elle ne paſſa guere ce que les Mathématiques ont de plus élémentaire, & qu'à l'exemple des Chinois, ils eurent beaucoup de zéle, mais que le génie de l'invention ſe montra rarement parmi eux. Quelques idées heureuſes, mais mal ſuivies, & preſque auſſi-tôt étouffées, quelques connoiſſances de la grandeur des périodes céleſtes, réſultat d'une ſuite immenſe d'obſervations, paroiſſent être ce qu'ils nous offrent de plus brillant. Il falloit que ces ſciences paſſaſſent entre les mains des Grecs pour prendre des accroissemens plus considérables. Doués de ce génie qui manqua à leurs maîtres, ils les porterent dans bien moins de temps, & avec moins de secours à un état capable de leur laisser peu regretter de n'en pas être les premiers inventeurs.

I I.

THALES.

Thalès de Milet (*a*) transplanta le premier dans la Grece les Sciences, & principalement les Mathématiques. Cet homme, dont le nom mérite à ce titre une réputation immortelle, naquit vers l'an 640 avant J. C. Passionné pour l'étude de la nature, & manquant de secours dans sa patrie, il passa à un âge, dit-on, assez avancé, chez les Egyptiens. La circonstance étoit favorable; ces peuples jusqu'alors renfermés dans leur pays, comme les Chinois l'ont été pendant si longtemps dans le leur, venoient enfin de l'ouvrir aux étrangers. *Thalès* y accourut, il conversa avec ces Prêtres, les seuls dépositaires des Sciences chez eux, & fit sous leur instruction des progrès rapides. On prétend même qu'il ne tarda pas à prendre l'essor au-dessus de ses maîtres. On en tire la preuve de *Diogene Laerce* (*b*), qui nous apprend qu'il mesura les Pyramides, ou plutôt les Obelisques, par le moyen de leur ombre. Si nous en croyons *Plutarque* (*c*), le Roi *Amasis* tèmoin de cette opération, fut frappé d'étonnement, & admira la sagacité du Philosophe Grec. Ceci semble en effet désigner que les Mathématiciens Egyptiens n'étoient pas encore en possession de cette invention Géometrique; car s'ils l'eussent connue, il est probable qu'elle n'auroit pas eu autant de nouveauté pour ce Prince. Suivant la maniere dont *Diogene* décrit l'invention de *Thalès*, il choisit l'instant où notre ombre projettée au soleil nous est égale, & il en conclud une égalité semblable entre celle de la pyramide & sa hauteur. Mais ne pourroit-on pas conjecturer plus de finesse dans ce trait de la vie de *Thalès*, & soupçonner qu'il y employa seulement le rapport des corps verticaux à leur ombre projettée sur un plan horisontal, rapport qui est le même pour tous dans le même instant. C'est du moins ainsi que

(*a*) Thalès fleurissoit vers l'an 590 avant J. C. & mourut vers l'an 660; c'est ce qu'on doit conclure en prenant un milieu entre ceux qui lui donnent 70 ans de vie, & ceux qui lui en donnent 90.

(*b*) *In vitâ Thaletis.*

(*c*) *In conviv. Septem Sapien.* p. 47.

Plutarque (*a*) le rapporte. Et peut-être l'Historien cité par *Diogene*, l'a-t-il seulement expliqué de la maniere dont il l'entendoit. Car si nous en exceptons les Mathématiciens, combien peu trouverons-nous de personnes qui ayent une idée distincte d'un rapport conçu d'une maniere générale & abstraite. Quoiqu'il en soit, cette opération est la premiere ébauche connue de cette partie de la Géometrie, qui mesure les grandeurs inaccessibles, par les rapports des côtés des triangles. *Proclus* (*b*) nous apprend encore que *Thalès* mesuroit par un procedé géometrique, la distance des vaisseaux arrêtés loin du rivage. Ce ne sont plus là, il est vrai, que des jeux de la Géometrie; mais ce qui n'est rien pour une science adulte, qu'on me permette ce terme, est une invention brillante pour celle qui ne fait que de naître.

De retour dans la Grece, *Thalès* fit part à ses compatriotes des connoissances qu'il avoit acquises dans ses voyages, ou par ses propres réfléxions; & bien-tôt plusieurs d'entr'eux, frappés de ce nouveau jour, se rangerent sous ses instructions. Telle fut la naissance de la Philosophie Grecque, & en particulier de la secte nommée Ionienne, du nom de la patrie de son fondateur. Nous allons en développer les travaux dans les divers genres, en commençant par la Géometrie.

III.

Avant que *Thalès* parût, il y avoit déja eu dans la Grece quelques génies heureux qui lui avoient donné une légere idée de la Géometrie. Tel fut, suivant nos conjectures, un certain *Euphorbe* de Phrygie, célébré par *Callimaque* (*c*), pour avoir trouvé la description (apparemment géometrique) du triangle, & pour avoir considéré les propriétés des figures. Le compas & la régle étoient deux instrumens dont l'antiquité remontoit aux temps fabuleux, puisqu'on faisoit honneur du premier au neveu de *Dédale*. On devoit l'équerre & le niveau à *Theodore* de Samos, un des Architectes du Temple d'Ephese (*d*). Mais ces inventions ne sont que l'ouvrage de cette Géo-

(*a*) *Ibid.*
(*b*) *Comm. in* Eucl. *ad l.* 1. *p.* 26.
(*c*) Diog. Laer. *in Thalete.*
(*d*) Pline. *Hist. Nat. l.* 7. *c.* 56. & Diog. *in Theodoris.*

metrie d'instinct, naturelle à tous les hommes, & qui ne sçauroit manquer de se développer chez un peuple adonné aux Arts. C'est au retour de *Thalès*, qu'on doit fixer chez les Grecs l'origine de la vraie Géometrie, de cette science qui ne se conduit que par le raisonnement & la lumiere de l'évidence, qui a fourni à la societé tant de secours qui font l'étonnement de ceux qui l'ignorent, qui a enfin servi à l'esprit humain d'instrument pour mesurer les Cieux, & pour approfondir mille phénomenes naturels. Si ses pas ont été prévenus par ceux de la premiere, on ne doit point s'en étonner; la nature a donné à l'homme l'instinct pour suppléer à ses besoins les plus pressans, elle a destiné le raisonnement plus tardif à de plus nobles objets.

Thalès jetta donc dans la Grece les fondemens de la véritable Géométrie; & ce que n'avoit pu faire *Euphorbe*, il la fit goûter à ses compatriotes. On lui attribue en particulier plusieurs découvertes sur les triangles comparés entr'eux, & sur le cercle. Une sur-tout excita dans lui ces vifs transports qui ne sont peut-être connus que des Poëtes & des Géometres; c'est celle de la propriété remarquable du cercle, suivant laquelle tous les triangles qui ont pour base le diametre, & dont l'angle opposé atteint la circonférence, ont cet angle droit. Il prévit que cette découverte seroit d'une grande utilité pour s'élever à d'autres, & il en remercia les Muses par un sacrifice (*a*). Mais ce ne sont-là que quelques traits légers des travaux de ce pere de la Géometrie; en effet, *Proclus* nous dit expressément qu'il l'enrichit d'un grand nombre de découvertes. Il est à regreter que l'histoire de cette science, écrite autrefois, ne nous soit point parvenue, & que cette perte ne nous laisse aucun moyen de sçavoir jusqu'où il y pénétra.

Il est probable que la plûpart des disciples de *Thalès* furent Géometres; mais il n'est presque aucuns d'eux dont les noms ayent pu percer l'obscurité des temps. *Ameriste*, frere du Poëte *Stesichore*, & *Anaximandre*, sont les seuls connus (*b*). Le premier fut un habile Géometre; c'est tout ce qu'on en sçait. Quant à *Anaximandre*, il écrivit une sorte de Traité élémen-

(*a*) Diog. *in Thalete.*
(*b*) *In Euclid. comm.* l. III. p. 5.

mentaire, ou d'introduction à la Géométrie (*a*), ouvrage qui est le premier de ce genre dont il soit fait mention. L'histoire ne nous apprend rien des travaux géometriques d'*Anaximene*. Nous n'en sçaurions pas davantage de ceux d'*Anaxagore*, si tout ce qui le regarde étoit renfermé dans *Diogene Laerce*; mais graces à *Platon* (*b*), nous ne pouvons douter qu'il ne se soit adonné avec de grands succès à cette étude. *Plutarque* (*c*) nous apprend aussi qu'il s'occupa dans sa prison à rechercher la quadrature du cercle. Ce trait mérite attention, comme étant la premiere tentative connue qui ait eu pour objet cet épineux problême, écueil de tant de réputations. Il est probable qu'*Anaxagore*, qui étoit habile Géometre, sçut se préserver d'y faire un honteux naufrage; je veux dire, qu'il sçut éviter l'illusion dont nous avons tant d'exemples, anciens & récens, & qu'il ne donna pas dans le ridicule de proposer de vains paralogismes comme une véritable solution de ce problême. Nous tenons encore de *Vitruve* (*d*), qu'*Anaxagore* écrivit sur l'Optique, & en particulier sur la Perspective; mais nous aurons occasion ailleurs de développer plus au long l'origine de l'une & de l'autre.

I V.

Je suspends ici le récit des progrès de la Géometrie pour parler de ceux que faisoit l'étude du Ciel dans le même temps & dans la même école. On a vu dans le livre précédent, en quoi consistoit chez les Grecs ce genre d'étude avant l'âge de la Philosophie. *Thalès*, à son retour d'Egypte, leur fit connoître la véritable Astronomie. Ce fut même par ses connoissances Astronomiques qu'il excita le plus leur admiration. Si les Auteurs qui parlent de lui sont véridiques, il enseigna la rondeur de la terre (*e*), la vraie cause des éclipses de lune & de soleil (*f*); il fit plus, il en prédit une de la derniere espece, & l'événement vérifia la prédiction (*g*). Cette éclipse est celle qui arriva au moment que *Cyaxare*, Roi des Médes, & *Alia-*

(*a*) Suidas, *in voce* Anaxim.
(*b*) *Voy.* Procl. *in Eucl.* l. II. c. 4.
(*c*) *De exil.*
(*d*) *Arch. l.* IX.
(*e*) Plut. *de Placit. Philos.* l. II. c. 9. 10.
(*f*) *Ibid.* 21. 24. 28.
(*g*) Herod. *l.* 1. Diog. Laer. &c.

the, Roi des Lydiens, étoient ſur le point de ſe livrer bataille. Ce fut l'année 585 avant J. C. ſuivant le calcul de *Riccioli* (*a*), & conformément au témoignage de *Pline* (*b*), qui aſſigne cet événement à la quatriéme année de la XLVIII. Olympiade. On ne ſçauroit croire que *Thalès* ſoit parvenu de lui-même à une prédiction ſi difficile. Il employa ſans doute quelque méthode artificielle imaginée par les Egyptiens ; car la prédiction d'une éclipſe de ſoleil, ſuppoſe un grand nombre d'élémens certainement inconnus à ce pere de l'Aſtronomie, & qui le furent même long-temps après lui.

La connoiſſance de la ſphere (*c*), c'eſt-à-dire, la diviſion du Ciel en différens cercles, l'obliquité de l'écliptique, (*d*) découverte à l'honneur de laquelle on aſſocie tant d'autres ; la cauſe même des phaſes de la lune furent, ſuivant *Apulée* (*e*), des découvertes ou des points de doctrine du Philoſophe de Milet. Il meſura auſſi dès-lors le diametre apparent du ſoleil, & le trouva la 720e partie de ſon cercle (*f*), en quoi il s'écarta peu de la vérité. Ce paſſage d'*Apulée* donne le vrai ſens de ce que *Diogene* préſente d'une maniere inintelligible & ridicule, lorſqu'il dit que *Thalès* trouva que le ſoleil étoit la 720e partie de l'orbe de la lune. Il vouloit dire de ſon orbite propre ; car qui a jamais imaginé de meſurer la grandeur, ſoit réelle, ſoit apparente d'une planete, en la comparant à l'orbite d'une autre ?

Quant à l'obliquité de l'écliptique, il eſt néceſſaire de développer davantage ce que j'ai dit plus haut. On ne peut en refuſer la connoiſſance à *Thalès*, malgré les témoignages de ceux qui en attribuent la découverte à divers Philoſophes, comme *Pythagore*, *Œnopide* & *Anaximandre*. Nous la lui revendiquons d'après *Plutarque*, qui la lui attribue expreſſément (*g*), & d'après *Diogene*, qui dit qu'il enſeigna le cours du ſoleil d'une converſion, c'eſt-à-dire, d'un ſolſtice à l'autre. Car les Anciens appelloient *tropes*, ou converſions, ce que nous nommons ſolſtices, en ayant égard à une circonſtance différente, ſçavoir l'eſpece de ſtation que le ſoleil fait aux en-

(*a*) *Alm. nov.* T. 1. p. 363.
(*b*) *Hiſt. Nat.* l. II. c. 12.
(*c*) *De Placit. Phil.* l. II. c. 11.
(*d*) Diog. Laer.
(*e*) *In Floridis.*
(*f*) *Ibid.*
(*g*) *De Placit. Phil.* Ibid.

virons de ces points durant quelques jours. Peut-on sur un pareil indice refuser à *Thalès* la connoissance de l'obliquité de la route du soleil ? S'il est vrai, comme on le dit (*a*), qu'il ait écrit sur *les solstices & les équinoxes*, on ne peut douter que l'explication de ces phénomenes n'ait été l'objet de cet ouvrage, & conséquemment qu'il n'ait connu l'obliquité de l'écliptique.

Thalès ne se borna pas à la pure spéculation : il fit des efforts pour appliquer l'Astronomie à l'utilité publique, en cherchant à perfectionner le Calendrier Grec, qui étoit alors dans un grand désordre, mais on ne connoissoit pas encore assez bien la grandeur des révolutions de la lune & du soleil, & nous conviendrons que nous en sommes étonnés. En effet, les Egyptiens, dont il avoit emprunté tant d'autres connoissances, paroissent en avoir été assez instruits vers cette époque. Il ne tint pas non plus à *Thales* que la navigation ne fût & plus sûre, & plus sçavante chez ses compatriotes. Il leur enseigna l'usage de la petite Ourse (*b*), qu'il tenoit lui-même des Phéniciens. Mais les Grecs attachés à leurs anciennes pratiques, ne paroissent pas avoir adopté cet usage. C'est peut-être dans cette vue qu'il écrivit ce Traité d'*Astronomie nautique*, dont quelques-uns le réputoient Auteur : au reste, il y a tant d'incertitude sur ce point, que pendant que les uns le regardoient comme son seul écrit, d'autres l'attribuoient à un certain *Phocus* de Samos (*c*).

V.

ANAXIMANDRE.

Anaximandre (*d*), qui succéda à *Thales* dans la direction de l'école Ionienne, confirma la théorie de son maître. Il enseigna comme lui que la terre étoit ronde, que la lune tenoit son éclat du soleil, &c (*e*). Quelques Auteurs l'ont rangé parmi les partisans de la mobilité de la terre ; ils se fondoient sur l'autorité d'un passage que nous fournit un fragment d'une ancienne histoire de l'Astronomie (*f*), & qui dit que, suivant ce

(*a*) Diog. Laer.

(*b*) Strab. *Geogra.* l. 1.

(*c*) Diog. *Ibid.*

(*d*) Anaximandre fleurissoit vers l'an 560 avant J. C. il étoit né vers l'an 620, & il mourut l'an 545 avant la même époque.

(*e*) Diog. *in Anaximand.*

(*f*) Fabricius. *Bibl. Græ.* l. III. p. 278.

ce Philosophe, la terre étoit en mouvement autour du centre de l'univers (*κινεῖται περὶ τὸ τοῦ κόσμου μέσον*). Mais je soupçonne fort ce passage d'altération ; il est facile que le mot de *κινεῖται* s'y soit glissé à la place de celui de *κεῖται, jacet*, & cette correction le concilie avec ce que tous les autres Historiens nous apprennent de ce successeur de *Thalès*. Le témoignage d'*Aristote* (*a*), sur ce sujet est positif, & doit l'emporter. C'étoit, dit-il, une question agitée dans les écoles des Philosophes, comment la terre pouvoit se soutenir au milieu de l'univers sans tomber. *Anaximandre* en donna une raison assez judicieuse pour le tems. Il dit que ce qui l'empêchoit de tomber, étoit sa position uniforme autour du centre de l'univers, position qui faisoit qu'elle y restoit, n'y ayant rien qui dût l'en déplacer.

On ne sçait point quel motif persuada à *Anaximandre* que le Soleil étoit une masse enflammée du moins aussi grosse que la terre (*b*). Ce ne pouvoit être qu'une conjecture ; mais quoique fort au-dessous de la réalité, elle étoit fort hardie pour le tems où il vivoit, & elle doit donner une idée avantageuse de son auteur. Celui qui dans cette enfance de l'Astronomie, osa faire le Soleil égal à la terre, dans d'autres siecles auroit eu peu de peine à s'élever aux vérités sublimes dont nous sommes aujourd'hui en possession.

Diverses inventions remarquables prirent naissance vers ce tems dans l'Ecole Ionienne, & paroissent dues à *Anaximandre*. Telle fut d'abord celle de la sphere, ou de cet instrument ingénieux qui met sous la vue les différens cercles que les Astronomes conçoivent dans le Ciel. C'est ce que veut dire *Diogene*, par ces mots, & *sphæram construxit*.

La seconde invention qui illustre *Anaximandre*, est celle du gnomon. *Diogene* nous apprend qu'il en éleva un à Lacédemone. A la vérité, cet ancien instrument, tel qu'il sortit des mains de ce Philosophe, étoit bien différent de ce qu'il est aujourd'hui. Il consistoit seulement en un stile élevé perpendiculairement, & qui par l'ombre de son sommet marquoit la route du Soleil, au lieu qu'à présent nous faisons passer la lumiere de cet astre par un trou circulaire dont le centre est censé le sommet de l'instrument. *Anaximandre* s'en

(*a*) *De cœlo*. L. II, c. 13.
(*b*) Diog. Laer.

servit à observer les solstices ; & peut-être est-ce à cette observation encore grossiere, telle enfin qu'on doit l'attendre de l'Astronomie naissante, qu'est dûe l'évaluation que firent les premiers Astronomes Grecs de l'obliquité de l'écliptique, à vingt-quatre degrés, ou à une 15e de la circonférence. On peut cependant en assigner une autre raison. Comme dans ces anciens tems on n'avoit point encore partagé le cercle en degrés, & en parties de degré, les Géometres qui vouloient désigner la grandeur d'un arc, le faisoient par son rapport avec la circonférence : or il est fort naturel de penser que quand on ne pouvoit pas l'exprimer précisément, on choisissoit les nombres ronds les plus voisins. Ainsi quoique peut-être on se fût apperçu que l'obliquité de l'écliptique n'étoit pas précisément contenue quinze fois dans la circonférence, on prit ce nombre pour l'exprimer, parce qu'il en approchoit le plus.

Les Cartes Géographiques & les Horloges solaires sont encore deux inventions que les Mathématiques doivent au successeur de *Thalès*. *Strabon* (a) & *Diogene* s'accordent à nous apprendre que ce Philosophe exposa aux yeux des Grecs un tableau de la Grece, des pays & des mers que fréquentoient les Voyageurs de cette nation. Il s'en tint apparemment là : du moins dut-il le faire, s'il ne voulut pas s'exposer à défigurer son tableau par bien des faussetés. Telle fut chez les Grecs la naissance de la Géographie, sur laquelle *Hécatée*, compatriote d'*Anaximandre*, écrivit le premier Traité connu, mais qui ne nous est pas parvenu. J'ai dit à dessein, que ce fut-là l'origine de la Géographie chez les Grecs ; car si nous en croyons *Apollonius* de Rhodes (b), le fameux *Sésostris* avoit déja fait faire une pareille représentation des pays qu'il avoit subjugués.

A l'égard des Cadrans solaires, *Diogene* en fait honneur à *Anaximandre*, tandis que *Pline* (c) le fait à *Anaximene*. La ressemblance des noms a, sans doute, induit l'un des deux en erreur, & en vain travaillerions-nous à démêler de quel côté est la vérité. Nous en conclurons seulement que cette invention est dûe aux premiers successeurs de *Thalès*.

(a) *Geogra.* l. I. *vers. init.*
(b) *Argon.* l. IV, c. 278.
(c) *Hist. Nat.* l. II, c. 68.

Quelques Sçavans, entre autres M. de *Saumaise*, ont soupçonné de fausseté le récit de *Pline* & de *Diogene Laerce*, concernant l'invention des Cadrans solaires. Fondés sur quelques expressions d'anciens Poëtes comiques, ils ont prétendu qu'elle étoit bien moins ancienne que ne la font ces Historiens. Nous évitons d'entrer dans une discussion qui nous meneroit trop loin ; nous nous bornons à indiquer le P. *Petau* (*a*) & *Leon Allatius* (*b*), qui paroissent avoir rétabli d'une maniere victorieuse l'ancienneté des Cadrans solaires dans la Grece.

VI.

ANAXIMENE ET ANAXAGORE.

Anaximandre eut pour successeur son compatriote *Anaximene*, & celui-ci *Anaxagore* (*c*). On ne connoît pas leurs travaux avec détails ; mais il est certain que l'étude du Ciel continua à fleurir sous eux dans l'école Ionienne. *Anaxagore* s'y adonna lui-même avec beaucoup d'ardeur, témoin cette réponse qu'il fit à quelqu'un qui lui reprochoit son indifférence pour les affaires de sa patrie : *Eh quoi ! n'y prends-je pas un grand interêt*, répondit le Philosophe, en montrant le Ciel, & voulant dire par-là qu'il le regardoit comme sa vraye patrie (*d*).

On attribue cependant à l'un & à l'autre de ces Philosophes des opinions bien peu capables de leur faire honneur. Suivant *Aristote* (*e*), ils rendirent à la terre la figure plate, que *Thalès* & son premier successeur lui avoient ôtée. *Anaximandre* n'a pas été exempt de ces imputations ; on lui a fait dire (*f*) que les orbites des astres étoient de grandes roues, remplies d'un feu qui s'échappoit par une ouverture, & que les éclipses se faisoient par un engorgement de cette ouverture : on en rapporte autant d'*Anaximene*. Il ajouta même, dit-on, à ces absurdités, que les astres ne tournoient point sous la terre, mais autour d'elle comme un bonnet sur la tête (*g*). Il faudroit être d'une crédulité extrême pour adopter

(*a*) *Uranol. Var. diss.*

(*b*) *De ratione temp.*

(*c*) L'âge précis du premier de ces Philosophes est peu connu. Mais il est naturel de penser qu'il étoit d'un âge mûr vers l'an 545 avant J. C. puisque ce fut cette année qu'il succéda à Anaximandre. Il mourut probablement vers l'an 500. Quant à Anaxagore, il commença à fleurir vers ce temps, & mourut l'an 469 avant J. C. âgé de 72 ans. Ainsi Périclès a pu être facilement son disciple ; car ce personnage mourût vers l'an 430.

(*d*) Diog. Laerce.

(*e*) *De cœlo*. l. II. c. 12.

(*f*) Plut. *de Placit. Phil.* Stob. *Eclog. Phys.* Orig. *Philosophumena*.

(*g*) Orig. *Phil.*

ces récits. Pour peu qu'on life les vies des Philofophes avec un efprit doué de critique, on s'apperçoit aifément combien la fiction défigure cette partie de leur hiftoire. Je crois que celle de leurs dogmes & de leur doctrine n'a guere moins fouffert de l'ignorance, & même j'en rapporterai plus bas quelques preuves. Je ne craindrai donc point de rejetter entierement certains faits quand ils feront trop vifiblement contraires à la marche de l'efprit humain. On a dû, il eft vrai, errer long-temps dans la recherche des caufes des premiers phénomenes; mais les vérités mathématiques dont il s'agit ici, font telles qu'étant une fois reconnues, elles ne pouvoient manquer d'entraîner les fuffrages de tous les bons efprits. S'il eft donc vrai que *Thalès* & *Anaximandre* aient eu des idées juftes fur la forme de la terre, les éclipfes, la diftribution de la fphere, &c, qui pourra fe perfuader que leurs fucceffeurs, c'eft-à-dire, les meilleurs efprits de leur école, que des hommes diftingués d'ailleurs par divers traits de genie, fe foient auffi-tôt écartés de leur doctrine, & ayent fubftitué à des vérités lumineufes des erreurs d'une abfurdité révoltante ? Ces Ecrivains qui ne cherchent qu'à amufer par des traits de ridicule, vrais ou faux, pourront adopter ces récits dénués de vraifemblance. Pour nous à qui l'intérêt de la vérité & l'honneur de la Philofophie font chers, nous les mettrons dans le même rang que les contes qu'on fait de la mort d'*Empedocle* & d'*Ariftote*, les ris continuels de *Démocrite* & les calomnies dont on a noirci *Socrate*.

Il eft à propos de remarquer ici avec quelque détail l'origine de ces imputations, & de montrer fur quel fondement elles font appuyées. Les unes viennent probablement du ftyle poétique ou myfterieux dans lequel écrivirent les premiers Philofophes; & les autres, de l'ignorance des Compilateurs qui ont entrepris de nous rendre leurs opinions. Comme il ne nous eft rien parvenu de ceux de la fecte Ionique, nous ne pouvons pas établir par des exemples les méprifes qui ont pu occafionner les abfurdités qu'on leur attribue. Mais l'Ecole Pythagoricienne nous en fournit; & comme fes opinions fur divers fujets n'ont pas été moins défigurées que celles des Philofophes Ioniens, qu'il me foit permis d'anticiper fur cette partie de notre Hiftoire, en les comprenant dans cette Apologie.

Tout le monde sçait que la plûpart des Pythagoriciens écrivirent en vers, & d'une maniere très-poétique & très-obscure. On le voit par ce qui nous reste d'*Empedocle*, de *Xenophanes*, &c. c'est-là la source principale des ridicules opinions dont on a chargé leur mémoire ; un Philosophe & Poéte Pythagoricien avoit feint, par exemple, que la voye lactée étoit le chemin que Phaéton avoit tenu après avoir perdu sa vraye route. Des gens crédules prirent cette fiction à la lettre, & en firent un sentiment de l'Ecole Pythagoricienne. *Empedocle* avoit sans doute dit poétiquement que les tropiques étoient les barrieres du soleil, que cet astre étoit le miroir qui nous renvoyoit le feu primigene répandu dans l'univers : on sçait d'ailleurs que c'étoit à peu près son sentiment. Un Compilateur imbecile lui fait dire que les tropiques étoient les barrieres qui empêchoient le soleil de passer plus loin, & qui le faisoient rebrousser ; que cet astre n'étoit que le miroir d'un autre qui étoit le véritable, &c. Je remarque en passant que cette imputation ridicule est démentie par *Diogene Laerce*, suivant lequel *Empedocle* faisoit du soleil une masse de feu égale à la lune ; peut-être a-t-il voulu dire la terre. Mais il n'étoit pas nécessaire qu'il s'expliquât mysterieusement pour être défiguré. Cela lui est arrivé lors même qu'il s'exprimoit assez clairement. Nous en avons la preuve dans *Achille Tatius* (*a*). Est-il rien de plus juste que ce vers dont voici la traduction littérale de Grec en Latin, *circulare circa terram volvitur alienum lumen*, dit-il, en parlant de la lune. *Achile Tatius* en tire une preuve qu'*Empedocle* a regardé cette planete comme un morceau détaché du soleil. Il n'a pas conçu que cet *alienum lumen* vouloit dire *lumiere empruntée*, ce qui est très-conforme à la vérité. Apparemment *Anaximandre* & *Anaximene* parlant des orbites célestes, s'étoient servi de quelques comparaisons qui ont donné lieu à d'ignorans Auteurs de leur attribuer les impertinentes opinions dont on a parlé plus haut. *Anaximene* avoit raison de dire que les astres ne tournoient point sous la terre, ou dessus, comme on le lit dans *Diogene*, mais à l'entour. Car la terre étant ronde, dans quelque endroit qu'ils soient, ils ne sont jamais au-dessus ni au-dessous d'elle.

Je finirai par un exemple marqué de ces sortes de méprises

(*a*) *Isag. ad Arat.*

qui ont défiguré les ſentimens des anciens Philoſophes. Nous avons un ouvrage du célebre *Ariſtarque* de Samos, qui traite des diſtances du ſoleil & de la lune à la terre; & nous y voyons que ſon ſentiment ſur leur diſpoſition, ne différoit en rien de celui des modernes. Qui le reconnoîtra cependant dans ces paroles de Plutarque, qui ſont une fidele traduction de ſon texte (*a*)? *Lunam* (*putavit*), dit-il, *circà ſolis orbem verti, umbramque ſuis inclinationibus inferre*. Qui ne ſera tenté de croire qu'il mit la lune en mouvement autour du ſoleil? & c'eſt en effet ce que lui fait dire l'Auteur de l'*origine ancienne de la Phyſique nouvelle* (*b*), ouvrage où nous ſouhaiterions davantage de cette critique & de ce diſcernement qu'il faut apporter dans de ſemblables diſcuſſions. *Vitruve* (*c*) n'eſt guere plus exact quand il dit qu'*Ariſtarque* avoit penſé que la lune étoit un miroir qui recevoit ſon éclat *ab impetu ſolis*. Ces derniers mots paſſant par la filiere d'un Commentateur, ne manqueroient pas de produire quelque abſurdité monſtrueuſe dont l'Aſtronome ancien ſeroit aſſurément fort innocent; mais je termine cette digreſſion, ou plutôt cet eſſai de diſſertation auquel je donnerai peut-être quelque jour une étendue convenable; & je reprends le fil de mon récit.

Anaxagore dévoila le premier, dit *Plutarque* (*d*), par un écrit public, la cauſe des éclipſes de lune; c'eſt ainſi que doit s'entendre ce qu'on lit dans quelques Auteurs, qu'il découvrit la raiſon de ce phénomene. Nous avons vu qu'elle n'avoit pas été inconnue à *Thalès*, & en effet on ne ſçauroit croire qu'elle ait été pendant près de deux ſiecles une énigme pour les Philoſophes.

Nous ne devons pas oublier une circonſtance du récit de *Plutarque*. Elle nous montre que ce n'eſt pas ſeulement dans ces derniers temps que la Philoſophie & la vérité ont trouvé dans un faux zéle des obſtacles à leur avancement. A peine y eut-il des Philoſophes, qu'ils commencerent à être perſécutés. On leur fit un crime de prétendre expliquer les ouvrages de la divinité. C'étoit, dit-on, la détruire que de montrer qu'elle agiſſoit par une ſuite de loix générales & invariables. Ils combattoient enfin des préjugés qui tenoient à la religion, ou plu-

(*a*) *De Plac. Phil.* l. II. c. 24.
(*b*) *Tom.* II. p. 187.
(*c*) *Arch.* l. IX. c. 9.
(*d*) *In Nicia.*

tôt que des gens mal intentionnés trouvoient le moyen d'y ramener. On les rendit par-là odieux à la multitude ; ce qui les réduisit souvent au mystere & à des façons de parler énigmatiques. *Anaxagore*, tint long-temps secret son écrit sur la cause des éclipses de lune ; il osa le mettre au jour avec quelques autres opinions physiques, & il devint le premier martyr de la Philosophie. *Péricles* son ami & son disciple, put à peine lui sauver la vie. Que ceci nous retrace bien la persécution & le traitement indigne qu'éprouva *Galilée* pour avoir adopté le sentiment de la mobilité de la terre ! On ne peut voir qu'avec douleur que le monde en vieillissant ne devient ni meilleur, ni plus sage.

Je ne sçaurois me dispenser de parler de quelques opinions Physico-Astronomiques dont on trouve déja des traces chez les Philosophes de l'école Ionienne. La principale concerne la matérialité des astres & la pésanteur universelle des corps. Tout le monde sçait qu'*Anaxagore* regardoit le soleil comme une masse terrestre enflammée (*a*). Mais ce sentiment étoit bien plus ancien, & il le tenoit de ses prédécesseurs. En effet, on rapporte que *Thalès* composoit les corps célestes d'un mélange de feu & de matiere terrestre (*b*) ; en quoi il n'avançoit rien qui ne soit assez probable. Car si la gravitation universelle n'est pas une chimere, on a de fortes raisons pour croire que le feu du soleil n'est pas un feu pur, mais que sa densité est à peu près égale à celle de la terre à sa surface. Lorsqu'*Anaxagore* disoit encore que le Ciel étoit composé de pierres, il ne vouloit apparemment dire autre chose, sinon que tous les corps célestes étoient d'une matiere pésante, & à peu près semblable à celle de notre terre. A l'égard de l'histoire qui lui fait prédire la chûte d'une de ces pierres, la maniere dont elle est racontée par *Diogene Laerce*, la rend tout-à-fait suspecte de fiction. Car suivant les uns, ce fut la chûte d'un méteore semblable qui lui fit embrasser son sentiment sur la matérialité des Cieux, & suivant d'autres, il l'avoit prédit avant l'événement. Quoiqu'il en soit, ce sentiment de la matérialité des astres, étoit exposé à une forte objection, à laquelle néanmoins *Anaxagore* répondit très-bien. On lui

(*a*) Diog. *in Anaxag.*
(*b*) *De Placit. Phil.* l. II. c. 13.

demandoit pourquoi les astres étant pésans, ils ne tomboient point sur la terre. Sa réponse fut que leur mouvement circulaire en étoit la cause, & que sans cela ils ne tarderoient pas à le faire (*a*). *Plutarque* dans son livre *De facie in orbe lunæ*, adopte cette maniere de penser, à cela près qu'il ne l'étend pas au-delà la lune. Ce sont-là, je crois, les plus anciennes traces de la connoissance de la force centrifuge qui retient les corps célestes dans leurs orbites.

VII.

Je viens d'exposer avec l'étendue que me permettent les bornes de cet ouvrage, les progrès des Mathématiques sous les successeurs de *Thalès*. Mais pendant que ces Philosophes s'illustroient dans la Grece, une école célébre, née en Italie, s'adonnoit aux mêmes recherches avec de grands succès. Je veux parler de la secte Pythagoricienne, où l'on trouve les germes de tant de belles découvertes. Obligé de faire mention de ses travaux, je remonte à *Pythagore*, son chef & son fondateur.

PYTHAGORE. *Pythagore* né à Samos vers l'an 590 avant l'Ere Chrétienne (*b*), fut d'abord sous la discipline de *Thalès*, qui conçut de grandes espérances de la pénétration de son jeune éleve. Il écouta aussi *Phérecyde* de Scyros, l'un des sept Sages de la Grece, dont on dit bien des merveilles, que nous n'entreprenons pas d'examiner ici (*c*). Ce fut-là qu'il continua à puiser l'amour de la Philosophie & de la connoissance de la nature. *Phérecyde* étant mort, il suivit le conseil de *Thalès*; il alla en Egypte, muni de recommandations puissantes auprès d'*Amasis*. Il conversa avec les Prêtres, se fit initier dans leurs mysteres, & demeura long-temps avec eux. Durant ce séjour, il consulta (*d*) les colonnes de *Sothis*; ces colonnes fameuses, sur lesquelles *Mercure Trismegiste* avoit, dit-on, gravé les principes de la Géometrie. Il ne s'en tint pas à ce seul voyage;

(*a*) Diog. *Ibid.*

(*b*) Le temps précis où naquit, & fleurit Pythagore, est une vraye énigme littéraire. On peut voir dans les Mémoires de l'Académie des Inscriptions, Tom. X, une Dissert. de M. de la Nause sur ce sujet, qui ne fera qu'augmenter l'incertitude; j'ai pris une date moyenne entre les plus reculées & les plus récentes.

(*c*) On a sur ce Philosophe une Dissertation de M. Heinius, Mem. de Berlin. Tom. X.

(*d*) Jamblic. *In vit. Pyth. & de Myst. Ægypt.* l. 1. c. 2.

guidé

guidé par sa sçavante inquiétude, il pénétra jusqu'au bord du Gange, où il vit les Brachmanes, autrement les Gymnosophistes de l'Inde. A la vérité, s'il n'en rapporta que son dogme de la Métempsycose, c'est une course qu'il auroit pu s'épargner. De retour enfin dans sa patrie qu'il trouva en proye à la tyrannie, il s'en exila, & porta ses lumieres en Italie, où il fonda son école célébre; école où toutes les connoissances qui peuvent contribuer à perfectionner l'esprit ou le cœur, furent cultivées avec zéle. Sa réputation de sagesse le rendit le législateur de toute cette contrée, & fit de plusieurs de ses disciples, les chefs & les administrateurs des états florissans qui la composoient.

La Géometrie prit un grand accroissement par les soins de *Pythagore ;* le sacrifice qu'il fit (*a*), à ce qu'on dit, aux Muses, en reconnoissance de la découverte de la proprieté si connue du triangle rectangle, est un trait célébre en Géometrie. *Diogene Laerce* le rapporte sur le témoignage d'un ancien Chronologiste. C'est grand dommage qu'il ne soit qu'une fable ; car comment l'accorder avec la doctrine de ce Philosophe sur la transmigration des ames, avec cette horreur qu'il avoit de verser le sang des animaux, & qui lui faisoit dire que les hommes avoient voulu associer les Dieux à leurs crimes, en leur attribuant du plaisir à se voir honorés par des victimes sanglantes :

Nec satis est quod tale nefas committitur, ipsos
Inscripsêre Deos sceleri, numenque supernum
Cæde laboriferi credunt gaudere juvenci.

Ovid. *Metam.* l. X. f. 2.

Ainsi *Cotta* dans *Ciceron* (*b*) avoit raison de se moquer de ce prétendu sacrifice peu compatible avec les facultés d'un Philosophe, & encore moins avec les dogmes de celui de Samos. Suivant *Diogene*, dont le texte est ici fort corrompu, & probablement transposé, il ébaucha aussi la doctrine des Isopérimetres, en démontrant que de toutes les figures de même contour, parmi les figures planes, c'est le

(*a*) Diog. *in Pythag.*
(*b*) de nat. deorum. l. III.

cercle qui eſt la plus grande, & parmi les ſolides, la ſphere.

L'application que les Pythagoriciens donnerent à la Géometrie, fit naître chez eux pluſieurs théories nouvelles. Telle fut (*a*) celle de l'incommenſurabilité de certaines lignes, comme de la diagonale du quarré comparée au côté. Telle fut encore la théorie des corps réguliers qui ſuppoſe tant d'autres connoiſſances en Géometrie. Cette théorie que nous regardons aujourd'hui, & avec aſſez de juſtice, comme une branche inutile de la Géometrie, fut à l'égard des Pythagoriciens, l'occaſion & le motif d'une foule de découvertes. A la vérité, leur phyſique n'en fut pas plus parfaite; elle ſe reſſentit extrêmement de l'application mal entendue qu'ils y firent des propriétés myſtérieuſes qu'ils remarquoient avec une puérile affectation dans les figures & les nombres. Mais l'importance qu'ils attacherent à ces recherches valut à la Géometrie des progrès conſidérables; & ce ſuccès doit nous faire excuſer leur foible extrême pour ces chimeres. Combien de Philoſophes dont les travaux n'ont jamais contribué à reculer d'un ſeul pas, les bornes de nos connoiſſances!

VIII.

L'aſtronomie avoit un objet trop brillant: elle occupoit une place trop conſidérable parmi les Sciences qui attirerent *Pythagore* en Egypte, pour ne pas être cultivée dans l'école qu'il fonda. Auſſi voyons-nous qu'elle y donna une attention particuliere, & que ſes ſuccès répondirent aſſez bien à ſes travaux. En raſſemblant & en diſcutant les différens rapports des Auteurs qui nous ont tranſmis ſes opinions, on apperçoit que dès les commencemens on y eut des idées juſtes ſur les points fondamentaux de l'Aſtronomie. La diſtribution de la ſphere céleſte (*b*), l'obliquité de l'écliptique (*c*), la rondeur de la terre (*d*), l'exiſtence des antipodes (*e*), la ſphéricité du ſoleil, & même des autres aſtres (*f*), la cauſe de la lumiere de la lune (*g*), & de ſes éclipſes, de même que de

(*a*) Pachym. *in l. de inſecab.* c. 2. Proclus; *in I. Eucl.* l. II. c. 4. ed. gr.

(*b*) Stob. *Ecl. Phy.* Plut. *de Plac. Phil.* l. II. c. 23.

(*c*) Plut. *Ibid.* & c. 12.

(*d*) Diog. *In Pyth.*

(*e*) *Ibid.*

(*f*) Stob. *Ecl. Phy.* Tatius. *Iſag. ad Arat.* c. 18.

(*g*) Diog. *Ibid.*

celles de ſoleil (*a*), furent enſeignées par *Pythagore.* On lui attribue même ces découvertes, quoiqu'il eût été prévenu dans la plûpart par *Thalès* & les Philoſophes de l'école Ionienne. Mais l'on ne doit pas s'en étonner : rien n'eſt plus commun aux anciens Hiſtoriens de la Philoſophie, que de faire ainſi honneur des mêmes découvertes à pluſieurs hommes, ſur le fondement ſans doute qu'ils les ont enſeignées en divers lieux & en divers temps. Peut-être *Pythagore* dut-il de même que *Thalès*, une partie de ces vérités aux Egyptiens ; je dis une partie, car je ne me forme pas une idée aſſez abjecte de ce Philoſophe, pour croire qu'il ne fit que répeter ce qu'il avoit appris d'eux, ſans y rien ajouter. On veut que ſoit des Egyptiens qu'il tint l'explication qu'il donna à la Grece du phénomene de l'étoile du matin & du ſoir ; il lui apprit le premier que cette étoile n'étoit que Venus, tantôt précédent le ſoleil & ſe levant avant lui, tantôt le ſuivant & ſe couchant après lui (*b*). On attribue en effet aux Egyptiens la connoiſſance du cours de Venus & de Mercure autour du ſoleil (*c*).

L'Ecole Pythagoricienne mérite ſur-tout d'être célebrée, comme ayant été le berceau de pluſieurs idées heureuſes dont le temps & l'expérience ont démontré la juſteſſe. Telle fut entre autres celle du mouvement de la terre. *Ariſtote* la lui attribue expreſſément (*d*), quoiqu'avec un mêlange d'erreurs qui la défigurent d'une maniere étrange. Mais l'on ſçait aſſez que telle eſt la coutume de ce Philoſophe, de ne rendre les opinions de ſes prédéceſſeurs qu'accompagnées d'une foule de circonſtances d'une abſurdité palpable. A l'égard de l'opinion Pythagoricienne ſur le mouvement de la terre & la ſtabilité du ſoleil, on la reconnoît aiſément ſous l'emblême d'un feu placé au centre de l'univers, feu qui ne ſçauroit être que celui du ſoleil, quoique quelques-uns ayent prétendu qu'il s'y agiſſoit du feu central. Nous la croyons enfin plus ancienne que *Philolaus*, quoique nous n'en trouvions des traces qu'à ſon temps. On ſçait que *Pythagore* avoit coutume de voiler ſes dogmes ſous des emblêmes obſcurs, dont le vrai ſens étoit toujours inconnu au vulgaire. Il en uſoit toujours ainſi à l'égard de ces opinions qui, trop contraires aux préjugés, auroient

(*a*) Stob. *Ibid.*

(*b*) Pline, *Hiſt. Nat.* l. II. c. 8. Diog.

(*c*) Liv. précéd. art. V.

(*d*) *De cœlo.* l. II. c. 13.

exposé sa Philosophie à être tournée en ridicule. Sans doute celle du mouvement de la terre fut de ce nombre ; ainsi elle resta couverte du voile mysterieux de l'énigme & du secret, jusqu'à *Philolaus*. Ce Philosophe osa le premier la découvrir au grand jour, & c'est par-là qu'il mérita l'honneur de lui donner son nom.

On remarque parmi ces anciens Astronomes quelque chose de fort semblable à ce que nous avons vu arriver parmi les modernes qui ont fait revivre leur systême. Les uns seulement frappés de l'inconvénient de faire parcourir chaque jour au soleil & aux autres corps célestes un espace immense, se contenterent de placer la terre au centre, & de la faire mouvoir autour de son axe. Ils expliquoient par-là le mouvement diurne des astres, mouvement qui dès-lors n'étoit qu'une apparence, pendant que celui du soleil dans l'écliptique étoit réel. Ce sentiment eut quantité de partisans. Il est attribué par *Plutarque* (*a*) à *Heraclide* de Pont, à *Ecphante*, à *Seleucus* d'*Erithrée*, auteur d'une explication du flux & du reflux, assez analogue à celle de *Descartes*. *Ciceron* (*b*) fondé sur le témoignage de *Theophraste*, parle aussi d'un certain *Nicetas* ou *Hicetas* de Syracuse qui adopta cette maniere de penser. D'autres donnerent à la terre non-seulement ce mouvement de rotation autour de son axe, mais encore un mouvement progressif autour du soleil. Tels furent *Philolaus* de Crotone (*c*), *Architas* & *Timée* de Locres (*d*), & dans des temps postérieurs le fameux *Aristarque* de Samos (*e*). Ce systême fut aussi adopté par *Platon* dans sa vieillesse. Il se repentit alors, dit *Plutarque* (*f*), sur le rapport de *Theophraste*, d'avoir donné à la terre une place qui ne lui convenoit pas, en la mettant au centre de l'univers dans ses premiers écrits. L'autorité de *Theophraste* doit être ici d'un grand poids ; car il avoit écrit une histoire de l'Astronomie, dont la perte ne sçauroit être assez regrettée.

Le mouvement de la terre autour du soleil n'est qu'une branche particuliere du vrai systême de l'univers, mais elle est tellement liée avec le reste de ce systême, que quoi-

(*a*) *De Placit. Phil.* l. III. c. 13. 17.
(*b*) *Quæst. Acad.* l. IV. §. 39.
(*c*) Diog. *in Philol.* Plut. *de Plat. Phil.* l. III. c. 13.
(*d*) Plut. *In Numa.*
(*e*) Archim. *In Arenar.*
(*f*) *Quæst. Plat.* 7.

que nous n'en retrouvions pas des traces bien marquées dans l'Ecole Pythagoricienne, on est fondé à croire que ce fût celui qu'elle adopta. En effet, puisqu'on y faisoit tourner la terre autour du soleil placé au centre, il falloit nécessairement qu'on y mît les autres planetes en mouvement autour de lui. C'est ce qu'au rapport de quelques-uns elle voulut exprimer par le symbole d'un Apollon tenant à la main & touchant une lyre à sept cordes; on tâche d'autoriser ce sens caché par le témoignage de quelques Auteurs anciens (*a*). Mais ils s'expliquent d'une maniere trop ambiguë pour faire aucun fond sur cette conjecture; M. *Gregori* (*b*) allant bien plus loin, ne s'est pas contenté de trouver des traces de l'attraction chez les Pythagoriciens; il a voulu qu'ils connussent aussi la fameuse loi de la raison inverse des quarrés des distances, suivant laquelle elle agit. Mais, en vérité, son raisonnement, quoique ingenieux, est si détourné, que par un moyen semblable il n'est presque rien qu'on ne puisse retrouver chez les Anciens.

Les cometes, ces objets de terreur pour le vulgaire, furent vues sans effroi par les Pythagoriciens; ils les regarderent comme des astres aussi anciens que l'univers, qui font leurs révolutions autour du soleil, & qui ne se montrent que lorsqu'ils sont arrivés dans une certaine partie de leur orbite. C'est *Aristote* qui nous l'apprend (*c*). Mais je ne pense pas que la comparaison qu'il en fait avec la planete de Mercure, que la petitesse de ses digressions permet rarement d'appercevoir, soit conforme au sens de ces Philosophes; car la distance considerable dont la plûpart des cometes s'éloignent du soleil, la rend d'une fausseté évidente. Le Philosophe *Artemidore* expliquoit mieux comment se faisoient ces apparitions & ces occultations successives des cometes. Il disoit (*d*) qu'il y avoit plus de cinq planetes, (il entendoit parler des cinq, outre le soleil & la lune) mais qu'elles n'avoient pas été toutes observées à cause de la position de leurs orbites qui ne les laissoit paroître que dans une de leurs extrêmités. Il est honorable pour *Seneque* d'avoir adopté cette idée, com-

(*a*) Plin. *Hist. Nat.* l. II. c. 22. Macrob. *in Somn. Scip.* l. 1. c. 19.

(*b*) *Astr. Phys. & Geom. elem. Præf.*

(*c*) Arist. *Meteor.* l. 1. c. 6.

(*d*) Seneque, *Quæst. Nat.* l. VII. c. 13.

me il le fait avec cette ſorte de tranſport qui ſaiſit le genie à l'aſpect d'une vérité brillante. Il oſoit dès-lors prévoir qu'il viendroit un temps où le cours de ces planetes ſingulieres ſeroit connu & ſoumis au calcul, & où l'on s'étonneroit que ces vérités euſſent échappé à l'antiquité. *Veniet tempus quo poſteri noſtri nos tam aperta ignoraſſe mirabuntur.* Sa prédiction ſe vérifie de jour en jour plus parfaitement.

Une troiſiéme partie du ſyſtême de l'univers que ſaiſirent les Pythagoriciens, eſt la deſtination des planetes & de cette multitude d'aſtres que nous voyons fixés & diſperſés dans le ciel. Ils oſerent conjecturer que ces derniers étoient autant de ſoleils répandus dans l'immenſité de l'eſpace, & autour deſquels des planetes ſemblables à celles de notre ſoleil faiſoient leurs révolutions (*a*). Ils donnoient même à ces ſoleils, de même qu'aux planetes, des mouvemens autour de leur axe. *Tatius* nous l'atteſte (*b*), & dans la pauvreté de ſes idées, il compare ce mouvement à celui d'une tariere qui tourne dans ſa propre place. Ce fut encore un ſentiment accrédité dans l'Ecole de Pythagore, que toutes les planetes étoient habitées par des animaux qui ne le cédoient ni en beauté ni en grandeur à ceux de notre demeure (*c*). L'auteur du Poëme attribué à *Orphée*, étoit ſans doute de cette Ecole; car on y trouve cette doctrine répandue dans quelques endroits. Les Pythagoriciens enfin alloient juſques à déterminer apparemment ſur certaines raiſons de convenance, la grandeur de ces habitans; mais la plûpart de ces conjectures ſur la nature, la forme & les facultés de ces êtres qui réſident dans les planetes, n'ont aucun fondement ſolide, & ſans trop les déprimer, on peut dire qu'elles ſont très-limitrophes à la puérilité. A l'égard de celle qui fait de chaque étoile un ſoleil ſemblable au nôtre, & de chaque planete un globe couvert comme celui que nous habitons d'êtres animés, on doit du moins convenir qu'elle eſt tout-à-fait digne de la grandeur & de l'immenſité divine. La reſſemblance des planetes avec notre terre, reſſemblance que le téleſcope met hors de doute; la révolution journaliere découverte dans la plûpart, comme

(*a*) Plut. *de Plac. Phil.* l. II. c. 13.
(*b*) *Iſag. ad Arat.* c. 18.
(*c*) Plut. *Ibid.* & c. 30.

pour en éclairer successivement toutes les parties ; ces astres enfin, qui semblables à notre lune, roulent autour de Jupiter & de Saturne, comme pour les dédommager de l'éloignement prodigieux où ils sont de la source de la lumiere, donnent à cette conjecture une grande apparence de vérité.

IX.

Les Mathématiques s'accrurent chez les Pythagoriciens de deux nouvelles branches, sçavoir, l'Arithmétique & la Musique. Ce n'est pas qu'il n'y eût avant eux & une Musique & une maniere de compter ; l'une & l'autre sont si naturelles à l'homme, la derniere sur-tout est si nécessaire à tout peuple policé, qu'on ne pourroit le révoquer en doute, quand on n'en auroit aucune preuve positive. Ce que firent ces Philosophes fut donc seulement d'y appliquer les considerations Mathématiques ; & par-là de simples Arts qu'elles étoient, ils les éleverent au rang de Sçiences.

L'Arithmétique fut toujours chez les anciens fort différente de ce qu'elle est aujourd'hui. On n'y trouve presque aucune trace des opérations dont les modernes composent la plus grande partie de la leur ; & il y a apparence que ces opérations se faisoient presque à force de tête ; du moins nous avons perdu tous les livres où elles étoient expliquées. Tels étoient, à ce que nous conjecturons, un traité de *Nicomaque*, & les deux premiers livres des collections Mathématiques de *Pappus*, dont il nous reste un petit fragment, où l'on entrevoit le procedé embarrassant par lequel on diminuoit un peu la difficulté de multiplier de grands nombres.

Boëce (*a*) nous apprend que quelques Pythagoriciens avoient inventé & employoient dans leurs calculs, neuf caracteres particuliers, pendant que les autres se servoient des signes ordinaires, sçavoir, des lettres de l'alphabet. Il nomme ces caracteres *Apices* ou *Caracteres* ; nous ne pouvons nous empêcher de remarquer la grande analogie que cette Arithmétique particuliere paroît avoir avec celle que nous employons aujourd'hui, & que nous tenons des Arabes. Il y a plus ; ces caracteres, à un petit nombre près, ressemblent extrêmement

(*a*) *De Geometria.*

aux chiffres Arabes qu'on voit dans des Manuſcrits de trois ou quatre cens ans ; mais cette raiſon eſt un motif d'en ſoupçonner l'authenticité. En effet les *MS.* de *Boëce* où l'on trouve ces caracteres ſi reſſemblans aux premiers de l'Arithmétique Arabe, n'ayant auſſi que trois à quatre ſiecles, il eſt aſſez probable qu'ils ſont l'ouvrage du copiſte. Au reſte cela eſt peu important ; il s'agit ici beaucoup plus du fonds de cette Arithmétique Pythagorienne, que de la forme des caracteres qu'elle employoit ; & ſi le récit de *Boëce*, qui ne paroît pas également alteré, eſt vrai, il faudra admettre que l'on connut dans l'Ecole de Pythagore une maniere de noter les nombres ſemblable à la nôtre.

Ce trait de *Boëce* admis dans toute ſon étendue, ne me paroît pas néanmoins un motif ſuffiſant pour nous porter à chercher un nouveau ſyſtême ſur l'origine de notre Arithmétique ; les témoignages nombreux des Arabes me porteront toujours à croire qu'elle eſt née dans les Indes ; & j'aimerai mieux conjecturer que ce fut une de ces inventions que Pythagore puiſa chez les Indiens, que de penſer que ceux-ci la tirerent des Grecs. J'avoue que ſi cette Arithmétique eût été ordinaire chez ces derniers, ce ſeroit une grande préſomption en leur faveur. Mais une méthode uſitée ſeulement par un petit nombre d'hommes myſterieux, ne me paroît point propre à avoir pénetré juſqu'aux Indes.

Ce qui occupa principalement ces anciens Philoſophes dans leur Arithmétique, ce furent les propriétés & les rapports qu'ils remarquerent dans les nombres. Ils les diſtinguerent en bien des eſpeces, en *parfaits* & *imparfaits* ; en *abondans* & *défectifs* ; en *plans* & *ſolides* ; en *triangulaires*, *quarrés*, *pentagones*, &c. compris ſous le nom général de *polygones*, & en *pyramidaux*. Ces diviſions, dont les unes ſont d'aſſez vaines ſpéculations, & les autres de quelque utilité, exercerent beaucoup les Pythagoriciens, & comme les recherches des queſtions que préſentent ces rapports, ſuppoſent la plûpart une théorie utile, ce ne fut pas tout à fait ſans fruit qu'ils s'en occuperent. Il faut cependant convenir que le foible qu'ils témoignerent pour ce genre de ſubtilité fut extrême ; qu'ils trouverent tant d'alluſions, de rapports myſterieux & de prétendues merveilles dans ces propriétés des nombres, qu'ils ont

ont besoin de toute l'indulgence des esprits raisonnables. Quelques-uns écrivirent, ce semble, beaucoup sur d'aussi minces sujets, comme *Architas* dont on cite un Traité sur le nombre *dix* (*a*), & *Telauges* le fils de *Pythagore*, qui fit, dit-on (*b*), quatre livres sur le quaternaire. On formeroit un ouvrage considerable des pueriles remarques qu'on leur attribue de toutes parts, & en effet quelques Auteurs (*c*) ont pris la peine de les rassembler : on perdra peu si je ne m'y arrête pas.

Ce foible des Pythagoriciens pour les propriétés des nombres a paru si excessif à quelques esprits judicieux & portés pour l'honneur de la Philosophie, qu'ils ont soupçonné que ce n'étoient que des emblêmes dont nous n'avons plus la clef. M. *Barrow* (*d*) a formé une ingenieuse conjecture au sujet de cette *Tetractis*, ou ce quaternaire si fameux chez *Pythagore*, & qui occupa tant son fils. Il a pensé qu'ils avoient seulement voulu désigner par-là les quatre parties des Mathématiques, qui n'étoient pas alors plus étendues. Il explique donc ainsi cette forme de serment Pythagoricien, *asse vero per illum qui animæ nostræ tradidit quaternarium : je le jure par celui qui nous a instruit des quatre parties des Mathématiques.* Il y a quelque vraisemblance dans ce dénouement (*e*).

Les Pythagoriciens apprêterent sur-tout une ample matiere aux problêmes Arithmétiques, en imaginant leurs triangles numériques rectangles. Ce sont trois nombres tels que le quarré du plus grand est égal à la somme des quarrés des deux autres. On voit en effet qu'ils représentent alors les trois côtés d'un triangle rectangle, & c'est ce qui leur a fait donner ce nom. L'École Pythagorienne s'en occupa beaucoup, & celle de *Platon* ne les négligea pas. *Proclus* (*f*) nous a conservé la maniere que l'une & l'autre employerent pour en trou-

(*a*) *Bibl. Græc.*

(*b*) *Ibid.*

(*c*) J. Meursius, *in Denar. Pythag. seu num. usque ad decem, qualit. &c.* P. Bungus; *de Myst. numer. &c.* Kirch. *Arithmol.*

(*d*) Lect. Math. II. *p.* 17.

(*e*) Erhard Weigelius s'est imaginé que cette *Tetractis* fameuse étoit une arithmétique quaternaire, c'est-à-dire, usant seulement de périodes de 4, comme nous employons celle de 10. Il a fait sur cela deux ouvrages, l'un intitulé *Tetractis summum tùm Arith. tùm Philos. compendium, Artis magnæ sciendi gemina radix.* L'autre, *Tetractis, Tetracti Pythagoricæ respondens.* 1672. 4. *Jenæ.* On voit par le premier que cet Ecrivain entrant dans les idées Pythagoriciennes, croyoit tirer de grandes merveilles de cette espece d'Arithmétique, mais il est sans doute le seul qui en ait conçu une idée si avantageuse.

(*f*) *In I. Eucl.* ad prop. 40.

ver une infinité. Les problêmes sur ces triangles limités à certaines conditions, ont eu une grande célébrité pendant quelque-temps chez les modernes, & ont occasionné des défis entre des Géometres d'un grand nom. Ce n'est même pas tout-à-fait sans raison ; car ils sont très-propres à exercer le Genie, & leur solution demande souvent des tours d'analyse très-subtils & très-détournés. Ils semblent être tombés aujourd'hui dans un oubli entier.

I X.

La découverte que *Pythagore* fit sur le son, est une des plus belles de ce Philosophe, & elle donna naissance à une quatriéme branche des Mathématiques, sçavoir, la Musique ; voici en quoi elle consiste. Nous allons faire à cette occasion l'histoire d'une partie considerable de cet Art chez les Anciens.

Il n'y a personne qui n'ait remarqué qu'une corde tendue rend des sons d'autant plus aigus, que l'on raccourcit davantage sa longueur sans augmenter sa tension. C'est ce qui se passe sur tous les instrumens à corde, & ce seroit m'arrêter à une chose connue de tout le monde que d'en dire davantage. Il ne falloit sans doute rien de plus à un Mathématicien pour l'exciter à rechercher quels devoient être les rapports des longueurs qui rendent ces différens tons ; & probablement ce fut le motif qui engagea *Pythagore* dans cette recherche. Cependant on aime mieux en faire l'histoire suivante.

On dit donc que *Pythagore* passant devant un attelier de Forgerons qui frappoient un morceau de fer sur une enclume, fut surpris d'en entendre sortir des sons qui s'accordoient aux intervalles de quarte, de quinte & d'octave. Frappé de cette singularité, il entra chez ces ouvriers, & ayant examiné de près le phénomene, il vit qu'il ne pouvoit venir que de la différence du poids des marteaux. Il les pesa, & il trouva que celui qui rendoit l'octave en haut, étoit la moitié du plus pesant ; que celui qui faisoit la quinte en étoit les $\frac{2}{3}$, & enfin que celui qui formoit la quarte en étoit les trois quarts. Rentré chez lui & reflèchissant sur ce phénomene, *Pythagore*, dit-on, imagina d'attacher une corde à un arrêt fixe, & la faisant passer sur une cheville, de suspendre de l'autre côté des poids dans ces proportions, pour éprouver quels ſons elle rendroit étant ainſi tendue par ces poids inégaux, & il trouva les intervalles dont on a parlé; c'eſt ainſi que le racontent pluſieurs anciens Auteurs (*a*), & même des écrivains modernes, qui ſans examiner les choſes avec attention, ont ajouté foi à leur récit. Mais cela ſeul prouveroit que ce trait de la vie de *Pythagore* eſt une fiction, ou qu'ils l'ont bien défiguré. Car il n'eſt point vrai qu'il faille des poids dans cette proportion pour rendre les ſons ci-deſſus. Il faut pour cela des cordes tendues par un même poids, & dont les longueurs ſoient dans ces rapports; & quant aux poids appliqués à la même corde, ils devroient être réciproquement comme leurs quarrés. Il faudroit un poids quadruple pour former l'octave en haut, pour la quinte il devroit être les $\frac{9}{4}$, & pour la quarte les $\frac{16}{9}$. D'ailleurs le prétendu procedé de *Pythagore* n'eſt en aucune façon celui qu'indique le raiſonnement. Car comme c'étoient des marteaux inégaux qui choqués par l'enclume, rendoient des ſons différens, il étoit évident que ce devoient être des cordes de différentes longueurs qu'il falloit mettre en vibration. S'il y a quelque réalité dans l'hiſtoire qu'on raconte de *Pythagore*, ce fut ſans doute la maniere dont il raiſonna, & qui lui fit trouver que l'octave devoit être exprimée par $\frac{1}{2}$, la quinte par $\frac{2}{3}$, & la quarte par $\frac{3}{4}$, le ton enfin qui eſt la différence de la quarte & de la quinte par $\frac{8}{9}$. Ce ſont là en effet les longueurs des cordes qui produiſent ces intervalles. On peut conjecturer auſſi qu'il détermina les rapports des tenſions ou des poids néceſſaires à appliquer à une même corde, pour produire ces mêmes intervalles. Cela n'eſt pas bien difficile à croire, puiſqu'il n'y avoit qu'à augmenter ces poids juſqu'à ce que les cordes tendues rendiſſent les ſons ci-deſſus.

Juſqu'ici la découverte de *Pythagore* n'a rien que de judicieux & de vrai. Mais cet amour mal entendu pour les propriétés numeriques qui le jetta lui & ſes diſciples dans tant d'écarts peu raiſonnables, l'engagea bien-tôt dans une erreur (*b*). Il ne voulut admettre pour conſonances que les intervalles qui s'exprimoient par des rapports extrêmement ſimples, tels

(*a*) Jambl. *vit. Pyth.* Nicomaque *Harm. Man.* l. 1.
(*b*) Ptol. *Harm.* l. 1. c. 5, 6.

que ceux qu'on vient de voir. Ainsi en recevant pour consonances, la quarte, la quinte, l'octave, la quinte au-dessus de l'octave, & la double octave, qui s'expriment respectivement par $\frac{3}{4}$, $\frac{2}{3}$, $\frac{1}{2}$, $\frac{1}{3}$, $\frac{1}{4}$, il rejetta la quarte au-dessus de l'octave, parce qu'elle est exprimée par $\frac{3}{8}$. Une prétention pareille est absolument contraire au témoignage des sens, qui enseignent que les sons à l'octave les uns des autres se ressemblent tellement, que ce qui est vrai de l'un l'est aussi de l'autre. Par conséquent si la quarte est une consonance, son octave & ses octaves quelconques doivent l'être aussi. *Pythagore* & ses sectateurs méritoient en cela la répréhension qu'ils essuyerent de la part d'*Aristoxene* & de *Ptolemée*.

Il y eut dans l'Antiquité deux sectes de Musiciens, dont l'une eut pour chef *Pythagore*, & l'autre *Aristoxene*. Les premiers, comme on vient de voir, consultant presque uniquement certains préjugés métaphysiques, négligeoient tout à fait les sens dans leur systême de Musique, & dans la distribution des accords en consonans & dissonans (*a*). Les autres donnerent dans une extrêmité aussi peu digne de l'esprit Philosophique, qui dans les choses même qui sont le plus du ressort des sens, doit chercher à réunir la Theorie & la Pratique, & les rectifier l'une par l'autre. Ceux-ci refusoient d'exprimer les accords par des raisons qui sont leur véritable signe. Ainsi ayant fixé un certain intervalle qui est le ton, ils y rapportoient tous les autres en le lui comparant comme en étant partie, ou le comprenant un certain nombre de fois. La quarte, suivant eux, étoit composée de deux tons & demi, l'octave de cinq tons & deux demi-tons, ou six tons. Cela est, à la vérité, sensiblement vrai, mais non exactement; & c'est ce que les Pythagoriciens démontroient facilement contre eux.

En effet, puisque deux cordes de grosseur égale & tendues par des poids égaux, forment des accords semblables quand leurs longueurs sont dans le même rapport, il est nécessaire de convenir que pour mesurer ces tons, il faut considerer les rapports des longueurs des cordes qui les produisent. Ainsi lorsqu'un ton partagera en deux également un intervalle, il faudra que la longueur de la corde qui le produit soit moyenne proportionnelle entre celles qui produisent les deux autres.

(*a*) *Ibid.*

On en a un exemple dans l'octave qui partage inconteſtablement en deux également l'intervalle entre le ſon fondamental & la double octave. Auſſi la longueur qui ſonne l'octave ou $\frac{1}{2}$ eſt-elle préciſement moyenne proportionnelle entre celles qui forment les autres ſons, 1 & $\frac{1}{4}$. Voyons donc d'abord ſi ce qu'on nomme un demi-ton eſt réellement une moitié de ton, ou partage en deux également le ton. On a vu plus haut que les rapports qui expriment la quarte & la quinte ſont $\frac{3}{4}$ & $\frac{2}{3}$: or de la quarte à la quinte il y a un ton, ainſi le rapport du ton ſera exprimé par le rapport de deux cordes qui ſont la quinte & la quarte, rapport qui eſt de 8 à 9. Chez les Anciens où la tierce majeure étoit compoſée de deux tons majeurs, il étoit néceſſaire qu'elle fût exprimée par le quarré de 8 à 9, ou $\frac{64}{81}$, enfin de la tierce majeure à la quarte il y a un demi-ton exprimé par le rapport de $\frac{64}{81}$ à $\frac{3}{4}$, ce qui donne le rapport de $\frac{243}{256}$. Or cette fraction n'eſt point moyenne proportionnelle géometrique entre 1 & $\frac{8}{9}$, comme elle devroit l'être ſi le demi-ton partageoit également l'intervalle du ton. Il en eſt de même dans le ſyſtême moderne où la tierce majeure eſt compoſée d'un ton majeur & d'un mineur, c'eſt-à-dire, des deux raiſons de 8 à 9 & 9 à 10 ; ce qui donne celle de 4 à 5 ou $\frac{4}{5}$, d'où réſulte un demi-ton exprimé par $\frac{15}{16}$, appellé demi-ton majeur. Il eſt aiſé de voir que ce nombre n'eſt point moyen proportionnel entre 1 & $\frac{8}{9}$, le calcul montre qu'il eſt un peu moindre, & par conſéquent le demi-ton eſt plus haut que le milieu précis de l'intervalle du ton. Il eſt même impoſſible qu'il y ait un pareil milieu précis, puiſque le nombre $\frac{8}{9}$ n'eſt pas ſuſceptible d'extraction de racine quarrée.

On démontre d'une maniere ſemblable que l'octave n'eſt point compoſée de 6 tons, comme le vouloient les Ariſtoxeniens ; car ſi cela étoit, le rapport de 8 à 9 multiplié ſix fois par lui-même, ou la ſixiéme puiſſance de $\frac{8}{9}$ formeroit le rappart de l'octave, ou égaleroit $\frac{1}{2}$; mais ce nombre eſt $\frac{272144}{549441}$, qui eſt moindre que $\frac{1}{2}$. Si donc l'on montoit exactement 6 fois de ſuite par l'intervalle d'un ton juſte, on monteroit au-deſſus de l'octave ; & l'intervalle dont on la ſurpaſſeroit, ſeroit exprimé par le rapport de 136 à 137. Les Pythagoriciens qui remarquoient cette différence, donnoient à cet intervalle le nom de petit *comma*. Toutes ces choſes, ſi nous en exceptons ce que nous avons dit sur les tons mineurs qui furent inconnus aux anciens, sont démontrées dans la Musique d'*Euclide*.

Cette irrégularité dans les intervalles de la suite diatonique, est ce qui produit divers phénomenes ; c'est, par exemple, delà que vient ce qu'on observe en accordant un instrument à grand nombre de cordes, comme le clavessin, en montant exactement deux fois de quinte & redescendant d'octave. Il semble que cette méthode devoit donner tous les tons justes dans la suite diatonique, & suivant *Aristoxene*, cela ne pourroit pas arriver autrement. Cependant la plûpart des tons sont faux, & en particulier celui qui devroit être l'octave du premier, est assez considérablement plus haut ; ce qui oblige de *tempérer*, pour me servir du terme de l'art, c'est-à-dire, d'altérer un peu tous ces tons, pour les renfermer dans leur étendue précise. Il eût été facile à *Pythagore* de rendre raison de ces singularités, tandis qu'*Aristoxene* & ses sectateurs auroient fait de vains efforts pour les expliquer. La méthode Pythagoricienne fournit enfin une multitude de belles spéculations acoustiques, qui peuvent être indifférentes à un certain ordre de Musiciens, mais qui ne sçauroient l'être pour ceux qui joignent à la pratique de leur art un peu de génie & d'esprit philosophique.

Il faut remarquer que dans l'ancienne Musique Grecque, tous les tons étoient majeurs, ou dans le rapport de 8 à 9 ; de-là naissoit une grande imperfection dans la succession diatonique. Car toutes les tierces mineures étoient dans le rapport de 27 à 32, & les majeures dans celui de 64 à 81 ; les premieres trop basses, les autres trop hautes d'un comma. De-là vient peut-être que les tierces étoient rangées parmi les dissonances. En effet, des tierces altérées aussi considérablement ne pouvoient qu'être tout-à-fait désagréables ; il s'en faut beaucoup qu'on les altere autant dans quelque sorte de tempérament que ce soit ; d'habiles Musiciens m'ont assuré qu'elles ne seroient pas supportables. Mais on doit s'étonner de ce qu'y ayant si peu à faire pour les rendre consonantes, les Grecs ne s'en soient pas apperçus, & n'y ayent pas fait aussitôt cette correction.

Ce fut *Ptolemée* qui fit cete innovation importante. Je lui en fais principalement honneur, quoique *Didyme* d'*Alexandrie* l'eût précédé (*a*) dans la diſtinction des tons majeurs & mineurs, parce que ſon arrangement eſt le plus parfait. Suivant la méthode de *Pythagore*, qui avoit diviſé l'octave, ou $\frac{1}{2}$, dans les deux rapports les plus ſimples qu'il ſe pouvoit, ſçavoir $\frac{2}{3}$ & $\frac{3}{4}$, la quinte & la quarte, il diviſa de même la quinte, ou $\frac{2}{3}$, dans ſes rapports les plus ſimples, ſçavoir $\frac{4}{5}$ & $\frac{5}{6}$; & il les prit pour les expreſſions de la tierce majeure & de la mineure, qu'il rangea au nombre des conſonances. Il diviſa de même la tierce majeure, dans ſes deux rapports les plus ſimples & les plus voiſins de l'égalité, $\frac{8}{9}$ & $\frac{9}{10}$; ce qui lui donna les deux ſortes de tons, le majeur & le mineur. Il arrangea enfin dans ſon ſyſtême les tons majeurs & les mineurs, de telle ſorte qu'il y eut le moins de tierces altérées qu'il fut poſſible. Voici ſa diſpoſition. Du *ſi* à l'*ut*, il y a un demi-ton majeur, ou exprimé par le rapport de 15 à 16; de l'*ut* au *re*, il y a un ton majeur dont la valeur eſt $\frac{8}{9}$; du *re* au *mi*, un mineur, c'eſt-à-dire, exprimé par $\frac{9}{10}$; du *mi* au *fa*, un demi-ton majeur; du *fa* au *ſol*, un ton majeur, du *ſol* au *la*, un ton mineur (*b*). Il faut remarquer que dans ce ſyſtême, & en conſervant ces valeurs des ſons, on ne peut point completer l'octave, ni en haut ni en bas, de ſorte que le ſon ajouté ait avec les précédens ou les ſuivans, un rapport fondé ſur les loix de la génération harmonique (*c*). Ainſi quoique du premier abord cette échelle diatonique paroiſſe préférable à celle de la Muſique moderne, elle ne l'eſt point réellement, parce qu'on ne ſçauroit completer l'octave ſans y avoir autant d'intervalles alterés que dans la nôtre, ou bien l'on auroit une octave fauſſe, ce qui ſeroit de tous les inconveniens le plus

(*a*) Ptol. *Harm.* l. I. c. 7, 15.

(*b*) *Ibid.* l. II. c. I.

(*c*) La raiſon de cela eſt que la baſſe fondamentale de cette échelle, *ſi ut re mi fa ſol la*, avec les valeurs que lui aſſigna Ptolemée ne peut être que, *ſol ut ſol ut fa ut fa*; car afin que *ſol la* ſoit un ton mineur, il faut que *la* vienne de *fa*, comme tierce. Or de *fa* la baſſe fondamentale ne ſçauroit aller à *ſol* pour produire *ſi*; mais ſeulement à *ut* ou *ſi* B mol. Que ſi pour paſſer au *ſi*, l'on formoit ce qui peut ſe faire cette autre B. f. *ſol ut ſol ut fa ut ſol re ſol*, les notes *ut ſol* entre *fa re*, tenant ſous le *ſol*, & le produiſant d'abord comme quinte, & enſuite comme uniſſon, alors le *la* produit par le *re* ſuivant, ne ſeroit plus celui de Ptolemée, mais *ſol la* ſeroit un ton majeur. Et ſi l'on commençoit la B. f. par *re*, le *la* qu'elle produiroit ne ſeroit plus l'octave de celui qui produit le *fa*; l'on ne ſçauroit enfin faire produire ce *la* par *fa* dans la B. f. puiſqu'elle ne pourroit plus remonter au *ſol* pour donner le *ſi*. Ainſi en vain chercheroit-on une octave entiere, où il n'y auroit qu'une tierce alterée, & qui fut conforme aux loix de la génération harmonique. Elle ne ſeroit qu'arbitraire.

grand & le moins ſupportable. Mais tout ceci ſera davantage développé quand on rendra compte des découvertes de M. *Rameau*.

Nous croirions ne ſatisfaire que fort imparfaitement la curioſité des lecteurs, ſi nous nous bornions à ce que nous venons de dire ſur la Muſique ancienne. Cette curioſité doit naturellement s'étendre ſur bien d'autres objets que les conſidérations purement Mathématiques qui viennent de nous occuper ; & quoiqu'ils ne tiennent pas également à notre plan, les négliger, ce ſeroit en omettre une des parties les plus intéreſſantes. Nous allons donc donner un tableau abregé de ce qu'étoit, non la théorie, mais l'art de la Muſique chez les Anciens. Pour le rendre auſſi diſtinct que le permet l'obſcurité de la matiere, nous avons cru ne pouvoir mieux faire que de la comparer à notre Muſique moderne. Ceux qui y ſont initiés, du moins au point de ſçavoir ſe rendre compte à l'aſpect d'une piece de Muſique, du ton dans lequel elle eſt, de ceux dans leſquels elle paſſe, & des autres circonſtances de ſa modulation, m'entendront ſans aucune peine. Les autres peuvent preſque ſe diſpenſer de lire le reſte de cet article.

Dans la naiſſance de la Muſique chez les Grecs, il n'y avoit à la lyre que quatre cordes, dont les ſons auroient répondu à *ſi ut re mi*. Nous choiſiſſons la lyre parmi leurs inſtrumens, parce que c'eſt de tous le plus propre à repréſenter le ſyſtême de leur Muſique, comme ſeroit chez nous le claveſſin. Dans la ſuite on y ajouta trois autres cordes, qui auroient donné les ſons *fa ſol la*. Ainſi la premiere échelle diatonique Grecque, étoit compoſée de deux tetracordes, c'eſt-à-dire, de deux ſyſtêmes de quatre ſons chacun, *ſi ut re mi*, *mi fa ſol la*, dont le premier de l'un, & le dernier de l'autre, étoient communs; de-là vint qu'on les nomma tetracordes conjoints.

Mais cette ſucceſſion de ſons ne rempliſſoit pas toute l'étendue de l'octave. *Pythagore* s'en apperçut, & la réforma, dit-on, en celle-ci, *mi fa ſol la*, *ſi ut re mi*, qui renferme l'octave entiere; cette échelle diatonique eſt compoſée de deux tetracordes *disjoints*, c'eſt-à-dire, qui n'ont aucun ſon commun. Elle eſt de même que la nôtre, une ſorte de chant dans le mode d'*ut*; mais tandis que la nôtre ſe termine ſur la note tonique

tonique *ut*, celle ci se repose sur sa tierce majeure ; désinence que nous remarquerons ailleurs avoir été familiere aux Grecs, du moins à en juger par le petit nombre de morceaux de chant qui nous sont parvenus d'eux.

Dans la suite, lorsqu'on s'avisa de faire des chants, ou des airs pour la lyre, plus étendus, on augmenta encore le nombre des cordes de cet instrument. On y ajouta un tetracorde dans le bas, & un autre dans le haut, de sorte qu'on eut *si ut re mi fa sol la si ut re mi fa sol la*, & pour completer la double octave, on prit un *la* à l'octave au-dessous de celui du milieu. Il faut néanmoins remarquer qu'il étoit en quelque sorte étranger, & hors de rang avec les autres sons. On le nommoit par cette raison *proslambanomene*, ou son *ajouté au-devant*; cela venoit de la disposition de ces autres sons, qu'on partageoit en quatre tetracordes, dont les deux premiers & les deux derniers étoient conjoints, & les deux du milieu, disjoints. On prit ce *la* en bas, plutôt qu'un *si* en haut, qui auroit également completé l'octave, sans doute afin de conserver au *la* du milieu le nom de *mese*, ou de corde moyenne qu'on lui avoit anciennement donné. Je ne m'arrête pas à expliquer les noms que portoient chez les Grecs chacune des cordes de ce systême, parce que cela exigeroit une étendue que je ne puis me permettre, ou que je destine à des choses plus intéressantes (*a*). Outre la combinaison de sons qu'on vient de décrire, il y en avoit une autre dans laquelle le troisiéme tetracorde étoit conjoint avec le second, & étoit *la si* bémol *ut re*. *Ptolemée* (*b*) avoit tort de la regarder comme inutile; car il est visible qu'elle servoit lorsque du mode d'*ut* majeur, on passoit à celui de *fa*, qui exige le *si* bémol, & cette transition étoit familiere à la modulation grecque. *Plutarque* (*c*) parle encore d'une combinaison où l'on séparoit les deux derniers tetracordes en élevant le *fa* d'un demi-ton ; elle servoit apparemment lorsque du mode d'*ut* on alloit à celui de *sol*, qui exige ce *fa* diese.

Tout le monde sçait qu'il y avoit trois genres dans la Musique Grecque, le diatonique, le chromatique & l'enharmonique. Ce que l'on vient de dire regardoit le diatonique ; une

(*a*) *Voyez les Dissertations de M.* Burette. *Mem. de l'Acad. des Inscript.* T. V.

(*b*) *Harm.* l. II. c. 6.

(*c*) *Dial. de Mus.* Voyez les Mem. de l'Acad. des Inscrip. *T.* XIII. *p.* 265.

lyre montée aux tons ci-dessus, un chant qui n'auroit employé que ces sons, eût été dans le genre diatonique ; car être dans un ton ou dans un genre, c'est n'employer que les sons qui proviennent de la division de ce genre ou de ce ton.

Le genre chromatique étoit celui où l'on employoit des demi-tons de suite. En montant, suivant la succession, ou le chant le plus simple de ce genre, on formoit d'abord deux demi-tons, puis une tierce mineure, ensuite deux demi-tons, & une autre tierce mineure. Ainsi la gamme chromatique exprimée à la moderne, étoit *si ut ut* diese, *mi fa fa* diese *la*, *si ut ut* diese, &c, & les chants formés de ces sons seuls étoient nommés chromatiques. On voit par-là que le chromatique Grec différoit fort du nôtre. Nous appellons chromatique dans la Musique moderne tout trait de chant qui monte ou qui descend par demi-tons, quelque soit leur nombre; mais nous n'avons que des passages de cette espece, un chant chromatique de quelque étendue ne seroit point supportable à nos oreilles. Car ce genre est moins naturel que le diatonique, & il a une sorte de dureté, qui oblige de ne l'employer qu'avec ménagement ; à la vérité cette dureté même le rend d'autant plus propre à exprimer certains sentimens : aussi les Italiens, grands coloristes en Musique, en font-ils beaucoup d'usage. On en trouve fréquemment des passages dans leurs airs, & nos habiles Musiciens François ne le négligent pas.

Le genre enharmonique le plus parfait de tous, au jugement des oreilles Grecques, mais aussi le plus difficile, employoit des quarts de ton, comme le chromatique les demi-tons. Que l'on prenne le signe * pour celui du diese enharmonique, ou qui n'éleve la note que du quart de ton, la gamme de ce genre étoit *la si si * ut mi mi * fa la, &c.* & l'on appelloit enharmonique tout chant où il n'y avoit que ces sons d'employés. Telle étoit la nature du chromatique & de l'enharmonique ; en vain *Salinas* (*a*) a-t-il prétendu que l'un & l'autre de ces genres étoient l'octave entiere divisée en demi-tons, ou en quart de tons ; il se trompoit, & il suffit d'ouvrir le premier Musicien Grec pour s'assurer que notre description est la véritable. On concevra peut-être encore comment on pouvoit former quelque chant dans le genre chromatique ;

(*a*) *De Musica.*

mais à l'égard de l'enharmonique, on n'a pu encore comprendre qu'il fût possible de rien faire de supportable dans un genre si peu naturel. C'est encore un sujet d'étonnement pour nous qu'il y ait eu des gens assez exercés pour apprécier des intervalles aussi peu sensibles que des quarts de ton. Il est cependant certain que ce genre, malgré sa dureté & sa difficulté, fut long-temps cher à la Grece, & en fit les délices. Mais enfin l'on s'en dégoûta peu à peu, & au temps de *Ptolemée* il étoit passé d'usage aussi-bien que le chromatique : l'un & l'autre ne subsistent plus aujourd'hui que dans les livres des Musiciens, & je crois que nous n'y perdons guere.

Je viens maintenant à une des parties les plus intéressantes de la Musique ancienne. C'est celle de ses modes, sujet obscur, & qui a embarrassé plusieurs des Ecrivains qui ont entrepris de le débrouiller. J'espere en dissiper cette obscurité.

Les modes, ou plutôt les tons de la Musique ancienne sont la même chose que ceux de la Musique moderne. A la vérité, on ne les reconnoîtroit pas dans la maniere dont les Anciens les ont expliqués, & sans les tables que *Ptolemée* nous a données des valeurs des sons dans chacun d'eux, il résulteroit de leur explication qu'ils n'en avoient qu'un seul. En effet, l'origine qu'il leur donne paroîtra évidemment fausse à tous ceux qui sont initiés dans la Musique. La voici.

Les Anciens remarquoient sept especes d'octaves formées du différent arrangement des tons & des demi-tons, comme seroient celles-ci, *la si ut re mi fa sol la*, *si ut re mi fa sol la si*; & ils leur avoient donné différens noms, comme d'octaves Doriennes, Lydiennes, Phrygiennes, &c. c'étoit là, suivant eux, ce qui caractérisoit leurs différens modes ; mais pour peu qu'on soit Musicien, on verra facilement que cette explication est sans fondement. On n'est pas dans un mode différent en chantant *fa sol la si ut re mi fa*, ou *ut re mi fa sol la si ut*, ou *sol la si ut re mi fa sol* (*a*). *Aristoxene* & les Anciens

(*a*) Dans le Recueil des Mémoires présentés à l'Académie par des Sçavans étrangers, T. II. on en voit un, *sur le meilleur tempérament possible*, dont l'Auteur paroît être dans ce préjugé ancien, que c'est le différent arrangement des tons & des demi-tons qui forme la différence des modes ; & il en donne un exemple sur ceux de *fa*, d'*ut* & de *sol*. Nous disons avec assurance que cet Auteur ne connoît point la Musique moderne. S'il l'eût connue, il auroit sçu que le mode de *fa* majeur, exige un *si* bémol, & celui de *sol* un *fa* diese, & alors tous ces modes, ou ces octaves se ressem-

ſe trompoient donc : mais faut-il s'étonner qu'ils ſe trompaſſent à cet égard ; on n'a qu'à lire les Auteurs qui écrivoient il y a un ſiecle ou deux ſur la Muſique. Ils ne donnoient pas à nos modes d'autre origine, & aſſurément ils étoient dans l'erreur.

Heureuſement *Ptolemée* nous a donné (*a*) d'amples tables, propres à ſuppléer au défaut de ſon explication & de celle de ſes prédéceſſeurs. Ces tables nous apprennent que tous les modes étoient ſemblables pour la ſucceſſion des ſons, & qu'ils ne différoient qu'en degré de gravité & de hauteur. Ainſi le Dorien étant pris pour échelle de comparaiſon à l'égard des autres, & étant repréſenté par l'échelle Diatonique qu'on a donnée plus haut, le mode Phrygien étoit celui dont le ſon du milieu étoit à l'uniſſon avec le *ſi* du Dorien, le Lydien celui dont le ſon moyen coïncidoit avec l'*ut* ſuivant, ou étoit d'une tierce mineure plus haute que le ſon moyen du Dorien. Du reſte tout étoit arrangé de la même maniere dans chacun de ces tons. Dans le Phrygien & le Lydien comme dans le Dorien, après le *proſlambanomene* on montoit d'un ton, puis d'un demi-ton, enſuite deux fois d'un ton, &c. Il ne faut que jetter les yeux ſur les tables dont j'ai parlé pour s'en convaincre ; car on y verra toujours les mêmes nombres entre les cordes de même dénomination. C'eſt ainſi que dans tous les tons majeurs de notre muſique l'arrangement de l'octave eſt le même ; en montant, le premier demi-ton eſt toujours de la tierce à la quarte, & le dernier de la ſeptiéme à l'octave.

Ces mêmes tables de *Ptolemée* nous apprennent que le mode Dorien tenoit un milieu entre tous les autres. Car des ſept qu'il veut ſeulement admettre, il y en a trois qui ſont plus hauts, & les trois autres ſont plus bas. Delà il ſuit que le *la* du milieu du mode Dorien étoit à peu près le milieu entre le ton le plus haut des deſſus & le plus bas des baſſes. Ainſi il répondoit à peu près au *la* du milieu du claveſſin, & la ſuite des ſons du mode Dorien, exprimé par nos notes, ſeroit *la ſi ut re mi fa ſol la ſi ut re*, &c. d'où il ſuit que ce mode ſeroit notre mode d'*ut*. Au reſte, comme il ne s'agit que de comparer

blent parfaitement par l'arrangement des tons & des demi-tons. Nous oſons inviter ceux qui aſpirent à perfectionner la Muſique, à commencer par l'apprendre un peu.

(*b*) *Harm.* l. II. c. II.

les modes anciens entre eux, il eſt peu important de ſçavoir préciſément à quel ton de notre Muſique répondoit un certain mode de l'ancienne. Nous prendrons donc, du moins hypothetiquement, le mode Dorien pour *ut*. Alors ſuivant *Ptolemée*, le Phrygien eût été *ſi ut* dieſe *re mi fa* dieſe *ſol la*, &c. ainſi il étoit en *re*. Le Lydien plus élevé que le Dorien d'une tierce mineure, étoit en *mi* bémol; le Myxolydien étoit en *fa*; l'Hypolydien plus bas d'une quarte que le Lydien, étoit en *ſi* bémol; l'Hypophrygien d'un triton plus bas que le Phrygien, étoit conſéquemment en *la* bémol, & enfin l'Hypodorien étoit en *ſol*.

Il y eut parmi les Anciens des diviſions au ſujet du nombre des modes. *Ptolemée* n'en vouloit que ſept, & il avoit tort. *Ariſtoxene* eut raiſon d'en admettre juſqu'à treize, ou plutôt douze, c'eſt-à-dire, autant qu'il y a de demi-tons dans l'octave; car il en faut autant pour ſatisfaire à tous les beſoins de la mélodie. Nous nous en tiendrons donc au ſyſtême du dernier; & voici en peu de mots les rapports de ſes douze modes entre eux. L'Hypodorien répondoit à notre *ſol*; l'Hypophrygien étoit *la* bémol; l'Hypophrygien *acutior* étoit *la*; l'Hypolydien ou Hypoæolien *ſi* bémol; l'Hypolydien *acutior ſi*; le Dorien *ut*; l'Iaſtien *ut* dieſe; le Phrygien *re*; l'Æolien *re* dieſe; le Lydien *mi*; l'Hyperdorien *fa*; l'Hyperyaſtien ou Mixolydien *fa* dieſe. L'Hypermixolydien qu'il ajoutoit inutilement, étoit *ſol* ou la réplique de l'Hypodorien.

Tous les modes qu'on vient de voir étoient majeurs, ſuivant la deſcription de *Ptolemée* & d'*Ariſtoxene*; d'où l'on pourroit peut-être conclure que les Anciens ne connurent que le mode majeur. M. *Burette* l'a avancé dans une de ſes diſſertations ſur la Muſique ancienne (*a*); mais il s'eſt trop hâté de tirer cette conſéquence, & il nous a fourni, ſans le vouloir, des armes contre lui-même; car parmi les airs Grecs qu'il nous a communiqués, il en eſt un qui eſt en *mi* mineur.

Pour terminer ce tableau de la Muſique ancienne, il faut maintenant donner quelque idée de ſa modulation. M. *Burette* en nous communiquant quelques airs Grecs, nous a mis en état d'en porter une ſorte de jugement. Je penſe avec lui qu'on peut, à certains égards, la comparer avec notre Plain-

(*a*) *Mem. des Inſcrip.* T. v. *ſur la Mélopée.*

chant, & je crois pouvoir établir cette comparaiſon ſur quelques rapports dont ce Sçavant, quelque verſé qu'il fût dans ce genre d'érudition, ne s'eſt pas apperçu.

En premier lieu il y a beaucoup de reſſemblance entre la maniere dont on y paſſoit d'un mode à l'autre, & celle dont on en change dans le Plain-chant. Les Grecs paſſoient plus volontiers du mode de la tonique à celui de la quinte au-deſſous, qu'à celui de la quinte au-deſſus. Nous le voyons par les airs qui nous ſont parvenus d'eux, auſſi-bien que par les préceptes que donnoient leurs Muſiciens ſur ce ſujet. Il en eſt de même dans notre Muſique d'Egliſe. Un chant en *ut* prend ordinairement bientôt un *ſi* bémol, ſigne qu'il a paſſé en *fa*; jamais on n'y voit de *fa* dieſe qui déſigneroit un paſſage au mode de *ſol*. A la vérité on voit quelquefois dans un chant en *fa*, que le *ſi* devient naturel, ce qui montre que la modulation a paſſé en *ut*, mode de la quinte en haut. Néanmoins ces paſſages m'ont paru plus rares; ils n'étoient pas interdits dans la Muſique Grecque, mais ils étoient de même moins fréquens.

En ſecond lieu, les terminaiſons de chant dans la Muſique Grecque & dans celle de nos Egliſes ſont fort reſſemblantes, & elles différent de celles de notre Muſique moderne. Dans celle-ci on finit en retombant ſur la note du ton de l'air. Dans la Grecque on finiſſoit fort bien ſur la tierce; deux des airs publiés par M. *Burette* ſe terminent ainſi, & probablement il y en avoit qui finiſſoient à la quinte en haut ou en bas. On obſerve la même choſe dans notre Plain-chant. On y remarque un grand nombre de pieces terminées par la tierce ou la quinte du ton.

En troiſiéme lieu, la Muſique Grecque, de même que notre chant d'Egliſe, ne connoiſſoit point cette multitude de notes de différente longueur que nous remarquons dans la Muſique moderne. La tenue de chaque ſon ſe conformoit ſcrupuleuſement à la proſodie: ainſi il n'y avoit guere que des notes, dont les plus longues équivaloient à deux des plus courtes.

Je ſuis cependant éloigné de prétendre que la Muſique ancienne fut auſſi ſimple & auſſi modeſte que notre Plain-chant. Par un eſprit de ſageſſe l'Egliſe a écarté de ſon chant les ornemens trop recherchés, & plus propres à émouvoir les paſsions qu'à inspirer le respect. Mais les Musiciens Grecs employoient avec art dans leurs compositions tout ce qui pouvoit en augmenter l'expression; ils changeoient dans une même piece, de genre en passant du diatonique, au chromatique, à l'enharmonique, peut-être du majeur au mineur, puisqu'on a vu plus haut que ce dernier ne leur fut pas inconnu. Ils faisoient des incursions plus grandes & plus libres dans les modes analogues, passant à celui de la tierce, & même suivant l'occasion, à un mode entierement étranger (*a*). Ils avoient une mesure très-marquée, qu'ils battoient à peu près comme nous. Les mouvemens de leurs pieces étoient variés; leurs phrases de mélodie étoient assez bien coupées par des intervalles de silence semblables à nos pauses & à nos soupirs, si nous en jugeons par les airs dont nous avons parlé. Ils avoient des agrémens comme les coulés & les ports de voix; car dans ces airs on trouve quelquefois deux des lettres qui leur tenoient lieu de notes, sur une même syllabe, soit en montant, soit en descendant. Nous ne rencontrons, à la vérité, dans les écrits qui nous sont parvenus sur la Musique ancienne, aucune trace des tremblemens si familiers dans la notre; mais on ne doit cependant pas en conclure absolument qu'ils fussent inconnus; car il y a plusieurs motifs de croire que ces écrits ne nous instruisent pas de tout ce qui concerne cet Art chez les Anciens.

On peut maintenant concevoir comment la Musique Grecque, quoique moins parfaite que la nôtre, pouvoit entre les mains d'un habile Compositeur produire de grands effets; car nous avons des exemples qui nous apprennent qu'avec des sons fort simples, on peut faire un chant très-capable d'affecter; & les Musiciens Grecs, avec les changemens de mode & de genre qui leur étoient si familiers, pouvoient peindre les passions avec beaucoup d'énergie & de vérité. Nous ne croirons pas néanmoins tous les traits singuliers qu'on rapporte d'eux; les uns sont évidemment des fictions, & les autres tout au moins des exagerations; en les réduisant à leur juste valeur, nous verrons seulement dans les Grecs un peuple très-sensible aux charmes de la Musique, & sur qui elle faisoit une impression singuliere. Il est assez naturel

(*a*) Euclid. *Musica, præm.* de mutat.

de le penser d'un peuple doué en général d'une imagination vive & d'un sentiment exquis. Nous pourrions trouver dans ces temps modernes des exemples presque semblables. Un bel air chanté en Italie & même chez nous, excite des transports de plaisir dans certaines personnes : chanté dans la Nort-Hollande, il s'attireroit tout au plus une froide admiration.

Il me reste à parler d'une question célébre, & qui a divisé plus d'une fois les Sçavans. C'est celle-ci ; les Anciens avoient-ils ce que nous appellons le contre-point ou l'art de faire chanter ensemble plusieurs parties formant différens accords entre elles ? Il n'est pas possible de traiter même légerement ici une question qui exigeroit elle seule un volume. Je dirai seulement que sur l'inspection des raisons alleguées jusqu'à présent de part & d'autre, je penche encore pour la négative. Un homme d'esprit fort en état par ses connoissances dans la Musique ancienne & moderne, de débrouiller cette question, a promis de la traiter (*a*). Je n'ignore point qu'il est d'un avis contraire au mien ; je me réserve d'en changer, si ses raisons font préponderer la balance de son côté.

Les Auteurs anciens qui ont écrit sur la Musique, & dont nous avons les ouvrages, sont *Aristoxene*, *Euclide*, *Alypius*, *Nicomaque*, *Aristide Quintilien*, *Bacchius Senior*, *Gaudentius*, *Ptolemée*, *Porphyre* & *Manuel de Brienne* ; les sept premiers ont été recueillis & publiés en Grec & en Latin par *Meibomius*, en 1652, 2 vol. in-4°. *Ptolemée* a été donné en Grec & en Latin par *Wallis* en 1682, in-4°. & se retrouve dans le troisiéme tome de ses Œuvres ; le Commentaire de *Porphyre* sur une partie de *Ptolemée*, & celui de *Manuel* de *Brienne*, sur les trois livres, se trouvent aussi dans ce troisiéme tome en Grec & en Latin. Quelques-uns de ces ouvrages avoient déja été publiés ; mais mon dessein n'étant pas d'entrer dans des détails bibliographiques, je me suis contenté d'indiquer les principales & les meilleures éditions.

XI.

Il sortit de l'Ecole de Pythagore un grand nombre de Philosophes & de Mathématiciens illustres dont j'ai à faire mention.

(*a*) *Lettre sur la Rhétorique de la Musique, par M. l'Abbé* Arnaud.

tion.

tion. Un des plus célebres est *Empedocle*, dont la fabuleuse mort est si connue. On donne sous son nom un Poëme sur la Sphere, mais les Sçavans le lui contestent (*a*); d'un autre côté il est certain qu'*Empedocle* avoit écrit en vers sur la Physique, & *Aristote* en cite divers fragmens. *Empedocle.*

Un Auteur célebre a prétendu trouver dans quelques expressions de ce Pythagoricien, l'attraction neutonienne & la force centrifuge, qui se contrebalancent mutuellement, & qui entretiennent l'univers (*b*). C'est-là, dit-il, cet amour & cette discorde que célebre *Empedocle*, & qui tendent, l'un à tout réunir, & l'autre à tout dissiper. L'idée du Sçavant moderne est ingenieuse, mais, à mon avis, plus ingenieuse que solide. Il me paroît plus probable qu'il ne faut pas chercher dans l'opinion du Philosophe Pythagoricien autre chose que cette sympathie & cette antipathie auxquelles plusieurs des Anciens attribuoient la formation & la dissolution des corps.

Philolaus & *Architas* tinrent un rang distingué parmi les Pythagoriciens. Ils embrasserent l'un & l'autre l'universalité des Mathématiques. Nous sçavons, il est vrai, peu de particularités de *Philolaus*, si ce n'est la part qu'il eut à l'opinion fameuse du mouvement de la terre & de l'immobilité du soleil. Il l'embrassa dans toute son étendue, & la dévoila le premier; *Fabricius* fait l'énumération de divers titres de ses écrits (*c*), parmi lesquels nous en trouvons un sur la méchanique; ce qui nous donne lieu de l'associer avec *Eudoxe & Architas* au mérite d'avoir créé pour ainsi dire cette partie intéressante des Mathématiques. *Philolaus.*

L'histoire nous a conservé plus de lumieres concernant les travaux & le sçavoir d'*Architas*; il avoit aussi écrit un grand nombre d'ouvrages sur divers sujets dont il ne subsiste plus que les titres (*d*), matiere trop stérile pour les compiler ici. *Horace* a voulu sans doute célebrer sa grande habileté dans la Géométrie & l'Astronomie par ces vers de l'Ode XXVIII. l. 1. *Architas.*

Te maris ac terræ numeroque carentis arenæ
Mensorem cohibent Architâ, &c.

(*a*) *Bibl. Græc.* T. II. p. 478.
(*b*) M. Freret. *Mem. de l'Acad. des Inscript.* T. XVIII.
(*c*) *Bib. Gr.* T. II.
(*d*) *Ibid.*

Nous avons un monument estimable de sa Géometrie dans sa solution du problême des deux moyennes proportionnelles, dont on parlera ailleurs (*a*) plus au long. Il fut un des premiers qui fit usage de l'analyse, dont *Platon* lui communiqua le procedé, & aidé de ce secours, il fit de nombreuses découvertes géometriques. On doit enfin lui sçavoir beaucoup de gré d'avoir rappellé la Géométrie de ses spéculations abstraites à l'usage de la société ; en effet, non-seulement il tâcha de fonder une Théorie de la méchanique en rendant raison de ses effets (*b*), mais il excella même dans l'invention des machines. L'antiquité parle avec admiration d'une colombe artificielle qu'il fabriqua, & dont le méchanisme étoit si ingenieusement imaginé, qu'elle imitoit le vol des colombes naturelles. L'éloignement a, je pense, beaucoup grossi le récit.

Architas essuya, dit-on, des reproches de *Platon*, pour avoir appliqué la Géométrie à la Méchanique (*c*). Nous avons de la peine à croire que ce Philosophe ait pu désapprouver un service si essentiel aux arts & à la societé. Comme *Diogene Laerce* nous apprend qu'*Architas* employa le premier le mouvement dans les résolutions & dans les descriptions géométriques, nous croirions volontiers que ces reproches regardoient l'application de la méchanique à la Géometrie, si nous n'avions l'exemple de *Platon* lui-même, qui se contenta de résoudre de cette maniere le problême des deux moyennes proportionnelles. Peut-être le dénouement de tout ceci seroit-il de dire, que le chef du Lycée n'employa ce moyen que dans un cas désesperé, & que le Philosophe Pythagoricien se donna trop de licence à cet égard, ou du moins qu'il proposa des mouvemens trop compliqués & trop difficiles à exécuter.

Timée. Nous ne devons pas oublier parmi ces Pythagoriciens fameux, *Timée* de Locres, dont *Platon* semble avoir voulu décrire la doctrine physique & astronomique sur la formation de l'univers dans celui de ses dialogues qui porte ce nom. Mais ce Traité est si mystérieux & si peu intelligible, qu'on ne peut guere former que des conjectures sur le vrai sens de ses expressions. C'est dans ce livre que quelques Auteurs ont cru voir que

(*a*) Art. XVI. de ce Livre.
(*b*) Diog. Laer. *in Archita.*
(*c*) Plut. *In Sympos.*

les aſtres reçurent d'abord un mouvement rectiligne vers le centre de l'univers, & qu'enſuite ce mouvement fut changé en circulaire par une impulſion laterale. Si le ſyſtême des forces centrales recevoit quelque nouveau degré de certitude pour avoir été celui de cet ancien Philoſophe, M. *Gregori* ſeroit excuſable d'avoir tâché de donner ce ſens aux expreſſions de *Platon* (*a*), & d'avoir prétendu y trouver les deux forces qui compoſent le mouvement curviligne des planetes. J'oſe dire que le paſſage ſur lequel ſe fonde M. *Gregori*, ne préſente pas même l'ombre du ſens qu'il lui donne, & que ce n'eſt qu'en le tronquant d'une façon étrange qu'il parvient à l'y plier. J'invite ceux qui pourroient avoir des doutes ſur ce ſujet, à conſulter l'original même. Contentons-nous d'accorder à ces Philoſophes anciens le mérite d'avoir ébauché les connoiſſances que les travaux ſucceſſifs de tant de ſiécles ont portées au point où elles ſont aujourd'hui; mais gardons-nous de leur attribuer ſans de fortes preuves, les idées les plus ingénieuſes, ou les plus heureuſes de la Philoſophie moderne.

L'impatience de mettre fin à des diſcuſſions ſi peu lumineuſes, me porte à paſſer brievement ſur les Philoſophes ſuivans, dont pluſieurs ne nous ſont connus que par quelques traits légers. Tels ſont *Héraclide* de Pont, qui écrivit ſur la Géométrie, & qui tint pour le mouvement de la terre (*b*); *Ecphantus*, & *Hicetas*, ou *Nicetas* de Syracuſe, qui adopterent la même opinion (*c*); *Laſus* d'Hermione, le premier Ecrivain connu ſur la Muſique (*d*); *Hippaſus* de Métaponte, autre Muſicien Géometre (*e*); *Parmenide*, à qui l'on fait part de l'honneur d'avoir découvert la rondeur de la terre, & la cauſe du phénomene de l'étoile du matin & du ſoir (*f*); *Leucippe*, dont *Diogene Laerce* raconte qu'il mit la terre en mouvement autour de ſon axe (*g*). A la vérité, ſi ce *Leucippe* eut des ſentimens auſſi abſurdes que ceux qu'on lui impute ſur d'autres points aſtronomiques, c'eſt un ſuffrage dont le ſyſtême Pythagoricien doit peu s'honorer. Car on lui fait dire que la terre avoit la forme d'un tambour, que le ſoleil étoit le plus éloi-

(*a*) *Aſtr. Phyſ. & Geom. Elem. Præf.*
(*b*) Diog. *in Heracl.* & *art.* VII.
(*c*) *Art.* VII.
(*d*) Suidas, *au mot* Λᾶσος. Theon *de Smyr. loca Math. Plat.* l. II. c. 32.
(*e*) Theon. *Ibid.*
(*f*) Diog. *In Parm.*
(*g*) *In Leucip.*

gné des aſtres, &c. Mais ſi nous avions les ouvrages de ce Philoſophe, nous trouverions peut-être ce récit peu fidele. Suivant le rapport de *Plutarque* (*a*), le Philoſophe *Xenophane* propoſa bien d'autres abſurdités : il penſa, dit-il, que chaque contrée avoit ſon ſoleil & ſes aſtres, que la terre étoit infinie en profondeur, que le ſoleil étoit un nuage enflammé qui s'éteignoit dans les éclipſes, &c. mais nous n'imiterons pas la crédule docilité de tant de compilateurs, & pour apprécier ce récit, nous remarquerons que *Xenophane* écrivit en vers, & qu'il pourroit bien ſe faire que l'on eût pris trop à la lettre ſes expreſſions poétiques & figurées. Nous avons en effet de grandes raiſons de douter que *Xenophane* fut auſſi imbecille qu'on nous le repréſente. Ce Philoſophe admettoit cette partie du ſyſtême Pythagoricien qui fait les planetes habitées. *Ciceron* nous l'apprend (*b*), & *Lactance* (*c*) l'explique d'une maniere qui nous montre que ce pere de l'Egliſe étoit moins verſé dans les matieres philoſophiques, que dans la Théologie & la Morale ; car après bien des abſurdités qu'il met de ſon chef dans l'opinion Pythagoricienne, il y en trouve une grande à penſer que nous ſoyons à quelque corps céleſte, ce que la lune eſt à nous. Il n'eſt cependant aujourd'hui perſonne qui ignore que rien n'eſt plus vrai ; & qu'indépendamment de tout ſyſtême ſur la nature & la deſtination des planetes, notre globe vu de la lune, y préſenteroit l'apparence que celle-ci a pour nous. Mais comment concilier ce ſentiment de *Xenophane* avec le premier des dogmes abſurdes qu'on lui impute ; s'il penſoit, ſuivant *Ciceron*, que la lune étoit une terre couverte de montagnes & de villes, comment cela ſe peut-il accorder avec ſon opinion ſur la profondeur infinie de la terre ; d'ailleurs *Lactance* le traite d'inſenſé d'avoir cru que la lune étoit 28 fois auſſi grande que la terre. Il ſe trompoit à la vérité groſſierement ; mais cette erreur même prouve encore qu'il ne penſoit pas que la terre fût infinie en profondeur : ces remarques me paroiſſent propres à confirmer ce que j'ai dit ailleurs ſur le peu de foi qu'on doit ajouter aux Hiſtoriens qui nous rapportent de ces anciens Philoſophes des opinions ſi déraiſonnables.

(*a*) *De Plac. Phil.* l. II. & III. *paſſ.*
(*b*) *Acad. Quæſt.* l. IV.
(*c*) *Inſtit. div.* l. III. 23.

Le célébre Philosophe d'Abdere va nous occuper maintenant, & nous fournit des traits plus intéressans. Profond Mathématicien, Physicien ingénieux, éclairé dans la Morale, ayant enfin des connoissances dans les arts, soit libéraux, soit méchaniques, il mérita, au jugement de *Socrate* même, d'être comparé à ceux qui ont remporté la palme dans les cinq especes de combats des Jeux Olympiques (*a*). Que de titres pour lui décerner un rang parmi les hommes qui ont le mieux mérité des sciences! Mais plusieurs de ces objets sont absolument étrangers à notre plan. Nous nous bornerons donc à ses connoissances Mathématiques, & à celles de ses opinions physiques, qui sont les plus remarquables, ou dont la succession des temps a montré la justesse. *Democrite.*

Démocrite s'adonna avec grand soin à la Géometrie, & il paroît que cettte science lui dut beaucoup. Nous conjecturons par divers titres d'ouvrages (*b*) qu'il fut un des principaux promoteurs de la doctrine élémentaire sur les contacts des cercles & des spheres, sur les lignes irrationnelles & les solides. La Perspective & l'Optique lui durent aussi quelques-uns de leurs premiers traits. *Vitruve* l'associe à *Anaxagore* (*c*), dans l'invention de la premiere de ces sciences, sujet sur lequel il écrivit un Traité intitulé : *Actinographia*, ou *Radiorum Descriptio*, dont fait aussi mention l'Historien des Philosophes cité si souvent. Il est probable qu'il s'y agissoit encore de l'optique directe, c'est-à-dire, de la maniere dont nous appercevons les objets. Mais nous aurons occasion ailleurs de remonter à l'origine de ces sciences, & nous y renvoyons (*d*).

L'Astronomie, soit physique, soit mathématique, occupa beaucoup *Démocrite*, & il écrivit sur ce sujet divers ouvrages dont les titres seuls nous sont parvenus (*e*). Comme leur connoissance seroit fort stérile, nous ne nous amuserons pas à les compiler ; nous rendrons seulement compte de son systême physique sur la constitution de l'univers. Il contient des idées assez remarquables, & qui ont quelque ressemblance avec celles des *Descartes*.

En effet, *Démocrite* attribuoit le mouvement & la forma-

(*a*) Diog. *in Democr.*
(*b*) *Ibid.*
(*c*) Arch. *l.* VII. *pr.*
(*d*) Liv. VI. troisiéme part. de cet ouv.
(*e*) Diog. Laerce. Fabric. *Bib. Græc.*

tion des corps céleſtes à des tourbillons d'atomes, qui s'étant accrochés dans quelques endroits, y avoient formé des concrétions ſphériques (*a*). Ce ſont-là les planetes, la terre & le ſoleil. Ceci lui étoit commun avec *Leucippe*; il ajoutoit que le mouvement propre des planetes d'Occident en Orient, n'étoit qu'une apparence, qu'il n'y en avoit qu'un ſeul dont la direction étoit d'Orient en Occident, mais que les planetes les plus voiſines de notre globe, étant les plus éloignées du premier mobile, obéiſſoient moins à ſon mouvement, & reſtoient en arriere, ce qui faiſoit qu'elles paroiſſoient s'être mues vers l'Occident. Ce ſeroit preſque ce qui arriveroit à un tourbillon ſphérique, ou cilyndrique, dont le principe de mouvement ſeroit à la ſurface. A l'égard de l'inclinaiſon des planetes à la direction commune de ce mouvement, il y avoit auſſi pourvu; il avoit imaginé des ſortes de courans de matiere éthérée qui les écartoient ou les rapprochoient alternativement de l'équateur. Il eſt vrai que *Démocrite* ne faiſoit pas attention que cela même ne ſuffiſoit pas, & que cette déviation devoit être conſidérée par rapport à l'écliptique: mais quel Auteur de ſyſtême a pourvu à tout? & pour en donner un exemple mémorable, le Philoſophe célébre qui imagina l'explication de la gravité par les tourbillons, fit-il d'abord attention qu'ils ne ramenoient les corps qu'à l'axe & non au centre? Tel fut l'un des premiers ſyſtêmes de l'univers, que *Lucrece* nous a conſervé élégamment décrit dans ſon cinquiéme Livre (*b*). C'eſt avec peine que je me vois contraint de ſacrifier cette agréable deſcription à la brieveté.

Je ſuis porté à penſer que c'eſt à *Démocrite* que ſont dues les premieres étincelles de diverſes opinions phyſiques auxquelles les Modernes ont donné la plus grande probabilité; car on ſçait qu'*Epicure* avoit puiſé chez lui la plus grande partie de ſes dogmes; & pluſieurs Auteurs parmi leſquels je cite ſeulement *Ciceron* (*c*) & *Macrobe* (*d*), ont prétendu que ſa Phyſique ne contenoit de raiſonnable que ce qu'il en avoit emprunté ſans l'alterer. Dans ce cas nous pouvons revendiquer au Philoſophe d'*Abdere* pluſieurs idées très-juſtes, que nous trouvons dans *Lucrece*; telles ſont celles-ci, que *le vuide*

(*a*) Diog. Laer. *Ibid.*
(*b*) V. 611. & *ſuiv.*
(*c*) *De fin. bon. & mal.* l. 1.
(*d*) *Saturn.* l. VII. c. 14.

est nécessaire au mouvement ; que *tous les corps pesants tomberoient dans le vuide avec la même vîtesse ;* que *la légereté n'est qu'une moindre pesanteur ;* que *la lumiere consiste dans une émanation de corpuscules des corps lumineux* (*a*). Nous sçavons d'ailleurs par un témoignage positif, que *Démocrite* disoit que les atomes pesoient plus les uns que les autres (*b*) à proportion de leur masse ; ce qui est fort propre à confirmer nos conjectures. Quant à *Epicure*, pour reconnoître l'accueil qu'il fit aux Mathématiques, nous le laisserons volontiers en possession d'avoir découvert que le soleil n'est pas plus grand qu'il nous paroît, & d'avoir pensé que comme des lampes les astres s'éteignent peut-être à l'horison pour se rallumer le lendemain à leur lever (*c*). Il est du moins bien assuré que ces traits d'ignorance n'appartiennent point à *Démocrite*. *Ciceron* en est notre garant (*d*), lorsqu'il rapporte ces absurdités comme des preuves de l'ignorance d'*Epicure*, & qu'il les oppose aux sentimens raisonnables que le Philosophe d'*Abdere*, versé dans les Mathématiques, avoit sur les mêmes sujets.

Nous terminerons ce que nous avons à dire de *Démocrite*, en lui faisant honneur de la conjecture heureuse que l'éclat de la voie lactée, n'est autre chose que la clarté réunie d'une multitude de petites étoiles dont chacune en particulier échappe à la vue. C'est ainsi que *Macrobe* (*e*) & *Plutarque* (*f*) l'expliquent, & il est plus naturel de les en croire lorsqu'ils attribuent à un Philosophe célebre un sentiment raisonnable, que d'adopter le récit d'*Aristote* qui lui prête une opinion tout-à-fait ridicule, & incompatible avec les connoissances les plus élémentaires de la sphere (*g*).

Dans ce temps fleurissoient encore quelques Mathématiciens dont il seroit injuste d'ensevelir la mémoire dans le silence. De ce nombre est *Œnopide* de Chio, Géometre habile, suivant le témoignage de *Platon* (*h*). Cela étoit probablement fondé sur quelque chose de plus relevé que les deux propositions tout-à-fait élémentaires qu'on lui attribue. On ne sçauroit penser que la Géometrie en fut encore réduite à chercher

Œnopide.

(*a*) L. I. *v.* 336.... *v.* 359.... l. II. *v.* 238. 218. l. V. *v.* 282. *& suiv.*
(*b*) Arist. *de gener. Anim.* l. I. c. 8.
(*c*) Lucr. *l.* V. *v.* 564. 640, *&c.*
(*d*) *De finib. bon. & mal.* l. I. §. 7.
(*e*) *Com. in Som. Scip.* l. I. c. 15.
(*f*) *De Pl. Phil.* l. II. c. 25.
(*g*) *Meteor.* l. I. c. 8.
(*h*) Procl. *in I. Eucl.* l. II. c. 4.

le moyen de faire un angle égal à un angle donné, & d'abaiſſer d'un point une perpendiculaire ſur une ligne. En effet, un contemporain d'*Œnopide*, nommé *Zénodore*, s'occupa de choſes plus relevées. Il s'attacha à combattre le préjugé vulgaire, ſçavoir que les figures dont les contours ſont égaux, ont des capacités égales (*a*); mais nous nous hâtons d'arriver à *Hippocrate* de Chio, qui jouit chez les Anciens d'une grande célébrité, autant par ſon mérite en Géometrie que par la ſingularité de ſon hiſtoire.

Hippocrate de Chio.

Hippocrate n'étoit pas né pour être Mathématicien, & ſans l'infortune & le hazard, il ne l'auroit peut être jamais été. Il étoit commerçant ſur mer, & *Ariſtote* nous l'a repréſenté (*b*) comme un homme d'une ſimplicité approchante de la bêtiſe, ou d'une impéritie extrême dans les affaires. Les Fermiers des droits publics à Byſance en profiterent, & le tromperent d'une étrange maniere; ce qui juſtifieroit peut-être *Hippocrate*, c'eſt que l'on peut n'être pas ſot, & être la dupe de pareils gens. Quoiqu'il en ſoit, réduit par-là à ſuſpendre ſon commerce & à demi ruiné, il vint à Athenes pour y rétablir un peu ſes affaires. Ce fut-là qu'il connut la Géometrie pour la premiere fois. Le génie Mathématique eſt, nous l'oſerons dire, ſemblable à certains égards à celui qui produit les Poëtes; c'eſt une impulſion de la nature qui ne manque point d'entraîner dès la premiere occaſion. L'avanture d'*Hippocrate* en eſt un exemple remarquable. La curioſité ou l'envie d'occuper ſon temps l'ayant conduit un jour dans une école de Philoſophes, il y goûta tellement les leçons de Géometrie qu'il y entendit donner, que renonçant à ſon commerce, il ne ſongea plus qu'à cette ſcience. Quelques-uns ont dit, il eſt vrai, qu'il ne quitta pas entierement l'eſprit de ſon premier métier, & qu'ayant montré la Géometrie pour de l'argent, il fut chaſſé d'une école de Pythagoriciens à laquelle il étoit aggregé.

Hippocrate devenu Géometre, fut bien-tôt un des plus diſtingués. Il eſt ſur-tout célébre par ſa découverte de la *lunulle*, découverte connue, nous dirions preſque, *lippis & tonſoribus*; ce qui nous diſpenſe d'en parler davantage. On dit qu'elle lui inſpira la confiance de chercher la quadrature du cercle, & on

(*a*) *Ibid.* l. IV. c. 8. Theon, *in Almag.* l. I.
(*b*) *Ethica ad Eudem.* l. VII. c. 14.

lui

lui attribue un certain raiſonnement dont le vice conſiſte en ce qu'il prenoit comme abſolument quarrables des lunulles d'une eſpece différente de celles qu'il avoit quarrées. Mais le paralogiſme eſt ſi viſible, que je ne ſçaurois croire qu'*Hippocrate* en ait été ſéduit. On ne doit ſans doute regarder ſon raiſonnement que comme un moyen qu'il propoſoit pour parvenir à la quadrature du cercle, & dont ſa découverte lui faiſoit eſpérer quelque réuſſite. Ce fut lui qui montra que la duplication du cube dépendoit de l'invention de deux moyennes proportionnelles continues (*a*). Il écrivit enfin des élémens de Géometrie qui ne nous ſont pas parvenus, & que nous ne pouvons regretter qu'à cauſe de l'utilité dont ils nous ſeroient pour reconnoître l'état de la Géometrie à cette époque.

XII.

Développement des premieres découvertes Aſtronomiques.

Il ſeroit ſatisfaiſant pour nous de pouvoir faire connoître par quels degrés les premiers Philoſophes Grecs s'éleverent aux connoiſſances aſtronomiques dont nous venons de les voir en poſſeſſion : cette partie de notre hiſtoire ſeroit ſans doute très-agréable aux eſprits philoſophiques, & quoique deſtitués de monumens propres à nous y conduire d'une maniere certaine, nous ne devons pas la négliger entierement. C'eſt dans cette vue que nous allons développer quelques-uns des raiſonnemens qui purent guider ces anciens Aſtronomes dans leurs découvertes. Si ce n'eſt-là la vraie marche de l'eſprit humain, elle eſt du moins ſi naturelle, que nous pouvons croire qu'elle en eſt fort approchante.

L'homme eſt d'une grandeur ſi peu comparable à celle du vaſte globe qu'il habite ; quelque loin qu'il porte ſes regards, ils n'en embraſſent qu'une ſi petite partie, que tout ce qu'il en voit ne différe pas ſenſiblement de la ſurface plate ; de quelque côté enfin qu'il ſe tourne, le Ciel ſemblable à un pavillon immenſe, ſemble repoſer ſur la terre. Tous les hommes ont donc dû dans l'enfance de leurs idées, ſe figurer leur demeure comme une immenſe plaine ſur laquelle le Ciel étoit appuyé. Telle eſt auſſi la forme que lui donnent tous les peuples chez leſquels la Philoſophie n'a point encore pénétré.

(*a*) Procl. *ad Eucl. l.* III. *ad pr.* I. *v. med.*

Enfin la plûpart des hommes jouiſſent avec ſi peu d'attention du magnifique ſpectacle de l'univers, que nous ne nous étonnerons point que ce préjugé ait dominé long-temps ſur tous les eſprits.

Après bien des ſiécles d'une ignorance que des objets plus preſſans pour ces premiers hommes rendent fort excuſable, il y eut enfin des génies heureux qui commencerent à jetter ſur la nature un œil de curioſité. Alors des phénomenes fort ſimples purent ſervir à faire naître des idées plus juſtes ſur la forme de l'univers. On voyoit le ſoleil, la lune & les étoiles, diſparoître du côté du couchant, enſuite ſe montrer de nouveau au levant : la conſéquence la plus naturelle de cette obſervation, eſt que le Ciel ne s'appuye point ſur la terre, mais qu'il l'environne de toutes parts. Ceux qui venoient des pays lointains pouvoient encore déſabuſer de l'erreur vulgaire. Partout ils avoient vu la même apparence; quelque diſtance qu'ils euſſent parcourue, jamais ils n'avoient été plus voiſins des bords de cet immenſe hémiſphere, qui ſemble nous couvrir. On devoit conclure de ces faits, que ce n'étoit-là qu'une illuſion de la vue, & que dans la réalité la terre étoit de toutes parts iſolée du Ciel au milieu duquel elle eſt ſituée.

Il n'en falloit même guere plus pour ſoupçonner la rondeur de la terre. Car ſi le Ciel, comme une immenſe ſurface ſphérique, l'environne de toutes parts, il y a une ſorte de convenance à ſuppoſer qu'elle lui préſente par-tout un aſpect ſemblable. Les premiers eſprits un peu ſyſtêmatiques durent ſaiſir cette idée avec complaiſance, & peut-être fut-ce là le premier motif qui fixa leur attention ſur les phénomenes qui indiquent cette rondeur.

Les Voyageurs, & ceux qui habitent les bords de la mer, ſemblent avoir été les premiers à portée de remarquer ces phénomenes, & d'en inſtruire les autres. Ils voyoient que lorſque des vaiſſeaux quittoient le port, les parties les plus baſſes diſparoiſſoient les premieres, enſuite les moyennes, enfin les ſommets des mâts. D'autre part, ceux qui venoient à terre, commençoient à appercevoir le haut des montagnes, les tours, les édifices ordinaires, & enfin le rivage. Ceux qui s'étoient avancés conſidérablement vers le Midi ou le Nord, voyoient avec ſurpriſe paroître des aſtres qu'ils n'avoient point vus dans leur pays, ou en disparoître d'autres qu'ils y avoient toujours apperçus. Les Grecs, par exemple, qui voyoient à Alexandrie l'étoile de Canope, élevée d'environ sept degrés & demi, quand elle étoit au méridien, la voyoient atteindre une plus grande hauteur, lorsqu'ils s'avançoient vers Syene, ou s'abaisser en allant à Rhodes, d'où elle n'étoit plus visible que du sommet des montagnes. Supposons donc quelqu'un instruit de ces phénomenes, soit par ses observations propres, soit par le rapport d'autrui. Si la terre étoit plate, diroit-il sans doute, les mêmes astres se montreroient nécessairement aux yeux de tous les hommes. Il faut donc que la terre & la mer ayent une figure courbe, afin que sa convexité dérobe aux uns des objets que d'autres appercevront. Mais étendrons-nous, continuera-t-il, cette figure aussi-bien de l'Orient à l'Occident, que du Nord au Midi. Oui, sans doute, répondra-t-il, puisque le même phénomene qui annonce la courbure de la mer, ou des plaines se manifeste dans l'un & dans l'autre sens.

Une fois prévenu de cette idée, cet esprit ne tardera pas à remarquer plusieurs autres faits qui viendront l'appuyer. Il apprendra qu'une éclipse de lune arrivée dans une contrée vers le milieu de la nuit, n'a été vue dans une autre que plusieurs heures avant ou après. Il sçaura que dans des contrées méridionales le soleil passe presque perpendiculairement au-dessus des têtes, comme à Alexandrie le jour du solstice, pendant que dans des régions septentrionales il en est considérablement éloigné; que dans ces premiers on voit coucher des étoiles, qui dans des climats plus septentrionaux, ne passent jamais sous l'horizon; qu'enfin cette étoile qui dans un climat semble fixée à un certain éloignement de l'horizon, paroît dans un autre plus proche ou plus éloignée de ce même horizon. La cause de tous ces effets se déduira facilement de la courbure de la terre, & il ne restera plus de doute sur ce sujet. A l'égard de l'espece de courbure, la plus simple se présentera la premiere; & comme c'est la circulaire, ce sera elle qu'on adoptera. On se représentera la terre semblable à un globe établi au centre de l'univers.

Dans le cours d'une belle nuit, le Ciel paroît semé d'une multitude de points étincelans de diverses grandeurs, & dont quelques-uns forment des assemblages remarquables par leurs formes ou par d'autres circonſtances. Telles ſont la grande & la petite ourſe, les pléyades, la conſtellation d'Orion, l'étoile de la canicule, remarquées par tous les peuples. Il ne falloit pas de longues obſervations pour reconnoître que toutes ces étoiles, à quelques-unes près, (car dans les commencemens on devoit prendre les planetes pour des étoiles ſemblables aux autres) gardoient toujours entr'elles la même diſpoſition, & qu'elles obéiſſoient ſeulement à un mouvement général qui les tranſportoit d'Orient en Occident. En obſervant enſuite avec plus d'attention les circonſtances de ce mouvement, on vit que les unes décrivoient de grands cercles qui embraſſoient la terre, que d'autres ne deſcendoient jamais ſous l'horizon, & que celles-ci parcouroient des cercles de différente grandeur renfermés les uns dans les autres, comme ceux qu'on verroit décrire à différens points inégalement éloignés du moyeu d'une roue tournant autour de ſon eſſieu. Une étoile de celles du troiſieme rang, à la vérité, mais néanmoins remarquable, parce qu'elle eſt la plus grande dans une étendue aſſez conſidérable du Ciel, paroiſſoit ne jamais changer de place. En combinant ces phénomenes on conçut le Ciel comme un globe traverſé par un axe, autour duquel il tournoit ſans ceſſe entraînant avec lui toutes ces étoiles. L'on nomma *poles* les deux extrêmités de cet axe, dont l'une ſituée proche de cette étoile preſque immobile eſt apparente dans nos climats, & l'autre placée à un point diamétralement oppoſé, eſt cachée par la convéxité de la terre.

Les phénomenes qu'on vient de voir étant les plus faciles, furent probablement les premiers que l'Aſtronomie expliqua. Il fallut plus de faits & de raiſonnemens combinés pour reconnoître la nature & les circonſtances des mouvemens des planetes, ſur tout de celui du ſoleil quoique le moins compliqué. En effet cet aſtre, en cachant par ſon éclat toutes les étoiles qui ſont en même-tems que lui ſur l'horizon, ne permet point de remarquer celles aux environs deſquelles il paſſe; il falloit donc recourir à d'autres moyens, & ils ne ſe préſentent pas ſi facilement. Voici de quelle maniere je conçois qu'on y parvint d'abord.

On a vu plus haut que les étoiles fixes immobiles entr'elles, préſentent toujours une ſemblable diſpoſition; mais tantôt offusquées, tantôt dégagées de la lumiere du soleil, ce ne sont pas toujours les mêmes qu'on appercoit. Le tableau change insensiblement chaque jour, & ne se renouvelle qu'au retour de la même saison. Cette étoile ou cette constellation qui au commencement de l'Eté, par exemple, se montre au haut du Ciel vers le milieu de la nuit, à l'approche de l'Automne se couchera, ou sera prête à se coucher : celle qui se leve dans une saison à minuit, six mois après à la même heure est voisine du Couchant; une étoile enfin qui paroît encore peu après le coucher du soleil, avant que de se plonger elle-même sous l'horizon, disparoît bien-tôt enveloppée dans sa lumiere, & environ quarante jours après, plus ou moins suivant son éclat, on la voit se montrant sur l'horison du côté de l'Orient un peu avant le lever du soleil. Ces phénomenes furent sans doute ceux qui firent reconnoître que le soleil avoit un mouvement progressif dans le Ciel, & que pendant qu'il paroissoit transporté chaque jour, avec toute la machine céleste, d'Orient en Occident, il s'avançoit avec lenteur dans un sens contraire. Le retour des mêmes phénomenes, je veux dire l'occultation, ou l'apparition de la même étoile, apprit que le soleil étoit revenu à sa même place ; nous voyons en effet que les Egyptiens prirent le lever, c'est-à-dire l'apparition de *Sirius*, se dégageant des rayons du soleil pour le commencement de leur année (*a*); & chez tous les peuples avant que l'écriture fût devenue d'un usage absolument universel, & qu'on eût acquis une connoissance suffisante de l'année solaire, de semblables phénomenes servirent sur-tout aux habitans de la Campagne, pour désigner le retour des mêmes saisons & des mêmes travaux (*b*). Ce moyen apprit enfin que le soleil employoit environ trois cens soixante-cinq jours à revenir au même point du Ciel.

Si le soleil en se levant & en se couchant répondoit toujours au même point de l'horizon, & au milieu de l'intervalle qu'il y a entre le Midi & le Septentrion; si tous les jours étoient égaux & semblables, il faudroit en conclure que la route de cet astre est dans un cercle par-tout également distant des deux poles. Mais ce c'est pas ce qui arrive : dans le cours

(*a*) Voyez Liv. précéd. art. VI.
(*b*) Voyez Liv. précéd, art. VIII.

d'une révolution, on le voit s'approcher & s'éloigner alternativement du point vertical au-dessus de nos têtes; au commencement de l'Hyver les points de l'horizon auquel il répond en se levant & en se couchant, sont fort voisins du Midi, & il ne s'éleve qu'à une hauteur peu considérable; il est de ce côté un terme qu'il ne passe point, & après l'avoir atteint, il semble rebrousser en arriere; aussi les Anciens appellerent-ils *tropes* ou *conversions*, ce que nous appellons aujourd'hui les *solstices*. Bien-tôt après, les points du lever & du coucher se rapprochent du Nord, de sorte qu'au retour de la belle saison, & lorsque le jour est égal à la nuit, ils occupent précisément le milieu entre le Nord & le Sud, & le soleil à midi est plus élevé sur l'horizon que dans le tems des froids. Ces points continuent à se rapprocher du Nord jusques aux plus grands jours où ils en sont les plus voisins, & le soleil à midi nous envoie ses rayons beaucoup plus approchans de la perpendiculaire. Cet astre enfin se rapproche du Sud par les mêmes dégrés jusques aux plus petits jours, pour recommencer une carriere semblable à la précédente.

En refléchissant attentivement à ces phénomenes, on dut en conclure que le cercle que décrit le soleil étoit oblique à celui de la révolution diurne; & poussant plus loin l'examen, il fut aussi naturel d'en tirer la conséquence qu'il s'inclinoit également du côté du Midi & du Nord. On observe en effet que l'Orient d'Eté s'éloigne autant du Nord, que celui d'Hyver du Midi, & que l'intervalle de l'un & de l'autre est partagé également par ceux du Printems & de l'Automne. La position oblique de ce cercle parcouru par le soleil, lui fit donner chez les Anciens le nom de λόξος κύκλος, *cercle oblique*, & ce fut celui qu'il porta long-tems avant que de recevoir celui d'écliptique qu'il doit à un autre circonstance.

Mais par quelle voie reconnut-on la position de ce cercle eu égard aux étoiles fixes? comment découvrit-on quelles constellations il traversoit? C'est ici un des points de la théorie du soleil qui demanda le plus d'adresse, & nous ne pensons pas qu'on soit parvenu à le déterminer avec quelque exactitude, avant le tems des Astronomes d'Alexandrie; mais on put d'abord y parvenir grossierement par ce moyen.

Quand on eut trouvé que la durée d'une révolution solaire

étoit d'environ trois cens soixante-cinq jours, on fit ou l'on dut faire ce raisonnement (*a*) : Puisque le soleil parcourt dans ce tems toute son orbite, il passera donc dans la moitié de ce tems, à un point diamétralement opposé, & celui qu'il occupoit six mois auparavant, sera à minuit au méridien, & à la même hauteur où l'on voyoit le soleil lorsqu'il lui étoit joint. Lors donc qu'*Anaximandre* & ses successeurs, eurent observé par leurs gnomons les solstices & les équinoxes, & que par-là ils se furent assurés à quelques jours près, des uns & des autres, peut-être attendirent-ils le milieu d'une nuit solsticiale d'Eté, par exemple, & ils observerent par le moyen du gnomon, quelle constellation se trouvoit à cet instant à la hauteur où le soleil étoit il y avoit six mois. Ils eurent donc par-là le lieu qui répondoit diamétralement à celui du soleil, c'est-à-dire le signe sosticial d'Hyver, puisque nous supposons le soleil dans le solstice d'Eté. Mais il étoit aisé d'appercevoir que les deux signes qui paroissoient dans le même-tems au lever & au coucher d'Automne & du Printems, étoient ceux que le soleil occupoit lors des équinoxes ; les deux ou trois étoiles assez remarquables du *Bélier* se montroient d'un côté, & l'on voyoit de l'autre les deux dont le nom étoit les *pinces du Scorpion*, & qu'on a depuis changé en celui de la *Balance*. On en fit les deux signes équinoxiaux, & l'on remarqua en même-tems les autres signes, dont deux s'étendoient entre le Bélier & le Capricorne du côté du Levant, & deux entre le même Capricorne, & les pinces ou la Balance, du côté du Couchant ; pour reconnoître l'autre moitié du Zodiaque, on attendit peut-être cent quatre-vingt-deux jours après cette premiere opération, & l'on observa par le moyen du gnomon, la constellation qui étoit à la hauteur où le soleil atteignoit au solstice d'Eté, ce qui donna le point qu'il occupoit alors. Avec ce point & les deux signes du Bélier & de la Balance alors à l'horizon, on put sans beaucoup de peine remarquer la direction du soleil entre les fixes, & déterminer, sinon avec exactitude, du moins à peu près, quels signes elle traversoit. On en trouva trois du côté du Le-

(*a*) Ce raisonnement est, à la vérité, vicieux, en ce que l'on ignoroit encore l'inégalité du mouvement du soleil. Mais il est conséquent, si l'on n'a égard qu'aux connoissances dont on étoit alors en possession.

vant, & autant du côté de l'Occident, dont on forma avec les six autres les douze signes du Zodiaque.

Il se présente à moi dans l'instant, un moyen par lequel des observateurs un peu plus jaloux de l'exactitude, parvinrent peut-être dans cette enfance de l'Astronomie, à diviser le Zodiaque avec plus de précision, & à reconnoître les termes de chaque division. Qu'on suppose un demi-cercle divisé en parties égales, & ayant une espece de mire, ou de régle mobile avec des pinules, tournante autour de son centre; je suppose encore qu'on eût bien reconnu les points de l'horizon ausquels le soleil répondoit aux jours des équinoxes, & sa hauteur méridienne aux solstices; cela fait, qu'au milieu d'une nuit solsticiale, l'instrument soit disposé de maniere que son diametre soit dans la direction du lever & du coucher équinoxiaux, & que l'œil appliqué à son centre mire par le milieu de la demi-circonférence à la hauteur du solstice précédent, alors l'instrument sera dans une situation précisément semblable à celle du Zodiaque à cet instant; & l'observateur en continuant à mirer par chacune de ces divisions, verra les étoiles qui y répondent, & par conséquent les termes de chaque signe. Il verra même les étoiles qui sont au-dessus ou au-dessous de l'écliptique, & il pourra déterminer quelles sont celles entre lesquelles elle passe, avec une sorte d'exactitude comparativement à la premiere détermination qu'on a vue plus haut. Cet instrument fort simple, me paroît avoir dû être un des premiers de l'Astronomie pratique; ce fut du moins avec plusieurs autres cercles qu'on y ajouta un de ceux des Astronomes d'Alexandrie. Car les armilles qu'*Eratostene* fit construire, & qu'il plaça dans le portique de la fameuse école de cette ville, n'étoient qu'un composé de divers cercles qu'on disposoit par l'observation dans le plan des cercles célestes correspondans.

Les mouvemens de la lune & la cause de ses phases durent être un grand sujet d'inquiétude pour ceux qui s'élevant un peu au-dessus du commun des hommes, s'attacherent à considérer les phénomenes célestes. Tantôt privée de lumiere, cette planete disparoissoit à leurs yeux; ils la voyoient ensuite commencer à s'éclairer par un côté, & cette clarté, semblable à un croissant, anticipoit continuellement sur la partie obscure, jusqu'à ce que son disque fût entierement lumineux,

Cet

Cet aſtre continuant ſa courſe, & commençant à ſe rapprocher du ſoleil, on voyoit la lumiere ſe perdre par le côté d'où elle étoit venue, & enfin s'évanouir entierement. Quelquefois au milieu de ſon plein une ombre noire & circulaire la faiſoit diſparoître en tout ou en partie, & quelques heures après on la voyoit reprendre par degré ſon éclat ordinaire. Il étoit ſur-tout remarquable que ce dernier phénomene n'arrivoit jamais que dans ſon plein. Auſſi bizarre en apparence dans ſes mouvemens, tantôt s'élevant & s'abaiſſant bien plus que le ſoleil dans ſon midi, & dans les différentes ſaiſons, elle paroiſſoit faire de grandes excurſions du côté du Midi & du Nord, tantôt elle en faiſoit de beaucoup moindres. Je me borne à ces phénomenes. Les autres irrégularités du mouvement de la lune n'ayant pu ſe manifeſter qu'à une Aſtronomie plus parfaite, ne ſont point encore de notre objet.

Un phénomene fort ordinaire, je veux dire celui de voir le diſque entier de la lune dans ſes derniers quartiers, & même durant ſes éclipſes, fut ſans doute le premier indice que cette planete n'avoit pas en propre cette lumiere vive & brillante qu'elle nous envoye dans ſes oppoſitions. Ce pas une fois fait, il étoit aſſez facile de faire le ſecond, & de découvrir qu'elle tenoit cet éclat du ſoleil. En effet, indépendamment que cet aſtre devoit paroître ſeul capable de lui communiquer une clarté ſi vive, on ne pouvoit manquer de faire attention que la partie éclairée étoit toujours tournée de ſon côté; cette circonſtance me paroît très-propre à avoir aidé à deviner la ſource de ſa lumiere.

Un obſervateur attentif, & doué de pénétration, aura donc pu raiſonner ainſi. La lune eſt, ou un diſque rond & plat, comme il nous paroît, ou bien elle eſt arrondie en forme de globe; car ces figures ſont les premieres & les plus ſimples de celles qui peuvent préſenter de loin l'aſpect d'un cercle. A l'égard du premier cas, il eſt ſi peu propre à ſatisfaire aux autres phénomenes de la lune, qu'il fut ſans doute bien-tôt rejetté. Mais en adoptant le ſecond, on voit auſſi-tôt ſans peine qu'en ſuppoſant la lune la plus voiſine de nous, le phénomene de ſes phaſes eſt une ſuite néceſſaire de ſa rondeur. Cet obſervateur ne tardera donc pas à remarquer que lorſqu'elle ſera dans ſa conjonction, ſa partie éclairée étant tournée vers le soleil qui est au-delà d'elle dans la même ligne ou environ, elle ne présentera à la terre que le côté que le soleil n'éclaire point de ses rayons. Ainsi elle ne pourra être apperçue. En analysant ainsi son mouvement, il verra encore qu'à mesure qu'elle s'éloignera du soleil, le spectateur terrestre découvrira de côté une portion de l'hémisphere éclairé, & cette portion devra paroître en forme de croissant, comme l'expérience d'un globe moitié noir, moitié blanc, peut le faire voir. Dans l'opposition la terre & le soleil étant d'un même côté, l'hémisphere de la lune éclairé par celui-ci, regardera aussi directement la terre; la lune paroîtra pleine. Enfin dans les derniers quartiers l'habitant de la terre n'entrevoyant qu'obliquement la portion hémispherique éclairée, il n'en appercevra qu'une partie, comme dans les premiers quartiers. Elle disparoîtra par conséquent par degrés jusqu'à sa conjonction.

La découverte de la cause des éclipses de soleil, a une telle liaison avec la précédente, qu'elle l'a suivit apparemment de fort près. En effet, dans ce même temps où la lune disparoît à nos yeux, dans le voisinage du soleil qu'elle dépasse, on voit quelquefois celui-ci s'obscurcir, comme par l'interposition d'un corps rond & opaque. La forme de l'échancrure, & la durée de l'éclipse, indiquent même, que le corps qui intercepte la lumiere de cet astre, est à peu près aussi grand que lui en apparence. Dès qu'on eut reconnu que la lune étoit plus voisine de nous que le soleil, qu'elle étoit opaque, & qu'elle suivoit à peu près sa direction en le dépassant tous les mois, il ne pouvoit rester long-temps caché que c'étoit elle dont l'interposition nous ravissoit ainsi sa lumiere; on pouvoit observer de plus, pour confirmer cette explication, que la lune venoit du côté de l'Occident, & atteignant le soleil, devoit commencer à le couvrir du côté de son bord occidental, & finir par l'oriental. Aussi est-ce ce qu'on observe dans ce phénomene.

L'explication des éclipses de la lune semble ne pas avoir une moindre liaison avec ces premieres découvertes, sçavoir celles de sa nature & de ses phases. Néanmoins, si nous en croyons *Plutarque* (*a*), on resta plus long-temps sans la connoître, parce qu'on ne voyoit pas ce qui pouvoit ainsi dérober cet astre

(*a*) *In Nicia.*

à nos yeux. Quoiqu'il en soit, car je n'oserois trop garantir cette ancienne histoire philosophique, celui qui le premier découvrit la cause de ce phénomene, le fit apparemment de la maniere suivante. Il remarquoit que la lune perdant la lumiere qu'elle recevoit du soleil, ce ne pouvoit être que par l'interposition de quelque corps qui la lui déroboit. Il examina donc quels pouvoient être ceux qui se trouvoient dans ces circonstances entre cet astre & elle. Or l'examen est aisé à faire; car la lune ne s'éclipsant jamais que lorsque la terre se trouve à son égard directement entre elle & le soleil, c'est la terre qui paroît produire cet effet; il faut même qu'elle en soit la cause, à moins d'imaginer quelqu'autre corps invisible roulant dans le Ciel, & capable de lui dérober le soleil. Mais pourquoi, auroit-on pu dire à ceux qui auroient hazardé cette conjecture, pourquoi la lune ne perd-elle sa lumiere précisément que quand elle se trouve dans une position, à être ombragée par la terre? ce nouvel être imaginé dans la vue seule de rendre raison du phénomene, est donc absolument superflue, puisque l'interposition de la terre explique suffisamment les circonstances qui l'accompagnent. Ici l'éclipse doit commencer du côté opposé à celui par lequel commencent les éclipses de soleil. Cet astre n'ayant qu'un mouvement fort lent comparé à celui de la lune, & l'ombre de la terre ne pouvant aller plus vîte, puisqu'elle lui est toujours diamétralement opposée, c'est donc la lune qui par son mouvement propre, & allant d'Occident en Orient, atteint cette ombre; c'est pourquoi elle la doit toucher par le bord oriental le premier, & c'est par-là que l'éclipse commencera : l'observation vérifie la conséquence tirée de l'hypothese, & en confirme la certitude.

A l'égard des mouvemens de la lune, les mêmes observations, qui nous ont servi à reconnoître l'obliquité de l'orbite du soleil, conduisirent à la découverte de l'obliquité de celle de la lune. Cette orbite, dirent néanmoins les Philosophes judicieux, n'est pas l'écliptique même. Car si c'étoit elle, il y auroit tous les mois deux éclipses, & même totales, l'une de la lune, l'autre du soleil. La lune ne sçauroit dépasser le soleil sans le couvrir, & elle ne pourroit parvenir à son opposition, sans lui être diamétralement opposée, & tomber dans l'ombre de la terre. Ces phénomenes n'arrivant pas, ils donnerent une inclinaison à cette orbite, afin que la lune pût être en conjonction & en opposition, sans être immédiatement dans la même ligne que dans certaines circonstances particulieres. Mais on remarqua en même-temps que cette orbite ne s'écartoit pas beaucoup de celle du soleil; car si cet écart eût été considérable, comme d'un signe ou environ, la lune trop éloignée dans ses oppositions du point diamétralement opposé, auroit pu n'être pas pleine. Ce qui est encore contraire à l'observation. D'un autre côté, on voyoit la lune se mouvoir continuellement entre les étoiles qui bordent à quelques degrés de distance la route annuelle du soleil. Son orbite est donc inclinée à l'écliptique d'un petit nombre de degrés. Ce ne sont que des observations plus délicates qui ont pu apprendre aux Astronomes, & la quantité précise de cette inclinaison, & la variation périodique qu'elle éprouve.

Si les nœuds, c'est-à-dire, les intersections de l'orbite de la lune avec celle du soleil, ne changeoient jamais de place, on verroit toujours les éclipses arriver dans les mêmes endroits du Ciel, sçavoir ceux où ces nœuds se trouveroient placés. Imaginons-les dans la Balance & le Belier, il n'y auroit jamais eu d'éclipses que dans ces deux signes; mais on remarqua bien-tôt qu'il n'y avoit point d'endroit ainsi affecté à ces phénomenes. On s'apperçut au contraire que si dans une année il étoit arrivé une éclipse de lune, par exemple, dans la constellation du *Belier*, lorsqu'il en arrivoit une autre environ un an après, elle se faisoit dans un point moins avancé du Zodiaque d'environ un signe, dans les *Poissons*, par exemple, & ainsi de suite en retrogradant dans le Sagittaire, &c. C'étoit-là un indice évident que le nœud qui la premiere fois étoit dans le Belier, étoit alors dans les Poissons, & que de-là il passoit dans le Sagittaire, &c. On vit enfin que cette révolution s'achevoit dans environ dix-neuf ans, au bout desquels les éclipses arrivoient dans les mêmes signes. Tels sont les degrés par lesquels on jetta les fondemens de la theorie de la lune. Passons à développer les premiers traits de celle des autres planetes.

Il suffit de porter de saison en saison ses regards dans les Cieux, pour s'appercevoir bien-tôt que parmi cette multitude d'étoiles, qu'un premier coup d'œil a jugé toutes semblables, il en est quelques-unes qu'il en faut excepter. Car pendant que presque toutes gardent invariablement la même disposition entr'elles, ces autres, errantes en quelque sorte, parcourent successivement toute l'étendue du Ciel. L'étoile de Mars, par exemple, qui par sa lumiere rougeâtre & sa grandeur apparente dans certaines circonstances, est si propre à se faire remarquer, a un mouvement assez rapide, puisque dans deux ans elle acheve une révolution entiere. On la voyoit donc sans beaucoup d'attention déplacée sensiblement d'un mois à l'autre, à moins qu'elle ne fût stationnaire. Ce que des observations aussi prochaines faisoient remarquer dans Mars, d'autres un peu plus éloignées le firent appercevoir dans Jupiter qui, par son éclat fixe & sa grandeur ordinaire, est après le soleil & la lune, le plus remarquable des corps brillans qui roulent dans le Ciel. Quelques saisons, tout au plus une année, furent suffisantes pour mettre son mouvement en évidence. La planéte de Saturne enfin, la plus lente de toutes ne pouvoit néanmoins être confondue long-temps avec les étoiles absolument fixes; un petit nombre d'années, comme deux ou trois, suffisent pour la transporter d'un signe à l'autre. Ainsi les observateurs attentifs qu'elle avoit pu frapper par son éclat mat & comme plombé, devoient bien-tôt s'appercevoir qu'elle avoit un mouvement propre.

Après la découverte du mouvement de ces planetes, celle qui devoit le plus intéresser la curiosité des observateurs, étoit la position de leur cercle. A cet égard, la facilité extrême de les suivre & de les comparer avec les étoiles fixes, ne laissa pas ignorer long-temps qu'elles suivoient à peu près la même direction que le soleil. On vit en même temps que chacune d'elles avoit son orbite propre, qui coupoit l'écliptique en deux points diamétralement opposés; il étoit enfin si naturel de penser que la plus lente ne l'étoit que parce que le chemin qu'elle avoit à parcourir étoit le plus grand, qu'il couta peu à ces premiers observateurs de deviner que Saturne étoit le plus éloigné, ensuite Jupiter, & Mars après lui. On dut aussi conclure en même temps, que puisque celui-ci emploie deux ans à faire une révolution que le soleil acheve dans un, il étoit plus éloigné que le soleil même, & qu'il embrassoit son orbite dans la ſienne. Il n'y eut jamais ſur ce ſujet de diviſion dans l'antiquité. Nous parlerons ailleurs de leurs ſtations & leurs retrogradations qui durent être une énigme impénétrable pour ces premiers obſervateurs ; ce ne fut que dans des temps poſtérieurs que l'Aſtronomie commença à donner quelque raiſon de ce phénomene.

Nous n'avons parlé juſqu'ici que des trois planetes, qu'on nomme ſupérieures à cauſe qu'elles ſont au-delà du ſoleil, ſuivant la diſtribution de l'univers adoptée des anciens. Il en eſt deux autres moins ſouvent apparentes qui ſemblent ſuivre cet aſtre dans leurs révolutions, & dont les mouvemens ſont bien plus difficiles à démêler. Ces deux planetes ſont Mercure & Venus. Cette derniere la plus apparente, parce que s'écartant davantage du ſoleil, elle eſt moins ſouvent offuſquée par ſa clarté exceſſive ; cette derniere, dis-je, tantôt précede le lever du ſoleil, tantôt ſuit ſon coucher. Lorſqu'elle commence à ſe dégager de ſes rayons & à ſe montrer le ſoir, elle s'en éloigne d'abord rapidement ſelon l'ordre des ſignes, juſqu'à la diſtance d'environ 48° ; là elle ſemble s'arrêter pendant quelques jours, on la voit enſuite rétrograder lentement & ſe perdre dans l'éclat du ſoleil. Environ un mois après, ſi l'on jette les yeux du côté de l'Orient avant le lever de cet aſtre, on apperçoit Venus : alors elle va lentement & elle marche contre l'ordre des ſignes : parvenue à un certain terme, après s'être comme arrêtée, elle reprend ſa courſe directe, & avançant avec rapidité dans le Zodiaque, elle retourne ſe plonger dans les rayons du ſoleil. Les mêmes phénomenes ſe manifeſtent dans l'autre planete, à cela près que ſes digreſſions étant moindres, on l'apperçoit avec plus de peine & beaucoup moins ſouvent.

Ces phénomenes ſont ſi biſarres, il faut l'avouer, qu'on ne devroit point être ſurpris que les anciens Aſtronomes euſſent fait pendant long-temps des tentatives inutiles pour les expliquer, & il eſt probable qu'on n'arriva à quelque choſe de raiſonnable qu'après bien des tâtonnemens abſurdes. Il étoit d'abord eſſentiel de reconnoître que cet aſtre, tantôt nommé *Heſper*, ou *l'Etoile du ſoir*, quand il ſuivoit le ſoleil, tantôt *Phoſphorus*, ou *l'Etoile qui porte la lumiere*, *l'Etoile du matin*, quand il dévançoit l'Aurore, étoit le même. L'Auteur de cette découverte fondamentale y fut ſans doute conduit par l'obſervation qu'il fit que ces deux étoiles ne paroiſſoient jamais dans le même-tems, & que quand l'une, celle du ſoir, par exemple, ſuccédoit à celle du matin, elle avoit un mouvement qui étoit la continuation de celui qu'avoit eu cette derniere un peu avant que de diſparoître ; elles ſe reſſemblent enfin de telle maniere, ſoit pour la couleur, ſoit pour l'éclat, qu'il eſt tout-à-fait naturel de ſoupçonner que c'eſt la même ; ce que l'on vient de dire de Venus s'applique encore à Mercure qui eſt ſujet aux mêmes apparences.

A l'égard des mouvemens de ces planetes, il me ſemble que la premiere idée qui dut ſe préſenter, c'eſt que malgré ces apparences de rétrogradation, elles ne laiſſoient pas d'avoir des orbites rentrantes en elles mêmes. Car il ſeroit ridicule de penſer qu'un corps rebrouſſât ainſi en arriere ſans obſtacle qui l'y contraignit ; d'ailleurs l'idée que les Anciens avoient des corps céleſtes, ne leur permettoit pas de regarder aucunes de leurs irrégularités autrement que comme des apparences. Mais afin qu'un corps qui ſe meut dans une courbe rentrante en elle même, paroiſſe aller alternativement d'un ſens & de l'autre, il eſt néceſſaire que le ſpectateur ſoit placé au-dehors de l'eſpace qu'elle renferme. Les cercles de Venus & de Mercure n'embraſſent donc pas la terre ; & puiſque les digreſſions de ces deux planetes de côté & d'autre du ſoleil, ſont toujours à peu près égales, il faut que le centre de leur orbite ſoit toujours conjoint, c'eſt-à-dire, marche avec cet aſtre. Ces deux points ſont les premiers fondemens communs à toutes les théories de leurs mouvemens.

Il reſtoit enfin à ſe demander quelle étoit la poſition de ce centre. La réponſe la plus naturelle, ce ſemble, étoit qu'il falloit le placer dans le ſoleil, & ce fut, dit-on, ainſi que les Egyptiens réſolurent la queſtion. Mais les Aſtronomes Grecs aimerent mieux faire tourner ce centre même au tour de la terre, dans un cercle qu'ils nommerent le déférent. Le motif qui occaſionna cette erreur nous eſt connu ; c'eſt le préjugé où ils étoient que la terre devoit être le centre unique des révolutions des aſtres. On s'étonnera avec juſtice qu'une pareille raiſon ait pu les engager dans une hypotheſe auſſi abſurde que de faire porter le centre d'une orbite ſur la circonférence d'un cercle imaginaire. A la vérité les plus judicieux ſe contenterent de regarder cette hypotheſe comme purement Mathématique & non Phyſique ; mais conſidérée même de cette maniere, elle a tant d'autres défauts qu'on a toujours lieu de s'étonner que celle du mouvement de ces planetes autour du ſoleil n'ait pas eu la préférence.

Cette fauſſe opinion de la Grece ſur la forme & la poſition des orbites de Mercure & de Venus, l'entraîna dans une diviſion ſur la place qu'il falloit leur aſſigner dans l'ordre des corps céleſtes. Comme le centre de chacune tournoit autour de la terre avec la même viteſſe que le ſoleil, on ne ſçavoit plus à quoi recourir pour déterminer ſi elles étoient au-deſſus ou au-deſſous. Auſſi les uns firent-ils de Mercure & de Venus des planetes ſupérieures, d'autres mirent Venus au-deſſus du ſoleil, & Mercure au-deſſous ; une troiſieme ſecte enfin les mit l'une & l'autre au-deſſous, en faiſant Mercure le plus voiſin de la terre, & ce dernier ſyſtême prévalut dès le tems de Platon. Au fonds la choſe eſt indifférente, car ils ſont tous trois également mauvais. Revenons donc à celui des Pythagoriciens ou des Egyptiens que l'on dit avoir eu des ſentimens plus raiſonnables ; ils firent du ſoleil le centre des mouvemens de ces planetes, & ils éviterent par-là l'incertitude de l'Aſtronomie Grecque, ſur l'ordre dans lequel il falloit les placer. En effet, indépendamment qu'on eſt ici délivré de l'abſurdité de mettre en mouvement un corps réel autour d'un point imaginaire qui a lui-même un mouvement ſur un cercle imaginaire, tout ſe range ſans effort & de ſoi-même dans l'ordre le plus ſimple. Tel eſt le caractere diſtinctif du vrai ſyſtême de l'univers ; tandis que dans tout autre on n'explique les phénomenes qu'à l'aide des ſuppoſitions les plus forcées. La grandeur des digreſſions de Mercure qui ſont moindres que celles de Venus, indique un moindre cercle décrit autour du ſoleil ; & les durées des révolutions de ces planetes confirment cette diſpoſition ; elles ne doivent plus être eſtimées que par le tems qui s'écoule entre deux de leurs digreſſions de ſuite du même côté (*a*) Or ce moyen de comparer les révolutions périodiques

(*a*) Ceci doit être entendu avec une modification. Cette maniere d'eſtimer la durée des révolutions des planetes inférieures ſeroit exacte, ſi le ſoleil n'avoit aucun mouvement apparent. Mais à cauſe de ce mouvement, le temps entre deux digreſ-

riodiques de Venus & de Mercure, apprend bien-tôt que celle de cette derniere planete, est beaucoup moindre que celle de la premiere. Ainsi ces deux raisons concourent à assurer à Mercure la place la plus voisine du soleil. On décrivit donc autour de cet astre l'orbite de Mercure, & autour d'elle celle de Venus. On donna enfin à chacune une inclinaison à l'écliptique, pour rendre raison de leurs différens écarts de cette ligne.

Ce fut probablement cette découverte de la révolution de Venus & de Mercure autour du soleil, conjointement avec quelques phénomenes des planetes supérieures qui donna lieu à la premiere ébauche du vrai systême de l'Univers. Effectivement, dès qu'on suivra avec attention ces autres planetes dans leur cours, on verra qu'il faut cesser de leur assigner la terre pour centre de révolution. Car quand elles sont dans leurs oppositions avec le soleil, elles nous présentent constamment une grosseur beaucoup plus considérable. Cette différence est sur-tout remarquable dans Mars; la distance moyenne où il est du soleil, étant à celle où en est la terre, environ comme 5 à 8, il en résulte que dans ses quadratures il est presque deux fois aussi éloigné de la terre, que dans ses oppositions, & il paroît dans ce dernier cas près de deux fois aussi gros que dans le premier. Ce phénomene put donner lieu à quelques esprits pénétrans d'en rechercher la cause dans la différence d'éloignement de la planete à la terre, & de concevoir que cet éloignement n'étoit si variable, que parce qu'il étoit tantôt raccourci de la distance de la terre au soleil, tantôt augmenté d'une partie de cette distance. On aura une image sensible des différens aspects des planetes supérieures considérées de la terre, en se représentant un cercle dont le soleil occupera le centre, & la terre un des points entre le centre & la circonférence. Un corps qui la parcourroit seroit tantôt très-voisin de la place que nous assignons à la terre, tantôt il en seroit beaucoup plus éloigné; sa moindre distance seroit le rayon diminué de l'éloignement de la

sions de suite & du même côté, excede celui d'une révolution de la quantité du temps qu'employeroit la planete à parcourir dans son orbite un arc semblable à celui que le soleil a parcouru dans l'écliptique. C'est une réduction à laquelle les Anciens ne manquerent pas d'avoir égard dans leur hypothese des épicycles.

terre au soleil ; la plus grande seroit le même rayon augmenté de cet éloignement, & les distances moyennes participeroient de ces inégalités extrêmes.

Les Astronomes Grecs qui réjetterent cette hypothese, & qui mirent ces planetes en mouvement autour de la terre, rendirent, il est vrai, une raison générale de cette variété extrême de grandeur apparente. Ils assignerent à leurs orbites des excentricités considérables, & cela ne suffisant pas, ils y ajouterent des épicycles, c'est-à-dire des cercles dont les centres étoient portés sur la circonférence d'autres cercles, afin de varier davantage leur distance à la terre. Mais ce n'est pas de ces explications générales qu'on doit tirer des inductions pour un systême ; c'est de la maniere dont il satisfait aux détails ; & à cet égard tout autre que celui qui met les planetes en mouvement autour du soleil, y réussit si peu, qu'il a été nécessaire de recourir à ce dernier.

Nous voici donc enfin parvenus, en examinant les phénomenes célestes, à fonder une partie considérable du systême de l'Univers. Toutes les planetes soit inférieures comme Venus & Mercure, soit supérieures comme Jupiter, Mars & Saturne, tournent autour du soleil. La lune paroît tourner, & ne peut tourner qu'autour de la terre, puisqu'elle l'embrasse seule dans ses révolutions, il ne reste donc plus que la place de la terre à assigner. Mettrons-nous le soleil & tout ce systême de corps dépendans de lui en mouvement autour de notre globe ; ou assujettirons-nous celui-ci à faire ses révolutions autour du soleil, comme ces autres planetes qui ne semblent pas d'une condition inférieure à la sienne ? Si l'on avoit été de tout tems exempt de préjugés, si toujours attentif à la vraie marche de la nature, on n'eût admis parmi ses ouvrages que ceux où l'on voyoit éclater la simplicité, l'ordre & la généralité, il n'y auroit jamais eu de division sur ce sujet. Le dernier systême qui est incontestablement le seul vrai, le seul physique, & le seul digne de la divinité, auroit réuni tous les suffrages ; & nous pensons que sans l'envie d'être chef de parti, qui fut probablement un des motifs qui en écarta *Tycho-Brahé*, ce grand homme n'auroit jamais songé à faire valoir le systême physiquement absurde auquel on donne son nom.

XIII.

Il ne me reste, pour terminer l'Histoire Mathématique de ces deux premiers siecles, qu'à parler de l'invention célebre par laquelle les deux Astronomes *Meton* & *Euctemon*, remirent l'ordre dans le Calendrier Grec; invention qui à certains égards, est le chef d'œuvre de l'Astronomie. En effet, si nous en exceptons quelques corrections, on n'a encore rien trouvé de meilleur pour concilier les deux mouvemens de la lune & du soleil. Ceci m'engage à faire une brieve histoire de ce Calendrier, à l'arrangement duquel plusieurs Astronomes avoient déja travaillé, mais avec peu de succès.

Il est inutile de s'étendre beaucoup sur la nécessité d'un Calendrier bien réglé. Le premier soin de toute société policée, après avoir pourvu aux besoins les plus pressans, fut toujours d'établir une maniere fixe de compter le temps. Ce n'est que par-là qu'on peut désigner commodément le retour des mêmes travaux, des mêmes cérémonies, &c. fixer enfin & conserver à la postérité la date des événemens dont il importe de transmettre la mémoire.

La premiere division du temps que la nature présente aux hommes, & qui fut la premiere en usage, est celle des révolutions de la lune; on y trouve sur-tout un avantage précieux pour des hommes grossiers à qui il faut des signes également simples & apparens. C'est que les phases de cette planete servent-elles mêmes de divisions à sa révolution. Aussi voit-on un grand nombre de peuples employer le retour de la nouvelle ou de la pleine lune, pour l'indication de leurs assemblées politiques ou religieuses. C'étoit la coutume des Juifs, des Grecs, des Arabes, &c. Les Gaulois & les Saxons tenoient leurs especes de Comices généraux au renouvellement ou au plein d'une certaine lune. La plûpart des Américains comptent par lunes comme nous par années.

Cette division n'est cependant point la plus avantageuse. Le retour des mêmes saisons & de la même température d'air en donne une autre beaucoup plus naturelle, & dont le soleil est le seul modérateur. On tâcha donc de l'adopter, & comme douze lunaisons en remplissent à peu près la durée, on la diviſa en douze parties. On les nomma *mois* : nom qui eſt dérivé dans toutes les langues de celui de la lune, ou qui eſt emprunté de quelque autre, dans laquelle il a cette dérivation.

Il s'en faut néanmoins 11 jours, à quelques heures près, que douze révolutions de la lune d'une conjonction à l'autre, égalent une révolution ſolaire. On s'en apperçut bien-tôt, & la difficulté de concilier ces deux mouvemens preſque incommenſurables, jetta dans un grand embarras. Quelques-uns trancherent la difficulté en s'en tenant au ſeul mouvement ſolaire. C'eſt ce que firent les Egyptiens. Les Arabes au contraire s'attacherent uniquement à celui de la lune. Mais les Grecs ſe fondant ſur la réponſe d'un certain oracle (*a*), s'obſtinerent à concilier les deux mouvemens, & ce fut chez eux l'occaſion d'une multitude de tentatives qui occuperent leurs Aſtronomes pendant pluſieurs ſiécles.

On crut d'abord que douze mois lunaires, & demi, égaloient une révolution ſolaire, & ſur cela on imagina une période de deux ans, au bout de laquelle on intercaloit un mois. On attribue, je crois mal à propos, cette invention à *Thalès* ; mais l'erreur étoit groſſiere, & ne tarda pas à être apperçue. *Solon* enfin, aidé peut-être des lumieres de *Thalès*, remarqua ce qui ſemble n'avoir pas dû être ignoré ſi long-temps, ſçavoir que les lunaiſons étoient d'environ 29 jours $\frac{1}{2}$. Car la nouvelle lune arrivée au commencement du premier jour d'un mois, lui parut ſe renouveller vers le milieu du 30e. En conſéquence il inſtitua les mois alternativement caves & pleins, & nomma le 30e des mois pleins ἕνην ϗ νέαν, dernier & premier, parce que ce jour étoit le dernier de la lunaiſon qui finiſſoit, & le premier de la ſuivante.

L'année fut par ce moyen aſſez bien arrangée au cours de la lune, il reſtoit à la concilier avec celui du ſoleil. On y parvint à peu près en prenant quatre périodes de deux ans, où l'on intercaloit ſeulement trois fois. Car en eſtimant l'année ſolaire de 365 jours, 6 heures, & les douze lunaiſons de 354 jours préciſément, on remarquoit que deux de ces années faiſoient 730 jours & demi, pendant que 25 lunaiſons en faiſoient 738 ; c'étoient donc ſept jours $\frac{1}{2}$ de trop, ce qui eſt

(*a*) Geminus. *Iſag. Aſtron.* c. 6.

le quart d'un mois plein. C'eſt pourquoi retranchant un mois plein de quatre périodes de deux ans, où l'on auroit intercalé à chaque ſeconde année, il en réſultoit une de huit où l'on ne devoit intercaler que trois fois. Cette période fut nommée *octaétéride*, & l'on en fait honneur à un certain *Cleoſtrate* de Ténédos (*a*), Aſtronome, à ce qu'on croit, peu poſtérieur à *Thalès*. Elle comprenoit 2922 jours, diſtribués en 99 lunaiſons, ſçavoir les 96 des huit années communes, & trois intercalaires qui s'inſéroient à la fin de la troiſiéme, la cinquiéme & la huitiéme (*b*).

Cet arrangement auroit été fort heureux, ſi l'année lunaire ſe fût trouvée préciſément de 354 jours, 4 heures, 18′: mais elle eſt plus grande de 4 heures & demie environ, ce qui dans huit années fait 36 heures. Ainſi les 99 lunaiſons font réellement 2923 jours, 12 heures & quelques minutes, de ſorte que la lune qui auroit dû ſe renouveller à l'expiration des huit années ſolaires, s'en trouvoit encore éloignée d'un jour & demi. De-là naquit une nouvelle période qu'il nous faut expliquer, quoiqu'elle n'ait jamais été miſe en uſage.

On a vu que 99 lunaiſons ſurpaſſoient huit années ſolaires, d'un jour & demi. Ce ſont donc trois jours d'excès dans 16 ans, & 30 dans 160 ans. On propoſa de former une nouvelle période qui auroit été compoſée de 20 octaétérides, moins une lunaiſon intercalaire. Cette période auroit été aſſez parfaite; car on trouve par le calcul que 160 ans Juliens ne s'écartent de cette ſomme de lunaiſons que d'environ 10 à 12 heures ce qui eſt peu conſidérable, eu égard à la longueur du temps. Mais cet avantage eſt trop compenſé par l'incommodité de ne ramener la lune & le ſoleil au même point du Ciel qu'après un temps ſi long. Cette conſidération porta les Athéniens & les autres Grecs qui ſe ſervoient d'octaétérides à continuer de les employer malgré leur défaut. On ſe contenta pendant aſſez long-temps d'y faire des corrections, pour les rapprocher de l'état du Ciel; mais à la fin il ſe gliſſa un ſi grand déſordre dans le Calendrier que les moins clairvoyans en furent frappés. *Ariſtophane* vint à en faire des plaiſanteries dans ſes *nuées*. Il y introduit un Acteur qui, venant à Athenes, a rencontré

(*a*) Cenſorin. *De die Nat.* c. 18.
(*b*) Gemin. *Ubi ſuprà.*

Diane ou la lune, fort irritée de ce que l'on ne se régloit plus sur son cours; elle s'étoit plainte amerement à lui de ce que tout étant bouleversé sens-dessus-dessous, les Dieux ne sçavoient plus à quoi s'en tenir, & s'attendant quelquefois à faire grande chere un jour marqué, ils venoient & avoient le desagrément d'être obligés de s'en retourner le ventre vuide & sans avoir soupé. *Aristophane* désignoit ainsi plaisamment les sacrifices qui devoient se faire à certains jours marqués, & qui à cause du dérangement du Calendrier, étoient tantôt accélérés, tantôt retardés.

Un dérangement si visible excita, ou pour mieux dire avant qu'il fût aussi considérable, il avoit déja excité les efforts des Astronomes. Plusieurs avoient proposé de nouveaux cycles, comme *Harpalus*, *Nauteles*, *Mnesistrate*, *Philolaus*, *Œnopide*, *Démocrite*, *&c.* (*a*) mais ils n'avoient pas été accueillis, & ne méritoient pas de l'être. Il ne faut cependant pas attribuer à ces anciens des erreurs aussi grossieres sur la grandeur des périodes lunaire & solaire, que le fait *Scaliger* (*b*). Comme nous sçavons seulement quel étoit le nombre des lunaisons intercalaires de ces cycles, mais non quel étoit celui des mois caves & pleins qu'ils y employoient, tout le calcul de *Scaliger* est en pure perte (*c*). Si nous ne sçavions du cycle de *Meton*, rien de plus sinon qu'il y avoit sept lunaisons intercalaires dans 19 ans, en raisonnant comme le fait *Scaliger*, on lui attribueroit une erreur grossiere sur la grandeur de l'année solaire & des révolutions de la lune.

Meton & *Euctemon* parurent enfin, & proposerent leur célébre *ennéadécatéride*, ou cycle de 19 ans. C'étoit une période de 19 années lunaires, dont 12 étoient communes, ou de 12 lunaisons, & les sept autres de 13, ce qui faisoit en tout 235 lunaisons; les années où l'on intercaloit étoient les 3e, 6e, 8e, 11e, 14e, 17e, 19e. Il faut remarquer que *Meton* changea aussi quelque chose à la distribution des mois caves & pleins. Dans l'usage ordinaire, l'année commune en avoit autant de pleins que de caves. En le conservant & en faisant tous les mois intercalaires pleins, cela n'auroit composé que 121 lunaisons pleines,

(*a*) Censf. *De die Nat.*
(*b*) *De Emendatione Temporum.*
(*c*) Petau. *Rat. Temp.* p. II. l. I. c. 3.

& 114 caves. *Meton* voulut qu'il y en eût 125 des premieres, & 110 seulement des dernieres. Par ce moyen les mouvemens de la lune & du soleil sont très-heureusement conciliés ; & ces deux astres se rencontrent à la fin de la période, *à très-peu de chose près*, dans le même lieu du Ciel, d'où ils étoient partis au commencement; ce cycle fut établi l'an 433 Julien avant J. C. le 16 Juillet, dix-neuviéme jour après le solstice d'Eté, & la nouvelle lune qui arriva ce jour à sept heures 43′ du soir, en fut le commencement, le premier jour de la période étant compté du coucher du soleil arrivé la veille. *Meton* choisit à dessein cette nouvelle lune, quoique plus éloignée du solstice que la précédente, afin de n'être pas obligé d'intercaler dès la premiere année. Car l'année Grecque étoit telle que la pleine lune de son premier mois devoit être postérieure au solstice, à cause des Jeux Olympiques dont la célébration étoit fixée au milieu de ce premier mois après le solstice d'Eté. *Meton* exposa à Athenes, & probablement devant la Grece assemblée à ces Jeux célébres, une Table où l'ordre de sa période étoit expliqué, & l'applaudissement avec lequel elle fut reçue de la plûpart des nations Grecques, lui fit donner le nom de cycle ou de nombre d'or, nom qui lui a été confirmé par l'accord universel de tous les peuples qui se servent d'une année luni-solaire, & qui l'ont adoptée, ou accommodée à leurs usages.

Quelques éloges que mérite cette invention, on en concevroit néanmoins une fausse idée, si on la regardoit comme parfaite. Elle avoit un défaut qui exigea bientôt après une correction ; les 235 lunaisons qu'elle comprend forment 6940 jours, mais cet intervalle est plus long de quelques heures qu'il ne faut, pour s'accorder parfaitement, soit avec le mouvement de la lune, soit avec celui du soleil. Car 19 années solaires Juliennes, font seulement 6939 jours, 18 heures, ou en prenant l'année plus exactement, 6939 jours, 14 heures, 32′. D'un autre côté, les 235 révolutions menstruelles de la lune ne font que 6939 jours, 16 heures, 32′; ainsi la période anticipoit de près de dix heures sur les révolutions précises du soleil, & de sept & demie sur celles de la lune. En considérant donc uniquement les dernieres, que les phases de cet astre rendent les plus apparentes, on voit que la lune qui auroit dû se renouveller précisément au moment où commençoit la période, se trouvoit déja avancée de sept heures & demie, & cette erreur multipliée ne pouvoit manquer d'être sensible dès la quatriéme, & même dès la troisiéme révolution du cycle. Il devint donc dès-lors nécessaire de retrancher un jour, afin de remettre les pleines lunes à leurs vraies places.

L'Astronome *Calippe* entreprit cette correction environ un siécle après (*a*), & il s'y prit de cette maniere. Il quadrupla le cycle de *Meton*, d'où il en forma un nouveau de 76 ans, & au bout de ce terme il retrancha ce jour excedent, c'est-à-dire, que sa période étoit composée de quatre de celles de *Meton*, dont trois étoient de 6940 jours, & une de 6939 jours. Il suffisoit pour cela de changer de quatre en quatre périodes un des mois de 30 j. en un de 29. L'effet de cette correction fut de retarder l'anticipation des nouvelles lunes, de plus de 300 ans, & en même temps de faire mieux accorder toute la période avec le mouvement du soleil. Car l'intervalle de quatre cycles lunaires, diminué d'un jour, fait 27759 jours, & les 940 lunaisons qui les composent, forment exactement 27758 jours, 18 heures, 8'. Enfin 76 révolutions exactes du soleil composent la somme de 27758 jours, 10 heures, 4'. Ainsi le mouvement de la lune n'anticipoit sur la période entiere que de 5 heures, 52', & par conséquent que d'un jour seul environ, après quatre de ces révolutions, ou 304 ans. A la vérité son écart du mouvement du soleil étoit plus considérable, il alloit à un jour & quelques heures dans 152 ans, c'est-à-dire, dans deux révolutions. Mais il étoit si naturel alors d'évaluer l'année solaire à 365 jours, 6 heures, qu'on ne pouvoit le prévoir. Cette période fut appellée *Calippique*, du nom de son auteur, & elle commença l'an 331 avant J. C. la septiéme année de la sixiéme période Métonicienne. Elle fut adoptée surtout par les Astronomes qui y lierent leurs observations, comme on peut le voir dans *Ptolemée*, qui en fait une mention fréquente. Elle répond précisément à notre cycle lunaire combiné avec nos années Juliennes. Car 76 de ces années forment une période Calippique, & l'anticipation de la lune est la même dans l'une & dans l'autre forme de Calendrier. C'est cette anticipation, accumulée depuis le Concile de Nicée jusques vers la fin du seiziéme siécle, qui avoit porté les nou-

(*a*) Geminus. *Isag. Astr.* c. 6.

velles

velles lunes véritables, quatre jours avant celui où le Calendrier les annonçoit, & qui conjointement avec celle des équinoxes, donna lieu à la fameuſe réformation de 1582.

Les Anciens n'ignorerent pas le défaut qui reſtoit dans la période Calippique; du moins il n'échappa pas à la pénétrante ſagacité d'*Hipparque*, qui entreprit de le corriger. Ses obſervations lui avoient appris que l'année ſolaire & la lunaire, étoient un peu moindres que *Calippe* ne les avoit ſuppoſées; & ſuivant ſon calcul, très-exact à l'égard de la lune, mais encore un peu fautif à l'égard du ſoleil, il trouvoit que l'anticipation de l'un & de l'autre étoit d'un jour en quatre périodes. Il quadrupla donc le cycle de *Calippe*, & il en retrancha ce jour qu'il avoit de trop dans quatre révolutions (*a*). Cette nouvelle période devoit avoir l'avantage de s'accorder beaucoup mieux avec le mouvement de la lune, qui n'auroit effectivement retardé que de demi heure dans 304 ans. Elle n'auroit non plus anticipé ſur le mouvement du ſoleil que d'un jour un quart, ce qui étoit une erreur ſeulement égale à celle de *Calippe* dans un intervalle double. Mais cette invention eut le ſort de tant d'autres auſſi utiles & auſſi peu accueillies. La Grece accoutumée aux cycles de *Meton* & de *Calippe*, n'adopta pas celui d'*Hipparque*, quoique plus parfait.

Le cycle dont je viens de parler eſt le principal monument qui a valu à *Meton* & à *Euctemon* la célébrité dont ils jouiſſent. L'un & l'autre ſont encore mémorables par une obſervation qui eſt la premiere que fournit la Grece à l'Aſtronomie (*b*). C'eſt celle du ſolſtice d'été de l'an 432 avant J. C. Ces deux obſervateurs donnerent auſſi une attention ſpéciale à ces levers & ces couchers des étoiles, qui formoient une partie des Ephémerides Grecques. Ils en publierent, à l'imitation de divers Aſtronomes qui les avoient précédés, & *Ptolemée* les cite ſouvent dans celles que nous avons de lui (*c*).

Un vers d'un ancien Poëte Grec (*d*) peut nous faire conjecturer que *Meton* fut très-entendu dans l'art de conduire les eaux; je finis ce qui le concerne par un trait remarquable & peu connu. Il eut, de même que *Socrate*, le malheur de dé-

(*a*) Scal. *de Em. Temp.* l. II.

(*b*) *Alm.*. l. III. c. 2.

(*c*) *App. fixarum.*

(*d*) *Meton Leuconeus, novi eum qui ſcaturigines ducit.* Phrynique.

plaire à *Ariſtophane*, qui le tourna en ridicule dans ſa Comedie *des Oiſeaux*. Comme la licence de ce ſpectacle naiſſant étoit ſans bornes, ſon nom même n'y eſt pas déguiſé; un Acteur s'avance, & après avoir dit qu'il eſt ce *Meton* ſi connu dans la Grece, il débite les propos les plus ridicules ſur la Géometrie & l'Aſtronomie. Il offre de quarrer le cercle, & d'exécuter diverſes opérations inſenſées. L'autre interlocuteur laſſé de ces diſcours impertinens, cherche à s'en débarraſſer, & n'en vient à bout qu'en le menaçant du bâton. J'ai lu encore quelque part une anecdote particuliere ſur cet ancien Aſtronome. On dit qu'afin de ne point partir pour la guerre de Sicile, il mit en uſage un artifice ſemblable à celui qu'*Ulyſſe* employa pour ne point aller à celle de Troye. Il contrefit l'inſenſé, ruſe qui lui réuſſit, & qui lui fut du moins fort ſalutaire, ſi elle ne nous donne pas une grande idée de ſon courage. Car on ſçait aſſez que jamais Athenes ne fit d'expédition plus malheureuſe que celle de Sicile, & qu'il n'en revint preſque aucun de ceux qui y allerent. Ce pourroit être ce trait peu honorable de la vie de *Meton* qu'*Ariſtophane* eut en vue, en le mettant ſur la ſcene, & en lui faiſant jouer le rôle d'un inſenſé.

Meton avoit eu en Aſtronomie un Maître dont il eſt juſte que je faſſe mention, puiſque *Theophraſte* (*a*) nous en parle avec éloge. Il ſe nommoit *Phainus*, & ſuivant le témoignage de ce Philoſophe, ce fut un obſervateur zélé, & qui eut même quelque part à l'invention célébre de ſon diſciple. *Theophraſte* nous parle encore d'un certain *Matriceta*, qui obſervoit dans l'Iſle de Metymne, & qui n'eſt connu que par-là. *Geminus* (*b*) aſſocie à *Euctemon* un Aſtronome qu'il nomme *Philippe*, & ce qui eſt tout-à-fait ſurprenant, il ne dit rien de *Meton*, qui fut toujours réputé avoir la principale part à la réformation du Calendrier Grec. Il y a probablement quelque faute dans les manuſcrits qui ont ſervi à l'édition de cet ancien Auteur.

XIV.

La fondation de l'Ecole Platonicienne forme une des époques les plus mémorables de notre hiſtoire, par l'accroiſſe-

(*a*) *De Sig. Temp.* Init.
(*b*) *Iſag. Aſtr.* c. 6.

ment rapide qu'elle procura à la Géometrie. Quelque floriſſante qu'eût déja été cette ſcience dans la Grece, on peut dire néanmoins que *Platon* lui donna une nouvelle vigueur, & qu'il lui fit en quelque ſorte changer de face. Elle ne s'étoit, ce ſemble, occupée juſqu'alors que des conſidérations les plus ſimples ; elle ſortit dans le Lycée de cet état d'enfance, & elle commença à prendre l'eſſor. L'invention de l'analyſe, la découverte des ſections coniques, celle de pluſieurs méthodes nouvelles furent les fruits de l'application que *Platon* & ſes diſciples, autant encouragés par l'exemple, que par les exhortations de leur chef, donnerent à la Géometrie. Tous ces objets différens ſeront développés avec ſoin ; mais nous devons d'abord dire quelque choſe du Philoſophe célébre à qui nous avons tant d'obligations.

Perſonne n'ignore les principaux traits de la vie & des talens de *Platon*, non plus que les honneurs que l'antiquité rendit à ſa mémoire. Cela me diſpenſe de m'engager dans ce récit ; ainſi je bornerai à ce qui concerne particulierement mon ſujet. Quoique diſciple & ſucceſſeur d'un maître qui avoit peu eſtimé les Mathématiques, *Platon* penſa à leur égard d'une maniere plus équitable ; elles eurent part aux motifs des voyages, qu'à l'imitation des premiers Sages de la Grece, il entreprit pour s'inſtruire. Il fut en Egypte pour y converſer avec ſes Prêtres, en Italie pour y conſulter les Pythagoriciens fameux, *Philolaus*, *Timée* de Locres, & *Architas*, avec le dernier deſquels il contracta une liaiſon particuliere. Il alla à Cyrene pour y écouter le Mathématicien *Theodore* (*a*) ; un tel empreſſement fait beaucoup d'honneur à ce Géometre peu connu d'ailleurs. *Platon* lui donne dans quelques-uns de ſes écrits des témoignages de reconnoiſſance & d'eſtime. De retour dans la Grece, lorſqu'il fonda ſa célébre Ecole, il fit des Mathématiques, & ſur-tout de la Géometrie, la baſe de ſes inſtructions. Il ne laiſſoit, dit-on, jamais écouler un jour ſans en montrer à ſes diſciples quelque nouvelle vérité. Tout le monde connoît l'inſcription fameuſe par laquelle il défendoit l'entrée de ſon auditoire à ceux qui ignoroient la Géometrie. Il diſoit enfin que la Divinité s'en occupoit continuellement, entendant ſans doute par-là, que toutes les loix par

PLATON 370 ans avant J.C.

(*a*) Diogene Laerce.

lesquelles elle gouverne l'univers, sont des loix Mathématiques; plus la Physique s'enrichit de découvertes, plus cette vérité se manifeste & acquiert de nouvelles preuves.

Il ne paroît pas que *Platon* ait écrit aucun ouvrage purement Mathématique; mais une seule invention dont il est réputé l'Auteur, doit lui tenir lieu à notre égard de l'ouvrage le plus étendu (*a*). J'entends parler de l'analyse géometrique, ce moyen unique & indispensable pour se guider dans la recherche des questions Mathématiques d'une certaine difficulté. Cette méthode a eu de si heureuses suites pour la perfection de la Géometrie, qu'il est essentiel d'en donner une idée claire.

On peut procéder de deux manieres dans la Géometrie, par voye de synthese, ou par voye d'analyse. Les exemples de la premiere sont les plus ordinaires, & presque les seuls qu'on rencontre dans les Livres des Géometres anciens. C'est celle dont on se sert, quand on veut seulement exposer aux autres des vérités dont on apperçoit déja la liaison avec les principes. On part de ces principes, ou de quelques vérités déja connues, & en les assemblant & marchant de conséquence en conséquence, on parvient enfin à la conclusion de ce qu'on a avancé.

La marche de l'analyse est différente. Cette méthode est nécessaire lorsqu'il s'agit de la recherche de quelque question géometrique, soit problême, soit theorême. Ici l'on commence à prendre pour vrai, ce qui est en question, ou l'on regarde comme résolu le problême qu'il s'agit de résoudre. On tire de-là les conséquences qui s'en déduisent, & de celles-ci de nouvelles jusqu'à ce que l'on soit parvenu à quelque chose de manifestement vrai ou faux, si c'est un theorême; de possible ou d'impossible à exécuter, si c'est un problême. La nature de cette derniere conséquence décide de la vérité ou de la possibilité de la proposition qu'on examine. Pour comparer enfin ces deux méthodes, dans l'une on assemble, on joint en quelque sorte, plusieurs vérités de la liaison desquelles il en résulte une nouvelle. C'est de-là que lui vient son nom; car *synthese*, signifie *composition*. Dans l'autre on décompose au contraire une proposition encore incertaine en ses parties, toutes

(*a*) Procl. *In I. Eucl.* l. III. p. 1. Diog. *in Plat.*

nécessairement vraies & liées ensemble, si la proposition est vraie, ou fausses & répugnantes entr'elles, si elle est fausse. De-là lui est venu le nom d'*analyse*, qui signifie *décomposition*. Dans la premiere, on va du simple au composé, du connu à l'inconnu, du tronc aux rameaux. Dans la seconde, on va du composé au simple, de l'inconnu au connu, des rameaux on remonte au tronc. Quelques exemples rendront sensible ce que je viens de dire sur cette excellente méthode.

Nous supposerons qu'il s'agit de résoudre ce problême. Un quarré AC étant donné, & le côté CD étant prolongé, on demande d'inscrire dans l'angle FCB une ligne comme EF d'une grandeur donnée, & qui prolongée aille passer par l'angle A. *Fig.* 1.

Quand on dit que l'analyse conduit infailliblement à la solution d'un problême, on suppose toujours dans celui qui l'entreprend une certaine sagacité qui lui fait entrevoir le chemin qu'il faut tenir, & les constructions préliminaires propres à démêler les rapports qu'il examine. Ainsi l'on apperçoit ici, qu'ayant supposé que AEF est la position de la ligne cherchée, il pourra être avantageux de lui tirer la perpendiculaire FH jusqu'à AB prolongée, & FG perpendiculaire à BH. Cela fait, on voit que AB : BE :: FG : GH. Or FG = AB, conséquemment GH est égale à BE. De plus, CF : CE :: AB ou CB : BE : donc le rectangle de CF par BE est égal à celui de CE par CB, ou de leurs égales BG, GH. Ce qui nous servira pour la solution du problême.

Supposons donc maintenant qu'il soit résolu, c'est-à-dire, que EF soit de la grandeur donnée. Donc le quarré de EF sera aussi donné ou connu, & par conséquent la somme de CE^2 & CF^2; ajoutons-y celui de CB aussi connu, qui est égal à $CE^2 + 2\,CE \times EB + EB^2$, on aura donc la somme de $CF^2 + 2\,CE^2 + 2\,CE \times EB + EB^2$ connue. Or BG = CF, & $2\,CE + 2\,CE \times EB = 2\,CE \times CB$; donc $BG^2 + 2\,CE \times CB + EB^2$ est connu. Mais $2\,CE \times CB = 2\,GH \times BG$, par ce qu'on a vu plus haut, & $EB^2 = GH^2$; ainsi $BG^2 + 2\,GH \times BG + GH^2$ sera donné : or cette somme forme le quarré de BH; donc le quarré de BH est donné, sçavoir égal à la somme de ceux de EF & CB. Le problême est donc résolu, car il ne s'agit que de prendre BH, telle que son quarré égale ceux de CB, & de la grandeur assignée EF, pris ensemble, après quoi l'on décrira sur AH un demi-cercle qui coupera la ligne DCF au point cherché F. La démonstration synthetique est facile; il n'y a qu'à retourner sur ses pas, c'est pourquoi nous ne nous y arrêterons pas (*a*).

(*a*) La crainte de fatiguer par un trop grand nombre d'exemples difficiles, ceux de nos lecteurs qui prennent peu d'interêt à la Géometrie, nous a engagé à rejetter en note ceux que nous avons cru devoir encore donner pour satisfaire les Géometres curieux de connoître parfaitement l'analyse ancienne. Le premier de ces exemples concernera une belle proprieté du cercle, & servira à montrer comment cette méthode s'applique à la recherche d'un theorême. Le voici : *La ligne* AB (Fig. 2.), *est la base d'une infinité de triangles dont les côtés, comme* AD, BD, *ou* Ad, Bd, *ont toujours un rapport déterminé, quelle est la courbe où se trouvent les sommets de tous ces triangles?* ou en langage plus géometrique, *quel est le lieu de ces sommets?* J'apperçois d'abord que quand on divisera AB en E, de sorte que AE soit à EB dans la raison donnée, & qu'on prendra le point F, tel que AF & BF soient encore dans le même rapport, les points E, F, appartiendront à la courbe cherchée; car AEB, n'est que le dernier triangle obtusangle, & AFE le dernier acutangle en *d*, lorsqu'ils se confondent avec la ligne droite. On voit enfin que cette courbe doit être fermée & ressemblante à un demi-cercle, ou une demi-ellipse. Ainsi il est naturel d'examiner d'abord si elle est un demi cercle : supposons donc que cela soit, car si nous nous trompons dans notre conjecture, l'analyse nous l'apprendra en nous conduisant à des contradictions.

Que la figure EDF soit donc un demi-cercle; le triangle DEC sera isoscele, d'un autre côté l'angle ADB sera divisé en deux également, par la ligne ED, puisque AD : DB : : AE : EB. Donc les angles EDC + EDA seront égaux à DEC + EDB. Or ces derniers sont égaux à l'angle externe DBC. Donc l'angle B dans le triangle DBC, est égal à l'angle D dans ADC; mais l'angle C leur est commun. Conséquemment ils sont semblables, & en comparant les côtés homologues CB : CD, ou CE : : CD, ou CE : CA. Donc en composant d'abord, on a CB + CD, ou BF : CE : : CA + CE, ou AF : CA; ensuite en divisant CE — CB, ou BE : CE : : CA — CE, ou AE : CA. Donc, *ex æquo*, EB : AE : : BF : AF. Or BF : AF (*par la constr.*) comme AD : DB. Ainsi AE : BE : : AD : BD, ce qui est précisément l'hypothese. C'est donc une proprieté, & une proprieté assez remarquable du cercle, que de quelque point de sa circonférence qu'on tire des lignes DA, DB, au points A, B, elle seront toujours dans la même raison.

Le problême que nous analyserons maintenant est celui-ci. *Un cercle étant donné, avec une ligne au-dehors ou au-dedans,* (Fig. 3, 4.) *il faut trouver le point* D, *tel que menant les lignes* DA, DB, *qui coupent le cercle en* E & F, *la ligne* EF *soit parallele à* AB.

Choisissons d'abord le cas, (*Fig.* 3.) où la ligne est au-dehors; & supposons le problême résolu. Puisque FE est parallele à AB, on a BD : DF : : AD : DE, & BD : BF : : AD : AE. Par conséquent les rectangles BD × BF, AD × AE, sont semblables. Or ils sont respectivement égaux aux quarrés des tangentes BI^2, AG^2. Par conséquent BI : AG : : BD : AD. Or la raison de BI à AG est donnée, conséquemment celle de BD & AD le sera aussi, & par conséquent on aura par la précédente le lieu de tous les points où concourent les lignes qui sont dans cette raison. Or ce lieu est un cercle facile à décrire, par conséquent son intersection avec la courbe proposée donnera le point D cherché.

On doit faire attention que ce cercle coupera le premier en un autre point *d*, qui donnera la seconde solution du problême. Car il est évident qu'il doit

Ce que nous venons de dire montre combien peu la Géometrie des Anciens étoit connue de ceux qui ont mis en question, s'ils avoient une analyse. Ces Géometres n'avoient apparemment jamais parcouru *Archimede*, qui l'employe quelquefois, encore moins *Pappus* qui ne manque jamais de s'en servir dans la résolution des problêmes qu'il se propose. Il leur auroit suffi de jetter les yeux sur la Préface du septiéme livre de ses *Collections Mathématiques*, pour dissiper leurs doutes sur ce sujet, car elle y est expliquée avec beaucoup de soin. Nous avons encore un ouvrage d'*Appollonius*, intitulé *de Sectione rationis*, qui est tout traité suivant cette méthode, & dont M. *Newton*, juste appréciateur de la Géometrie ancienne, faisoit un grand cas (*a*). Au reste, c'est s'énoncer d'une maniere fort impropre, que d'appeller, comme on fait aujour-

y en avoir deux. Je ne m'attache pas à examiner les divers cas que peut présenter ce problême. Je ne le pourrois faire sans donner à cette note une étendue excessive. Je me bornerai à remarquer que si la ligne A B étoit au-dedans du cercle, l'analyse ne seroit pas différente, mais alors au lieu que les rectangles BD × BF, AD × AE, étoient égaux aux quarrés de B I, A G, & que BD : AD : : BI : AG, nous avons ici les rectangles A D × A E, B D × B F, égaux aux rectangles donnés R A × A S, R B × B S (*par la proprieté des lignes qui se coupent dans le cercle*) ou bien aux quarrés des perpendiculaires A G : B I, en décrivant le demi-cercle R G I S sur la corde R S. C'est pourquoi la raison de A D à B D, sera celle de A G à BI. Ainsi décrivant le cercle où se trouvent les réunions de toutes ces lignes en raison donnée, il déterminera par ses intersections les deux points D, *d*, qui donnent les deux solutions du problême.

On reviendra facilement sur ses pas en n'employant que la voye synthetique. Car ayant fait la construction requise, on dira le point D étant dans le cercle qui est le lieu des sommets de tous les triangles dont les côtes ont la raison de A G & B I; les lignes A D, B D, auront cette raison entr'elles. Mais A D × A E, B D × B F sont égaux aux quarrés de A G, B I, respectivement; conséquemment A D : B D : : A E : B F. Ainsi A B, E F sont paralleles.

La solution ancienne du même problême, que Pappus nous a transmise, *coll. Math.* l. 7. prop. 107, &c. fournira un nouvel exemple de la méthode analytique, & montrera qu'on peut parvenir à la même vérité, par plusieurs voies. Supposons la question résolue, & que le point E soit celui par lequel ayant tiré A D, & B D, les lignes A B, E F sont paralleles. Qu'on tire une tangente E H au point E, qui rencontre A B prolongée, s'il en est besoin, en H. On a d'abord les angles D F E, D E I, ou A E H égaux, donc D F E = A E H. Mais à cause des paralleles, les angles D E F, E A H le sont aussi. C'est pourquoi les triangles D B A, H E A, sont semblables. Donc en comparant les côtés homologues A D : A H : : A B : A E; conséquemment A D × A E, ou AG^2 (A G est la tangente tirée du point A) = A B × A H. Donc A B : A G : : A G : A H, par conséquent le point H est trouvé; & la tangente H E donnera la solution, ou plutôt une des solutions du problême. Car comme on peut tirer du point H une seconde tangente H *e*, le point *e* fournira la seconde solution. Cette maniere de résoudre le problême est fort simple, mais l'on trouvera peut-être que la premiere, qui est de mon invention, est plus sçavante.

(*a*) *Vita Neut.* in Opusc. T. 1.

d'hui, *Méthode Synthetique*, ou *Synthese*, celle qui n'employe aucun calcul, & qui parle à l'esprit & aux yeux par des figures & des raisonnemens développés suivant le langage ordinaire. Il seroit plus exact de la nommer la Méthode des Anciens ; car les calculs algébriques dont nous faisons usage, ne sont pas ce qui constitue l'analyse, ils ne sont qu'une maniere d'exprimer un raisonnement en abregé, & une démonstration pourroit appartenir à la *Synthese*, quoiqu'on s'y servît du calcul algébrique. Sans aller en chercher bien loin des exemples, nous pouvons citer les démonstrations que quelques Auteurs donnent du second livre d'*Euclide*.

A la vue de la clarté lumineuse qui accompagne le plus souvent cette méthode des Anciens, je ne puis me refuser à quelques réflexions. Il me semble qu'il seroit à désirer qu'elle fût un peu moins négligée des Modernes, que la facilité extrême de l'analyse algébrique, semble jetter de plus en plus dans une extrêmité vicieuse. Déja cet abus a excité les regrets de plusieurs Géometres du premier ordre (*a*), qui se sont plaints du tort que faisoit à l'élégance géometrique cette méthode de réduire tout en calcul. En effet la méthode ancienne a certains avantages que ne peuvent lui refuser tous ceux qui la connoissent un peu. Toujours lumineuse, elle répand la clarté en même-temps qu'elle produit la conviction ; au lieu que l'analyse algébrique en convainquant l'esprit n'y porte aucune lumiere. Dans l'une on apperçoit distinctement tous les pas qu'on fait, aucune des liaisons entre le principe & la derniere des conséquences qu'on en tire, n'échappe à l'esprit ; dans l'autre tous les dégrés intermédiaires sont en quelque façon supprimés, & l'on n'est convaincu que par l'enchaînement légitime qu'on sçait régner dans l'espéce de méchanisme des opérations qui forment une grande partie de la solution. Il est d'ailleurs un assez grand nombre de problêmes, où le calcul algébrique ne s'applique pas facilement ; il en est d'autres où les expressions algébriques qui en résultent, sont d'une telle composition que l'Analyste le plus intrépide en est déconcerté. Je pourrois citer pour exemple, l'un des problêmes donnés dans la note précédente, sçavoir celui *du cercle & des deux points*, &c. ou celui de *faire toucher trois*

(*a*) Fermat, Newton, Maclaurin.

cercles donnés de position par un quatriéme. Quiconque comparera les solutions élégantes que *Viète* (*a*) & *Newton* (*b*), ont données de ce dernier problême, avec celle que présente le calcul algébrique, & celle de *Descartes* (*c*), sera obligé de convenir que le dernier avoit quelque tort de déprimer comme il faisoit la méthode ancienne.

Je suis cependant bien éloigné de méconnoître la supériorité de l'analyse Moderne à d'autres égards, sur celle des Anciens. Je n'ai prétendu blâmer que l'abus d'appliquer le calcul à des cas où un peu plus d'attention, où plus de connoissance en géométrie, fourniroit des solutions bien plus satisfaisantes pour l'esprit. Car de même qu'on ne se sert pas du quart de cercle, pour mesurer un objet qu'on a sous sa main, ainsi ne doit-on pas employer le calcul algébrique dans des questions où il est superflu. Mais ce seroit affecter d'ignorer les sublimes découvertes de la Géometrie moderne, que de contester la nécessité absolue de ce calcul dans les recherches d'une certaine nature. Telles sont la plûpart de celles qui occupent aujourd'hui nos Géometres. Envain l'esprit le plus laborieux, le plus capable d'attention & de méditation, s'efforceroit-il de se passer de ce secours; les raports qu'il s'agit de développer dans ces recherches sont si compliqués, qu'il faudroit pour les démêler des intelligences d'un ordre supérieur au nôtre. Usons donc, pour découvrir la vérité, des ressources puissantes que nous présentent ces méthodes, à la perfection desquelles on ne sçauroit apporter trop de soin. Ce sont les seules de qui la Géometrie & la Physique puissent attendre désormais des progrès. Ainsi quand certaines personnes cherchent à ridiculiser le prétendu jargon qu'affectent, disent-elles, les Mathématiciens de nos jours, quand elles déclament contre l'abus d'appliquer une Géometrie transcendante aux phénoménes physiques, elle ne font que se couvrir elles-mêmes de ridicule auprès de tous ceux qui ont fait quelques progrès réels dans ces Sciences. Pour apprécier au juste ces plaisanteries ou ces clameurs, il suffit de remarquer qu'elle ne partent que de gens tout-à-fait étrangers en Géometrie & en Physi-

(*a*) *In Appoll. Gallo.*
(*b*) *Arith. univers. princip. Phil. Nat.* l. 1. lemm. 16.
(*c*) Lett. de Descart. *T.* III. *lett.* 80. 81.

que, ou de quelques eſprits ſuperficiels, à qui l'impuiſſance de ſuivre la même marche fait prendre le parti beaucoup plus facile de blâmer ce qu'ils n'entendent pas.

XV.

Découverte des ſections coniques.

La ſeconde découverte remarquable que la Géometrie doit à l'école Platonicienne, eſt celle des ſections coniques. Quelques-uns ſemblent l'attribuer à *Platon* même (*a*), mais c'eſt trop obſcurément pour y faire aucun fonds. Il y a quelques mots dans un écrit d'*Eratoſtene* (*b*), qui pourroient la faire adjuger à *Menechme*. *Neque Menechmeos neceſſe erit in cono ſecare ternarios*, dit-il, en parlant de ces courbes. Mais comme on ſçait que ce Géometre Platonicien employa les ſections coniques à la réſolution du problême des deux moyennes, dont parle *Eratoſtene* dans cette piéce, il eſt à préſumer que c'eſt-là tout ce qu'il a voulu dire par ces mots. Nous ne conclurons donc rien de-là en faveur de *Menechme ;* nous nous bornerons à remarquer qu'on voit dans le Lycée des traces d'une connoiſſance aſſez approfondie des ſections coniques. Les deux ſolutions que le Géometre dont nous venons de parler, donna du problême des deux moyennes proportionnelles en ſont la preuve. Car l'une emploie deux paraboles, l'autre une parabole combinée avec une hyperbole entre les aſymptotes. Cette derniere montre même qu'on avoit fait à cette époque quelque choſe de plus que les premiers pas dans cette théorie.

Parvenus à cet endroit intéreſſant de notre hiſtoire, nous ne pouvons nous diſpenſer de parler avec quelque étendue de ces courbes devenues depuis ce temps ſi célébres en Géometrie. Je vais dans cette vue expoſer leur génération, & quelques-unes des propriétés que nous pouvons légitimement croire avoir été connues aux Géometres de l'école de *Platon*, ou à ceux qui les ſuivirent de près.

Les ſections coniques, comme leur nom l'indique aſſez, ſont des courbes qui naiſſent de la ſection du cône par un plan. Il eſt facile d'obſerver que ce corps peut-être coupé de

(*a*) Proclus. *In Eucl.* l. II. *p.* 4.
(*b*) *In Meſolabo.* Eutoc. *ad Arch.* l. II. *de Sph. & cil.*

cinq manieres différentes ; les deux premieres & les plus simples, sont de le couper par un plan qui passe par le sommet, ou qui soit parallele à la base. La premiere donne un triangle, plus ou moins ouvert, suivant que le plan coupant est plus ou moins voisin de l'axe ; la seconde produit un cercle ; ces deux lignes considérées sous cet aspect sont des sections coniques. C'est néanmoins des trois suivantes qu'il s'agit ordinairement, lorsqu'on parle des courbes de ce nom.

Prenons le plan que nous avons supposé parallele à la base, GL, & qui nous a donné un cercle, & imaginons qu'il passe à la situation GH inclinée à cette base, où il coupe toujours le cône entierement. Il forme alors une section allongée comme GKHI, nommée ellipse, & qui n'est qu'un cercle oblong. Nous ne pouvons en donner une idée plus juste qu'en disant que l'ellipse est au cercle, ce que le quarré long est au quarré parfait ; & comme ces deux dernieres figures ont des propriétés communes, d'autres différentes, mais toujours analogues entr'elles, de même le cercle & l'ellipse ont des propriétés communes, & d'autres entre lesquelles régne toujours une analogie remarquable. *Fig. 6.*

Concevons maintenant que le plan coupant, continuant de plus en plus à s'incliner, prenne une situation GM, telle qu'il ne sorte plus du cône, se trouvant parellele au plan qui le touche dans le côté SA, il se formera une nouvelle courbe qui ira toujours en s'élargissant, & qui ne sera nulle part fermée ; c'est celle qu'on nomme *parabole :* on pourroit fort bien la comparer à une ellipse infiniment allongée ; & en effet plusieurs Géometres modernes faisant usage de cette idée, ont démontré avec beaucoup de facilité les propriétés de cette courbe. Nous rendrons compte, quand il en sera temps, de cette maniere d'envisager les sections coniques.

Supposons enfin que le plan coupant continuant à se mouvoir, de parallele qu'il étoit au plan tangent du cône, lui devienne incliné en sens contraire à sa situation primitive, de sorte qu'il vienne à couper le cône opposé, comme fait G*g*, il se formera une courbe dont la forme paroîtra assez bizarre à ceux qui sont peu versés dans la Géometrie transcendante ; au lieu que les deux moitiés de l'ellipse ou du cercle, se présentent leurs concavités aux deux extrêmités de leur axe, dans celle-ci, ce ſont les convexités qui ſont tournées l'une vers l'autre. La courbe priſe dans ſon entier eſt compoſée de deux parties E G F, *e g f*, infinies chacune en étendue. C'eſt-là ce qu'on nomme une hyperbole, ſi l'on ne conſidére qu'une des deux parties, ou les hyperboles oppoſées, ſi on les conſidére l'une & l'autre.

Telle eſt la génération des ſections coniques courbes, devenues depuis leur invention du plus grand uſage dans la Géometrie un peu relevée. Ce n'eſt pas qu'on ne puiſſe la concevoir d'une autre maniere, & indépendamment du cône. Mais nous ſuivons ici celle ſelon laquelle ces courbes ſe préſenterent d'abord aux Géometres, & qui leur a fait donner leur nom générique. Voici maintenant un précis de leurs propriétés les plus eſſentielles, & qui furent les premieres connues aux Géometres de l'antiquité ; nous avons tâché d'y mettre dans un grand jour l'analogie continuelle qui régne entr'elles ; nous ne doutons point qu'elle ne faſſe plaiſir à ceux qui ſont doués de quelque eſprit géométrique. J'invite les Lecteurs pour qui cet endroit ſeroit trop difficile, à s'en éviter l'ennui en paſſant tout de ſuite à l'article ſuivant.

Définition I. Il faut d'abord être prévenu qu'on appelle *diametre* d'une ſection conique, la ligne qui diviſe en deux également, toutes les paralleles entr'elles tirées dans la courbe ; comme la ligne S *a* A *a s*, eu égard aux lignes *p q*, P Q, *p q*, &c. qu'on nomme les ordonnées. Le diametre qui coupe ſes ordonnées perpendiculairement, comme D *d*, ſe nomme l'*axe*. Cela ſuppoſé, on démontre ;

1°. Que dans toute ſection conique il y a une infinité de diametres, qui ſont tous paralleles entr'eux dans la parabole, comme S *s*, D *d* (*fig.* 7), mais ils convergent tous à un point unique qu'on nomme centre dans l'ellipſe & l'hyperbole, ou les hyperboles oppoſées. (*fig.* 8, 9, 10).

2°. Dans la parabole le quarré d'une demi-ordonnée P A, eſt au quarré d'une autre quelconque *p a*, en même raiſon que les abſciſſes S A, S *a* : mais dans l'ellipſe (*fig.* 9), ces quarrés ſont entr'eux comme les rectangles des ſegmens correſpondans du diametre S A × A *s*, S *a* × *a s*. Dans l'hyperbole, (*fig.* 10), ils ſont comme les lignes compoſées des abſciſſes & du diametre, ſçavoir S A × A *s*, S *a* × *a s*. Ainſi ils ſont dans l'une &

dans l'autre comme les rectangles des abscisses. Car y ayant deux sommets, il y a deux abscisses correspondantes à chaque ordonnée.

3°. Si une ligne droite touchant une section conique, rencontre en T son diametre prolongé, en abaissant l'ordonnée P A, le point sera tellement situé dans la parabole que S A sera égale à S T. Mais dans l'ellipse & l'hyperbole, C A, C S, C T seront en proportion continue, de sorte que dans l'ellipse, S T surpasse toujours S A, & au contraire dans l'hyperbole. La ligne A T se nomme la *soutangente*. Elle est conséquemment double de l'abscisse dans la parabole, plus que double dans l'ellipse, & moindre dans l'hyperbole. *Fig.* 11. 12. 13.

Définition II. Dans l'ellipse & dans l'hyperbole, chaque diametre comme S *s* en a un correspondant T *t* qui coupe en deux également les lignes paralleles au premier, comme celui-ci les paralleles à cet autre. On le nomme conjugué, ainsi il le sont mutuellement l'un de l'autre. Dans l'ellipse ils sont terminés, & $CS^2 : CT^2 :: SA \times As : PA^2$. Dans l'hyperbole, si l'on fait aussi $SA \times As : PA^2 :: CS^2 : CT^2$, cette grandeur C T sera ce qu'on nomme particulierement le diametre conjugué de C S; enfin si l'on prend une troisiéme proportionnelle à C S & C T, ce sera le *parametre* du diametre C S, c'est-à-dire, l'espece de *module* qui mesurera le rapport du quarré d'une demi-ordonnée quelconque, au rectangle de ses abscisses correspondantes. Dans la parabole où les diametres ne sont terminés que d'un côté, le parametre est la troisiéme proportionnelle à une abscisse quelconque S A, ou S *a*, & à la demi-ordonnée correspondante P A ou *p a*. Les Anciens nommoient ce module *latus rectum*, à cause que souvent ils le dressoient à l'extrêmité du diametre auquel il appartenoit. *Fig.* 8. 9. 10.

4°. Dans la parabole le quarré de la demi-ordonnée est égal au rectangle de l'abscisse par le parametre, dans l'ellipse il est toujours moindre, dans l'hyperbole plus grand. C'est cette proprieté qui a dans la suite donné les noms à ces courbes. Car *parabole*, veut dire égalité, *ellipse*, défaut, & *hyperbole*, excès.

Définition III. Dans toute section conique, le point de l'axe où la demi-ordonnée est égale au demi-parametre, se nomme *foyer*, par les raisons qu'on verra dans la suite; les Anciens le nommoient *punctum comparationis*. Il a les proprietés suivantes.

Fig. 11. 12. 13. 5°. Dans la parabole il eſt éloigné du ſommet du quart du parametre ; dans l'ellipſe il y en a un vers chaque extrêmité de l'axe, & ſa diſtance au centre eſt une ligne dont le quarré eſt égal à la différence de ceux des axes C S, C R ; dans l'hyperbole c'eſt à la ſomme de ces quarrés.

6°. Dans l'ellipſe & l'hyperbole, la tangente diviſe en deux également l'angle formé par les deux lignes tirées des deux foyers au point de contact, ou par l'une de ces lignes & la prolongation de l'autre. Dans la parabole, c'eſt l'angle formé par la ligne tirée du foyer & la parallele à l'axe. D'où l'on tire facilement cette conſéquence que tous les rayons paralleles à l'axe de la parabole, & tombant ſur ſa concavité, ſe réfléchiſſent dans le foyer. Dans l'ellipſe, les rayons partant de l'un ſe réfléchiſſent dans l'autre ; dans l'hyperbole, les rayons qui tendent vers le foyer de l'hyperbole oppoſée, ſe réuniſſent dans celui de la premiere. C'eſt de-là que ces points ont pris le nom de foyers.

7°. Dans l'ellipſe la ſomme des lignes tirées d'un point quelconque de la courbe aux deux foyers eſt toujours la même, & égale le grand axe ; dans l'hyperbole, c'eſt leur différence qui eſt toujours égale à l'axe.

8° Dans l'hyperbole (*Fig.* 14), ſi on tire au ſommet S une ligne *d* S D, qui la touche, & qu'on prenne chacune des portions S D, S *d* égale au demi-axe conjugué, les lignes C D, C *d*, ne rencontreront jamais l'hyperbole, quoiqu'elles en approchent de plus en plus. On nomme ces lignes les aſymptotes de l'hyperbole.

9°. Qu'on tire entre les aſymptotes des lignes quelconques K I G H, *k i g h*, elles ſeront toujours coupées de maniere que les ſegmens de la même, entre la courbe & l'aſymptote, ſeront égaux, comme K I, G H, ou *k i*, *g h*, &c.

10°. Si on tire deux paralleles K H, L N, les rectangles L M × M N, & K I × I H, ſont égaux.

11°. La tangente à l'hyperbole entre les aſymptotes eſt diviſée en deux également par le point de contact.

12°. Enfin les parallelogrammes formés dans l'angle aſymptotique, comme F E, *f e*, dont un des angles eſt dans l'hyperbole, ſont égaux entr'eux, de même que tous les triangles comme CD*d*, dont la baſe eſt une tangente à l'hyperbole.

Ce ſont-là les proprietés principales des ſections coniques & celles qui furent connues aux Géometres Platoniciens, ou peu après eux. La ſolution du problême de la duplication du cube, dans laquelle *Menechme* emploie une hyperbole entre les aſymptotes, me ſemble le prouver; car on ne peut y méconnoître une théorie déja aſſez ſçavante de ces courbes. D'ailleurs *Appollonius* nous apprend que les quatre premiers livres de ſes coniques, dont les propoſitions précédentes ne ſont en quelque ſorte que l'extrait, ne contenoient à peu de choſe près que la théorie connue avant lui. Ce n'eſt donc pas ſans raiſon que nous revendiquons à l'Ecole de *Platon* une grande partie des connoiſſances ci-deſſus. Mais en voilà aſſez ſur ce ſujet: paſſons à la troiſiéme découverte de l'Ecole Platonicienne.

X V I.

Découverte des lieux géometriques.

Cette découverte eſt celle des lieux géometriques & de leur application à la réſolution des problêmes indéterminés. Les deux ſolutions que *Menechme* donna du problême de la duplication du cube, nous préſentent des exemples de cette méthode, dont l'invention réputée moderne a fait beaucoup d'honneur à MM. *Deſcartes* & de *Sluſe*. On trouve auſſi bientôt après *Platon*, un Géometre qui écrivit au long ſur ce ſujet, ſçavoir *Ariſtée* l'ancien, dont *Pappus* cite les cinq livres ſur *les lieux ſolides*. J'ajoute à deſſein cette nouvelle preuve, afin qu'on ne ſoit point tenté de penſer que j'accorde à ces anciens Géometres, ces connoiſſances profondes ſur de ſimples conjectures. Voici l'eſprit de cette ingénieuſe méthode.

On appelle *lieu* en Géometrie une ſuite de points dont chacun réſoud également un problême ſuſceptible par ſa nature d'une infinité de ſolutions. Eclairciſſons ceci par quelque exemple facile. Si l'on propoſoit de faire ſur une baſe donnée un triangle dont l'angle oppoſé à cette baſe fût égal à un angle donné, il n'eſt point de Géometre qui n'apperçût auſſi-tôt qu'il y en a un nombre infini; mais la ſeule Géometrie élémentaire apprend que tous ces triangles ont leurs ſommets dans un arc de cercle. Cet arc, en langage de Géometrie sublime, est nommé le lieu de tous ces angles. De même une ligne droite est le lieu de tous les sommets des triangles égaux ayant la même base ; une ellipse est celui des sommets de tous les triangles sur une base déterminée, & dont les deux autres côtés forment une même somme : ainsi toute courbe est un lieu géometrique, & presque d'autant de manieres qu'elle a de proprietés différentes.

Les Anciens distinguerent les lieux géometriques en diverses classes. Ils nommerent les uns *plans* ; c'étoient les lignes simples, comme la droite & la circulaire. On appella *solides* les courbes d'un genre plus composé, comme les sections coniques ; parce qu'on concevoit leur génération dans le solide, tandis que l'on imaginoit celle des premieres sur un plan. Les courbes d'un ordre encore supérieur, furent nommées lieux *hypersolides*, ou simplement *linéaires*. On comprit sous cette dénomination générale presque toutes les courbes, hors les sections coniques, telles que les conchoïdes, les cissoïdes, les quadratrices, les spirales, &c. Mais depuis que la Géometrie a acquis de nouvelles lumieres, on a reconnu que les auteurs de cette division se trompoient. Car les dernieres des courbes que nous venons de nommer sont d'un ordre & d'une espece qui ne permet aucune comparaison entr'elles & les premieres. On en donnera une division plus convenable en traitant la théorie des courbes.

Les Anciens établirent encore quelques autres divisions de lieux. Ils nommerent les uns *lieux à la ligne*, parce que c'étoit une simple ligne, c'est le cas le plus ordinaire ; cette espece est celle dont il a été uniquement question jusqu'ici. Ils donnerent à d'autres le nom de *lieux à la surface*, parce que cette suite de points doués tous d'une même propriété, formoient effectivement une surface. Telle seroit celle d'une sphere, d'un conoïde, d'un sphéroïde, à l'égard du plan qui lui serviroit de base. Tous les points d'une surface pareille pourroient servir à la résolution d'un problême indéterminé d'une certaine nature. *Euclide* avoit écrit sur cette sorte de lieux (*a*). Ceux enfin qu'on nomma *au solide*, reçurent cette dénomination de ce que tous les points renfermés dans l'étendue d'un solide sa-

(*a*) Pappus. *Coll. Math. l. VII. Præf.*

tisfaisoient

tisfaisoient à la question. Mais l'on ne fait plus aujourd'hui ces distinctions ; c'est pourquoi je ne m'y arrête pas davantage. Je viens à quelque chose de plus important.

La grande utilité des lieux géométriques consiste dans leur application aux problêmes déterminés. On va en donner un exemple tiré de la Géometrie la plus simple. Supposons qu'il s'agisse de décrire sur une base donnée, un triangle d'une surface déterminée, & dont l'angle au sommet soit égal à un angle donné. Le Géometre qui voudra résoudre ce problême, observera d'abord que tous les triangles qui ont même base & même surface, ont leurs sommets dans une ligne droite parallele à la base. L'aire du triangle cherché étant donc connue, il trouvera par une opération fort facile la distance de cette parallele à la base : voilà le premier lieu. Il remarquera de plus que tous les triangles sur une même base, & dont l'angle au sommet est le même, ont leurs sommets dans un arc de cercle, qu'on détermine encore par la Géometrie élémentaire : voilà le second lieu. L'un & l'autre étant décrit, leur intersection doit donner la solution du problême, & la raison en est évidente. Car ce point d'intersection, en tant qu'il appartient à l'arc de cercle, où se rencontrent tous les angles égaux à celui qu'on cherche, donnera un triangle dont l'angle au sommet est égal à l'angle donné ; & comme appartenant à la ligne parallele à la base, il déterminera un triangle de la grandeur donnée. Le triangle trouvé par ce moyen satisfera donc aux deux conditions imposées ; s'il n'y avoit aucune intersection, comme lorsque la parallele à la base sera trop éloignée pour couper l'arc de cercle, alors le problême sera impossible ; si elle le touche, il n'y aura qu'une solution. Si elle le coupe, ce qu'elle ne peut faire qu'en deux points, il y aura deux triangles qui satisferont aux conditions du problême. A la vérité, le second n'est ici que le même situé en sens contraire, mais dans d'autres cas les solutions, lorsqu'il y en a plusieurs, sont entierement différentes.

En analysant le procédé de cette méthode, on voit que l'art de résoudre un problême déterminé par les lieux géométriques, consiste à le dépouiller d'abord d'une de ses conditions, ce qui le rend indéterminé, c'est-à-dire, susceptible d'une infinité de solutions. C'est ce que nous venons de faire en ne conſidérant d'abord le triangle cherché que comme ayant une aire déterminée, d'où nous avons d'abord tiré un lieu géométrique. On remet enſuite cette condition dans le problême, en le dépouillant d'une autre, comme nous avons fait en n'ayant égard qu'à celle de faire que l'angle du ſommet fût égal à un angle aſſigné ; ce qui nous a donné le ſecond lieu. Or il eſt évident qu'afin que le problême ſatisfaſſe aux deux conditions, il faut que le point cherché ſoit à la fois dans l'un & dans l'autre. Ce ſera donc leur interſection, ou leurs interſections qui le détermineront. S'il n'y en a aucune, c'eſt que les conditions ſont répugnantes & incompatibles entr'elles. Un des exemples de l'analyſe ancienne qu'on a donnés dans la note *a* de la page 177, peut en ſervir pour les lieux géométriques, & leur uſage dans les problêmes déterminés. Nous l'avons même choiſi de cette nature, à deſſein & dans la vue de ne pas trop multiplier les notes ou les exemples. Nous y renvoyons nos lecteurs.

XVII.

Hiſtoire du problême de la duplication du cube.

Ce fut ſeulement vers le temps de *Platon* que le problême de la duplication du cube acquit la célébrité dont il a joui depuis parmi les Géometres. A la vérité, il leur étoit déja connu, puiſqu'*Hippocrate* de Chio l'avoit réduit (*a*) à la recherche des deux moyennes proportionnelles continues ; mais il ſemble qu'il ne les avoit point encore intéreſſés, comme il fit alors. Un Auteur ancien (*b*) raconte ainſi l'occaſion qui le leur préſenta de nouveau.

Il dit qu'une peſte ravageant l'Attique, on envoya des Députés à Délos pour conſulter l'Oracle ſur les moyens d'appaiſer la colere céleſte. Le Dieu qui y préſidoit ſe borna à une demande bien modeſte : il vouloit ſeulement qu'on doublât ſon autel qui étoit de forme cubique ; la choſe parut aiſée à d'ignorans Entrepreneurs, qui doublant ſes côtés, en conſtruiſirent un autre, non point double, mais octuple ; cependant la peſte ne ceſſoit point, car le Dieu bizarre le vouloit préciſément double : on lui fit une nouvelle députation, qui reçut pour ré-

(*a*) Procl. *in I. Eucl.* l. III. p. I.
(*b*) Philopponus. *Comm. in anal. poſt.* l. I. Eratoſt. *in meſolabo.*

ponſe qu'on n'avoit point ſatisfait à ſa demande ; on commença alors à ſoupçonner dans cette duplication plus de myſtere qu'on n'avoit fait , & l'on implora le ſecours des Géometres, qui furent eux-mêmes fort embarraſſés. *Platon* qui étoit réputé le plus célébre d'entr'eux, conſulté le premier, ſentit la difficulté du problême (*a*) ; il en pâlit même, ſi nous en croyons un Auteur moderne, à qui nous devons cette anecdote du Lycée, & il tâcha de le décliner en renvoyant les Députés à *Euclide.* Mais ce trait ne peut pas s'accorder avec ce qu'on ſçait de l'âge de ce dernier Géometre, qui fut poſtérieur à *Platon* de plus d'un demi-ſiécle. Auſſi les Critiques ont-ils ſoupçonné que l'Hiſtorien Latin s'eſt trompé, & qu'il a voulu nommer *Eudoxe,* & non l'Auteur ſi connu des Elémens de Géométrie. Il eſt ſans doute plus ſur de traiter de fiction l'hiſtoire racontée par *Valere Maxime.* Le motif qu'il donne à *Platon* pour renvoyer les Députés de l'Oracle, prouve ſon peu de réalité. Car il dit qu'il les adreſſa à *Euclide*, comme à un homme du métier ; mais outre qu'*Euclide* de Mégare n'étoit rien moins que Géometre de profeſſion, qui ignore que *Platon* tenoit lui-même un des premiers rangs, pour ne pas dire le premier, parmi les Géometres de ſon temps ?

A l'égard de l'Hiſtoire de l'Oracle, ce ne peut-être qu'une fable imaginée par quelque Mathématicien, qui a voulu donner de l'importance au problême des deux moyennes. *Eratoſtene* raconte ſon origine d'une autre maniere, qui n'eſt pas moins fabuleuſe ſuivant les apparences. Mais il n'étoit pas néceſſaire de recourir à de pareils contes, pour rendre raiſon de ce qui avoit engagé les Géometres dans cette recherche. Après avoir réuſſi à doubler ou à multiplier en raiſon donneé les figures ſuperficielles ſemblables, ils ne pouvoient manquer de ſe propoſer la même queſtion à l'égard des ſolides, & comme ils ſçavoient déja que les ſolides ſemblables étoient comme les cubes de leurs côtés ſemblablement ſitués, ils le réduiſirent à faire un cube en raiſon donnée, & enſuite à trouver entre deux lignes deux moyennes proportionnelles continues. Telle fut l'origine du problême, il ſuffiſoit qu'il fût difficile & en quelque ſorte irréſoluble pour acquérir de la célébrité parmi les Géometres. Car tel fut toujours leur caractere, les choſes

(*a*) Val. Max. *l.* VIII. *c.* 13.

faciles les flattent peu, la difficulté a pour eux des charmes & les attache.

Le problême des deux moyennes déferé à l'Ecole Platonicienne, y excita les efforts de plusieurs Géometres, & elle nous en fournit diverses solutions qu'*Eutocius* a rapportées (*a*) ; j'entends des solutions telles que les admet la nature du problême, c'est-à-dire, dans lesquelles on emploie quelqu'autre ligne que la droite & la circulaire, ou quelqu'autre instrument que la régle & le compas. Car on démontre aujourd'hui, & les Anciens ne l'ignorerent pas, qu'on ne sçauroit le résoudre par les seuls secours de la Géométrie ordinaire. *Platon* donna une solution de la derniere espece ; il y employa un instrument composé de deux régles, dont l'une s'éloigne parallelement de l'autre en coulant entre les rainures de deux montans perpendiculaires à la premiere. Cette solution est commode dans la pratique. *Architas* s'occupa aussi de ce problême, & sa solution nous est parvenue. Il imaginoit une courbe décrite par un mouvement particulier, sur la surface d'un cylindre droit, & qui étant rencontrée par la surface d'un cône situé d'une certaine maniere, déterminoit l'une des moyennes. Mais ce n'étoit-là qu'une curiosité géométrique, uniquement propre à satisfaire l'esprit, & dont la pratique ne sçauroit tirer aucun secours. Le célebre *Eudoxe* donna aussi une solution, où il employoit certaines courbes de son invention. *Eratosthene* (*b*) semble en faire un grand cas, tandis qu'*Eutocius* la traite de pitoyable, & n'a pas daigné nous la rapporter. Comme elle ne subsiste point, nous ne pouvons décider entre l'un & l'autre. Le témoignage d'*Eratosthene*, plus voisin du temps d'*Eudoxe*, & d'ailleurs grand Géometre, me paroît néanmoins devoir l'emporter sur celui du Commentateur d'*Archimede*.

Menechme enfin, proposa les deux sçavantes solutions dont on a déja parlé (*c*). Elles sont recommandables en ce qu'elles présentent la premiere application connue des lieux géométriques & des sections coniques, à la résolution des problêmes solides. Nous croyons satisfaire la curiosité des Lecteurs Géométres, en les rapportant. Ceux pour qui une Géométrie si

(*a*) *Ad Arch.* l. II. *de Sph. & cil.*
(*b*) *In Mesol.* Voy. Eutoc. *l. cit. au texte Grec.*
(*c*) *Ibid.*

relevée a trop peu d'attraits, peuvent facilement s'en épargner l'ennui.

Que les lignes E, F, ſoient les deux lignes données. *Menechme* décrivoit ſur l'axe indéterminé A B *b*, une parabole A C K, ayant pour parametre la ligne E, & ſur l'axe A D *d*, une autre parabole A C *x* au parametre F. Leur interſection C, détermine les deux ordonnées C D, C B, pour les deux moyennes. La démonſtration eſt facile, car puiſque le point C appartient à la premiere parabole, on a E : CB :: CB : BA ou CD; & puiſqu'il eſt auſſi dans la ſeconde, on a AB ou CB : CD :: CD : F; conſéquemment ces quatres lignes ſont en proportion continue. *Fig.* 15.

La ſeconde ſolution procédoit en partie comme la précédente. *Menechme* traçoit d'abord une parabole au parametre E ou F. Enſuite il faiſoit dans l'angle D A B, le rectangle A G des deux lignes données, & enfin il décrivoit par le point G, l'hyperbole entre les aſymptotes D A, A B. Le point C où elle coupoit la parabole, lui donnoit les deux ordonnées C D, C B, qui étoient les moyennes cherchées. Car en vertu de l'hyperbole, $CB \times CD = E \times F$. Et à cauſe de la parabole, $E \times CD = CB^2$ ou $F \times CB = CD^2$; d'où l'on conclud que la proportion entre E, C B, C D & F eſt continue.

Il faut cependant convenir que ces deux ſolutions ont un défaut. C'eſt celui d'employer deux ſections coniques, où une ſeule combinée avec un cercle auroit pu ſuffire. Mais doit-on s'attendre qu'une invention encore ſi voiſine de ſa naiſſance, eût déja atteint la perfection dont elle étoit ſuſceptible. La marche de l'eſprit humain eſt ſi lente, que les meilleurs eſprits ne font ſouvent qu'ouvrir la carriere, & l'on doit leur tenir compte même du petit nombre de pas qu'ils y ont faits.

A ſuivre rigoureuſement l'ordre des temps, il nous faudroit ſuſpendre ici ce qu'il nous reſte à dire ſur le problême des deux moyennes parmi les Anciens. Mais une exactitude ſi ſcrupuleuſe n'eſt ſouvent propre qu'à produire la confuſion, en obligeant de ſéparer des faits qui ſe ſuivent naturellement. Ce motif nous engage à ſecouer ici ce joug incommode; ainſi nous allons faire connoître les ſolutions de divers Géometres, quoique fort poſtérieurs à *Platon*.

On s'obſtina apparemment long-temps dans l'antiquité, à

chercher la solution du problême des deux moyennes par la Géométrie ordinaire, seule voie qu'on se crut permise. Mais enfin il fallut reconnoître que ce problême étoit d'un ordre supérieur aux secours qu'elle fournit. On cessa donc, ou du moins les Géometres habiles cesserent de s'épuiser en efforts superflus ; il se bornerent ou à imaginer des instrumens propres à suppléer au défaut de la régle & du compas, ou à employer des courbes autres que le cercle, de la maniere la plus simple.

Après les Platoniciens, *Eratostene* est le premier Géometre qui nous offre quelque chose de nouveau concernant ce problême. Il proposa pour le résoudre, un instrument composé de plusieurs planchettes mobiles parallelement entr'elles ; sa solution s'étend même à tant de moyennes proportionnelles qu'on peut en demander. Il se sçut grand gré de son invention, car il fit de beaux vers à son sujet : il la dédia au Roi Ptolemée, & il suspendit un modéle de sa Machine dans un lieu public (*a*). Nous approuvons néanmoins la critique de *Nicomede*, qui la rejetta en raillant même son Auteur. Elle a en effet le double défaut d'employer & un tâtonnement & un instrument autre que le compas & la régle ; sans compter que l'épaisseur de ses tablettes, nuiroit dans la pratique à l'exactitude de la solution. Puisque la nature du problême oblige de se relâcher sur une des loix que la Géométrie s'est imposé, il faut du moins ne contrevenir à l'autre, que le moins qu'il est possible. Or l'on peut éviter le tâtonnement, lorsqu'on emploie un instrument particulier.

Le Géometre *Nicomede* résolut le problême d'une maniere plus heureuse. Il le réduisit par une analyse subtile à insérer dans un angle donné une ligne droite de grandeur assignée, de telle maniere, qu'étant prolongée elle allât passer par un point déterminé. Ce problême du même ordre que le précédent, le conduisit à l'invention de sa conchoïde, courbe célebre depuis ce temps en Géométrie. Sa nature consiste en ce que l'axe *b* B *b* étant déterminé aussi-bien que le point P, toutes les lignes convergentes à ce point comme *ba*, BA, *ba*, &c. sont égales entr'elles. *Nicomede* sentit qu'il étoit nécessaire de la décrire par un mouvement continu, & pour cela, il proposa

Fig. 16.

(*a*) *Ibid.*

l'instrument représenté dans la *fig.* 17, dont l'usage & la description sont faciles à entendre. Il est visible que cette courbe donne aussi-tôt la solution du problême incident auquel *Nicomede* réduisoit celui des deux moyennes. Car que *a* E *b* soit l'angle donné, P le point proposé par lequel doit passer la ligne à insérer dans cet angle, A B la grandeur de cette ligne, il ne s'agit que de décrire sur l'axe E B *b*, la conchoïde *a* A *a*, dont le pole est P ; elle coupera le côté C E en *a*, d'où tirant *a b* P, son segment *a b* sera de la grandeur qu'on demande & étant prolongé, passera par le point P.

Cela supposé, voici comment le Géometre dont nous parlons résolvoit le problême des deux moyennes. Dans l'angle droit indéfini N A L, il faisoit le rectangle B D, dont les côtés B A, A B étoient égaux aux extrêmes données. Il les partageoit en deux également, en F, G, & il faisoit A H égale à A D. Après quoi il élevoit la perpendiculaire G I, telle que I D fût égale à A F ; ensuite il tiroit I H, & sa parallele D K. Il inscrivoit enfin dans cet angle L D K, la ligne K L, égale à F A, & convergente au point I ; ce qui lui donnoit le point L, par où tirant L C N, les lignes L D, B N étoient les deux moyennes cherchées. On en trouve la démonstration qui est assez longue & difficile dans divers endroits (*a*) ; je la supprime ici pour abréger. *Fig.* 18.

Nous devons à *Appollonius* une des solutions les plus élégantes & les plus simples de ce problême. Ce Géometre y employa l'hyperbole, mais plus adroitement que *Menechme*, en ce qu'il ne la combina qu'avec un cercle. Il le réduisit d'abord à faire ensorte que le rectangle de A L × L D, fût égal à celui de A N × B N. Pour cela, reprenant le commencement de la construction de *Nicomede*, il traçoit sur B D, comme diametre, un demi-cercle, ensuite par le point C, il décrivoit une hyperbole entre les asymptotes H A, A L, qui le coupoit de nouveau en M. La ligne passant par les points C & M, déterminoit, comme ci devant, les deux moyennes D L, B N (*b*).

(*a*) Papp. *Coll. Math. l.* III. *prop.* 4. Eutocius. *ad Arch. de Sph. & cil. Hist. de la Quad. du Cercle, &c.*

(*b*) A cause du cercle, L A × L D = L C × L M, & N M × N C = N A × N B ; mais à cause de l'hyperbole N M ×

Si au lieu de décrire cette hyperbole pour déterminer le point M sur le demi-cercle, on détermine en tâtonnant la position de N L, de sorte que N C & M L soient égales ; ou bien si ayant divisé B D en deux également en E, on décrit de ce centre un arc de cercle N L, tel que sa corde N L passe par le point C, ce qu'on peut faire par tâtonnement, on aura deux constructions pratiques très-commodes. Ce furent celles qu'adopterent ou imaginerent *Philon* & *Héron* (*a*), tous deux habiles Géometres, mais qui sçavoient qu'il faut quelquefois se départir dans les Arts d'une trop grande rigueur géométrique. Je n'ignore pas qu'*Eutocius* attribue à *Héron* la solution dont nous avons fait honneur à *Appollonius*. Mais ce Commentateur se trompe, & on le voit évidemment par l'endroit des *Collections Mathématiques* qu'on a cités, & par le livre même d'*Héron* sur les machines de guerre.

Fig. 19. Voici enfin la solution de *Pappus* & de *Diocles* ; je joins ensemble ces deux Géometres, parce qu'il me semble que le premier en fut l'inventeur, & que le second la perfectionna seulement par le moyen de sa cissoïde. *Pappus* réduisoit le problême à ce procedé fort simple. Les lignes A C, C L, étant les extrêmes proposées mises à angles droits, il décrivoit le demi-cercle A B D ; il tiroit ensuite A L I indéfinie, après quoi il s'agissoit de mener D I F, de telle sorte que les segmens I O, O F fussent égaux, la ligne C O étoit la premiere des moyennes cherchées.

Cette maniere de résoudre le problême des deux moyennes proportionnelles, donna à *Diocles* l'idée de sa cissoïde. Il imagina à cette occasion de décrire la courbe où se trouvent tous les points I qui résolvent le problême, dans les différentes positions de la ligne A I ; cette courbe D *i* I *i*, qu'il nomma cissoïde, est telle que si l'on tire une ligne quelconque D I M, les segmens F M, D I sont toujours égaux ; ce qui est visible, puisque I O, O F le sont, de même que O M & D O. De-là suit cette autre propriété, que si l'on prend un point quelconque I, & qu'on tire l'ordonnée du cercle *f* I *e*, les lignes

NC = LC × LM, conséquemment L A × L D = N A × N B. Ainsi A N : A L :: D L : B N ; or A N : A L :: B N : B C, ou C D : D L ; donc C D : D L :: D L : B N. Mais C D ou A B : D L :: B N : B C ou A D. Donc ces quatre lignes sont en proportion continue.

(*a*) Pappus & Eutocius. *Ibid.*

A E,

A*e*, *ef*, *e*D, *e*I sont en proportion continue (*a*). Lors donc qu'on aura une cyssoïde décrite, il faudra prendre A*e*, *e*I dans le même rapport que les deux extrêmes données, & *ef*, *e*D seront les moyennes entre A*e*, *e*I, d'où il sera facile de déterminer les vraies moyennes entre les vraies extrêmes proposées, puisqu'elles sont dans le même rapport.

Il manquoit encore à la solution de *Diocles* le moyen de décrire la cyssoïde par un mouvement continu; cette perfection lui a été donnée par M. *Newton*, qui a remarqué qu'on pouvoit la tracer par le moyen d'une simple équerre en la faisant mouvoir d'une certaine maniere. On peut consulter sur cela son *Arithmétique universelle.*

Histoire du probl. de la trisection de l'angle.

Il est un autre problême du même genre & du même ordre de difficulté que celui qui vient de nous occuper, & que nous croyons avoir aussi excité les efforts des Géometres Platoniciens. C'est celui de la trisection de l'angle, écueil non moins fameux que ceux de la duplication du cube, & de la quadrature du cercle. Nous n'avons pas à la vérité de témoignage positif qu'il ait une aussi grande antiquité : mais l'ordre des progrès de l'esprit humain ne permet presque pas d'en douter. Après avoir partagé l'angle rectiligne en deux également, la premiere question que l'on dut se proposer, étoit celle de le diviser en trois parties égales. Il est même probable que l'on envisagea dès-lors la question beaucoup plus généralement, c'est-à-dire, qu'on se proposa de le diviser en raison donnée. Car la quadratrice courbe du moins aussi ancienne que l'Ecole de *Platon*, semble avoir été imaginée dans cette vue. Ainsi l'on ne peut refuser au problême de la trisection de l'angle, une ancienneté au moins égale.

Ce motif nous fait penser que quelques-unes des solutions anciennes de ce problême qui nous sont parvenues, pourroient bien être dues à l'Ecole Platonicienne, qui s'occupa avec tant de soin des théories les plus utiles à la Géométrie. Quoiqu'il en soit, nous ne trouverions nulle part une occasion plus commode de faire l'histoire de ce problême. C'est pourquoi nous profiterons de celle qui se présente ici.

(*a*) Car IO étant égale à OF, on a CE = Ce, & A*e* = DE, & EF = *ef*. De plus les triangles DEF, D*e*I, *f*A, ou *fe*D, sont semblables, d'où il suit que DE : EF ou A*e* : *ef* : : FE : EA, ou *fe* : *e*D, & *fe* : *e*D : : *e*D : *e*I. Ainsi A*e*, *ef*, *e*D, *e*I, sont en proportion continue.

On dut s'appercevoir bien-tôt que le problême de diviser un angle en trois parties égales, se réduisoit à l'une ou à l'autre de ces constructions. Dans la premiere, ayant l'arc BCD, & ayant achevé le demi-cercle, il s'agit de tirer une ligne DEF, de telle sorte que la partie EF, interceptée entre la circonférence & le diametre prolongé, soit égale au rayon. Car alors le triangle CEF est isoscele, d'où il suit que l'angle CED est double de EFC, & le triangle DEC étant aussi isoscele, l'angle CDE = CED, & l'externe DCB = CDE + DFC = 2 DFC + DFC = 3 DFC. Ainsi l'angle E est le tiers du proposé.

Fig. 20.

Dans la seconde construction l'angle donné est DAB. On acheve le parallelogramme DCAB, & le côté CD étant prolongé, il s'agit de tirer AGF, de telle sorte que GF soit double de la diagonale DA, alors l'angle AFC, ou GAB est le tiers de l'angle BAB.

Fig. 21.

Ce seroit en vain qu'on chercheroit à résoudre l'un ou l'autre de ces problêmes par la Géometrie plane. De même nature que celui de la duplication du cube, ils exigent des secours d'une Géometrie plus relevée, ou l'usage de quelque instrument autre que la régle & le compas. Après bien des tentatives, on sentit cette nécessité, & voici quelques-unes des solutions qu'on trouva.

La premiere emploie un cercle & une hyperbole d'une maniere remarquable par sa simplicité. Reprenons la figure 21. Par le point B, qu'on décrive une hyperbole entre les asymptotes CH, CF, & de ce même point B, comme centre un arc de cercle dont le rayon soit double de AD. Enfin que du point de leur intersection E, on tire EF perpendiculaire à CF, la ligne AF sera la ligne cherchée (*a*).

La conchoïde de *Nicomede*, qui résoud si heureusement le problême des deux moyennes proportionnelles, s'applique à celui-ci avec une facilité extrême. Car il est évident que si dans la derniere figure, on décrit du pole A sur l'axe DB prolongé indéfiniment, une conchoïde dont les ordonnées

(*a*) Car à cause de l'hyperbole EF × FC = CA × AB, mais les triangles semblables FCA, GAB, donnent AB : BG : : CF : CA. Donc CA × AB, BG × CF. Et conséquemment BG = EF ; BF est donc un parallelogramme ; or BE = 2 AD, par conséquent GF l'est aussi.

convergentes ſoient doubles de A D, elle coupera la ligne C D F au point F, qui donnera la ſolution cherchée. Ce fut ſans doute ce problême qui donna d'abord à *Nicomede* l'idée de cette courbe, qu'il chercha enſuite à appliquer au problême de la duplication du cube. Ce que l'on fait ici par le moyen de la conchoïde ſupérieure, on peut auſſi le faire par le moyen de l'inférieure, en la décrivant du même pole ſous l'axe C F; le point G où elle coupera la ligne D B, donnera également la poſition de A G F; enfin cette même conchoïde inférieure ſervira à la conſtruction de la figure 20, où il s'agit de faire enſorte que la ligne E F interceptée entre la circonférence & le diametre prolongé A F, ſoit égale au rayon. Il eſt évident que la conchoïde inférieure décrite du pole D ſous l'axe D F avec les ordonnées convergentes toutes égales au rayon, coupera le cercle au point E qu'on deſire (*a*).

Il me reſte à faire connoître une maniere élégante & tout-à-fait digne de remarque, dont quelques Géometres anciens réſolurent le problême de la triſection, ſans le réduire aux deux conſtructions précédentes (*b*); elle eſt fondée ſur une belle proprieté de l'hyperbole que voici. *Lorſque les aſymptotes qui renferment une hyperbole, forment un angle de* 120 *degrés, ſi l'on prend ſur l'axe* D B A, *la partie* B A *égale au demi-axe tranſverſe* C B, *de quelque point de l'hyperbole* F B, *qu'on tire des lignes aux points* A, D, *l'angle en* A *ſera toujours double de celui qui ſe fait en* D. L'uſage de cette proprieté pour la triſection de l'angle eſt facile à appercevoir. Si ſur la ligne A D, on décrit un arc quelconque de cercle A F D, il ſera toujours coupé par l'hyperbole, en F par exemple, de maniere que l'arc A F ſera la moitié de F D. Ainſi ayant un arc quelconque propoſé, à partager en trois parties égales, on diviſera ſa corde A D en trois parties égales D C, C B, B A, on tirera les aſymptotes A C, C H, faiſant l'angle A C H de 120°, l'hyperbole décrite entr'elles par le point B, coupera cet arc au point F, & A F ſera un des tiers cherchés. *Fig.* 22.

Une obſervation que nous ne devons pas omettre ici, eſt

(*a*) La conchoïde inférieure à la proprieté ſinguliere de ſe replier quelquefois ſur elle-même, comme l'on voit dans la figure vingtiéme. Cela arrive lorſque la grandeur de la ligne convergente au pole, eſt plus grande que la diſtance du pole à l'axe. Cela eſt aiſé à appercevoir, & c'eſt le cas de la figure 20, le rayon étant néceſſairement plus grand que le ſinus D G.

(*b*) Papp. *Coll. Math. l. IV pr.* 34.

que non-seulement l'hyperbole F B φ, coupe d'un côté l'arc A F égal au tiers de A F D, & de l'autre l'arc A φ = au tiers du restant au cercle ; mais que l'hyperbole opposée, dont le sommet est en D, coupe encore le cercle en un point *f*, tel que l'arc A F *f* est le tiers de la circonférence augmentée de l'arc A F D, & A φ *f* est le tiers de cette même circonférence augmentée de l'arc A φ D. C'est une sorte de merveille que les Anciens n'auroient pas manqué d'admirer s'ils l'eussent remarquée. Mais ce n'en est point une pour les Modernes, qui en connoissent non-seulement la raison, mais même la nécessité.

XVIII.

Une Ecole ou la Géométrie étoit en si grand honneur, ne pouvoit manquer de fournir à notre Histoire un grand nombre de Géometres. *Proclus* en fait une assez longue énumération (*a*), & nous apprend quelques traits de leurs travaux. Les uns plus avancés en âge que *Platon*, ou ses égaux, fréquentoient son Ecole comme ses amis, & par affection pour sa doctrine. Beaucoup d'autres y venoient comme ses Disciples ou ses Eléves. Il est de notre objet de les passer en revue, & de d'indiquer ce que les Mathématiques doivent d'avancement à chacun d'eux.

Parmi les premiers étoient, *Laodamas*, *Architas* & *Theætetus*. *Laodamas* fut un des premiers à qui *Platon* fit part de sa Méthode d'analyse, avant que de la rendre entierement publique ; & il profita, dit *Proclus* (*b*), habilement de ce secours, pour faire un grand nombre de découvertes. *Architas* & *Theætetus* le seconderent heureusement, & reculerent encore beaucoup les limites de la Géométrie. Le premier de ceux-ci étoit un riche Citoyen d'Athenes, ami & condisciple de *Platon* sous *Socrate* & *Theodore* le Géometre. On croit qu'il avoit particulierement cultivé la Théorie des corps réguliers. A l'égard d'*Architas*, c'étoit, comme l'on sçait, un Pythagoricien d'une vaste étendue de connoissances, avec qui notre Philosophe avoit contracté une grande liaison ; & qui fréquentoit son Ecole apparemment dans les temps où il se trouvoit à Athenes.

Les autres Géometres Platoniciens qui nous sont connus,

(*a*) *In I. Eucl.* l. II. c. 4.
(*b*) *Ibid.* & l. III. p. 1.

ſont les ſuivans. *Neoclis* ou *Neoclides*, eſt donné par *Proclus*, pour Auteur de quantité de découvertes ; ſon éléve *Leon* en fit auſſi pluſieurs & écrivit des Elémens de Géométrie. Je paſſe rapidement ſur quelques-uns de ceux qui ſuivent. *Theudius* de Magnéſie compila de nouveaux Elémens de Géométrie, & les augmenta de pluſieurs propoſitions nouvelles. *Cyſicin* d'Athenes, *Hermotime* de Colophone, *Amiclas* d'Heraclée, furent encore des Géometres qui s'illuſtrerent par des découvertes. Les deux *Philippes*, l'un de Medmée, l'autre d'Opuntium, traiterent, le premier des queſtions Mathématiques néceſſaires à l'intelligence des livres de *Platon*, le ſecond de divers ſujets, comme des *Médiétés*, (c'eſt le nom que les Anciens donnoient aux différentes eſpeces de rapports, que nous appellons généralement *proportions*), de l'Arithmétique, des nombres abondans & du cercle.

Eudoxe, *Menechme* & *Dinoſtrate*, nous fourniſſent de quoi nous arrêter davantage ſur leur ſujet. Le premier eut beaucoup de part, ſuivant *Proclus*, à l'avancement de la Géométrie. Il imagina différentes nouvelles eſpeces de rapports, outre celles qu'on connoiſſoit déja ; mais quoique quelques Arithméticiens s'en ſoient occupés, elles ſont aſſez inutiles, & en effet elles ont fait peu de fortune en Mathématique. On croit qu'il cultiva avec ſuccès la théorie des ſections coniques ; on l'en a même réputé l'inventeur, ſoit que ſes recherches & ſes découvertes dans ce genre ayent donné lieu à cette opinion, ſoit que l'Hiſtorien peu intelligent, ait donné ce nom à quelques autres courbes particulieres ; ce qui me paroît plus probable. C'eſt par une faute pareille d'intelligence en Géométrie, que *Diogene Laerce* nous dit qu'il inventa les lignes courbes. Il vouloit dire ſans doute, qu'il imagina certaines courbes d'une eſpece particuliere, pour réſoudre le problême de la duplication du cube, ce que nous avons remarqué dans l'article précédent.

Menechme, Diſciple particulier d'*Eudoxe*, ne laiſſoit pas de fréquenter l'Ecole de *Platon*, avec ſon frere *Dinoſtrate*. Il amplifia la théorie des ſections coniques, au point qu'*Eratoſtene* ſemble lui faire honneur de leur invention, & ſes deux ſolutions du problême des deux moyennes proportionnelles ſont un monument remarquable de ſon habileté en Géométrie. A l'égard de *Dinostrate*, il marcha sur les traces de son frere, & on lui attribue en général plusieurs découvertes Géométriques. Il est sur-tout connu par l'invention de la quadratrice, qui a même retenu son nom. Disons quelques mots de cette courbe célebre en Géométrie.

Fig. 23. La quadratrice semble avoir été imaginée dans la vue de servir à la résolution du problême, de diviser un angle en raison donnée. Cette propriété est la premiere conséquence qu'on tire de sa génération que voici. Imaginons un rayon comme C B, se mouvoir circulairement & uniformément, en passant par les situations C E, C E' &c. jusqu'à celle de C A; & que pendant ce même temps, une ligne K P se mouvant parallelement à elle-même & d'un mouvement uniforme, s'éléve de C P en A L, l'intersection continuelle de ce rayon & de la parallele dont nous parlons, formera la courbe D [illegible]e'A, qui est la quadratrice. On apperçoit aussi-tôt en vertu de cette génération, que tirant une parallele quelconque, & par le point où elle coupe la quadratrice, comme e menant les rayon, l'arc A E est au quart de cercle, comme A[illegible] est à A [illegible]. Ainsi le quart de cercle sera toujours divisé en même raison que le rayon, ou plus généralement un arc quelconque, sera toujours divisé en même rapport que la partie correspondante du rayon.

Venons maintenant à la propriété qui a donné le nom à la quadratrice. On démontre que le dernier point D, où elle se termine sur le rayon C D B, est tellement situé que C D est à C B, comme C B est au quart de cercle. Cette courbe donneroit donc la quadrature du cercle, s'il étoit possible de trouver ce point par une opération Géométrique, & c'est pour cela qu'on l'a nommée chez les Anciens *quadratice*, comme qui diroit courbe propre à quarrer le cerle. Nous soupçonnons, & *Pappus* semble le dire (*a*), que ce fut *Dinostrate* qui observa cette propriété remarquable, & je pense que c'est plutôt de cette découverte, que de l'invention de la courbe elle-même, qu'est venue la coutume de dire la quadratrice de *Dinostrate*, comme l'on dit la spirale d'*Archimede*. Car il y a quelques raisons de croire qu'elle est plus ancienne, & que son inventeur fut *Hippias* d'Elée, Philoso-

(*a*) *Coll. Math. l.* IV.

phe & Géometre habile, contemporain de *Socrate*. Je le conjecture d'après un endroit d'un Auteur ancien (*a*), qui dit qu'on tenta la multi-section de l'angle, par les quadratrices d'*Hippias*. Je ne crois pas que l'antiquité nous fourniffe aucun autre Géometre de ce nom, que celui dont je parle (*b*).

XIX.

Les Mathématiques mixtes, ne firent pas chez les Platoniciens des progrès proportionnés à ceux de la Géométrie. A l'exemple de leur chef, plus addonnés à des spéculations abstraites, qu'à l'observation de la nature, ces Philosophes furent peu attentifs à saisir les véritables principes des sciences Physico-Mathématiques. L'Astronomie resta chez eux, à peu-près dans le même état où ils l'avoient reçue. Nous ne nous arrêterons pas à observer qu'ils eurent sur la forme de la terre, sur la cause des éclipses, &c. des idées justes & exactes. Ce n'étoit déja plus un mérite pour une école de Philosophes; & l'on ne trouve plus dès le temps de *Socrate*, aucune division parmi eux sur ce sujet.

Ce que nous venons de dire sur l'Astronomie des Platoniciens, nous dispense de nous étendre beaucoup sur leurs opinions Astronomiques. Nous observerons seulement que le systême d'arrangement de l'Univers qu'ils adopterent en général, est celui qui met la terre au centre, & qui fait tourner autour d'elle les Planetes dans cet ordre, la Lune, Mercure, le Soleil, Vénus, Mars, Jupiter & Saturne. Les écrits du Chef du Lycée ne nous présentent rien de remarquable, sinon des opinions ou erronées ou inintelligibles, sur la formation de l'Univers, & les rapports des distances des corps célestes. On dit néanmoins que *Platon* embrassa dans sa vieillesse, & après un plus mûr examen, le sentiment pytha-

(*a*) Procl. *ad I. Eucl.* p. 9.

(*b*) Toute la quadratrice n'est pas contenue dans le quart de cercle A C B; car on peut concevoir que le rayon continue à se mouvoir circulairement, & parcoure l'autre arc A K, pendant que la ligne A L continuera à s'élever parallelement à K P. L'intersection continuelle de cette parallele avec le rayon prolongé, formera le reste de la courbe A G g, qui aura une asymptote F H, éloignée du centre de deux fois le rayon. Il y aura enfin de l'autre coté de l'axe P K, une partie semblable à D A G; de sorte que toute la courbe sera comprise entre deux asymptotes paralleles & éloignées l'une de l'autre de quatre fois le rayon.

gorien, qui place le Soleil au centre de l'Univers (*a*). Cela paroît appuyé sur l'autorité de *Theophraste*, & elle doit être réputée d'un grand poids, car il avoit écrit une Histoire fort détaillée de l'Astronomie.

L'Ecole Platonicienne, quoique peu heureuse en découvertes Astronomiques, nous offre cependant quelques Astronomes. *Helicon* de Cysique, l'un d'eux, donna, dit-on, un exemple d'habileté peu commune alors, en annonçant une éclipse de Soleil, qui arriva comme il l'avoit prédit (*b*). Aussi reçut-il une récompense proportionnée à la rareté de la prédiction, s'il est vrai que *Denis* Roi de Syracuse, lui fit donner un talent. Malheureusement ce trait du sçavoir d'*Helicon*, & de la générosité de *Denis*, souffre de grandes difficultés. Car on ne trouve dans tous les environs du regne de ce Prince, aucune éclipse que le Philosophe Platonicien ait pu prédire.

Parmi les Astronomes sortis de l'Ecole de *Platon*, *Eudoxe* est celui qui jouit de la plus grande célébrité. Il séjourna long-temps en Egypte, & si nous en croyons Séneque (*c*), il en rapporta la théorie des mouvemens des cinq Planetes, que les Grecs n'avoient point encore considérées. Mais cela me paroît peu exact, puisqu'il s'écoula encore près de quatre siecles avant que les Grecs eussent seulement ébauché cette partie de l'Astronomie. *Hipparque*, malgré son habileté, n'osa l'entreprendre faute d'observations, & se borna à en fournir à ses successeurs.

On attribue à *Eudoxe* (*d*) une sorte d'hypothèse Physico-Astronomique, qui répond mal à cette grande réputation qu'il eut chez les Anciens. Il est nécessaire que nous l'expliquions, parce qu'elle paroît être la premiere origine de cette multitude de spheres emboîtées les unes dans les autres, qu'on imaginoit dans les cieux durant les temps d'ignorance, & que des Ecrivains mal informés mettent injustement sur le compte de *Ptolemée* & d'*Hipparque*.

Chaque planete, suivant *Eudoxe*, avoit une espece de ciel à part, composé de spheres concentriques, dont les mouve-

(*a*) Plut. *Quæst. Plat.* 7.
(*b*) Plut. *In Dion.*
(*c*) *Quæst. Nat.* l. VII.
(*d*) Arist. *Metaph.* l. XII. c. 8. Simpl. *In l.* II. *de cœlo. com.* 46.

mens

mens ſe modifiant les uns les autres, formoient celui de la planete. Pour repréſenter, par exemple, le cours du Soleil, il imaginoit trois de ces ſpheres. La premiere tournoit d'Orient en Occident dans 24 heures, & produiſoit ſa révolution journaliere. La ſeconde tournoit ſur les poles du Zodiaque, dans 365 jours, 6 heures; & elle ſervoit à rendre raiſon du mouvement propre. Il y ajoutoit une troiſieme ſphere, pour expliquer une aberration du Soleil hors de l'écliptique, qu'on avoit cru appercevoir, & celle-ci tournoit ſur un axe perpendiculaire à un cercle incliné à l'écliptique de la quantité de cette aberration prétendue. *Eudoxe* aſſignoit de même à la Lune, trois ſpheres, pour ſa révolution diurne, ſon mouvement en longitude & celui qu'elle a en latitude. Car comme on ne vouloit pas que le mouvement d'un ciel influât ſur celui d'un autre, il falloit à chacun une ſphere propre pour le mouvement diurne. A l'égard des cinq autres planetes, il leur donnoit à chacune quatre ſpheres, pour expliquer le mouvement journalier, le propre, celui de latitude, & les rétrogradations auxquelles elles ſont ſujettes.

Une hypotheſe auſſi abſurde & auſſi peu conforme aux phénomenes céleſtes, ne méritoit, ce ſemble, que d'être rejettée avec mépris des Mathématiciens judicieux; mais telle étoit alors la foibleſſe de l'Aſtronomie phyſique, qu'elle ne laiſſa pas de trouver des approbateurs, & même de mérite. *Ariſtote* ſe prit d'une belle paſſion pour elle, de même que *Calippe*, l'Auteur de la période Calippique, & un certain *Polemarque* (*a*). Ces deux derniers ſe tranſporterent exprès à Athenes, pour en conférer avec le Chef de l'Ecole Péripatéticienne, & ils y convinrent de quelques corrections, ou plutôt de quelques additions qui la rendoient encore plus ridicule. Car ils augmenterent le nombre de ces ſpheres juſqu'à 56, au lieu de 26 qu'il en falloit, ſuivant *Eudoxe*. C'étoit augmenter en même rapport l'abſurdité de ſon hypotheſe.

On dit néanmoins d'*Eudoxe*, qu'il étoit un grand obſervateur, & l'on montroit long-temps après lui, dans Cnyde ſa patrie, la tour où il obſervoit (*c*). Cela eſt plus raiſonnable que ce que dit *Petrone*, qu'il vieillit dans cette occupation

(*a*) Simpl. *Ibid.*
(*b*) Strab. *Geog. l.* 11.

au ſommet d'une montagne. Mais nous pouvons preſque aſſurer que les travaux d'*Eudoxe*, dans ce genre, n'eurent guere d'autre objet que les étoiles fixes & la conſtruction des Ephémérides de leur lever & leur coucher, ſi uſitées chez les Anciens. En effet, on cite de lui deux ouvrages, l'un intitulé ἐνοπτρον, *le miroir*, comme qui diroit le miroir du ciel; c'étoit ſuivant *Hipparque* (*a*), une deſcription des conſtellations, & de leurs poſitions reſpectives; l'autre portoit le titre *de Phœnomenis*, & décrivoit leurs levers & leurs couchers. Ces deux ouvrages fournirent dans la ſuite, la matiere au fameux Poëme d'*Aratus* qui n'a preſque fait que les mettre en vers. *Eudoxe* écrivit auſſi ſur la Géographie & ſur la Muſique, mais aucun de ces ouvrages ne nous eſt parvenu (*b*). On lui dut une eſpece de cadran qui fut appellé *Aranea*, ſans doute à cauſe du grand nombre de lignes qui s'y entre-coupoient. (*c*) Nous ne tenterons pas de deviner cette énigme; nous ſacrifierons même à des objets plus intéreſſans pluſieurs autres choſes, que nous pourrions encore dire de ce Philoſophe. Le même motif me porte à me contenter d'indiquer briévement les travaux Aſtronomiques, des deux *Philippes*, dont on a parlé dans l'article précédent comme Géometres. Celui de *Medmée* dreſſa des Ephémérides, que *Ptolemée* rappelle ſouvent (*d*), & l'autre écrivit ſur les planetes, ſur la diſtance & la grandeur du Soleil, de la Lune & de la Terre.

Les autres parties des Mathématiques mixtes, du moins en ce qu'elles ont de Phyſique, n'eurent pas chez les Platoniciens des ſuccès plus brillans que l'Aſtronomie; ils manquerent ici tout-à-fait le vrai chemin. Je me borne à un exemple qui concerne les progrès de l'Optique chez eux: après avoir beaucoup diſcuté de qu'elle maniere ſe faiſoit la viſion, ſi c'étoit par une intromiſſion, de quelques eſpeces ou corpuſcules partant des objets, ou par une émiſſion de quelque choſe ſortant de l'œil, ils ſe déterminerent par les raiſons les plus frivoles (*e*) en faveur du dernier ſentiment, qui eſt d'une extrême abſurdité. Rien ne prouve mieux combien

(*a*) *In Arat. phen. paſſim.*

(*b*) Voyez Stanl. *Hiſt. Phil.*

(*c*) Vitr. *Arch. l. IX, c.* 9.

(*d*) *App. Fixar.*

(*e*) Euclid. *Optica*, *Præf.*

l'esprit humain sympathise avec l'erreur, que de voir les hommes les plus éclairés de leur tems, malgré leur amour pour la vérité, adopter une opinion si peu raisonnable.

Nous conjecturons néanmoins que ce ne fut pas tout-à-fait sans fruit, que les Platoniciens s'occuperent de cette science; il est assez probable que la propagation de la lumiere en ligne droite, l'égalité des angles d'incidence & de réflexion, furent des remarques qui se firent chez eux; car on les voit bientôt après connues & admises pour principes. Nous croyons même qu'ils trouverent dès-lors plusieurs des théorêmes optiques, qui sont uniquement établis sur ces fondemens. Nous aurons occasion ailleurs de rapprocher ces premiers traits de l'Optique; ce qui fait que nous ne nous étendrons pas davantage ici sur ce sujet.

XX.

L'Ecole de *Platon*, après la mort de son chef, se partagea en deux autres, qui quoique opposées de sentimens sur divers points, convinrent néanmoins de porter estime aux Mathématiques. On continua à les regarder comme un préparatif indispensable à l'étude de la Philosophie; témoin la réponse de *Xénocrate*, dont on a parlé ailleurs (*a*), témoin la quantité d'exemples tirés de la Géométrie, dont *Aristote* a rempli ses écrits. Ainsi la Géométrie cultivée avec tant d'ardeur sous *Platon*, pendant qu'il présidoit au Lycée, souffrit peu de sa perte, & les Théories qui y avoient été ébauchées, s'accrurent & se fortifierent par les soins de divers Mathématiciens, dont quelques-uns nous sont connus. *Xénocrate* le successeur de *Platon*, après *Speusippus*, écrivit sur la Géometrie & l'Arithmétique (*b*). L'Ecole Platonicienne continua enfin à être celle d'où sortirent les principaux Géometres. On sçait qu'*Euclide* étoit Platonicien, & l'on peut conjecturer par l'âge où il vivoit, qu'il avoit puisé son habileté en Géométrie, sous les premiers successeurs de *Platon*. Nous le présumons aussi d'*Aristée*, Géometre célebre de l'Antiquité, quoique peu connu aujourd'hui à cause de la perte

(*a*) Liv. 1, art. 1.
(*b*) Diog. *in Xenocr.*

de ses écrits. Mais *Pappus* nous apprend (*a*), qu'il fut un des anciens qui eurent le plus de part aux progrès de la Géométrie sublime. Il fut auteur de deux excellens ouvrages dans ce genre. L'un étoit un Traité Elémentaire des coniques en cinq livres, qui renfermoit une grande partie de ce qu'*Appollonius* a rassemblé dans les quatre premiers de son ouvrage. Le second traitoit des Lieux solides, & comprenoit aussi cinq livres : *Pappus* le place d'abord après les coniques d'*Appollonius*, dans l'ordre d'étude qu'il prescrit à son fils ; ce qui désigne suffisamment que c'étoit une théorie sçavante, qui supposoit celle des coniques elle-même. Je n'ajouterai rien à ces traits ; ils suffisent pour donner de ce Géometre une idée fort avantageuse. *Euclide* eut pour lui des égards tous particuliers (*b*), & qui me font conjecturer qu'il avoit été son disciple ou son intime ami.

XXI.

Les Mathématiques pures eurent chez les Péripatéticiens un sort moins brillant que dans l'Ecole de Platon ; on ne doit cependant pas croire qu'elles y fussent négligées : bien différens de ceux des Péripatéticiens modernes, qui en blâmoient l'étude, ces anciens sectateurs d'*Aristote* y étoient fort versés, & ils ne faisoient en cela que suivre l'exemple de leur chef, dont les écrits, surtout Métaphysiques, sont remplis d'un grand nombre d'exemples qui appartiennent à la Géométrie. Ces endroits n'étoient cependant pas assez importans, pour mériter d'être rassemblés en faveur des Géometres ; & nous réputerons comme un temps perdu, celui qu'a employé un Mathématicien du siecle passé, à les compiler & les commenter (*c*). M. *Heilbroner* a pensé sans doute donner un morceau fort intéressant, en publiant de nouveau dans son *Histoire des Mathématiques*, ces fragmens d'*Aristote*. Mais nous lui conseillons par le même motif, de peu compter sur la reconnoissance des Mathématiciens.

La doctrine Astronomique d'*Aristote* est assez connue,

(*a*) *Coll. Math. l.* VII. *Præf.*
(*b*) Ibid.
(*c*) Blancanus, *loca Arist. Mathem.*

pour me diſpenſer d'en parler avec beaucoup d'étendue. Elle eſt preſque toute raſſemblée dans les deux premiers livres *de Cœlo*, où avec quelques raiſonnemens judicieux ſur des points élémentaires d'Aſtronomie, on trouve bien de la mauvaiſe Phyſique, ſur le mouvement, ſur la peſanteur, ſur la nature & l'arrangement des corps céleſtes. Ce fut cependant avec d'auſſi mauvaiſes armes, qu'*Ariſtote* porta le coup mortel au ſyſtême Pythagoricien, ſur l'immobilité du Soleil. Je ne m'étonne point qu'au temps de ce Philoſophe, un ſyſtême encore ſi mal établi eut peu de ſectateurs. L'ordre des progrès de la raiſõn demandoit qu'on s'obſtinât à réputer la terre immobile, juſqu'à ce qu'il y eût un aſſez grand nombre de faits propres à dépoſer contre cette opinion. Il faut des preuves bien victorieuſes pour convaincre d'une vérité qui choque auſſi fortement le témoignage des ſens ; & vraiſemblablement les Pythagoriciens ne les donnerent pas. On doit ſeulement être ſurpris que d'auſſi foibles objections que celles d'*Ariſtote*, ayent pu tenir pendant une longue ſuite de ſiecles, l'eſprit humain dans l'eſclavage. Nous remettons à les rappeller, juſqu'à ce que nous ſoyons arrivés au temps de *Copernic.*

Les écrits d'*Ariſtote* nous préſentent quelques traits de deux branches principales des Mathématiques mixtes ; je veux dire de l'Optique & de la Méchanique. A la vérité, ils y ſont encore tellement défigurés par l'erreur, qu'on ne peut les regarder que comme une groſſiere ébauche de ces ſciences. Ses *Queſtions Méchaniques*, ouvrage qui lui a fait tant d'honneur dans un temps où il ſuffiſoit qu'il eût parlé pour entraîner les ſuffrages, ne lui attireront pas les mêmes éloges des Méchaniciens modernes. Ils trouveront ſans doute que la plûpart des explications qu'il donne ſont entiérement fauſſes, & que la principale & la premiere eſt tout-à-fait ridicule. Nous allons mettre les Lecteurs à portée d'en juger. Il s'agit de donner la raiſon pour laquelle le levier ou la balance à bras inégaux, met en équilibre des poids ou des puiſſances inégales. *Ariſtote* la cherche dans les propriétés merveilleuſes du cercle, dont il fait la puérile énumération ; après quoi, il n'eſt pas ſurprenant, dit-il, qu'une figure ſi féconde en merveilles en produiſe une, en mettant en équilibre des puissances inégales. Tel est le raisonnement par lequel débute la Méchanique d'*Aristote*, raisonnement qui malgré son ridicule, n'a pas laissé d'être admiré, expliqué & développé en forme par plusieurs de ses commentateurs (*a*).

Nous remarquerons cependant, qu'*Aristote* avoit proposé ailleurs un principe très-propre à rendre raison du phénomene qu'il entreprenoit d'expliquer. C'est dans sa physique (*b*) où il dit assez clairement que si deux puissances se meuvent avec des vîtesses réciproquement proportionnelles, elles exercent des actions égales. Ce principe semble s'appliquer de lui-même non seulement au levier, mais encore immédiatement à toute sorte de machines. Car si deux poids, ou deux puissances sont tellement liées entr'elles, qu'elles ne puissent se mouvoir sans prendre des vîtesses en proportion réciproque de leurs forces, il y aura nécessairement de part & d'autre des actions égales, & par conséquent équilibre, puisque sans cela, il arriveroit qu'un effort en surmonteroit un autre, qui lui est précisément égal & opposé. *Aristote* n'apperçut point cette liaison, quoique assez apparente; & ce principe qui devoit le mettre en possession de la cause de tous les phénomenes de la Méchanique, resta stérile entre ses mains. *Descartes* plus pénétrant, en fit dans la suite le fondement & la clef universelle de sa Méchanique.

Je ne sçaurois porter un jugement plus avantageux de l'Optique qu'on trouve dans les écrits d'*Aristote*. Ses raisonnemens sur l'arc-en-ciel, sur la maniere dont on apperçoit les objets, les solutions qu'il donne de divers phénomenes optiques dans ses problêmes, n'ont rien de solide, tout y indique une science naissante & qui en est aux premiers pas. Cependant je ne puis disconvenir que malgré ces défauts, on ne laisse pas de reconnoître dans *Aristote* un génie supérieur. On lui doit surtout tenir quelque compte d'être entré un des premiers dans cette carriere, & sa Physique, quoique défectueuse presque partout, est beaucoup plus raisonnable que les mystérieuses analogies dont *Pythagore* & *Platon*

(*a*) Monantholius. *In quæst. Mech. Arist.* Leonicus Thomæus, Blancanus. *loca* Arist. *Math.* Septalius, &c.

(*b*) *Lib.* 1, *c. ult.*

firent le fondement de la leur. *Ariſtote* enfin, malgré ſes erreurs, à droit à l'eſtime de tous les Philoſophes raiſonnables. Le mépris & le blâme ſi ſouvent jettés ſur lui, dans ces temps où l'eſprit humain venant de ſecouer le joug de ſon autorité, inſultoit en quelque ſorte à ſon vainqueur, ne doivent tomber que ſur cette foule de commentateurs, ou de partiſans ſans génie, qui ſervilement attachés à ſes traces, n'oſerent jamais faire un pas au-delà des ſiens.

Quoique les Mathématiques ayent pris peu d'accroiſſemens dans l'Ecole d'*Ariſtote*, elle nous fournit cependant quelques Ecrivains de ce genre, que nous ne devons pas ometre. *Theophraſte* eſt le principal. Ce ſucceſſeur d'*Ariſtote* écrivit divers ouvrages qui traitoient des Mathématiques (*a*). & parmi eux il en eſt quelques-uns dont nous ne pouvons trop regretter la perte. Telle eſt l'hiſtoire complete de ces ſciences juſqu'à ſon temps ; elle conſiſtoit en quatre livres ſur l'hiſtoire de la Géométrie, ſix ſur celle de l'Aſtronomie, & un ſur celle de l'Arithmétique. Quelles lumieres précieuſes ne nous auroient pas fourni ces écrits, ſur leur origine & leur développement, ſujet dont quelques légeres étincelles répandues de loin en loin ne ſuffiſent pas pour diſſiper l'obſcurité ! Les Mathématiques eurent encore, vers le même-temps, un hiſtorien dans *Eudemus*, autre diſciple d'*Ariſtote*. (*b*) On avoit autrefois de cet Ecrivain, ſix livres ſur l'hiſtoire de la Géométrie, & autant ſur celle de l'Aſtronomie. C'eſt à ces ouvrages que nous devons ce que nous ſçavons aujourd'hui ſur l'origine de ces ſciences ; & c'eſt dans cette ſource que *Proclus*, *Theon*, *Diogene Laerce*, ont puiſé le peu de traits qu'ils nous en ont tranſmis. M. *Fabricius*, (*b*) nous a donné comme un fragment ou un paſſage de l'hiſtoire Aſtronomique d'*Eudemus*, quelques lignes tirées de l'ancien Evêque *Anatolius*. Mais ce ſera aſſez de les regarder comme un ſommaire de quelques chapitres de cette hiſtoire : car puiſqu'elle étoit en ſix livres, elle détailloit certainement davantage le développement des connoiſſances aſtronomiques, que ce prétendu fragment, où l'on retrouve en quatre à cinq lignes, tous les progrès de l'Aſtronomie, depuis *Thalès* juſqu'à *Anaxagore*

(*a*) Diog. *in Theophr.*
(*b*) *Bibl. Gr. T. III*, *p.* 278.

inclusivement. Ce sommaire me paroît même peu fidéle, & il contredit presque entiérement tout ce que nous sçavons d'ailleurs sur ce sujet. Au reste *Eudemus* donna aussi des preuves de son habileté dans l'Astronomie; car il prédit, ce qui étoit alors le chef-d'œuvre de cette science, une éclipse de soleil (*a*). Son ouvrage sur l'angle n'est connu que par le titre.

ICEARQUE. *Dicearque* de Mecene, sortit de la même école; c'étoit un Géographe Géometre, qui mesura géométriquement la hauteur de plusieurs montagnes. Il réduisit à sa juste valeur, ce qu'une renommée ignorante publioit des hauteurs des monts Cyllene, Pelion & Satabyre, qu'il trouva n'avoir pas plus de 1250 pas d'élévation perpendiculaire; ce qui revient à environ 1150 de nos toises (*b*).

XXII.

PYTHEAS. La ville de Marseille s'illustre aujourd'hui d'avoir donné naissance à un ancien Astronome & Géographe, à peu près contemporain de ceux dont on vient de faire mention. C'est de *Pytheas* que je veux parler. Je le place ici avec confiance; car on peut regarder comme démontré par un passage de *Strabon* (*c*), qu'il vécut au plus tard vers le temps d'*Alexandre*. En effet *Strabon* blâme *Eratostene*, d'avoir ajouté foi aux rapports de *Pytheas*, que *Dicearque*, malgré sa crédulité extrême, avoit rejettés. Ainsi *Pytheas* est plus ancien que *Dicearque*, qui avoit été disciple d'*Aristote*, & par conséquent il fut au moins contemporain de ce dernier.

Pytheas fut envoyé, à ce que l'on croit, par la République de Marseille, pour reconnoître de nouveaux pays vers le Nord, tandis que *Euthymene* alloit en découvrir du côté du Midi. On ne sçait rien de plus de celui-ci. Mais quant à *Pytheas*, il pénétra jusqu'aux dernieres barrieres de l'Europe, & il fut jusques dans l'isle de Thulé, aujourd'hui l'Islande. Le phénomene qu'il observa, sçavoir que le Soleil au solstice d'été touchoit seulement l'horizon, & remontoit aussi-tôt, est une preuve de la vérité de sa relation, en ce qu'il dit avoir été dans ces pays Septentrionaux. Car cette Isle est pré-

(*a*) Simpl. *in II. de cœlo. Com. 46.*
(*b*) Voyez une Dissert. de Dodwel, à la tête des *Geographi Græ. min. T. II.*
(*c*) *Geog. l. II.*

cisément

cisément un des lieux, où l'on commence à observer un pareil phénomene. *Strabon* ennemi déclaré des grands voyages, & *Polybe* l'ont traité de menteur (*a*), & sa relation d'imposture ; mais on répond facilement à l'un & à l'autre. Quelques expressions inintelligibles ou de style figuré, qui se trouvent dans cette relation, ne sont point suffisantes pour la faire rejetter en entier ; & à l'égard de *Polybe*, qui s'étonnoit qu'un homme sans richesses eût ainsi voyagé ; c'est une objection encore plus foible. Qui ignore que chez un Peuple dont le commerce maritime fait la puissance, rien n'est plus ordinaire que ces entreprises de découvertes, soit qu'elles soient formées par le gouvernement même, ou seulement par des particuliers opulens, qui s'estiment heureux de trouver des gens curieux & intrépides, pour seconder leurs vues ? *Gassendi* avoit autrefois écrit une justification plus détaillée de son ancien compatriote (*b*), à laquelle les Auteurs de l'Histoire littéraire des Gaules, auroient pu avoir plus d'égards. M de *Bougainville* a donné sur *Pytheas*, une Dissertation étendue, (*c*) à laquelle je renvoie pour le surplus de ce qui le concerne comme Géographe. Je passe à une discussion Astronomique plus intéressante, à laquelle cet ancien Astronome a donné lieu.

Pytheas est célebre en astronomie, par une observation de la hauteur du Soleil au solstice d'été, faite à Marseille avec un gnomon d'une hauteur considérable. Elle nous est rapportée avec cette circonstance par *Cleomede* (*d*), & les Astronomes modernes, partisans de la diminution de l'obliquité de l'écliptique, ont cru pouvoir en tirer une preuve victorieuse de leur opinion. C'est ce que nous devons examiner avec exactitude & impartialité.

Strabon (*e*) nous apprend, sur le rapport d'*Hipparque*, qu'il y avoit à Byzance, le même rapport entre le gnomon & son ombre solsticiale, que celui que *Pytheas* avoit observé à Marseille ; & un peu plus loin il dit qu'on l'avoit trouvé à Byzance de 120 à $41\frac{4}{5}$, ou en nombres entiers de 600 à 209. De-là on conclut que l'Astronome Marseillois avoit observé

(*a*) Ibid.
(*b*) *Op. T. IV, p.* 531.
(*c*) Mem. des Inscript. *T. XX.*
(*d*) *Cyclica Theor. l. I, c. VII.*
(*e*) *Geog. l. II.*

chez lui ce même rapport ; d'où après les déductions nécessaires pour le demi-diametre apparent du Soleil & la réfraction, on tire la hauteur du centre de cet astre au solstice d'été, de 70°. 31′. 35″. Mais la hauteur de l'équateur est à Marseille de 46°. 42′ & quelques secondes, il reste parconséquent pour l'inclinaison de l'écliptique au temps de *Pytheas*, 23°. 49′ & quelques secondes. Elle n'est aujourd'hui que de 23°. 28′. 30″ environ ; ainsi, dit-on, la diminution est apparente, & elle est d'environ une minute par siecle. M. *de Louville* n'a rien omis pour donner à ce raisonnement la plus grande force, & il faut convenir qu'il seroit décisif, si l'on étoit assuré que *Pytheas* eût observé avec une grande exactitude. Il le prétend sur ce que ces $\frac{4}{5}$ de parties, indiquent un soin particulier, & prouvent qu'on n'y négligea pas les plus petites fractions. Mais à bien apprécier cette raison, elle n'est d'aucun poids. En effet elle prouveroit aussi que l'observation de ceux qui trouverent à Byzance le même rapport, fut très-exacte. Rien moins cependant que cela : il est certain qu'ils se trompoient grossiérement ; car Byzance, aujourd'hui Constantinople, & Marseille ne sont pas sous le même parallele : que dis-je, ces villes different en latitude de prés de deux degrés. Ainsi l'on ne peut rien conclure de l'observation de *Pytheas*. Envain nous efforçons-nous d'anticiper en quelque sorte sur les siecles à venir, c'est à eux seuls qu'il appartient de porter un jugement décisif sur cette question.

AUTOLICUS. Nous finirons cet article par l'Astronome *Autolicus*. Il fleurissoit vers le temps d'*Alexandre*, & nous avons ses deux ouvrages, l'un intitulé *de ortu & occasu siderum*, & l'autre *de sphera mobili*. Ces deux ouvrages sont estimables en ce que la doctrine de la sphere, & celle des divers phénomenes du coucher & du lever des étoiles fixes, y sont démontrées rigoureusement par la théorie des sphériques. Mais aujourd'hui ils n'ont plus rien d'intéressant (*a*).

XXIII.

Nous ne sçaurions mieux terminer cette partie de notre

(*a*) Divers Auteurs ont traduit & publié ces ouvrages. Dasypodius les a donnés en Grec & en Latin, en 1572. in-8°. Jean Auria a publié le premier en 1587, & le second en 1588. in-8° : on trouve ce dernier dans la *Synopsis Math.* du P. Mersenne.

Histoire, qu'en remettant succinctement sous les yeux, ce que nous venons de présenter avec plus d'étendue. Les Mathématiques pures furent celles qui firent les pas les plus rapides & les plus assurés dans ce premier âge de la Philosophie Grecque. La Géométrie transplantée dans la Grece par *Thalès*, s'y accrut par ses soins & par ceux des disciples qui lui succédérent; mais ce fut principalement aux Pythagoriciens qu'elle dut, aussi bien que l'Arithmétique, ses progrès les plus remarquables: la plûpart des découvertes de la Géométrie élémentaire, n'ont pas une date moins reculée, & sont dûes à ces Philosophes ou à ceux qui remplirent l'intervalle qui s'écoula entr'eux & *Platon*. A cette époque, la Géométrie fut en état de s'élever à des spéculations plus brillantes & plus sublimes. Ce chef du Lycée en fournit le moyen, en découvrant & enseignant la méthode analytique, méthode qui est presque le seul & unique instrument pour se frayer un chemin à de nouvelles vérités. Aidés de ce puissant secours, les Géometres de son temps franchirent bientôt les bornes où la Géométrie avoit été resserrée jusqu'alors. On vit naître une théorie plus sçavante & plus étendue des lignes courbes. On n'avoit encore connu & considéré que le cercle & la ligne droite: on imagina alors les sections coniques, & la recherche qu'on fit de leurs propriétés donna bientôt naissance à une théorie de ces courbes assez profonde. Je donne une même date à l'invention des lieux géométriques, & à celle de leur application aux problêmes déterminés, derniere découverte, si utile & si justement prisée dans la Géométrie moderne. Toutes ces sçavantes méthodes, ébauchées par les premiers disciples de *Platon*, & cultivées par ceux qui leur succéderent, s'accrurent en peu d'années au point de fournir la matiere à plusieurs ouvrages assez considérables. Tel étoit à peu près l'état de la Géométrie au temps d'*Alexandre*, deux siecles & demi après que le Philosophe de Milet l'eut fait connoître aux Grecs.

Mais les Mathématiques mixtes ne prirent pas à beaucoup près un essor si rapide & si prompt. Elles resterent long-temps arrêtées aux connoissances élémentaires. L'Astronomie, quoique celle qui eut le sort le plus brillant, en est un exemple: ses progrès dans ces deux ou trois premiers siecles, consistent presque uniquement à avoir établi les vérités principales de l'Astronomie ſphérique; je veux dire, la rondeur de la terre, la diſpoſition des cercles de la ſphere, & les phénomenes qui en ſont la ſuite. Ces connoiſſances ne commencerent même à être univerſellement répandues, & hors de conteſtation, que vers le temps de *Socrate*. A l'égard de l'Aſtronomie théorique, de celle qui détermine la ſituation & les révolutions des Planetes, qui prédit leurs rencontres & leurs poſitions, elle en étoit encore en quelque ſorte aux premiers pas. Les connoiſſances acquiſes dans cette partie de l'Aſtronomie, ſe réduiſent preſque à celles de la cauſe des éclipſes, & de la poſition des principales Planetes à l'égard de la terre : les Pythagoriciens avoient entrevu le vrai ſyſtême de l'univers ; mais la vérité, apparemment mal établie, fut étouffée par le préjugé, & eut à peine le mérite d'un paradoxe ingénieux. Indépendamment de ce ſyſtême, dont l'Antiquité ne ſentit jamais la juſteſſe, il reſtoit à meſurer plus exactement les révolutions des corps céleſtes, & ſurtout du Soleil & de la Lune, qui ſont le principal objet de l'Aſtronomie, car on ne les connoiſſoit encore qu'aſſez imparfaitement : il reſtoit enfin à établir leurs rapports de diſtance & de grandeur, avec quelque conformité aux phénomenes, à reconnoître les inégalités de leurs mouvemens, à trouver des hypotheſes propres à les repréſenter & à les calculer avec quelque préciſion. Les Aſtronomes poſtérieurs, & principalement ceux d'Aléxandrie, furent les premiers qui s'occuperent de ces objets avec ſuccès.

L'Optique & la Méchanique, ces deux autres branches conſidérables des Mathématiques mixtes, préſentent encore un tableau moins ſatisfaiſant. Elles ſe reſſentirent ſurtout de la mauvaiſe phyſique des Anciens. Les raiſonnemens puériles des Platoniciens ſur la viſion, & ceux d'*Ariſtote* ſur la Méchanique, en ſont des exemples. La partie phyſique étoit encore à naître, & même nous ne hazarderons rien à dire que les Anciens reſterent toujours dans l'enfance en ce qui la concerne. A l'égard de la partie purement Mathématique de ces mêmes ſciences, celle qui eſt plus abſtraite & plus intimement liée avec la Géométrie, nous croyons devoir l'excepter de ce qu'on vient de dire. Il eſt certain qu'à cette époque, les Anciens n'ignoroient pas quelques-uns de leurs principes fondamentaux, comme la propagation rectiligne de la lumiere, l'égalité des angles d'incidence & de réflexion, la réciprocité des poids en équilibre dans la balance ou le levier, avec leur diſtance au point d'appui. On avoit même déja imaginé de réduire toutes les autres eſpeces de machines à ces premieres. A l'aide de ces principes, une grande partie de ces ſciences ſe réduit à la Géométrie pure; ainſi quoique nous n'en ayons aucune preuve bien poſitive, nous penſons qu'ils ne reſterent pas ſtériles entre leurs mains; la ſagacité avec laquelle ils ſuivirent les autres recherches géométriques, rend notre conjecture aſſez vraiſemblable.

HISTOIRE DES *MATHÉMATIQUES.*

PREMIERE PARTIE.

Contenant l'Histoire des Mathématiques, depuis leur naissance jusqu'à la destruction de l'Empire Grec.

LIVRE QUATRIEME.

Qui comprend l'histoire de ces sciences depuis la fondation de l'école d'Alexandrie jusqu'à l'Ere chrétienne.

SOMMAIRE.

I. *Fondation de l'Ecole d'Alexandrie.* II. *Des premiers Mathématiciens qui y fleurissent, & en particulier d'Euclide. De ses Elémens; plan de cet Ouvrage, & examen des défauts qu'on lui impute. Autres écrits d'Euclide.* III. *De Timocharis & d'Aristille.* IV. *D'Aristarque de Samos. Sa méthode pour mesurer la distance du Soleil à la Terre. Il adopte le sentiment de l'immobilité du Soleil, & il fait des efforts pour le mettre en honneur.* V. *Histoire d'Archimede. Précis de ses découvertes géométriques & de ses divers Ouvrages. Idée de la mé-*

thode & du tour de démonſtration qu'il emploie dans ſes recherches ſur la dimenſion des grandeurs curvilignes. Ses inventions méchaniques. Hiſtoire de ſes Miroirs, diſcutée. Sa mort; brieve notice bibliographique ſur ſes Ouvrages. VI. *D'Eratoſtene. Sa meſure de la terre, & ſon obſervation de l'obliquité de l'écliptique examinées. Ses autres inventions Mathématiques.* VII. *D'Appollonius le Geometre. Il écrit huit Livres ſur les Sections coniques. Idée de cet ouvrage, & principalement des quatre derniers Livres; Hiſtoire de ces Livres, perdus pendant long-tems, & retrouvés au milieu du ſiecle paſſé, à l'exception du dernier. Autres écrits d'Appollonius; précis de quelques-uns, & diverſes particularités à leur ſujet.* VIII. *De quelques Mathématiciens de mérite, contemporains des précédens, Conon, Nicomede, &c. Leurs travaux & leurs inventions.* IX. *Hiſtoire d'Hipparque & de ſes travaux aſtronomiques. Ses découvertes ſur la théorie du Soleil, ſur celle de la Lune, ſur le mouvement des fixes, ſur la Trigonométrie & la Géographie, &c.* X. *Mathématiciens qui fleuriſſent depuis le tems d'Hipparque juſqu'aux environs de l'Ere chrétienne, comme Geminus, Cteſibius, Heron, Soſigene, Théodoſe, &c.*

I.

Fondation de l'Ecole d'Alexandrie.

NOUS ne pouvions choiſir une époque plus propre à commencer cette partie de notre Ouvrage, que l'inſtitution de l'Ecole d'Alexandrie. Quelque mémorable qu'elle ſoit dans l'Hiſtoire des Lettres, il ſemble que c'eſt principalement dans celle des Mathématiques qu'elle doit tenir une place. En effet, ce que l'Ecole de Platon avoit été pour la Géométrie, celle d'Alexandrie le fut pour les Mathématiques en général. C'eſt dans ſon ſein que nous verrons déſormais fleurir ou ſe former preſque tous les hommes, devenus les plus célebres, par l'accroiſſement qu'ils leur ont procuré. C'eſt ſurtout à l'époque de cet établiſſement qu'on voit l'Aſtronomie ſortir de l'état d'enfance où l'avoient laiſſée les premiers Philoſophes Grecs, & prendre une marche plus aſſurée; qu'au lieu de ſe livrer à de vaines conjectures, on commença à mieux ſentir la néceſſité des obſervations, & à en accumuler pour l'uſage de la poſtérité. C'eſt enfin à cette Ecole célebre qu'eſt dû le premier ſyſtême d'Aſtronomie, fondé ſur une comparaiſon réfléchie des phénomenes céleſtes, & propre à les repréſenter avec quelque vérité.

Les premieres années qui ſuivirent la mort d'*Alexandre* furent des tems de trouble & de confuſion. Le vaſte Empire, fondé par ce Conquérant, & dont il jouit ſi peu, fut démembré par ſes principaux Capitaines, & *Lagus* eut pour ſa part l'Egypte. Il ne fut pas plutôt tranquille poſſeſſeur du ſceptre, qu'il tourna ſes vues du côté des ſciences. Il attira par ſon accueil & ſes bienfaits un grand nombre de Sçavans de la Grece, & bientôt ſa Capitale devint une ſeconde Athenes par les connoiſſances & les talens. Il ne ſe borna pas là : afin de les y fixer, il conçut le projet de cette Ecole, qu'on y vit fleurir ſi long-tems, & qui conſerva du moins, ſi elle n'augmenta pas toujours le dépôt des ſciences. Mais c'eſt principalement à ſon fils & ſon ſucceſſeur *Ptolemée Philadelphe* qu'eſt dûe la perfection de cet établiſſement. Ce Prince donna aux Sçavans, qu'il avoit attirés dans ſa Capitale, de nouvelles marques de ſa protection. Il les logea dans un magnifique édifice, qui, au rapport de *Strabon* (*a*), faiſoit partie de ſon Palais, & il contribua libéralement aux frais des entrepriſes qui avoient pour objet la perfection des ſciences. Il commença enfin à raſſembler cette magnifique Bibliotheque, où toutes les richeſſes de l'eſprit humain étoient renfermées.

II.

Parmi les Sçavans, que l'accueil des *Ptolemées* attira les premiers à Alexandrie, on remarque *Euclide* le Géometre, & les deux Aſtronomes anciens, *Ariſtille* & *Timocharis*, qui ſont mémorables à pluſieurs égards. Nous commencerons à parler d'*Euclide*, le plus célébre des Mathématiciens de ce tems, & le plus connu par ſes écrits.

EUCLIDE 300 *ans avant J. C.*

On ne confond plus l'*Euclide*, dont nous parlons ici, avec celui de Mégare, le Fondateur d'une Secte plus renommée par ſon acharnement à la diſpute, & l'invention de divers ſophiſmes, que par ſes progrès dans la recherche de la vérité. On n'a pu commettre cette erreur que dans ces tems de bar-

(*a*) *Liv.* XVII.

barie

barie ſcholaſtique, où attachant un mérite ſingulier à l'art de diſputer, on croyoit beaucoup honorer *Euclide* le Géometre, en le faiſant l'inventeur de cette dialectique captieuſe. Mais indépendamment de la différence des caracteres que les Ecrivains nous ont tracés de l'un & de l'autre, l'anachroniſme où l'on tombe en les confondant eſt groſſier. *Euclide* de Mégare fut un des premiers Auditeurs de *Socrate*, & lorſque les Athéniens mirent à mort ce Philoſophe reſpectable, *Platon* âgé ſeulement de 30 ans, ſe retira auprès de lui avec quelques-uns de ſes condiſciples, effrayés du ſort de leur Maître (*a*). Or cet événement répond à l'an 393 avant J. C. Notre Géometre étoit au contraire contemporain du premier *Ptolemée* (*b*), & vivoit par conſéquent près d'un ſiecle après. Il falloit ignorer entiérement ces faits pour confondre deux hommes auſſi différens.

On ne ſçait point quelle fut la patrie d'*Euclide*, & l'on ne connoît guere plus les événemens de ſa vie. Il avoit, à ce qu'on croit, étudié à Athenes ſous les Diſciples de *Platon*, & enſuite il ſe fixa à Alexandrie, attiré apparemment par les bienfaits du premier *Ptolemée*. *Pappus* (*c*) nous peint ſon caractere des traits les plus avantageux. Doux & modeſte, dit-il, il porta toujours une affection particuliere à ceux qui pouvoient contribuer aux progrès des Mathématiques, & bien différent d'*Appollonius*, qui ſaiſiſſoit avec plaiſir les occaſions de déprimer ſes contemporains, on ne le vit jamais aller ſur leurs travaux, ou chercher à les prévenir, pour leur ravir ou partager avec eux les lauriers qu'ils méritoient. Nous pouvons conjecturer ſur le trait ſuivant, qu'*Euclide* ne fut pas un ſçavant trop courtiſan. Le Roi *Ptolemée* lui ayant demandé s'il n'y avoit pas de chemin moins épineux que l'ordinaire pour apprendre la Géométrie, » Non Prince, lui ré» pondit-il, il n'y en a point de fait exprès pour les Rois »; *non eſt regia ad Mathematicam via* (*d*).

C'eſt ſurtout à ſes Elémens qu'*Euclide* doit la célébrité de ſon nom. Il ramaſſa dans cet ouvrage le meilleur encore de tous ceux de ce genre, les vérités élémentaires de la Géométrie, découvertes avant lui. Il y mit cet enchaînement ſi

(*a*) Diog. Laerce, *in Plat.*
(*b*) Procl. *in I. Eucl.* l. II. c. 4.
(*c*) *Coll. Math.* l. VII. *Proem.*
(*d*) Proclus. *Ibid.*

admiré par les amateurs de la rigueur géométrique, & qui est tel qu'il n'y a aucune proposition qui n'ait des rapports nécessaires avec celles qui la précédent ou qui la suivent. En vain divers Géometres, à qui l'arrangement d'*Euclide* à déplu, ont tâché de le réformer, sans porter atteinte à la force des démonstrations. Leurs efforts impuissans ont fait voir combien il est difficile de substituer à la chaîne formée par l'ancien Géometre, une autre aussi ferme & aussi solide. Tel étoit le sentiment de l'illustre M. *Leibnitz*, dont l'autorité doit être d'un grand poids en ces matieres; & M. *Wolf* qui nous l'apprend (*a*) convient d'avoir tenté inutilement d'arranger les vérités géométriques dans un ordre absolument méthodique, sans supposer des choses qui n'étoient point encore démontrées, ou sans se relacher beaucoup sur la solidité de la démonstration. Les Géometres Anglois, qui semblent avoir le mieux conservé le goût de la rigoureuse Géométrie, ont toujours pensé ainsi; & *Euclide* a trouvé chez eux de zélés défenseurs dans divers Géometres habiles, que nous citerons plus loin. L'Angleterre voit moins éclorre de ces ouvrages, qui ne facilitent la science qu'en l'énervant; *Euclide* y est presque le seul Auteur élémentaire connu, & l'on n'y manque pas de Géometres.

Le reproche de désordre fait à *Euclide*, m'oblige à quelques réflexions sur l'ordre prétendu qu'affectent nos Auteurs modernes d'Elémens, & sur les inconvéniens qui en sont la suite. Peut-on regarder comme un véritable ordre, celui qui oblige à violer la condition la plus essentielle à un raisonnement géométrique, je veux dire, cette rigueur de démonstration, seule capable de forcer un esprit disposé à ne se rendre qu'à l'évidence métaphysique? Or rien n'est plus commun chez les Auteurs dont on parle, que ces atteintes portées à la rigueur géométrique. Veulent-ils démontrer que chaque point de la perpendiculaire à une ligne est également éloigné des points de cette ligne, pris à égales distances de côté & d'autre, ils croiront vous convaincre en disant que cela est évident, parce que cette perpendiculaire ne penche pas plus d'un côté que de l'autre (*b*)? S'agit-il de prouver que toutes les cordes

(*a*) *Element. Math.* T. v. c. 3, art. 8.
(*b*) Lami. *Elem. de Geom.*

égales dans un cercle ſoutiennent des arcs égaux, ils ſe contenteront de dire que c'eſt une ſuite néceſſaire de l'uniformité du cercle (*a*), ils imploreront le ſecours de vos yeux pour vous aſſurer que deux cercles ne peuvent ſe couper qu'en deux points, ou que plus une ligne tirée à une autre, eſt éloignée de la direction perpendiculaire, plus elle eſt grande (*b*)? Des Géometres ſont-ils excuſables d'employer de pareils raiſonnemens? Ils ne ſont tout au plus bons qu'auprès de ces eſprits dociles, prêts à céder à la moindre lueur de vérité, ou au témoignage de leurs ſens. Mais il leur falloit néceſſairement ſe relâcher juſqu'à ce point, ou commencer à traiter d'un certain genre d'étendue, avant que d'avoir épuiſé ce qu'il y avoit à dire d'un autre plus ſimple, & ils ont mieux aimé ne démontrer qu'à demi, que bleſſer un prétendu ordre dont ils étoient épris.

Il y a même, à mon avis, une ſorte de puérilité dans cette affectation, de ne point parler d'un genre de grandeur, des triangles par exemple, avant que d'avoir traité au long des lignes & des angles: car pour peu que, s'aſtreignant à cet ordre, on veuille obſerver la rigueur géométrique, il faut faire les mêmes frais de démonſtrations, que ſi l'on eût commencé par ce genre d'étendue plus composé. J'oſe aller plus loin, & je ne crains point de dire que cet ordre affecté va à rétrecir l'eſprit, & à l'accoutumer à une marche contraire à celle du génie des découvertes. C'eſt déduire laborieuſement pluſieurs vérités particulieres, tandis qu'il n'étoit pas plus difficile d'embraſſer tout d'un coup le tronc, dont elles ne ſont que les branches. Que ſont en effet la plûpart de ces propoſitions ſur les perpendiculaires & les obliques, qui rempliſſent pluſieurs Sections des Ouvrages dont on parle, ſinon autant de conſéquences fort ſimples de la propriété du triangle iſoſcele? Il étoit bien plus lumineux, & même plus court de commencer à démontrer cette propriété, & d'en déduire enſuite toutes ces autres propoſitions.

Les Elémens d'*Euclide* appartiennent également à la Géométrie & à l'Arithmétique; c'eſt pour cette raiſon qu'ils ſont ſimplement intitulés *les Elémens*. Tels qu'ils ſortirent des mains de leur Auteur, ils ne contenoient que treize Livres,

(*a*) *Ibid.*
(*b*) Rivard. *Elem. de Geom.*

dont dix regardent la Géométrie, & les trois autres l'Arithmétique. Parmi ces Livres, il y en a huit, sçavoir les six premiers, le 11e & le 12e, dont la doctrine est absolument nécessaire ; elle est à l'égard du reste de la Géométrie, ce que la connoissance des lettres est à la lecture & à l'écriture. Les autres Livres sont réputés moins utiles, depuis que l'Arithmétique a changé de face, & que la théorie des incommensurables, & celle des solides réguliers, n'excitent gueres plus l'attention des Géometres : ils sont néanmoins excellens dans leur genre, & le dixieme surtout est un chef-d'œuvre, par la maniere dont y est traitée la doctrine des incommensurables. On trouve souvent dans les Elémens d'*Euclide* un 14e & un 15e Livre, où la théorie des corps réguliers, ébauchée dans le 13e, est poussée plus avant. Ils sont l'ouvrage d'*Hypsicle* d'Alexandrie, comme l'apprend la Lettre qui est à la tête du premier. L'addition de ces deux Livres n'étoit pas bien nécessaire, & ils devoient seulement former quelque Traité à part. Cependant un Editeur d'*Euclide* (M. *de Foix de Candalle*) a cru pouvoir leur en ajouter trois autres, où il épuise tout ce qu'on peut dire sur la comparaison des corps réguliers entr'eux. Il y examine surtout de nouveaux corps réguliérement irréguliers, formés en recoupant les réguliers d'une certaine maniere ; sujet qui méritoit peu qu'un Géometre s'en occupât sérieusement. Cette théorie des corps réguliers pourroit être aujourd'hui comparée à ces anciennes mines, où non seulement on ne fouille plus, mais dont le produit a presque entiérement perdu sa valeur. Les Géometres la regardent tout au plus comme un objet d'amusement, ou capable de fournir quelque problême singulier (*a*).

Quel que soit le désordre imputé à *Euclide*, je crois avoir montré par des exemples & des témoignages illustres, qu'on n'avoit pas encore trouvé le moyen d'allier un arrangement plus parfait avec la rigueur géométrique. Mais ce désordre est-il aussi énorme que le prétendent quelques Ecrivains ?

(*a*) Un problême de ce genre, est celui de percer un cube, de maniere qu'un autre cube égal puisse passer au travers ; il a été proposé & résolu par le Prince *Rupert*, Frere de Charles II, Roi d'Angleterre, & l'on peut en voir la solution dans *Wallis*, Tome II.

Nous osons dire que non. Pour peu qu'on considere le systême du premier Livre, le plus exposé à ce reproche, on verra bientôt qu'il est divisé en trois Parties; la premiere a pour objet les propriétés les plus simples des triangles, & leur comparaison; c'est surquoi roulent les 26 premieres Propositions, à quelques-unes près, qui sont ou des préliminaires pour la démonstration des suivantes, ou des especes de corollaires, que leur importance a fait ranger parmi les propositions principales. La seconde traite des parallelogrammes, & commence à traiter des paralleles; la troisieme enfin réunit les objets des deux précédentes, en comparant entr'eux les triangles & les parallelogrammes. Ce Livre est terminé par la fameuse propriété du triangle rectangle, qu'il étoit important de faire connoître aussitôt qu'il seroit possible. Tel est le plan général du premier Livre, plan où régne sans doute un ordre, mais subordonné à la rigueur géométrique, qualité aussi essentielle à un Livre de Géométrie, que l'agrément à un ouvrage destiné à plaire.

L'impossibilité de tout dire, à moins de grossir excessivement cet ouvrage, m'oblige de supprimer bien des choses qui y mériteroient quelque place. Tel est l'examen de la demande que fait *Euclide*, qu'on lui accorde que *si deux lignes coupées par une troisieme font les angles internes moindres que deux droits, elles concourront.* Il faut remarquer qu'il vient de démontrer qu'elles ne concourront point, si ces angles *sont égaux à deux droits;* & je suis persuadé que c'étoit là la place qu'*Euclide* donnoit à cette proposition, qu'on a mal-à-propos dérangée pour en faire la derniere des demandes. Quoi qu'il en soit, divers Géometres ont cru qu'*Euclide* s'étoit relâché ici de cette extrême rigueur, qui est si bien observée partout ailleurs, & l'envie de consolider en quelque sorte cet endroit, a excité les efforts de plusieurs d'entr'eux, comme de *Ptolemée*, de *Proclus* chez les Anciens (*a*), du Géometre Persan *Nassirredin* qui y a le mieux réussi (*b*), de *Clavius* (*c*), de *Wallis*, (*d*) &c. Nous aurions aussi à examiner sa définition des proportionnelles, rejettée par quelques-uns comme obscure, & par d'autres comme fausse. Il nous seroit facile de montrer

(*a*) Proclus, *in I, Eucl.* prop. 29.
(*b*) Comm. sur *Euclide*, en Arabe.
(*c*) *Comm. in Eucl.* Liv. I, p. 29.
(*d*) *Opp.* Tom. II.

qu'elle eſt très-bonne, & très-conforme à la maniere vulgaire de concevoir les grandeurs proportionnelles. L'obſcurité qu'elle préſente du premier abord ne vient que de ce qu'*Euclide* a voulu la rendre générale pour toutes ſortes de grandeurs, ſoit commenſurables, ſoit incommenſurables, qualité que la plûpart des Ecrivains modernes d'élémens ne ſe ſont pas mis en peine de donner à la leur. Mais je me borne à ce que je viens de dire, & à faire connoître dans la note ſuivante (*a*) quelques-uns des défenſeurs d'*Euclide*.

Quelque ſupériorité que je donne aux Elémens d'*Euclide* ſur les Ouvrages modernes de ce genre, je ne diſconviendrai cependant point de l'utilité de ces derniers. On ne peut leur conteſter l'avantage d'avoir rendu l'étude de la Géométrie plus facile, d'en avoir même répandu le goût. Tous ceux qui étudient la Géométrie, ne ſe propoſent pas d'y pénétrer profondément. Les uns ne le font que pour connoître une ſcience qui a une grande réputation, les autres parce que l'état qu'ils embraſſent exige des connoiſſances Mathématiques; mais pluſieurs ne ſont pas capables du degré d'attention, ou doués du courage d'eſprit, néceſſaire pour ſurmonter les difficultés de certains endroits du Géometre ancien. Il étoit donc néceſſaire de rendre la Géométrie plus acceſſible, & c'eſt ce que pluſieurs des Ouvrages dont nous parlons ont fait fort heureuſement. Si j'avois à enſeigner la Géométrie, je ne ferois aucune difficulté de m'en ſervir; cependant ſi je rencontrois un eſprit doué d'une grande facilité, de ce génie enfin qui annonce le Géometre avenir, je ne lui conſeillerois point d'autre Livre qu'*Euclide*. Ma façon de penſer m'a été confirmée par un habile Géometre, conſommé dans l'art d'inſtruire, que je nommerois ſi je croyois qu'il le trouvât bon.

J'aurois de quoi former un article d'une étendue exceſſive, ſi je m'attachois à donner une notice complete des commentaires, des éditions & des traductions ſans nombre qu'ont eu les Elémens d'*Euclide*. Je me contente d'indiquer les plus remarquables; le lecteur curieux de ces détails bibliographi-

(*a*) Le Chev. Savile dans ſes *prelect. in Eucl.* Le D. Barrow dans ſes *Lect. Geom.* Le P. Saccheri dans ſon *Eucl. ab omni nævo vindicatus*. Keil dans ſa Préface à l'édition des *Elémens* de 1708. David Gregori, Préface à ſa magnifique édition d'*Euclide*. Clavius & Wallis dans les endroits cités.

ques, peut recourir pour le surplus à un écrit de M. *Bose* de Vittemberg, qui a embrassé cet objet dans toute son étendue (*a*).

Parmi les Anciens, *Théon* d'Alexandrie commenta le premier par des notes les treize Livres d'*Euclide*, & y fit quelquefois de légers changemens. Après lui le Philosophe *Proclus* entreprit un Commentaire immense sur cet Ouvrage; on peut en juger par ses préliminaires, & ce qu'il a donné sur le premier Livre seul: cependant malgré la prolixité étrange de ce Commentaire, les traits nombreux qu'on y trouve, concernant l'histoire de la Géométrie, & la Métaphisique des Anciens sur cette science font regretter, du moins quant à cet objet, qu'il n'ait pas été poussé plus loin. Peu auparavant le même Ouvrage avoit été réduit en abrégé par *Eneas* d'Hierapolis.

Les Arabes nous fourniroient un grand nombre d'Auteurs de la même classe; *Thebith ben Corrah* traduisit, ou du moins revisa les Elémens dans le cours du neuvieme siecle. Mais le principal Editeur d'*Euclide* chez les Orientaux, est *Nassir-Eddin* de Thus, célébre Géometre Persan, qui florissoit vers 1250. Son sçavant Commentaire a été imprimé l'an 1598, en Arabe dans la magnifique Imprimerie des Médicis à Florence. Cet ouvrage, estimé parmi ceux de sa Nation, l'auroit peut-être été aussi parmi nous, si une Langue plus commune l'eût mis à portée d'être entendu. Nous en parlerons ailleurs plus au long (*b*).

Parmi les Chrétiens Occidentaux, *Athelard* en Angleterre, *Campanus* de Novarre en Italie, travailloient à peu près dans le même tems à déchiffrer & à traduire *Euclide* sur des versions Arabes. Ce fut seulement alors que les Latins commencerent à connoître cet Auteur: car jusqu'à ce tems, ils n'avoient eu pour Maîtres en Géométrie que *Boece* & *S. Augustin*, ou l'Auteur, quel qu'il soit, du Livre intitulé *de principiis Geometriæ*. L'ouvrage d'*Athelard* ne subsiste qu'en manuscrit dans la Bibliotheque de *Bodley* & celle de Nuremberg. Mais le travail de *Campanus* a été mis au jour en 1482, par les soins, je pense, de *Lucas de Burgo*, qui publia lui-même

(*a*) *De Variis* Eucl. *editionibus. Sched. Litter. Lipsiæ.* 1737. *in*-4°.
(*b*) Seconde Part. de cet Ouv. Liv. I., vers la fin.

une nouvelle édition Latine d'*Euclide*, en 1489. *Zamberti* en donna une autre en 1505, réimprimée en 1516. On lui reproche de n'avoir pas toujours entendu son original.

Toutes ces éditions n'avoient été faites que sur des versions Arabes, souvent défectueuses. Les Hervages, célebres Imprimeurs de Bâle, donnerent enfin en 1533, d'après d'anciens manuscrits, le texte Grec des quinze Livres des Elémens, & en conséquence on vit bientôt paroître dans divers endroits des traductions de cet ouvrage plus exactes & mieux entendues. Parmi ceux qui coururent cette carriere, on fait cas surtout de *Commandin*: sa traduction des Elémens, avec des notes, publiée en 1572, est très-bonne. Le grand nombre d'éditions Latines d'*Euclide* faites en Angleterre sur cette traduction, & par d'habiles Géometres, prouvent la justice de ce jugement. Le P. *Clavius* a sçavamment travaillé sur *Euclide*. On a estimé & l'on estime encore son Commentaire, qui est clair, méthodique, & dont la prolixité n'est pas du moins en pure perte pour l'instruction du Lecteur. Cependant aujourd'hui que l'esprit humain semble avoir acquis en général plus de vigueur, ce seroit un présage peu heureux pour un commençant en Géométrie, que d'avoir besoin de recourir à ce Commentaire. Je finis cette brieve notice par recommander l'*Euclide* de *Barrow* en 1659, celui de *Keil*, imprimé pour la premiere fois en 1708, & dont on a vu successivement un grand nombre d'éditions qui prouvent le cas que les Géometres Anglois font de cet Ouvrage. Je citerai enfin la magnifique édition Grecque & Latine de tout ce qui nous reste d'*Euclide*, donnée en 1703, par M. *David Gregori*, & accompagnée de sçavantes notes sur chaque Traité (*a*). C'est un monument durable élevé à la gloire de cet ancien Géometre. M. *Robert Simpson*, Géometre Ecossois, vient de proposer une nouvelle édition Angloise & Latine des Elémens, où il doit restituer plusieurs démonstrations qu'il trouve n'être pas conformes au vrai sens d'*Euclide* dans les éditions ordinaires.

Quelque célébrité qu'*Euclide* ait acquise par l'Ouvrage dont nous venons de parler, nous ne l'avons encore fait connoître que par le côté le moins avantageux. S'il y a du mérite à avoir frayé aux Commençans les routes de la Géométrie, à

(*a*) *Euclidis omnia quæ supersunt*, Oxon. in f.

avoir

avoir solidement établi ses vérités fondamentales, il y en a sans doute beaucoup plus à avoir contribué à reculer ses bornes. C'est ce qu'*Euclide* paroît avoir fait par divers autres Ouvrages, mais dont les plus capables de lui faire honneur, ne nous sont pas parvenus. On a ses *data* ou *donnés*; c'est une continuation de ses Elémens, & le premier pas vers la Géométrie transcendante (*a*): ils ont eu plusieurs éditions, entr'autres une Grecque & Latine, en 1625, où l'on lit aussi l'Introduction à ce Traité, par *Marinus* de Neapolis. Nous citerons encore celle qui a été donnée en 1659, par le D. *Barrow*. On avoit autrefois d'*Euclide* deux Livres sur *les lieux à la surface*; quatre autres sur *les coniques*, où il étendoit cette théorie; trois autres enfin sur ce que les anciens Géometres appelloient des *Porismes* (*b*). *Pappus* nous a donné un précis de ces derniers Livres, où M. *Halley*, quoique fort versé dans la Géométrie ancienne, avouoit ne rien comprendre (*c*). M. *Robert Simpson* nous a fait espérer qu'il seroit plus heureux que M. *Halley* (*d*); mais dans l'état où est aujourd'hui la Géométrie, je ne sçais si cette énigme mérite qu'on fasse de grands efforts pour la deviner.

Proclus cite un autre Ouvrage d'*Euclide*, qui étoit intitulé *de divisionibus*. On croit, avec quelque raison, qu'il concernoit ce que nous nommons aujourd'hui la Géodésie, c'est-à-dire la division des figures. On a sur le même sujet un élégant Traité d'un Géometre Arabe, nommé *Mehemet* de Bagdad, que quelques-uns ont soupçonné être celui d'*Euclide*. Mais je crois que c'est traiter l'Ecrivain Arabe de plagiaire, sur un trop léger fondement.

Il y a peu de parties des Mathématiques sur lesquelles *Eu-*

(*a*) On appelle *donné*, ce qui est déterminé par les conditions du problême, & en même tems connu & assignable. Telle est l'aire d'un triangle, sa hauteur & sa base étant connues. Il y a des donnés d'espece, comme un triangle dont tous les angles, ou les rapports des côtés sont connus, une section conique dont l'axe & le parametre sont déterminés; il y en a de grandeur, comme l'aire d'un triangle dont les côtés sont donnés; il y en a enfin de position, comme des lignes dont l'inclinaison avec une autre est connue; des points qui se trouvent dans l'intersection de deux lignes droites, dont la position est déterminée. Ce langage étoit très-familier à la Géométrie ancienne, & M. *Newton* l'emploie aussi beaucoup dans les premieres sections de ses principes. On peut consulter cet Ouvrage pour prendre une idée distincte du sens & de l'usage de ce terme en Géométrie.

(*b*) Pappus. *Coll. Math.* l. VII, Pref.

(*c*) Appol. *de sectione rationis*, p. 37.

(*d*) *Trans. Phil.* n°. 357.

clide n'ait écrit. Nous avons son Traité *de phenomenis*, ce sont les démonstrations géométriques des phénomenes des divers levers & couchers des étoiles, dont l'ancienne Astronomie s'occupoit fort. Sa *Musique*, où il traite de la théorie de cet Art chez les Anciens nous est aussi parvenue (*a*); c'est un des Ouvrages où l'on peut le plus commodément en puiser une connoissance. Quant aux deux Livres d'optique, qu'on met sous le nom d'*Euclide*, j'ai beaucoup de peine à croire que ce soit avec justice; car cet Ouvrage fourmille de fautes & d'erreurs grossieres, absolument incompatibles avec l'exactitude scrupuleuse qui caractérise l'Auteur des Elémens. Il est vrai qu'il avoit écrit sur ce sujet; *Proclus* & *Théon* (*b*) nous l'apprennent: mais en conclure que l'Ouvrage que nous avons aujourd'hui soit le sien, c'est, ce me semble, une conséquence un peu précipitée. Si dans la littérature on juge qu'un Ouvrage est faussement attribué à un ancien Ecrivain, parce qu'on y trouve un style & des fautes qu'on ne voit point dans ses autres écrits, ne devons-nous pas juger, suivant les mêmes regles, de ceux des Mathématiciens? Un habile Géometre est aussi éloigné de commettre les lourdes fautes qu'on trouve dans l'optique attribuée à *Euclide*, qu'un excellent Ecrivain de pécher grossiérement & fréquemment contre sa Langue. D'ailleurs nous remarquerons qu'on y lit le nom de *Pappus*, Géometre postérieur de plus de sept cens ans; ce qui est un motif de croire que ce Traité, s'il est l'ouvrage d'*Euclide*, a été altéré par ceux qui sont venus après lui, & que ce qu'il a de mauvais ne doit point être mis sur son compte.

III.

ARISTILLE & TIMOCHARIS.

Nous avons déja annoncé au commencement de ce Livre que l'Astronomie se ressentit particuliérement de la fondation de l'Ecole d'Alexandrie, & qu'on y reconnut mieux qu'on n'avoit encore fait l'importance des observations. Les Astronomes *Aristille* & *Timocharis* furent ceux qui commencerent à travailler sur ce nouveau plan; & il est à regretter

(*a*) *Eucl. Musica*, *g. l.* 1557. 4°. Voyez aussi la Coll. des *Musici veteres* de Meibomius, Tom. I.

(*b*) *In I. Eucl.* l. 1. c. 5. *In I. Almag.*

que nous n'en sçachions que le peu que nous en apprennent les citations de *Ptolemée.* Elles suffisent néanmoins pour nous apprendre qu'ils servirent l'Astronomie avec zele, & que leurs observations furent d'une utilité remarquable pour leurs successeurs. Ils paroissent avoir été les premiers qui ayent déterminé la position des étoiles fixes par rapport au Zodiaque en marquant leurs longitudes & leurs latitudes. Si nous en jugeons même par un assez grand nombre d'observations rappellées par *Ptolemée* (*a*), nous penserons qu'ils commencerent les premiers à former le hardi projet de dresser un catalogue des étoiles; car on trouve dans les endroits cités des déterminations de positions d'étoiles fort éloignées du Zodiaque; d'où l'on peut conclure qu'ils ne se bornerent pas à celles qui sont voisines de ce cercle, & dont il est le plus important de connoître le lieu. Ils observerent du moins depuis l'an 295 avant J. C. date de leur premiere observation connue, jusqu'à la 13e année de *Ptolemée Philadelphe*, ce qui fait un intervalle de 26 ans. La position des étoiles ne fut pas la seule chose qui les occupa, ils fournirent à *Ptolemée* une grande partie des observations fondamentales de sa théorie des planetes; & il paroît que ce sont eux qu'il désigne souvent par le nom d'anciens Observateurs. Les dates sont favorables à cette conjecture, & d'ailleurs *Timocharis* est souvent nommé en particulier.

Nous apprenons par un catalogue des Commentateurs d'*Aratus* (*b*) qu'il y eut deux Géometres ou Astronomes du nom d'*Aristille*, qui paroissoient avoir été freres; en effet ils

(*a*) *Alm.* l. VI. c. 3.

(*b*) Aratus, l'Auteur du Poëme *des Phenomenes*, est trop célebre pour le passer ici sous silence, quoiqu'on ne puisse pas le ranger parmi les Astronomes. C'étoit, dit-on, un Médecin de la Cour d'Antigone; ce Prince lui imposa la tâche du Poëme dont nous parlons, qui est une description en Vers des constellations célestes, & de leurs levers & leurs couchers pour le climat de la Grece. Aratus qui n'étoit pas Astronome, mit en Vers le Traité d'Eudoxe des *phenomenes*, & l'autre intitulé *Enoptron.* Ce Poëme, dont la versification est fort belle, mais qui est sans chaleur, parce qu'Aratus, qui n'étoit guere plus Poëte qu'Astronome, n'a point sçu y mettre l'action dont il étoit susceptible, fit cependant parmi les Anciens une fortune des plus brillantes. Une foule d'Ecrivains le commenterent ou l'éclaircirent par des notes. Il y en a eu trois traductions Latines & en Vers, par Ciceron, Avienus, & Germanicus César. Il ne reste de la premiere que quelques fragmens qui ne font pas beaucoup d'honneur à la verve de l'Orateur Romain. Les deux autres Traducteurs réussirent beaucoup mieux, & leurs ouvrages nous sont parvenus. On peut voir au sujet des diverses éditions & traductions de cet ancien Poëme, M. Fabricius dans sa *Bibliotheque Grecque*, Tom. II.

y sont nommés *Aristilli duo Geometræ, major minorque*; nous sçavons par-là que celui dont nous avons parlé commenta *Aratus*; mais on ne sçait de l'autre, rien de plus que le nom. Je ne dis qu'un mot de l'Astronome *Dionysius*, autre contemporain d'*Aristille* & de *Timocharis*. Il fut Auteur d'une Ere particuliere, où les noms des mois étoient tirés de ceux des signes du Zodiaque; & *Ptolemée* rapporte plusieurs observations de planetes, attachées à cette espece d'Ere, ce qui nous donne lieu de conjecturer qu'elles furent l'ouvrage de cet Astronome lui-même.

IV.

ARISTARQUE de *Samos*.

Dans ce même tems fleurissoit *Aristarque* de Samos, qui s'illustra par ses travaux astronomiques, & surtout par ses idées sur le systême de l'Univers; *Ptolemée* rapporte de lui une observation de Solstice, faite la 50e année de la premiere période de *Calippe*, c'est-à-dire la 281e avant l'Ere chrétienne. Une date si précise ne me permet pas de dissimuler l'étonnement que me cause la variété de sentimens, qu'on trouve sur l'âge de cet Astronome (*a*). *Aristarque* fut un observateur habile & ingénieux, un de ces hommes rares, suivant *Vitruve* (*b*), qui ont enrichi la postérité d'une multitude d'inventions utiles & agréables. Sa méthode pour déterminer la distance du Soleil à la Terre, par la *dichotomie* de la Lune, (méthode par laquelle il recula considérablement les bornes de l'Univers) est un monument de son génie. Nous allons l'exposer en peu de mots.

Personne n'ignore que les phases de la Lune sont produites par les différentes positions de son hémisphere éclairé à notre égard. Lors donc qu'une de ces positions sera telle, que le plan du cercle qui sépare la partie éclairée de l'obscure, passera par nos yeux, alors le confin de la lumiere & de l'ombre sur

(*a*) Vossius (*de Scientiis Mathematicis*, p. 157) discute fort au long ces sentimens, & finit par se tromper. On diroit que la date de cette observation a échappé à M. Weidler par la maniere dont il parle d'Aristarque. Je suis surtout fâché que ce sçavant lui ait imputé une absurdité aussi grossiere que celle d'avoir fait le diametre apparent du Soleil la 27e partie du Zodiaque. On lit cela, il est vrai, dans la traduction Latine de l'*arenarius* d'Archimede de 1543, mais le texte Grec justifie Aristarque, & dit la 720e. Lorsqu'on attribue une opinion ridicule à un homme d'un grand mérite, il faut en avoir des preuves telles qu'on ne puisse s'y refuser.

(*b*) *Arch.* l. 1, c. 1.

son diamétre apparent sera une ligne droite ; mais en même tems il est facile d'appercevoir que les lignes tirées de l'œil du spectateur au centre de la Lune, de ce centre à celui du Soleil, & du Soleil à l'œil de l'observateur terrestre, formeront un triangle rectangle, dont l'angle droit sera au centre de la Lune, un angle très-aigu au Soleil, & le troisieme fort approchant du droit à la terre. Qu'on observe donc, dit *Aristarque*, l'instant où la Lune paroîtra διχότομος, c'est-à-dire partagée également par la lumiere & l'ombre ; & qu'à ce même instant on observe la grandeur de l'arc intercepté entre le Soleil & la Lune (ce qui peut se faire, rien n'étant plus ordinaire que de les voir ensemble sur l'horizon dans ces circonstances), on aura ce troisieme angle, qu'on a dit se former à l'œil du spectateur. Il n'en faut pas davantage au Géometre pour assigner le rapport des côtés de ce triangle, dont l'un est la distance de la Lune à la Terre. On connoîtra conséquemment combien de fois la distance du Soleil comprend celle de la Lune, & cette derniere étant connue en demi-diametres du globe terrestre, on aura en semblable mesure celle du Soleil à la Terre.

Aristarque réduisant cette méthode en pratique, trouva que cet angle n'étoit pas moindre que 87° ; & il en conclut que la distance du Soleil à la Terre contenoit 18 à 20 fois celle de la Terre à la Lune. C'étoit étendre l'Univers beaucoup au delà des limites que les Pythagoriciens conduits par leurs raisons harmoniques, ou ceux qui les prenoient à la lettre, lui avoient assignées. Il trouvoit aussi, d'après certains raisonnemens, qu'il seroit trop long de discuter, que le diametre de la Lune étoit à celui de la Terre dans un rapport plus grand que celui de 43 à 108, & moindre que celui de 19 à 60 ; de sorte que le diametre de la Lune étoit, selon lui, un peu moins du tiers de celui de la terre ; ce qui est assez exact. Nous n'en dirons pas de même de la supposition qu'il faisoit que la Lune égaloit en diametre la 15e partie d'un signe, tandis qu'elle en est à peine la 60e. S'il avoit vu quelque éclipse de Soleil, totale ou presque totale, il ne pouvoit pas douter que les diametres apparens de la Lune & du Soleil ne fussent à peu près égaux, & suivant le témoignage d'*Archimede* (*a*),

(*a*) *In arenario.*

il ne faisoit la grandeur apparente du Soleil que de la 720e partie du Zodiaque, ou de 30′. Nous ne sçavons comment excuser cet ancien Astronome sur une détermination aussi éloignée de la vérité, & qui paroît bien constatée soit par le rapport de *Pappus*, soit par le texte de son Livre, *de distantiis & magnit. Solis & Lunæ* qui nous est parvenu (*a*).

Aristarque s'est principalement illustré par les efforts qu'il fit pour faire revivre l'opinion Pythagoricienne du mouvement de la Terre. Nous le tenons expressément d'*Archimede*, qui parle de son hypothese dans un de ses Ouvrages (*b*), & qui nous apprend qu'*Aristarque* avoit composé un écrit sur ce sujet. Il plaçoit, dit *Archimede*, le Soleil immobile au milieu des fixes, & il ne laissoit de mouvement qu'à la Terre dans son orbite autour de cet astre. Et comme il prévit qu'on objecteroit, ou qu'on avoit déja objecté, que dans cette disposition les étoiles fixes seroient sujettes à une diversité d'aspects, suivant les différentes places que la Terre occuperoit, il répondit que toute son orbite n'étoit qu'un point, qu'une grandeur insensible comparée à sa distance aux étoiles fixes.

A l'égard de l'accusation d'impiété, intentée par *Cléante* à *Aristarque*, c'est un trait qui n'est fondé que sur quelques paroles de *Plutarque* mal entendues (*c*). Il est vrai que *Cléante* avoit dit dans un écrit contre lui, cité par *Diogene Laerce*, qu'il auroit mérité à ce sujet d'être accusé d'irréligion, comme ayant osé porter atteinte au repos de Vesta, ou des Dieux Lares de l'Univers. *Cleante* le disoit-il sérieusement, ou seulement en raillant? c'est ce que l'on ne sçait point. Mais aucun Ecrivain ne nous a appris que le successeur de *Zenon* ait traduit devant les Tribunaux ce partisan de l'opinion Pythagoricienne. On convient aujourd'hui qu'il y a une faute dans le passage de *Plutarque*, où l'on lit *Cleante* à la place d'*Aristarque*. Et cette faute doit être aussi corrigée dans quelques autres endroits où cet Historien la répete, en attribuant à ce Philosophe Stoicien d'avoir adopté le mouvement de la Terre.

(*a*) Arist. Sam. *de dist. Solis & Lunæ*, Edit. 1572. 4°. *& in Wallisii opp.* T. III. *Gr. Lat.* Pappus nous en a conservé un précis dans ses *Coll. Mathem.* l. VI, à la Pr. 18.

(*b*) *Ibid.*

(*c*) *De facie in orbe Lunæ.*

Le reste de ce qu'on sçait sur *Aristarque* est peu important. Il inventa, dit *Vitruve*, l'horloge appellée *Scaphé* : c'étoit un segment de sphere, sur lequel étoit élevé un style, dont le sommet répondoit au centre, & qui marquoit les heures. On a dans quelques Bibliotheques un Traité Grec, sous le nom d'*Aristarque*, intitulé *Predictiones Mathem. de planetis* (*a*) : ce n'est probablement que celui dont on a parlé plus haut sur les distances & les grandeurs du Soleil & de la Lune. Au reste on ne doit compter que bien peu sur ces catalogues de manuscrits, faits souvent par des gens dont le sçavoir ne s'étend guere au delà de celui de compiler des titres.

V.

Tandis que l'Astronomie fleurissoit ainsi à Alexandrie, la Sicile donnoit naissance à un Géometre, dont le génie devoit être l'admiration de la postérité. Cet homme célebre est *Archimede*, dont le nom est mémorable auprès de tous ceux qui ont quelque connoissance de l'histoire ou des sciences. Sa vie avoit été écrite autrefois par un certain *Héraclide* ; mais ce morceau, si propre à intéresser notre curiosité, ne nous est pas parvenu, & nous n'en connoissons aujourd'hui que quelques traits que nous allons rassembler.

ARCHIMEDE 250 ans avant J. C.

Archimede naquit à Syracuse vers l'an 287 avant J. C. & suivant le rapport de *Plutarque* (*b*), il étoit parent du Roi Hieron. Comme *Archimede* n'emprunte aucune partie de sa célébrité d'être né d'un sang distingué, avantage qui ne l'auroit pas préservé de l'oubli, s'il eût été un homme ordinaire, nous n'insisterons point sur ce fait, non plus qu'à discuter la maniere dont *Ciceron* en a pensé, lorsqu'il l'a appellé *humilis homo* (*c*). Quand il seroit vrai que l'Orateur Romain, dans un de ces momens d'enthousiasme pour son Art, qui lui étoient assez fréquens, eût parlé d'*Archimede* avec quelque mépris, ce seroit une chose assez indifférente, & peu capable de déterminer les justes appréciateurs des talens. Mais il témoigne

(*a*) Labbe, *Bibl. nov. manus.* p. 116, 119.

(*b*) *In Marcello.*

(*c*) *Tuscul.* l. v. Plusieurs Ecrivains ont examiné dans quel sens devoient se prendre ces paroles de Ciceron ; entr'autres M. Fraguier dans un écrit inseré parmi les Mém. de l'Acad. des Inscriptions.

dans divers autres endroits tant d'admiration pour lui, que nous pouvons nous assurer qu'il n'a point voulu le déprimer par ces mots. S'il eût regardé *Archimede* comme un homme du commun, eût-il pris la peine de chercher son tombeau aux environs de Syracuse; & l'ayant trouvé l'eût-il montré comme il fit à ses compatriotes, en leur reprochant leur oubli & leur indifférence pour un homme qui illustroit leur Ville.

Quoique toutes les parties des Mathématiques ayent occupé *Archimede*, la Géométrie & la Méchanique sont néanmoins celles dans lesquelles éclata principalement son génie. Il étoit si passionné pour ces sciences qu'il en oublioit, dit-on, le soin de boire & de manger, & ses domestiques étoient obligés de l'en faire souvenir, & presque de le forcer à satisfaire aux besoins de l'humanité. Nous avons des exemples, quoique rares, de cette sorte d'aliénation d'esprit, occasionnée par une forte application sur un sujet. *Plutarque* en raconte plusieurs autres traits que je supprime, comme fabuleux & plus propres à jetter du ridicule sur ce grand homme, qu'à en rehausser l'estime. Quoique ses recherches tendissent pour la plûpart à une fin utile, il regarda cependant toujours la pratique comme une vile esclave de la théorie; & toutes ces ingénieuses machines, que la défense de sa patrie ou d'autres circonstances lui firent imaginer, n'étoient, selon lui, que des jeux de la Géométrie, dont il dédaigna même de laisser la description par écrit. C'est cette délicatesse dont nous ne pouvons lui sçavoir gré, qui nous a privés d'une foule d'inventions dont il ne reste plus aucune trace. Au reste ceci nous fournit une réponse à ces personnes, qu'on entend tous les jours déclamer contre la théorie, & la traiter, peu s'en faut, de vaine curiosité. Que faut-il de plus, pour les confondre, que cet exemple qui leur montre, dans le même homme, & l'Auteur des plus merveilleuses inventions, & l'esprit le plus profond dans la théorie?

La Géométrie ayant été l'objet auquel *Archimede* rapporta la plus grande partie de ses méditations, c'est par l'exposition de ses découvertes dans ce genre que nous commencerons. En génie supérieur il s'attacha uniquement à reculer les bornes de cette science. La mesure des grandeurs curvilignes étoit un sujet neuf, & que les recherches des Géometres

metres avoient encore peu approfondi. *Archimede* l'embrassa comme par prédilection, il s'ouvrit de nouvelles voies dans ce champ presque inculte de la Géométrie, & il y fit un si grand nombre de découvertes, que l'antiquité lui a décerné d'un commun accord la premiere place parmi les Géometres. Les méthodes imaginées par *Archimede* sont aussi reconnues pour les premiers germes, & des germes assez développés de celles qui ont porté si haut la Géométrie dans ces derniers tems. *Wallis*, bon juge en ces matieres, témoigne son admiration pour ce grand homme, par ces mots, *vir stupendæ sagacitatis*, dit-il quelque part en parlant de lui, *qui prima fundamenta posuit inventionum ferè omnium, de quibus promovendis ætas nostra gloriatur*.

Les écrits d'*Archimede* sur la Géométrie sont en assez grand nombre. On a d'abord ses deux Livres *sur la sphere & le cylindre* : il y mesure ces corps, soit quant à leur surface, soit quant à leur solidité; soit entiers, soit coupés par des plans perpendiculaires à leur axe commun. Ils sont terminés par cette belle découverte géométrique, belle, dis-je, quoique commune & presque triviale aujourd'hui, que la sphere est les deux tiers, soit en surface, soit en solidité du cylindre circonscrit; bien entendu que dans la surface de ce cylindre, celle des bases y soit comprise. Que si l'on n'a égard qu'à la surface courbe du cylindre, *Archimede* démontre que celle de chaque segment cylindrique compris entre des plans perpendiculaires à l'axe, est égale à celle du segment spherique qui lui répond. Ces découvertes sur le rapport de la sphere & du cylindre, satisfirent tellement *Archimede*, qu'il désira qu'après sa mort on inscrivît ces figures sur son tombeau; ce qui fut exécuté, comme on le dira plus bas (*a*).

Le Livre *sur la mesure du cercle*, est une sorte de supplément à ceux de la sphere & du cylindre, qui supposent la connoissance

(*a*) Archimede n'est pas le seul qui ait voulu apprendre par une épitaphe semblable ses découvertes à la postérité. Ludolph Van-Ceulen souhaita qu'on gravât sur son tombeau les nombres fameux qu'il avoit déterminés pour limites de la circonférence du cercle. Cela fut exécuté, & ce monument géométrique subsiste encore, comme je l'ai lu quelque part. M. Jacques Bernoulli, épris des découvertes qu'il avoit faites sur la spirale logarithmique, auroit voulu qu'on en inscrivît une sur le sien, avec ces mots, *eadem mutata resurgo*, qui font allusion à quelques propriétés remarquables de cette courbe, qu'on expliquera dans la suite.

de cette mesure. *Archimede* y démontre d'abord cette vérité, *que tout cercle & tout secteur circulaire est égal à un triangle, dont la base est la circonférence ou l'arc du secteur, & la hauteur le rayon.* Delà il passe à déterminer les limites si connues depuis lors du rapport entre la circonférence & le rayon. Il fait voir que le rayon étant l'unité, la circonférence est moindre que 3 $\frac{10}{70}$, ou 3 & $\frac{1}{7}$, & plus grande que 3 $\frac{10}{71}$. De sorte qu'on approche fort près de la valeur de cette circonférence, en prenant trois fois le diametre, & une septieme. Ceci suffit pour les besoins ordinaires des Arts, & c'est le seul objet qu'*Archimede* se proposa. Sans cela il lui eût été facile de pousser son approximation plus loin; ce que firent dans la suite *Appollonius* & un autre Géometre nommé *Philon de Gadare* (*a*).

Le moyen qu'*Archimede* employa pour parvenir à cette détermination, est assez connu pour me dispenser presque de l'expliquer ici. Chacun sçait que ce fut en inscrivant & circonscrivant au cercle deux poligones de *96* côtés chacun. Il calcula leurs longueurs, entre lesquelles la circonférence du cercle doit évidemment se trouver. Mais il est important de remarquer une adresse particuliere dont il fit usage pour mettre sa démonstration à l'abri de toute exception. Il prévit bien que comme il entroit dans son calcul plusieurs extractions imparfaites de racines, on pourroit lui objecter que les petites fractions négligées lui avoient donné une valeur du polygone inscrit plus grande, ou celle du circonscrit moindre que la véritable. Alors il n'auroit plus été vrai que la circonférence fût renfermée entre ces limites. Aussi pour prévenir cette difficulté, il arrange son calcul de telle sorte, que ces petits écarts indispensables de la vérité ne servent qu'à rendre sa conséquence plus certaine, parce qu'ils lui donnent évidemment une valeur du polygone inscrit moindre, & celle du circonscrit plus grande qu'elles ne sont réellement. Il ne dit point que le diametre étant 1, le polygone inscrit est 3 & $\frac{10}{71}$, mais il dit & il démontre qu'il est plus grand que ce nombre, & que celui du circonscrit est moindre que 3 & $\frac{1}{7}$; ainsi l'on ne peut se refuser à la conséquence qu'il tire que la circonférence elle-même est entre ces deux limites. J'ai cru devoir faire cette

(*a*) Eutoc. *in Arch. de dim. circ.*

remarque pour répondre à l'objection spécieuse que quelques Prétendans à la quadrature du cercle ont élevée pour détruire l'induction qu'on tiroit contr'eux de ce que leurs prétendues valeurs de la circonférence ne se rencontroient point entre les limites d'*Archimede*.

Après avoir en quelque sorte épuisé les recherches que présentent les corps réguliers & déja connus, *Archimede* s'ouvrit un nouveau champ de spéculations dans son Traité *des Conoïdes & des Sphéroïdes*. Il appella ainsi les corps formés par la révolution des sections coniques autour de leur axe. Il examine dans ce Traité les rapports de ces corps ; il les compare, soit entiers, soit coupés par segmens, avec les cylindres ou les cônes de même base & de même hauteur. Toutes ces déterminations sont aujourd'hui familieres aux Géometres : c'est pourquoi afin d'abréger nous nous dispensons de les énoncer, de même que plusieurs autres propositions qu'il y démontre. Mais nous ne sçaurions omettre de remarquer que le tour que prend *Archimede* est extrêmement profond & ingénieux. A la vérité il est en même temps si difficile, que je suis assuré que dans ce siecle, où la méthode ancienne est fort négligée, plus d'un Géometre renonceroit à le suivre.

Parmi les découvertes Géométriques d'*Archimede*, il n'en est aucune qui lui fassent plus d'honneur dans l'esprit des Modernes, que celles de la *Quadrature de la Parabole* & *des propriétés des Spirales*. *Archimede* parvint à la premiere de deux manieres différentes ; l'une est méchanique, non dans le sens de quelques Modernes tout-à-fait étrangers en Géométrie, qui se sont imaginés qu'*Archimede* avoit effectivement comparé une parabole avec un espace rectiligne en les pesant l'un contre l'autre. Nous voulons dire seulement par-là que l'une des deux manieres dont *Archimede* parvint à sa découverte, est fondée sur les principes de la Statique, mais d'une Statique toute intellectuelle, par laquelle il découvre ce qui se passeroit si ces espaces étoient pesés à l'aide d'une balance telle que la conçoivent les Mathématiciens. Ce procédé, qui fut celui par lequel il découvrit d'abord le rapport de la parabole au triangle inscrit, doit lui faire d'autant plus d'honneur qu'il est plus détourné & plus extraordinaire. L'autre méthode d'*Archimede* est purement Géométrique & plus directe. Il y emploie la sommation d'une progression Géométrique décroissante : il inscrit un triangle dans la parabole, puis un autre dans chacun des deux segmens restans. Il conçoit qu'on en fait autant dans les quatre, les huit, les seize autres, &c. qui naissent de cette espece de bissection continuelle, & il trouve que le premier triangle, les deux inscrits dans les segmens restans, les quatre suivans forment une progression comme 1, $\frac{1}{4}$, $\frac{1}{16}$, &c. Il cherche à déterminer la somme de cette progression, & il trouve par un procedé facile à appliquer à toute autre, qu'elle est 1 $\frac{1}{3}$; ainsi la parabole qui est la somme de tous ces triangles, est les $\frac{4}{3}$ du triangle inscrit, ou les $\frac{2}{3}$ du parallélogramme circonscrit. C'est-là le premier exemple de véritable quadrature d'une courbe ; car celle de la lunulle d'*Hippocrate* & plusieurs autres de ce genre, ne sont, comme l'a dit un Mathématicien de beaucoup d'esprit, qu'une sorte de tour de subtilité, par lequel on ajoute d'un côté autant qu'on retranche de l'autre.

La Spirale étoit une courbe inventée par un Géometre ami d'*Archimede*, nommé *Conon*. Qu'on imagine un point qui s'avance uniformément sur le rayon d'un cercle du centre vers la circonférence, tandis que ce rayon a lui-même un mouvement circulaire & uniforme. La trace que laisseroit ce point,
Fig. 23. seroit la spirale C A B D E, qui peut faire, comme on voit, tant de révolutions qu'on voudra. Mais *Conon* s'étoit borné là : ce fut *Archimede* qui découvrit les propriétés de cette courbe, comme le rapport de son aire avec celle du cercle qui la renferme, la position de ses tangentes, &c. Il fit voir que tout secteur de spirale, comme C A F, est le tiers du secteur circulaire G C F, qui le renferme : ainsi la spirale qui fait une révolution entiere, est le tiers du cercle qui la comprend ; celle qui en fait deux, est les $\frac{7}{12}$ du sien ; celle qui en fait trois, les $\frac{19}{27}$, &c. A l'égard des tangentes, pour nous borner au cas le plus simple, la tangente à l'extrêmité E de la premiere révolution retranche de la perpendiculaire C K au rayon C E, une ligne égale à la circonférence du cercle ; la tangente à la fin de la seconde révolution, une ligne égale au double de celle de son cercle, & ainsi de suite en même raison multiple que le nombre des révolutions. Ce n'est donc pas sans raison que la spirale a retenu le nom

d'*Archimede*. Celui qui pénétre fort avant dans une contrée, mérite à plus juste titre de lui donner son nom, que celui qui ne fait que la reconnoître. Il est à propos de remarquer que les démonstrations d'*Archimede* sur la tangente de la spirale, sont un des endroits les plus difficiles de ses écrits. M. *Bouillaud*, habile Géometre lui-même, après les avoir méditées, doutoit encore s'il les avoit bien comprises (*a*). En effet elles exigent une contention extrême d'esprit : mais plus le chemin qu'a tenu cet admirable génie, nous paroît difficile à suivre, même lorsqu'il nous sert de guide, plus nous avons de motifs de l'admirer pour l'avoir frayé le premier, & ne s'y être point égaré.

L'objet de cet ouvrage exige que nous donnions ici une idée de la méthode qu'*Archimede* & les Anciens employoient dans les cas où nous faisons usage de la considération de l'infini. Car, bien moins hardis que nous, les Géometres de l'antiquité éviterent toujours ce terme capable de susciter des querelles à la Géométrie, comme on l'a vu arriver depuis qu'on a franchi ce pas. A la vérité, je ne doute point qu'ils ne pensassent à peu près comme nous à cet égard, qu'ils ne vissent qu'un cercle, par exemple, pouvoit être regardé comme un poligone d'une infinité de côtés, un cône comme une infinité de cylindres décroissans d'une hauteur infiniment petite, ou une pyramide réguliere d'un nombre infini de côtés, &c; mais ils crurent toujours devoir user de circonlocution par le motif que j'ai dit plus haut, & c'est pour cela qu'ils recoururent à une démonstration indirecte qui ne laisse lieu à aucune difficulté. En voici deux exemples, l'un tiré de la Géométrie Elémentaire, & l'autre d'une Géométrie plus sublime.

Supposons qu'on voulut démontrer que le cercle est égal au rectangle de la moitié de la circonférence par le rayon. On le voit aussitôt en regardant le cercle comme un poligone d'une infinité de côtés, ou comme le dernier des poligones inscrits ou circonscrits, & cela n'échappa pas aux anciens Géometres : mais cela ne suffisoit pas ; il leur falloit mettre cette vérité à l'abri de toute contradiction. Pour cela ils établirent d'abord qu'on peut inscrire ou circonscrire au

(*a*) *De spiralibus.*

cercle, un poligone tel que sa différence avec ce cercle soit moindre qu'aucune quantité donnée, quelque petite qu'elle soit : cela leur fut facile ; après quoi ils raisonnerent ainsi. Puisque l'on veut que le cercle ne soit pas égal au demi rectangle de la circonférence par le rayon, il est donc plus grand ou moindre, & cela d'une certaine quantité que nous nommerons A. Supposons-le d'abord moindre. Qu'on inscrive, diront-ils, à ce cercle un poligone qui n'en differe que de moins que la quantité A. Puisque le rectangle de la demi-circonférence par le rayon est surpassé par le cercle de la quantité A, & que le poligone n'est surpassé par le cercle, que de moins que cette quantité A, donc le rectangle de la demi-circonférence par le rayon est moindre que le polygone inscrit. Mais ce poligone inscrit est le produit de deux lignes moindres que les côtés du rectangle précédent. Il y a donc de l'absurdité dans cette supposition, & par conséquent le cercle ne sçauroit être moindre que le rectangle de la demi-circonférence par le rayon. On démontre par un procédé semblable qu'il ne sçauroit être plus grand ; il lui est donc égal. C. Q. F. D.

L'exemple suivant est tiré du Livre intitulé : *de Conoïd. & Spheroïdibus*. *Archimede* y démontre entr'autres que le conoïde parabolique est les $\frac{3}{2}$ du cône de même base & même sommet, ou ce qui revient au même, qu'il est la moitié du cylindre de même base & même hauteur. Pour cet effet il propose d'abord ce lemme. *Si l'on a une suite de grandeurs arithmétiquement croissantes, dont la différence soit égale à la moindre, & que l'on prenne un égal nombre de grandeurs toutes égales à la plus grande, la somme de celles-ci sera moindre que le double de la somme des premieres ; mais elle surpassera le double de cette somme diminuée de la plus grande :* ensuite il montre qu'un conoïde parabolique étant proposé, on peut toujours lui inscrire une suite de cylindres comme V E, T G, &c, & lui en circonscrire d'autres comme D B, F E, &c, de sorte que la différence de la somme des cylindres inscrits à celle des circonscrits, soit moindre qu'une quantité quelconque donnée. Cela est évident ; car tous les excès des cylindres circonscrits sur les inscrits, sont visiblement égaux au premier cylindre circonscrit, D B, qu'on peut faire moindre que tout ce qu'on voudra. Enfin il est facile de voir que tous ces cylin-

Fig. 24.

dres se surpassent arithmétiquement ; car étant de hauteurs égales, ils sont comme leurs bases, ou les quarrés des demi-ordonnées XO, VM, qui sont comme les abcisses SX, SY, qui se surpassent également, & dont la différence est égale à la plus petite.

Cela supposé, que le conoïde ne soit pas la moitié du cylindre de même base & même hauteur AZ, mais qu'il soit, si l'on veut, plus grand de la quantité A ; qu'on inscrive & qu'on circonscrive au conoïde les suites de cylindres décrits ci-dessus, dont la différence est moindre que A, le conoïde surpassera donc la somme des cylindres inscrits de moins que A ; & puisqu'il surpasse de A le demi-cylindre de même hauteur & même base, il suit que ce demi-cylindre est moindre que la somme des cylindres inscrits. Mais la demi-somme de tous les cylindres égaux qui font le cylindre AZ, surpasse la somme de tous les circonscrits, moins le premier DB, & cette somme des cylindres circonscrits, moins le premier DB est égale à tous les inscrits ; donc la moitié du cylindre AZ, est plus grande que tous les cylindres inscrits : or on a montré, en vertu de la supposition, qu'elle est moindre ; ainsi cette supposition est fausse, & le conoïde ne sçauroit-être plus grand que la moitié du cylindre AZ. Il est facile de démontrer par un raisonnement semblable, qu'il n'est pas moindre ; il est donc égal à la moitié du cylindre de même base & de même hauteur.

Les écrits d'*Archimede* & des Géometres anciens nous présentent une foule d'exemples de ce tour de démonstration ; mais les précédens nous suffisent pour en dévoiler l'esprit. On voit qu'il consiste à examiner les propriétés des grandeurs rectilignes qui enferment les curvilignes, & qui s'approchent d'elles continuellement comme de leur limite où elles se confondent enfin. Ce qui détermine qu'une grandeur est la limite de deux autres, c'est lorsqu'elles peuvent s'en approcher de maniere qu'elles n'en different que de moins qu'aucune quantité donnée. On démontre ensuite facilement que la propriété qui convient à ces grandeurs, convient aussi à leur limite ; c'est pour cela que quelques Modernes ont appellé cette méthode *des limites* ; quelques autres lui ont donné le nom de méthode *d'exhaustion*, parce qu'il semble qu'on épuise les grandeurs rectilignes dans lesquelles se résoud la figure curviligne qu'on meſure. La démonſtration *ad abſurdum*, c'eſt-à-dire, par laquelle on montre qu'il y auroit de l'abſurdité ſi la propoſition étoit autrement qu'on ne l'énonce, eſt fort remarquable, j'oſerai même dire fort ingénieuſe ; c'étoit le ſeul moyen de ne rien laiſſer à repliquer ; mais ce n'eſt cependant pas ce qui conſtitue le fonds de la méthode. Pour ſatisfaire ceux qui déſireroient de plus grands détails ſur ceci, nous indiquerons l'introduction au *Traité des Fluxions* de M. *Maclaurin*. Ce ſçavant Géometre y développe avec beaucoup d'étendue la nature de cette méthode ancienne. Celle que *Newton* a employée dans *ſes principes*, & qu'on trouve expliquée dans le Livre I, ſect. 1. en eſt une imitation heureuſe, & n'eſt pas ſujette aux mêmes longueurs.

Parmi les Ouvrages de pure théorie dûs à *Archimede*, il ne nous reſte plus à faire connoître que celui qui eſt intitulé : *de Numero Arenæ*, ou *Arenarius*. Quelques perſonnes peu inſtruites de la nature des nombres & des progreſſions, lui en fournirent le ſujet. Elles diſoient qu'aucun nombre, quelque grand qu'il fût, ne ſuffiroit à exprimer la quantité de grains de ſable répandus ſur les bords de la mer. *Archimede* entreprit de montrer qu'elles étoient dans l'erreur ; & effectivement il fait voir dans cet ouvrage, que quand on ſuppoſeroit les bornes de l'Univers beaucoup au delà de celles qu'on lui donnoit alors, le cinquantieme terme d'une progreſſion décuple croiſſante ſeroit plus que ſuffiſant pour exprimer le nombre des grains de ſable qu'il contiendroit.

Archimede porta dans la Méchanique les mêmes lumieres que dans la Géométrie : on peut même dire qu'il en fut le Créateur ; car avant lui rien n'étoit plus foible que cette partie des Mathématiques ; & ce que nous préſente l'écrit d'*Ariſtote* ſur ce ſujet, ne ſçauroit être regardé que comme l'ébauche groſſiere d'une ſcience naiſſante. C'eſt à *Archimede* que nous devons les vrais principes de la Statique & de l'Hydroſtatique. Il les établit dans ſes deux traités, l'un intitulé *Iſorropica*, ou *de Æqui-ponderantibus*, en deux livres ; l'autre intitulé περὶ ὀχουμένων, *de iis quæ vehuntur in fluido*, auſſi en deux livres. Sa ſtatique eſt fondée ſur l'idée ingénieuſe du centre de gravité ; idée dont il eſt le premier Auteur, & dont les uſages fréquens dans la Méchanique ont fait un des moyens

moyens de recherches les plus univerſels. Par ſon ſecours & celui de quelques axiômes qu'on ne peut conteſter, il démontre le fameux principe de la réciprocité des poids avec les diſtances au point d'appui dans le levier & les balances à bras inégaux. Il le déduit fort ingénieuſement du cas le plus ſimple, ſçavoir de celui des poids égaux ſuſpendus à des diſtances égales du point d'appui, cas où l'équilibre eſt évident. Je ne m'arrête pas à défendre *Archimede* contre les imputations de quelques Géometres, au ſujet de cette démonſtration & de la ſuppoſition qu'il fait que les directions des graves ſont paralleles; car elles ne méritent aucune attention. *Archimede* content d'avoir démontré ce principe fondamental de la Méchanique, ſe jette bientôt après dans de nouvelles ſpéculations, en recherchant le centre de gravité de différentes figures. La maniere dont il détermine celui de la parabole, eſt digne de ſon génie, & montre que s'il n'alla pas plus loin, ce ne fut pas la difficulté qui l'en empêcha, mais qu'il préféra ſans doute de tourner ſes recherches de quelqu'autre côté plus utile.

Une queſtion propoſée par le Roi Hieron occaſionna les découvertes hydroſtatiques d'*Archimede*; ce Prince avoit fait remettre à un Orfevre une certaine quantité d'or pour en faire une couronne, mais l'Artiſte infidele retint une partie de cet or, & lui ſubſtitua un égal poids d'argent. On ſoupçonna la fraude, & comme on ne vouloit pas gâter un ouvrage qui étoit d'ailleurs d'un travail exquis, *Archimede* fut conſulté ſur le moyen de découvrir la quantité d'argent, ſubſtituée à l'or. Il y ſongea, & voilà, dit-on, qu'étant au bain la ſolution du problême ſe préſenta à lui tout à coup, il en ſortit tout tranſporté en criant, εὕρηκα, εὕρηκα, *j'ai trouvé, j'ai trouvé;* mot devenu célebre depuis ce temps. On ajoute qu'il traverſa les rues de Syracuſe ainſi nu, & en répétant ces paroles. Le vulgaire, en admettant ces fables, ſemble vouloir ſe dédommager par le ridicule qu'elles jettent ſur les grands hommes de la ſupériorité qu'ils ont ſur lui: mais les critiques judicieux n'admettent ni les événemens trop merveilleux, ni les traits trop ridicules dans les hommes d'un certain ordre.

Vitruve (*a*) raconte qu'*Archimede* réſolut le problême dont

(*a*) *Archit.* l. IX, c. 3.

nous parlons, en plongeant la couronne dans un vase plein d'eau, & ensuite deux masses, l'une d'or & l'autre d'argent, aussi pésantes qu'elle ; qu'il remarqua les rapports des quantités d'eau que chacune d'elles en chassoit, & que par-là il trouva le mêlange de la premiere. Cette méthode, il faut en convenir, seroit bonne, si l'on pouvoit connoître avec précision la quantité d'eau qui est chassée d'un vase plein ; mais cela fût-il même facile, elle n'est en aucune maniere digne d'*Archimede*. On trouve dans son Livre *de insidentibus in fluido*, les principes d'une solution plus ingénieuse. C'est dans cette proposition qui fut probablement celle qui excita les vifs transports de ce Géometre, sçavoir *que tout corps plongé dans un fluide y perd de son poids autant que pese un volume d'eau égal au sien*. Effectivement en raisonnant d'après cette découverte, on verra que l'or, comme le plus compact, perdra le moins de son poids, l'argent davantage, & une masse mêlée d'or & d'argent une quantité moindre que si elle eût été toute d'argent, & plus grande que si elle eût été d'or pur. Il suffisoit donc à *Archimede* de peser dans l'eau & dans l'air la couronne & les deux masses d'or & d'argent, pour déterminer ce que chacune perdoit de son poids : le problême après cela n'a plus de difficulté pour un Analiste ; il verra facilement qu'il faut diviser la masse mêlée en deux parties qui soient entr'elles comme la différence du poids qu'elle perd avec celui qu'elle auroit perdu étant toute d'or, & le poids qu'elle auroit perdu, si elle eût été toute d'argent. La premiere est la quantité d'argent qui entre dans le mêlange. Telle fut sans doute la maniere dont se conduisit *Archimede* dans cette solution. Elle lui fit un tel honneur dans l'esprit du Roi, qu'il témoigna être disposé à croire possible tout ce qu'*Archimede* lui diroit l'être. *Nihil, non dicenti Archimedi, credam*, s'écria-il, à la vue de cette découverte (*a*) !

Ce principe fécond valut à *Archimede* la découverte de plusieurs vérités hydrostatiques qui sont tellement connues aujourd'hui, qu'il est inutile de les exposer ici. Elles composent le premier Livre de son traité. Dans le second il recherche quantité de questions très-difficiles sur la situation & la stabilité de certains corps plongés dans les fluides. La

(*a*) Proclus. *L. II*, *in Eucl. c.* 3.

plûpart de ses solutions donnent de nouveaux motifs d'admirer la profondeur de son génie.

Les Anciens attribuoient à *Archimede* quarante inventions méchaniques; mais on n'en trouve plus que quelques-unes indiquées obscurément par les Auteurs. Telle est entr'autres la vis inclinée, machine singuliere, & dans laquelle la propension même du poids à tomber semble être employée à le faire monter, elle porte encore le nom d'*Archimede*. Il l'inventa, dit *Diodore* (*a*) étant en Egypte, pour procurer à ses habitans le moyen de vuider avec plus de facilité l'eau qui séjournoit après l'inondation dans les lieux bas. Suivant *Athenée* (*b*), les Navigateurs faisoient aussi honneur à *Archimede*, de cette machine qu'ils employoient à vuider l'eau des sentines des navires. La vis sans fin, la multiplication des poulies, passent aussi pour des inventions d'*Archimede*, & peut-être fut-il le premier qui imagina la poulie mobile; car on ne trouve encore dans les Méchaniques d'*Aristote* aucune disposition semblable.

Tout le monde sçait ce que dit *Archimede* au Roi *Hieron* étonné des merveilles qu'il produisoit par ses inventions méchaniques : *Da mihi ubi consistam, & terram loco dimovebo.* On peut effectivement imaginer d'après ses principes telle machine, qui dans la théorie rendroit la moindre puissance donnée capable de surmonter la plus grande résistance. C'étoit là, suivant *Pappus*, (*c*) la quarantieme de ses inventions; il en donna, dit-on, un essai à *Hieron*, lorsqu'à l'aide d'une machine de sa composition, il mit seul à flot un vaisseau d'une grandeur immense (*d*). Mais c'est là un trait qu'on peut se dispenser de croire : ceux qui connoissent combien les frottemens absorbent de puissance dans quelque machine que ce soit, jugeront que ce ne peut être qu'une fiction. D'ailleurs c'est un principe de méchanique, qu'autant on gagne en force, autant on perd en tems ou en vîtesse. Une machine met-elle un homme en état de faire ce que cent seulement auroient pu exécuter avec leurs forces naturelles, il ne le fera que cent fois plus lentement. En raisonnant d'après ce principe, il est facile de voir qu'il auroit fallu

(*a*) *Biblioth. Hist.* l. I.
(*b*) *Deipnosoph.* l. V.
(*c*) *Coll. Math.* l. VIII, p. 10.
(*d*) Ath. *Deipnos.* l. V.

à *Archimede* un tems bien considérable avant que de faire avancer sensiblement cet énorme fardeau.

La sphere d'*Archimede*, instrument par lequel il représenta les mouvemens des astres, est des plus fameuses; elle a été chantée par plusieurs Poëtes, & il n'est personne qui ne connoisse l'épigramme célebre de *Claudien*, qui commence par ces Vers :

Jupiter, in parvo cùm cerneret æthera vitro,
Risit, & ad superos talia verba dedit :
Huccine mortalis progressa potentia curæ ;
Ecce Syracusii ludimur arte senis.

Cicéron n'en parle pas avec une moindre admiration (*a*), & il la regarde comme une des inventions les plus capables de faire honneur à l'esprit humain. Cet ouvrage fut aussi celui dont *Archimede* se sçut le plus de gré; car ayant négligé de décrire ses autres inventions, il laissa une description de celle-ci sous le titre de *sphæropæïa* (*b*). Elle ne nous est point parvenue.

Tertullien (*c*) paroît attribuer à *Archimede* la construction d'une orgue hydraulique, dont on fait ordinairement honneur à *Ctesibius*. Mais doit-on beaucoup compter sur le témoignage de ce Pere de l'Eglise, qui est très-respectable à d'autres égards, mais qui n'a pas le même poids dans ces matieres. Le Grammairien *Atilius Fortunatianus* parle (*d*) d'une certaine invention, dont nous n'entreprendrons pas de donner une idée autrement que par ses propres termes, que nous avouons ne pascomprendre. *Nam si loculus ille Archimedeus*, dit-il, *quatuordecim lamellas, quarum anguli varii sunt in quadratam formam inclusas habens, componentibus nobis aliter atque aliter, modò sicam, modò galeam, aliàs navem, aliàs columnam figurat, & innumeras efficit species, solebatque nobis pueris hic loculus, ad confirmandam memoriam, quàm plurimum prodesse, quantò majorem voluptatem, &c.* Je souhaite que quelque Œdipe moderne parvienne à déchiffrer cette énigme, quoiqu'à dire vrai,

(*a*) *Tuscul. I & I, de Nat. Deor.*
(*b*) *Coll. Math.* l. VIII. *præm.*
(*c*) *De animâ*, c. 14.
(*d*) *Gramm. Vet.* p. 2684. Fabric. *Bibl. Græca.* T. II.

ce qu'elle paroît désigner ne me semble guere digne du génie d'*Archimede*.

Il nous reste à représenter *Archimede* défendant sa patrie à l'aide de sa méchanique : car ce fut principalement dans cette occasion qu'il fit éclater la puissance de son génie & celle des Mathématiques. Cet événement remarquable arriva l'an 212 avant J. C. Le successeur d'*Hieron* s'étant mal-à-propos brouillé avec les Romains, ceux-ci saisirent cette occasion de s'emparer de la Sicile, & après divers avantages mirent le siege devant Syracuse. Ses habitans consternés de la rapidité & du nom des armes Romaines auroient fait peu de résistance; mais *Archimede* leur releva le courage, & devint l'ame d'une des plus vigoureuses défenses dont l'histoire ait fait mention. Diverses machines plus efficaces les unes que les autres, déconcerterent bientôt tous les projets des Ingénieurs Romains ; le soldat malgré son intrépidité ne tenoit pas à la vue de ce qui annonçoit quelqu'une de ces machines, & pénétré d'épouvante, il reculoit ou refusoit de marcher. *Marcellus* désespérant de prendre la place de vive force, convertit le siege en blocus. Ceux qui voudront voir une description de ces machines peuvent consulter *Polibe* (*a*), *Tite-Live* (*b*), & *Plutarque* (*c*), ou le Chevalier *Folard* dans son Commentaire sur le premier de ces Ecrivains. Ces Livres sont entre les mains de tout le monde, ce qui, vu l'extrême fécondité de mon sujet, me dispense de les répeter.

C'est naturellement ici le lieu d'examiner l'histoire célebre des Miroirs ardens, avec lesquels *Archimede* brûla, dit-on, la Flotte Romaine. Elle est fondée sur le rapport de *Zonaras* (*d*) & de *Tzetzes* (*e*) : le premier s'appuie du témoignage de *Dion*, & l'autre de celui de *Diodore*, de *Dion*, & de plusieurs autres. Cependant cette histoire, examinée avec attention, est sujette à tant de difficultés, qu'on ne doit point s'étonner que, malgré ces témoignages, les sçavans soient partagés sur son sujet.

Effectivement il ne faut qu'une légere théorie de catoptrique pour appercevoir qu'*Archimede* ne put produire cet effet par

(*a*) *Hist.* l. VIII.
(*b*) *Decad.* III. l. 4.
(*c*) *In Marcello.*
(*d*) *Hist.* T. III. *Sub Anast.*
(*e*) *Chil.* II. *Hist.* 35.

un ſeul miroir de courbure continue, ſoit ſphérique, ſoit parabolique. La diſtance à laquelle devoient être les vaiſſeaux Romains, n'euſſent-ils été qu'un peu au delà de la portée du trait, ou même plus près, auroit exigé une portion de ſphere d'une prodigieuſe grandeur; car le foyer d'un miroir ſphérique eſt au quart du diametre de la ſphere dont il fait partie. Il n'y auroit pas moins d'inconvéniens dans un miroir parabolique: en vain propoſeroit-on avec quelques-uns une combinaiſon de miroirs paraboliques, à l'aide de laquelle ils ont prétendu produire un foyer continu dans l'étendue d'une ligne d'une grande longueur, ce n'eſt là qu'une idée mal réfléchie, & dont l'exécution eſt impraticable par bien des raiſons.

Sur ces fondemens on commençoit à regarder l'hiſtoire des miroirs d'*Archimede* comme fabuleuſe, lorſque le P. *Kircher* entreprit d'en montrer la poſſibilité. Ce ſçavant réfléchiſſant davantage ſur la deſcription que donne *Tzetzes* de la machine catoptrique d'*Archimede*, penſa, conformément au ſens de l'Hiſtorien Grec, qu'un grand nombre de miroirs plans réfléchiſſant la lumiere du Soleil dans un même endroit, ſeroient capables d'y allumer du feu. Il en fit l'épreuve, qu'il pouſſa ſeulement juſqu'à produire une chaleur conſidérable (*a*). M. de *Buffon* a été plus loin. Il fit, il y a peu d'années, exécuter un miroir ſemblable: il étoit compoſé d'environ 400 glaces planes d'un demi-pied en quarré; & la réunion des rayons du Soleil, réfléchis à un foyer commun, y produiſit une chaleur aſſez conſidérable pour fondre du plomb & de l'étain à environ 140 pieds de diſtance, & allumer du bois beaucoup plus loin (*b*).

Voilà donc l'hiſtoire des miroirs d'*Archimede* démontrée poſſible. Il eſt conſtant qu'il a pu par ce moyen porter l'incendie dans la Flotte Romaine; mais devons-nous en conclure que le fait ſoit arrivé? C'eſt une nouvelle queſtion ſur laquelle on peut encore être partagé. On peut faire valoir d'un côté le ſilence de *Polybe*, ſçavant Ingénieur & Mathématicien, qui écrivoit l'hiſtoire de ce ſiege un demi-ſiecle après celui de *Tite-Live* & de *Plutarque*, qui dans les deſcriptions

(*a*) *Ars magna lucis & umbræ*, v. Fin.
(*b*) Mém. de l'Acad. an. 1746.

qu'ils font de ce même siege, s'étendent avec une sorte de complaisance sur les exploits merveilleux d'*Archimede*, & néanmoins ne disent rien de ses miroirs. Ces deux derniers Ecrivains surtout auroient-ils oublié un fait si capable d'orner leur récit, s'il en étoit resté la moindre trace dans la mémoire des hommes? D'ailleurs il y a bien des inconvéniens dans une semblable invention. Il faudroit supposer que les vaisseaux Romains, auxquels *Archimede* se seroit adressé, lui eussent donné, par leur inaction, le tems d'arranger sa machine, fort longue à mettre en état. Au moindre mouvement de ces vaisseaux pour s'éloigner, il auroit fallu des heures entieres pour les atteindre dans leur nouveau poste. Enfin *Zonaras* & *Tzetzes* écrivoient dans des tems si éloignés d'*Archimede*, qu'on est en droit de ne pas ajouter beaucoup de foi à leur rapport. On sçait combien la renommée ajoute aux événemens, combien elle les grossit & les défigure. *Galien*, plus voisin d'*Archimede* parle, à la vérité, de l'embrasement des vaisseaux Romains (*a*), mais il ne dit rien des miroirs, & le terme de *pyria* dont il se sert, semble désigner seulement une machine à feu, ou propre à lancer des matieres enflammées, dont l'effet auroit été bien plus certain que celui des miroirs en question. L'origine de ce bruit est peut-être qu'on voyoit d'un côté qu'*Archimede* avoit écrit sur les miroirs ardens, & d'un autre qu'il avoit brûlé les vaisseaux Romains. En joignant les deux traits ensemble, quelqu'un aura dit qu'il produisit cet embrasement par ces miroirs, & tout ce qui est merveilleux est tellement assuré de l'accueil du vulgaire, qu'il n'en falloit pas davantage pour donner crédit à cette histoire, & la faire voler de bouche en bouche.

Ce sont là les raisons dont s'appuient ceux qui, convenant de la possibilité du fait dont il s'agit, refusent d'en admettre la réalité : mais celles qu'on leur oppose, ne paroissent pas moins puissantes. Ce n'est point sur l'autorité directe de *Zonaras* & de *Tzetzes* qu'on se fonde, celle de *Tzetzes* seroit de peu de poids ; mais c'est *Dion*, c'est *Diodore de Sicile*, *Heron*, *Pappus*, *Anthemius*, qu'on cite comme garans de ce fait. Les vers de *Tzetzes* sont remarquables à plusieurs égards, c'est pourquoi nous allons rapporter leur traduction.

(*a*) *De temper.* L. III, c. 2.

Cùm autem Marcellus removiſſet illas (naves) ad jactum arcus ,
Educens quod ſpeculum fabricavit ſenex ,
A diſtantia autem commemorati ſpeculi ,
Parva ejuſmodi ſpecilla cùm poſuiſſet angulis quadrupla
Quæ movebantur ſcamis , & quibuſdam γυγγλιμοις *
Medium illud poſuit radiorum ſolis.
Refractis , (reflexis) deinceps in hoc radiis
Exarſio ſublata eſt formidabilis ignita navibus, &c.
Dion atque Diodorus (a) ſcribunt hiſtoriam ;
Et cùm ipſis multi meminerunt Archimedis,
Anthemius quidem imprimis, qui paradoxa ſcripſit,
Heron , Philon , Pappuſque , ac omnis mechanographus ,
Ex quibus legimus & ſpeculorum incenſiones ,
Omnemque aliam deſcriptionem rerum mechanicarum
Ponderum tractricem, pneumaticam ac hydroſcopia,
Idque ex ſenis hujus Archimedis libris.

On voit par-là que *Tzetzes* fortifie ſon récit de pluſieurs autorités qu'il eſt difficile de récuſer. D'ailleurs , & ceci eſt important , il ne ſe borne pas à un ſimple rapport du fait : il donne une eſpece de deſcription de la forme du miroir d'*Archimede ;* & elle eſt réellement l'unique avec laquelle il ait été poſſible d'opérer l'effet qu'on raconte. On ne peut , ce me ſemble, déſirer de preuves plus concluantes que ce trait n'eſt point un ouvrage de l'imagination. Je laiſſe au Lecteur à peſer les raiſons alléguées de part & d'autre , & à ſe déterminer. Je reviens au ſiege de Syracuſe & à la mort d'*Archimede.*

* Charnieres.

(*a*) Nous n'avons plus la partie de l'ouvrage de Dion , que citent Zonaras & Tzetzes , non plus que l'endroit de Diodore ſur lequel ſe fonde encore le dernier. Il me ſemble que Diodore promet quelque part une deſcription plus ample des inventions d'Archimede , & c'étoit là apparemment qu'il parloit de ſes miroirs.

A l'égard d'Anthemius , c'étoit un Ingénieur de l'Empereur Juſtinien , qui avoit écrit un ouvrage intitulé παράδοξα , &c. *paradoxa machinamenta* , il en ſubſiſte quelques fragmens manuſcrits dans la Bibliothèque du Roi , & ailleurs. Il paroît par le léger proſpectus qu'en donne le P. Labbe dans ſa *Bibl. nova manuſcriptorum ,* qu'il y traitoit des miroirs ardens , & c'eſt probablement delà que Tzetzes a tiré ſa deſcription. Anthemius eſt de plus cité par Vitellion (*Opt. L. v, p. 65*) , comme ayant imaginé ou décrit un miroir ardent, formé de pluſieurs miroirs plans , arrangés de maniere à renvoyer leurs rayons dans le même endroit.

Nous

Nous avons dit que la résistance des Syracusains fut si vive, que Marcellus discontinua ses attaques. Il convertit le siege en blocus, en attendant quelque occasion favorable de surprendre la place. La confiance des Syracusains la lui fournit bientôt. Occupés un jour à célébrer une fête de Diane, & croyant les Romains trop abbattus de leurs pertes pour songer à aucun mouvement, ils laisserent leurs murs dégarnis. Les Romains s'en apperçurent, & présentant brusquement l'escalade pour laquelle ils avoient tout préparé, ils pénétrerent dans la ville qui fut prise & saccagée. On raconte qu'*Archimede* insensible au bruit occasionné par un pareil événement, se livroit à son étude favorite, lorsqu'un soldat Romain entra dans son appartement. Marcellus pénétré d'estime pour cet homme extraordinaire, avoit commandé qu'on l'épargnât. Mais ces ordres furent mal exécutés, & soit que l'infortuné Mathématicien trop occupé dans sa méditation, eût lassé la patience du soldat, soit qu'il eût eu le malheur de l'éblouir par les richesses que sembloit renfermer une cassette qu'il emportoit, il fut tué, & ne survéquit pas à sa patrie (*a*). Cela arriva l'an 542 de Rome, & 212 ans avant l'Ere Chrétienne. Marcellus témoigna, dit *Valere Maxime* (*b*), un regret extrême de la mort de ce grand homme. Ne pouvant le sauver, sa générosité se tourna du côté de ceux qui lui appartenoient. Il combla de bienfaits ceux qui avoient échappé à la fureur du soldat : il leur rendit leurs biens, & le corps de ce grand homme pour lui dresser un tombeau. *Archimede* avoit désiré que l'on y gravât une sphere inscrite dans un cylindre en mémoire de sa découverte sur le rapport de ces corps. Cela fut exécuté, & c'est à ce signe que Ciceron étant Questeur en Sicile, retrouva ce monument au milieu des ronces & des épines qui le déroboient à la vue (*c*).

Je n'ai encore fait mention que des ouvrages d'*Archimede*, qui nous sont parvenus, & qui sont entre les mains de tout le monde. Il en avoit écrit un prodigieux nombre, s'il est vrai, comme le dit un Historien Arabe, que les Romains en brûlerent quinze charges (*d*) ; mais cela n'a aucune ressemblance, & ne peut être regardé que comme un conte hazardé

(*a*) Plut. *in Marcello.*
(*b*) *Liv.* VIII. *ex.* 7.
(*c*) *Tuscul. L. v.*
(*d*) *Abulph. hist. Dyn.*

par cet Auteur qui n'eſt pas toujours ſuffiſamment éclairé du flambeau de la critique. Nous avons encore dans quelques Bibliotheques riches en Manuſcrits, différens Traités qui portent le nom d'*Archimede*, & la plûpart en Langues Orientales. Nous renvoyons à la Bibliotheque Grecque de M. *Fabricius* qui en a raſſemblé les titres avec beaucoup de ſoin : mais ils ſe réduiroient probablement à un fort petit nombre, s'ils étoient examinés avec d'autres yeux que ceux des Bibliographes ordinaires. On a attribué à *Archimede* un petit Traité ſur *le Miroir ardent*, traduit & publié vers le commencement du ſiecle paſſé (*a*). Je n'en vois pas d'autre fondement que la célébrité qu'ont eu les Miroirs d'*Archimede*, & ce que nous apprend *Theon* (*b*), qu'il avoit écrit ſur ce ſujet. Mais ſi ce traité étoit de ce grand homme, ſans doute il contiendroit quelque choſe de plus profond : car il ſe réduit à démontrer la propriété qu'a le Miroir parabolique, de réunir dans ſon foyer tous les rayons paralleles à ſon axe ; ce qui n'eſt qu'une vérité élémentaire de la théorie des ſections coniques. Auſſi ſon Interprête ſe contente-t'il de nous le donner comme l'ouvrage d'un Auteur ancien, & il'eſt bien éloigné de l'attribuer à *Archimede*. MM. *Greaves* & *Foſter* nous ont fait part d'un ouvrage que les Arabes attribuent encore à cet ancien Géometre, & qui eſt intitulé *Lemmata.* M. *Borelli* l'a mis auſſi à la ſuite des trois Livres d'*Apollonius* qu'il nous a redonnés en 1661 : mais ce Géometre & critique judicieux ne manque pas d'obſerver qu'il eſt fort douteux que ce ſoit une production d'*Archimede*. Il en donne pluſieurs raiſons, parmi leſquelles la principale eſt que cet ouvrage ne contient que des choſes fort au deſſous de celles que nous préſentent ſes autres écrits, & même qu'il n'eſt pas exempt de fautes & de paralogiſmes.

Avant que de terminer cet article, je dois parler des commentaires & des éditions les plus remarquables des Œuvres d'*Archimede*. Parmi les Anciens, *Eutocius* en a commenté une partie (*c*) : ſon travail eſt utile, curieux, & fournit quelques mémoires à l'hiſtoire de la Géométrie. Vers le milieu du ſei-

(*a*) *De prop. parab. & ſpec. uſt. lib.* 2. *Jo. Gogava interp.* 1613. *Lovan. in-4°.*
(*b*) *Comm. in Alm.* L. 1.
(*c*) Les Liv. *de ſph. & cir. De dim. Circ. & de Equip.*

zieme siecle (en 1643), on vit paroître à Basle une édition Grecque & Latine de tout ce qui s'étoit retrouvé de ces Œuvres dans leur langue originale, avec le commentaire d'*Eutocius*. La traduction auroit pu être faite avec plus d'intelligence : mais malgré ses défauts, on a obligation à celui qui l'exécuta alors. *Commandin* en donna une meilleure dans la suite, avec de brieves notes, & les Livres *de insidentibus in fluido*, qui ne se sont retrouvés qu'en Arabe. Pendant ce temps-là *Maurolicus*, habile Géometre Messinois, en méditoit une édition que ses héritiers donnerent en 1572 : elle eut un sort malheureux ; car elle se perdit toute entiere par le naufrage du vaisseau qui la portoit, & c'en étoit fait de l'Archimede de *Maurolicus*, si *Borelli* s'intéressant à la gloire de ses deux compatriotes, n'en avoit fait une nouvelle édition en 1685. On peut dire de *Maurolicus*, que le commentateur est tel que le méritoit un original de cette excellence. L'Archimede de *Rivault de Fleurances*, est une assez belle édition Grecque & Latine ; ouvrage au reste qui seroit beaucoup meilleur, s'il eût toujours bien entendu son original. M. *Midorge* lui a reproché le contraire, en l'appellant à plusieurs reprises *infelix commentator*. Cependant cette édition n'est point du tout à mépriser. L'Angleterre qui s'intéresse encore à la gloire des Géometres anciens, nous donnera peut-être quelque jour une belle édition de celui-ci, qui puisse aller de pair avec celles d'*Euclide* & d'*Apollonius* que nous lui devons. L'Archimede du *D. Barrow* est un excellent ouvrage ; il est surtout propre à ceux de nos Géometres modernes, qui voudroient connoître la méthode ancienne, parce qu'elle y est réduite sous une forme plus abrégée, sans que l'esprit en soit altéré. *Borelli* s'est proposé le même objet dans un Livre intitulé *Archim. opera compendiaria*, & y a fort bien réussi. A l'égard de l'histoire intéressante d'*Archimede*, de ses inventions & de ses écrits, ce sujet a été traité avec beaucoup de sçavoir & d'étendue, par le Comte *Maria Mazuchelli*, noble Sicilien (*a*). M. *Melot* a donné dans les Mémoires de l'Académie des Belles Lettres (*b*), un commencement d'une Vie d'*Archimede*, qui fait regretter

(*a*) *Notizie hist. intorno alla vita, alli scritti, è invenzioni d'Archimede.* 1735, in-fol.
(*b*) Tom. XV.

que ce sçavant Académicien n'ait pas entiérement exécuté son entreprise.

V I.

RATOSTENE, 40 ans avant C.

Un homme aussi célebre qu'*Archimede*, méritoit l'étendue que nous avons donnée à ce qui le concerne. Si quelques Lecteurs ont trouvé l'article précédent un peu prolixe, nous en trouverons une excuse légitime dans la fécondité de la matiere qui se présentoit à nous. Retournons en Egypte, où fleurissoit dans le même temps *Eratostene*, à qui les Mathématiques ont diverses obligations qu'il est de notre objet de faire connoître.

Eratostene fut un de ces hommes rares, dont le génie étendu embrasse tous les genres de connoissances. Orateur, Poëte, Antiquaire, Mathématicien & Philosophe, il fut nommé de quelques-uns, πένταθλος, surnom qu'on donnoit à ceux qui avoient remporté la victoire dans les cinq exercices des Jeux Olympiques. Ce vaste sçavoir lui mérita d'être choisi par le troisieme *Ptolemée*, pour être son Bibliothécaire; emploi qu'il exerça jusqu'à l'âge de quatre-vingts ans, où las d'une vie infirme & languissante, il la termina en se laissant mourir de faim.

Parmi les Mathématiques, ce furent principalement la Géométrie & l'Astronomie où *Eratostene* se rendit recommendable. Il mérita d'être associé aux trois célebres Géometres de l'Antiquité, *Aristée*, *Euclide* & *Apollonius* qui avoient travaillé sur l'Analyse Géométrique. *Pappus* (a) cite de lui un ouvrage destiné à perfectionner cette méthode, qui étoit intitulé *de locis ad medietates*. Il seroit à souhaiter, du moins pour notre curiosité, qu'il nous en eût conservé le précis comme il a fait de quelques autres, mais tout ce qu'il en dit se réduit à ce titre. La solution qu'*Eratostene* donna du problême de la duplication du cube, eut quelque célébrité: nous en avons parlé dans le Livre précédent, en faisant l'histoire de ce problême fameux chez les Anciens, & nous y renvoyons. *Boece* rapporte dans son Arithmétique une méthode de ce Mathématicien, pour discerner les nombres premiers : elle fut nommée le crible d'*Eratostene*, parce qu'au lieu de les trouver directement,

(a) *Coll. Math.* Liv. VII, Préf.

il le faisoit indirectement, en donnant en quelque sorte l'exclusion à ceux qui ne le sont point.

L'Astronomie eut des obligations de divers genres à *Eratostene*. Ce fut lui qui engagea *Ptolemée Evergete* à faire construire & placer dans le portique d'Alexandrie, de grands instrumens pour l'observation des astres. Ce sont les fameuses Armilles, je dis fameuses, parce que les principales observations de l'Astronomie Grecque furent faites par leur moyen. Ces Armilles étoient un assemblage de divers cercles qui représentoient ceux de la sphere céleste, & qui, étant placés dans la situation convenable, servoient à un grand nombre d'usages Astronomiques. Comme nous nous proposons de donner ailleurs une idée de l'Astronomie pratique des Anciens (*a*), nous nous contentons ici de cette légere indication.

Les tentatives d'*Eratostene*, pour mesurer la grandeur de la terre, sont fameuses en Astronomie, & quoique peu exactes, elles méritent, à certains égards, cette célébrité, comme étant les premiers essais d'opérations certaines, que les hommes aient faits pour y parvenir. Jusqu'alors on s'étoit contenté de former sur ce sujet d'assez vagues conjectures ; car *Aristote* ne traite pas autrement l'opinion des Mathématiciens, qui lui donnoient de son temps 400000 stades de circonférence. L'observation d'*Eratostene*, quoique grossiere, resserra considérablement les bornes de notre demeure ; voici comment il s'y prit (*b*).

Il y avoit à Syene un puits profond, qui étoit entiérement éclairé à midi le jour du solstice d'été. *Eratostene* l'avoit remarqué, & qu'à 150 stades à la ronde, les hauteurs verticales ne jettoient point d'ombre à cet instant. Cette observation lui persuada que Syene étoit précisément sous le tropique du Cancer ; il supposa ensuite que Syene & Alexandrie étoient l'une & l'autre sous le même méridien, & il estima leur distance de 5000 stades. Il ne s'agissoit plus que de connoître quelle partie du méridien terrestre étoit l'arc compris entre Alexandrie & Syene. Pour cela il attendit dans la premiere de ces villes le midi du jour du solstice, moment auquel le Soleil étoit perpendiculaire à Syene, & à l'aide d'un style élevé au milieu d'un segment sphérique, & dont le sommet

(*a*) Voyez le Livre suivant.
(*b*) Cleom. *Cycl. Theo.* Liv. 1. c. 10.

atteignoit à son centre, il mesura l'arc intercepté entre le Soleil alors au Zénith de Syene, & le Zénith d'Alexandrie. Il le trouva d'une cinquantieme partie de la circonférence, d'où il conclut que la grandeur d'un méridien terrestre étoit de 250000 stades.

Le P. *Riccioli* a sçavamment discuté cette mesure d'*Eratostene* (a), & il a montré qu'elle péchoit en excès par plusieurs raisons. La premiere est celle-ci: lorsque cet Astronome mesura, dit il, la distance des Zéniths de Syene & d'Alexandrie par l'ombre d'un style, il est probable qu'il n'eût égard qu'à l'ombre forte; ainsi il prit la hauteur du bord supérieur du Soleil à son Zénith, pour celle du centre. Il faut donc ajouter 15 à 16′ à la distance de Syene à Alexandrie, & au lieu d'une cinquantieme de la circonférence, ou de 7°. 12′ qu'il lui donnoit, elle sera de 7°. 27 ou 28′, ou 7°. $\frac{1}{2}$, ce qui est la quarante-huitieme partie de la circonférence. Il faudroit donc déja diminuer la mesure d'*Eratostene* d'une vingt-cinquieme partie; & en examinant d'autres circonstances, on fait voir qu'on pourroit la diminuer encore davantage; mais aujourd'hui qu'on a une mesure de la terre si supérieure par son exactitude à celles des Anciens, il est inutile de suivre le sçavant Jésuite dans sa discussion.

L'observation que fit *Eratostene* de l'obliquité de l'écliptique, n'est pas moins célebre en Astronomie, & avec celle de *Pytheas* dont on a parlé dans le Livre précédent, elle sert de fondement à l'opinion de ceux qui prétendent que cette obliquité est moindre aujourd'hui qu'autrefois. Aucun Auteur ancien ne nous a transmis le procédé de cet Astronome: on sçait seulement qu'il trouva que la distance des tropiques étoit les $\frac{11}{83}$ d'un grand cercle, c'est-à-dire de 47°. 42′. 26″. Le P. *Riccioli* examinant cette observation (b), a supposé qu'*Eratostene* partit de sa premiere détermination, sçavoir que Syene étoit sous le tropique, & qu'elle étoit éloignée d'Alexandrie d'une cinquantieme partie du méridien, ou de 7°. 12′. Il observa ensuite la latitude d'Alexandrie par le moyen de la distance du Soleil au Zénith le jour de l'équinoxe à midi, & de cette distance il ôta celle qu'il sçavoit être de Syene à

(a) *Geog. & hydrog. reform. & Alm. nov.* l. III, c. 27.
(b) *Alm. nov.* l. III, c. 27.

Alexandrie ; ce qui lui donna la distance de Syene à l'Equateur, ou la déclinaison de l'écliptique de la grandeur qu'on vient de dire.

En supposant la mesure de l'obliquité de l'écliptique prise de cette maniere, le P. *Riccioli* remarque qu'il faut y faire une correction à laquelle l'Auteur ancien n'eut aucun égard, & moyennant laquelle il eût trouvé seulement 23°. 35 à 36', de sorte qu'il veut même en tirer une preuve qu'elle n'a point diminué jusqu'à nos jours. Cette correction est la même que la précédente : *Eratostene*, dit-il, en prenant la hauteur du bord supérieur du Soleil pour celle du centre, fit l'éloignement des Zéniths de Syene & d'Alexandrie, trop grand de 15 à 16 minutes. Ajoutons-les à cet éloignement, il faudra donc diminuer d'autant celui de Syene à l'Equateur : ainsi il ne sera plus que de 23°. 35 à 36 minutes ; ce qui ne surpasse la déclinaison de l'écliptique, telle qu'elle est aujourd'hui, que d'un petit nombre de minutes, erreur qu'il est vraisemblable d'attribuer à la grossiéreté de l'observation d'*Eratostene*.

Tel est le raisonnement du P. *Riccioli*, mais ceux qui tiennent pour le changement de la déclinaison de l'écliptique, est une bonne réponse à y faire. Ils peuvent dire qu'il est probable qu'*Eratostene* mesura de même la latitude d'Alexandrie, & par conséquent qu'il la fit trop petite de 15 minutes. Ainsi de la latitude d'Alexandrie augmentée de 15', ôtant la distance de Syene à Alexandrie aussi augmentée de 15', le restant sera encore de 23°. 51'. D'ailleurs si *Eratostene* a mesuré la distance des tropiques par deux observations immédiates du Soleil aux solstices, la correction du P. *Riccioli* ne sçauroit avoir lieu ; car il aura fait chacune de ces distances du Soleil à son Zénith moindre qu'il ne falloit, mais cette erreur n'influera en rien sur la distance respective des deux lieux du Soleil. Si l'on supposoit enfin, ce qui seroit assez probable, qu'*Eratostene* se fût transporté à Syene pour y observer, le jour d'un solstice d'hyver, la distance du Soleil à son Zénith, distance qui auroit été celle des tropiques, nous trouverions qu'il l'auroit faite trop petite de 15'. Car en observant le Soleil, il n'auroit pris que la distance du bord supérieur à son Zénith : ainsi la véritable seroit plus grande d'un demi-diametre apparent de cet astre. Le raisonnement du P. *Riccioli* ne conclud donc rien contre la mobilité de l'écliptique : mais on ne sçauroit aussi tirer de l'observation d'*Eratostene*, que des inductions fort foibles en faveur de ce sentiment. On ne sçauroit même en entreprendre aucun examen solide, puisque la maniere dont elle a été faite ne nous est point parvenue.

Il ne subsiste plus que quelques fragmens des écrits nombreux d'*Eratostene*. L'Auteur de la belle édition Grecque *des Phénomenes* d'*Aratus*, faite à Oxford en 1702, les a publiés à la suite de ce Poëme, en y ajoutant quelques notes. On y trouve son écrit sur les constellations, ouvrage plutôt Philologique que Mathématique, son Mesolabe, sa mesure de la grandeur de la terre, telle que la rapporte *Cleomede*, & sa division harmonique.

VII.

APOLLONIUS, 200 *ans avant J. C.*

Vers le temps où *Archimede* finissoit sa carriere, l'Ecole d'Alexandrie voyoit commencer la sienne à un Géometre qui ne s'est guere moins illustré par son génie & ses découvertes nombreuses. C'est *Apollonius* de Perge, à qui les Anciens déférerent le surnom de *grand Géometre*, du *Géometre par excellence*. Il me semble cependant qu'*Archimede* a sur ce titre des droits qu'on ne peut lui contester ; quel que soit le génie que montre *Apollonius* dans quelques-unes de ses recherches, on ne peut disconvenir que le Géometre Sicilien ne prenne encore un essor plus sublime, & ne se montre plus merveilleux par les voies extraordinaires qu'il sçait se frayer. S'il n'est qu'un *Newton* parmi les Modernes, on peut dire avec autant de justice qu'il n'est qu'un *Archimede* dans l'antiquité.

Apollonius étoit de Perge en Pamphylie : il naquit sous le regne de *Ptolemée Evergete I*, c'est-à-dire, vers le milieu du troisieme siecle avant l'Ere Chrétienne (*a*), & il fleurit sous *Ptolemée Philopator*, ou vers la fin du même siecle (*b*). Nous apprenons de *Pappus* qu'il se forma à Alexandrie sous les successeurs d'*Euclide*, & que ce fut-là qu'il acquit cette habileté supérieure en Géométrie, qui le rendit fameux. Le même Auteur nous fait une peinture peu avantageuse des autres qua-

(*a*) *Eut. ad Appoll. con.*
(*b*) Phot. *Biblioth*, cod. 190.

lités

lités d'*Apollonius :* il nous le représente *(a)* comme un homme vain, jaloux du mérite des autres, & saisissant volontiers l'occasion de les déprimer. Faut-il que les perfections de l'esprit soient si souvent ternies par les défauts du cœur ?

Apollonius fut un des écrivains les plus féconds & les plus profonds qu'aient eu les Mathématiques. Ses ouvrages seuls composoient autrefois une partie considérable de ceux que les Anciens regardoient comme la source de l'esprit géométrique (*b*) ; son Traité des coniques est néanmoins le plus remarquable & celui qui a le plus contribué à sa célébrité. Par cette raison il excitera le premier notre attention (*c*).

On croit, sur le rapport d'*Eutocius*, qu'*Apollonius* est le premier qui ait donné aux sections coniques les noms qu'elles portent aujourd'hui ; mais ce rapport me paroît peu exact : car *Archimede* a connu le nom de *Parabole*, & s'en est servi dans le titre même de l'ouvrage où il quarre cette courbe. A la vérité il ne paroît pas avoir connu ceux d'*ellipse* & d'*hyperbole*. *Apollonius* les introduisit peut-être à l'imitation du premier : quoi qu'il en soit, ses sections coniques sont un des ouvrages les plus précieux de l'antiquité ; elles comprenoient autrefois huit Livres, où il rassembla tout ce qu'on connoissoit de son temps sur ces courbes, soit les découvertes des Géometres qui l'avoient précedé, soit celles qu'il y avoit ajoutées. Les quatre premiers Livres, qui sont les seuls que nous ayons eus jusqu'au milieu du siecle passé, remplissent le premier de ces objets. *Apollonius* s'en explique ainsi dans une sorte de Préface, où il ne s'attribue que le mérite d'avoir étendu & développé cette Théorie déja fort avancée avant lui. Ceux qui n'ont pu voir que ces quatre Livres, n'ont donc presque pas connu ce Géometre, & ne voyoient guere que ce qui étoit dû à l'Ecole de *Platon*, à *Aristée*, à *Euclide*, &c, c'est-à-dire les Elémens des coniques. Ainsi il n'est pas surprenant que *Descartes*, sur l'inspection de ce commencement de l'ouvrage d'*Apollonius*, n'en pensât pas aussi avantageusement que l'antiquité. A cela il se joignoit un autre motif ; c'est que

(*a*) *Coll. Math.* l. VII. *pref.*

(*b*) *Ibid. init.*

(*c*) On a expliqué dans le Livre précédent, la génération & quelques-unes des propriétés des sections coniques ; c'est pourquoi les Lecteurs qui n'en ont aucune connoissance, peuvent recourir à cet endroit pour en prendre une idée.

le Géometre moderne ne jugeoit de la difficulté des découvertes de l'ancien, que par les moyens dont il étoit en possession pour y parvenir. Il y a de l'injustice dans cette maniere de penser. Seroit-on fondé à juger de l'habileté d'un ancien Capitaine par la résistance que lui auroit fait une place, qu'on emporteroit aujourd'hui d'emblée ? M. *Newton*, plus équitable, portoit un jugement bien différent de ce Géometre (*a*).

Les quatre derniers Livres des coniques, sont les plus sublimes & contiennent les découvertes propres d'*Apollonius*. Il y en a surtout deux, sçavoir le cinquieme & le septieme, qui lui feront toujours beaucoup d'honneur parmi les Géometres. On ne sçauroit les lire sans concevoir de leur Auteur l'idée d'un homme doué d'une prodigieuse force d'esprit, pour avoir pu suivre, sans s'égarer, des recherches dont la plûpart exigent même de l'adresse à manier notre analyse moderne.

Pour donner une idée de ce que la Géométrie doit à *Apollonius*, nous allons exposer en raccourci l'objet de ces deux Livres. Ils traitent l'un & l'autre un des sujets les plus difficiles de la Géométrie, sçavoir les questions *de maximis & minimis* sur les sections coniques. Dans le cinquieme, *Apollonius* examine particuliérement quelles sont les plus grandes & les moindres lignes qu'on puisse tirer de chaque point donné à leur circonférence. On y retrouve tout ce que nos méthodes analytiques d'aujourd'hui nous apprennent sur ce sujet; on y apperçoit enfin la détermination de nos *développées* : car *Apollonius* remarque très-bien qu'il y a une suite de points dans l'espace au delà de l'axe d'une section conique, d'où l'on ne peut tirer à la partie opposée qu'une ligne qui lui soit perpendiculaire. Il détermine même ces points que les Modernes connoissent sous le nom de centres d'osculation, & il observe que leur continuité sépare deux espaces, dont l'un est tel que de chacun de ses points on peut tirer deux lignes perpendiculaires à la partie opposée de la courbe, & l'autre au contraires a cette propriété qu'on n'en peut tirer aucune ligne semblable. Le premier de ces espaces est visiblement celui qui est renfermé entre l'axe de la courbe & sa développée. Toutes les questions qui appartiennent à de semblables recherches,

(*a*) *Vit. Neut. in opusc.* T. 1.

ſont traitées dans ce cinquieme Livre avec un ſoin qui en laiſſe à peine échapper une ſans la réſoudre.

Le ſeptieme Livre, (car je paſſe le ſixieme qui n'a aucune difficulté, & qui traite des ſections coniques ſemblables) le ſeptieme Livre, dis-je, contient diverſes propriétés remarquables de ces courbes : telles ſont celles-ci : Que *dans l'ellipſe, & les hyperboles conjugées, les parallelogrammes formés par les tangentes aux extrêmités des diametres conjugés, ſont conſtamment les mêmes* : Que *dans l'hyperbole la différence des quarrés de deux diametres conjugués, & dans l'ellipſe, leur ſomme eſt toujours la même*. Je pourrois accumuler un grand nombre d'autres propoſitions ſemblables, dont pluſieurs ſont fort remarquables, & ſervent de fondemens de réſolutions à des problêmes *de maximis & minimis* d'une certaine difficulté ; en voici, par exemple, un : *Dans une hyperbole quelconque, déterminer le diametre dont le parametre eſt le moindre, ou bien celui dont le quarré avec celui de ſon parametre faſſe la plus petite ſomme*. Ces queſtions & pluſieurs autres du même genre étoient traitées dans le huitieme Livre qui ne nous eſt pas parvenu, mais on en juge ainſi ſur l'inſpection des théorêmes contenus dans le ſeptieme, qui étoit la baſe du huitieme. Il y en a quelques-uns qui ſeroient capables d'embarraſſer par la difficulté d'y appliquer l'analyſe moderne. Pour donner enfin de l'ouvrage d'*Apollonius* l'idée qu'il mérite, je remarquerai que nous avons dans notre langue & en ſtyle algébrique, un traité des ſections coniques dont on fait cas avec juſtice ; je veux parler de celui de M. le Marquis *de l'Hôpital* : cependant je ne craindrai point de dire qu'il y a dans le Géometre ancien une Théorie au moins auſſi étendue & auſſi complette de ces courbes, que dans le Géometre moderne.

Les coniques d'*Apollonius* ont eu, de même que tous les ouvrages célebres de l'antiquité, un grand nombre de commentateurs & d'annotateurs. Parmi les Grecs mêmes *Pappus* d'Alexandrie les éclaircit par des lemmes ou propoſitions préliminaires à la tête de chaque Livre. La ſçavante *Hypathia*, fille de *Théon*, avoit donné ſur cet ouvrage un commentaire qui ne nous eſt pas parvenu. Nous avons celui d'*Eutocius*, d'Aſcalon, qui avoit travaillé de même ſur les écrits d'*Archimede*. Ce commentaire ne regarde que les quatre premiers

Livres, ou du moins il n'en subsiste plus que cette partie.

Lorsque les Arabes commencerent à accueillir les Sciences presque fugitives du reste de l'Univers, les coniques d'*Apollonius* furent un des premiers ouvrages dont ils entreprirent la traduction. Elle fut commencée sous le Calife *Almamon* en 830 (*a*); & *Thebit Ben-Cora* prit le soin de la reviser & de l'augmenter de celle des derniers Livres dans le cours du même siecle. *Abalphat* en fit une nouvelle sous le Calife *Abucalighiar* en 994; c'est celle qui tomba entre les mains de M. *Borelli*, comme nous le dirons plus bas. Le Géometre & Astronome Persan *Nassir-Eddin* fit des notes sur cet ouvrage dans le milieu du treizieme siecle; & *Abdolmelec* de Schiras autre Persan, l'abrégea. Les Européens possedent toutes ces versions.

On n'a commencé à connoître *Apollonius* parmi les Chrétiens Occidentaux que vers le milieu du quinzieme siecle, où *Regiomontanus* en méditoit une édition. Sa mort précipitée fit échouer ce projet, & l'on ne vit paroître ce Géometre qu'en 1537 dans une traduction Latine faite par *Memmius*, Noble Vénitien, & publiée après sa mort par son fils. Cette édition, ouvrage d'un Traducteur peu intelligent, & d'un Editeur qui l'étoit encore moins, n'a que le mérite d'être la premiere. *Commandin* en donna une meilleure en 1566, avec le commentaire d'*Eutocius*, & les lemmes de *Pappus*. J'en passe un grand nombre d'autres dans la vue d'abréger cette notice bibliographique.

Les Européens n'ont eu pendant long-temps que les quatre premiers Livres d'*Apollonius*, & ce n'est que depuis le milieu du siecle passé qu'on a recouvré les trois derniers. Leur perte avoit déja excité quelques Géometres à traiter les sujets sur lesquels on sçavoit que rouloient ces Livres. *Maurolicus*, Géometre Sicilien du seizieme siecle, avoit ébauché avec succès la théorie du cinquieme & du sixieme Livre; & en avoit formé un supplément à *Apollonius*, que *Borelli* publia en 1654 (*b*). Le Pere *Richard*, Jésuite, promettoit au milieu du siecle passé un ouvrage de la même nature qui, quoiqu'annoncé comme étant sous presse (*c*), n'a

(*a*) Abulph. *Hist. Dynast.* D'Herbelot, *Bibl. ori.* au mot *Abollonious*.

(*b*) Viviani, *divin. in Apol.* p. 53.

(*c*) Labbe, *Bibl. nov. mss.*

jamais paru. M. *Viviani*, l'un des plus illuſtres éleves de *Galilée*, & des plus habiles Géometres de l'Italie, ſe propoſoit cette recherche vers le même temps; ce qui a donné lieu au ſçavant ouvrage de cet Auteur, intitulé *Divinatio in V Apollonii conicorum*, dont nous allons faire l'hiſtoire.

Pendant que M. *Viviani* amaſſoit lentement & dans le ſilence des matériaux pour faire revivre *Apollonius*, le célebre *Golius* revenoit d'Orient chargé d'un grand nombre de manuſcrits Arabes, parmi leſquels étoient les ſept premiers Livres des coniques. Aſſez inſtruit dans la Géométrie pour ſentir le prix de cette découverte, il ſe hâta d'en informer les Géometres de ſon temps, & je trouve qu'en 1644 le Pere *Merſenne* en fait mention (*a*), & en cite même quelques propoſitions. J'ignore ce qui fit échouer le projet formé par *Golius* d'en donner une traduction; on n'y ſongeoit plus, & malgré cet avertiſſement l'on continuoit de regarder le reſte d'*Apollonius* comme perdu, lorſqu'en 1658 M. *Borelli* paſſant à Florence, & examinant la Bibliotheque des Médicis, y trouva un manuſcrit Arabe dont le titre Italien annonçoit les huit Livres d'*Apollonius*. Paſſionné pour la Géométrie ancienne, il ne put ſe contenir de joie; il parcourut le manuſcrit, & jugea par la comparaiſon des figures, que c'étoit effectivement l'ouvrage du Géometre Grec, beaucoup plus complet que ce qu'on en avoit déja. Il ſe fit traduire par un Religieux Maronite le titre de la cinquieme partie qui, conformément à la diviſion d'*Apollonius*, traitoit *de maximis & minimis*. Le Duc de Toſcane lui confia généreuſement ce manuſcrit qu'il porta à Rome : là aidé par *Abraham Eccellenſis*, ſçavant dans les Langues Orientales, il parvint à le traduire en Latin, & le publia en 1661 avec de ſçavantes notes, que la préciſion extrême du Traducteur, ou plutôt de l'Abréviateur Arabe rendoit néceſſaires. Il faut remarquer que ce manuſcrit avoit le même défaut que celui de *Golius* : le huitieme Livre ne s'y trouvoit point, & probablement il eſt perdu pour jamais. Car il manquoit encore à la verſion abrégée d'*Abdolmelec*, que *Ravius* avoit apportée d'Orient, & qu'il publia en 1669 traduite dans un Latin que M. *Halley* traite de barbare avec raiſon.

(*a*) *Synop. Math. pref. ad con. Appoll.*

Cependant M. *Viviani* conseillé par ses amis de ne pas se laisser enlever par cet événement le fruit de plusieurs années de travail, se disposoit à publier le résultat de ses réflexions sur le cinquieme livre d'*Apollonius*. Il obtint une attestation du Grand Duc qui paraffa tous ses manuscrits dans l'état où ils étoient. *Borelli* eut ordre de ne rien communiquer de ce qu'il trouvoit, à mesure qu'il avançoit dans sa traduction. *Viviani* enfin qui ignoroit l'Arabe, travailla en diligence & publia un an après, sçavoir en 1659, sa divination sur *Apollonius*. Le parallele qu'on put en faire quelque temps après avec l'ouvrage de ce dernier, ne fut pas désavantageux au Géometre Italien : souvent aussi profond que l'Ancien dans les questions qu'ils traitent ensemble, il se jette dans un champ beaucoup plus vaste. Il se forme de nouvelles théories, il trouve quantité de nouvelles propriétés des sections coniques, de sorte que son ouvrage pourroit être considéré comme un supplément à la théorie ancienne de ces courbes.

L'histoire de cet ouvrage de *Viviani* m'a un peu écarté de mon sujet; j'y reviens, & je termine en peu de mots ce qui me reste à dire sur les coniques d'*Apollonius*. L'édition qu'en a donné M. *Halley* (*a*), est recommendable par toutes les qualités qui peuvent rendre une édition précieuse. Ce Mathématicien célebre n'a rien oublié pour nous rendre dans leur intégrité le texte Grec & les derniers Livres dont on vient de parler. Il a rétabli le huitieme sur les indications de *Pappus ;* & son habileté dans la Géométrie ancienne ne nous permet plus de regretter la perte de l'original.

Les autres écrits d'*Apollonius*, quoiqu'en grand nombre, nous occuperont moins que ses coniques. Ils eurent la plûpart pour objet l'analyse géométrique, comme les traités, *de sectione rationis*, *de sectione spatii*, *de sectione determinatâ*, *de tactionibus*, *de inclinationibus*, divisés chacun en deux Livres. Ce sont quelques problêmes susceptibles d'un grand nombre de cas & de déterminations particulieres, où *Apollonius* déploie tout l'art de l'analyse ancienne. Le traité *de locis planis* est un recueil très-utile des propriétés locales du cercle & de la ligne droite, parmi lesquelles il y en a de très-remarquables.

(*a*) En 1710. *in-fol.*

Aucun de ces ouvrages ne nous est parvenu que le traité *de sectione rationis*, qui s'est retrouvé en Arabe : M. *Halley* l'a publié en 1708 avec celui *de sectione spatii*, qui lui est analogue, & qu'il a rétabli sur la description qu'en fait *Pappus* (*a*). Le précis que cet ancien Géometre nous a transmis de tous ces Livres, avoit déja excité quelques Modernes à faire des efforts pour nous les restituer. Au commencement du siecle passé, *Snellius* travailla sur les trois traités *de sectione rationis*, *spatii*, & *determinatâ* (*b*). Mais quoique les problêmes que s'y proposoit *Apollonius*, y soient résolus, il s'en faut beaucoup que l'ouvrage du Géometre Moderne soit comparable à celui de l'Ancien. Le premier de ces traités que nous possédons, nous met aujourd'hui en état de faire la comparaison de l'un & de l'autre. Dans le même temps *Marin Gethaldi*, de Raguse, Analiste & Géometre habile, rétablit le Traité *de inclinationibus*. M. *Viete* nous a donné le Livre *de tactionibus*, sous le titre d'*Apollonius Gallus* (*c*). Un démêlé qu'il eut avec *Adrianus Romanus*, Géometre habile des Pays-Bas, lui donna l'occasion de proposer le problême principal, & le seul difficile de ce livre. C'est celui-ci : *Trois cercles étant donnés, on en demande un quatrieme qui les touche tous les trois* (*d*). *Romanus* le résolut mal en déterminant, ce qui se présente au premier coup d'œil, le centre du cercle cherché par l'intersection de deux hyperboles ; car le problême est plan, & par conséquent il peut être résolu par les secours de la Géométrie ordinaire. *Viete* le résolut de cette maniere, & très-élégamment ; sa solution est la même que celle qu'on voit dans l'*Arithmétique universelle* de *Newton*. On en trouve une autre dans le premier Livre *des principes de la Philosophie Naturelle*, où cette question est nécessaire pour quelques déterminations d'Astronomie physique. Ici *Newton* réduit avec une adresse remarquable les deux lieux solides de *Romanus* à l'intersection

(*a*) *Coll. Math.* l. VII. *pref.*

(*b*) *Voyez* Herigone, *curs. math.* t. 1.

(*c*) Vietæ, *op.* p. 326.

(*d*) M. *de Fermat* a résolu un problême semblable à celui-là, mais bien plus difficile. Il s'agit de *déterminer la sphere qui en toucheroit quatre autres données de grandeur & de position*. C'étoit une question que *Descartes* lui avoit proposée en forme de défi. (Voyez Lett. de *Descartes*, t. II, l. 104 & 91.) Il en a fait un petit Traité qu'on voit dans le Recueil de ses Œuvres. *Descartes* dit aussi l'avoir resolu algébriquement & à l'aide de la Géométrie ordinaire.

de deux lignes droites. Ce problême, un de ceux où l'analyse algébrique ne s'applique pas avec facilité, occupa *Descartes*, & de deux solutions qu'il en trouva, il convient lui-même (*a*) que l'une lui donnoit une expression si compliquée, qu'il n'entreprendroit pas de la construire en un mois. L'autre, quoique moins embarrassée, l'est encore assez pour que *Descartes* n'ait osé y toucher. Remarquons enfin au sujet de ce problême une anecdote qui l'illustre en quelque sorte. C'est que la Princesse *Elizabeth* de Bohême qui honoroit, comme on sçait, notre Philosophe de ses lettres, daigna s'en occuper; elle lui en envoya une solution, mais comme elle est tirée du calcul algébrique, elle a les mêmes inconvéniens que celle de *Descartes*.

Le traité *de locis planis* a aussi occupé plusieurs Géometres. *Fermat* (*b*) l'a rétabli, & on le trouve dans ses œuvres posthumes imprimées en 1675. Il avoit déja été communiqué

(*a*) Lettres. t. III, Let. 80. 81.

(*b*) Comme nous avons dit sur cet Ouvrage d'*Apollonius*, des choses capables de piquer la curiosité des Géometres, nous en allons extraire quelques-unes des propositions les plus remarquables.

Fig. 25. 1° Que si d'un point comme P partent plusieurs paires de lignes PA, PB; P *a*, P *b*, &c, faisant des angles constans A P B, *a* P *b* &c, & que la raison de celles de chaque paire, ou leur rectangle soit invariable, si les extrêmités A, *a*, sont dans un lieu plan, les autres B, *b*, &c, seront aussi dans un lieu plan, c'est-à-dire, dans une ligne droite ou circulaire.

Fig. 26. 2° Si l'on a tant de lignes données de position qu'on voudra, & que d'un point P, on leur tire des lignes sous des angles donnés, & que la somme de deux soit à la troisieme, ou la somme de deux, à celle des deux restantes, &c, en raison donnée, le point P sera dans un lieu plan, c'est-à-dire que tous les points d'où partiront des lignes sous ces conditions, seront dans une ligne droite ou circulaire.

Fig. 27. 3° Si de deux points donnés A, B, sont tirées à un troisieme P, deux lignes A P, B P qui soient dans une raison d'inégalité, ce point P est dans une circonférence circulaire, ou tous les points P, *p*, *π* &c, où se terminent des lignes dans cette raison, forment une circonférence de cercle. Ce sera encore un cercle si le quarré de l'une, augmenté ou diminué d'un quarré constant, est au quarré de l'autre en raison donnée; il ne sera placé qu'un peu différemment.

* Fig. 28. * 4° Si de tant de points qu'on voudra partent autant de lignes à un point P, & que la somme des quarrés de ces lignes soit invariable, ce point P & tous ses semblables sont dans un cercle, dont on déterminera le centre de cette maniere. Que A, B, C, D, E, F, soient les points donnés, nous en supposons 6; ayant tiré la ligne N O, qui les laisse tous d'un côté, que A G, B H, &c. lui soient perpendiculaires, & que G T soit la 6e partie des lignes G H, G I, &c. jusqu'à G M inclusivement, ou N T la 6e partie des six lignes N G, N H, N I, &c, & qu'on tire la perpendiculaire TQ qui soit aussi la 6e partie des six lignes A G, B H, &c. le point Q sera le centre du cercle; & son rayon Q R sera tel que $6\,QR^2 + AQ^2 + BQ^2$ &c. soient égaux au quarré donné, ou aux six quarrés AP^2, BP^2 &c.

Delà il est facile de voir que le point Q est le centre de gravité des points A, B, C, &c. & si l'on supposoit que le double du quarré de A P, plus le triple de B P, plus le cinquieme de C P, fissent ensemble un

aux

aux Géometres dès l'année 1637 (*a*), quoiqu'il n'ait été imprimé qu'après sa mort. Ce délai donna lieu à *Schotten* de travailler sur le même sujet. Il publia son ouvrage en 1659 : mais quoique ce soient les mêmes propositions que celles d'*Apollonius*, car *Pappus* les énonce assez clairement, elles y sont démontrées en style algébrique ; ce qui est contrevenir à la condition essentielle de ces sortes de divinations. Ce motif paroît avoir engagé un Géometre Anglois (M. *Robert Simpson*), qui a fait une étude particuliere des méthodes anciennes, à nous rendre cet ouvrage dans le style où il fut d'abord écrit. Il a publié ce curieux morceau de Géométrie en 1746, sous le titre d'*Apollonii loca plana restituta*, in-4°. La préface mérite surtout d'être lue à cause des excellentes réflexions qu'elle contient sur l'analyse des Anciens.

Je me contente d'indiquer quelques autres productions moins importantes d'*Apollonius*, comme son Livre *de Cochleâ*, un autre *de perturbatis rationibus*, un troisieme *sur la comparaison de l'icosaedre & du dodécaedre inscrits dans la même sphere* ; Le dernier portoit le titre d'ὀκυτοβοος, mot qui n'est plus entendu, de sorte qu'on ne sçait point quel étoit l'objet de cet ouvrage. *Eutocius* nous apprend seulement qu'*Apollonius* y poussoit à une plus grande exactitude l'approximation de la grandeur de la circonférence donnée par *Archimede* (*b*).

VIII.

Avant que de passer à des temps postérieurs, il nous est nécessaire de revenir sur nos pas pour ne pas oublier quelques Mathématiciens contemporains des précédens. *Conon* de Sa-

quarré constant, le centre du cercle où seroient les points P, seroit encore le centre de gravité des points A, B, C, &c, mais en supposant le point A chargé d'un poids double, B d'un triple, C d'une 5e partie, &c. C'est M. *Huygens* qui a remarqué cette conséquence de la détermination d'*Apollonius*.

5° On sçait depuis long-temps que tous les triangles où la somme des quarrés des côtés comme A P, P B, est égale à celui de la base A B, ont leur sommet P dans la circonférence d'un cercle ; cela est encore vrai, pourvu que la somme de ces quarrés soit constante, quoique moindre ou plus grande que celui de la base. Mais alors les extrêmités de cette base tomberont au dedans ou au dehors du demi-cercle, sçavoir, au dedans si les quarrés des côtés forment une somme plus grande que celui de la base, au dehors dans le cas contraire. Ce n'est-là qu'un corollaire de la proposition précédente. *Fig.* 29.

(*a*) Herigone. *Ubi suprà.*

(*b*) *Comm. in Arch. de dim. circuli.*

Conon. mos, l'ami d'*Archimede*, eſt un des plus célebres. Ce devoit être un Géometre d'un mérite diſtingué, ſi nous en jugeons par les regrets que ce grand homme témoigne de ſa perte, & par l'idée qu'il nous donne de ſon habileté (*a*). *Apollonius* nous apprend (*b*) qu'il avoit écrit ſur les coniques, & en particulier ſur le ſujet qu'il traite dans ſon quatrieme Livre. Cela lui occaſionna une querelle avec un autre Géometre contemporain, nommé *Nicotele*, qui écrivit contre lui, prétendant qu'il s'étoit trompé; ce qu'*Apollonius* approuve, ſans donner cependant à ſon adverſaire un gain de cauſe entier. Ce *Nicotele* n'eſt connu que par cette circonſtance; on le range communément parmi ceux qui ont amplifié la théorie des coniques. A l'égard de *Traſidée*, que la plûpart des Auteurs mettent encore dans ce rang, parce que *Conon* lui avoit adreſſé ſon traité, je ne vois point que c'en ſoit une raiſon. Cela eſt auſſi peu fondé que le titre de Géometre que le Pere *Merſenne* donne (*c*) à un certain *Hercule*, dont on lit le nom dans la préface de quelques traités d'*Archimede*, & qui n'en avoit été probablement que le porteur.

Conon fut auſſi Aſtronome, & il compoſa des éphémérides ſur ſes obſervations faites en Italie. *Ptolemée* le cite ſouvent dans un de ſes ouvrages (*d*). Ces éphémérides lui donnerent apparemment une grande célébrité dans cette contrée, puiſque *Virgile* met ſon nom dans la bouche d'un de ſes bergers.

In medio duo ſigna Conon, & quis fuit alter,
Deſcripſit radio totum qui gentibus orbem,
Tempora quæ meſſor, quæ curvus arator haberet? Eclog. 3.

Ce fut *Conon* qui fit de la chevelure de Bérénice une nouvelle conſtellation, trait qui paroît mettre hors de doute qu'il cultiva l'Aſtronomie à Alexandrie. *Senéque* nous donne auſſi lieu de le penſer, en nous apprenant qu'il avoit recueilli les obſervations des anciens Egyptiens (*e*). Nous devons beaucoup regretter la perte d'un ouvrage auſſi précieux & auſſi utile à l'Aſtronomie.

(*a*) *Pref. ad quad. parab.*
(*b*) *Pref. ad.* l. IV.
(*c*) *Syn. Math.* dans la Table.
(*d*) *Phaſes fixarum. Paſſim.*
(*e*) *Quæſt. nat.* VII. 3.

Dosithée de Colonie étoit encore un ami d'*Archimede*, qui avoit fait, de même que *Conon*, des obſervations & des éphémérides. *Archimede* lui adreſſe la plûpart de ſes ouvrages; ce qui prouve l'intimité qui régnoit entr'eux, & en même temps que *Dosithée* étoit verſé dans la profonde Géométrie. Nous n'avons rien de particulier à dire d'*Attalus*, auquel *Apollonius* adreſſe ſes Livres ſur les ſections coniques, ſinon que c'étoit apparemment un Géometre capable de les entendre. Ce pourroit bien être le même que le commentateur des phénomenes d'*Aratus*, qu'*Hipparque* reprend ſouvent dans ſon introduction à ce poëme. Au reſte cela eſt peu important. *Doſithée.*

Je crois devoir placer vers ce temps le Géometre *Nicomede*, inventeur de la conchoïde, qu'on a réputé juſqu'ici beaucoup moins ancien, & même poſtérieur de pluſieurs ſiecles à l'Ere Chrétienne. Je me fonde ſur quelques témoignages combinés de *Proclus* & d'*Eutocius*. Le premier nous apprend expreſſément que *Nicomede* fut l'inventeur de la conchoïde (*a*), courbe ſur laquelle écrivit dans la ſuite *Geminus* (*b*), Auteur qu'on ſçait certainement avoir précédé notre Ere au moins d'un ſiecle (*c*). D'un autre côté ce Géometre étoit poſtérieur à *Eratoſtene*, peut-être ſon contemporain, puiſqu'au rapport d'*Eutocius* (*d*), il le railloit ſur l'invention de ſon méſolabe. De ces faits réunis on doit conclure que *Nicomede* a vécu entre le I & le III ſiecle avant l'Ere Chrétienne. *Nicomede.*

Le ſeul monument qui nous reſte des travaux de *Nicomede* eſt l'invention de ſa conchoïde, & l'uſage ingénieux qu'il en fit pour la réſolution du problême de la duplication du cube. Nous avons déja fait connoître cette courbe, & la maniere dont ſon inventeur l'appliqua à ce problême (*e*). Sur cela ſeul nous pouvons concevoir une idée fort avantageuſe de ce Géometre ancien. Car ce n'eſt que par un circuit très-ſçavant d'analyſe, qu'il put parvenir à réduire le problême des deux moyennes proportionnelles à la conſtruction qu'il en donne, ſçavoir à *inſérer dans un angle donné une ligne de grandeur donnée, & qui étant prolongée, paſſe par un point déterminé*. Il eſt facile de reconnoître le but que *Nicomede* ſe propoſa. Ce fut

(*a*) *Ad. I. Eucl. prop.* 9.
(*b*) *Ibid.* l. II. *ad fin.*
(*c*) Voyez l'Art. X de ce Livre.
(*d*) Eutoc. *ad Arch.* l. II. *de Sph. & Cil.*
(*e*) Liv. préced. Art. XXV, & note (*a*), pag. 19.

probablement de réduire les deux fameux problêmes de la duplication du cube & de la trisection de l'angle à une même construction. Il n'avoit pas été bien difficile d'appercevoir que le dernier se réduisoit à celle qu'on vient de décrire, mais il falloit beaucoup de sagacité pour découvrir que le premier en dépendoit aussi. Cette application de la conchoïde aux problêmes solides a été fort approuvée de l'illustre M. *Newton*, qui construit d'une maniere semblable toutes les équations du troisieme & du quatrieme degré (*a*).

IX.

[...]PARQUE, [...] ans avant [J.] C.

Si le siecle précédent est remarquable par les progrès de la Géometrie, celui-ci ne l'est pas moins par les découvertes dont il enrichit l'Astronomie. Elles furent l'ouvrage du célebre *Hipparque*, qu'on doit regarder comme le principal instaurateur de cette Science chez les Grecs. C'est à son temps qu'on commence à appercevoir plus d'intelligence dans l'Art d'observer, une connoissance plus distincte des diverses circonstances des mouvemens des astres, des hypotheses plus judicieuses & plus développées pour en rendre raison, les semences enfin d'un grand nombre de découvertes que les travaux des siecles postérieurs ont fait éclorre. Nous nous arrêterons davantage à ces objets divers, après avoir dit un mot sur cet homme fameux.

Hipparque étoit de Nicée en Bythinie (*b*) : il s'appliqua long-temps à la théorie & à la pratique de l'Astronomie dans différens endroits où il fixa successivement son séjour, comme dans sa patrie, à Rhodes, & surtout à Alexandrie. *Ptolemée* nous rapporte plusieurs de ses observations, faites depuis l'an 160 avant J. C. jusqu'à l'an 125 ; ce qui détermine l'âge où il a fleuri. Il donne en divers endroits des éloges à sa dextérité dans l'observation, à sa sagacité, & à son amour pour le travail. Le récit que nous allons faire de ses travaux, confirmera parfaitement ces éloges. Au reste c'est une erreur que de faire avec *Riccioli* deux *Hipparques*, l'un de Rhodes, l'autre de Nicée. Ce sont seulement quelques Modernes qui

(*a*) Arithm. Univ. *in append.*
(*b*) Strabon, *Geog. l. XII.* Suidas, *au mot* Ἵππαρχος

lui ont donné le surnom de la premiere de ces villes, parce qu'ils le voyoient souvent cité par *Ptolémée* (*a*), comme y ayant observé: cette distinction ne me paroît fondée sur le témoignage d'aucun Auteur ancien.

Le premier soin d'*Hipparque* fut de déterminer avec plus de précision qu'on n'avoit encore fait, la durée des révolutions du soleil. Il observa dans cette vue avec toute l'exactitude qui lui fut possible, les retours de cet astre aux équinoxes & aux solstices durant une longue suite d'années. S'appercevant néanmoins que ses observations n'étoient pas assez éloignées pour en pouvoir conclure rien de précis & d'exact, il préféra de les comparer avec les plus anciennes qu'il trouva avant lui. Pour cet effet il choisit une de ses observations du solstice d'été, & il la compara à une autre faite 145 ans auparavant par *Aristarque* de Samos, en quoi il donna le premier exemple de cette ingénieuse méthode, qui distribuant sur un grand nombre de révolutions les erreurs de l'observation, les rend par-là insensibles. Le premier fruit de cette méthode fut de raccourcir l'année solaire d'environ cinq minutes. Car *Hipparque* trouvoit que le solstice, qui dans cette cent quarante-cinquieme année auroit dû arriver à une certaine heure du jour, si l'année eût été de 365 jours $\frac{1}{4}$, avoit rétrogradé d'un demi jour, ou étoit arrivé douze heures plutôt. C'étoit donc une précession d'un demi jour à partager en cent quarante-cinq révolutions, & le quotient à retrancher de trois cens soixante-cinq jours & six heures. Cette méthode est encore celle dont on se sert pour déterminer la grandeur de l'année solaire. *Hipparque* écrivit sur ce sujet un traité intitulé *de magnitudine anni* (*b*), où il établissoit sa découverte par d'autres preuves.

Si le mouvement du soleil étoit parfaitement égal & uniforme, on devroit en conclure qu'il roule dans un cercle dont la terre occupe le centre: mais on seroit dans l'erreur, si l'on imaginoit qu'aucun des mouvemens célestes s'exécutât avec cette régularité; le soleil même, le modérateur du temps, est sujet à des inégalités sensibles de vîtesse. Il est vrai que les observations des Anciens n'étoient pas assez

(*a*) *Almag. l. v, c.* 5.
(*b*) *Alm. l.* III, *c.* 2.

parfaites pour les en faire appercevoir immédiatement, mais ils y parvinrent de la maniere suivante. Ils remarquerent qu'il y avoit une différence considérable entre les intervalles des équinoxes & des solstices, intervalles qui auroient dû être égaux, si le mouvement du soleil eût été uniforme : *Hipparque* observoit, par exemple, 94 jours $\frac{1}{2}$ entre l'équinoxe du printems & le solstice d'été, & seulement 92 $\frac{1}{2}$ de celui ci à l'équinoxe d'automne. C'étoient 187 jours employés à parcourir la moitié Boréale de l'écliptique ; ainsi il n'en restoit que 178 & près d'un quart pour le temps que le soleil demeuroit dans la partie Australe, & ce temps étoit aussi inégalement partagé par le solstice d'hyver. Ces phénomenes démontroient que le soleil parcouroit cette derniere moitié plus rapidement que la premiere, & que sa moindre vîtesse étoit dans le quart de cercle entre l'équinoxe du printems & le solstice d'été.

C'étoit un problême proposé déja depuis long-temps, comment on parviendroit à rendre raison par un mouvement circulaire & uniforme, de cette irrégularité qu'on supposoit n'être qu'apparente. Car on étoit persuadé qu'il ne convenoit pas à la dignité des corps célestes de marcher autrement que d'un pas très-égal. Tous les Astronomes n'étoient peut-être pas coupables de cette puerile opinion ; on pourroit trouver une cause plus raisonnable de cette loi qu'ils s'étoient imposée de ne faire mouvoir les astres que sur des cercles, & d'une maniere uniforme. Le cercle étoit la courbe la plus simple & celle qui offroit le plus de facilité pour le calcul des mouvemens célestes : cette raison suffisoit pour déterminer l'Astronomie naissante à l'employer. On avoit donc imaginé de faire mouvoir le soleil dans un cercle excentrique, c'est-à-dire dont le centre n'étoit point occupé par la terre. Qu'on suppose, par exemple, le soleil parcourir uniformément la circonférence circulaire A D B E, & que le spectateur terrestre au
Fig. 30. lieu d'être placé à son centre C, soit en T. Il est facile de voir que cet astre, quoique mû toujours d'une vîtesse égale, paroîtra aller plus lentement dans la partie la plus éloignée A, & plus vîte dans la plus voisine B, d'un mouvement moyen dans les parties intermédiaires. Mais c'étoit encore avoir peu fait que d'avoir proposé cette solution. Il falloit, pour calculer

le mouvement du ſoleil, & ſon arrivée dans chaque point de ſon orbite, il falloit, dis-je, déterminer la quantité de cette excentricité, & la poſition de la ligne des apſides, c'eſt-à-dire de cette ligne qui détermine dans le ciel les termes du plus grand & du moindre éloignement. C'eſt ce que fit *Hipparque* en combinant les intervalles inégaux entre les équinoxes & les ſolſtices. Par ce moyen il trouva la quantité de cette excentricité d'une vingt-quatrieme du rayon de l'orbite, & l'apogée, ou le point du plus grand éloignement du ſoleil, au vingt-quatrieme degré des *Gémeaux*. *Ptolemée* s'accorde avec lui dans ces deux points. Mais on a reconnu depuis eux qu'ils s'étoient trompés l'un & l'autre à l'égard de l'excentricité, & qu'ils l'avoient faite trop grande d'environ un ſixieme.

Hipparque ébaucha auſſi la théorie de la lune, en découvrant & calculant quelques-uns des élémens nombreux qui la compliquent. Il meſura d'abord la durée de ſes révolutions, objet ſans doute du Livre intitulé *de menſtruo revolutionis tempore* (*a*). La méthode qu'il y employa, fut ſemblable à celle qui lui avoit ſervi à meſurer le mouvement annuel du ſoleil. Il compara d'anciennes obſervations d'éclipſes avec les ſiennes, & il diviſa enſuite l'intervalle écoulé par le nombre des révolutions ſynodiques. Il détermina l'excentricité de l'orbite lunaire, & ſon inclinaiſon à l'écliptique qu'il fixa à 5°, ſujet ſur lequel il écrivit le traité *de motu lunæ in latitudinem*. Il meſura auſſi plus exactement qu'on n'avoit encore fait le mouvement des apſides de la Lune, qui ſuit l'ordre des ſignes, & celui des nœuds qui ſe fait en ſens contraire. A l'égard de la ſeconde inégalité de la lune qui dépend, non de l'excentricité de ſon orbite, mais de ſon aſpect avec le ſoleil, *Ptolemée* ſemble dire qu'elle fut inconnue à *Hipparque* (*b*), ce qui me paroît difficile à concilier avec la ſagacité dont il donna tant de preuves. *Hipparque* enfin calcula les premieres tables des mouvemens de la lune & du ſoleil dont il ſoit fait mention dans l'Aſtronomie. C'eſt apparemment de ces tables que parle *Pline* (*c*), quand il dit que cet Aſtronome prédit le cours de ces aſtres pour 600 ans; ce que quelques-uns ont

(*a*) Suidas, *in Hipparcho*.
(*b*) *Alm. l. v, c. 2. imit.*
(*c*) Hiſt. Nat. l. II, c. 12.

entendu par des éphémérides calculées pour cette ſuite d'années. Il y a certainement de l'exagération dans ce trait, & il s'accorde mal avec cette circonſpection pour laquelle *Hipparque* eſt pluſieurs fois loué par *Ptolemée.*

Un des objets de l'Aſtronomie eſt de reconnoître les diſtances des corps céleſtes, & la grandeur de l'Univers. Ce fut auſſi un de ceux auxquels *Hipparque* s'adonna avec beaucoup de ſoin, & s'il reſta encore bien en deçà de la vérité dans ſes déterminations, il faut du moins convenir qu'il éloigna les limites de l'Univers beaucoup plus qu'aucun de ſes prédéceſſeurs. Au défaut d'une méthode directe il en imagina une indirecte fort ingénieuſe, qu'on connoît en Aſtronomie ſous le nom du *Diagramme* d'*Hipparque.* C'eſt une maniere de comparer les diametres apparens, les parallaxes horizontales du ſoleil & de la lune, leurs diſtances & leurs grandeurs reſpectives, auſſi-bien que le diametre de l'ombre terreſtre dans l'endroit où la lune la traverſe dans ſes éclipſes. *Hipparque*, au rapport de *Théon* (*a*), en avoit écrit un traité particulier qui étoit intitulé *de magnitudine & diſtantiâ ſolis & lunæ*, & il s'étoit ſervi, pour déterminer ces rapports différens, de quelques phénomenes des éclipſes. Il y a en effet entr'eux une telle liaiſon que quelques-uns étant une fois déterminés, tous les autres s'en enſuivent néceſſairement. Par ce moyen *Hipparque* trouvoit la diſtance du ſoleil à la terre d'environ 1200 demi-diametres terreſtres, ſa parallaxe horizontale de 3′; la diſtance moyenne de la lune à la terre de 59 de ces demi-diametres, d'où il concluoit que le diametre de la terre étoit égal à trois fois & $\frac{2}{3}$ celui de la lune, & que celui du ſoleil contenoit cinq fois & demie celui de la terre (*b*). *Ptolemée* s'accorde avec lui dans ſes meſures, & fait uſage des mêmes moyens pour y parvenir. Mais les Modernes, en rendant juſtice au génie d'*Hipparque*, n'ont pas cru que ſa méthode fût propre pour atteindre à des détermina-

(*a*) *Com. in Alm*, l. VI.

(*b*) Je ne puis m'empêcher de laver cet Aſtronome ancien d'une imputation de M. Weidler, qui lui fait dire dans ſon Hiſtoire de l'Aſtronomie, que le diametre du Soleil contenoit 1050 fois le rayon de la terre. L'Auteur dont s'appuie M. W. dit ſeulement 10. 50. c'eſt-à-dire, 10 fois & $\frac{50}{60}$. & quand il auroit attribué cette abſurdité à *Hipparque*, il auroit fallu ne l'en point croire. Je ne conçois point comment un homme de mérite tel qu'étoit M. W. a pu dans beaucoup d'endroits montrer ſi peu de critique.

tions aussi délicates : ils ont seulement retenu sa figure & son raisonnement, comme un des principaux élémens du calcul des éclipses.

Hipparque fut contraint de s'en tenir à la théorie de la lune & du soleil. Il ne crut pas avoir des observations assez nombreuses pour jetter les fondemens de celle des autres planetes. Trop amateur de la vérité pour proposer des hypotheses dont il auroit senti l'imperfection extrême, il laissa à ses successeurs le soin de fonder cette théorie, & il se borna à leur transmettre des matériaux pour cet effet : dans cette vue il rédigea les observations faites avant lui sur ces planetes, & il en fit lui-même un grand nombre avec tout le soin dont il fut capable. Je m'étonne que *Ptolemée*, qui nous apprend ceci (*a*), n'ait fait aucun usage des observations d'*Hipparque*, lorsqu'il établit sa théorie des cinq planetes. Il semble que l'exactitude pour laquelle il le loue si souvent, devoit leur assurer la préférence sur celles de *Timocharis*, qui sont le plus souvent employées.

Une étoile nouvelle qui parut au temps d'*Hipparque*, le porta à entreprendre un des plus grands projets que l'Astronomie ait jamais osé concevoir, & donna lieu à une belle découverte. Pour mettre la postérité en état de reconnoître si le tableau du Ciel étoit toujours le même, s'il y naissoit quelquefois des étoiles, ou s'il en disparoissoit, il en entreprit l'énumération. La difficulté & l'immensité du projet n'effrayerent pas cet Astronome infatigable. Il le poussa assez loin, & il dressa un catalogue étendu des principales fixes, qui servit dans la suite de base à celui de *Ptolémée*. *Pline* enchanté de cette entreprise, ne s'en explique qu'avec enthousiasme (*b*). *Hipparchus*, dit-il, *nunquam satis laudatus, ut quo nemo magis comprobaverit cognationem cum homine syderum, animasque nostras partem esse Cœli . . . . ausus rem etiam Deo improbam annumerare posteris stellas. . . . Cœlo in hæreditatem cunctis relicto*, &c. Nous conjecturons qu'*Hipparque* décrivit les constellations avec les étoiles qui les composent, sur une sphere solide, & qu'il laissa ce monument dans l'école d'Alexandrie. Car *Ptolemée* voulant prouver que la position des

(*a*) *Alm.* l. IX, c. 2.
(*b*) *Hist. Nat. l.* II, *c.* 26.

fixes entr'elles n'avoit pas changé depuis *Hipparque*, demande qu'on la compare avec celle de la sphere solide de cet Astronome (*a*). Ce fut probablement à cette occasion qu'il imagina de projetter la sphere sur un plan, invention dont l'Evêque Mathématicien *Synesius*, lui fait honneur (*b*). Effectivement ayant conçu le projet de faire passer à la postérité l'état du Ciel à son temps, il ne pouvoit rien faire de mieux que de réduire dans une forme aussi commode, les globes qui, par leur volume, sont peu propres à se transmettre avec la même facilité.

Le travail d'*Hipparque* sur les fixes est surtout mémorable par la découverte qu'il occasionna. En comparant ses observations avec celles d'*Aristille* & de *Timocharis*, faites un siecle & demi avant lui, il s'apperçut que toutes les étoiles avoient changé de place en s'avançant dans l'ordre des signes d'environ deux degrés; de sorte que les points cardinaux sembloient avoir rétrogradé. Ce fut pour cela qu'il intitula le Livre où il traitoit de ce phénomene, *de retrogradatione punctorum solsticialium & æquinoctialium*. Ce titre pourroit faire soupçonner qu'*Hipparque* reconnut la vraie cause de ce mouvement apparent des fixes, qui n'est réellement qu'une rétrogradation des points équinoctiaux & solsticiaux; & l'on pourroit former quelques conjectures sur ses sentimens concernant le vrai systême de l'Univers. Mais elles seroient trop légérement fondées pour mériter beaucoup d'attention.

Ptolemée nous apprend qu'*Hipparque* soupçonna d'abord qu'il n'y avoit que les étoiles situées dans le Zodiaque, ou aux environs, qui eussent été déplacées, comme si, plus voisines du cercle qui est en quelque sorte le grand chemin des planetes, elles eussent été plus exposées à participer à leur mouvement. Mais cette idée fut bientôt dissipée par la comparaison des lieux des autres étoiles, & *Hipparque* reconnut que ce mouvement étoit général, & qu'il se faisoit autour des poles du Zodiaque. Cependant toujours circonspect, & n'osant pas entiérement se fier aux observations grossieres de ses prédécesseurs, il ne crut pas devoir annoncer sa découverte avec trop de confiance. Mais afin de mettre la postérité

(*a*) *Alm.* l. VII, c. I.
(*b*) *De dono Astrol. inter opp. Syn.*

en état de prononcer, il lui transmit un grand nombre d'observations sur les fixes. Elles servirent dans la suite à *Ptolemée* pour assurer en même temps & l'immobilité parfaite des fixes les unes à l'égard des autres, & le mouvement de toute la sphere étoilée autour des poles du Zodiaque.

Le génie d'*Hipparque* porta dans la Géographie les mêmes lumieres que dans l'Astronomie. Il imagina le premier de faire usage des longitudes & des latitudes pour fixer la position des lieux sur la surface de la terre (*a*), & il se servit pour déterminer les premieres des éclipses de lune. Nous conviendrons du peu d'exactitude des déterminations d'*Hipparque*; mais le principe étoit excellent : il ne manquoit que de la perfection à l'Astronomie pratique pour en retirer le fruit.

Les calculs nombreux où tant de travaux engagerent ce laborieux Astronome, firent enfin naître entre ses mains la trigonométrie, soit rectiligne, soit sphérique. *Theon* cite de lui un traité sur les *Cordes* des arcs de cercle en douze Livres (*b*), qui ne pouvoit être qu'un traité de trigonométrie. Car on sçait que les Anciens employoient les cordes des arcs doubles au lieu des sinus qui sont aujourd'hui en usage.

Je termine en peu de mots cet article, en rapportant les titres de quelques autres ouvrages d'*Hipparque*. Dans celui *de intercalaribus mensibus*, cité par *Suidas*, il corrigeoit la période *Callippique*; nous avons rendu compte de cette correction dans l'article douzieme du Livre précédent. Sa critique des *Phénomenes d'Aratus*, le seul ouvrage de cet Astronome qui nous soit parvenu, n'a rien d'intéressant pour nous, depuis que ce genre d'Astronomie n'est plus en usage (*c*). Il en est de même de ses remarques sur la Géographie d'*Eratostène*, dont *Strabon* prend souvent le parti (*d*).

X.

L'intervalle de temps qui s'écoule depuis *Hipparque* jusqu'à l'Ere Chrétienne, nous présente un grand nombre de Mathématiciens. On y vit fleurir successivement *Geminus*,

(*a*) Strab. *Geog. l.* 1, *p.* 7. *Edit. Par.*
(*b*) *Comm. in Alm.* l. 1, c. 9.
(*c*) *Enarrat. ad Arati & Eudoxi Phenom.* l. III. gr. Florent. 1561. in-fol. *Eadem.* Græc. Lat. *in Petavii Uranologio.* 1632.
(*d*) Geog. *l.* 11.

Ctésibius, *Héron*, *Philon*, *Possidonius*, *Cléomede*, *Dionysiodore*, *Sosigene*, *Théodose*, qui ont tous quelque part aux progrès des Mathématiques ; & dont quelques-uns ont eu de la célébrité. Nous allons les faire connoître.

Géminus. *Géminus* étoit un Mathématicien de l'Isle de Rhodes, qui fut Auteur de deux ouvrages, l'un Géométrique, l'autre Astronomique, dont le dernier seul nous est parvenu. Le premier étoit intitulé *Enarrationes Geometricæ*, & comprenoit six Livres. Les fréquentes citations de *Proclus* (*a*) qui semble en avoir tiré tout ce qu'il dit sur l'histoire & la Métaphysique de la Géométrie, nous donnent le moyen de nous en former une idée. Ce devoit être un commentaire historique, une sorte de développement philosophique des découvertes Géométriques. On ne peut trop regretter qu'un ouvrage si curieux & si instructif n'ait pas percé jusqu'à nous. L'autre que nous possédons, est une *Introduction à l'Astronomie*, qui contient une saine doctrine & divers traits intéressans pour l'histoire de cette Science. Le Pere *Petau* a fixé l'âge de *Geminus* vers l'an 77 avant l'Ere Chrétienne (*b*). Il s'appuie sur ce qu'on lit dans son ouvrage qu'il y avoit 120 ans que la fête d'Isis se célébroit précisément au solstice d'hyver. Un autre Sçavant en a conclu que *Géminus* vivoit vers l'an 137 avant cette Epoque ; ce qui pourroit donner lieu de penser qu'il ne faut pas beaucoup compter sur ces déterminations. Mais on a un autre témoignage positif de l'antiquité de cet Auteur dans *Simplicius* : qui fait dire à *Possidonius* quelque chose d'après lui (*c*). Il étoit donc antérieur à ce Philosophe qui étoit prêt à mourir chargé d'années vers l'an 63 avant J. C. Je vais plus loin, & je suis porté à penser qu'il n'est pas postérieur à *Hipparque* : je me fonde sur ce qu'il ne dit rien de ce célebre Astronome, & de sa découverte mémorable du mouvement propre des étoiles. Je ne sçaurois me persuader qu'avec autant d'intelligence qu'il en montre, il n'eût point eu de connoissance de cette découverte, & qu'il n'en eût point fait mention s'il lui avoit été postérieur.

Ctésibius & *Héron* son disciple, l'un & l'autre d'Alexandrie,

(*a*) *Comm. in I. Eucl. passim.*
(*b*) *Vranol. in notis ad Gem.* p. 33.
(*c*) *L. II, Phys. f.* 10.

s'illustrerent par leur habileté dans les Méchaniques. Le premier vivoit sous *Ptolemée Evergete* II, ou au milieu du second siecle avant l'Ere Chrétienne. Né dans un état qui l'éloignoit des Sciences (car il étoit fils d'un Barbier d'Alexandrie), il dut tout à son génie. Un jour étant dans la boutique de son pere, il remarqua qu'en abaissant un miroir, le poids qui le contrebalançoit & qui étoit renfermé dans une coulisse cylindrique, formoit un son par le froissement de l'air poussé avec violence dans l'espace étroit qui lui servoit de jeu. *Ctésibius* doué de l'esprit d'observation, en conçut l'idée d'une orgue hydraulique par le moyen de l'air & de l'eau. Il y réussit, & il appliqua cette ingénieuse invention à des clepsidres sur lesquelles il travailla beaucoup. *Vitruve*, à qui nous devons ce trait historique sur *Ctésibius* (*a*), décrit au long plusieurs de ses machines. Il fut, dit-on, l'inventeur des Pompes, & nous en avons effectivement une fort ingénieuse qui porte son nom; elle est composée de deux corps de Pompe qui vont alternativement, de sorte que tandis que l'un des pistons monte & aspire, l'autre descend, & refoulant l'eau, la fait monter dans un tuyau commun. Le Chevalier *Morland* s'est beaucoup appliqué à perfectionner cette Pompe, à laquelle il a trouvé de grands avantages (*b*), & qui en a réellement. *Ctésibius.*

Héron s'acquit, de même que son maître, une haute réputation par son habileté dans la Méchanique, & ce fut un des Anciens qui écrivit le plus dans ce genre. On avoit autrefois de lui un ouvrage du moins en trois Livres, où il traitoit au long des différentes puissances méchaniques; il les réduisoit au levier, suivant l'idée déja reçue des Mathématiciens, & il les combinoit de diverses manieres pour les appliquer aux besoins de la vie (*c*). *Golius* apporta d'Orient, au milieu du siecle passé, un ouvrage où ce Méchanicien restituoit la machine d'*Archimede* pour tirer des fardeaux énormes: *Pappus* en parle (*d*) & la nomme βαρȣ̀λκον, *onerum tractor*. C'étoit une machine fort semblable à notre cric, c'est-à-dire composée de plusieurs roues dentées, engrainées dans des pignons, &c. *Héron.*

(*a*) *Archit.* l. IX, c. 9, l. X, c. 12.
(*b*) Elevat. des Eaux, *c.* 4.
(*c*) Papp. *Coll. Math.* l. VIII. *passim.*
(*d*) Papp. *Ibid. prop.* 10.

Le calcul qu'il faisoit de sa force, est en tout conforme au nôtre.

Ce fut principalement par ses *clepsidres à eau*, par ses *automates* & ses *machines à vent*, qu'*Héron* excita l'admiration de l'antiquité. Nous avons son Traité des machines à vent, sous le nom de *Spiritalia* ou *Pneumatica*, avec un fragment de *ses automates* (*a*). Le premier de ces Traités est un monument très-estimable du génie d'*Héron* : on y remarque particuliérement que quoique de son temps l'élasticité de l'air fût inconnue, elle est cependant presque toujours heureusement appliquée à produire son effet ; ce sont d'ingénieuses récréations méchaniques. A l'égard des *automates*, je doute que leur effet parût aujourd'hui merveilleux. *Héron* dans ce genre me paroît au dessous de ce qu'il est dans ses *pneumatiques*. On a encore de ce Méchanicien un Traité intitulé *Belopeæca*, ou de la construction des traits, que les Editeurs des *Mathematici veteres* ont publié. Nous finissons ce qui le concerne, par remarquer qu'il joignoit à cette habileté dans les Méchaniques, beaucoup d'intelligence dans la Géométrie. Il est souvent cité par *Proclus*, comme Auteur de nouveaux tours de démonstration de diverses propositions des Elémens.

Philon. *Philon* de Bysance, fut aussi un Méchanicien célebre de l'antiquité : il vécut, non vers le temps d'*Alexandre*, comme l'ont pensé les Editeurs des *Mathematici veteres*, mais au plutôt peu après *Héron*, qu'il nomme dans son Traité de la construction des *balistes* & des *catapultes*. Il étoit fort versé dans la Géométrie, & sa solution du problême des deux moyennes proportionnelles, quoique la même dans le fonds que celle d'*Apollonius*, a son mérite dans la pratique. *Philon* écrivit aussi un Traité de méchanique, dont l'objet étoit à peu près le même que celui d'*Héron* : mais il ne nous est point parvenu, & il n'est connu que par les citations de *Pappus* (*b*).

Possidonius. *Possidonius* est un Stoïcien connu par l'amitié que *Ciceron* lui témoigne en plusieurs endroits de ses écrits : les marques de vénération que lui donna un jour le grand *Pompée*, font également honneur au Consul Romain & à la Philosophie.

(*a*) Heronis, *Spiritalia, curâ sed.* Commandini. 1575. *in*-4°. *iterùm* 1647. *curâ N. Alleoti.*

(*b*) *Ibid.* l. VIII. *passim.*

Passant par l'Isle de Rhodes, & voulant visiter ce Philosophe qu'il avoit autrefois écouté, il défendit à ses Licteurs de frapper à sa porte. *Fores*, dit Pline, *percuti de more à lictore vetuit, ac fasces lictoris januæ submisit, cui se oriens occidensque submiserant* (*a*).

Possidonius fut Géometre, Astronome, Méchanicien. Il mérita bien de la Géométrie, pour avoir repoussé les attaques d'un certain *Zénon* de Sidon, Epicurien, qui avoit entrepris d'infirmer sa certitude & ses principes (*b*). *Ciceron* parle (*c*) avec admiration d'une sphere mouvante, semblable à celle d'*Archimede*, qu'il avoit fabriquée. Il fut encore connu dans l'antiquité par une observation d'où il déterminoit la grandeur de la terre (*d*): remarquant qu'à Rhodes l'étoile de *Canope* ne faisoit que raser l'horizon, au lieu qu'à Alexandrie elle s'élevoit jusqu'à $7^{\circ}.\frac{1}{2}$, il en conclut que ces deux villes étoient éloignées de ce nombre de degrés, ou de la 48e partie du méridien terrestre. Il estima ensuite leur distance directe & sous le même méridien, de 5000 stades: par conséquent la circonférence de la terre devoit en avoir 240000. Mais nous ne ferons point à *Possidonius* le tort de penser qu'il regarda cette mesure autrement que comme une approximation assez grossiere: nous ne lui imputerons point non plus les opinions ridicules que *Pline* lui attribue sur la distance des astres, & nous aimerons mieux dire que cet Historien, quelquefois peu exact, s'en est tenu à de mauvais mémoires, ou qu'il s'est grossiérement trompé, que de croire qu'un Philosophe, habile Géometre, & qui vivoit après *Hipparque*, n'ait éloigné la Lune de la terre que de 2000 stades, & le Soleil de 5000 (*e*). D'ailleurs *Cléomede* qui emploie souvent des raisonnemens de *Possidonius*, nous fournit un grand nombre de preuves que ce Philosophe avoit des idées plus justes sur la grandeur de l'Univers.

Je crois pouvoir placer immédiatement après *Possidonius*,

(*a*) *Hist. Nat. l.* VII, *c.* 30.

(*b*) Proclus. *in I. Eucl. axiom.* 1.

(*c*) *De nat deor.* l. II.

(*d*) Cleomed. *Cycl. Theor.* l. 1, c. 16.

(*e*) M. Weilder dans son *Histoire de l'Astronomie*, lui impute une autre absurdité, sçavoir, de faire le diametre du Soleil de 300000 diametres de la terre. Il cite Cléomede, *l. II, c.* 1. mais on n'y trouve rien de semblable; on y lit seulement un certain raisonnement de Possidonius, par lequel il montroit que le diametre du Soleil pouvoit être de 300000 stades, ce qui ne fait que 37 ou 38 diametres de la terre.

Cléomede. l'Auteur que je viens de citer. On a de lui un petit Traité intitulé, *Cyclica theoria corp. celestium*, en deux Livres. Ce sont de passables Elémens d'astronomie sphérique. Quoique l'âge de *Cleomede* ait paru fort incertain jusqu'ici, je ne doute point qu'il ne soit antérieur à l'Ere Chrétienne : le silence qu'il garde sur tous les Astronomes qui ont vécu après *Possidonius*, me le persuade, & l'emploi presque continuel qu'il fait des raisonnemens de ce Philosophe, me donne la confiance d'en faire un de ses disciples.

Sosigene. L'Astronome *Sosigene* doit sa célébrité à la circonstance de la réformation du Calendrier faite par *Jules-Cesar*. Ce Dictateur Romain, versé lui-même dans la Science des astres, le consulta sur cette affaire astronomique, & l'on croit que ce fut lui qui le détermina sur la forme d'intercalation qu'il projettoit, & sur la grandeur de l'année solaire qu'il fixa à 365 jours 6 heures. Si nous en croyons *Pline* (*a*), il balança long-temps avant que de prendre son parti, non par les motifs que cet Historien lui attribue, mais apparemment parce qu'il étoit incertain de la grandeur précise de l'année, & qu'il ne pouvoit se dissimuler qu'*Hipparque* l'avoit trouvée plus courte de quelques minutes. *Sosigene* avoit écrit un Traité intitulé *de revolutionibus*; ce titre est tout ce qui nous en est parvenu.

Dionysiodore dont *Pline* (*b*) parle comme d'un Géometre habile, l'étoit en effet, si une certaine solution qu'on lit dans *Eutocius* (*c*), d'un problême difficile d'*Archimede*, est de lui. Car cette solution est fort sçavante, & son Auteur n'y est parvenu que par une profonde & longue analyse. *Pline* raconte de ce Mathématicien une histoire bien peu croyable : il dit qu'après sa mort on trouva dans son tombeau un écrit par lequel il disoit avoir été jusqu'au centre de la terre, & avoir trouvé qu'il y avoit delà à la surface 42000 stades. *Pline* appelle cela un monument remarquable de la vanité Grecque : mais je crois qu'on peut regarder cette histoire comme une fable adoptée par *Pline* avec un peu trop de crédulité.

(*a*) *Hist. Nat. l. XVIII, c. 25.*
(*b*) *Hist. Nat. l. II, c. ult.*
(*c*) *In Arch. de Sph. & Cylind.* l. II.

Le

Théodose.

Le Géometre *Théodose*, Auteur *des Sphériques* & de quelques autres Traités moins connus, que nous avons entre les mains, m'a paru devoir être placé vers le même-temps. *Strabon* & *Vitruve* (*a*) parlent l'un & l'autre d'un *Théodose* Mathématicien, qui est probablement celui dont il est question ici. Je m'arrête peu à l'objection qu'on peut former d'après *Suidas* (*b*), qui attribue le Traité des Sphériques à un *Théodose* Scepticien, qui vivoit après le second siecle de l'Ere Chrétienne. Il est évident que ce Lexicographe s'est trompé, & je m'étonne que cette difficulté ait embarrassé d'habiles gens : car il parle bientôt après du *Theodose* de Tripoli, qui est le titre que prend le nôtre à la tête de ses Sphériques. *Suidas* a donc chargé l'article du *Théodose* Scepticien, de ce qui devoit composer celui du Mathématicien, & par conséquent son témoignage ne sçauroit être ici d'aucun poids.

Les Sphériques de *Théodose* sont un ouvrage estimable de la Géométrie ancienne. L'objet que s'y est proposé ce Mathématicien, a été d'établir les principes géométriques, de l'Astronomie Sphérique, & de l'explication des phénomenes qu'on y considere. *Théodose* fit à cet égard ce qu'*Euclide* avoit fait sur les Elémens de la Géométrie. Il rassembla en un corps les différentes propositions trouvées avant lui par les Astronomes & les Géometres ; car on ne doit pas douter que cette Théorie, assez simple pour la plus grande partie, ne leur ait été bientôt familiere. Cet ouvrage, qu'on peut regarder comme classique en Astronomie, fut d'abord traduit par les Arabes, & ce furent eux qui nous le donnerent lorsque les Sciences commencerent à prendre racine parmi nous. Il fut traduit d'après une de leurs versions, au commencement du seizieme siecle, & il a été depuis publié en Grec & en Latin, ou en Latin seulement, par divers Editeurs (*c*).

Les deux autres Traités qu'on a de *Théodose*, sont les démonstrations géométriques des phénomenes que doivent appercevoir les habitans des différens lieux de la terre. Ils sont intitulés *de habitationibus* & *de diebus & noctibus :* ils ne sont

(*a*) *Geogr.* l. II, *Arch.* l. IX, c. 9.

(*b*) Au mot Θεοδόσιος.

(*c*) *Theod. Spheric. l. III. lat. Viennæ,* 1759. 4. *cum scol. edente Vogelino. Iidem Gr. Lat. ex edit. Penæ, Par. in-4°.* 1557. *Iidem, Latinè, Londini,* 1675. 4. *edente Isaaco Barrow. Iidem Latinè, ex trad. Penæ, Oxon.* 1709. 8°, *edent. J. Hunt.* &c.

plus aujourd'hui fort importans ; car cette doctrine eſt ſi facile, qu'avec de légeres connoiſſances des Sphériques, on en apperçoit auſſitôt les démonſtrations. *Vitruve* attribue au *Théodoſe* dont il parle, un Cadran qu'il nomme πρὸς πᾶν κλίμα, ce qui veut dire, *pour toute ſorte de climat.* Nous conjecturons ſur cela que c'étoit une ſorte de Cadran univerſel, comme quelques-uns de ceux que conſtruiſent nos Gnomoniſtes ; nous ne jugeons pas devoir nous arrêter ſur ce ſujet.

Fin du Livre IV.

HISTOIRE DES *MATHÉMATIQUES.*

PREMIERE PARTIE.

Contenant l'Histoire des Mathématiques chez les Grecs, depuis leur origine jusqu'à la prise de Constantinople.

LIVRE CINQUIEME.

Qui comprend le reste de cette histoire depuis l'Ere Chrétienne jusqu'à la ruine de l'Empire Grec.

SOMMAIRE.

I. *Idée générale de ce Livre.* II. *Des Mathématiciens Agrippa, Menelaus & Théon de Smirne.* III. *De l'Astronome Ptolemée. Précis des découvertes & des hypotheses qu'il ajoute à celles d'Hipparque. Exposition des phénomenes du mouvement de la Lune, connus des Anciens, & maniere dont Ptolemée y satisfait. Ses hypotheses pour les mouvemens des autres Planetes. Idée de l'Astronomie pratique chez les Anciens. Notice Bibliographique sur l'Almageste.* IV. *Autres ouvrages de Ptolemée, sa Géographie, &c. Divers traits échappés de son optique, qui prouvent qu'il connut la réfraction astronomique, la cause de la grandeur extraordinaire des Astres vus à l'horizon,*

&c. V. *De divers Mathématiciens qui vécurent dans les premiers siecles de l'Ere Chrétienne, tels que Serenus, Porphyre, Nicomaque & plusieurs autres.* VI. *De Diophante en particulier. Il est l'inventeur, ou du moins il traite le premier de l'Algebre. Genre de questions qu'il se propose, & maniere dont il les résout. Epitaphe de cet Analiste en un problême d'Arithmétique. Auteurs modernes qui se sont adonnés à l'Analyse de Diophante.* VII. *Divers problêmes arithmétiques extraits de l'Anthologie.* VIII. *Les Mathématiques commencent à décliner chez les Grecs. Pappus est presque parmi eux le dernier Auteur original dans ce genre. Découverte intéressante qu'il fait. De Théon & de sa fille Hypathia.* IX. *De Proclus & de divers autres Mathématiciens, jusqu'au milieu du 6e siecle. D'Anthémius, Ingénieur & Architecte de Justinien. Trait remarquable qu'il nous fournit sur les Miroirs ardens. De Dioclès l'inventeur de la Cyssoïde; mérite de ce Géometre, &c.* X. *Ruine de l'Ecole d'Alexandrie, incendie de sa Bibliotheque, & décadence entiere des Mathématiques dans la Grece. De quelques Mathématiciens de peu d'importance qui y vivent dans les 7 & 8me siecles. Vains efforts de Léon le sage & de son successeur, pour relever les Sciences dans leur Empire. Derniers Mathématiciens qui y fleurissent jusqu'à la prise de Constantinople. D'Emmanuel Moscopule qui a écrit sur les quarrés magiques. Histoire abrégée de ce genre d'amusement arithmétique.*

I.

Si le nombre des découvertes & des Ecrivains originaux sur les Mathématiques, répondoit à celui des siecles que nous avons à parcourir dans cette partie de notre ouvrage, elle ne céderoit en rien à aucune des précédentes. Mais de même que les Lettres, les Sciences ont leurs temps de prospérité & de décadence. En vain les mêmes avantages, les mêmes établissemens subsistent en leur faveur; la Nature, après avoir produit des génies d'un certain ordre, semble tomber dans l'épuisement, & avoir besoin d'un long repos pour s'en relever. Ce n'est pas que cette longue suite de siecles ne nous offre quelques hommes estimables par les qualités du génie, & qui ont contribué à l'avancement des Mathématiques. Mais ils sont en petit nombre, & l'on pourroit dire d'eux, *apparent rari nantes in gurgite vasto.* Il vient un temps où l'on voit les plus habiles se borner à l'intelligence des Auteurs célebres, & enfin l'éclat des Mathématiques s'obscurcit tellement, quoique dans une Nation où le sçavoir n'étoit ni inconnu ni méprisé, qu'à peine y trouve-t'on quelques hommes qui ayent pénétré au delà de leurs élémens ; tel est le tableau général de cette partie de notre Histoire.

II.

L'étude des Mathématiques qui semble avoir langui durant le premier siecle de l'Ere Chrétienne, reprit quelque vigueur au commencement du second. Ce fut surtout l'Astronomie qui s'en ressentit ; nous trouvons vers l'époque que nous venons d'indiquer, trois Observateurs, *Agrippa*, *Menelaus* & *Théon*, qui fournirent des matériaux utiles à cette Science. *Agrippa* observoit en Bythinie, & l'on (*a*) a de lui une observation d'occultation des Pléiades par la Lune, faite la douzieme année de Domitien, ou la quatre-vingt-treizieme de notre Ere. C'est tout ce qu'on sçait de cet Astronome ; l'on peut en conjecturer qu'il travailla à vérifier ou à confirmer la découverte d'*Hipparque* sur le mouvement des fixes. *Ptolemée* cite aussi diverses observations sur les fixes, faites par l'Astronome *Menelaus*, quelques années après (*b*). Ce Mathématicien servit l'Astronomie de plus d'une maniere : car il écrivit sur la Trigonométrie, partie de la Géométrie si nécessaire aux Astronomes. On avoit autrefois ses six Livres sur *les Cordes*, ouvrage où il traitoit apparemment de la construction des tables trigonométriques. Nous possédons son Traité des *Triangles sphériques* en trois Livres, qui est très-profond & très-étendu. De Sçavans Anglois en ont donné une belle édition Grecque & Latine dont les exemplaires sont fort rares.

Agrippa.

Menelaus.

Il appartient encore à l'histoire de *Menelaus* de remarquer qu'il fut un des Géometres qui s'attacherent à la théorie des lignes courbes (*c*). Au reste c'est défigurer son nom que de l'appeller *Mileus*, comme ont fait quelques Auteurs qui le

(*a*) *Alm.* l. VII, c. 3.
(*b*) *Ibid.*
(*c*) *Coll. Math.* l. 4. *pr.* 30.

lisoient ainsi dans de mauvaises traductions faites d'après l'Arabe. Cette erreur est fondée sur la méprise d'une Lettre qui, avec deux points au dessous, forme un *i*, & avec un au dessus une *n*. Ceux qui connoissent un peu la Langue Arabe, verront facilement comment dans un manuscrit sans voyelles & mal ponctué, on a pu lire l'un pour l'autre.

Théon.

Théon cultivoit l'Astronomie sous l'Empire d'Adrien, & *Ptolemée* emploie, pour fonder sa théorie de Venus & de Mercure, plusieurs de ses observations. Nous n'hésitons point à faire de ce *Théon* le même que celui de Smirne, & celui à qui *Plutarque* donne dans quelques endroits de son dialogue *de facie in orbe lunæ*, le titre d'habile Astronome. On prouve que *Théon* de Smirne, vivoit vers ce temps, & rien n'est plus fondé que de faire de trois hommes de même nom, contemporains & adonnés au même genre d'étude, un même & unique personnage. M. *Bouillaud* a publié une partie d'un ouvrage de *Théon*, qui concerne l'Arithmétique & la Musique (*a*). On dit que le reste qui regarde l'Astronomie & la Géométrie, se trouve dans la Bibliotheque Ambrosienne de Milan. Comme *Théon* fut Observateur, cette partie de son ouvrage eût été la plus importante pour nous. Nous pourrions dire de ce Mathématicien plusieurs autres choses médiocrement intéressantes; mais nous nous hâtons d'arriver à *Ptolemée*, qui offre plus un vaste champ à notre Histoire.

III.

PTOLEMÉE, *35 ans après J. C.*

Le projet qu'*Hipparque* s'étoit proposé, & qu'il avoit commencé d'exécuter avec succès, je veux dire celui de fonder un corps complet d'Astronomie, fut achevé par *Ptolemée*, à qui l'Antiquité a décerné le titre du premier des Astronomes. Quoique nous n'adoptions pas ce jugement en entier, (car il nous semble qu'elle n'eut pas assez d'égards aux droits d'*Hipparque* sur ce titre) nous ne pouvons du moins refuser à *Ptolemée* un des premiers rangs parmi ceux qui ont couru cette carriere dans tous les temps. Il est vrai qu'il y a eu beaucoup, & même presque tout à réformer dans l'édifice Astro-

(*a*) *Exposit. eorum quæ ad Plat. lectionem utilia sunt.* Par. 1644. 4.

nomique qu'il éleva : mais au travers de tous ces défauts on y apperçoit trop d'art pour ne pas rendre justice au génie & à l'habileté de l'Architecte. On doit moins lui imputer les endroits défectueux de l'Astronomie ancienne, qu'à la force des préjugés de son temps, & surtout au peu d'exactitude des observations qui lui servirent de guides.

Ptolemée étoit, non de Peluse, comme on l'a cru jusqu'ici sur la foi des Arabes, mais de Ptolémaïde en Egypte. Nous le tenons de deux Ecrivains Grecs, dont M. *Bouillaud* a publié des fragmens sur l'Astronomie (*a*), & ils sont plus croyables sur ce point que les Arabes toujours fort suspects en ce qui est étranger à leur propre histoire. Un de ces Ecrivains dit que *Ptolemée* faisoit son séjour ordinaire à Canope, qui n'étoit qu'à quelques milles d'Alexandrie, & qu'il y observa durant quarante ans, du haut d'un Temple. Mais je ne sçais si l'on doit ajouter beaucoup de foi à ce récit; car il semble qu'il devroit en subsister quelques preuves dans l'*Almageste* : cependant toutes les observations de *Ptolemée* paroissent avoir été faites à Alexandrie. Quoi qu'il en soit, il jettoit les fondemens de son grand Ouvrage Astronomique intitulé Μεγαλη Συνταξις, *Magna Compositio*, sous les Empereurs Adrien & Antonin, depuis l'année 125 jusqu'à la 140me de notre Ere. C'est sans aucun fondement que quelques Auteurs l'ont fait sortir de la race Royale des *Ptolémées* (*b*). Ce trait doit être mis dans le même rang que la prétendue Royauté dont quelques autres (*c*) ont décoré la sçavante *Hypathia*, fille du Philosophe *Théon*.

Comme l'objet que je me suis principalement proposé dans cet Ouvrage, a été de développer les progrès des Mathématiques, je ne puis mieux le remplir qu'en présentant leur état à certaines époques. Celle de *Ptolemée* est une des plus remarquables dans l'Astronomie; c'est pourquoi je saisis l'occasion qu'elle me présente de tracer le tableau abrégé de cette Science telle qu'il nous l'a transmise. Si l'on joint à ce morceau l'article XI du troisieme Livre, où l'on a développé les premieres idées des hommes sur la connoissance de la sphere,

(*a*) Olympiodori & Theodori *Melitenioτæ ; frag. astronom. cum* Ptolem. *de Jud. Facult. Gr. Lat.* 1663.

(*b*) Isid. de Seville, George de Trebizonde, Grynæus.

(*c*) Isidore. Stevin, *pref. de Dioph.*

& l'arrangement de l'univers, avec celui du Livre précédent, qui concerne les travaux d'*Hipparque*, on aura une partie considérable de l'histoire de l'Astronomie ancienne.

Le premier pas à faire dans l'établissement d'un systême complet d'Astronomie, est de déterminer dans quel ordre sont rangés les corps que nous voyons rouler dans le Ciel; quelle place surtout tient dans l'univers le globe que nous habitons; s'il en occupe le centre, ou au contraire s'il est en mouvement autour de ce centre, ou de quelqu'autre corps: *an velociorem*, comme dit *Seneque* quelque part, *sortiti simus sedem, an pigerrimam.* On sçait que le plus grand nombre des Anciens se déterminerent à placer la Terre au centre de l'Univers, & à faire rouler autour d'elle tous les corps célestes; il y eut quelques divisions sur l'ordre dans lequel il falloit les placer; mais on s'accorda dans la suite assez unanimement à les ranger de cette maniere en s'éloignant de la Terre, sçavoir la Lune, Mercure, Venus, le Soleil, Mars, Jupiter, Saturne & les Etoiles fixes. C'est-là ce qu'on appelle le *Systême de Ptolemée*, parce que cet Astronome l'adopta, & qu'il lui donna par son suffrage une espece d'autorité qui n'a pas peu contribué à affermir le préjugé pendant long-temps. Personne n'ignore qu'il est aujourd'hui démenti dans tous ses points, par les observations, & s'il n'avoit d'autre appui que le témoignage des sens, il seroit difficile de justifier l'antiquité à cet égard. Mais on doit remarquer que plusieurs phénomenes semblent d'abord déposer en faveur de cet arrangement. Si la Terre n'étoit pas au centre, disoient les Anciens & *Ptolemée* avec eux, on ne verroit pas toujours précisément la moitié du Ciel, & de deux étoiles diamétralement opposées, tantôt ni l'une ni l'autre ne paroîtroit sur l'horizon, tantôt on les y verroit toutes les deux. Les poles du monde, ajoutoient-ils, ne seroient pas deux points immobiles; mais dans le cours d'une révolution de la Terre autour du centre de l'Univers, ils parcourroient plusieurs endroits de la sphere étoilée; enfin les mêmes étoiles paroîtroient tantôt plus proches, tantôt plus éloignées, à proportion que la terre en seroit plus loin ou plus près. C'étoient-là des démonstrations assez pressantes de la stabilité de notre demeure, & elles étoient capables d'en imposer même à des esprits fort disposés d'ailleurs

leurs à se défier du témoignage de leurs sens. Il n'y avoit qu'un grand nombre de tentatives infructueuses pour concilier toutes les circonstances des mouvemens célestes, qui pût apprendre à rejetter ces preuves. Ajoutons que l'Antiquité manqua toujours des secours & des faits nombreux qui ont été si utiles aux Modernes pour établir le vrai systême de l'Univers. Ces motifs l'excuseront facilement d'avoir resté si longtemps dans une erreur dont il étoit aussi difficile de se désabuser.

Hipparque avoit ébauché la découverte du mouvement des étoiles fixes; *Ptolemée* l'acheva & l'établit d'une maniere incontestable par la comparaison de ses observations avec celles d'*Hipparque*. Il se servit d'abord de la description qu'*Hipparque* avoit donnée de la position respective des principales étoiles entr'elles pour prouver qu'elle n'étoit point changée. Ensuite comparant les longitudes de plusieurs étoiles avec celles que cet Astronome avoit trouvées, il démontra qu'elles avoient avancé parallelement à l'écliptique de 2° 40′ depuis lui. Comme il y avoit 265 ans d'écoulés, il en conclut que le mouvement des fixes étoit d'un degré par siecle; mais une Astronomie pratique plus exacte, & une comparaison d'observations plus éloignées, ont appris aux Modernes que *Ptolemée* fit ce mouvement trop lent, & qu'il est d'un degré dans 72 ans. On a dans le huitieme Livre de l'*Almageste* le catalogue des fixes, que *Ptolemée* dressa d'après ses observations propres & celles d'*Hipparque* réduites à son temps. Il y donne les longitudes & les latitudes de 1022 étoiles; il n'en compta pas davantage, quoiqu'il y en ait un bien plus grand nombre, même de celles qu'on peut appercevoir à la vue simple. Nous remarquerons cependant en passant qu'il est fort au dessous de celui que le vulgaire imagine.

Nous avons parlé avec une étendue suffisante de la théorie du Soleil, en rendant compte des travaux d'*Hipparque*. Comme *Ptolemée* adopta les déterminations de cet Astronome sans y faire aucun changement, ce seroit tomber dans des répétitions inutiles que de revenir sur ce sujet. Nous passerons donc à la théorie des autres planetes qui est proprement l'ouvrage de *Ptolemée*.

Comme le Soleil a une excentricité peu considérable, & que

ſon mouvement, ou plutôt celui de la terre, eſt peu dérangé par les cauſes phyſiques dont la découverte eſt dûe aux Modernes, l'hypotheſe d'un excentrique ſimple eſt aſſez propre à le repréſenter; & l'Aſtronomie auroit bientôt touché à ſa perfection, ſi les mouvemens des autres planetes étoient auſſi peu compliqués que celui de cet aſtre. Mais il n'en eſt point ainſi; toutes ces autres planetes ſont ſujettes à un grand nombre d'irrégularités, les unes optiques, les autres réelles; & la Lune, quoique la plus voiſine de nous, a été de tout temps celle qui a donné le plus de peine aux Aſtronomes. Ce n'eſt que depuis quelques années qu'on a commencé à dompter cette planete rébelle, en cultivant, à l'aide d'une Géométrie profonde, la théorie dont *Newton* a jetté les fondemens dans ſes principes.

La premiere & la plus ſenſible des inégalités de la Lune eſt de la même nature que celle du Soleil. Elle eſt occaſionnée par ſa différence d'éloignement à la Terre dans deux points diamétralement oppoſés de ſon orbite. Mais ſi l'on n'avoit égard qu'à cette cauſe d'irrégularités, on n'auroit par le calcul les lieux vrais qu'aux environs des conjonctions & des oppoſitions. Dans tous les points intermédiaires de ſon orbite, la Lune eſt affectée d'une ſeconde inégalité qui provient d'une autre cauſe, ſçavoir de ſes configurations avec le Soleil, ou de ſa diſtance à cet aſtre. Celle-ci tantôt augmente, tantôt diminue la premiere; & tantôt plus, tantôt moins: nous rendrons bientôt compte de ſes phénomenes particuliers.

Ce n'étoit pas l'ouvrage d'un Aſtronome d'une médiocre habileté, que de démêler & d'aſſujettir au calcul cette nouvelle ſource d'irrégularités dans les mouvemens de la Lune. Il falloit comparer un grand nombre de lieux de cet aſtre trouvés par le calcul avec les lieux obſervés, & cela dans différens points de ſon orbite, & dans un grand nombre de lunaiſons. Tout ceci ſuppoſe bien des vues, du travail & de la réflexion; & il n'en faudroit guere davantage pour juſtifier le jugement que j'ai porté plus haut de *Ptolemée*, qui ſçut découvrir la loi que ſuivoient ces inégalités, malgré leur complication extrême: car il n'étoit pas ſi facile de la démêler, comme on le va voir, & l'on ne ſçauroit refuſer du génie à celui qui en vint heureuſement à bout.

Si l'on considere la Lune dans le Ciel durant une révolution synodique, & qu'on compare son lieu observé avec le lieu calculé dans la supposition de la seule premiere inégalité, on trouve que son plus grand écart est dans les quadratures, & qu'il va delà en diminuant vers l'opposition ou la conjonction. Mais si l'on compare diverses révolutions entr'elles, on trouvera que cet écart n'est point toujours le même dans des lieux semblables de ces révolutions. Il y a plus : on remarquera que cet écart ne se fera pas toujours dans le même sens, c'est-à-dire que la Lune sera tantôt plus, tantôt moins avancée que son lieu calculé. Ce ne fut sans doute qu'après bien des tentatives que *Ptolemée*, ou l'Auteur quel qu'il soit, de l'explication de ces phénomenes trouva qu'ils dépendoient de la combinaison du lieu de l'Apogée avec celui des conjonctions. On observe en effet que lorsque les conjonctions arrivent dans l'Apogée de la Lune, alors la seconde inégalité est la plus grande qu'il est possible, & le lieu de cette planete est altéré dans les quadratures d'environ 2° 40'. On observe aussi que dans ce cas elle est soustractive dans le premier demi-cercle de sa révolution, c'est-à-dire que la Lune y est moins avancée qu'elle ne devroit l'être, en n'ayant égard qu'à sa premiere inégalité : c'est le contraire dans la seconde moitié de cette révolution, ou de la pleine Lune à la conjonction; le lieu observé de la Lune anticipe le lieu calculé. Cette inégalité est encore la plus grande, quand les conjonctions se font dans le Périgée; il y a seulement cette différence, que la seconde inégalité est additive dans le premier demi-cercle, & soustractive dans le reste de la révolution synodique. A mesure que les conjonctions passent l'Apogée ou le Périgée, la seconde inégalité diminue, de sorte qu'elle est nulle, quand les quadratures se font dans l'Apogée & le Périgée. Après avoir passé ces termes, elle augmente de nouveau, jusqu'à ce que les conjonctions se fassent dans la ligne des Apsides. Elle est enfin soustractive dans la premiere moitié de la lunaison, & additive dans l'autre, pendant tout le temps que les conjonctions se font dans le premier quart de cercle, à compter de l'Apogée ou du Périgée, & c'est le contraire, quand elles arrivent dans le second, à compter de ces termes, c'est-à-dire dans les quarts de cercles qui précédent le Périgée ou l'Apogée.

Voyons maintenant l'hypothese par laquelle *Ptolemée* satisfait à toutes ces conditions des mouvemens Lunaires. Au lieu d'un excentrique simple comme dans la Théorie du Soleil, il imagine un épicycle porté sur un excentrique ; ce qu'il montre ailleurs être l'équivalent, pourvu que l'excentricité & le rayon de l'épicycle fassent ensemble une ligne égale à l'excentricité de l'excentrique simple (*a*). Ceci suffiroit pour satisfaire à la premiere inégalité : pour représenter la seconde, *Ptolemeé* imagine que cet excentrique dont nous parlons, au lieu de rester fixe, ait lui-même une révolution telle que son Périgée venant au devant de l'épicycle, ils se rencontrent toujours dans les quadratures, de sorte que le centre de l'épicycle est toujours, lors des quadratures, dans le Périgée, & lors des conjonctions ou des oppositions dans l'Apogée. Delà il doit arriver que la conjonction s'étant faite au plus haut de l'épicycle en L, par exemple, lorsque le centre de l'épicycle sera aux environs de la quadrature suivante, la Lune sera en L' au lieu d'être en L, où elle feroit si le déférent eût été immobile. Ainsi la distance de la Lune à la quadrature, sera vue sous l'angle *a* T L' qui est plus grand que l'angle ATL ; la Lune paroîtra donc moins avancé qu'elle n'auroit été dans la supposition de la premiere inégalité seule, où l'on auroit laissé le déférent immobile ; & cela aura lieu jusqu'à l'opposition où cette différence s'évanouira. De l'opposition à la conjonction, il est facile de voir que le contraire arrivera, la Lune vers la quadrature suivante sera en L'' au lieu de L, où elle eût été dans le cas du déférent immobile & d'une seule inégalité : elle sera donc plus avancée de tout l'excès de l'angle *a* TL'' sur AT L. On voit enfin que dans les lieux moyens cette différence sera moindre que dans les quadratures, soit à cause du plus grand éloignement, soit à cause de la plus grande obliquité sous laquelle le rayon de l'épicycle se présentera aux yeux du spectateur.

Fig. 31, 32, 33.

Fig. 31.

Fig. 32.

Il est encore facile d'appercevoir que la conjonction se faisant tandis que la Lune tient le point le plus bas de son épicycle, le contraire doit arriver ; la seconde inégalité fera paroître la Lune plus avancée vers la premiere quadrature, & moins

(*a*) *Alm.* I. IV, C. 5.

vers la seconde. Elle sera additive dans la premiere moitié de la lunaison, & soustractive dans l'autre. Les quadratures concourant enfin avec l'Apogée, ou bien la conjonction se faisant quand la Lune est dans un des points latéraux, Λ ou λ de son épicycle, il ne doit y avoir aucune inégalité dans les quadratures & dans toute la révolution On reconnoîtra enfin que lorsque la Lune, au temps de la conjonction, occupera des lieux moyens entre le plus bas, le sommet ou les côtés de l'épicycle, cette inégalité variera & sera plus ou moins grande, quoique dans le cours d'une lunaison, elle soit toujours la plus grande vers les quadratures. *Fig. 33.*

On ne peut disconvenir que cette premiere ébauche de la théorie de la Lune ne soit assez ingénieuse, du moins en la considérant comme une hypothese purement mathématique. Elle satisfait assez bien aux phénomenes généraux des mouvemens lunaires ; à la vérité elle n'est pas aussi heureuse en ce qui concerne les détails de ces mouvemens, & ce sont eux qui sont la pierre de touche de toutes les hypotheses. D'ailleurs elle est sujette à plusieurs défauts ; un des principaux est que, suivant les dimensions que *Ptolemée* est obligé de donner à l'excentricité de son orbite mobile & au rayon de son épicycle, la Lune se trouveroit quelquefois dans les quadratures, à une distance de la terre moindre de moitié que dans les conjonctions ou les oppositions. Mais cela est entiérement contraire à l'observation ; on ne remarque point dans les diametres apparens de la Lune, une variation proportionnée à cette différence d'éloignement.

Il est à propos de remarquer qu'afin de simplifier notre explication, nous n'avons eu aucun égard au mouvement de l'Apogée de la Lune. Il est facile de le représenter en ne faisant parcourir à cette planete sur son épicycle, qu'un peu moins de son cercle entier durant une révolution périodique. Par-là elle ne se trouvera au plus haut de cet épicycle qu'après un peu plus d'une révolution, & l'Apogée paroîtra avancé à la fin de chacune. Nous avons aussi raisonné comme si l'orbite lunaire étoit dans le plan de l'écliptique. Nous sçavons que cela n'est pas entiérement exact ; mais outre que nous sommes obligés de nous resserrer, nous n'avons pas cru devoir entrer dans les mêmes particularités en exposant une tentative insuffisante, qu'en rendant compte d'une vraie découverte. Une ébauche légere doit suffire dans le premier cas.

Si l'étendue de notre ouvrage nous le permettoit, ce seroit ici le lieu de parler des phénomenes qui résultent du mouvement de la Lune & du Soleil, comme les éclipses, & de la maniere dont les Anciens les calculoient. Ce seroit aussi le lieu convenable de rendre compte des moyens par lesquels ils mesurerent la parallaxe de la Lune, sa distance à la terre, de même que celle du Soleil, &c; mais il nous seroit impossible de le faire avec quelque distinction, sans sortir bientôt des limites que nous nous sommes prescrites. Nous passerons donc à exposer les mouvemens des autres planetes & les hypotheses par lesquelles *Ptolemée* crut y satisfaire.

Si l'on suit une des planetes supérieures, Mars, Jupiter, ou Saturne, durant le cours d'une même année, on observe des mouvemens fort bisarres. Lorsqu'elle commence à se dégager des rayons du Soleil, sa vîtesse qui est alors médiocre, va en diminuant de jour à autre jusqu'à un certain point où elle semble s'arrêter. Après quelques jours elle commence à rétrograder, d'abord lentement, puis en accélérant son mouvement jusqu'aux environs de l'opposition. Là sa vîtesse recommence à diminuer, & quelque-temps après elle s'arrête en apparence une seconde fois; elle reprend enfin son mouvement suivant l'ordre des signes, allant d'abord fort lentement, & ensuite plus vîte, jusqu'à ce que l'approche du Soleil qui l'atteint, la fasse disparoître à nos yeux. Mars éprouve ces apparences deux fois dans une de ses révolutions, Jupiter douze, & Saturne trente.

Ce que nous venons de dire, est ce qui arrive à une des planetes supérieures dans une même année; mais si l'on continue de l'observer pendant plusieurs années, on y remarquera d'autres irrégularités: pour s'en former une idée claire, il faut remarquer qu'il y a une station avant & après chaque opposition, & que chaque année cette opposition se fait dans une partie différente du Ciel. Or si l'on mesure d'années en années les intervalles entre les points d'opposition, on trouve qu'ils ne sont pas égaux, mais qu'ils sont plus grands d'un côté du Zodiaque, & moindres du côté opposé. Dans Jupiter, par exemple, les oppositions devroient se faire d'année en année à un signe environ de distance : mais vers la constellation du Belier cette distance est de plus d'un signe, & lorsqu'il est dans la constellation diamétralement opposée, elle est moindre. Il en est de même de l'arc compris entre les deux stations voisines de l'opposition : il croît d'année en année jusqu'à un certain terme, & ensuite il diminue. Je ne dis rien de la différence de grandeur apparente qui indique une différence d'éloignement. Mars est la planete dans laquelle les irrégularités qu'on vient de décrire, sont les plus remarquables, & qui a le plus inquiété les Astronomes. *Pline* le témoignoit autrefois par ces mots, *Martis cursus maximè inobservabilis*, &c (*a*). Il vouloit dire par-là que les mouvemens de cette planete mettoient en défaut les Observateurs & leurs conjectures.

Les planetes inférieures, Venus & Mercure, sont sujettes à des irrégularités qui ne sont pas moins bisarres en apparence. On sçait déja qu'on ne voit jamais ces deux planetes en opposition avec le Soleil, elles font seulement des excursions de côté & d'autre, Venus les plus grandes, Mercure les moindres. Mais les excursions de chacune ne sont pas égales entr'elles : tantôt celles du côté de l'Orient sont plus grandes que celles du côté de l'Occident, tantôt c'est le contraire, quelquefois elles sont égales. La différence n'est presque pas sensible dans Vénus, mais dans Mercure elle est fort remarquable. Lorsque l'une & l'autre se dégageant des rayons du Soleil, paroissent au couchant, elles vont fort vîte, & leur mouvement diminue de jour à autre, jusqu'à ce qu'elles s'arrêtent ; après quoi elles rétrogradent en accélérant de plus en plus leur mouvement, & elles vont se plonger dans l'éclat du Soleil pour reparoître quelques semaines après avant son lever. Ce mouvement par lequel elles continuent de rétrograder, diminue de jour en jour : elles sont de nouveau stationnaires, & enfin elles reprennent leur cours suivant l'ordre des signes, en l'accélérant jusqu'à leur nouvelle occultation.

Pour satisfaire aux mouvemens apparens des planetes supérieures, *Ptolemée* supposa d'abord qu'elles étoient portées sur des épicycles. En effet, préoccupé comme il l'étoit,

(*a*) *Hist. Nat.* l. II, c. 17.

qu'elles tournoient autour de la terre, il ne pouvoit expliquer autrement leurs ſtations & rétrogadrations. Il imagina donc de les faire mouvoir dans leurs épicycles, de ſorte que tandis que les centres de ceux-ci étoient portés dans le ſens DAB, elles circuloient dans le ſens AEFG, & elles ſe rencontroient toujours au plus bas de l'épicycle, dans l'inſtant de l'oppoſition moyenne avec le Soleil. A l'égard du centre de l'épicycle, il ne devoit faire qu'une révolution ſur le déférent dans l'intervalle moyen d'une révolution de la planete, qui eſt de trente ans pour Saturne, de douze pour Jupiter, & de deux pour Mars. Delà il devoit arriver que, quand la planete étoit dans la partie ſupérieure de ſon épicycle, elle avoit un mouvement conforme à celui du centre de l'épicycle & à l'ordre des ſignes; quand elle paſſoit dans la partie inférieure dont elle occupoit le plus bas vers le temps de l'oppoſition, elle avoit un mouvement contraire à celui du centre, & ſuivant que ce mouvement de rétrogradation, vu de la terre T, l'emportoit ſur le mouvement direct du centre, ou lui étoit égal, ou en étoit ſurpaſſé, la planete paroiſſoit rétrograder, s'arrêter, ou ſuivre l'ordre des ſignes. On voit auſſi que chaque rétrogradation devoit être précédée & ſuivie d'une ſtation, & que celle-ci arrivoit vers les parties latérales de l'épicycle, enfin qu'à la derniere ſtation devoit ſuccéder un mouvement direct continuellement accéléré juſqu'à l'occultation ſuivante. *Ptolemée* recherche (*a*) d'après une détermination géométrique d'*Apollonius*, les endroits où la planete doit être ſtationnaire, rétrograde ou directe: il calcule auſſi la durée & l'intervalle de ces ſtations, & ſes réſultats ne s'écartent pas beaucoup de la vérité. On ne doit cependant rien en conclure en faveur de ſon hypotheſe; cela vient ſeulement de ce qu'il a eu ſoin de déterminer la grandeur de ſes épicycles d'après l'étendue de ces rétrogradations.

Fig. 34.

Mais nous avons remarqué que les progreſſions annuelles des planetes ſupérieures, par exemple, d'une oppoſition à l'autre, n'étoient pas égales: il en eſt de même de l'intervalle compris entre leurs deux ſtations, ou de l'étendue de leurs rétrogradations. *Ptolemée* fut conduit par l'inſpection de ce

(*a*) *Alm.* liv. XII.

phénomene

phénomene à faire mouvoir les épicycles de ces planetes, non dans un cercle concentrique à la Terre, mais dans un excentrique. Par-là il parvenoit à accélerer leur mouvement dans certaines parties de leur orbite, & à le retarder dans d'autres. Dans l'Apogée, l'intervalle entre les ſtations, & la diſtance des oppoſitions de ſuite, devoient être moindres que dans le Périgée, & d'une grandeur moyenne dans les parties de l'orbite ſituées entre ces termes. *Ptolemée* commença ici à donner atteinte à cette parfaite régularité que les Anciens croyoient devoir conſerver dans les mouvemens céleſtes. Car afin de ſatisfaire à pluſieurs phénomenes auxquels l'excentricité ſimple ne pouvoit ſuffire, il fut contraint de faire tourner l'épicycle d'un mouvement égal, non autour du centre de l'excentrique, mais autour d'un point M auſſi éloigné au delà de ce centre vers A, que la Terre T l'étoit en deçà. Ainſi il y avoit dans le mouvement du centre de l'épicycle une inégalité en partie réelle, en partie apparente; & peut-être cette idée a-t'elle été la premiere occaſion de ſonger à partager l'inégalité des planetes en deux parties, l'une optique, l'autre réelle. Elle a pu auſſi donner lieu à l'hypotheſe de ceux qui ont fait mouvoir les planetes dans des éllipſes, de maniere que leur mouvement angulaire, vu du foyer oppoſé à celui de la planete centrale, parût uniforme.

Les hypotheſes de *Ptolemée* pour les planetes inférieures different peu de celles des ſupérieures. Un épicycle ſur un excentrique en fait la baſe, mais il y a quelque changement dans les détails. Ici le centre de l'épicycle ſuit le lieu moyen du Soleil, pendant que la planete le parcourt avec une vîteſſe correſpondante au temps qu'elle emploie d'une digreſſion à la ſuivante du même côté. Cela ne ſuffiſant même pas pour Mercure, *Ptolemée* imagina de donner à ſon orbite un mouvement analogue à celui qu'il donnoit au déférent de la Lune. Il lui fallut auſſi prendre pour centre du mouvement égal de l'épicycle un point moyen entre la Terre & le centre de l'excentrique. Enfin pour expliquer les phénomenes de la latitude de Venus & de Mercure, il fut contraint de donner à leur excentrique un mouvement de libration très-biſarre & très-compoſé. Je néglige de rapporter diverſes autres circonſtances qui augmentent beaucoup la complication. Elle eſt ſi grande qu'elle juſtifie preſque le mot peu religieux, & ſi connu du Roi *Alphonſe* l'Aſtronome. *Ptolémée* lui-même ne peut ſe diſſimuler ce défaut, & il cherche à le pallier (*a*). On ne doit pas, dit-il, comparer les aſtres aux corps terreſtres, ni juger de la difficulté de leurs mouvemens par celle que nous trouvons à les concevoir & à les repréſenter. La ſimplicité de l'ouvrage de l'Univers eſt d'un autre genre que celle des ouvrages des hommes : il faut à la vérité tenter les ſuppoſitions que nous jugeons les plus ſimples, mais ſi elles ne ſuffiſent pas, on doit employer celles qui repréſentent exactement les phénomenes, quelles qu'elles ſoient, & les regarder comme les véritables. *Ptolemée* ſe ſeroit fait plus d'honneur en ne donnant ſa théorie que comme une fiction, par laquelle il avoit tenté de repréſenter les mouvemens céleſtes, en attendant que des génies plus heureux, aidés de l'expérience des ſiecles, démêlaſſent le vrai arrangement de l'Univers. On ne peut même l'excuſer d'avoir eu la témérité de croire qu'il l'avoit deviné, tandis que ſes hypotheſes ſont ſi éloignées de la ſimplicité qu'on voit à tout inſtant éclater dans les procédés de la Nature. Mais nous le diſculperons d'un autre côté, du crime qu'on lui impute vulgairement, d'avoir introduit dans le ſyſtême céleſte ces orbes ſolides & tranſparens qu'on voit repréſentés dans les Livres des Aſtronomes du ſeizieme ſiecle. Jamais *Ptolemée* n'enſeigna une Phyſique ſi groſſiere ; l'on ne voit rien de ſemblable dans ſes ouvrages, & ſans l'endroit que nous venons de citer, on ſeroit porté à penſer qu'il ne regarda ſes hypotheſes que comme de pures ſuppoſitions mathématiques, néceſſaires pour calculer les mouvemens céleſtes. L'idée ridicule de ces orbes ſolides eſt plus ancienne, comme nous l'avons remarqué en parlant d'*Eudoxe* & d'*Ariſtote* ; ce ſont les Aſtronomes Arabes & ceux des ſiecles de barbarie, comme *Sacro-Boſco*, &c, Phyſiciens groſſiers & ſans génie, qui ont tranſporté cette abſurde Phyſique dans le Ciel.

Il y a dans l'Aſtronomie deux parties, l'une qui conſiſte dans l'explication des phénomenes céleſtes & le moyen de

(*a*) *Alm.* l. XIII, c. 2.

les prévoir par le calcul ; l'autre qui est l'art de les observer, & qu'on nomme l'Astronomie pratique. Nous ne nous sommes encore occupés que de la premiere, mais il manqueroit quelque chose à ce qu'on a dit, si nous omettions de donner une idée de ce que fut la seconde chez les Anciens. Dans cette vue nous allons faire connoître quelques-uns de leurs instrumens, leurs usages & leur degré de perfection.

Un des premiers instrumens dont se servit l'Astronomie, est le Gnomon. On en attribue l'invention à *Anaximandre*. Ce Philosophe, dit *Diogene Laerce* (*a*), observa avec un Gnomon les retours de Soleil, c'est-à-dire les solstices, & probablement il mesura l'obliquité de l'écliptique à l'équateur, que son Maître avoit déja découverte. On peut ainsi concilier ce qu'on sçait de *Thalès* avec ce que dit *Pline*, sçavoir qu'*Anaximandre* connut le premier l'obliquité du Zodiaque, & que par-là il ouvrit en quelque sorte les portes de l'Astronomie. Ce sont les propres expressions de *Pline* qui s'explique, comme on sçait, souvent avec entousiasme & d'une maniere figurée. A l'égard du Gnomon, c'étoit chez les Anciens un style aigu par le bout, & élevé perpendiculairement sur un plan horizontal. On mesuroit l'ombre qu'il projettoit sur la ligne méridienne, & par le rapport de sa hauteur avec la longueur de cette ombre, on connoissoit l'angle que faisoit avec l'horizon le rayon solaire passant par le sommet. Avant qu'on eût des tables trigonométriques dont les premieres semblent avoir été construites par *Hipparque* & *Ptolemée*, pour trouver cet angle on le construisoit géométriquement, & l'on tâchoit de découvrir par comparaison quelle partie aliquote de la circonférence il étoit, ou combien il en contenoit. Car la division du cercle en 360°. est postérieure aux premiers temps de l'Astronomie : c'est pourquoi *Eratosthene* disoit que la distance des tropiques étoit de $\frac{11}{83}$ de la circonférence, & non qu'elle étoit de 47° 42′ 26″.

Le Gnomon est sans contredit de tous les instrumens celui avec lequel on peut faire les observations solaires les plus délicates. Mais les Anciens ne firent pas toutes les attentions nécessaires pour s'en servir avec sûreté. L'ombre qu'une pointe

(*a*) *In Anaxim.*

projette au Soleil, n'eſt pas aſſez diſtinctement terminée pour qu'on ſoit bien certain de ſon extrêmité, & les obſervations anciennes des hauteurs du Soleil faites de cette maniere, paroiſſent devoir être corrigées d'environ un demi-diametre apparent du Soleil; car il eſt probable que les Anciens prenoient l'ombre forte pour la vraie ombre : ainſi ils n'avoient que la hauteur du bord ſupérieur du Soleil, & non celle du centre. J'avouerai cependant que nous n'avons aucune certitude qu'ils ne fiſſent pas cette correction, du moins dans les derniers ſiecles avant l'Ere Chrétienne. Il ſemble en effet que c'eſt pour obvier à cet inconvénient, qu'ils terminerent le Gnomon par une boule dont le centre répondoit au ſommet, afin que prenant le milieu de l'ombre elliptique de cette boule, on eût la hauteur du centre du Soleil. Cette invention étoit aſſez heureuſement imaginée pour les Gnomons expoſés au grand jour. Telle étoit la forme de celui que le Mathématicien *Manlius* éleva à Rome ſous les auſpices d'Auguſte. Mais les Modernes ont encore plus heureuſement remédié à ce défaut, en ſe ſervant d'une plaque verticale ou horizontale percée d'un trou circulaire, qui tranſmet les rayons du Soleil dans un endroit à couvert.

Le Gnomon donna naiſſance à l'inſtrument nommé *Scaphé*. C'étoit proprement un petit Gnomon dont le ſommet atteignoit au centre d'un ſegment ſphérique. Un arc de cercle paſſant par le pied du ſtyle, étoit diviſé en parties, & l'on avoit tout d'un coup l'angle que formoit le rayon ſolaire avec la verticale; du reſte il étoit ſujet aux mêmes inconvéniens, & il exigeoit les mêmes corrections : il étoit enfin moins propre que le Gnomon à des obſervations délicates, parce qu'il étoit plus difficile de s'en procurer un d'une hauteur conſidérable. Cela n'empêcha cependant pas *Eratoſtene* de s'en ſervir pour meſurer la grandeur de la Terre & l'inclinaiſon de l'écliptique à l'Equateur; c'eſt pourquoi ces obſervations ſont légitimement ſuſpectes, & l'on ne ſçauroit regarder leurs réſultats que comme des approximations encore aſſez éloignées de la vérité.

Ce fut *Eratoſtene*, ſelon les apparences, qui imagina les Armilles qu'on vit longtemps placées dans le portique d'Alexandrie, & qui ſervirent à *Hipparque* & à *Ptolemée*. Ce dernier nous donne l'idée suivante de cet instrument. C'étoit, suivant sa description, un composé de différens cercles qui le rendoient assez ressemblant à notre sphere armillaire. Il y avoit d'abord un grand cercle qui faisoit l'office du méridien; qu'on se représente ensuite, un Equateur avec l'écliptique & les deux colures formant un assemblage solide, & d'une dimension moindre que le diametre intérieur du cercle précédent, afin de pouvoir jouer dedans; on l'y plaçoit de maniere qu'il y tournoit sur des poles qui étoient ceux de l'Equateur. Il y avoit ensuite un cercle tournant sur les poles de l'écliptique, & garni de pinnules diamétralement opposées, dont la partie concave touchoit presque à l'écliptique, ou portoit un index pour reconnoître la division où il étoit arrêté. Voici maintenant l'usage de cet instrument. Il servoit d'abord aux observations des équinoxes, comme *Ptolemée* nous l'apprend en rapportant celles d'*Hipparque* (*a*). L'Equateur de l'instrument étant mis avec un grand soin, comme il devoit toujours l'être, dans le plan de l'Equateur céleste, on attendoit l'instant où la surface inférieure & supérieure n'étoient plus éclairées par le Soleil, ou bien, ce qui étoit plus sûr, celui où l'ombre projettée par la partie antérieure convexe du cercle, sur la partie concave, la couvroit entiérement. Il est évident que ce moment devoit être celui de l'équinoxe. Lorsque cela n'arrivoit point, ce qui indiquoit que l'équinoxe s'étoit fait dans la nuit, on choisissoit deux observations où cette ombre projettée sur la partie concave du cercle, l'eût été également en sens différent, & le milieu de l'intervalle entre les observations, étoit réputé l'instant de l'équinoxe.

Les Armilles servoient encore à plusieurs usages astronomiques, surtout à déterminer immédiatement & sans calcul la longitude & la latitude d'un astre; invention utile dans des temps où la Trigonométrie sphérique étoit encore à naître ou dans l'enfance. On le faisoit dans la maniere suivante. Vouloit-on observer le lieu d'une Étoile, par exemple, on tournoit l'instrument sur les poles de l'Equateur, de telle sorte que le lieu de l'écliptique occupé alors par le Soleil, fût à l'égard du méridien, dans une situation semblable à celle du

(*a*) *Alm. l. III, c.* 2.

Soleil même. Sans tarder on miroit à l'Étoile par les pinnules du cercle mobile ſur les poles de l'écliptique ; le point où il la coupoit, ou la diviſion que montroit l'index donnoit le lieu de l'Etoile en longitude, & la diviſion où étoient arrêtées les pinnules du cercle mobile, donnoit en même temps ſa diſtance à l'écliptique, ou ſa latitude. Cette maniere d'obſerver ſervoit principalement quand il s'agiſſoit d'une planete qu'on pouvoit voir ſur l'horizon en même temps que le Soleil, comme la Lune & Venus dans certaines circonſtances ; car on pouvoit mirer à la fois, au Soleil par l'endroit de l'écliptique qu'il occupoit au moment de l'obſervation, & à l'aſtre par les pinnules du cercle mobile, ce qui étoit beaucoup plus ſûr. *Walther*, le célebre diſciple de *Regiomontanus*, obſerva de cette maniere, & *Tycho* avoit des Armilles dans ſon Obſervatoire d'Uranibourg. Mais quoique cet inſtrument ſoit fort ingénieux, on peut dire qu'il eſt bien au deſſous de ceux de l'Aſtronomie moderne, & il n'eſt pas ſuſceptible du même degré de perfection.

Ptolemée nous a décrit dans ſon Almageſte (*a*) quelques autres inſtrumens, l'un aſſez reſſemblant à notre Aſtrolabe, & ſur lequel je ne m'arrêterai pas ; l'autre, celui qu'on a nommé *les regles parallactiques*, à cauſe que cet Aſtronome ancien l'employa primitivement à l'obſervation de la parallaxe de la Lune. C'étoient trois regles applanies, dont deux faiſoient toujours l'office des côtés égaux d'un triangle iſoſcele, & la troiſieme qui portoit les diviſions, faiſoit celui de la baſe, ou étoit la corde de l'angle du ſommet. L'un des côtés égaux étoit garni de pinnules par leſquelles on obſervoit l'aſtre, pendant que l'autre étoit placé verticalement, de ſorte qu'on avoit, en conſultant une table des cordes, la diſtance de l'Aſtre au Zénith. *Ptolemée* voulant obſerver avec une grande exactitude, les hauteurs de la Lune, ſe prépara un inſtrument de cette ſorte, d'une dimenſion conſidérable ; car les regles égales avoient quatre coudées de longueur, afin que les diviſions en fuſſent plus ſenſibles. Il rectifioit ſa poſition avec beaucoup de ſoin par le moyen d'un fil à plomb. Les Aſtronomes du XVe ſiecle, *Purbach*, *Regiomontanus*, *Walther*,

(*a*) *L. I, c. II, & l. V, c. 12.*

employerent beaucoup cette maniere d'obſerver qui n'eſt pas mépriſable. Auſſi les obſervations de *Walter*, qui y apporta tous les ſoins néceſſaires, ſont-elles eſtimées des Aſtronomes, & ont-elles ſervi à des déterminations délicates ?

Ces inſtrumens conſtruits avec un ſoin extrême, en ce qui concerne ſoit la matiere, ſoit les diviſions, auroient pu être d'un aſſez bon uſage, & fournir des réſultats aſſez exacts ; mais ce qui manqua principalement à l'Aſtronomie ancienne, ce fut une maniere de meſurer le temps avec quelque préciſion. Il y eut des Aſtronomes qui propoſerent des clepſydres pour cet effet : mais *Ptolemée* les rejette (*a*) comme pouvant fort facilement induire en erreur, & effectivement ce moyen eſt ſujet à bien des inconvéniens & à des irrégularités difficiles à prévenir. Cependant comme la meſure du temps eſt l'ame de l'Aſtronomie, on recourut à un autre expédient qui eſt fort ingénieux. Il conſiſtoit à obſerver au moment d'un phénomene dont on vouloit ſçavoir l'heure, la hauteur du Soleil, ſi c'étoit le jour, ou celle d'une étoile fixe, ſi c'étoit la nuit ; car le lieu du Soleil étant connu à quelques minutes près au temps de l'obſervation, avec la latitude du lieu, on peut en conclure l'heure. On le peut auſſi faire de la hauteur d'une Étoile dont la déclinaiſon & l'aſcenſion droite ſont données : ainſi lorſqu'on obſervoit, par exemple, une éclipſe de Lune, il falloit avoir ſoin de prendre la hauteur de quelque Étoile remarquable à chaque phaſe de l'éclipſe, ſurtout au commencement & à la fin, pour en pouvoir conclure l'heure ; & c'eſt ce qu'ont fait les Aſtronomes juſqu'à l'application du pendule à la meſure du temps. Mais il eſt facile de ſentir combien ce procédé ancien étoit laborieux, & ce qui eſt pis encore, combien il étoit peu ſûr & peu praticable dans certaines circonſtances. Que ne doit pas l'Aſtronomie à l'inventeur de l'inſtrument commode & certain dont nous nous ſervons aujourd'hui pour cette meſure. Je ſens qu'il y auroit bien d'autres choſes à dire concernant l'Aſtronomie pratique chez les Anciens ; mais les limites de cet ouvrage ne me le permettant pas, je laiſſe à l'Hiſtorien à venir de l'Aſtronomie, le ſoin de traiter ce ſujet avec plus d'étendue.

(*a*) *Alm.* l. v, c. 14.

L'*Almageste* de *Ptolemée*, de même que la plûpart des ouvrages célebres de l'Antiquité, a eu plusieurs Editeurs & Commentateurs. Parmi les Anciens *Théon* d'Alexandrie & *Pappus* le commenterent. L'Ouvrage de *Théon* nous est parvenu, mais il ne va pas au delà du onzieme Livre. Il a vu le jour en 1538, que *Simon Grynæus* le publia en Grec à la suite du texte de l'*Almageste* qu'il donnoit dans la même Langue. Ce commentaire n'a jamais paru en Latin, à l'exception du premier Livre traduit & publié par *Porta* en 160. Quant au commentaire de *Pappus*, il n'en subsiste qu'un morceau concernant le cinquieme Livre, que *Théon* nous a conservé. Dans des temps postérieurs *Nicolas Cabasilla*, Archevêque de Thessalonique, commenta aussi l'*Almageste*, ou peut-être seulement une partie. L'écrit de ce Prélat Astronome a été inséré dans l'édition dont on vient de parler. Il regarde le troisieme Livre.

Lorsque les Arabes donnerent retraite aux Sciences, l'*Almageste* fut un des ouvrages qu'ils s'empresserent le plus de traduire. Ils le firent l'an 212 de l'Egire, ou 827 de l'Ere Chrétienne sous le regne & les auspices d'*Almamon*. Suivant un manuscrit de M. de *Peiresc* (*a*), les Auteurs de cette version furent l'Arabe *Alhazen Ben Joseph* & le Chrétien *Sergius*. Au reste on ne doit point confondre cet *Alhazen* avec l'Opticien, comme je le montrerai dans la suite. Ce fut alors que l'Ouvrage de *Ptolemée* prit le nom d'*Almageste* qu'il a conservé depuis. Il est formé du mot Grec μέγιστος, très-grand, & de l'article Arabe *al*, soit qu'on ait voulu dire *le très-grand Ouvrage*, *l'Ouvrage par excellence*, soit qu'on l'ait fait du premier mot du titre Grec, μέγας, ou μέγιστος ἀστρονόμος, que lui donnerent les Astronomes de l'Ecole d'Alexandrie postérieurs à *Ptolemée*. Enfin divers autres Mathématiciens de la même Nation, commenterent l'*Almageste*, comme *Thebit-Ben-Corah*, *Nassir-Eddin*, &c.

Aussitôt que les Sciences commencerent à s'établir dans la partie Occidentale de l'Europe, on se hâta de traduire *Ptolemée*. On en fit dès l'année 1230 une version d'après l'Arabe sous les auspices de l'Empereur *Frederic* II, qui protégeoit l'Astronomie.

(*a*) Gassendii, *Vita Peiresc.* l. v.

l'Astronomie. *Gérard* de Crémone en fit une nouvelle vers le milieu du quatorzieme siecle, qui subsiste en manuscrit dans quelques Bibliotheques. L'édition de l'*Almageste* faite à Venise en 1515, paroît avoir eu aussi une version Arabe pour original. Après la chûte de l'Empire Grec, *George* de Trébizonde, un des Grecs retirés en Italie, traduisit *Ptolemée* de sa Langue naturelle en Latin, & même entreprit de le commenter. Mais ce Sçavant peu versé en Astronomie, commit un grand nombre de fautes dont la critique coûta, dit-on, la vie au célebre *Regiomontanus*; car on prétend que les fils de *George* irrités contre lui pour cet affront fait à leur pere, s'en vangerent par le poison.

Regiomontanus sentoit toute l'importance d'une bonne traduction de *Ptolemée*; & il eut le courage d'apprendre le Grec pour en donner une au monde sçavant. Il traduisit donc l'*Almageste*, comme nous l'apprend un catalogue de ses ouvrages écrit par lui-même (*a*). Mais sa mort précipitée priva l'Astronomie de cette traduction. Malgré les justes critiques de *Regiomontanus*, & l'importance du sujet, celle de *George* de Trébizonde est encore la seule que je connoisse, qui ait été faite d'après le Grec. Elle parut d'abord en 1541, & on en donna en 1551 une nouvelle édition un peu corrigée, & augmentée de quelques notes. Mais le Latin presque barbare dans lequel elle est écrite, l'obscurité & le peu d'intelligence qui y regnent, ne me permettent pas de dissimuler combien je suis étonné qu'un ouvrage si important, du moins dans les siecles passés, n'ait jamais été mieux exécuté.

IV.

L'Antiquité a produit peu de Mathématiciens aussi laborieux que *Ptolemée*; le vaste projet de son *Almageste*, projet auquel la vie entiere d'un homme semble à peine suffire, lui mériteroit presque seul cet éloge. Nous connoissons cependant encore de lui divers autres ouvrages qui annoncent une grande universalité de connoissances dans les Mathématiques, & l'un de ces ouvrages le cede peu au précédent, du moins en étendue de connoissances & de travaux; c'est sa *Géographie*

(*a*) *Voyez* Doppelmayer, *in Math. Norinbergensibus*. Weidl. *Hist. Astron.* Heilbroner, *Hist. Math.*

en huit Livres. Les matériaux lui en furent fournis par une multitude d'Auteurs, d'Itinéraires & de Voyageurs, qu'il lui fut nécessaire de peser & de comparer entr'eux. Il est facile de sentir l'immensité de cette entreprise ; mais ce qui rend surtout cet Ouvrage remarquable en Mathématiques, c'est que *Ptolemée* y jette les fondemens Géométriques de la construction des Cartes Géographiques, & des diverses projections propres à représenter le Globe Terrestre, ou ses parties. On y voit aussi pour la premiere fois les positions des lieux désignées, par longitude & par latitude. Ce moyen dû à *Hipparque* est sans contredit le plus commode pour donner à l'esprit une idée juste de la situation des diverses contrées, pour les représenter dans leur place convenable, soit sur le Globe, soit sur les Cartes, enfin pour reconnoître les variétés des phénomenes Astronomiques qui arrivent dans chacune d'elles. Il ne faut cependant pas croire que *Ptolemée* ait eu, ni qu'il ait feint d'avoir des observations immédiates, propres à fixer ces positions : il n'en avoit au contraire qu'un bien petit nombre. Car dans combien peu d'endroits avoit encore pénétré l'Astronomie ? Il fut par conséquent réduit à les déterminer par des calculs fondés sur la durée des plus grands jours, sur la longueur des chemins & sur leur direction, telles que les relations des Voyageurs le lui apprenoient. Ainsi l'on ne doit point s'étonner des erreurs nombreuses qu'on rencontre dans sa *Géographie*. Avec si peu de secours pour se tirer de ce dédale d'incertitude, comment pouvoit-il éviter d'en commettre une foule, surtout dans un temps où la terre presqu'entiere, c'est-à-dire à l'exception d'une petite partie de l'Asie, de l'Afrique & de l'Europe, n'étoit guere plus fréquentée & plus abordable que l'est aujourd'hui l'intérieur de l'Amérique ?

Voici quelques autres petits écrits Astronomiques, ou tenans à l'Astronomie, qu'on doit à *Ptolemée*. L'un est intitulé, *Complanatio superficiei sphæræ*, ou *du planisphere* ; ce qui indique suffisamment son objet. Un autre porte le titre de l'*Analemme*, qui est une sorte d'instrument Astronomique & Gnomonique assez connue (*a*). Le Livre *des hypotheses des*

(*a*) Ces deux Ouvrages ont été traduits & publiés par Commandin, le premier en 1558, le second en 1562, *in*-4°.

planetes (*a*) est un précis de celles qu'il a établies dans son *Almageste*. On a encore celui *des apparences des fixes, & de leurs significations* (*b*) ; ce sont des éphémérides faites à l'imitation de celles d'*Eudoxe* & de tant d'autres Astronomes, dont on a souvent parlé. Sa *Table Chronologique* des Rois des Assyriens, des Medes, des Perses, des Grecs & des Empereurs Romains, depuis l'Ere de *Nabonassar* jusqu'à son temps, c'est-à-dire au regne d'*Antonin* le Pieux, est précieuse dans la Chronologie.

On attribue à *Ptolemée* plusieurs Traités Astrologiques, tels que le *Tetrabiblos*, ou quatre Livres qui sont une sorte de cours d'Astrologie Judiciaire, & le *Centiloquium* qui est un recueil d'Aphorismes de cette vaine Science. Je suis porté à croire que ces Livres sont supposés, chose assez commune chez les Grecs, & quelques Astrologues de bonne foi l'ont pensé. Mais je désirerois avoir de plus fortes preuves pour en décharger la mémoire de *Ptolemée*.

Les Ouvrages de cet ancien Auteur qu'il nous reste à faire connoître, regardent les autres parties des Mathématiques, dans lesquelles il déploya aussi beaucoup d'habileté. Nous trouvons d'abord sa *Musique*, traité fort utile pour connoître la théorie de cet Art & son histoire chez les Anciens (*c*). Nous avons parlé ailleurs (*d*) des sortes de découvertes de *Ptolemée* dans ce genre : nous regrettons pour son honneur qu'il ne s'en soit pas tenu aux deux premiers livres des trois que contient cet Ouvrage ; car le dernier n'est qu'un tissu de visions les plus puériles des Anciens sur les rapports des intervalles harmoniques avec les orbites des planetes, leur inclinaison à l'écliptique, &c. *Pappus* & *Eutocius* (*e*) font mention des Livres méchaniques de *Ptolemée* qui ne nous sont point parvenus. *Proclus* (*f*) en cite un autre intitulé *à minoribus quàm duo recti productas coincidere*. L'objet de celui-ci étoit de prouver

(*a*) Il a été mis au jour en Grec & en Latin, par Brainbrigde, en 1620, *in*-4°. *à Londres*.

(*b*) Ce Livre a été publié plusieurs fois, entr'autres par le P. Petau dans son *Uranologium*.

(*c*) Ce Traité intitulé *Ptolemæi harmonicorum l.* 3, a été publié d'abord en Latin en 1624, *in*-4°. puis par Wallis en 1682, *in* 4°, en Grec & en Latin, & de nouveau dans ses Œuvres, T. III, avec le Commentaire de Porphyre sur une partie.

(*d*) L. III, art. 9.

(*e*) *Coll. Math.* Liv. VIII. *Comm. in* Arch. *de equipond.*

(*f*) *Comm. in I. Eucl. prop.* 26.

l'espece de principe *des élémens* sur lequel on a accusé *Euclide* de relâchement. Je termine cette énumération peut-être ennuyeuse pour plus d'un Lecteur, par le Traité d'Optique de *Ptolemée*, Traité le plus étendu & le plus complet qu'aient eu les Anciens dans ce genre. Quoiqu'il ne nous soit pas parvenu, quelques Auteurs dans le temps desquels il subsistoit, nous en ont transmis divers traits fort remarquables.

Un de ces traits concerne la réfraction Astronomique. Ne nous regardera-t'on point comme avançant un paradoxe, lorsque nous dirons que *Ptolemée* a eu connoissance de ce phénomene. Mais nous en tirons la preuve du fameux *Roger Bacon* & de l'Opticien Arabe *Alhazen* qu'on soupçonne avec justice, quoiqu'il s'en défende, de devoir à *Ptolemée* presque toute son Optique. *Bacon* (*a*), après avoir remarqué qu'on se trompoit sur le lieu des astres vers l'horizon, après avoir même tenté de le prouver par l'observation, ajoute ces mots, *sic autem Ptolemæus in lib. V. de opticis, & Alhazen in VII.* Celui-ci enseigne effectivement dans l'endroit cité la même doctrine : il explique de quelle maniere on peut s'en assurer par l'observation, & il donne pour cause de cette réfraction la différence de transparence entre l'air qui nous environne immédiatement, & l'æther qui est au delà. Cette doctrine est encore celle de *Vitellion*, qui n'a fait presqu'autre chose que copier l'Opticien Arabe. Voilà la découverte de la réfraction Astronomique reculée, si je ne me trompe, fort au delà de l'époque qu'on lui assigne ordinairement. Mais il faut remarquer en même temps que cette connoissance fut tout à fait stérile chez les Anciens, & qu'ils n'en firent aucune application à l'Astronomie. On ne voit pas que *Ptolemée*, ni aucun de ceux qui lui succéderent, ait jamais eu l'idée d'en conclure que toutes les hauteurs prises, du moins dans le voisinage de l'horison, demandoient une correction.

Une seconde observation digne de remarque sur l'Optique de *Ptolemée*, est qu'il y donnoit une assez bonne raison de la grandeur excessive des astres vus à l'horizon. Il ne la faisoit point dépendre, comme ont fait inconsidérément quelques Physiciens modernes, de la réfraction qu'ils y éprouvent : car il démontroit au contraire que l'effet de cette réfraction

(*a*) *Specula Math.* p. 37.

devoit être de diminuer leur diametre apparent dans le sens vertical. Il donnoit pour raison de ce phénomene le jugement tacite de l'ame sur la grandeur apparente de l'astre, jugement excité par le grand nombre des objets interposés qui donnent l'idée d'une grande distance lorsqu'il est voisin de l'horizon, au lieu que le manque de ces objets, lorsqu'il est au méridien, le fait juger beaucoup plus près. C'est *Roger Bacon* qui nous apprend encore ceci en citant le troisieme & le quatrieme Livre de *Ptolemée*. On fait ordinairement honneur de cette solution à *Malebranche*, qui eut à son sujet une fort vive querelle avec M. *Regis* qui prétendoit que ce phénomene étoit occasionné par la réfraction (*a*). Mais elle est, comme on voit, d'une grande antiquité : on la lit aussi dans *Alhazen* & *Vitellion*. Nous ne déciderons point si c'est-là le véritable dénouement de la question. Mais il n'y a que ceux qui n'ont pas une idée claire de la maniere dont opere la réfraction, qui puissent être de l'opinion de M. *Regis*. Ce Physicien d'ailleurs estimable, prouva dans cette querelle, qu'il ne suffit pas d'employer dans une discussion Physique des termes & des considérations mathématiques ; mais que quand on le fait vaguement & sans les approfondir, les Mathématiques destinées à éclairer la Physique, ne servent qu'à éblouir, & à induire en erreur.

Ces deux traits de lumiere échappés de l'Optique de *Ptolemée* nous donnent lieu de penser que c'étoit un ouvrage fort estimable à certains égards, quoiqu'à en juger par celui d'*Alhazen*, on puisse assurer qu'il contenoit beaucoup de mauvaise Physique. Quant à la partie purement Géométrique de ce même ouvrage, nous nous croyons fondés à penser qu'elle étoit très-étendue & très-sçavante. On y trouvoit, par exemple, la résolution d'un beau problême d'Optique qui exerça vers le milieu du siecle passé plusieurs Géometres Modernes du premier rang. C'est celui de déterminer sur un miroir sphérique le point de réflexion, le lieu de l'œil & celui de l'objet étant donnés. La solution d'*Alhazen* qui est probablement tirée de *Ptolemée*, procede par le moyen d'une hyperbole, & est un peu prolixe. Mais outre que la difficulté du problême excuse cette prolixité, elle n'est peut-être que l'Ouvrage de l'Auteur Arabe.

(*a*) Voy. la *Rech. de la vérité*, l. 1, & T. III, p. 391. *Syst. de Phil.* de M. Regis, T. IV, l. 8.

V.

Cet article est destiné à rassembler divers Mathématiciens dont le temps est peu connu, ou qui fleurirent dans l'intervalle des trois ou quatre premiers siecles après l'Ere Chrétienne. Je commencerai par le Géometre *Serenus* d'Antinse, qui s'est acquis une sorte de célébrité par ses deux Livres sur *les sections des cylindres & des cônes*. Un des objets de ce traité est de détruire le préjugé de ceux qui se persuadent que l'ellipse formée par la section du cône est différente de celle qui se fait par celle du cylindre. On sent facilement, pour peu qu'on soit Géometre, que la chose n'étoit pas bien difficile, & elle n'auroit pas fourni à *Sérenus* la matiere de deux Livres, s'il ne se fût pas bientôt jetté dans diverses recherches concernant la section du cône par le sommet, dont quelques-unes sont assez curieuses. Il examine, par exemple, quel est le plus grand triangle formé en coupant le cône de cette maniere, & quels sont les cas où ce problême peut avoir lieu; ce qui est au reste fort facile à déterminer par nos calculs modernes. Mais il n'examine pas quel est absolument le plus grand triangle dans un cône scalene quelconque. Ce problême qui est solide, a été résolu par M. *Halley* dans l'édition qu'il a donnée de *Sérenus*, à la suite de celle des coniques d'*Apollonius*.

Serenus.

Hypsicle & Isidore.

Hypsicle d'Alexandrie, Géometre assez connu, fut contemporain de *Ptolemée*, ou le suivit de près; car son Maître *Isidore*, auquel *Suidas* donne de grands éloges sur son habileté en Mathématiques, fleurissoit sous le regne des *Antonins* (*a*). En parlant des élémens d'*Euclide*, on a fait mention des deux Livres d'*Hypsicle* sur les corps réguliers. Il avoit écrit un autre Livre sur les ascensions des astres, qui contient cette doctrine assez curieuse à certains égards, mais qui n'intéresse plus aujourd'hui l'Astronomie (*b*). Il faisoit autrefois partie des Livres classiques de l'Ecole d'Alexandrie.

Porphyre.

Le célebre *Porphyre* se distinguoit dans le même temps par ses connoissances multipliées. On a encore les titres de

(*a*) Suidas. *Lexic. au mot* Isidore.
(*b*) *Hypsiclis Alex. de Ascensionibus liber. G. L.* 1657.

quelques ouvrages qu'il écrivit sur les Mathématiques, ouvrages au reste peu importans & de la perte desquels il est facile de se consoler. Tels étoient *une introduction à l'Astronomie*, que quelques-uns croient avoir dans un misérable commentaire sur le *Tetrabiblos* attribué à *Ptolemée*, un abrégé d'*Arithmétique*, un traité *des mysteres des nombres*, &c (*a*). M. *Wallis* a publié son commentaire sur le premier Livre de la *Musique* de *Ptolemée* (*b*).

Vers la fin du même siecle fleurissoit le sçavant Prélat *Anatolius* d'Alexandrie. *Eusebe* (*c*) parle de son *introduction à l'Arithmétique* en dix Livres, que nous n'avons plus. Nous possédons son Traité du cycle Pascal (*d*), ouvrage qui ne me paroît pas justifier le pompeux éloge que lui donne M. *Weidler* en l'appellant *luculentum eruditionis Astronomicæ specimen*. Car outre qu'il n'y auroit pas eu un grand mérite à imaginer l'application du cycle de *Meton* au calendrier Chrétien, *Anatolius* s'y prend mal. C'est à la vérité un cycle de dix-neuf ans qu'il propose ; mais il est bien différent de celui de *Meton*, & il n'est conforme à aucun des deux mouvemens qu'il s'agissoit de concilier ; en effet, de ses dix-neuf années solaires, il n'en fait que deux bissextiles au lieu de quatre qu'il faudroit, sans compter les dix-huit heures des trois dernieres années ; ainsi il s'en falloit de trois jours moins quelques heures qu'il ne ramenât les nouvelles Lunes au même point de l'année solaire. *Anatolius.*

Nous ignorons entiérement le temps du Géometre *Perseus*, inventeur de certaines lignes appellées *Spiriques*, sujet d'une méprise grossiere pour tous ceux qui en ont parlé avant nous (*e*). Ils se sont imaginés qu'il s'agissoit là des spirales, & ils étoient d'autant moins excusables, que faisant de ce *Perseus* un Géometre fort ancien, ils attribuoient une seconde fois l'invention de ces courbes à *Conon* ou à *Archimede*. Nous avons trouvé dans *Proclus* (*f*) ce que c'étoient que ces lignes spiriques. Ce Commentateur les décrit assez clairement ; il nous apprend que c'étoient des courbes qui se formoient en coupant le solide *Perseus.*

(*a*) Voyez la Bibliot. Grecque. *T. IV.*
(*b*) Wallis. *op. t. III.*
(*c*) *Hist. Ecl.* p. 287. *Ed. Par.*
(*d*) Voyez Bucherius & le P. Petau, *de doct. temp.*
(*e*) Blancanus, Vossius, Deschales, &c.
(*f*) *Comm. in I. Eucl. ad def.* 4 & 7.

fait par la circonvolution d'un cercle autour d'une corde, ou d'une tangente, ou d'une ligne extérieure. Delà naissoit un corps en forme d'anneau ouvert ou fermé, ou en forme de bourlet; & ce corps étant coupé par un plan, donnoit, suivant les circonstances, des courbes d'une forme fort singuliere, tantôt alongées en forme d'ellypse, tantôt applaties & rentrantes dans leur milieu, tantôt se coupant en forme de nœud ou de lacet. *Perseus* considéra ces courbes, & crut avoir fait une découverte si intéressante, qu'il sacrifia à son bon génie.

Philon de Thiane.

Philon, de Thiane, fut un Géometre recommendable, si nous en jugeons par la nature de ses écrits. Ils regardoient la partie la plus transcendante de la Géométrie ancienne, la considération des lignes courbes, & en particulier de celles qui naissoient de l'intersection de certaines surfaces appellées par *Pappus* (a), *plectoïdes* ou *complicatæ*. Il n'est pas facile de deviner sur d'aussi legers indices, quelles étoient ces surfaces & ces courbes; il paroît seulement par le récit de *Pappus*, qu'elles avoient particuliérement excité l'attention des Géometres; une entr'autres fut nommée *admirable* par *Ménélaus* d'Alexandrie; ce qui nous apprend que *Philon* fut antérieur ou contemporain de ce dernier. *Pappus* joint à ces Géometres un *Démétrius*, d'Alexandrie, qui avoit écrit sur les courbes un ouvrage intitulé *Lineares aggressiones*. Ceci pourroit fortifier la conjecture de ceux qui ont pensé que les Anciens eurent sur ce sujet une théorie plus étendue que nous ne le pensons ordinairement. M. *Newton* alloit plus loin, & pensoit que tout ce qui nous est venu d'eux, n'est qu'un esquisse légere de leurs découvertes. Mais cette estime pour la Géométrie ancienne me paroît excessive & tout à fait hyperbolique. *Pappus* nous parle encore d'un Géometre nommé *Ericeme*, qui avoit écrit un Livre intitulé, *Paradoxa Mathematica*; il en cite quelques propositions qui ne me paroissent pas trop merveilleuses.

Démétrius.

Achille-Tatius.

Achille-Tatius, le même à ce qu'on croit, que l'Auteur du Roman célebre de *Theagene* & *Cariclée*, depuis Evêque, est Auteur d'une introduction à *Aratus*. S'il étoit permis d'apprécier un écrivain qui a quatorze ou quinze siecles d'antiquité,

(a) *Coll. Math.* l. IV, *post prop.* 30.

nous

nous dirions que ce n'étoit qu'un Philologue d'une intelligence fort bornée, du moins en Astronomie; j'en juge ainsi par le peu d'exactitude avec laquelle il parle des opinions des Astronomes sur des phénomenes dont la cause étoit déja connue depuis plusieurs siecles, au temps où il écrivoit. Lorsqu'il entreprend, par exemple, de rapporter ce qu'on pensoit des phases de la Lune, il n'entasse qu'un vain verbiage, & il défigure la vraie raison qu'on en donnoit, de telle sorte qu'elle y est absolument méconnoissable. Celui qui écriroit l'histoire de l'Astronomie sur de pareils mémoires, ne feroit encore dire aux Astronomes que des absurdités sur ce phénomene jusqu'à *Ptolemée*. Ceci montre combien il est nécessaire d'être sur ses gardes lorsqu'on lit certains Auteurs, afin de ne pas imputer aux Anciens des sentimens qu'ils n'eurent jamais. *Tatius* est fort sujet à mal interprêter les opinions les plus saines, & à leur donner un tour ridicule. Nous en avons donné ailleurs (*a*) un exemple remarquable concernant *Empedocle*, à qui il attribue une opinion Physique, absurde & monstrueuse, pendant que celle de ce Philosophe est fort raisonnable & conforme à la vérité.

Nicomaque

Quoique *Nicomaque* ait eu beaucoup de célébrité parmi les Anciens, le temps où il vivoit n'en est pas moins difficile à déterminer. On peut seulement assurer qu'il vécut entre *Eratostene*, dont il cite une invention, & *Jamblique* le premier de ses Commentateurs. Il parle, à la vérité, dans ses écrits, d'un certain *Trasillus*; mais étoit-ce l'Astronome ou plutôt l'Astrologue de ce nom, attaché à *Tibere*, ou l'ancien Musicien surnommé de *Phliase*; c'est ce qu'il est difficile de décider, quoique par la nature de ses écrits, il soit beaucoup plus probable que c'est du dernier dont il s'agit. Je crois qu'il n'y aura pas un grand inconvénient à laisser la chose indécise.

Il nous est parvenu de *Nicomaque* un Traité d'*Arithmétique* suivant la méthode des Anciens, c'est un Traité des propriétés & des divisions des nombres, selon les Platoniciens & les Pythagoriciens. Cet Ouvrage intitulé, *Isagoge Arithmetica*, n'a été publié qu'en Grec: mais l'Arithmétique de *Boece* en est une sorte de traduction libre, qui peut la remplacer auprès

(*a*) L. III, Art. 6.

de ceux qui ignorent cette Langue. *Nicomaque* a eu divers Commentateurs, comme *Jamblique* dont nous avons l'ouvrage (*a*), *Proclus*, *Asclepius* & *Philoponus* (*b*): les ouvrages des derniers, ou sont perdus, ou n'existent qu'en manuscrits dans des Bibliotheques où ils sont ignorés. Cet Ecrivain prit la peine de rassembler les rapports mystérieux des nombres que les Anciens avoient remarqués avec tant d'affectation & de crédulité. Il en fit un Livre intitulé *Theologumena Arithmetica*, que nous avons. *Photius* en parle dans sa *Bibliotheque* (*c*), & il l'apprécie au juste en l'appellant un recueil de pitoyables visions. Les gens sensés ne s'aviseroient guere de le regretter, s'il eût eu le sort de celui de *Porphyre* sur le même sujet. De pareils écrits ne peuvent que servir à l'histoire humiliante de l'esprit humain; la matiere est d'ailleurs assez abondante & n'est pas prête à manquer. Il eût été bien plus utile que son ouvrage intitulé *Praxis Arithmetica*, nous fût parvenu. Il nous auroit probablement fourni quelques lumieres sur la façon dont les Anciens exécutoient leurs opérations sur les nombres; car ils avoient, selon les apparences, une sorte d'Arithmétique pratique, pour soulager l'imagination dans les calculs prolixes & difficiles : mais il n'en reste aucune trace.

Je n'ai qu'un mot à dire de son *Introduction à la Musique*. Elle m'a paru un des écrits sur ce sujet où il étoit le plus facile de prendre une idée de la Musique ancienne. Au surplus, *Nicomaque* est *Aristoxenien* dans ce traité; chose assez surprenante pour un Géometre. A la vérité il écrivoit pour une femme, & peut-être a-t'il suivi par cette raison le systême le plus facile à concevoir. Je me borne à remarquer que *Meibomius* l'a publié dans sa belle & sçavante collection des *musici veteres*.

Damien, Héliodore.

Nous devons à M. *Bartholin* un ancien Traité d'Optique intitulé, *Damiani Philosophi Heliodori Larissæi Opticorum*, *l.* 2. Il est difficile de juger sur cet intitulé quel est l'Auteur de l'écrit en question; si c'est *Héliodore* ou *Damien*; si l'un est le fils ou le disciple de l'autre : au surplus cela importe peu.

(*a*) Jambl. *comm. in Arith.* Nicom.
(*b*) Fabr. *Bibl. Gr.* t. IV.
(*c*) *Cod.* 187.

Il est beaucoup plus essentiel de remarquer que cet ouvrage ne contient rien que de très-commun en Optique.

V I.

Nous rangerons dans une classe bien différente le Mathématicien qui va nous occuper dans cet article. C'est le fameux *Diophante* d'Alexandrie, l'inventeur de l'Algebre, ou du moins le premier Ecrivain de l'antiquité dans les écrits duquel on trouve des traces de cette ingénieuse invention. Son ouvrage est intitulé *Questions Arithmétiques*. Le tems où il vivoit n'est pas connu bien précisément. Suivant *Abulpharage* (*a*), auquel nous recourons au défaut d'autorités Grecques ou Latines, il fleurit sous l'Empereur Julien, ou vers l'an 365 de notre Ere. Ce témoignage, à la vérité, n'est pas entiérement décisif; mais il est du moins certain que *Diophante* ne fut guere postérieur à ce tems; car la sçavante *Hypatia* avoit commenté son ouvrage, & l'on sçait que cette fille célebre mourut vers le commencement du cinquieme siecle.

Diopha[nte] 365 ans a[près] J. C.

Il n'est pas possible de déterminer si *Diophante* fut l'inventeur de l'Algebre. Quelques mots qu'on lit dans son Epître préliminaire, semblent le dire; mais examinés avec attention, ils paroissent se rapporter également à la méthode particuliere qu'on voit régner dans son ouvrage; de sorte qu'il n'en résulte aucune lumiere pour fixer notre incertitude sur ce point. Quoiqu'il en soit, on peut se former d'après cet ouvrage une idée de ce qu'étoit l'Algebre au tems de *Diophante*, & nous allons en présenter le tableau.

Il seroit injuste d'attendre que l'Algebre ancienne se fût élevée au même point que la nôtre. Mais l'ouvrage en question nous apprend qu'elle s'éleva du moins jusqu'aux équations du second degré. Car quoique l'Arithméticien Grec n'en résolve aucune de cette espece, il promet (*b*) d'enseigner à le faire dans un autre écrit, & d'ailleurs les limitations qu'il met quelquefois à certains problêmes, montrent clairement qu'il connoissoit la formule de ces équations. Quant aux symboles dont se sert *Diophante*, ils ressemblent tout-à-fait à ceux dont se servoient les Algébristes modernes avant l'introduction des lettres dans l'Algebre. Le nombre inconnu & cherché, *Diophante* le désigne par ς; son quarré il le nomme δυναμις, *potentia*, & il le

(*a*) *Hist. Dynast.*

(*b*) *Déf. XI*, Edit. 1670.

marque par Δ^{υ}. Le cube il le nomme κύβος, & il le désigne par K^{υ}. Le quarré quarré est désigné par $\Delta\Delta^{\upsilon}$. Le quarré cube ou la cinquieme puissance par ΔK^{υ}. A l'égard des signes d'opérations, *Diophante* en employe aussi, mais seulement pour la soustraction, & c'est un ψ renversé. Je viens maintenant à ce qui constitue le mérite principal de l'ouvrage de *Diophante*.

Ce qui doit principalement fixer notre attention dans cet ouvrage, c'est l'application ingénieuse que *Diophante* y fait de l'analyse algébrique aux problêmes indéterminés. Dans ces problêmes ainsi appellés, parce qu'ils sont susceptibles d'une multitude de solutions, dans ces problêmes, dis-je, il s'agit d'éviter les valeurs irrationnelles auxquelles conduit la méthode ordinaire. *Diophante* sçait éviter cet écueil avec beaucoup d'adresse, au moyen de certaines équations feintes dont l'artifice mérite tout-à-fait d'être développé avec distinction. C'est pourquoi nous en donnerons quelques exemples en résolvant sur les pas de l'ancien Analiste deux des premieres questions qu'il se propose (*a*). Nous les avons rejettés dans une note, afin de ménager la délicatesse de ceux de nos lecteurs pour qui les discussions d'un certain genre, & surtout algébriques, ont quelque chose de trop épineux.

(*a*) On demande, par exemple, de diviser un quarré donné en deux autres. Pour cet effet que le quarré proposé soit 25, & un des quarrés cherchés xx, le second sera $25 - xx$; ce qui doit être un nombre quarré. Afin qu'il soit nécessairement, formez, dit Diophante, un quarré quelconque de la racine du quarré donné, augmentée ou diminuée d'un nombre de fois l'inconnue x, que vous égalerez au précédent $25 - xx$. Ce nombre est arbitraire, pourvu que, l'équation ne renferme aucune absurdité. Supposons donc ce nombre 3, l'on aura pour la racine du quarré fictice $25 - 30x + 9x^2 = 25 - xx$, d'où l'on tire, $10x = 30$; $x = 3$: les quarrés cherchés seront donc 9 & 16. Mais en formant autrement le quarré fictice, en prenant, par exemple, $5 - 4x$, on auroit eu l'équation $25 - xx = 25 - 40x + 16x^2$, qui auroit donné $x = \frac{40}{17}$, dont le quarré est $\frac{1600}{289}$. Or ce quarré étant ôté de 25, il reste $\frac{5625}{289}$, qui est un quarré parfait; car la racine en est $\frac{75}{17}$. Ainsi voilà encore deux nombres quarrés qui forment ensemble le quarré 25. Pour avoir une foule d'autres solutions, il suffiroit de prendre d'autres nombres pour le coefficient qui affecte la grandeur inconnue dans la racine du quarré fictice.

Mais si l'on vouloit un quarré qui, ajouté à un nombre quelconque, 3 par exemple, fît encore un quarré, on y parviendroit ainsi. Le quarré cherché étant xx, l'autre seroit $3 + xx$, qui devant être un quarré parfait, pourroit être égalé à celui qui provient de la racine x moins un certain nombre de fois, 3, ou de $x - 3n$, (n exprimant un nombre quelconque). On auroit donc $3 + xx = xx - 6nx + 9n^2$, ce qui donneroit $x = (9n^2 - 3) : 6n$. Ainsi en faisant $n = 2$, on auroit $x = \frac{11}{4}$. Par conséquent $3 + xx$, seroit $\frac{169}{16}$, qui est en effet un vrai quarré, ayant $\frac{13}{4}$ pour racine. En donnant à n d'autres valeurs quelconques, on eût eu autant d'autres solutions différentes.

On voit par-là que l'artifice de la méthode de Diophante consiste à faire disparoître un des quarrés, ou celui qui est con-

Quoique nous ayons cru devoir épargner aux Lecteurs peu versés dans l'analyse le dégoût de ces exemples algébriques, nous ne pouvons nous dispenser de remarquer jusqu'où *Diophante* a poussé sa méthode, & quel en est l'artifice. Il ne faut pas y avoir beaucoup pénétré, pour voir que cet artifice consiste à faire ensorte qu'une certaine expression composée de grandeurs connues & d'inconnues, forme une puissance parfaite, de sorte que donnant à la grandeur inconnue une valeur quelconque, ce qui en résulte, ait une racine convenable à cette puissance; une racine quarrée, si c'est un quarré; une cubique, si c'est un cube, &c. Lorsqu'il ne s'agit que de faire ensorte qu'une expression semblable soit un quarré, c'est le cas de ce qu'on nomme dans cette analyse, *égalités*, ou *équations simples*. La note précédente en contient des exemples, mais il y en a d'autres qui sont plus compliquées. Car on peut proposer un problême tel, que pour le résoudre il faille que deux expressions différentes & dépendantes l'une de l'autre, soient à la fois des puissances parfaites. Ce sont-là des *égalités* ou *équations doubles*. *Diophante* les résoud aussi fort adroitement. Il peut y avoir dans le même sens des *égalités triples*, *quadruples*, &c, lorsque trois ou quatre, ou même davantage d'expressions dépendantes les unes des autres d'une certaine maniere, doivent être à la fois des puissances qui aient des racines de leur espece. On n'en trouve aucune de cette nature dans ce que nous avons de *Diophante*. Peut-être s'élevoit-il jusques-là dans les six Livres que l'injure des temps nous a ravis: mais sans le supposer, il y a dans les premiers suffisamment de quoi faire remarquer son génie par la difficulté de quelques-uns des problêmes qu'il y résout.

Un Poëte Grec a pris soin de faire l'épitaphe de *Diophante* dans le même genre qui l'avoit tant occupé; je veux dire que cette épitaphe est un problême d'arithmétique. On

nu, ou celui de l'inconnue, en le faisant trouver sous le même signe dans les deux membres de l'équation, ce qui la réduit au premier degré, ou permet de l'y abaisser par la division; mais on doit lire Diophante lui-même, & l'on y trouvera une foule d'autres problêmes de la même nature, sans comparaison plus difficiles que les deux précédens, & qui font éclater à tout instant l'adresse de cet habile Analyste.

la trouve dans l'Anthologie Grecque ; la voici de la traduction de M. *Bachet de Meziriac* (*a*).

Hîc Diophantus habet tumulum, qui tempora vitæ
Illius mirâ denotat arte tibi.
Egit ſextantem juvenis, lanugine malas
Veſtire hinc cœpit parte duodecimâ.
Septante uxori poſt hæc ſociatur, & anno
Formoſus quinto naſcitur indè puer.
Semiſſem ætatis poſtquàm attigit ille paternæ;
Infelix ſubitâ morte peremptus obit.
Quatuor æſtates genitor lugere ſuperſtes
Cogitur ; hinc annos illius aſſequere.

Ces vers veulent dire, pour me borner au ſens du problême, que *Diophante* paſſa la ſixieme partie de ſon âge dans la jeuneſſe, une douxieme dans l'adoleſcence ; qu'après une ſeptieme de ſon âge, paſſée dans un mariage ſtérile, & cinq ans de plus, il eut un fils qui mourut après avoir atteint la moitié de l'âge de ſon pere, & que celui-ci ne lui ſurvéquit que de cinq ans. Ainſi il s'agit de trouver un nombre tel que ſa 6e, ſa 12e, ſa 7e avec 5, la moitié & 4 faſſent enſemble le nombre entier. Le problême eſt des plus faciles, & l'on trouve 84.

On avoit autrefois 13 Livres des Queſtions Arithmétiques de *Diophante* ; & la ſçavante *Hypathia* les avoit commentés (*b*) ſur la fin du quatrieme ſiecle, ou au commencement du cinquieme. Il ne nous en reſte aujourd'hui que les ſix premiers avec des notes du Moine *Maxime Planude*, qui vivoit vers le milieu du treizieme ſiecle. Dans ces premiers Livres *Diophante* s'élevant de difficultés en difficultés, nous donne de juſtes motifs de regretter la perte des derniers. Ils ſont ordinairement ſuivi d'un ſeptieme qui probablement étoit autrefois le treizieme : *Diophante* y traite des nombres polygones d'une maniere très-ſçavante. *Théon* (*c*) cite un autre ouvrage de cet Analiſte, où il étoit queſtion de la pratique de l'Arithmétique. Je ſoupçonnerois que c'étoit-là qu'il

(*a*) Diophanti *Alex. quæſt.* l. v, p. 270. Ed. 1670.

(*b*) *Suidas*, au mot *Hypathia*.

(*c*) *Comm. in Alm.* l. v.

expliquoit plus au long les regles de sa nouvelle Arithmétique, sur quoi il ne s'étoit pas assez étendu au commencement de ses questions.

Lorsque *Diophante* fut trouvé dans la Bibliotheque Vaticane vers le milieu du seizieme siecle, *Xylander* le traduisit & le commenta. Mais comme c'étoit un Arithméticien de médiocre capacité, il tomba dans bien des fautes. Cette traduction parut en 1575. Le sçavant M. *Bachet de Meziriac*, l'un des premiers Membres de l'Académie Françoise, nous en a donné une meilleure édition avec un commentaire (*a*). On pourroit, du moins aujourd'hui, lui reprocher d'être quelquefois trop sçavant & trop prolixe. L'Historien de l'Académie Françoise nous apprend que M. *Bachet* y travailla durant le cours d'une fievre quarte, & qu'il disoit lui-même que rebuté de la difficulté de ce travail, il ne l'auroit jamais achevé sans l'opiniâtreté mélancolique que sa maladie lui inspiroit. M. de *Fermat* ayant fait de sçavantes notes sur cette édition, son fils en publia une nouvelle en 1670 augmentée de ces notes, & des découvertes de son pere dans ce genre d'analyse. Le Pere de *Billy* qui y étoit très-versé lui-même, prit le soin de les réunir sous le titre de *Doctrinæ Analyticæ inventum novum, coll. ex epist. D. de Fermat.* Ce sçavant Traité de l'analyse de *Diophante* est fort capable de satisfaire les curieux, & fait honneur à M. de *Fermat.*

Diophante a ouvert par ses *Questions* une carriere dans laquelle plusieurs Analistes modernes sont entrés. Peut-être n'aurons nous nulle part une occasion plus favorable d'en parler. C'est pourquoi nous le ferons ici. Nous trouvons d'abord M. *Viete* qui s'est proposé dans les *Zététiques* ou *Questions*, quantité de problêmes de cette espece, surtout sur les triangles rectangles en nombres. M. *Bachet* mérite de tenir un rang parmi ceux qui ont cultivé cette analyse. En Traducteur habile il a fait diverses additions à son texte & à la théorie de *Diophante. Descartes* a aussi montré dans quelques-unes de ses Lettres (*b*) son habileté dans ce genre d'analyse, en donnant la solution de divers problêmes singuliers qui lui avoient été proposés; mais il n'a point laissé transpirer

(*a*) Dioph. *Alex. Quæst. Arithm. Paris.* 1621.

(*b*) T. II, Lett. 88, 95. T. III, l. 62, 66, 70, 74.

ſa méthode. Il fut quelque temps dans une ſorte de commerce de Lettres à ce ſujet avec M. *Frénicle*, & un M. de *Sainte Croix* qui s'occupoit de queſtions fort ſingulieres.

Parmi ceux qui ont couru cette carriere en France, Meſſieurs *de Fermat* & *Frénicle-de Beſſi* ont eu la plus grande réputation. Le premier eſt Auteur de quantité d'inventions analytiques très-ſubtiles, pour ſurmonter des difficultés fort ſupérieures à celles des queſtions de l'Analiſte Grec. Celui-ci s'étoit arrêté aux doubles égalités, du moins dans ce qui nous eſt parvenu de ſon ouvrage ; M. de *Fermat* étend ſa méthode aux triples, aux quadruples égalités, &c ; & il réſout quantité de problêmes contre leſquels Meſſieurs *Viete* & *Bachet* avoient échoués. On lui doit auſſi quantité de théorêmes nouveaux & remarquables ſur les nombres, qu'on peut voir dans les endroits que nous venons de citer (*a*). Quant à M. *Frénicle*, il ſe fit une méthode propre & fort ſinguliere à laquelle peu de problêmes numériques échappoient. M. *de Fermat* admira pluſieurs fois la facilité avec laquelle il expédioit par ſon moyen les problêmes les plus épineux. Elle conſiſtoit à reconnoître par les conditions du problême, quels ſont les caracteres des nombres auxquels elles peuvent convenir, & ceux qui les en rendent incapables : il ne s'agiſſoit après cela que de rejetter tous ceux qui avoient les derniers, & ceux qui n'avoient pas les premiers, ce qui n'en laiſſoit plus qu'un petit nombre à examiner. Cette méthode qui n'eſt qu'un tâtonnement, mais très-ingénieux, a été nommée des *Excluſions*, parce qu'au lieu de chercher directement le nombre demandé parmi une infinité d'autres, on exclud tous ceux qui ne peuvent point l'être. Elle eſt expoſée dans le cinquieme volume des Mémoires de l'Académie avant 1699, & dans le recueil d'ouvrages des Académiciens, publié en 1693. Je conjecture que le D. *Pell*, Algébriſte Anglois, étoit en poſſeſſion de quelque choſe de ſemblable, & qu'il l'avoit imaginé à l'imitation d'une méthode d'*Eratoſtene* pour trouver les nombres premiers, qui avoit de l'analogie avec celle de M. *Frénicle*, & qu'on nommoit par cette raiſon le

(*a*) Voyez l'édition donnée en 1670, & les Lettres de M. de Fermat, à la fin de ſes Œuvres.

crible d'*Eratoſtene*. On lit dans une Lettre de *Leibnitz* (*a*), que le D. *Pell* avoit étendu cette invention.

La France nous fournira encore quelques hommes qui ſe ſont adonnés avec ſuccès à l'analyſe de *Diophante*. Le P. de *Billi* a eu dans ce genre une grande réputation, & il écrivit pluſieurs Ouvrages ſur ce ſujet, un entr'autres intitulé *Diophantus redivivus*, rempli de queſtions beaucoup plus difficiles que celles de l'ancien Analiſte. Elles roulent la plûpart ſur les triangles rectangles en nombres. M. *Ozanam* ſe jettoit vers le même tems dans cette carriere; & au jugement du P. de *Billi*, il y prenoit un eſſor extraordinaire. Il avoit écrit un Traité de l'analyſe de *Diophante*, qui n'exiſte qu'en manuſcrit, & que poſſédoit M. *Daguesſeau* en 1717, ſuivant ce que nous apprend l'Hiſtorien de l'Académie des Sciences dans l'éloge de cet Auteur. Cet ouvrage eût contribué davantage à ſa réputation, non auprès du vulgaire des Mathématiciens, mais auprès des habiles gens, que la plûpart de ceux qu'on a de lui.

Les autres Ecrivains qui ont cultivé ou expoſé l'Analyſe de *Diophante*, ſont le P. *Preſtet* dans ſes *nouveaux Elémens de Math.* *Kerſey* dans ſes *Elemens of algebra* 2 vol. *Schooten* dans ſes *exercitationes*: M. *de Lagni* a donné une méthode pour la réſolution de certains problêmes indéterminés dans ſes *Elémens d'Arithmétique* & *d'Algebre*. On peut encore conſulter divers autres ouvrages qui contiennent des recherches dans ce genre d'analyſe, comme les Lettres de *Wallis*, de *Fermat* & de *Frenicle*, dans le *Comm. Epiſtolicum de Wallis*, &c.

VII.

L'épitaphe ſinguliere de *Diophante* n'eſt pas l'unique piece de cette nature que nous fourniſſe l'antiquité. Apparemment ce genre d'énigmes eut de la célébrité durant un temps; & il y eut des Poëtes qui s'attacherent à en propoſer, ou à les mettre en vers. L'Anthologie nous a conſervé pluſieurs de ces monumens de l'Arithmétique Grecque, & M. *Bachet* en a fait part au Public dans ſon Commentaire ſur *Diophante*. C'eſt ici le véritable lieu de faire connoître quelques-unes de ces pieces:

(*b*) *Comm. Epiſt. de analyſi promotâ*, p. 65. ed. in-4°.

nous le ferons d'après l'Auteur que nous venons de citer, en nous bornant néanmoins à un petit nombre, & à quelques-unes de celles qui présentent des questions différentes; car des 45 qu'on lit dans M. *Bachet*, le plus grand nombre n'est que le même problême retourné de diverses manieres : nous suivrons aussi sa traduction en vers Latins, & à cause de leur obscurité, nous y ajouterons un exposé brief de la question, laissant aux lecteurs le plaisir d'en trouver la solution.

1. *Dic Heliconiadum Decus ô sublime sororum,*
Pythagora, tua quot tirones tecta frequentant,
Qui sub te, sophiæ sudant in agone, magistro.
Dicam, tuque animo mea dicta, Polycrates, hauri.
Dimidia horum pars præclara Mathemata discit;
Quarta immortalem naturam nosse laborat.
Septima, sed tacitè, sedet, atque audita revolvit.
Tres sunt feminei sexûs, at prima Theano.
Pieridum arcanis tot vates induo sacris.

Dis-moi, illustre *Pythagore*, combien de disciples fréquentent ton Ecole & écoutent tes instructions. Le voici, répond le Philosophe: Une moitié étudie les Mathématiques, un quart la Musique, un 7e garde le silence, & il y a trois femmes par dessus. Ainsi il s'agit de trouver un nombre dont la moitié, le quart, la 7e & 3, fassent le nombre lui-même.

2. *Aurea mala ferunt Charites, æqualia cuique*
Mala insunt calatho : Musarum his obvia turba
Mala petunt; Charites cunctis æqualia donant.
Dic quantùm dederint, numerus sit ut omnibus idem?

Les trois Graces également chargées de fruits, rencontrent les neuf Muses, & elles leur en donnent chacune le même nombre : après cela chaque Grace & chaque Muse est également partagée. Combien en avoient les premieres avant cette distribution?

3. *Æquo sequentem cum triente tertii*
Æquat sequens me, junctus & primi triens,
Supero trientem primi ego decem minis.

Il y a trois nombres, dont le premier ajouté au tiers du troisieme, est égal au second, le second avec le tiers du premier égale le troisieme, & le troisieme surpasse le premier de dix. On demande quels sont ces nombres ?

4. *Dic quota nunc hora est ? superest tantùm, ecce diei*
Quantùm bis gemini exactâ de luce trientes.

Quelle heure est-il, demande-t'on ? on répond que ce qui reste à s'écouler, est les quatre tiers des heures déja passées.

5. *Totum implere locum, tubulis è quatuor, uno*
Est potis iste die, binis hic, at tribus ille,
Quatuor at quartus : dic quo spatio simul omnes ?

Un réservoir reçoit l'eau par trois canaux, dont l'un le remplira dans un jour, l'autre dans deux, le troisieme dans trois, le quatrieme dans quatre. Dans combien de temps sera-t'il rempli quand les quatre canaux seront ouverts ?

6. *Unà cum mulo vinum gestabat asella,*
Atque gravi nimiùm sub pondere pressa gemebat.
Talibus at dictis mox increpat ille gementem.
Mater, quid quereris teneræ de more puellæ ?
Dupla tuis, si des mensuram, pondera gesto ;
At si mensuram capias, æqualia porto.
Optimè mensuras distingue, Geometer, istas.

L'Anesse & le Mulet faisoient voyage ensemble : l'Anesse se plaignoit. De quoi te plains-tu, dit le Mulet ? Si tu me donnois une de tes mesures, j'en aurois le double de toi ; & si je t'en donnois une, tu n'en aurois qu'autant que moi. Combien en avoient-ils chacun ?

7. *Æs, ferrum, stannum miscens, aurique metallum,*
Sexaginta minas pendentem effinge coronam.
Æs aurumque duos efficiunto trientes ;
Ternos quadrantes stanno mixtum pendeat aurum :
Ast totidem quintas auri vis addita ferro.
Ergò agè, dic fulvi quantùm tibi conjicis auri
Miscendum, & quantùm æris stannique requiras ?

Il faut faire une Couronne de soixante marcs, avec de l'or, du cuivre, du fer & de l'étain. L'or & le cuivre font les $\frac{2}{3}$, l'étain & l'or les $\frac{3}{4}$, l'or & le fer les $\frac{3}{5}$. On demande combien il faudra de chacun de ces métaux.

8. *Octo drachmarum & drachmarum quinque coemit*
Quis choeas, famulis vina bibenda suis.
Pro cunctis pretium numerum præbet tetragonum
Qui præfinitas suscipiens monadas,
Diversum dat quadratum ; sed summa choarum
Illius exæquat, constituitque latus.
Dic agè quot choeas drachmarum quinque, quot octo
Drachmarum choeas, emerat ille priùs ?

Cette question n'est pas tirée de l'Anthologie, elle est la 33e du Ve Livre de *Diophante* : en voici le sens qui n'est pas aisé à démêler. Un maître a acheté de deux vins, dont l'un lui coute cinq dragmes la mesure, & l'autre huit. Il a payé pour le tout un certain nombre de dragmes, qui est un nombre quarré, & qui étant augmenté d'un nombre donné (60) devient un autre quarré, dont la racine est la quantité des mesures achetées en tout. Combien y en a-t'il de l'un & de l'autre prix ?

VIII.

Nous voici parvenus à des temps qu'on pourroit, à juste titre, appeller les derniers momens du beau jour où nous avons vu les Sciences durant quelques siecles. Au lieu des Ecrivains originaux dont les découvertes nous ont occupés jusqu'ici, il ne se présente presque plus à nous que des Commentateurs & des Annotateurs. Les Ecrivains de cette classe, lorsqu'ils sont les seuls dans un siecle, annoncent ordinairement le prochain retour d'un temps d'obscurité & d'ignorance.

Pappus. *Pappus* & *Théon* d'Alexandrie servirent les Mathématiques de cette maniere : le premier mérite néanmoins d'être rangé dans une classe plus relevée ; car il donne dans ses *Collections Mathématiques*, des marques d'une intelligence peu commune dans la Géométrie, & l'on y trouve en plusieurs endroits des traces de génie. L'objet de *Pappus* ſemble avoir été de raſſembler en un corps pluſieurs découvertes éparſes, d'éclaircir & de ſuppléer en bien des endroits les écrits principaux des Mathématiciens les plus célebres. L'Hiſtoire des Mathématiques doit beaucoup à *Pappus* d'avoir conçu & exécuté ce projet. La Préface de ſon ſeptieme Livre eſt ſurtout un morceau ineſtimable dans ce genre, puiſqu'elle a préſervé de l'oubli un grand nombre d'ouvrages analytiques, dont les titres mêmes ne nous ſeroient pas parvenus ſans cela. Le précis qu'il donne de pluſieurs de ces écrits, car c'eſt tout ce qui reſte de la plûpart, nous permet du moins de renouer de temps à autre le fil ſouvent interrompu de l'hiſtoire de la Géométrie. Un autre mérite de l'ouvrage de *Pappus*, c'eſt de nous donner une idée claire de la méthode que les Anciens employoient dans leurs recherches. Il s'en ſert lui-même très-ſouvent, & ſon ouvrage mérite, par cette raiſon, de tenir un rang parmi les plus eſtimables de la Géométrie ancienne.

On trouve dans l'ouvrage de *Pappus* la premiere idée, & une idée aſſez développée d'une découverte qui a donné de la célébrité au Moderne qui l'a renouvellée parmi nous. C'eſt l'uſage du centre de gravité pour la dimenſion des figures. *Pappus* dit expreſſément à la fin de ſa Préface, que *les figures produites par la circonvolution d'une ligne ou d'une ſurface, ſont entr'elles en raiſon compoſée des figures génératrices & des circonférences décrites par leur centre de gravité.* Il eſt facile aux Géometres de ſentir la liaiſon de ce principe avec celui de *Guldin*, ſçavoir que *toute figure formée par circonvolution eſt le produit de la figure génératrice par le chemin de ſon centre de gravité.* Mais il faut remarquer, pour la juſtification du P. *Guldin*, que ce morceau de la Préface de *Pappus* n'étoit pas dans l'édition Latine des *Collections Mathématiques* de 1582. Il n'a paru pour la premiere fois que dans celle de 1660, donnée pour beaucoup plus correcte, quoiqu'elle ſoit réellement remplie de fautes. Je dois remarquer que les deux premiers Livres de cet ouvrage ne nous ſont point parvenus, à l'exception d'un petit fragment du ſecond que M. *Wallis* a publié.

Je ne m'arrêterai point à quelques autres ouvrages de *Pappus*, comme ſon commentaire ſur l'*Almageſte*, dont il ne

Théon. ſubſiſte qu'un fragment, afin de paſſer à *Théon*, ſon Collegue dans l'Ecole d'Alexandrie. Nous avons les deux principaux Ouvrages de celui-ci, ſçavoir ſes ſcholies ou notes ſur *Euclide* & ſon commentaire ſur l'*Almageſte*. Ils parurent pour la premiere fois en 1533 & 1538, ſeulement en Grec. Les ſcholies ont été données par *Commandin* dans une de ſes éditions Latines d'*Euclide*. Mais le commentaire ſur l'*Almageſte* n'a jamais été traduit, excepté le premier Livre. Il eſt ſurprenant qu'un ouvrage qui devoit être auſſi intéreſſant pour l'Aſtronomie dans les ſiecles paſſés, & qui pourroit même encore nous inſtruire de pluſieurs faits importans concernant cette Science, n'ait jamais été publié dans une Langue plus commune.

L'Ecole d'Alexandrie vit ſur la fin de ce ſiecle un de ces phénomenes dont l'Italie ſeule eſt en poſſeſſion de donner Hypathia. des exemples fréquens. *Hypathia*, fille de *Théon*, fit des progrès ſi grands dans la Philoſophie & les Mathématiques, qu'elle mérita de profeſſer ces deux Sciences. Elle les enrichit de quelques écrits, tels qu'un commentaire ſur *Apollonius*, un autre ſur *Diophante*, & des Tables Aſtronomiques. Aucun d'eux ne nous eſt parvenu. Le triſte ſort de cette fille célebre eſt connu de tous ceux à qui l'Hiſtoire Eccléſiaſtique eſt familiere. Elle fut miſe en pieces par quelques ſéditieux qui la ſoupçonnoient d'être la cauſe de la méſintelligence qui régnoit entre le Patriarche d'Alexandrie *S. Cyrille*, & le Gouverneur *Oreſte*.

Synefius. *Hypathia* eut pour diſciple *Syneſius*, depuis Evêque de Ptolémaïs en Lybie, qui eut des connoiſſances en Aſtronomie. Il nous reſte une Préface ou Épître dédicatoire (*a*) d'un Ouvrage Aſtronomique de cet Evêque, qui contenoit la deſcription & les uſages d'un aſtrolable de ſon invention, plus parfait que ceux d'*Hipparque* & de *Ptolemée*. Sa deſcription qu'il ſeroit trop long de rapporter ici (*b*), nous donne l'idée d'un inſtrument fort analogue à nos planiſpheres modernes. Une Lettre de ce Prélat à *Hypathia*, dont M. de *Fermat* ſeul a entendu le ſens, nous apprend l'uſage qu'on faiſoit déja de l'*Aréometre*, ou du *Peſe-Liqueurs* (*c*). Au reſte cela

(*a*) Syn. *Opera. ed. Paris*, p. 306.
(*b*) *Voyez Hiſt. Aſtron.* de M. Weidler, p. 193.
(*c*) *Fermatii op. ad fin.*

n'a rien de surprenant, puisqu'il y avoit long-temps qu'*Archimede* en avoit dévoilé le principe.

IX.

Le Philosophe *Proclus*, Chef de l'Ecole Platonicienne établie à Athenes, y transféra en quelque sorte le siege des Mathématiques vers le milieu du cinquieme siecle. A l'exemple du Chef de sa secte, ces Sciences lui furent cheres, & si nous ne lui devons pas des découvertes, il contribua du moins par ses travaux & ses instructions à en perpétuer l'éclat encore pendant quelque temps. Son commentaire sur le Ier Livre d'*Euclide*, est à la vérité un Ouvrage d'une prolixité excessive ; mais nous lui devons une multitude de traits concernant l'histoire & la Métaphysique de la Géométrie, & c'est un mérite qui nous a fait sincérement désirer plus d'une fois qu'il eût travaillé de même sur les Livres suivans. Les autres écrits mathématiques de *Proclus*, comme son *Exposition des hypotheses Astronomiques de Ptolemée*, qui est un tableau raccourci de l'*Almageste*, & *sa sphere* qui n'est que l'abrégé de *Géminus*, sont de très-peu d'importance. On raconte de ce Philosophe une histoire semblable à celle d'*Archimede* brûlant la Flotte des Romains avec des miroirs ardens. *Vitalien* tenant Constantinople assiégée, *Proclus*, dit *Zonaras* (*a*), fabriqua des miroirs avec lesquels il mit le feu aux vaisseaux assiégeans, & délivra la ville. Mais un autre Historien (*b*) réduit ce trait à sa juste valeur, en disant que ce fut avec du soufre enflammé, & apparemment lancé par des machines, que *Proclus* opéra cet incendie. *Proclus.*

Proclus eut pour successeur dans son Ecole *Marinus* de Néapolis, qui forme, avec *Isidore* de Milet, & *Eutocius*, une sorte de succession qui nous conduit jusqu'à l'Empereur *Justinien*. *Marinus* est Auteur d'une introduction aux *donnés* d'*Euclide*. Son éleve, *Isidore* de Milet fut un habile Méchanicien, Géometre & Architecte qui fut employé par *Justinien* dans diverses entreprises avec son ami *Anthémius Trallianus*. *Eutocius* (*c*) parle d'un instrument qu'il avoit imaginé *Marinus.* *Isidore de Milet.*

(*a*) *T. III, sub. Anast. Dioscoro.*
(*b*) Malalas. *Chronic.*
(*c*) *Comm. in Arch. l. II, de sph. & cil.*

pour décrire la parabole par un mouvement continu, & résoudre le problême de la duplication du cube. Mais cela mérite peu de nous arrêter. Voici quelque chose de plus intéressant concernant *Anthémius*. Ce dernier excella aussi dans les Méchaniques : on a dans plusieurs Bibliotheques un fragment de son Livre intitulé παράδοξα μηχανήματα, *de machinis admirabilibus* (*a*). *Vitellion* (*b*) nous rapporte d'après *Anthémius*, une des inventions singulieres que contenoit cet ouvrage, & son rapport est confirmé par les vers de *Tzetzes* qu'on a cités en parlant d'*Archimede*. C'étoit un miroir ardent formé de plusieurs miroirs plans, qui réfléchissant la lumiere du soleil dans un même endroit, y augmentoient la chaleur au point de brûler. *Anthémius*, si nous en croyons *Vitellion*, avoit trouvé que vingt-quatre miroirs suffisoient pour cet effet. On sçait aujourd'hui que c'est seulement de cette maniere qu'*Archimede* & *Proclus* ont pu exécuter ces merveilles dont parle la Renommée. Si l'Ouvrage du Méchanicien Grec nous étoit parvenu en entier, probablement il nous décideroit sur ce que nous devons en croire. Peut-être même le fragment que nous possédons, seroit-il capable de jetter un grand jour sur ce trait.

Eutocius. *Eutocius*, disciple d'*Isidore* & ami d'*Anthémius*, s'est fait un nom par ses commentaires sur les Œuvres d'*Archimede* & d'*Apollonius* (*c*). Ce sont des ouvrages solides, & auxquels l'histoire de la Géométrie doit quantité de traits importans & curieux.

Dioclès. *Dioclès* le Géometre & l'Inventeur de la cyssoïde, m'a paru devoir être placé vers ce temps ou peu auparavant. Car *Pappus* qui parcourt les différentes manieres de résoudre le problême de la duplication du cube, ne fait aucune mention de celle de *Dioclès*, qui est l'une des plus élégantes ; d'où je suis fondé à croire qu'il lui est postérieur. *Eutocius* est le premier & le seul Ancien qui fasse mention de ce Géometre dont il rapporte deux solutions. L'une est celle du problême célebre dont on vient de parler ; je renvoie à ce que j'ai dit sur ce sujet dans le troisieme Livre. L'autre regarde un

(*a*) Bibl. Reg. *num.* 2370, 2440, 2871. Labbe, *bibl. nov. mss.*
(*b*) *Opt.* l. v, *prop. ult.*
(*c*) Voyez les articles de ces Géometres.

problême

problême du Livre de *la ſphere & du cylindre*, dont *Archimede* promet de donner ailleurs la ſolution, qu'on ne trouve cependant aucune part. Il s'agit de diviſer une ſphere par un plan, en raiſon donnée ; ce qui fait un problême ſolide aſſez difficile. La ſolution qu'en donne *Dioclès*, eſt très-propre à faire concevoir une idée avantageuſe de ſon habileté en Géométrie. On y trouve une ſçavante & profonde analyſe, qui montre qu'il manioit cette méthode avec une grande dextérité. Cette ſolution au reſte n'eſt pas exempte du défaut ordinaire à celles des Anciens, ſçavoir d'employer deux ſections coniques, au lieu qu'une ſeule combinée avec un cercle eût pu ſuffire. Ce Mathématicien étoit probablement un Ingénieur ; car le Livre d'où *Eutocius* tira ces ſolutions, étoit intitulé *de Pyriis*, c'eſt-à-dire *des machines à feu.*

Sporus.

Nous placerons auſſi vers ce temps le Géometre *Sporus* & ſon maître *Philon* de Gadare. Le premier n'eſt connu que par ſa ſolution du problême des deux moyennes proportionnelles, rapportée par *Eutocius*, ſolution au reſte dont ce commentateur eût pu ſe diſpenſer de groſſir ſon Livre : car elle differe à peine de celle de *Pappus*. A l'égard de *Philon*, le même Ecrivain nous apprend (*a*) qu'il avoit pouſſé juſqu'à des 10000mes l'approximation qu'*Archimede* avoit autrefois donnée du rapport du diametre du cercle à la circonférence.

Thius.

Nous devons à M. *Bouillaud* la connoiſſance d'un Aſtronome Athénien nommé *Thius*, qui obſerva une aſſez longue ſuite d'années vers la fin du cinquieme ſiecle & le commencement du ſixieme. Le manque de monumens Aſtronomiques, depuis *Ptolemée* juſqu'à *Albatenius*, a engagé l'Aſtronome moderne que j'ai cité, à publier quelques-unes de ſes obſervations. Il les avoit extraites d'un manuſcrit de la Bibliotheque du Roi ; & elles lui ont été d'un grand ſecours pour fonder & rectifier ſa théorie des planetes ſupérieures (*b*).

X.

Les travaux des Mathématiciens de l'article précédent, dont

(*a*) *Comm. in Arch. de dim. circ.*
(*b*) Voyez *Aſtron. Philolaïca.*

plusieurs ne furent pas entiérement dépourvus de génie, sont comme les derniers traits de lumiere que jettent les Mathématiques dans la Grece. Le vaste intervalle qu'il y a d'ici à la ruine de l'Empire Grec, ne nous offre plus que des Ecrivains si élémentaires, que dans des siecles plus heureux ils auroient à peine mérité le nom de Mathématiciens. L'Ecole d'Alexandrie subsistoit néanmoins encore, & il y auroit eu quelqu'espérance de voir renaître les beaux temps des *Apollonius*, des *Hipparques*, &c, sans les troubles qui agiterent l'Orient, & l'invasion des Arabes. La prise d'Alexandrie par ces derniers fut le coup mortel qui acheva de ruiner les connoissances non seulement dans cette Capitale célebre, mais dans tout l'Empire Grec. Ce funeste événement arriva l'an 641; cette malheureuse ville, jusqu'alors le séjour des Sciences, subit le joug des Califes & d'un peuple fanatique, dont les premiers effets de la domination furent de détruire tous les monumens de la sçavante Antiquité. La Bibliotheque d'Alexandrie, ce trésor d'un prix infini, fut livrée au feu. En vain le Philosophe & Grammairien *Philoponus* tenta de la sauver, il fut au contraire la cause innocente de sa perte. Car ayant demandé au Commandant du Calife qu'elle fût épargnée, celui-ci n'osant rien faire sans l'ordre de son Maître, lui écrivit. Mais *Omar* lui fit cette réponse mémorable par sa barbarie. *Les Livres*, lui dit-il, *dont vous me parlez, sont ou conformes ou contraires à l'Alcoran. Dans le premier cas il faut les brûler comme inutiles; dans le second ils sont dignes du feu comme détestables.* L'arrêt fut exécuté, & l'on vit cette précieuse collection, ouvrage de plusieurs siecles, servir pendant près d'un an à échauffer les étuves d'Alexandrie.

Telle fut la fin de cette Ecole célebre, qui avoit été pendant près de dix siecles dans la possession peu interrompue de contribuer aux progrès les plus solides de l'esprit humain. A dater de cette époque malheureuse, nous ne trouvons plus dans l'Empire Grec qu'un petit nombre d'hommes qui aient cultivé les Mathématiques; encore sont-ils la plûpart si bornés à ce qu'elles ont de plus élémentaire, que peu de pages nous suffiront pour les faire connoître avec l'étendue convenable.

Nous trouvons d'abord dans le septieme siecle *Leontius* le Méchanicien, dont il reste un traité *sur la Préparation de la sphere d'Aratus*. Il y explique les usages d'une sphere céleste, où il avoit disposé les constellations comme le décrit ce Poëte, qu'il trouva en défaut dans bien des endroits. *Héron* surnommé le *Méchanicien*, pour le distinguer de celui d'Alexandrie, est d'un âge assez incertain; on croit qu'il vivoit vers le milieu du huitieme siecle. Nous avons de lui un Traité sur les machines de guerre, qui est curieux & intéressant pour l'Art militaire. Mais sa *Géodésie*, on nommoit autrefois ainsi la Géométrie pratique, n'est d'aucune importance.

Leontius.

Héron le jeune.

Léon le Sage qui régnoit vers la fin du neuvieme siecle, fit quelques efforts pour relever les Sciences dans l'Empire Grec. Ce Prince de qui nous avons un Traité sur l'Art militaire, sentit le prix des Mathématiques, & fonda une Ecole à Constantinople pour les faire fleurir. Les Historiens nous l'ont représenté comme très instruit dans ces Sciences, & surtout dans l'Astronomie. L'Ecole qu'il fonda, ne nous fournit cependant que les noms de quelques Professeurs de Géométrie & d'Astronomie, qui vécurent sous son regne & sous celui de *Constantin Porphyrogenete* son successeur (*a*). Les efforts réunis de ces deux Princes ne purent que suspendre pour quelque temps la décadence entiere des Sciences. Bientôt les esprits ne s'occuperent plus que des disputes de Religion, la plûpart aussi méprisables que les questions Philosophiques qui agitoient autrefois nos Ecoles. Enfin depuis *Constantin* jusqu'au quatorzieme siecle nous ne rencontrons que *Psellus* qui ait connu les Mathématiques. Je me sers à dessein de ce terme; car ce qu'il a écrit sur ce sujet dans son Traité *de quatuor disciplinis mathematicis*, est si élémentaire, qu'il ne méritoit pas les frais de l'édition qu'on en a fait en 1556.

Le quatorzieme siecle fut plus fertile en amateurs des Mathématiques, mais aussi peu que les précédens en hommes propres à reculer les bornes de ces Sciences. Le Moine *Barlaam* vers l'an 1330 commenta quelques-uns des premiers

Barlaam.

(*a*) *Script. post Theophanem. Biblioth. Græc.* T. X.

Livres d'*Euclide*. On a de lui un petit Traité du calcul sexagénaire dont les Astronomes font usage (*a*). *Jean Pédiasimus* écrivit un abrégé de Géometrie qui est en manuscrit dans plusieurs Bibliotheques. *Maxime Planude* fit sur *Diophante* quelques remarques : mais au jugement des habiles gens, elles sont peu propres à en faciliter l'intelligence. Il expliqua aussi à ses compatriotes les principes de notre Arithmétique moderne. Son ouvrage qui n'existe qu'en manuscrit, est intitulé *Logistica secundùm Indos*; car c'est des Indiens, comme nous le remarquerons plus loin, que nous vient cette ingénieuse invention. *George Chrisococca* mérite des éloges par le zele qu'il montra pour l'Astronomie. Ne trouvant pas chez les Grecs assez de secours pour s'en instruire, il alla en Perse où elle étoit florissante, & à son retour il publia un Traité de l'Astronomie Persanne. Il est en manuscrit dans la Bibliotheque du Roi, sous le titre de *Georgii Chrisococcæ Astronomica*. M. *Bouillaud* en a fait connoître la Préface, & en a extrait quelques tables abrégées (*b*). Je me contente d'indiquer quelques autres écrits de cet Auteur, comme *un traité pour trouver les syzigies à chaque mois*, *une construction de l'astrolabe*, &c. On les possede en manuscrits dans quelques Bibliotheques (*c*). Quant à *Cosmas Indopleuste*, ou l'Auteur, quel qu'il soit, d'une *Géographie Chrétienne*, ce n'est qu'un imbécille Voyageur qui a entassé dans une relation mille absurdités astronomiques & géographiques (*d*).

Nicéphore Grégoras, *Nicolas Cabasilla*, & *Argyrus* sont encore des Mathématiciens du même siecle. Le premier prit la défense de l'Astronomie contre quelques-uns de ses ennemis, & composa un traité de l'*Astrolabe* que *Valla* a publié (*e*). *Cabasilla*, Archevêque de Thessalonique, commenta l'*Almageste*. On a un fragment de l'Ouvrage de ce Prélat Astronome dans l'édition Grecque de *Ptolemée* & *Théon*; il concerne le troisieme Livre. *Argyrus* donna un Traité de *Géodésie*, c'est-à-dire de *Géométrie pratique*, un autre *de la réduction des triangles non rectangles en rectangles*; & des scholies

(*a*) Gr. Lat. 1572. 8°.
(*b*) *Astron. Philol. Vers. fin.*
(*c*) Fabric. *Bibl. græc.* T. X.
(*d*) *Bibl. Gr.* T. III.
(*e*) 1498, *cum Niceph. logicâ*, f.

ſur les ſix premiers Livres d'*Euclide*, qui ont été publiés parmi nous en 1579. Je renvoie à la Bibliotheque Grecque (*a*) ceux qui déſireroient une connoiſſance plus étendue des écrits d'*Argyrus*. Ils ne m'ont pas parus aſſez importans pour en groſſir davantage cet article.

Nous rencontrons enfin, pour terminer ce Livre d'une maniere plus agréable, un Auteur Grec qui nous fournit la premiere idée d'un amuſement mathématique, dont pluſieurs habiles gens n'ont pas dédaigné de s'occuper. Cet Auteur eſt *Emmanuel Moſcopule*, & l'amuſement dont nous voulons parler, eſt celui des *Quarrés Magiques* (*b*). *Moſcopule* en a écrit un Traité qui eſt en manuſcrit dans la Bibliotheque du Roi, & dont M. *de la Hire* a extrait quelque choſe. Nous saiſiſſons cette occaſion de raſſembler ici ce que les Modernes ont fait ſur ce ſujet, d'autant plus volontiers que nous en trouverions difficilement la place ailleurs.

Moſcopule.

On appelle *Quarré Magique* un quarré diviſé en cellules égales, dans leſquelles on inſcrit les termes d'une progreſſion arithmétique, de telle maniere que la ſomme de chaque bande, ſoit verticale, ſoit horizontale, & de chacune des diagonales, ſoit la même. Ces quarrés doivent, ſelon les apparences, leur origine à la ſuperſtition, ou du moins s'ils en ont eu une plus raiſonnable, l'Aſtrologie n'a pas tardé à ſe les approprier. Rien n'eſt plus célebre parmi ceux qui croient à cet Art ridicule, que les Taliſmans planétaires qui ne ſont autre choſe que les quarrés des ſept nombres, 3, 4, 5, &c, rangés magiquement, & dédiés à chacune des planetes. M. *de la Loubere* en a trouvé la connoiſſance répandue dans l'Inde, & ſurtout à Surate (*c*). Il rapporte même la méthode dont les Sçavans de ce pays ſe ſervent pour ranger les quarrés impairs. Cela donne lieu de penſer que les *Quarrés Magiques* pourroient bien avoir pris naiſſance parmi les Indiens ; ce qui ne paroîtra point étonnant à ceux qui ſçavent que nous leur devons l'ingénieuſe invention de notre Arithmétique moderne.

(*a*) T. X, p. 176.

(*b*) Il y a eu deux Emmanuel Moſcopule ; l'un en 1392, & l'autre en 1450. On ignore auquel des deux appartient le Traité dont il eſt ici queſtion.

(*c*) Relation de Siam.

Quel que soit le sort de notre conjecture, ce qui n'étoit dans son origine qu'une pratique vaine & superstitieuse, ou qu'un simple amusement, n'a pas laissé d'exciter l'attention de plusieurs Mathématiciens de mérite. Ce n'est pas qu'ils y aient entrevu quelqu'utilité : on convient qu'il n'y en a aucune, & comme le dit ingénieusement M. de *Fontenelle* (*a*), les *Quarrés Magiques* se ressentent de leur origine sur ce point ; ce n'est qu'un jeu dont la difficulté fait le mérite, & c'est à ce titre que les Mathématiciens les ont considérés. D'ailleurs tout ce qui exige des combinaisons & des raisonnemens, est propre à exercer les facultés de l'esprit, & à perfectionner le génie d'invention. Le célebre M. *Léibnitz* ne dédaignoit pas de jouer au jeu qu'on nomme *du Solitaire*, & il a donné dans les *Miscellanea* de Berlin (*b*) un petit écrit plein de vues ingénieuses & de réflexions philosophiques sur les jeux de combinaison. Elles justifient l'application que les Mathématiciens ont donné à ce problême d'Arithmétique.

Il y a deux sortes de *Quarrés Magiques* dont le degré de difficulté est fort différent ; les uns sont les impairs, ou ceux dont la racine est impaire, comme 9, 25, 49, &c, ce sont les plus faciles à ranger. Les autres sont les pairs qui sont beaucoup plus difficiles. On les distingue même en pairement & impairement pairs, suivant que leur racine est divisible par 4, ou seulement par 2. La méthode qui sert aux uns, est différente de celle qu'exigent les autres.

Moscopule est le premier Auteur connu qui ait écrit sur les *Quarrés Magiques*. M. *de la Hire* qui avoit parcouru son ouvrage, nous rapporte (*c*) ses deux manieres de ranger les quarrés impairs : elles sont l'une & l'autre fort ingénieuses. Il ajoute qu'il en donnoit une pour les quarrés impairement pairs, & il en a extrait quelques exemples de quarrés pairement pairs.

Le superstitieux, & à la fois incrédule *Agrippa* (*d*) est le

(*a*) Hist. de l'Acad. 1705.

(*b*) Premier Volume.

(*c*) Mém. de l'Acad. 1705.

(*d*) Agrippa a donné, comme l'on sçait, un Livre rempli de pratiques vaines & ridicules, & un autre *sur la vanité des sciences* ; c'est à peu près ainsi que le fameux Hobbes, qui ne croyoit pas même en Dieu pendant le jour, craignoit les diables & les phantômes dans l'obscurité.

premier, je crois, d'entre les Modernes qui ait fait mention des *Quarrés Magiques* au sujet des Talismans. M. *Bachet* qui les remarqua dans cet Auteur, chercha la maniere de les construire : il réussit aux quarrés impairs pour lesquels il trouva une méthode générale, & il la publia en 1624 dans ses récréations mathématiques intitulées *Problêmes plaisans*. Mais il convient lui-même qu'il ne put rien trouver qui le satisfit pour construire les quarrés pairs.

M. de *Frénicle*, si connu par son adresse à résoudre les problêmes arithmétiques les plus épineux, alla plus loin que M. *Bachet*. Il trouva non seulement de nouvelles regles pour les quarrés impairs; mais il en donna une pour les pairs, & il enseigna à les varier d'une multitude de manieres. On en a un exemple dans celui de 16, qu'il varia de 880 façons. Ce Traité de M. *Frénicle* se trouve dans les anciens Mémoires de l'Académie, Tome V, & dans le recueil publié en 1693. Enfin le problême n'étant pas assez difficile à son gré, il se créa de nouvelles difficultés, pour avoir le plaisir de les surmonter. Il ajouta à la condition ordinaire de ces quarrés, celle-ci, qu'ils fussent tels qu'en les dépouillant successivement de leurs bandes extérieures, ils restassent toujours magiques; & il enseigna à en trouver qui eussent cette propriété. On pourroit les appeller *Magiquement Magiques*, eu égard au degré d'adresse, &, pour ainsi dire, de magie nécessaire pour les construire.

M. *Poignard*, Chanoine de Bruxelles, publia en 1703 un Traité des *Quarrés Magiques*, qu'il nomme sublimes. On y trouve plusieurs innovations ingénieuses. Cet ouvrage a donné lieu à M. *de la Hire* de traiter fort au long cette matiere dans deux Mémoires lus à l'Académie des Sciences en 1705, & imprimés dans le recueil de cette année. M. *Saurin* a aussi communiqué ses réflexions sur ce problême dans ceux de 1710; & M. d'*Ons-en-brai* a donné en 1750 une méthode nouvelle pour les quarrés pairs. Ce sont les pieces ausquelles nous renvoyons ceux pour qui ce genre d'amusement a des attraits. Ils doivent aussi lire l'Histoire de l'Académie de ces années, & surtout celle de 1705, d'où nous avons tiré une partie de ce que nous venons de dire. A l'égard des autres écrits sur ce sujet, nous nous contentons de les indiquer dans la note suivante (*a*), afin de ne pas donner à des bagatelles de cette nature un temps que des matieres plus intéressantes ont droit de révendiquer.

(*a*) *Act. lips.* 1686. Stifels dans *son Arithmétique*. Schwenter dans ses *deliciæ Physicomath*. Le P. Kircher dans son *Arithmologia*. Le P. Prestet dans ses *Elémens d'Algebre*. Ozanam dans ses *Récréations Mathématiques*. M. Meerman. *Specim. calcul. flux. ad finem.*

Fin du cinquieme Livre & de la premiere Partie.

HISTOIRE

HISTOIRE DES *MATHÉMATIQUES.*

SECONDE PARTIE,

Contenant l'Histoire de ces Sciences chez divers peuples Orientaux, comme les Arabes, les Persans, les Chinois, les Indiens, &c.

LIVRE PREMIER.

Histoire des Mathématiques chez les Arabes & les Persans.

SOMMAIRE.

I. *Caractere des Arabes. Premieres traces de leur Astronomie.* II. *Des Princes qui commencerent à leur inspirer le goût des Sciences, & en particulier d'Almamon.* III. *Protection que ce Prince accorde à l'Astronomie. Observations qu'il fait ou qu'il fait faire. La terre est mesurée sous ses auspices.* IV. *Des Astronomes qui vécurent sous Almamon ou vers son temps.* V. *D'Albatenius. Ce qu'il ajoute ou qu'il corrige à la Théorie de Ptolemée.* VI. *De divers Astronomes qui fleurirent chez les Arabes depuis le dixieme siecle jusqu'au quatorzieme. Etymologie de quelques mots astronomiques qui nous viennent d'eux.* VII. *De la Géométrie des Arabes, & de leurs principaux Géometres.* VIII. *Origine de notre Arithmétique. Preuves diverses fournies par les Arabes même, qu'ils la tiennent des Indiens. Examen de quelques opinions sur ce sujet. Histoire singuliere racontée par Alsephadi.* IX. *Les Arabes connoissent l'Algebre, & même dès le temps d'Almamon. Etymologie de son nom: jusqu'où cette science est poussée chez eux.* X. *Des Sciences Physico-mathematiques parmi les Arabes, & de l'Opticien Alhazen en particulier.* XI. *Des Mathématiques chez les Persans, & surtout de l'intercalation ingénieuse qu'ils emploient pour retenir toujours l'équinoxe à la même place.* XII. *Protecteurs qu'eut l'Astronomie dans les Conquérans Tartares qui envahirent la Perse. Holagu Ilekan favorise cette science d'une façon extraordinaire dans le XIIIe siecle. De l'Astronome Nassirredin.* XIII. *Du Roi Vlugh-beigh: ce Prince cultive l'Astronomie lui-même, & travaille ou fait travailler sous ses yeux à divers ouvrages que nous avons. Anéantissement où est tombée l'Astronomie chez les Persans modernes.* XIV. *Géometres que la Perse a eus autrefois. Nassirredin: ses travaux. Maimond Reschid: singularité de ce dernier. Noms que les Persans donnent aux Mathématiques & à diverses propositions des Elémens.*

I.

LES Arabes dont nous avons communément une idée si désavantageuse, ne furent point toujours insensibles aux charmes des Sciences & des Lettres. Ils eurent, comme tous les autres Peuples, leurs temps de barbarie & de grossiéreté ; mais ensuite ils se polirent tellement, que peu de Nations peuvent faire gloire d'autant de lumiere & d'autant de zele pour les belles connoissances, qu'ils en montrerent pendant plusieurs siecles. Tandis que les Sciences tomboient dans l'oubli chez les Grecs, & ne subsistoient presque plus que dans les Bibliotheques, les Arabes les attiroient chez eux, & leur donnoient un asyle honorable. Ils en furent enfin les seuls dépositaires pendant assez long-temps ; & c'est au commerce que nous eûmes avec eux que nous devons les premiers traits de lumiere qui viennent interrompre l'obscurité des XI, XII & XIIIe siecles.

La férocité qu'on voit éclater dans les premiers Conquérans Arabes, ne leur étoit pas naturelle : c'étoit seulement l'effet du fanatisme dans lequel les avoit plongés la nouvelle Religion qu'ils venoient d'embrasser. Plus polis auparavant, ils avoient toujours fait cas des talens de l'esprit. La Poésie, l'éloquence, la pureté du langage étoient en honneur chez eux, & ils tachoient à l'envi de s'y surpasser les uns les autres. C'est du moins ce que nous apprend *Abulpharage* leur historien, & l'on en a diverses preuves dans leur ancienne histoire. Ainsi, lorsqu'ils brûlerent la Bibliotheque d'Alexandrie, ils ne firent que suivre l'impétuosité passagere d'un zele emporté, & les ordres d'un Chef despotique dont la barbarie ne doit pas être mise sur le compte de la Nation entiere. Il vint bientôt un temps où ils auroient regardé ce trésor comme un des principaux avantages de leur conquête.

Les anciens Arabes, avant ce temps où les Sciences fleurirent chez eux, avoient une sorte d'Astronomie semblable à celle qui étoit connue des Grecs avant *Thalès*. Attentifs comme eux aux levers & aux couchers des étoiles principales, ils en tiroient des conséquences pour les changemens généraux des saisons. Ils avoient divisé à leur maniere le Ciel en constellations, & ils avoient donné des noms aux étoiles, ou à leurs groupes les plus remarquables. Comme ils étoient principalement adonnés à la vie pastorale, la plûpart de ces noms étoient tirés des animaux ou des ustensiles qui font la richesse des Bergers. Ce qui est pour nous l'étoile polaire, ou le bout de la queue de la grande ourse, étoit nommé chez eux *le Chevreau*, & les deux étoiles plus apparentes qui sont à l'autre extrêmité de cette constellation, se nommoient *les Veaux* (*a*). Ils avoient donné le nom de *Chameau* (*fenic*) à celle que nous nommons l'œil du taureau ; celui de *Nagman* qu'ils donnoient aux pléiades, paroît venir de la sérénité qu'elles annoncent quand on les apperçoit. Canope étoit l'*Etalon*, ou le *Chameau mâle*, &c. Je pourrois étaler ici un plus grand nombre d'autres dénominations propres aux Arabes, si je donnois toutes celles que mes recherches m'ont fait découvrir. J'en épargnerai l'ennui au Lecteur. Je me bornerai à remarquer

(*a*) Gol. *ad* Alferg. p. 63.

encore le nom singulier que ces peuples donnoient à la constellation qui est pour nous *la grande ourse*, ou *le charriot*. Au lieu de comparer, comme on a fait presque partout ailleurs, les quatre étoiles qui forment le quadrilatere de cette constellation aux roues d'un char, ils y imaginerent un cercueil, de sorte qu'ils l'appellerent le *Cercueil*, & les trois autres étoiles furent pour eux les pleureuses qui accompagnent le convoi (*a*). Ils nommerent par cette raison la petite ourse, le *petit Cercueil* ; il est remarquable qu'on trouve cette même dénomination dans Job, & peut-être pourroit-on l'apporter en preuve que ce Livre a été originairement fait & écrit en Arabie.

Les Arabes paroissent avoir toujours fait usage d'une année purement lunaire, & sans aucun égard au cours du Soleil. Ainsi ils la composoient de douze mois alternativement de 30 & de 29 jours, ce qui fait 354 jours ; mais comme 12 lunaisons font 8h 48′ de plus, ils intercalloient un jour, lorsque cet excès accumulé pendant quelque temps étoit devenu sensible. L'intercalation la plus parfaite dans ce systême d'années, eût été celle de 11 jours dans 30 ans. Il auroit fallu d'abord faire chaque troisieme année de 355 jours, & de plus choisir dans quelqu'autre endroit de la période une lunaison de 29 jours pour la changer en une de 30. Mais nous ignorons de quelle maniere s'y prenoient ces peuples, quoique quelques siecles d'attention aient pu facilement leur suggérer une pratique semblable.

Cette forme d'année a donné lieu chez les Arabes, de même que chez les autres Nations qui en faisoient usage, à une division particuliere du Zodiaque. Ils partageoient cette bande céleste en 28 parties égales, qu'ils nommoient les maisons de la Lune. La raison en est facile à appercevoir : de même que nous partageons la révolution entiere du Soleil en douze signes qui répondent aux douze divisions de notre année, ils partagerent la révolution périodique de la Lune qui est de 27 jours & quelques heures, en 28 parties. On trouve dans les Elémens d'*Alferganus* tous les noms de ces signes lunaires, & les étoiles qui les caractérisoient. Ils paroissent pour la plûpart prendre leur origine de ceux que les

(*a*) Golius, *ibid*.

Grecs donnoient à leurs constellations, par exemple, la premiere & la seconde maison de la Lune se nommoient *les cornes* & *le ventre* du Belier, &c : ainsi il paroît qu'on doit en conclure que cette division est postérieure au temps où les Grecs répandus dans l'Asie, y transporterent les noms de leurs constellations.

II.

Les Arabes, nouveaux sectateurs de *Mahomet*, furent pendant près d'un siecle & demi ce que doit être un peuple uniquement occupé de projets d'agrandissement & de conquête. Ils firent pendant tout ce temps peu de cas des sciences qu'ils voyoient en estime chez les Chrétiens. Ce motif même étoit suffisant pour les leur faire détester. Mais lorsqu'ils jouirent avec tranquillité de leurs nouveaux établissemens, ce préjugé ne tarda pas à se dissiper. Le Calife *Abu-Jalafar Almansor*, (le *Victorieux*,) qui régnoit vers le milieu du huitieme siecle dans la Perse, la Corasmie, la Transoxane, &c, commença à voir cette révolution dans la maniere de penser de sa Nation, & il y eut quelque part. Car indépendamment de la connoissance des loix où il excelloit, il s'étoit adonné à l'étude de la Philosophie, & surtout de l'Astronomie (*a*).

Le goût des Arabes pour les Sciences, continua de se former sous les successeurs d'*Almansor*, *Aaron Reschid* & *Alamin*. On trouve vers l'an 807 une Ambassade célebre que *Aaron* envoyoit à Charlemagne. Parmi les présens que ce Prince faisoit au Roi Chrétien, étoit une horloge artistement travaillée, qui marquoit les douze heures, & qui les sonnoit par le moyen de certaines balles qui tomboient dans un vase d'airain. On y voyoit aussi douze Cavaliers qui se présentoient à douze portes, qu'ils fermoient suivant le nombre des heures écoulées. C'est la description qu'en fait l'Historien anonyme de *Pepin*, *Charlemagne* & *Louis le Débonnaire*. Cet ouvrage ingénieux prouve que les Arabes commençoient à faire cas des Arts, & que s'il n'y avoit pas déja parmi eux des Artistes habiles, ils sçavoient du moins accueillir les talens étrangers, & se les attacher par des récompenses.

Le Prince, à qui la Nation Arabe a l'obligation principale

(*a*) Abulph. *hist. dyn.* p. 160.

du goût qu'elle prit pour les Sciences, est le Calife *Abdalla Almamon*, second fils d'*Aaron Reschid*, & qui commença à régner à Bagdad l'an 814 de J. C. *Almamon* avoit été instruit par *Jean Mesva*, Médecin Chrétien, que son pere lui avoit particuliérement attaché, & sous la conduite duquel il l'avoit fait voyager (*a*). Il fit des progrès considérables dans la plûpart des Sciences, & parvenu au Trône, il les protégea & n'oublia rien pour en inspirer l'amour à ses sujets. Le premier pas à faire pour réussir dans cette entreprise, étoit d'avoir les excellens originaux que possédoit la Grece. Il en fit non seulement acheter, mais dans une paix qu'il donna en Victorieux, à l'Empereur *Michel III*, il mit pour condition qu'on lui fourniroit toutes sortes de Livres Grecs : il convoqua enfin & il encouragea par des récompenses un grand nombre de Traducteurs, & bientôt la Nation Arabe fut en possession de toutes les richesses littéraires de l'antiquité. Pour nous borner ici aux Mathématiques affectionnées comme elles l'étoient du Souverain, elles ne tarderent pas à être familieres aux sujets, & il se forma parmi eux un grand nombre de Mathématiciens, dont plusieurs sont justement estimés. Ce nombre est si considérable, surtout celui des Astronomes, qu'il fourniroit la matiere d'un ample catalogue. Nous ne pourrions en éviter la sécheresse, si nous nous conformions à l'ordre Chronologique, d'ailleurs fort embarassant par la diversité des matieres. Je préfere par cette raison d'exposer à part les progrès que firent chez les Arabes chacune des branches des Mathématiques.

III.

[...]ronomie [...]bc.

L'Astronomie fut la premiere qui se ressentit de la protection d'*Almamon*. Ce Prince lui portoit une affection particuliere, & y étoit fort versé. Pour hâter ses progrès parmi ses sujets, il ordonna la traduction de *Ptolemée*, qui fut faite en 827 (*b*) ; & il fit composer par les hommes les plus intel-

(*a*) Leo Afer, *de vir. ill. apud Arab.*

(*b*) M. d'Herbelot, (*Bibl. Orient.* p. 101) dit que le Traducteur fut Isaac ben Honain. Suivant un mss. de M. Peiresc, ce furent Alhazen ben Joseph, & un Chrétien nommé Sergius. Je ne crois pas qu'il soit fort utile de décider entre ces deux sentimens qui ont chacun des autorités. Peut-être les concilieroit-on en disant qu'il y eut plusieurs traductions de l'Almageste faites sous ce Prince ; ce qui est assez croyable. Je conjecture que celle de 827 fut seule-

ligens qu'il trouva dès-lors en Aſtronomie, un corps de cette Science, qui eſt encore dans les Bibliotheques, ſous le titre de *Aſtronomia elaborata à compluribus D. D. juſſu Regis Maimon* (*a*). Enfin ce ne fut pas ſeulement par des bienfaits qu'il l'encouragea ; il y eut part lui-même, ſoit en obſervant, ſoit en aſſiſtant comme témoin aux obſervations & aux conférences des Sçavans qu'il avoit raſſemblés. L'hiſtoire céleſte fait mention de deux obſervations de ſolſtice d'été, & de l'obliquité de l'écliptique, comme faites par *Almamon* en perſonne. Dans la premiere qui fut faite à Bagdad, nous ignorons en quelle année, il trouva cette obliquité de 23°. 33′ (*b*). Il la fit réitérer à Damas lorſqu'il partit pour ſa derniere expédition contre les Grecs, l'an 831 de l'Ere Chrétienne, & on la trouva de 23°, 33′, 52″. On ſe ſervit alors d'un inſtrument particulier qu'il avoit fait conſtruire, & dont il voulut que ſes Mathématiciens fiſſent uſage (*c*). C'eſt à ces titres qu'on a coutume de le ranger, non ſeulement parmi les Princes protecteurs de l'Aſtronomie, mais parmi les Aſtronomes mêmes.

Almamon ſe propoſa encore un objet fort utile, lorſqu'il entreprit de meſurer la grandeur de la terre plus exactement que n'avoient fait les Anciens. Cette magnifique entrepriſe, l'une des plus hardies que les hommes ayent oſé concevoir, fut exécutée pour la premiere fois avec quelque préciſion ſous les auſpices du Prince Arabe. Des Mathématiciens habiles en reçurent ordre de meſurer un degré du méridien. Ils choiſirent pour cette opération une vaſte plaine dans la Méſopotamie, nommée *Singar* (*d*). Là ſe diviſant en deux bandes, dont l'une avoit à ſa tête *Chalid-Ben Abdomelic*, & l'autre *Alis-Ben Iſa*, ils tournerent les uns vers le Nord, les autres vers le Midi, en meſurant, chacun la coudée à la main, une étendue géométriquement alignée ſur la méridienne. Ils

ment une des dernieres ; car Almamon monta ſur le Trône en 814, & mourut en 831. Il ſemble qu'il eût beaucoup tardé à mettre en exécution ſon projet de faire fleurir les ſciences dans ſes Etats ; ce qui ne s'accorde guere avec ce qu'on raconte de lui.

(*a*) Labbe, *Bib. nov. mſſ. ſupp. v I.*

(*b*) Alfrag. *rud. aſtr. c. 5.* Dans une des éditions d'Alfraganus, ſçavoir celle de Nuremberg, on lit 33′, & dans d'autres 35. Mais cette contrariété eſt levée par Ibn Ionis, dont Golius cite un long paſſage, & il nous apprend que ce furent 33′.

(*c*) Ibn Ionis. *cit. Golio, ad Alf.* p. 69.

(*d*) *Hiſt. din.* pag. 161. Abulpheda, *in prol. ad Geog.* Alferg. c. 8.

s'écarterent ainsi les uns des autres jusqu'à ce qu'ils se fussent éloignés d'un degré, du lieu de leur départ; après quoi s'étant réunis, ils trouverent les uns 56 milles, les autres 56 $\frac{2}{3}$ pour la valeur du degré (*a*) : on se détermina apparemment par de bonnes raisons à fixer la grandeur du degré à 56 milles $\frac{2}{3}$, dont chacun étoit de 4000 coudées. Le peu de connoissance que nous avons de la coudée Arabe & des autres circonstances de cette opération, ne nous permet pas de la discuter, & d'en faire la comparaison avec les modernes. D'ailleurs ce seroit étaler une érudition superflue, & qui iroit tout au plus à satisfaire notre curiosité sur le degré d'exactitude de cette mesure. Quel que fût son accord avec celles qu'on a récemment prises, il ne sçauroit en rien résulter de plus pour la vérité.

I V.

Un siecle dans lequel les Mathématiques, & en particulier l'Astronomie avoient de tels protecteurs, ne pouvoit manquer d'être fécond en hommes habiles dans cette science. Aussi les Historiens Arabes nous ont-ils transmis la mémoire de plusieurs Astronomes contemporains d'*Almamon*, ou qui le suivirent de près. Tel fut d'abord le Juif *Messalah*, qui fleurissoit déja dès le tems d'*Almansor*, & dont nous avons quelques ouvrages (*b*). Vint ensuite *Mohammed Ben-Musa*, le *Chovaresmien*, qui dressa des Tables astronomiques long-tems célebres, sous le nom d'*Al-Send-Hend* (*c*). Ce même *Ben-Musa* travailla sur la Trigonométrie sphérique, mais son Traité n'ayant jamais été que manuscrit, il m'est impossible de dire s'il est un de ceux qui contribuerent à la perfectionner parmi les Arabes. J'aurai encore occasion de parler de ce Sçavant à d'autres titres. *Abdalla Ebn-Sahal* & *Iahia Ibn-Abil-Mansur* furent deux Astronomes qu'*Almamon* employa dans les premieres années de son regne. *Golius*, dans un fragment qu'il cite d'*Ibn-Ionis*, célebre Astronome Oriental (*d*), rapporte les noms de quelques autres dont ce Prince se servit pour les premieres observations qu'il fit faire ; comme *Sened-Ibn-Alis*,

(*a*) *Not. Golii ad Alferg.*

(*b*) *De Astrol. compositione, in Orontii margar ità phil..... De elem, & orbibus celest. Norib.* 1549.

(*c*) *Hist. dyn.* p. 161.

(*d*) *Not. ad Alferg.* p. 69.

Abbas,

Ibn-Seid: sur la fin de son regne fleurissoient *Chalid-Ben-Abdolmelic*, *Albultib*, & *Alis Ben-Isa*, le fabricateur d'instrumens, dont on a parlé au sujet de la mesure de la terre ordonnée par ce Prince; *Ahmed Ben-Abdalla al Habash al Merouzi*, qui dressa les Tables appellées *Aldamaski*, (de Damas). On met encore dans ce temps *Albumasar*, dont le vrai nom est *Abumashar Giafer*, &c; il fut Auteur de certaines Tables qui porterent son nom, & d'une Introduction à l'Astronomie (*a*). Au reste ce fut un homme singuliérement renommé par son habileté prétendue dans l'Astrologie judiciaire, & on lit à son sujet divers contes. Les trois freres *Mohammed*, *Ahmed*, & *Alhazan*, fils de *Musa*, sont aussi mis au nombre des observateurs de ce temps. *Ibn-Ionis* cité ci-dessus, rapporte l'observation qu'ils firent à Bagdad pour déterminer la déclinaison de l'écliptique, qu'ils trouverent de 23° 35′ un peu plus grande que celle qu'avoient déterminé *Almamon* & ses observateurs; il paroît que depuis ce temps on s'en tint chez les Arabes à 23°. 35′. Dans ce temps vivoit encore *Alfraganus*, ou plutôt *Alferganus*, ainsi nommé parce qu'il étoit de *Fergana* en Sogdiane. Son nom véritable est *Mohammed Ebn Cothair*. En cherchant à fixer l'âge de cet Astronome, nous avons cru devoir nous en tenir plutôt au témoignage d'un Historien national comme *Abulpharage*, qu'à ceux de *Riccioli*, *Vossius*, &c, & sans doute il n'y aura personne qui ne soit de notre avis. *Alferganus* composa des Elémens d'Astronomie, livre presque classique, autrefois même en Occident, & qui a été traduit & publié parmi nous à diverses reprises (*b*). Au reste cet ouvrage ne contient rien que de fort ordinaire en Astronomie; & ce n'est qu'une exposition succincte de la doctrine de l'Almageste; *Alfraganus* traita aussi *des Horloges solaires* & *de l'Astrolabe*; ces ouvrages se trouvent encore dans quelques Bibliotheques riches en manuscrits. La facilité extrême avec laquelle il expédioit les calculs les plus compliqués, lui attira le nom de *Calculateur* (*c*). *Alfraganus.*

Le même siecle vit fleurir un autre Mathématicien Arabe,

(*a*) *Bib. Orient.* au mot *Abumashar.*

(*b*) Alfr. *Rudim. Astron. Ferrariæ* 1493. 4. *norib.* 1537. 4. *Francof.* 1590. 8. *Amstel. Arab. & Lat.* 4°. *cum notis Golii.* Cette derniere édition est sans contredit la meilleure, & elle est extrêmement estimable, sinon par l'ouvrage d'Alfraganus même qui n'a plus rien d'intéressant, du moins par les sçavantes notes de l'Editeur, il est dommage que la mort l'ait empêché d'aller au-delà du septieme chapitre.

(*c*) *Gol. ad Alf.*

dont les dogmes astronomiques ont séduit pendant un temps sa Nation, & même quelques-uns des Astronomes Chrétiens. *Thebit-Ben-Corah*, c'est le nom de ce Mathématicien, fleurissoit un peu après le milieu du IXe siecle. L'Historien *Abulpharage* (*a*), plus à croire sur cela que les Ecrivains Orientaux, nous est garant de cette date. On sçait de plus par les témoignages d'autres Auteurs nationaux, que *Thébit*, surnommé *Al-Sabi al Harrani*, ou le *Sabeen d'Harran*, parce qu'il étoit Sabéen de religion & né à Harran, l'ancienne Carres des Grecs, fut Secretaire du Calife *Mothaded*, qu'il naquit l'an 221 de l'Hegire, & qu'il mourut l'an 282, ce qui revient à l'an 901 de J. C. (*b*).

Thébit.

Thébit embrassa les Mathématiques dans toute leur étendue : mais nous nous en tiendrons ici à ses travaux ou à ses dogmes astronomiques. On rapporte de lui une observation de la déclinaison de l'écliptique qu'il fixa à 23°. 33'. 30" ; & c'est sur ce fondement qu'on l'a placé dans le XII ou le XIIIe siecle : car cette déclinaison étant peu différente de celle qu'avoient trouvé *Almeon* & *Profatius* vers ce temps-là, ceux qui prétendent qu'elle est moindre aujourd'hui qu'autrefois, en ont conclu qu'il étoit à peu près contemporain de ces Astronomes. Ensuite on s'est servi de son observation pour prouver l'approche successive de l'écliptique à l'Equateur : mais voilà un raisonnement bien défectueux. Avant que de tirer aucune conséquence de cette observation, & de la placer entre celles d'*Almeon* & de *Profatius*, il falloit commencer à chercher chez les Historiens de la Nation, dans quel temps vivoit son Auteur. Alors on eût trouvé que loin de pouvoir servir à démontrer la variation de l'obliquité de l'écliptique, elle fournit au contraire une forte induction pour son invariabilité.

Une opinion fort singuliere qu'eut *Thébit*, & qui cependant a fait secte pendant long-temps, est celle de la *trépidation des fixes* ; je m'explique. *Thébit* pensa & s'efforça de prouver d'après quelques observations mal entendues, que les étoiles avoient à la vérité un mouvement selon l'ordre des signes pendant un temps, mais qu'ensuite elles rétrogradoient & retournoient à leurs premieres places, après quoi elles repre-

(*a*) *Hist. Dyn.*
(*b*) Bibl. Orient. v. *Thabet*.

voient un mouvement direct; qu'elles avoient enfin un mouvement inégal, assez rapide pendant un temps, ensuite moindre & enfin insensible dans un autre. Il faisoit aussi l'obliquité de l'écliptique variable & sujette à de pareilles périodes d'accroissement & de diminution. Afin d'expliquer ces mouvemens, qu'il eût fallu commencer à bien prouver avant que d'imaginer une hypothese pour les représenter, *Thébit* supposoit un cercle de 4°. 18′ 43″ de rayon, décrit des points d'intersection de l'Equateur & de l'écliptique dans la sphere immobile, & il faisoit mouvoir le commencement des deux signes du Belier & de la Balance dans les circonférences de ces cercles; cette révolution étoit d'un certain nombre d'années qu'il fixoit, je crois, à 800. Par ce moyen les étoiles situées dans l'écliptique, devoient avoir un mouvement de 8°. 37′ & quelques secondes, tantôt suivant l'ordre des signes, tantôt en sens contraire. Ce systême avoit séduit bien des gens dès le temps d'*Albatenius* : car ce judicieux & habile Astronome se moque expressément de ceux qui adoptoient une pareille chimere, & ce qui est remarquable, c'est précisément de cette quantité de 8°. environ qu'il parle. Ceci confirme ce qu'on a dit plus haut de l'âge de *Thébit* : car on convient universellement que ce fut lui seul qui imagina cette prétendue rétrogradation que les observations des siecles postérieurs n'ont point confirmée.

V.

Parmi les Astronomes que cite la Nation Arabe, aucun ne lui fait plus d'honneur qu'*Albatenius*. La justesse de ses vues, & les nombreuses découvertes qu'il fit dans la théorie des mouvemens célestes, l'ont fait appeller le *Ptolemée des Arabes*, & lui ont attiré de grands éloges de la part des Modernes (*a*). Le récit que nous allons faire de ses travaux, les confirmera.

ALBATENI[US] *880 ans ap. J. C.*

Albatenius, dont le nom propre est *Mohammed Ben-Geber Ben-Senan Abu-Abdalla*, & à qui nous donnons le nom ci-dessus à cause de sa patrie qui étoit la ville de Batan en Mésopotamie, fleurissoit environ 50 ans après *Almamon* (*b*),

(*a*) Bouillaud, *Astron. Philol. in proleg.*
(*b*) Herbelot. *Bibl. Orient.* p. 193, & *Abulp. Hist. dyn.* p. 161.

c'est-à-dire vers l'an 880 de J. C. On a en effet une de ses observations datée de cette année. Il fut Commandant pour les Califes en Syrie, & il observa soit à Antioche, le siege de son gouvernement, soit à Aracta, ville de Mésopotamie, aujourd'hui Racha, où il faisoit son principal séjour. C'est delà que lui vient le nom de *Mahometes Aractensis* qu'on lui a donné quelquefois; ce que j'observe afin que quelque Auteur inexact ne s'avise pas d'en faire un personnage différent d'*Albatenius*. On peut remarquer au reste qu'*Albatenius* n'étoit point Musulman, mais de la Religion des Sabéens, comme *Thébit* dont nous venons de parler. Il mourut suivant *Abulpharage*, l'an 317 de l'Hégire, c'est-à-dire l'an 928 de l'Ere Chrétienne.

Albatenius suivit en gros le systême & les hypotheses de *Ptolemée*, mais il les rectifia en divers points, & il fit diverses découvertes que nous allons exposer.

1° Il approcha beaucoup plus de la vérité que les Anciens, en ce qui concerne le mouvement des fixes. Il le jugea plus rapide que ne l'avoit cru *Ptolemée*, qui leur faisoit parcourir un degré en 100 ans seulement. L'Astronome Arabe les fait mouvoir de cet espace en 70 ans. Ce sont 72 ans qu'elles y emploient suivant les Modernes.

2° On ne pouvoit approcher davantage de la grandeur de l'excentricité de l'orbite solaire, que l'a fait *Albatenius*. Il la détermina de 3465 parties, dont le rayon est 100000. Plusieurs Astronomes modernes s'accordent précisement avec lui à cet égard.

3° *Albatenius* paroîtra d'abord moins heureux dans sa détermination de la grandeur de l'année solaire. En comparant ses observations avec celles de *Ptolemée*, il la trouvoit de 365 jours, 5 heures, 46′, 24″; ce qui est moins qu'il ne faut d'environ 2 minutes & demie. Mais M. *Halley* justifie *Albatenius*, en remarquant que son erreur vient de la trop grande confiance (*a*) qu'il a eue dans les observations de *Ptolemée*, dont plusieurs semblent plutôt fictices que réelles, si peu elles s'accordent avec les mouvemens du Soleil connus aujourd'hui. Celle qu'*Albatenius* a employée dans sa détermination, est

(*a*) Transf. Phil. an. 1693, *num.* 204.

de ce nombre. C'est un équinoxe que *Ptolemée* dit avoir observé la troisieme année d'*Antonin*, & qui devroit tomber le 20 du mois Athir, & non le 21, comme il le dit. Le sçavant Astronome Anglois remarque encore que si *Albatenius* eût comparé ses observations avec celles d'*Hipparque* rapportées par *Ptolemée*, il auroit beaucoup plus approché de la vérité. C'est cette détermination vicieuse qui a persuadé à quelques Astronomes du XVIe siecle, que l'année solaire tropique avoit diminué jusqu'à lui, & qu'elle recommençoit à augmenter. Mais c'est une conjecture précipitée qu'on regarde aujourd'hui comme destituée de solides preuves.

4° Avant *Albatenius* on avoit regardé l'Apogée du Soleil comme fixe dans le même point du Zodiaque immobile & imaginaire qu'on conçoit au delà des étoiles : il avoit même paru tel à *Ptolemée*. Mais l'Astronome Arabe aidé d'observations plus éloignées entr'elles, démêla ce mouvement, & le distingua de celui des fixes. Il fit voir qu'il étoit un peu plus rapide, comme les observations modernes semblent le confirmer.

5° Il remarqua l'insuffisance & les défauts de la théorie de *Ptolemée* sur la Lune & les autres planetes ; & s'il ne les corrigea pas, il y apporta du moins, qu'on me permette ce terme, des remedes palliatifs, en rectifiant un peu les détails de ses hypotheses. La découverte qu'il avoit faite du mouvement de l'Apogée du Soleil, le porta à soupçonner qu'il en étoit de même de celui des autres planetes, ce qui s'est encore vérifié.

6° *Albatenius* enfin construisit de nouvelles Tables Astronomiques, & les substitua à celles de *Ptolemée* qui commençoient à s'écarter bien sensiblement du Ciel. Celles-ci beaucoup plus parfaites, eurent une grande célébrité dans l'Orient, & furent long-temps en usage. L'Ouvrage qui contient les travaux de cet Astronome, est intitulé *de scientiâ stellarum*. Il fut imprimé pour la premiere fois en 1537, avec d'anciennes notes de *Regiomontanus*. On en a donné en 1646 une nouvelle édition *in*-4°, qui malgré l'annonce de ses Éditeurs, n'a sur la précédente que l'avantage d'un caractere moins désagréable.

VI.

La ville de Bagdad fut pendant le Xe siecle le théâtre principal de l'Astronomie chez les Orientaux. Cette ville le séjour ordinaire des Califes, étoit l'Athenes des Arabes, & parmi les Ecoles nombreuses qu'on y voyoit, il y en avoit une pour l'Astronomie. Aussi en sortit-il divers Astronomes de mérite suivant *Abulpharage* (*a*) : tels furent *Eben-Sophi*, autrement *Abdorhaman-El-Sophi*, *Aben-Erra-Alfarabi*, plus connu sous le nom d'*Alfarabius* ; *Ali-Ebnol-Hosain* ; *Abdalla-Ebnol-Hassam-Abul-Cassem* ; un *Mohammed-Ebn-Yahia-Albuziani* ; *Alchindus*, ou plus correctement *Jacob Alcendi* ; un *Ahmed-Ebn-Mohammed-Abu-Hamed*, & *Vaïan-Ebn-Vasham* de Chus. Ces deux derniers étoient particuliérement attachés au Calife *Scharfodaula*, qui accorda à l'Astronomie une protection marquée ; car il fit construire dans un endroit retiré de ses jardins un Observatoire où ces deux Astronomes, dont le premier étoit de plus habile Géometre & excellent Artiste, vacquoient aux observations.

Le nombre des Astronomes qu'on vit fleurir dans les siecles suivans, & dans les diverses contrées où s'étendoit la domination Arabe, fourniroit la matiere à une longue énumération. Mais pour éviter la sécheresse qu'elle entraîneroit nécessairement avec elle, je me bornerai à ceux dont on connoit quelques particularités intéressantes, & je renverrai les autres à une note.

Ibn-Ionis. L'Astronome *Ibn-Ionis* étoit attaché au Calife d'Egypte *Aziz-Ben-Hakim*, qui vivoit vers l'an 1000 : il s'acquit une grande célébrité dans l'Orient. Outre les Tables qu'il composa & qu'il dédia à son protecteur, on a de lui une espece d'Histoire Céleste, ou un recueil d'Observations faites par ses nationaux. *Golius* qui l'apporta d'Orient, en a cité (*b*) plusieurs fragmens bien propres à faire regretter que nous n'en ayons point une traduction. Ce Livre est aujourd'hui dans la Bibliotheque de Leyde, & des Astronomes modernes jugeant comme moi de son importance, ont fait des efforts pour en avoir des extraits. M. *Scultens*, Professeur des Langues

(*a*) *Hist. Dyn.* p. 214 & *suiv.* Weidler. *Hist. Astron.* c. VIII.
(*b*) *In not. ad Alferg.* p. 69.

Orientales dans l'Université de cette ville, s'est prêté à leurs désirs, & M. *de l'Isle* possede une partie de l'ouvrage d'*Ibn-Ionis*, qui contient des observations utiles.

L'Espagne nous fournit plusieurs Astronomes du XIe, XIIe & XIIIe siecles, qui sont fort connus, & même cités quelquefois. *Arsahel*, ou *Arsachel*, qui vivoit en 1080, fut un des plus assidus & des plus laborieux Observateurs (*a*) qu'ait eu l'Astronomie. Il résidoit à Tolede où il composa des Tables qu'on nomma *Toledanes* par cette raison (*b*). Il fit un très-grand nombre d'observations pour déterminer les élémens de la théorie du Soleil, comme le lieu de son Apogée, son excentricité, &c. Pour y parvenir il imagina une méthode plus parfaite que celle d'*Hipparque* & de *Ptolemée*. Ceux-ci s'étoient servi de trois observations, deux d'équinoxes, & une de solstice : mais l'incertitude de la derniere, incertitude occasionnée par le changement trop peu sensible de déclinaison aux environs des solstices, rendoit cette maniere de trouver la position de l'orbite du Soleil fort sujette à erreur. Cela engagea *Arsachel* à recourir à un autre expédient : il consiste à se servir d'une observation quelconque d'un lieu du Soleil avec deux équinoxes, & même à employer trois observations du Soleil dans trois points quelconques de l'écliptique qui ne soient pas trop voisins, & où la déclinaison varie sensiblement. L'opération plus compliquée donne un résultat plus exact, & dans ce cas l'Astronome ne doit pas plaindre sa peine.

Arsachel.

Arsachel, suivant cette méthode (*c*), trouvoit l'Apogée du Soleil moins avancée de quelques degrés qu'*Albatenius* : il auroit dû en conclure, ou qu'il se trompoit, ou qu'*Albatenius* s'étoit trompé dans une détermination si délicate. Cela auroit été bien plus raisonnable que l'opinion à laquelle il donna naissance en pensant que l'Apogée avoit rétrogradé depuis cet Astronome, opinion qui a eu des partisans pendant long-temps. Comme il trouvoit aussi quelque différence à l'excentricité établie par *Albatenius*, il imagina, pour satisfaire à ces deux phénomenes, une hypothese dans laquelle il faisoit mouvoir le centre de l'orbite du Soleil sur un petit

(*a*) Aben-Esra, *cit. Scaligero, de em. temp.* Snellius, *in app. ad obs. Hassiacas.*

(*b*) Riccioli, *Alm. novum, in Chron. Astr.*

(*c*) Snellius, *ubi suprà.*

cercle, ce qui lui permettoit de s'approcher ou de s'éloigner de la terre jusqu'à de certaines bornes. Cette hypothese a été imitée dans d'autres circonstances, comme dans la théorie de la Lune où cette variation d'excentricité est réelle & sensible. *Arsachel* adopta aussi les visions de *Thébit* sur la rétrogradation des fixes, & il se contenta de lui donner une carriere un peu plus grande, en faisant ce mouvement d'oscillation de 10°. La durée de la rétrogradation des étoiles étoit suivant lui de 750 ans, après quoi elles s'avançoient autant de temps, suivant l'ordre des signes (*a*). Il observa l'obliquité de l'écliptique de 23° 34′.

Alhazen. *Alhasen* (*b*) mérite ici une place à cause de son Traité des *Crépuscules*, qui contient une doctrine assez solide. Cet Ouvrage est remarquable, parce qu'on y trouve une connoissance bien distincte des réfractions Astronomiques. Le Mathématicien Arabe les fait dépendre, non des vapeurs accumulées dans le voisinage de l'horizon, mais de la différente transparence qui se trouve dans l'air qui environne la terre, & dans l'æther ou l'air subtil qui est au delà. Il enseigne même de quelle maniere on peut s'assurer par l'observation de cette différence du lieu apparent de l'astre, avec celui où on devroit le voir. Il ne s'explique pas moins clairement dans le septieme Livre de son Optique, & il y examine avec soin l'effet de la réfraction. Bien éloigné de penser que c'est-là qu'on doit chercher la raison de la grandeur extraordinaire du Soleil & de la Lune à l'horizon, il montre que la maniere dont se fait cette réfraction, tend au contraire à diminuer la distance apparente de deux étoiles, & par conséquent à resserrer le diametre apparent des astres, lorsqu'il a une grandeur sensible.

Geber. *Geber*, que quelques personnes se fondant sur la ressemblance du nom, ont pris pour l'inventeur de l'Algebre, étoit un Astronome de Séville, auquel la Trigonométrie sphérique doit d'utiles découvertes. On lui fait honneur des deux principaux

(*a*) Bouillaud, *Astron. Philol.* p. 219.

(*b*) On ne sçait point dans quel temps vivoit ce Mathématicien. Nous pouvons seulement assurer qu'il est différent de celui de ce nom qui traduisit Ptolemée sous Almamon : car le Traducteur se nommoit Alhazen Ben-Joseph, & l'Opticien dont nous parlons prend le titre d'Alhazen ben-Alhazen. Le Traité *des Crépuscules* de cet Auteur, a été donné en Latin dans le *Thesaurus opticus* de Risner, en 1572. Il a été aussi publié avec l'ouvrage de Nonius *sur les Crépuscules.*

cipaux théorêmes qui servent à la résolution des triangles sphériques rectangles, au lieu de la regle embarrassée dont les Anciens faisoient usage. L'abrégé de Trigonométrie qui précéde son Ouvrage Astronomique, est du moins le premier écrit où l'on rencontre cette découverte.

Le travail de *Geber* en Astronomie consiste en une espece de commentaire sur l'*Almageste* (*a*). Il prétendit y relever bien des erreurs: mais au jugement de *Copernic*, il est pas toujours bien fondé. Au reste *Geber* étoit fort ennemi de longs calculs, & il le témoigne si souvent que *Snellius* lui donne l'épithete de *Calculorum osor* (*b*). Si c'est à l'envie d'abréger les calculs que nous devons ses inventions Trigonométriques, on peut dire que la paresse, si peu propre à produire de bons effets, en a produit ici un très-heureux.

Almansor, autrement *Alméon*, ou peut-être *Almeon*, fils d'*Almansor*, observa, dit-on, au milieu du XIIe siecle, la déclinaison de l'écliptique, & la trouva de 23°. 33'. 30'' (*c*). Nous ne comptons pas trop sur cette date; car nous ne connoissons point les Auteurs originaux sur lesquels on la fonde. On a dans la Bibliotheque de Bodley des Tables Astronomiques d'*Almansor*, qui pourroient décider la question si elle étoit intéressante. *Averroes* le célebre Médecin de Cordoue, abrégea dans le même siecle *Ptolemée*: il rapporte qu'ayant calculé une conjonction de Mercure avec le Soleil, il vit au temps marqué une tache sur cet astre; observation dont il se servit pour confirmer la certitude de son calcul. Mais on peut assurer aujourd'hui que ce ne fut point Mercure qu'il apperçut, mais seulement une de ces taches qu'on voit souvent sur la surface du Soleil: car les observations modernes ont appris que Mercure passant sous le disque du Soleil, est absolument insensible à la vue simple. *Alpetragius* fleurissoit vers le même temps à Maroc, & donna une *Théorie Physique des mouvemens célestes* (*d*). Il imagina de faire mouvoir les astres dans des spirales, pour représenter à la fois leurs mouvemens propre & diurne. Cette idée, quoique adoptée par *Tycho-Brahe*, *Fabri*, &c, & par ceux tous qui refusoient autrefois de se rendre aux

Almeon.

Averroes.

Alpetragius.

(*a*) Geberi, *in Ptolemæi magn. constr. expositio.* 1533. 4°.

(*b*) Snellius, *in app. ab obs. Hassiacas.*

(*c*) *Astron. Philol. in proleg.*

(*d*) Riccioli, *Alm. nov. Chron. Astron.*

preuves du mouvement de la terre, ne méritoit guere cette fortune. A l'aspect d'une pareille hypothese, on ne peut se refuser à cette réflexion; à quelles pitoyables ressources n'a-t'on pas été obligé de recourir pour concilier la Physique avec les Phénomenes, tant qu'on a ignoré ou refusé de reconnoître le véritable systême de l'univers?

Lorsque le Roi *Alphonse* de Castille entreprit de relever l'Astronomie chez les Chrétiens Occidentaux, les Astronomes qu'il employa furent la plûpart Arabes. *Nicolas Antonio* en nomme les principaux d'après des manuscrits mêmes d'*Alphonse* (*a*). Ce furent *Aben Musa* & *Mohammed* de Seville; *Joseph Aben Ali*, & *J. Abuena* de Cordoue; *Aben Ragel* & *Alcabitius* de Tolede. Ces derniers qui avoient été les maîtres d'*Alphonse* en Astronomie, furent constitués les Chefs de cette espece d'Académie. Mais il faut convenir que ce choix fut peu heureux: ces deux hommes ne nous ont pas donné une grande idée de leur jugement, par les écrits presque tous Astrologiques qu'on connoît d'eux, & les bisarres hypotheses sur le mouvement des fixes qui défigurent leurs premieres Tables. Un Astronome de la même Nation, & plus judicieux, nommé *Alboaçen*, s'éleva contre ces absurdités, dans un ouvrage *sur le mouvement des fixes*. Ces raisons firent impression sur *Alphonse*, & occasionnerent une nouvelle édition de ces Tables, qui fut faite en 1256, quatre ans après la premiere (*b*).

Je passe sous silence une multitude d'autres Astronomes Arabes antérieurs ou postérieurs à ceux dont je viens de parler. Je me borne à donner une idée de leur nombre & de leurs travaux, d'après M. *Edouard Bernard*, qui étant versé dans les Langues Orientales, s'étoit adonné à des recherches sur ce sujet. Il nous apprend (*c*) que la seule Bibliotheque d'Oxford possede plus de 400 manuscrits Arabes sur l'Astronomie, & si l'on veut y ajouter ceux que pourroit encore fournir la Bibliotheque Orientale de M. d'*Herbelot*, celles d'*Hottinger*, du P. *Labbe*, & divers Catalogues de Bibliotheques riches en manuscrits Orientaux, le nombre en paroîtra très-considérable (*d*). Le même M. *Bernard*, qui avoit parcouru une grande

(*a*) *Bibl. Hisp. vetus*. T. II.

(*b*) *Aug. Riccius, de motu oct. sphæræ*. c. 46.

(*c*) Trans. Phil. *ann. 1694*.

(*d*) Voici les noms de quelques-uns de ces Astronomes, & les titres de leurs Ou-

partie de ces manuscrits, donne une idée fort avantageuse de l'Astronomie Arabe. Je vais rapporter ses paroles mêmes qui sont remarquables. « Plusieurs avantages, dit-il, rendent » recommendable l'Astronomie des Orientaux, comme la sé- » rénité des régions où ils ont observé, la grandeur & l'exac- » titude des instrumens qu'ils ont employés, & qui sont tels » que les Modernes auroient de la peine à le croire, la mul- » titude des Observateurs & des Ecrivains dix fois plus grande » que chez les Grecs & les Latins, le nombre enfin des » Princes puissans qui l'ont aidée par leur protection & leur » magnificence. Une lettre ne suffit pas pour faire connoître » ce que les Astronomes Arabes ont trouvé à redire dans » *Ptolemée*, & leurs tentatives pour le corriger; quel soin ils » ont pris pour mesurer le temps par des clepsidres à eau, » par d'immenses horloges solaires, & même, ce qui sur- » prendra, par les vibrations du Pendule; avec quelle indus- » trie enfin, & avec quelle exactitude ils se sont portés dans » ces tentatives délicates, & qui font tant d'honneur à l'es- » prit humain, sçavoir de mesurer les distances des astres » & la grandeur de la terre ». On voit par-là que M. *Bernard* se proposoit de détailler davantage quelque part ces différens objets, & il est à regretter que ce n'ait été qu'un projet. Car quoiqu'il n'y eût peut-être que peu d'avantages pour nous

vrages, extraits d'Herbelot, Hottinger, Labbe, M. Bernard, &c.

Ibn-Heitem, *de invenienda poli inclinatione, de motu epicycli lunaris. De Dimensione solis, terræ & lunæ.*

Abu-Sahal, *de Planisph. demonst.*

Ibn-Schiatir, al Damaski, *Precepta Astronomica*, it. *Tractatus de Instrum.*

Ibn-Sina, *de optimis Instr. ad obs.*

Ibn-Iahia, *de Astron. dubiis & erratis.*

Abu-Schaker *Africani, Theoriæ Planet. dem. & emend.*

Abdora Marinsophi, A. C. 964.

Ebnolalam, A. 980.

Ibrahim ben Habib al Ferrari. *Tract. de Astrolab.*

Abul-Cassem-Abbas ben Mohammed; *de eod argum.*

Ibrahim Ibn Iahia. *Institut. Astron.* Voy. *Hinckelman, pref. ad Alcor.*

Alhazen, *Liber de Instr. ad obs.*

Ibn Heitem, *Obs. Astron. Collectio.*

Les Arabes eurent aussi une multitude de Tables Astronomiques qu'ils appelloient *Zig*, d'un mot qui signifie *Regle*; *Canon*. Nous allons en citer quelques-unes.

Zig al-Damaski, *Tabulæ Damascenæ*, dédiées à Almamon, par Ahmed Ben Abdalla.

Zig al Send-Hend, *Tabulæ indicæ*, par Mohammed ben Musa.

Zig Almamoni, *Tabula Almamonis*, par Iahia ben Abil Mansur.

Tabulæ seu canon prob. Par Abbas ben Abdalla.

Tabulæ Universales, par Kushian de Ghila.

On doit voir pour le surplus M. d'Herbelot, *Bibl. Orientale*, au mot *Zig*, ou l'Histoire de l'Astronomie de M. Weidler,

à le considérer du côté de la perfection de l'Astronomie, on verroit avec plaisir jusqu'où cette Nation célebre y avoit pénétré. Mais M. *Bernard* auroit surtout rendu un service aux Astronomes, si au lieu de la gigantesque entreprise qu'il avoit formée de donner une collection complete de tous les Mathématiciens de quelque réputation, il eût extrait des manuscrits dont il parle, une suite d'observations choisies, puisqu'ils en contenoient un si grand nombre. Ce recueil auroit utilement rempli le vaste vuide qui se trouve depuis *Albatenius* jusqu'à la renaissance de l'Astronomie parmi nous.

Je n'ai plus qu'un mot à dire sur l'Astronomie Arabe. Tout le monde sçait que nous tenons d'elle plusieurs termes que nous employons encore aujourd'hui. Tels sont ceux de *Zénith*, *Nadir*, *Azimuh*, *Almincantarat*, *Alhidade* (*a*). Ceux qui aspiroient autrefois au ridicule mérite d'étaler beaucoup de mots peu entendus, entassoient quantité de noms Arabes d'étoiles, comme *Aldebaran*, (l'œil du Taureau); *Schedir*, (la brillante de Cassiopée); *Regel*, (le cœur du Lion); *Fomahant*, ou plutôt *Fum-alhaut*, (la bouche du Poisson austral) &c. Il n'y a guere aujourd'hui que le nom d'*Aldebaran*, qui soit de quelque usage. Je ne sçaurois trop approuver la réflexion de *Scaliger* (*b*), qui s'élevoit contre la sotte affectation d'employer des mots tirés d'une Langue si peu connue, & la plûpart si pitoyablement défigurés, qu'ils seroient barbares pour les Arabes mêmes.

VII.

L'Astronomie des Arabes nous a occupé jusqu'ici, & cela devoit être, puisque ce fut le genre auquel ils s'adonnerent

(*a*) Quelques Lecteurs seront peut-être curieux de sçavoir l'étymologie de ces noms empruntés de la Langue Arabe. Nous allons donner celle de quelques-uns pour les satisfaire. Le mot de *Zénith*, dit *Golius*, vient du mot Arabe *Semt*, en changeant la lettre *m* en *i*, ce qui a pu arriver par l'ignorance des Copistes. Les Arabes disent *Semt al Rasi* : *Tractus*, *Plaga Capitis*, pour le point vertical au dessus de la tête. Dela nous avons d'abord fait *Semt*, & ensuite *Zénith*. Le mot *Nadir*, veut dire opposé, & a été employé par les Arabes, en opposition à celui de *Semt al Rasi*, pour désigner le point situé perpendiculairement au dessous de nos pieds. Le mot d'*Alhidade*, vient d'*Hadda*, (*numeravit*,) de sorte que *Hidad*, ou avec l'article, *al-Hidad*, a voulu dire primitivement, *le Numérateur*. C'est en effet cette partie de l'instrument qui sert à la fois à mirer l'objet, & à compter les divisions sur le limbe. *Azimuth* est dérivé de *Semt*, que nous avons vu signifier *Plaga*, *Tractus*, ici il signifie le côté de l'horizon, ce qui est l'emploi du cercle de ce nom.

(*b*) In Manil. p. 428.

avec le plus d'ardeur. Mais pour peu qu'on connoiffe l'enchaînement des Mathématiques, l'on fentira aifément que les connoiffances Aftronomiques en fuppofent une infinité d'autres tirées de la Géométrie, de l'Arithmétique, de l'Optique, &c. C'eft pourquoi, quand même l'Aftronomie auroit été la feule qui eût flatté la curiofité des Arabes, les autres parties des Mathématiques auroient eu part à l'accueil qu'elle en reçut. Auffi prefqu'en même temps qu'on vit paroître chez eux des Aftronomes, on y vit des Géometres, des Opticiens, des Algébriftes même, &c.

La plûpart des Géometres Grecs, & principalement ceux qui font néceffaires pour l'intelligence des Livres d'Aftronomie, comme *Euclide*, *Théodofe*, *Hypficle*, *Ménélaus*, furent mis en Arabe dès le regne d'*Almamon*, ou peu de temps après lui. On commença même dès-lors à s'élever à une Géométrie plus fublime; car les quatre premiers Livres d'*Apollonius* furent traduits par ordre de ce Prince (*a*). Le Traducteur fut *Ahmed Ben-Mufa-Ben-Shacer*, Géometre dont nous parlerons bientôt. A l'égard des autres Livres, les Arabes ne les eurent pas tout-à-fait fitôt dans leur Langue, s'il eft vrai que ce fut *Thébit Ben-Corah* qui les traduifit, comme il paroît par les manufcrits que nous poffédons; car il ne naquit que peu de temps après la mort d'*Almamon*. On a de *Thébit* un grand nombre de traductions, celle des treize Livres des Elémens d'*Euclide*; le Traité d'*Archimede*, *de fpherâ & cylindro*, & probablement fes autres ouvrages; les lemmes attribués à ce Géometre; les coniques d'*Apollonius*, du moins trois des derniers Livres. Tous ces ouvrages font dans les Bibliotheques, & c'eft fur le dernier corrigé & augmenté des notes de *Naffir-Eddin*, Géometre Perfan, que M. *Halley* a rendu à la Géométrie les Ve, VIe & VIIe Livres de l'ancien Auteur Grec. Le dernier paroît perdu fans reffource. Je ne dois pas oublier que les Arabes citent plufieurs écrits des Géometres Grecs que nous ne connoiffons point. Tels font un Traité *des lignes paralleles*, un autre fur *les triangles*, un troifieme fur *la divifion du cercle*, qui paroît dans des catalogues de manufcrits fous le titre *de fractione circuli*, &c. Ils attribuent

(*a*) Bibl. Orient. au mot *Abollonious*. Abulphar. *Hift. Dyn.*

ces ouvrages à *Archimede.* Mais on ne doit guere ajouter foi à leur témoignage, car ils montrent à cet égard une crédulité extrême. On ne pourra s'empêcher de rire en apprenant qu'ils font *Adam* Auteur d'un Traité d'Algebre qu'ils disent posseder (*a*).

Une des obligations que nous avons à la Nation Arabe, est d'avoir donné à la Trigonométrie la forme qu'elle a aujourd'hui. Quoique *Ptolemée* eût beaucoup simplifié la théorie de *Ménélaus,* il s'étoit servi d'une regle fort laborieuse, qui procédoit par une certaine composition de raisons entre six grandeurs, d'où lui est venu son nom de regle des 6 quantités : il résolvoit de cette maniere les principaux cas des triangles rectangles (*b*). *Mohammed-ben-Musa*, l'Astronome dont nous avons parlé plus haut, traita des triangles sphériques; son Ouvrage nous est parvenu manuscrit sous le titre mal rendu *de figuris planis & sphericis ;* mais nous ignorons s'il perfectionna l'invention des Anciens. L'Ouvrage de *Geber ben-Aphla* nous est plus connu. Ce Géometre & Astronome qui vivoit dans le XIe siecle, substitua à la méthode ancienne des résolutions plus simples, en proposant les trois ou quatre théorêmes qui sont le fondement de notre Trigonométrie moderne : ils sont exposés dans son Ouvrage sur *Ptolemée.* Les Arabes simplifierent encore la pratique des opérations trigonométriques, en employant les sinus au lieu des cordes des arcs doubles dont les Anciens se servoient : ce fut même une de leurs premieres inventions ; car on la trouve dans *Albatenius*, & il y a aussi dans les Bibliotheques un Traité d'*Alfraganus* sur les sinus droits, sujet sur lequel plusieurs autres Arabes écrivirent, comme *Iahia-ben-Mesvia*, contemporain ou peu postérieur à *Almamon*, &c.

Nous allons maintenant faire passer en revue quelques-uns des Géometres principaux que vante la Nation Arabe. Parmi eux *Abulpharage* nomme particuliérement les trois fils de *Musa-ben-Shacer.* L'un se nommoit *Abujaafar Mohammed*, le second *Hamed*, & le troisieme *Alhazan.* Ce furent eux qui firent cette observation de l'obliquité de l'écliptique dont on a parlé plus haut, & qui la fixerent à 23° 35′. Le premier

(*a*) Bibl. Orient. p. 979.
(*b*) *Alm.* l. II.

excella dans la Géométrie & dans l'Astronomie ; le second s'adonna à la Méchanique, & le dernier se rendit célébre dans la Géométrie. Celui-ci n'avoit cependant point été au delà du VIe Livre d'*Euclide*, si nous en croyons l'Histoire Arabe, & il ne laissoit pas de résoudre les questions les plus épineuses. Ils vivoient du temps d'*Almamon*, & *Abulpharage* raconte la petite altercation qu'eut le dernier en présence de ce Prince, avec un autre Géometre nommé *Al-Merusi*, qui lui reprochoit de n'avoir jamais passé le VIe Livre des Elémens. *Alhazan* répondit fort bien qu'il importoit peu qu'on eût étudié, pourvu qu'on sçût, & que l'on fût en état de résoudre les difficultés qui peuvent se présenter. *Thébit ben-Corah* fut le disciple du premier de ces trois freres, & il s'acquit une grande réputation en Géométrie, comme en Astronomie. Nous n'avons cependant de lui aucun ouvrage original, si ce n'est peut-être un Traité *de superficierum divisione*, qui porte son nom dans des catalogues de manuscrits Arabes. *Jacob Alcendi*, plus connu sous le nom d'*Alchindus*, fleurissoit dans ce temps-là, & écrivit sur la Géométrie. *Cardan* dit qu'on conserve entr'autres son Traité *de sex quantitatibus* dans la Bibliotheque de Milan, & il lui donne un rang parmi les plus puissans génies qu'on ait vus depuis l'origine des sciences. Je crois l'éloge de *Cardan* très-hyperbolique : il avoit apparemment trouvé dans *Alchinde* quelques visions analogues aux siennes, & c'étoit-là ce qui excitoit dans lui ces transports d'admiration. *Bagdadin*, ou *Mahomet Al-Bagdadi*, (de Bagdad,) est l'Auteur d'un élégant traité de *Géodésie*, qui a été traduit & publié en 1570. On l'a soupçonné de n'être que le copiste d'*Euclide*, qu'on croit avoir traité le même sujet. Mais il faudroit avoir plus de preuves de ce larcin, pour faire le procès au Mathématicien Arabe. On a en manuscrit un traité des *sections coniques*, sous le nom d'*Assingiari* ; & un autre du même Auteur intitulé *Responsa Mathematica* (*a*).

L'Opticien *Alhazen* mérite encore ici une place à cause de la Géométrie quelquefois profonde qu'il étale dans certains endroits de son Optique. Il faudroit même le ranger *Alhazen.*

(*a*) Voyez *Bibl. nov. mss.* du P. Labbe ; *Catalogus Librorum à Golio ex Oriente advect.*

parmi les Géometres d'un ordre supérieur, s'il étoit assuré qu'il fut l'Auteur de la solution qu'il donne du problême de *trouver sur un miroir sphérique le point de réflexion, le lieu de l'objet & celui de l'œil étant donnés*. Car c'est un problême fort difficile, & qu'on ne peut résoudre qu'à l'aide d'une longue & profonde analyse : mais je l'ai déja dit, en parlant de *Ptolemée*, il est probable que cette solution lui venoit des Grecs, & je doute qu'aucun Géometre Arabe ait jamais été capable de résoudre une question de cette nature. *Abu-Ali Ebnol-Heitem*, déja cité comme Astronome, fut un Géometre qui eut un nom parmi ses nationaux, de même que *Abul-Cassem Abbas* de Grenade, surnommé le Géometre, apparemment à cause de son habileté dans la Géométrie. Mais je termine cette énumération qui dégénereroit bientôt en une simple & ennuyeuse nomenclature (*a*). L'histoire des sciences chez un peuple consiste moins à accumuler des noms d'Ecrivains & des titres d'Ouvrages, qu'à développer les progrès qu'elles y ont faits. Je remarquerai donc seulement avant de finir, que les Géometres Arabes ne paroissent pas avoir été doués du génie d'invention. Presque toujours Commentateurs ou Compilateurs des Anciens, ils prirent rarement l'essor au delà des connoissances qu'avoient ceux-ci ; ou quand ils le firent, ils n'y ajouterent que des choses la plûpart faciles & élémentaires. C'est-là du moins le seul jugement qu'on peut en porter, sur ceux de leurs ouvrages que nous possédons, & que l'on connoît.

VIII.

Origine de notre Arithmétique.

L'ingénieux systême de numération qui fait la base de notre Arithmétique moderne, a été long-temps familier aux Arabes avant que de pénétrer dans nos contrées. Mais on feroit à ce peuple un honneur qu'il reconnoît être dû à un autre, si on lui en attribuoit l'invention. On a (*b*) un grand nombre de

(*a*) Ceux qui voudront prendre une connoissance plus étendue des divers écrits des Arabes dans les Mathématiques, doivent consulter la Bibliotheque Orientale de M. d'*Herbelot* aux mots *Aclides*, *Arschemides*, *Abollcnious*, &c, & surtout à celui de *Ketab*. Ils doivent encore lire la *Bibl. nov. mss.* du P. *Labbe* ; les Catalogues des Manuscrits Orientaux de diverses Bibliotheques ; la *Bibl. Bibliothecarum mss.* du P. de *Montfaucon*.

(*b*) Bibl. Orient. Labbe, *Bib. nov. mss.*

preuves,

preuves, la plûpart fournies par les Arabes mêmes, que cette ſorte d'Arithmétique dont nous parlons, leur eſt venue des Indiens. Les voici en peu de mots.

1° On trouve dans diverſes Bibliotheques des manuſcrits de Traités Arabes ſur l'Arithmétique, qui ſont intitulés, l'*Art de calculer ſuivant les Indiens*, *du calcul Indien*, &c. Et parmi ces manuſcrits on en voit un dans la Bibliotheque de Leyde, dont les ſignes numériques ſont fort reſſemblans aux nôtres (*a*), & à ceux de *Planude* dont nous parlerons bientôt. Nous trouvons encore pluſieurs Tables Aſtronomiques qui annoncent par leurs titres qu'on y a employé cette méthode, comme celles de Damas faites ſous *Almamon*; certaines compoſés par *Ebn-Almaſſi*; vers le même temps; pluſieurs autres enfin dont je pourrois raſſembler les titres, ſi je voulois étaler ici une érudition de ce genre (*b*).

En ſecond lieu *Alſéphadi* dans ſon Commentaire ſur un fameux Poëme Arabe de *Tograi* (*c*), dit qu'il y avoit trois choſes dont la Nation Indienne ſe glorifioit; le Livre intitulé, *Golaila ve damma*, (ce ſont des eſpeces de fables ſemblables à celles d'Eſope,) *ſa maniere de calculer & le jeu des Echecs*. Le témoignage d'*Aben-Ragel*, Auteur Arabe du XIIIe ſiecle, trouve naturellement ſa place ici. Il dit dans la Préface d'un Traité d'Aſtronomie, conſervé dans la Bibliotheque de Leyde, que l'invention de cette ſorte d'Arithmétique étoit l'ouvrage des Philoſophes Indiens (*d*).

3° Le Moine *Planude* qui écrivoit dans le XIIIe ſiecle, eſt Auteur d'un ouvrage qui ſubſiſte manuſcrit en divers endroits, & qui eſt intitulé λογιστικὴ ἰνδικὴ, ou ψηφοφορία κατὰ ἰνδοὺς, ce qui ſignifie *Arithmétique Indienne*, ou *maniere de calculer ſuivant les Indiens*. Le ſyſtême de numération qu'il y explique, eſt préciſément celui qui eſt en uſage aujourd'hui, & ſes caracteres, quoique aſſez différens des nôtres, ſont preſque les mêmes que ceux d'*Alſéphadi* dont nous avons parlé plus haut. Il y a plus: bientôt après il confirme expreſſément ce que le titre de ſon Livre vient d'apprendre. Il dit, après avoir expoſé la forme des neuf caracteres ſignificatifs de cette Arithmétique, *& ces neuf caracteres ſont Indiens*: il y en a, ajoute-

(*a*) Specim. calcul. fluxion. pref. p. 9.

(*b*) Voyez. Bibl. Orient. au mot *Zig*.

(*c*) Wall. *Arith.* c. 9.

(*d*) *Specim. calc. flux.* Ibid. p. 8.

t'il, un dixieme appellé τζίφρα, qu'ils expriment par o, & qui ne signifie rien suivant eux. Je remarque en passant que ceci nous fournit la vraie étymologie du mot *chiffre*, dont un abus introduit seulement depuis quelques siecles, a fait le nom de tous nos caracteres numériques. La maniere dont l'Auteur Grec écrit ce mot, désigne clairement qu'il ne vient point de la racine *Sephera*, (*numeravit*,) mais de celle-ci *Tzephera*, (*vacuus seu inanis fuit*). L'usage du zero confirme entiérement cette étymologie.

4°. J'ajouterai pour derniere preuve de l'origine de notre Arithmétique, que lorsqu'elle commenca à s'introduire parmi nous, comme dans le XIIIe siecle, on ne doutoit point qu'elle ne nous vînt des Indiens. Jean de *Sacro-Bosco* nous l'apprend dans son Arithmétique en vers, qui se trouve manuscrite dans diverses Bibliotheques. M. *Wallis* (*a*) en a extrait ces vers par où elle commence.

Hæc Algorithmus, ars præsens, dicitur, in quâ
Talibus Indorum fruimur bis quinque figuris.

Nous aurons bientôt occasion de montrer la grande ressemblance, ou pour mieux dire, l'identité presqu'entiere des caracteres de *Sacro-Bosco* avec ceux d'àprésent.

Il est assez prouvé par ces témoignages, que les Arabes emprunterent des Indiens leurs caracteres Arithmétiques & leur systême de numération. Ainsi lorsque M. *Vossius* (*b*) a prétendu que les Arabes les tenoient des Grecs, & les Indiens des Arabes, c'est qu'il ignoroit les faits que nous venons de rapporter, & surtout l'aveu unanime que font ceux-ci de les devoir aux Indiens. Mais voici une nouvelle question qu'on peut se former. Les Indiens sont-ils les premiers inventeurs de cette Arithmétique, ou la doivent-ils à quelqu'autre peuple? C'est encore là un sujet de division parmi les Sçavans, & il est plus difficile de décider entr'eux. Le sçavant M. *Huet* a pensé que nos chiffres venoient des neuf premieres lettres Grecques défigurées, de sorte que les Indiens les auroient reçus des Grecs (*c*); mais ce sentiment ne me paroît en aucune

(*a*) Wallis, *Alg. c.* 3.
(*b*) *Not. ad Pomp. Melam.* p. 64.
(*c*) *Dem. Evang.*

maniere soutenable, & il rappelle le mot de l'épigramme si connue, sur l'origine étrangement détournée que *Ménage* donnoit au mot *Alfana*. Il faut convenir, dirons-nous avec une égale justice, que si ces caracteres viennent des lettres Grecques, ils ont prodigieusement changé sur la route. D'ailleurs il s'agit moins ici de leur forme, que du systême ingénieux qui, par le moyen de dix figures, exprime tous les nombres possibles. Les Grecs avoient trop de génie pour ne pas sentir le mérite de cette invention, & ils l'auroient bientôt adoptée si elle eût pris naissance chez eux, ou qu'ils l'eussent connue.

On trouve dans *Boece* quelque chose de plus séduisant en faveur des Grecs. Il dit (*a*) que quelques Pythagoriciens inventerent, pour désigner les nombres, des notes particulieres qu'il nomme *Apices* ou *Caracteres* : delà il passe à expliquer la maniere dont on les emploie, & à travers l'obscurité de son explication, on ne peut y méconnoître notre Arithmétique moderne. Il y a plus; divers manuscrits de cet ancien Auteur nous offrent des caracteres numériques qui approchent beaucoup des nôtres, & dont quelques-uns sont absolument semblables. M. *Vard* nous a communiqué ceux qu'il a trouvés dans un beau manuscrit appartenant au D. *Mead* (*b*). On les voit dans la planche IVe.

Cet endroit de *Boece* a paru à plusieurs Sçavans, & entr'autres à M. *Weidler* (*c*), une forte preuve que nos chiffres ne furent pas inconnus, comme on le pense ordinairement, aux anciens Grecs. Quelques Auteurs ont cru l'éluder en disant qu'il est fort difficile de juger de l'âge d'un manuscrit, & que ceux sur lesquels on se fonde ne sont peut-être pas antérieurs au douzieme ou au treizieme siecle. Or en le supposant il ne doit plus paroître surprenant d'y trouver nos chiffres ou des caracteres qui leur sont fort ressemblans. Car c'est vers ce tems que cette invention commença à s'introduire dans ces contrées. Ainsi il a pu arriver que des Copistes ayent substitué ces caracteres à ceux qu'ils voyoient dans les manuscrits de *Boece* qu'ils transcrivoient.

Ce que l'on dit sur l'antiquité de ces manuscrits est assez

(*a*) *Geom.* l. 1.

(*b*) *Transf. Phil. n.* 439, *an.* 1735.

(*c*) *De caract. num. vulgaribus, & eorum ætate, &c. Dissertatio Mathematico-Critica*, Wittemb. 1727, in-4°.

vraisemblable, & je ne trouve pas que, malgré ses efforts, (a), M. *Weidler* ait bien solidement prouvé qu'ils en aient une plus grande que celle qu'on a dit plus haut. Mais je remarquerai que ce dénouement n'est point suffisant. Il faudroit, pour détruire l'induction que fournit ce passage de *Boece*, supposer qu'il a été ajouté dans les douzieme & treizieme siecles ; car en le reconnoissant pour l'ouvrage de *Boece* même, on est forcé de convenir que le principe de notre Arithmétique moderne étoit connu de son tems. Mais qui pourra se persuader que tous les manuscrits de cet Auteur, sans en excepter aucun, aient été altérés de cette maniere ? quelle preuve ne détruiroit-on pas si l'on pouvoit ainsi rejetter à son gré des morceaux considérables d'un ancien Ecrivain ? Voici donc quelques autres conjectures que j'ose proposer.

Les Indiens sont si attachés à leurs usages, & montrent tant d'éloignement à adopter aucun de ceux des Etrangers, qu'il faut, à mon avis, les regarder comme les inventeurs de notre Arithmétique, puisqu'ils en sont en possession depuis si long-tems, & qu'on reconnoît de toute part la leur devoir. Nous la supposerons donc née dans l'Inde : delà elle aura pu passer de proche en proche aux Arabes & aux autres peuples de l'Orient avec qui les Grecs eurent un grand commerce dans les premiers siecles après la fondation de Constantinople. Ce fut peut-être alors que ces derniers la connurent : mais comme les Sciences commençoient à décliner beaucoup chez eux, ce ne fut qu'une connoissance stérile, & dont ils ne tirerent point les avantages que leurs ancêtres en auroient tirés. *Boece* qui écrivoit au commencement du sixieme siecle, & qui avoit puisé chez les Grecs tout son sçavoir, la reçut d'eux, & l'inséra dans sa Géométrie, en l'attribuant à *Pythagore*, soit que ceux de qui il la tenoit, le lui eussent dit ainsi, soit qu'il ait lui-même hazardé ce trait. Cette conjecture me paroît avoir l'avantage de concilier toutes les difficultés. Notre Arithmétique moderne aura été connue à *Boece*, & elle ne laissera pas de venir des Indiens, à qui tant de témoignages en adjugent l'invention. Mais en voilà assez sur un sujet si obscur, & qui prête à tant de conjectures : je passe

(a) *Spicilegium obs. ad not. num. Hist. pert.* Wittemb. 1755. in-4°.

à satisfaire l'impatience des Lecteurs, curieux sans doute de connoître quelle forme avoient anciennement ces caracteres, & par quels degrés ils sont devenus ceux dont nous usons aujourd'hui.

Alsephadi, dans l'ouvrage que j'ai cité plus haut, nous apprend que de son temps les dix caracteres numériques étoient ceux que l'on voit dans la planche quatrieme, & il donne un exemple de leur usage. Il s'agit de représenter le nombre 18446744073709551615 (*a*), il le fait par les figures du *num.* VIII. Les caracteres de *Planude* ne different en rien de ceux d'*Alsephadi*, si ce n'est dans la forme du cinq & dans celle du zero que *Planude* marque comme nous par o, au lieu que l'Auteur Arabe se sert pour cela d'un gros point. Je remarque encore que d'autres Arabes désignerent le cinq par o, & le zero par un petit crochet. Il est difficile de décider si les caracteres de *Planude* & d'*Alsephadi* sont ceux dont se servoient anciennement les Indiens. Si cela est, ils ont beaucoup changé depuis, car *Tavernier* nous a rapporté de ses voyages ceux qui sont à présent en usage chez eux, & ils ne ressemblent presqu'en rien à ceux des Auteurs Grecs & Arabes dont nous avons parlé.

Lorsque cette espece d'Arithmétique commença à se re-

(*a*) Alsephadi rapportant dans cet Ouvrage l'origine du jeu des Echecs, fait l'histoire d'une question Arithmétique, qui m'a paru mériter ici une place. Ardschir, Roi des Perses, ayant inventé le jeu du Trictrac, & ceux-ci s'en glorifiant, un certain Sessa fils de Daher, Indien, inventa les Echecs, & les présenta à un Roi des Indes. Celui-ci en fut si satisfait, qu'il lui offrit pour récompense tout ce qu'il désireroit. Sessa lui demanda seulement autant de bled qu'il en faudroit en commençant par un grain, & en doublant autant de fois qu'il y avoit de cases dans son échiquier, c'est-à-dire soixante-quatre fois. Le Roi s'indigna presque d'une demande qui lui paroissoit si bornée & si peu digne de sa magnificence; mais Sessa insistant, il ordonna à ses Ministres de le satisfaire. Ils furent bien étonnés quand ils eurent calculé la prodigieuse quantité de bled qu'il falloit pour cela, & ils coururent au Roi qui ne pouvoit se le persuader. Après qu'on le lui eût montré, il fit venir Sessa, & il lui dit qu'il se reconnoissoit insolvable. Il ajouta qu'il l'admiroit encore plus pour la subtile demande qu'il lui avoit faite, que pour l'invention du jeu qu'il lui avoit présenté.

L'Auteur Arabe fait le calcul de cette quantité de bled, ce qui n'est pas difficile, & il trouve qu'il faudroit 32768 villes toutes en grenier pour l'enmagasiner; & que si on l'entassoit en pyramide, il en formeroit une de plus de six milles de hauteur, & autant de longueur & de largeur. Mais comme nous ne connoissons pas bien le rapport du mille Arabe avec nos lieues, M. Wallis reprenant le calcul d'Alsephadi, a trouvé que cette pyramide auroit neuf mille Anglois de longueur, de largeur & de hauteur; ce qui revient à près de trois de nos lieues moyennes. C'est à M. Wallis que nous devons cette curieuse Histoire; Voyez son *Arith.* c. 31.

pandre parmi nous, c'est-à-dire vers le commencement du XIIIe siecle, nos chiffres avoient la forme qu'on voit dans la planche quatrieme; c'est ce que nous apprennent deux Ouvrages de ce temps, sçavoir, le Traité d'*Arithmétique* de *Sacro-Bosco*, & celui *du Calendrier* de *Roger Bacon*. Leur ressemblance avec les nôtres est déja fort grande, & il est facile de concevoir comment ils ont pu se transformer en ces derniers. Le quatre est devenu notre 4, en le redressant un peu & en l'écrivant à traits quarrés. Le cinq differe à peine de notre 5, & il est assez semblable à celui de *Planude*, dont on auroit retranché le trait ascendant pour la commodité & la vîtesse de l'écriture. Notre 7 est l'ancien un peu redressé de gauche à droite. Quant au deux, j'ai remarqué plusieurs fois dans des notes manuscrites, à la marge de quelques Livres d'Arithmétique du XVIe siecle, qu'à cette époque il y avoit encore des gens qui le faisoient comme *Bacon* & *Sacro-Bosco*. Nous ferons connoître ailleurs (*a*) dans quel temps & par l'entremise de qui cette ingénieuse invention a commencé à s'introduire dans ces contrées, & nous y renvoyons.

Il n'est pas douteux que les Arabes n'aient reçu les regles principales de leur Arithmétique avec ces caracteres; & il est aussi fort probable que leurs Mathématiciens y en ajouterent d'autres. Parmi les artifices que nous leur devons dans ce genre, je mets les regles de fausse position, simple & double. *Lucas de Burgo* les avoit apportées d'Orient, & il leur donne le nom de regles d'*Elcatain* (*b*). La regle de fausse position double est fort ingénieuse; c'est une maniere de se passer du calcul algébrique, qui réussit fort bien dans un certain ordre de problêmes, & qui doit nous donner une idée avantageuse de son inventeur.

IX.

De l'Algebre chez les Arabes.

L'Algebre est encore une branche des Mathématiques, transplantée de l'Arabie dans nos climats. Elle n'est guere moins ancienne chez les Arabes, que les autres parties des Mathématiques qu'ils tenoient des Grecs. Cela pourroit

(*a*) Part. III, l. 1.
(*b*) *Summa Arith. ac Geom.*

lonner lieu de penser qu'ils n'en sont pas les inventeurs, mais qu'ils la doivent aussi à ces derniers. M. *Wallis* (*a*) pense néanmoins le contraire, & il en donne une raison assez spécieuse : c'est que les Arabes ont adopté dans la dénomination des puissances un systême différent de celui de *Diophante*. Dans l'Auteur Grec les 2e, 3e, 4e, 5e puissances, &c, sont le quarré, le cube, le quarré-quarré, le quarré-cube, le cube-cube, &c ; chaque puissance est dénommée par les deux inférieures dont elle est le produit. Chez les Arabes ces mêmes puissances sont le quarré, le cube, le quarré-quarré, le premier sursolide, le quarré-cube, le second sursolide, &c ; ce sont des puissances de puissances, & celles qui ne peuvent pas être ainsi formées, sont nommées sursolides. Par exemple, chez *Diophante* le quarré-cube est le quarré multiplié par le cube, & c'est la cinquieme puissance : les Arabes en font au contraire la sixieme, parce qu'ils entendent par-là le quarré du cube ou le cube du quarré : on les distingueroit en Latin l'un de l'autre, en appellant le premier *quadrato-cubus*, & le second *quadrati-cubus*. Cette différence semble effectivement désigner une Science puisée dans une autre source. Je n'ose cependant point trop insister sur la validité de cette raison.

Quelle que soit l'origine de l'Algebre chez les Arabes, c'est une puérile opinion que celle qui en attribue l'invention à *Géber*, & qui prétend par-là rendre raison du nom qu'elle porte. La seule ressemblance de ces noms a fait hazarder cette étymologie. *Lucas de Burgo* (*b*), l'un des premiers qui aient expliqué l'Algebre aux Chrétiens Occidentaux, & qui ayant puisé ses lumieres chez les Arabes, est fort croyable à cet égard, nous donne la vraie origine du mot *Algebre*. Il vient, dit-il, des mots *Aljabar v' Almucabala*, ce qui en Langue Arabe signifie *opposition* & *restitution*, des deux racines *Gébéra* (*opposuit*,) & *Cabala* (*restituit*,). On oppose, on compare en effet dans l'Algebre deux grandeurs, en faisant ce que nous nommons une équation, & après cette analyse qui démembre en quelque sorte la question, on la rétablit en entier, ce qui est la preuve de la justesse de la solution. Ces

(*a*) *Algebra.*
(*b*) *Summa Arith. & Geom.*

mots peuvent encore signifier par cette raison *Analyse* & *Synthese*, ce qui convient fort bien à l'Algebre, quoiqu'il soit plus ordinaire de l'employer dans les résolutions analytiques. Le nom que quelques-uns des premiers Analistes Italiens donnerent à l'Algebre, confirme encore cette étymologie. Je remarque en effet qu'il y en eut qui nommerent cet Art *Almucabala*, & l'on voit cette dénomination dans quelques écrits de *Cardan*. Mais après bien des vicissitudes & des changemens de noms, celui d'Algebre est le seul qui soit resté en usage.

Les plus anciens Auteurs d'Algebre chez les Arabes sont *Mohammed ben-Musa* & *Thébit ben-Corah*. Le premier est donné par *Cardan* pour l'inventeur de la résolution des équations du second degré (*a*) : j'ignore sur quel fondement. La découverte n'est pas assez difficile pour lui faire beaucoup d'honneur ; mais enfin c'est toujours avancer, que de faire un pas, quoiqu'il ne soit pas grand. L'Ouvrage de *ben-Musa* subsiste en manuscrit dans plusieurs Bibliotheques (*b*), & le titre de *Covaresmien* qu'y porte cet Analiste, nous apprend qu'il est le même que celui qui vivoit sous *Almamon*. *Thébit* écrivit sur la certitude des démonstrations du calcul algébrique. Ceci nous apprend que les Arabes eurent aussi (*c*) l'idée heureuse d'appliquer l'Algebre à la Géométrie : mais il n'y a que l'inspection du manuscrit dont il s'agit ici, qui pourroit nous apprendre jusqu'où ils avoient porté cette invention.

On est vulgairement persuadé que les Arabes n'allerent pas au delà des équations du second degré. Cela est fondé sur ce que *Lucas de Burgo*, qui avoit appris d'eux tout ce qu'il sçavoit d'Algebre, dit que les équations du troisieme degré & au dessus, sont irrésolubles ; mais apparemment cet Arithméticien n'avoit pas appris ce qu'il y avoit de plus sçavant dans l'Algebre des Arabes, ou les Sciences ayant déja beaucoup dégénéré chez eux, ses maîtres n'avoient eux-mêmes point de connoissance des méthodes plus relevées. Car la Bibliotheque de Leyde nous fournit un manuscrit qui porte pour titre l'*Algebre des équations cubiques*, ou *la résolution des*

(*a*) *Algebra.*
(*b*) Bibl. Biblioth. mss. de P. de *Monfaucon.*
(*c*) *Bibl. Nov. mss. Supplem. VI.*

problêmes

problêmes solides, par *Omar-ben-Ibrahim* (*a*), d'où nous pouvons conclure que les Arabes allerent plus loin qu'on ne pense vulgairement. Que de faits curieux, & peut-être intéressans à d'autres égards, n'y auroit-il pas à recueillir dans plusieurs de ces manuscrits ! Qu'il est à regretter de ce que parmi ceux qui sont à portée de les consulter, & qui connoissent la Langue dans laquelle ils sont écrits, il n'y ait personne qui ait le zele d'aller au delà du titre.

Les Bibliotheques fournies en manuscrits Orientaux possedent un grand nombre de Traités d'Algebre en Arabe. Mais comme je n'aurois que des titres à faire passer en revue, je me contenterai d'indiquer les endroits où l'on peut les trouver (*b*). Je finirai par un trait remarquable, c'est que l'Algebre fournit aux Poëtes Arabes des sujets de poëmes, & que quelques-uns chanterent les merveilles de cet Art. La Bibliotheque de *Bodley* possede divers manuscrits de cette nature. Tel est en particulier un commentaire sur le Poëme d'*Ibn-Iasmin*, qui étoit intitulé *de Scientiâ Algebræ*. Il y en a un autre dont le titre est *des Merveilles de l'Algebre*.

X.

Math. mixtes chez les Arabes.

Les Arabes ne firent dans les autres parties des Mathématiques aucun progrès remarquable au delà des Grecs. Les Sçavans de cette Nation porterent en général un esprit servile dans les Sciences, & particuliérement dans la Physique, qui de toutes a le plus besoin de cette inquiétude d'esprit, qui excite sans cesse de nouveaux efforts, jusqu'à ce qu'on ait évidemment atteint la vérité. Ainsi ils durent en rester au même point que les Anciens, & pour ainsi dire, bégayer avec eux, ou commenter leurs erreurs.

La Méchanique ne nous fournit chez les Arabes que quelques traductions, comme celle du Livre *des machines de guerre* d'*Héron* le jeune, celle du Traité d'*Héron* d'Alexandrie, intitulé *Barulcon*, que *Golius* apporta d'Orient au milieu du siecle passé, & qu'il déposa dans la Bibliotheque de Leyde.

(*a*) *Specim. calcul. fluxi. Prefat.* p. 10.

(*b*) Bibl. Orient. au mot *Gebr.* le P. Montfaucon. *Bibl. Bibl. mss.* Labbe, *Bibliot. nova mss. Supp.* VI.

Tel est encore un Traité attribué à *Archimede*, & intitulé *des machines à eau*, supposé que le Traducteur peu intelligent n'ait pas rendu ainsi le titre de l'ouvrage *de insidentibus in fluido*, qui avoit aussi été traduit par les Arabes, & que nous n'avons eu que par leur entremise. On a enfin un Ouvrage Arabe intitulé *des machines ingénieuses*, que je soupçonne être une compilation des pneumatiques & des hydrauliques de *Ctésibius* & *Héron* d'Alexandrie (*a*).

L'Optique eut chez les Arabes un grand nombre d'Ecrivains. Tels furent *Alfarabius*, dont on a en manuscrit le Traité intitulé *Perspective*, par où il ne faut entendre que notre Optique ordinaire; *Ibn-Heitem* Syrien, qui écrivit sur la vision directe, réfléchie & rompue, & sur les miroirs ardens, &c.

Alhazen. Mais de tous ces Opticiens le plus célebre est *Alhazen*, nous avons son Traité d'Optique, qui nous offre une espece de tableau de cette Science chez ses nationaux. Nous y trouvons beaucoup de mauvaise Physique sur la cause de la vision, sur les couleurs, &c : elle est néanmoins entremêlée de quelques réflexions judicieuses, comme sur la réfraction Astronomique, la grandeur apparente des objets, & principalement sur le phénomene de la grandeur excessive des astres vus à l'horizon. Voilà ce qui concerne la partie physique. Celle qui appartient purement à la Géométrie, comme la Catoptrique, y est beaucoup meilleure, quoiqu'elle ne soit pas exempte d'erreurs, comme sur le lieu apparent des miroirs courbes, le foier des miroirs caustiques. A l'égard de la Dioptrique, quoiqu'assez étendue, elle est fort imparfaite; on y entrevoit néanmoins des tentatives ingénieuses pour expliquer la réfraction. Au reste *Alhazen* n'est point coupable de ce que lui impute M. *Huygens*, en lui faisant dire que les angles rompus sont proportionnels à ceux d'inclinaison. Au contraire il apperçut trèsbien qu'il n'y avoit entr'eux aucune proportion constante, & il recourut à l'expérience pour déterminer la quantité de réfraction qui convenoit à chaque obliquité : il en donne une Table qui montre que M. *Huygens* l'a accusé avec un peu trop de précipitation (*b*).

(*a*) Bibl. Orient. aux mots *Haroun*, *Arschemides*, *Ketab*.

(*b*) L'optique d'Alhazen traduite de l'Arabe, a été publiée en 1572, par Risner, avec celle de Vitellion, sous le titre de *Thesaurus Opticæ*, in-fol.

X I.

Nous avons déja fait d'avance une partie de l'hiſtoire des Mathématiques chez les Perſans, en parlant des Arabes. Soumis pendant pluſieurs ſiecles aux mêmes Souverains, faiſant profeſſion de la même Religion, ces deux Peuples n'en formerent qu'un ſeul juſques vers le milieu du XIe ſiecle, que les premiers ſecouerent le joug des Califes, & ſe donnerent des maîtres particuliers. C'eſt à cette Epoque qu'on commence à les diſtinguer des Arabes, & que nous commencerons l'Hiſtoire des Mathématiques chez eux en particulier.

Les Perſans donnerent peu après le milieu du XIe ſiecle une nouvelle forme à leur Calendrier qui fait beaucoup d'honneur à leurs Aſtronomes. L'hiſtoire abrégée du Calendrier Perſan trouve ici naturellement ſa place : la voici en peu de mots.

Giemſchid Roi des Medes, qui paroît être le Prince connu des Grecs ſous le nom de *Darius Ochus*, fut l'Inſtituteur de l'année ſolaire chez les Perſes : l'époque de cet établiſſement eſt la dix-ſeptieme année avant la mort d'*Alexandre* ; car lorſque *Ieſdegerd* monta ſur le trône, ce qui arriva l'an 943 de l'Ere d'*Alexandre*, il y avoit déja 960 ans d'écoulés depuis la réformation de *Giemſchid*.

L'année ſolaire de *Giemſchid* étoit de 365 jours & 6 heures, comme la Julienne ; mais au lieu de l'intercalation dont nous faiſons uſage, ce Prince en ordonna une fort bizarre. Elle conſiſtoit à intercaler un mois de 30 jours au bout de 120 ans, ce qui produit le même effet ; à cela près que notre intercalation ramene tous les 4 ans le commencement de l'année civile au commencement de l'année Aſtronomique, au lieu que cette autre ne le fait qu'au bout de 120 ans. Il y avoit encore une ſingularité dans l'intercalation de ce treizieme mois ; c'eſt qu'on le plaçoit ſucceſſivement le premier, puis le ſecond de l'année, & ainſi de ſuite. Ces Peuples ſuperſtitieux prétendoient, à l'imitation des Egyptiens, ſanctifier par-là ſucceſſivement toutes les ſaiſons de l'année, en les faiſant parcourir par le mois intercalaire, qui occaſionnoit des fêtes & des cérémonies extraordinaires.

Ieſdegerd qui monta ſur le trône l'an 629 de J. C. abolit une coutume ſi bizarre, en introduiſant l'intercalation d'un jour tous les 4 ans. Mais cette correction fut de peu de durée : les Perses bientôt soumis à la domination des Califes, furent obligés de recevoir & la Religion & la forme d'année usitée par leurs vainqueurs. L'année des Persans devint donc lunaire, & le fut jusqu'au temps où ils secouerent le joug des Califes Arabes, & qu'ils se donnerent des maîtres particuliers. Cela arriva vers la fin du XIe siecle ; *Gelalo-Eddin Melic-Shah* qui fonda alors une nouvelle Dynastie, remit en usage l'année solaire : les Astronomes furent consultés sur la forme qu'il falloit lui donner, & comme l'Astronomie avoit fait dès lors assez de progrès pour reconnoître que l'année solaire étoit moindre d'environ 11 minutes, que *Giemschid* & *Iesdegerd* ne l'avoient cru, on chercha à y avoir égard. L'Astronome *Omar Cheyam* est celui à qui l'on fait honneur de l'intercalation ingénieuse dont les Persans font usage depuis ce temps. Il imagina d'intercaler sept fois de suite chaque quatrieme année, & à la huitieme fois de ne le faire qu'après 5 ans ; c'est précisément la même chose que si l'on intercaloit huit jours dans 33 ans, ce qui ramene les équinoxes avec beaucoup d'exactitude au même point de l'année civile. En effet, si l'on suppose l'excès de l'année solaire sur la civile de cinq heures 49′ 5″ 28‴, cet excès répété trente-trois fois est entiérement absorbé par l'addition de huit jours intercalaires dans cet intervalle de temps. Cette forme de Calendrier commença à avoir cours chez les Persans l'an 1079 de notre Ere, & son époque est le 14 du mois de Mars de cette année, jour auquel arriva l'équinoxe du printems qui commence toujours l'année Persanne.

Il ne faut cependant pas s'imaginer que les Persans aient immédiatement déduit de leurs observations cette grandeur de l'année, qui approche tellement de la véritable, qu'elle tient un milieu entre celles que les plus habiles Astronomes de nos jours ont déterminées. Il est plus vraisemblable que la forme de l'intercalation proposée par *Omar*, & qui, par un heureux hazard, convient précisément à cette longueur d'année, est ce qui les a déterminés à l'adopter. C'est à peu près ainsi que nos réformateurs du Calendrier Julien ont été conduits à supposer l'année solaire de 365 jours, 5 heures 49′. 12″, parce que c'est celle qui résulte, en supposant que trois bissextiles retranchés dans 400 ans ramenent précisément l'équinoxe au même jour & au même moment de l'année civile.

Pour en revenir à l'intercalation Persanne, on ne peut disconvenir qu'elle ne soit plus parfaite à certains égards, que celle dont nous faisons usage depuis la réformation Grégorienne. Car elle a l'avantage de ramener au bout de 33 ans l'équinoxe au même point, & de ne lui pas permettre de s'en écarter de plus de 24 heures, au lieu que la nôtre lui permet des écarts plus considérables, & ne le ramene précisément au même point qu'au bout de 400 ans. Mais aussi il faut remarquer en faveur des Auteurs de notre Calendrier, qu'ils n'avoient pas seulement une année solaire à arranger, mais à accorder avec elle une année lunaire. Ainsi les conditions du problême qu'ils avoient à résoudre, étant en plus grand nombre, on ne doit pas leur faire un crime de s'être contentés d'une solution qui satisfait moins parfaitement aux unes, pour pouvoir en même temps remplir les autres.

Les Persans furent pendant un temps si jaloux de l'Astronomie, qu'ils firent une loi suivant laquelle il n'y avoit qu'eux qui pûssent l'étudier. On accordoit rarement à un Etranger la faveur de pouvoir l'apprendre chez eux; car ils ajoutoient foi à une prophétie qui leur annonçoit que l'Empire Persan seroit renversé par les Chrétiens, & que ceux-ci tireroient leur principal avantage de certaines connoissances Astronomiques. Celui qui nous apprend ces traits, est un Grec du XIIIe siecle, nommé *Chioniades*, qui alla exprès en Perse pour y apprendre l'Astronomie, presqu'inconnue chez ses compatriotes (*a*). Malgré les recommendations de l'Empereur de Constantinople auprès du Monarque Persan avec qui il étoit alors en bonne intelligence, il ne put avoir cette permission qu'au prix de plusieurs services qu'il rendit à ce dernier (*b*). Il rapporta dans la Grece des Tables dont on a l'abrégé dans la Bibliotheque du Roi, & qui donnoient à M. *Bouillaud* une idée fort avantageuse de l'Astronomie Persanne (*c*); car,

(*a*) Je me suis trompé vers la fin du dernier Livre de la premiere Partie, lorsque j'ai attribué ce Voyage à George Chrisococca. Ce dernier ne fit que rédiger les Mémoires de Chionades.

(*b*) *Astron. Philolaica. in Tab.* p. 211.

(*c*) *Ibid. in proleg.* p. 15.

dit-'il, elles convenoient assez exactement avec les mouvemens célestes pour le temps auquel elles avoient été calculées, à l'exception de celles de Mercure.

XII.

Parmi les protecteurs qu'eut l'Astronomie chez les Persans, un des plus magnifiques est le Roi *Holagu Ilecou-Kan*. Ce Prince petit-fils de *Genghis-kan*, avoit été envoyé par son oncle *Octai*, Empereur Tartare, pour subjuguer les pays situés à l'Occident. Il entra dans la Perse vers l'an 1254, & il la subjugua rapidement, après avoir pris prisonnier le Sultan *Mostasem*, le dernier de la famille des Abassides. On a dit que l'Astronome *Nassir-Eddin* fut la cause de cette révolution; qu'ayant été outragé par *Mostasem* à qui il présentoit un de ses Ouvrages, il se retira chez *Holagu*, & qu'il l'engagea à porter la guerre chez son ancien maître. Mais cela est démenti par l'Histoire des successeurs de *Genghis-kan*: elle nous apprend qu'ils étoient assez animés de l'esprit de conquête, sans que qui que ce soit le leur inspirât. Quoi qu'il en soit, *Holagu* parvenu à la Couronne de Perse, combla de biens *Nassir-Eddin*, & il entreprit de faire fleurir l'Astronomie par de magnifiques établissemens. Il assembla les plus habiles gens de la Religion mahométane, & il en composa une sorte d'Académie, dont l'occupation ne devoit être que de perfectionner cette science. La ville de Maragha, voisine de Tauris, & dont l'exposition étoit favorable, fut choisie pour y construire un Observatoire. Ce fut-là qu'on observa long-temps
[Na]ssir-Eddin. sous la direction de *Nassir-Eddin*, qui fut établi le Président de cette Assemblée de Sçavans (*a*), qualité qui fut encore relevée par celle de Chef de tous les Mathématiciens de l'Empire. Cet Astronome composa dans ce lieu divers ouvrages, entr'autres une *Théorie des Mouvemens Célestes*, un *Traité de l'Astrolabe*, & sur-tout ses *Tables*, fruit de douze années d'ob-

(*a*) M. d'Herbelot nous a transmis les noms de quelques-uns de ces Astronomes qui aiderent *Nassir-eddin*. Il les nomme *Almoviad Alaredi* de Damas, *Al-Fackr* de Maragha, *Al-Kalathi* de Teflis, *Nagmeddin* de Casbin. On peut probablement leur ajouter *Nedammoddin*, le disciple de *Nassir-Eddin*, qui écrivoit entr'autres un Traité de l'Explication des années, qui est dans la Bibliotheque de Leyde.

ſervations, & qu'il nomma Ilecaniques, du nom de ſon bienfaiteur. Ces Tables ont eu & ont encore dans l'Orient une grande célébrité ; & elles y paſſent avec celles d'*Ulugh-beigh* pour les plus exactes qui aient été faites.

On s'étonnera, avec quelque raiſon, qu'un Prince Tartare élevé au milieu des horreurs de la guerre, ait eu un goût auſſi décidé pour les Sciences. Mais outre que nous en avons un autre exemple non moins illuſtre dans le petit-fils de *Tamerlan*, il faut remarquer que les ſucceſſeurs de *Genghis-kan*, ni ce Conquérant lui-même, ne furent point ennemis des Lettres. Jamais l'Aſtronomie n'a été cultivée à la Chine avec plus de ſuccès & plus d'aſſiduité que ſous ces Princes. Les Chinois poſſédent une ſuite complete d'obſervations fort intéreſſantes, ſoit pour l'Aſtronomie, ſoit pour la Géographie, depuis *Genghis-kan* juſqu'à *Houpilié* ſon petit-fils, qui fonda à la Chine la Dynaſtie des *Yven* en 1271. *Houpilié* étoit frere d'*Holagu*, & comme *Genghis-kan* s'étoit attaché des lettrés Chinois pour Miniſtres, ces deux Princes avoient probablement reçu une éducation Chinoiſe, c'eſt-à-dire, qu'ils avoient puiſé dès leur jeuneſſe de l'eſtime pour les ſciences & pour les talens de l'eſprit.

Il eſt à remarquer que dans le même temps que ceci ſe paſſoit en Aſie, le Roi *Alphonſe* de Caſtille aſſembloit à Tolede des Aſtronomes pour la compoſition de ſes Tables. Ainſi l'on voit preſque à la fois deux Souverains, l'un en Occident, l'autre en Orient, concourir comme de concert au même but. Il y a ſeulement cette différence, que l'entrepriſe d'*Alphonſe* mérite plus d'être louée par le deſſein que par l'exécution. On réuſſit beaucoup mieux en Orient, à l'aide d'une doctrine ſolide & judicieuſe ; & l'on ſçut s'y préſerver des opinions monſtrueuſes qui terniſſent l'ouvrage des Aſtronomes Occidentaux.

La faveur d'*Holagu* pour ces Sçavans, ſe ſoutint juſqu'à ſa mort. L'Hiſtoire Orientale (*a*) nous apprend que ce Prince mourut entre leurs bras à *Maragha*, où il étoit allé les viſiter & être témoin de leurs travaux. Quant aux Tables Ilécaniques, leur célébrité dans l'Orient a occaſionné un grand nombre d'ouvrages d'après elles. Elles furent 1° commentées

(*a*) Bibl. Orientale, au mot *Holagu*.

par divers Astronomes, entr'autres par *Schah-Colgi*, Astronome du XVe siecle. M. *Greaves* nous a donné en 1652, une édition Latine & Persanne d'une partie de cet Ouvrage. 2°. Elles furent abrégées par d'autres Astronomes, & enfin traduites en Arabe (*a*). Ces Tables & la plûpart de ces Ouvrages se trouvent en Manuscrits dans les Bibliotheques riches en écrits Orientaux.

XIII.

Le Monarque Persan dont nous venons de parler, eut deux siecles après un imitateur dans un Prince de la même nation, & petit-fils comme lui d'un conquérant fameux. C'est *Ulugh-Beigh Mirza Mohammed Ben-Sharock*, petit-fils de *Tamerlan*. *Ulugh Beigh* donna non seulement ses soins à faire fleurir l'Astronomie, mais il montra lui-même l'exemple, & son nom illustre aujourd'hui le catalogue de ceux qui ont écrit sur cette Science. Il convoqua vers l'an 1430 à Samarcande sa capitale, un grand nombre d'Astronomes ; il y fit construire un Observatoire, & il le fournit des instrumens les plus parfaits qu'il fût possible. Là *Ulugh-Beigh* assistoit quelquefois en personne, & prenoit part aux opérations des Sçavans qu'il avoit rassemblés. On dit qu'il employa dans ses Observations un Gnomon de 180 palmes de hauteur ; mais cela est fort douteux, & n'a d'autre fondement que ce que dirent quelques Turcs à M. *Greaves*, sçavoir, que ce Prince se servit d'un quart de cercle dont le rayon égaloit la hauteur des voûtes de la grande Mosquée de Constantinople, autrefois Sainte Sophie ; & que ce fût ainsi qu'il mesura la latitude de Samarcande. Comme un quart de cercle de cette dimension est impossible, M. *Greaves* en conjectura que ce pouvoit être un Gnomon, seul instrument susceptible d'une grandeur si démesurée.

[Ul]ugh-Beigh.

Il est juste de ne pas ensevelir dans le silence les noms des principaux de ces Astronomes qu'employa *Ulugh-Beigh*. Le premier est *Salah-Eddin* son maître, surnommé *Cadi Zadealrumi*, (ou le Romain,) parce qu'il étoit Chrétien. Nous jugeons qu'il fut le directeur de cette Académie Astronomique. Il eut du moins la Surintendance & la Charge particuliere de travailler

(*a*) Bibl. Orientale, au mot *Ilekan*.

aux

aux Tables que *Ulugh-Beigh* se proposoit de publier ; mais *Sala-Eddin* étant mort sur l'ouvrage, ce Prince, malgré les occupations de son gouvernement, ne dédaigna pas de mettre lui-même la main à l'œuvre, & il s'associa, pour l'aider, *Ali-cushi* fils de *Sala-Eddin*, & l'Astronome *Ali Ben-Gaïat-Eddin Mohammed Iamchid.* C'est au travail de ces deux hommes que les Astronomes Orientaux durent les Tables excellentes qui porterent le nom d'*Ulugh-Beigh* : Je les dis excellentes, si nous en jugeons par le cas qu'on en fait dans l'Orient, où elles sont encore dans une grande estime. Nous leur accorderons encore ce titre, du moins eu égard au temps de leur composition, s'il est vrai, comme le dit le Chevalier *Chardin*, qu'elles s'accordent assez bien avec celles de *Tycho-brahe* ; mais nous avons beaucoup de peine à le croire, & même nous nous croyons fondés à dire que cela n'est pas possible, à moins que leurs Auteurs n'aïent abandonné les hypotheses des Astronomes Grecs, & l'arrangement de l'univers qu'ils avoient adopté ; ce qui n'est aucunement probable. Cet ouvrage n'a jamais été publié parmi nous en entier ; M. *Hyde* en a seulement donné la quatrieme partie, qui est le Catalogue des fixes d'*Ulugh-Beigh*, dressé sur ses observations faites à Samarcande sa capitale, & achevé l'an 1437 (*a*). Le même M. *Hyde* y a ajouté un assez ample commentaire. M. *Oldembourg*, alors Secretaire de la Société Royale de Londres, invitoit, à cette occasion, quelque amateur de l'Astronomie, versé dans les Langues Orientales, à nous faire présent de l'Ouvrage entier d'*Ulugh-Beigh* ; mais il ne s'est encore trouvé personne qui se soit rendu à cette invitation. M. *Greaves* nous a donné deux autres ouvrages de ce Prince sçavant ; l'un est une Table Géographique des contrées Orientales, & l'autre concerne la Chronologie des peuples différens qui les habitent. Ils ne peuvent manquer d'être d'une grande utilité pour débrouiller l'Histoire de ces peuples, & reconnoître le théâtre des événemens qui s'y sont passés pendant plusieurs siecles. On a la vie d'*Ulugh-Beigh* dans la Préface que M. *Hyde* a mise à la tête de son Catalogue des fixes. Nous y voyons qu'il mourut assassiné l'an 853 de l'Hégire, ou 1450 de l'Ere Chrétienne, après

(*a*) *Tab. long. & latit. Stell. fix. ex Obs.* Ulug-Beigh, Tamerlani *Nepotis*, &c. *In calce accessit* Moh. Ticini, *Tab. declin. & Ascens. Rect.* 1666. 4.

avoir régné deux ans seulement depuis la mort de son pere, qui l'avoit associé à l'Empire.

Le Chevalier *Chardin* qui nous a décrit l'état des Sciences en Perse dans le siecle passé (*a*), nous apprend que l'Astronomie y est encore regardée avec beaucoup d'estime, mais qu'elle y a beaucoup dégénéré. Suivant ce Voyageur éclairé, on ne remarque plus chez les Persans aucune trace de cet esprit d'observation & de recherches qu'ils eurent autrefois. Ce n'est plus l'Astronomie, c'est l'Astrologie qu'ils cultivent, c'est-à-dire un Art prétendu qui dégrade la raison humaine. Contens de ce que leur ont transmis les Anciens ou leurs prédécesseurs, ils n'observent & ne calculent plus que pour dresser quelque horoscope. Les instrumens d'une certaine grandeur & propres à des observations un peu exactes, sont hors d'usage, & ils ne les regardent que comme des monumens de l'Astronomie des siecles passés dont ils n'ont plus que faire. Ceux dont ils se servent se réduisent à un petit Astrolabe fort propre qu'ils portent pendu à leur ceinture, comme dans ces contrées les femmes portent leur montre. Mais les Astrologues ne sont pas dans la Perse comme ils étoient autrefois parmi nous, c'est-à-dire, réduits à l'indigence, au milieu des respects d'un vulgaire imbécille. Les Persans comblent au contraire de biens ceux qui exercent cette profession. Le Président d'un College d'Astrologues jouit quelquefois de plus de cinquante mille livres d'appointement, & ses subalternes à proportion. Comme il y a parmi nous tant de gens qui font plutôt métier que profession de sçavoir, je ne sçais si à pareil prix on n'y trouveroit pas encore des Astrologues en grand nombre.

XIV.

La Perse a eu aussi ses Géometres, sans parler de ceux qui y fleurissoient pendant qu'elle étoit soumise à la domination Arabe, & que nous avons fait connoître. Le plus célebre est *Nassir-Eddin Al-Tussi*, que M. *Chardin* nomme *Coia Nessir*. La Géométrie lui est redevable de quelques bons ouvrages; on a surtout de lui un commentaire fort sçavant sur *Euclide*, qui a été imprimé en 1590, à l'Imprimerie des Mé-

…ssir-Eddin.

(*a*) Voyages de Chardin, *T. III, c. 8 & 9.*

dicis, dans ſa Langue naturelle. Nous penſons qu'une bonne traduction Latine eût été beaucoup plus utile dans le temps. On y trouve entr'autres une démonſtration rigoureuſe de la fameuſe demande d'*Euclide* ſur les lignes qui font avec une troiſieme les angles internes moindres que deux droits. Il n'eſt pas difficile de démontrer qu'elles doivent concourir dans ce cas, mais ſeulement de le faire ſans ſuppoſer rien de plus que ce qu'*Euclide* a établi avant que de la propoſer ; & cela a fort occupé divers Mathématiciens, comme on l'a dit ailleurs (*a*). Le Géometre Perſan en eſt venu à bout fort heureuſement, & *Clavius* rapporte ſa démonſtration qu'il approuve. *Naſſir-Eddin* donne auſſi pluſieurs démonſtrations ingénieuſes de la quarante-ſeptieme d'*Euclide* ; elles ne procedent que par une ſimple tranſpoſition de parties, avec leſquelles on compoſe tantôt le quarré de la baſe du triangle rectangle, tantôt les deux des côtés. Quelques Géometres modernes ſe ſont exercés à en imaginer de ſemblables.

Le ſecond ouvrage géométrique qu'on a de *Naſſir-Eddin*, eſt une réviſion des coniques d'*Apollonius*, avec un commentaire ſur leur ſujet : il a été fort utile à M. *Halley* pour nous redonner les 5e, 6e, & 7e Livres de ce précieux traité. On a enfin de lui quelques ouvrages analytiques, comme un Traité d'*Algebre*, &c.

Le Géometre dont, après *Naſſir-Eddin*, les Perſans font le plus de cas, eſt un certain *Maimon-Reſchid*. Il a auſſi commenté *Euclide*, & il avoit une manie fort ſinguliere au rapport de M. *Chardin*. Il avoit pris une des premieres propoſitions des Elémens en une telle affection, qu'il en portoit la figure brodée ſur ſa manche. Je doute qu'un pareil ornement parût aujourd'hui de bon goût, & qu'il contribuât à rendre la Géométrie & le Géometre reſpectables.

La Géométrie a continué d'être en eſtime chez les Perſans qui connoiſſent la plûpart des Auteurs Grecs de ce genre, & qui prétendent même poſſéder quelques-uns de leurs ouvrages que nous n'avons pas. Cela mériteroit bien d'être vérifié par quelque Voyageur intelligent en Mathématiques. Au reſte ils n'ont pas été un pas au delà d'eux, & fort contens de les entendre, ils s'en tiennent là. Le Voyageur que nous avons

(*a*) Prem. Part. l. IV, art. 2.

déja cité plusieurs fois, nous apprend quelques traits de la pédanterie de leurs Sçavans. Ils ont donné, dit il, à chaque proposition des Elémens un nom tiré de quelqu'un de ses usages, ou de quelqu'autre circonstance. La 47e du premier Livre, par exemple, se nomme *la figure de l'Epousée*. Les Géometres Persans ont voulu dire par-là que comme du mariage suit la propagation de l'espece humaine, & plusieurs autres avantages pour la société, ainsi cette proposition procure aux Mathématiques une multitude d'utilités, & elle est la mere d'une foule d'autres propositions. La 48e qui est l'inverse de la 47e, se nomme *la Sœur de l'Epousée*. Quant aux Mathématiques en général, ils leur donnent un nom assez juste, en les appellant *les Sciences difficiles*. Ce qui fut, suivant quelques-uns, dans la Grece, la Science par excellence, est chez les Persans la Science difficile pardessus toutes les autres.

Fin du Livre I.

HISTOIRE DES *MATHÉMATIQUES.*

SECONDE PARTIE,

Contenant l'Histoire de ces Sciences chez divers peuples Orientaux, comme les Arabes, les Chinois, &c.

LIVRE SECOND.

Histoire des Mathématiques chez les Chinois & les Indiens.

SOMMAIRE.

I. *Réflexions générales sur les progrès des Sciences à la Chine.* II. *De ceux de la Géométrie, de la Méchanique, &c, dans cet Empire.* III. *De l'Astronomie Chinoise, & de ses anciennes observations.* IV. *Connoissances Astronomiques des Chinois sur le mouvement du Soleil & de la Lune. Antiquité qu'ils leur donnent. De leur cycle sexagénaire, &c.* V. *Histoire particuliere & abrégée de l'Astronomie Chinoise depuis son renouvellement, quelques siecles avant l'Ere Chrétienne, jusqu'à nos jours. Ses vicissitudes jusqu'à l'arrivée des Européens à la Chine.* VI. *Entrée des Missionnaires Jésuites à la Chine. Ils se font bientôt jour par leurs connoissances Astronomiques, & ils ſont établis Préſidens du Tribunal des Mathématiques. Traverſes différentes qu'ils ont à eſſuyer. Obligations que leur a l'Aſtronomie Européene & la Géographie. VII. De l'Aſtronomie Indienne. Ignorance groſſiere où ſont les Indiens ſur l'Aſtronomie Phyſique. Leurs regles pour calculer les lieux de la Lune & du Soleil, déchiffrées par M. Caſſini, & jugement qu'il en porte.*

I.

Si l'on ne jugeoit de l'état des Mathématiques chez les Chinois, que par la longue ſuite de ſiecles depuis leſquels ils ſe vantent d'en être en poſſeſſion, & par l'importance qu'ils donnent à une de leurs principales parties, ſçavoir l'Aſtronomie, il faudroit les regarder comme les plus habiles Mathématiciens de l'Univers. Mais l'idée qu'on en concevroit de cette maniere, ne ſeroit rien moins que conforme à la réalité. Lorſque d'habiles gens ont cherché à approfondir à quoi ſe réduiſoit leur ſçavoir dans ce genre, & à quel point une application continuée pendant tant de ſiecles les avoit conduits, on a reconnu qu'ils étoient bien inférieurs aux Européens, ou pour mieux dire, qu'il n'y avoit aucune comparaiſon à faire d'eux à ces derniers; que le feu du génie s'étoit rarement montré chez eux, & que leur principal mérite conſiſtoit en quelques inventions dans leſquelles ils avoient prévenu les autres Peuples, mais qu'ils n'avoient jamais portées à la perfection dont elles étoient ſuſceptibles.

De ſçavans Européens établis à la Chine pour la propagation de l'Evangile, ont recherché qu'elles étoient les cauſes qui avoient ainſi retardé le progrès des Sciences dans cette contrée, & ils ont penſé que c'étoit le peu d'encouragement qu'on y a toujours eu pour les cultiver. Le ſeul moyen qu'aient les Chinois pour s'avancer, eſt l'étude des loix & de la Morale. C'eſt par-là qu'on devient Mandarin de Lettres, qu'on acquiert des diſtinctions honorables, en attendant des emplois lucratifs. Au contraire la carriere des Mathématiques eſt des plus bornée. Quoique l'Aſtronomie ſoit cultivée par les loix de l'Empire, qu'il y ait même un Tribunal, ou une ſorte d'Académie pour en conſerver le dépôt, il n'y a qu'un petit nombre de places à y remplir, & de médiocres avantages à en espérer. C'est ce qui écarte de l'étude de ces Sciences ceux qui seroient doués d'un esprit propre à les perfectionner, & qui seroient portés à s'y adonner.

Je conviens que cette raison peut contribuer à l'état de langueur où sont les Mathématiques à la Chine ; mais elle me paroît insuffisante. Est-ce donc que chez les Grecs à qui les Sciences doivent tant, l'étude de la nature & de la Philosophie fut jamais le chemin de la fortune ? Le fut-elle jamais chez nous qui les cultivons avec tant de succès ? A la vérité, il y a plus de récompense à attendre maintenant, qu'il n'y en avoit dans l'antiquité. Depuis quelques siecles la plûpart des Princes de l'Europe concourent par leurs bienfaits à l'avancement des Sciences & des Lettres. Mais que sont ces avantages en comparaison de ceux qu'offrent plusieurs autres professions de la société, comme le Barreau, la Médecine, le Commerce, &c ; professions dont l'opulence est souvent l'agréable perspective. Le nombre des gens de Lettres ou des Sçavans que des bienfaits accumulés, ou des circonstances particulieres ont mis dans une situation équivalente, est si petit, qu'on ne peut refuser à ceux qui se jettent dans cette carriere, le mérite du désintéressement & même du mépris des richesses.

Il faut donc recourir à d'autres raisons que le peu d'encouragement des Sciences à la Chine, afin d'expliquer pourquoi leurs progrès y ont été si lents. Nous ne craindrons point de le dire, c'est principalement faute de ce génie inventeur qui distingua particuliérement les Grecs dans l'antiquité, & qui semble être propre depuis quelque temps aux Européens. Si ce génie se fût souvent montré à la Chine, il y auroit eu, comme en Europe, des hommes qui négligeant la fortune, contens presque du pur nécessaire, auroient donné tous leurs soins à perfectionner les Sciences.

Une autre raison de la lenteur des progrès des Sciences chez les Chinois, est le respect extrême qu'ils ont pour leurs ancêtres. Rien n'est si juste que ce sentiment, & la nature l'a imprimé dans tous les cœurs bien nés. Mais porté trop loin, il dégénere dans une sorte de vénération qui ne permet plus d'oser faire un pas au delà de ceux qui ont déja été faits, & qui est le poison des Sciences. On les a vu s'arrêter tout court aussitôt que trop d'attachement pour l'antiquité, ou pour quelque Philosophe n'a plus permis de mettre à la balance ses sentimens, & de s'en écarter.

II.

De toutes les parties des Mathématiques, l'Astronomie est la seule qu'on puisse dire avoir eu quelqu'étendue chez les Chinois. A l'arrivée des Européens chez eux, leur Géométrie ne consistoit qu'en quelques regles très-élémentaires d'arpentage. Il y avoit, à la vérité, fort long-temps qu'ils connoissoient la fameuse propriété du triangle rectangle. Ils avoient devancé les Grecs à cet égard de plus de dix siecles (*a*). Mais cette propriété, dont la découverte méritoit si bien par ses usages nombreux le sacrifice que fit *Pythagore* suivant la Renommée; cette propriété, dis-je, avoit été stérile entre leurs mains. Quoique la Trigonométrie sphérique soit si utile, & même si nécessaire à l'Astronomie, ils avoient resté jusqu'au XIIIe siecle sans la connoître, & même la connoissance qu'ils en eurent alors, leur vient probablement des Astronomes Arabes ou Persans que les successeurs de *Genghis-kan* prirent à leur service.

L'Arithmétique des Chinois n'étoit pas plus relevée lorsque nous arrivâmes dans leur Empire. Elle étoit bornée à quelques regles d'usage nécessaire, comme les premieres de la nôtre: ils les exécutoient, & les exécutent encore par le moyen de certaines boules enfilées qu'ils manient avec beaucoup de promptitude & de dextérité (*b*). Leur Méchanique se réduisoit à quelques machines, telles que le besoin & l'expérience continuellement rectifiée les suggerent à un peuple industrieux. Leur navigation n'étoit qu'une manœuvre grossiere: ils connoissoient depuis long-temps la propriété de l'aiman de se diriger vers le Nord, & ce n'est pas sans vraisemblance qu'on prétend que nous tenons d'eux la connoissance de cette propriété, par l'entremise de *Marc-Paul*, ou celle des Marchands Vénitiens qui faisoient alors le commerce de l'Inde par la Mer rouge. Mais tandis qu'à peine un demi-siecle après,

(*a*) Traité de l'Astron. Chin. par le P. Gaubil, p. 20.
(*b*) Hist. de la Chine, par le P. du Halde, T. III.

le

le génie Européen en formoit la Bouſſole d'àpréſent, les Chinois faiſoient encore porter un morceau de fer touché de l'aiman, ſur une petite nacelle miſe dans un vaſe plein d'eau, & je crois qu'aujourd'hui même c'eſt-là la Bouſſole des Jonques Chinoiſes. Ils avoient encore moins d'idée de l'Optique : on a prétendu, à la vérité, qu'ils ſe ſervoient autrefois du Téleſcope. Le P. *Gaubil* rapporte (*a*) qu'on dit que vers l'an 164 avant J. C. ils obſervoient avec un Tube : le P. *Kegler* parle auſſi d'une deſcription du Ciel faite long-temps avant l'arrivée des Européens à la Chine, où l'on remarque des étoiles qui ne paroiſſent plus à la vue ſimple. Mais ce ſont-là de légers indices que le Téleſcope leur ait été connu. Le Tube dont parle le P. *Gaubil*, a pu être un ſimple Tube propre à écarter les rayons latéraux, & à faire voir par-là plus diſtinctement les petites étoiles. Quant à ce que rapporte le P. *Kegler*, c'eſt encore une foible preuve que les Chinois aient autrefois connu cet inſtrument. Quelques yeux extrêmement perçans, & aidés d'une grande ſérénité d'air, ont pu appercevoir ce qui ſe refuſoit aux yeux ordinaires; d'ailleurs il y a des étoiles qui ont diminué depuis pluſieurs ſiecles, comme le fait voir M. *Halley* dans ſon Catalogue des étoiles auſtrales, & celles dont parle le ſçavant Jéſuite, pourroient être de ce nombre. Le P. *Duhalde* raconte dans ſa grande Hiſtoire de la Chine, qu'il montra à l'Empereur *Cam-hi* pluſieurs curioſités phyſiques, comme une Lanterne magique, des Téleſcopes, des Priſmes, & un Œolipile, dont le vent faiſoit marcher un petit charriot à voiles, &c, ce qui ſurprit extrêmement ce Prince & les Mandarins de ſa Cour.

La Muſique des Chinois n'eſt pas dans un état plus propre à leur faire honneur. Elle ne conſiſte qu'en quelques airs en général peu flatteurs pour nos oreilles. Ils ignorent l'art de noter les ſons, & rien n'étonna davantage l'Empereur *Cam-hi*, que de voir un de nos Miſſionnaires, l'entendant jouer un air qui lui avoit couté beaucoup à apprendre, le noter & le répéter ſur une épinette qu'il avoit apportée d'Europe. Ils ne peuvent ſouffrir notre Muſique à pluſieurs parties, preuve du peu d'organiſation de leurs oreilles. Le P. *Duhalde* nous a

(*a*) *Hiſt. de l'Aſtr. Chin.* p. 25.

fait part de plusieurs airs Chinois dans son Histoire. Ils me paroissent peu propres à donner à nos Musiciens une idée avantageuse de la Musique Chinoise.

C'est donc de la seule Astronomie que les Chinois peuvent tirer quelque gloire. Quoique le début de ce Livre ne soit guere propre à prévenir avantageusement sur ce que nous avons à en dire, nous remarquerons néanmoins ici qu'elle contient plusieurs faits remarquables & dignes d'intéresser la curiosité.

III.

Il n'est aucun peuple qui puisse vanter des monumens Astronomiques aussi anciens que ceux des Chinois. Je n'avois encore aucune connoissance de la premiere des observations que rapporte leur Histoire, lorsque j'ai dit (*a*) que les Chaldéens l'emporteroient sur eux, si celles que *Callistene* envoya de Babylone à *Aristote*, subsistoient encore, ou étoient suffisamment attestées. Je ne connoissois alors que celle de l'éclipse de Soleil arrivée l'an 2155 avant J. C. Mais voici un phénomene dont l'observation donnera certainement la primauté aux Chinois sur tous les autres Peuples ; c'est une conjonction de cinq planetes, observée dans le même temps que le Soleil & la Lune étoient aussi en conjonction vers le XVe degré du Verseau. Elle donna lieu à l'Empereur *Tchuen-hiu* de prendre ce jour pour le premier de l'année, & d'ordonner qu'on la commençât par le jour de la nouvelle Lune la plus voisine de ce point (*b*). Je n'ignore pas que le P. *Gaubil* a regardé cette observation comme supposée, & le phénomene dont nous parlons comme imaginaire (*c*). M. *Cassini* l'a aussi déclaré impossible par le temps auquel l'indique l'Histoire Chinoise, sçavoir entre les années 2513 & 2437 avant J. C. (*d*). Une conjonction de cette espece n'a pu arriver, suivant cet Astronome célebre, que l'an 2012 avant notre Ere ; ce qui rapproche la naissance de l'Empire Chinois de près de 500 ans ; mais deux hommes de grand mérite ont justifié les annales Chinoises à cet égard, & ont démontré la réalité du

(*a*) Part. I, l. II, Art. V.

(*b*) *Hist. de la Chine*, par le P. Martini.

(*c*) Traité de l'Astr. Chin. p. 46.

(*d*) Réflexions sur l'Astr. Chin. Mem. de l'Acad. T. VIII, avant le renouvellement.

phénomene dont elles parlent. M. *Kirch*, célebre Astronome de Berlin, a fait voir (*a*) qu'en effet l'an 2449 avant J. C. le 28 Février, Saturne, Jupiter, Mars & Mercure furent conjoints dans une fort petite étendue du Zodiaque, sçavoir entre le XI & le XVIIIe degré des Poissons, le Soleil étant alors en conjonction avec la Lune vers le XVIIIe degré du Verseau, & Vénus peu éloignée du Soleil de l'autre côté, sçavoir vers le XVe degré du Capricorne. M. *dès-Vignoles*, connu par ses sçavantes recherches chronologiques, a trouvé la même chose (*b*), & a montré en quoi M. *Cassini* s'est trompé dans l'examen de ce phénomene. Ce fut, dit-il, la vérification peu attendue qu'il en fit lui-même, qui commença à lui inspirer pour la Chronologie Chinoise, des sentimens plus équitables que ceux qu'il en avoit d'abord conçus. Il cite aussi le témoignage d'André *Muller*, qui avoit calculé cette même conjonction, & qui avoit trouvé qu'elle étoit arrivée environ l'an 2450, ou plus exactement l'an 2449 avant J. C. Voilà donc les annales Chinoises presqu'entiérement justifiées ; je dis presqu'entiérement, car elles rapportent que cette conjonction fût de cinq planetes, & nous n'en trouvons que quatre. Mais on a remarqué qu'il est assez ordinaire aux Chinois d'ajouter ainsi à des phénomenes réels pour les rendre plus mémorables, surtout quand ils doivent servir d'époque comme celui-ci. Il sera difficile de ne pas regarder cette observation comme réelle, quand on considérera que ces peuples ne paroissent pas avoir jamais eu des Tables du mouvement de ces planetes assez exactes pour remonter à des temps si reculés. Il seroit bien étonnant que le hazard les eût assez favorisés pour leur faire rapporter une observation imaginaire, à un temps où réellement le phénomene annoncé est arrivé. Nous discuterons les difficultés qu'on fait contre cette ancienne observation, après en avoir rapporté une autre qui ne l'est guere moins, & contre laquelle on en éleve de semblables.

Cette seconde observation mémorable est celle d'une éclipse de Soleil arrivée l'an 2155 avant J. C. sous l'Empereur *Tchong-Kang*, vers l'équinoxe d'automne. Nous apprenons en même

(*a*) *Miscell. berol.* T. III.
(*b*) *Ibid.* T. V.

temps un trait remarquable de l'importance que cette Nation donnoit déja à l'observation des phénomenes célestes. Il en coûta, ou il faillit en coûter la vie, suivant les Historiens Chinois, aux deux Astronomes *Ho* & *Hi*, pour avoir manqué d'annoncer cette éclipse (*a*). Le décret qui les condamna nous a été transmis. Cette ancienne piece contient en substance, que les anciens Princes avoient statué la peine de mort contre ceux qui étant chargés du soin d'examiner les phénomenes célestes, ne les avoit pas prévus ; que ces Astronomes négligeant leur devoir, vivoient plongés dans la débauche & une ignorance volontaire, qu'ainsi ils méritoient la peine décernée par les loix. Si un pareil réglement eût toujours subsisté à la Chine, il eût été dangereux d'être le Chef du Tribunal des Mathématiques ; & il y a apparence qu'on s'y est beaucoup relâché de cette rigueur : car depuis le temps que nous avons des mémoires certains de l'état de l'Astronomie Chinoise, il y a eu bien des phénomenes dont l'annonce fausse, ou l'omission, auroit coûté la vie aux Astronomes.

Ces deux observations ont été le sujet de nombreuses discussions parmi les Sçavans. On ne peut, il est vrai, contester la réalité des phénomenes que les Chinois disent avoir observés. Nous venons de le voir à l'égard de la conjonction de *Tchuen-hiu*. Quant à l'éclipse de *Tchong-Kang*, tous les calculs réitérés à diverses reprises par des Missionnaires versés dans l'Astronomie (*b*), ont confirmé qu'il y eut réellement l'an 2155 avant J. C. une éclipse de Soleil d'environ dix doigts, fort près du point équinoxial d'automne, place qu'occupoit alors le Scorpion : & effectivement les Chinois rapportent que le Soleil étoit alors près de l'étoile qu'ils nomment *Fang*, qui est l'une des premieres de ce signe. Cependant il se présente bien des difficultés contre ces observations. Premiérement, disent ceux qui les rejettent, elles font un furieux ravage dans nos Livres Saints. L'époque du Déluge ne précede l'Ere Chrétienne que de 2327 ans, suivant le texte Hébreu & la Vulgate : ainsi la première des observations dont on parle, remonteroit avant le Déluge ; & quant à la seconde, elle le

(*a*) Hist. de l'Astron. Chin. p. 140.
(*b*) *Ibid.*

ſuivroit de trop près pour qu'il fût poſſible que les Chinois formaſſent déja un Empire. Le genre humain réduit après cette cataſtrophe à une ſeule famille qui n'étoit pas nombreuſe, dut reſter raſſemblé quelques générations avant que de ſe ſéparer & ſe diſperſer. Lorſque ce moment fut venu, la population ne put ſe faire de proche en proche ; ainſi il eſt impoſſible que la nation Chinoiſe exiſtât même encore à la date de la derniere obſervation, ou tout au plus ne conſiſtoit-elle qu'en quelques familles les plus avancées vers l'Orient. On ajoute que ces phénomenes ont pu être calculés poſtérieurement, & que les Chinois ſouverainement jaloux de leur antiquité, peuvent les avoir inſérés dans les annales fabuleuſes de leur origine. Enfin, dit-on, quelques ſiecles avant l'Ere Chrétienne tous les Livres hiſtoriques & aſtronomiques furent brûlés par ordre de l'Empereur *Chi-hoang-ti.* La mémoire de ce qui s'étoit paſſé auparavant, a donc dû être entiérement effacée, & l'obſervation de la conjonction dont on a parlé, celle de l'éclipſe de *Tchong-Kang*, & le décret contre les Aſtronomes négligens, ne ſont que des fictions des temps poſtérieurs.

On convient de la force de ces objections, mais elles ne ſont pas ſans réponſe. Premiérement, l'on peut mettre les Livres Saints à l'abri du ravage qu'y fait l'Aſtronomie Chinoiſe en adoptant la Chronologie des Septante qui recule l'époque du déluge de 880 ans environ. Alors nous trouverons un temps ſuffiſant pour faire peupler l'Aſie de proche en proche, & mettre 2500 ans avant l'Ere Chrétienne les Chinois en corps de Nation déja aſſez nombreux & aſſez ancien, pour former un Empire. En ſecond lieu, lorſqu'on dit que l'Empereur *Hoang-Ti* fit brûler tous les Livres, cela s'entend qu'il fit un édit ſévere par lequel il l'ordonnoit : mais l'on ne ſçauroit croire qu'il ſoit venu à bout de ſon deſſein. Si cela étoit, il faudroit dire que toute l'hiſtoire Chinoiſe avant cette époque eſt une fiction continuelle ; ce que n'admettront point ceux qui en ont examiné les monumens. En troiſiéme lieu, il eſt fort peu croyable que les Chinois aient jamais eu une Aſtronomie aſſez parfaite, pour déterminer par le calcul, des phénomenes auſſi anciens. C'eſt tout au plus ce que nous pouvons attendre de nos Tables modernes ; les plus légeres erreurs dans les mouvemens des planetes, accumulées pendant une si longue suite de siecles, suffisent pour donner leurs lieux fort différens des véritables. Si les Chinois sont parvenus jusqu'à annoncer avec quelque justesse les phénomenes de l'année suivante, ce n'est que par des corrections continuelles à leurs méthodes; mais ils n'en eurent probablement jamais d'assez exactes pour remonter avec quelque sûreté à des époques si reculées. Au reste nous ne faisons ici que l'office de rapporteur; c'est aux Lecteurs à peser les raisons alléguées de part & d'autre, & à se déterminer.

Après cette observation, les autres qu'on nous rapporte ne souffrent plus aucune difficulté. Il y en a une d'éclipse de Soleil, arrivée l'an 776 avant J. C. près d'un demi-siecle avant la premiere connue des Babyloniens. Le P. *Gaubil* en rapporte (*a*) 14 à 15 autres qu'il a calculées & vérifiées, de même que divers autres Missionnaires. Il les a tirées des Livres authentiques, & presque sacrés dans la Chine, du texte de l'Histoire Chinoise, d'un Livre de *Confucius*, &c. Il faut remarquer ici que parmi les phénomenes annoncés dans ces Livres, il s'en trouve quelques-uns qui ne sont point arrivés. Ceci pourroit fortifier le soupçon que quelquefois on a inséré dans ces annales des observations fictices, dont quelques-unes sont fondées sur de faux calculs. Comme Historien, je ne dois dissimuler aucune des raisons qu'on peut alléguer pour & contre cette prodigieuse antiquité dont se parent les annales Chinoises.

Le même P. *Gaubil* (*b*) rapporte 21 observations de conjonctions de Jupiter avec des étoiles fixes, dont plusieurs sont des occultations. Ces observations peuvent être fort utiles pour la détermination des mouvemens de Jupiter, & peuvent suppléer au petit nombre d'observations semblables que nous trouvons dans l'antiquité. La plus ancienne de ces observations Chinoises est de l'an 73 après J. C. & la plus moderne de l'année 1367.

Il nous faut à présent entrer dans plus de détail concernant les travaux des Chinois en Astronomie, & les vicissitudes que cette Science a éprouvé chez eux; nous en tirerons les mé-

(*a*) Recueil d'Observations faites aux Indes & à la Chine, par le P. Soucier, p. 18.
(*b*) *Ibid.*

moires de la sçavante Histoire de l'Astronomie Chinoise donnée par le P. *Gaubil*, ouvrage dont on doit excuser le désordre extrême, en considération des travaux immenses qu'il lui a fallu surmonter pour débrouiller ces annales. M. *Weidler* en a donné dans son Histoire de l'Astronomie un extrait concis qui nous a été fort utile, & que nous avons presque suivi pas à pas dans quelques endroits.

IV.

Les Chinois rapportent l'institution de leur Astronomie à l'Empereur *Yao*, le premier de la Dynastie des *Hia*, qui monta, suivant eux, sur le Trône l'an 2317 avant J. C. Ce fut lui, disent-ils, qui divisa le Zodiaque en 28 constellations: car les Chinois ont eu de tout temps une division du Zodiaque semblable à celle que nous avons trouvée chez les Arabes. Il inventa, ajoutent-ils, la maniere de calculer les lieux des planetes & des fixes: il fit faire la Carte de l'Empire; & ce fut probablement lui qui institua ces loix séveres contre les Astronomes préposés à la prédiction & à l'observation des phénomenes célestes, qui y manqueroient par négligence. Mais il faut remonter encore plus haut pour retrouver l'origine du cycle sexagénaire qui est en usage à la Chine.

Les Chinois ne comptent point, comme nous, par siecles ou périodes de cent années, mais par périodes de 60, dont chacune porte un nom composé de deux mots. Voici la Méchanique de cette dénomination. Il y a deux suites de mots, l'une de 10, comme *kia*, *y*, *Ping*, &c; & l'autre de 12, comme *Tsu*, *Tcheou*, *Yn*, &c, qui sont des noms d'animaux. On combine le premier de l'une avec le premier de l'autre, le second avec le second, &c, de sorte qu'après 10 combinaisons semblables, le premier de la période de 10 se rencontre avec le 11e de celle de 12, le second de la premiere avec le 12e de la seconde, le troisieme avec le premier de cette derniere qui commence à se répeter, & ainsi de suite, jusqu'à ce que le premier de l'une se rencontre avec le premier de l'autre. Or cela n'arrive qu'après 60 ans révolus; ainsi on ne dit point la premiere, la seconde année du cycle, mais l'année *Kia-Tsu*, *Y-Tcheou*, &c. Il en est de même des jours:

le premier de chaque année porte le nom de l'année, après quoi on les compte par les mots composés de la période sexagénaire ci-dessus, qu'on recommence tant qu'on a besoin. Le P. *Gaubil* nous apprend qu'en 1723 on comptoit à la Chine la 40e année du 74e cycle, d'où il est facile de remonter au commencement vrai ou feint de l'Ère Chinoise: car c'est 74 cycles de 60 ans & 39 ans complets à rétrograder en arriere, ce qui fait 4419 ans qui nous ramenent à l'année 2695 avant l'Ere Chrétienne, plus de 300 ans avant le déluge, à compter suivant la Chronologie Hébraïque & de la Vulgate. Delà nous devons, ou conclure la vérité de la Chronologie des Septante, ou bien dire que le commencement de cette époque est purement fictice: la derniere de ces alternatives est assez probable. Rien de plus ordinaire dans la Chronologie que ces époques feintes. Les Chinois au reste en attribuent l'institution à *Hoang-Ti*, petit fils de *Fohi*, le fondateur de leur Empire.

C'est encore à l'Empereur *Yao* que les Chinois disent devoir l'établissement de leur année. Elle est lunisolaire, ce qui semble supposer de grandes connoissances, & bien des tentatives pour accorder les mouvemens du Soleil & de la Lune: mais ces Peuples ont résolu le nœud Gordien en le tranchant. Leurs mois sont lunaires, & alternativement de 30 & 29 jours: chacun d'eux porte le nom d'un des 12 signes, sçavoir celui où le Soleil entre à sa fin, & s'il arrive à la fin du dernier mois que le Soleil ne soit pas entré dans le signe dont il porte le nom, on intercale un mois: cette intercalation se détermine dans les cas douteux par l'observation; les Mathématiciens du Tribunal chargés de la direction du Calendrier, décident s'il faut intercaler, & y conforment les Calendriers qu'ils composent & qui doivent être distribués dans tout l'Empire. Suivant le P. *Gaubil*, ils connoissent depuis environ ce temps-là la grandeur de l'année solaire de 365 jours & 6 heures, de même que le cycle de 19 ans solaires équivalans à 235 lunaisons, parmi lesquelles il y en a sept d'intercalaires (*a*).

Le P. *Gaubil* nous apprend que dès la Dynastie ou la branche

(*a*) *Traité de l'Astr. Chin.* p. 17. *Recueil par le* P. Souciet, p. 1 & 2.

des

des *Han*, qui commença 265 ans avant J. C. & qui finit l'an 206 de notre Ere, on trouve des Traités d'Astronomie Chinoise qui sont encore subsistans. On y voit que les Chinois ont assez bien connu depuis plus de 2000 ans le mouvement diurne du Soleil & de la Lune, la quantité du mois lunaire, soit synodique, soit périodique, la durée des révolutions des planetes qu'ils faisoient assez approchantes des nôtres. A la vérité, ils n'étoient pas aussi instruits en ce qui concerne les détails des mouvemens des planetes : leurs stations & rétrogradations mettoient surtout leur habileté en défaut. Il ajoute qu'ils sçavoient à cette date se servir de Gnomons, & qu'ils calculoient passablement leurs ombres méridiennes pour en conclure la hauteur du Soleil, & sa déclinaison; qu'ils ont des catalogues d'étoiles faits environ ce temps-là, & que depuis 400 ans avant J. C. jusqu'au XIVe siecle, ils ont des observations assez suivies de solstices & de cometes.

Les Chinois, comme tous les autres peuples, ont divisé le Ciel en constellations, & ils leur ont donné des noms à peu près comme nous avons fait. On voit dans leur sphere quelques hommes célebres parmi eux, des animaux, des instrumens & des ustensiles d'Agriculture ou de ménage, &c. Ils ont surtout transporté en quelque sorte toute la Chine dans le Ciel, en plaçant du côté du Nord ce qui a le plus de rapport à la Cour & à la personne de l'Empereur, on y voit l'Impératrice, l'Héritier présomptif de la Couronne, les Ministres de l'Empereur, ses gardes, &c. En général ces noms paroissent plutôt donnés à des étoiles seules qu'à des grouppes considérables, comme ceux qui forment nos constellations. Ils ont aussi deux divisions du Zodiaque, l'une en 28 parties qui sont inégales, comme celles que les Arabes appelloient les *Mansions* de la Lune; ils leur donnent divers noms d'animaux. La seconde est en 12 parties égales, qu'on nomme les douze Palais du Soleil; & elle commence au 15e degré du Verseau.

V.

L'Astronomie avoit commencé à déchoir beaucoup à la Chine environ 480 ans avant J. C. On négligeoit presque de calculer & d'observer les phénomenes célestes. La tour des Mathématiques, c'est-à-dire l'Observatoire, étoit déserte &

inhabitée : mais cette Science reçut le coup mortel vers le milieu du IIIe siecle avant l'Ere Chrétienne. L'Empereur *Tsin-Chi-Hoang*, ou *Chi-Hoang-Ti*, ordonna, sous de grieves peines, de brûler tous les Livres, & malgré la vénération où l'Astronomie avoit toujours été à la Chine, ceux qui en traitoient, furent enveloppés dans la proscription. On perdit par-là les observations & les préceptes Astronomiques, de sorte qu'il ne s'en est transmis que quelques fragmens à la postérité. Enfin ce Prince persécuteur des Lettres, mourut, & la persécution cessa. Son successeur *Lieou-Pang*, qui monta sur le Trône 206 ans avant l'Ere Chrétienne, rétablit le tribunal des Mathématiques, & l'on commença à observer de nouveau. Le P. *Gaubil* dit qu'on a un état du Ciel dressé par les Chinois plus de 120 ans avant J. C. qu'on y voit le nombre & l'étendue de leurs constellations, les déclinaisons des fixes, & à quelles étoiles répondoient les points équinoxiaux & solsticiaux. L'Astronome *Se-Mat-Sien*, donna vers l'an 104 avant J. C. quelques préceptes pour le calcul des éclipses & des lieux des planetes. Il se servit d'instrumens de cuivre, ou d'especes d'Armilles de 2 pieds 5 pouces de diametre : il observa les hauteurs méridiennes à l'aide d'un Gnomon de 8 pieds de hauteur, & les ascensions droites des étoiles par le temps de leur passage au méridien qu'il mesuroit avec des clepsydres. Il mesura aussi la durée des jours & celles des crépuscules. A cette époque les Chinois faisoient l'année solaire de 365 jours & un quart. On rapportoit tous les mouvemens célestes à l'équateur, & l'on ne connoissoit pas l'inégalité du mouvement du Soleil. On croyoit que cet astre avançoit chaque jour vers l'Est d'un degré Chinois, c'est-à-dire d'une des parties dont le cercle entier contient 365 $\frac{1}{4}$. Mais on ne doit pas s'étonner que l'Astronomie fût encore si peu avancée. Il avoit fallu entiérement commencer sur nouveaux frais, & réduit, comme on étoit, à quelques fragmens de Livres échappés de la proscription, il n'étoit pas possible qu'on sortît bien promptement de l'ignorance où le long regne d'*Hoang-Ti* avoit plongé tous les esprits.

A cet Astronome succéda vers l'an 66 avant J. C. *Lieou-Hin*, qui donna un cours d'Astronomie intitulé *les trois principes*. On n'y trouve encore aucune équation pour le mouvement des planetes, du Soleil & de la Lune, & aucune connoissance du mouvement des fixes. On commença environ un siecle & demi après, à rapporter les mouvemens des planetes & les lieux des étoiles à l'écliptique ; car auparavant on ne considéroit que l'Equateur. Vers l'an 164., un Observateur nommé *Tchang-Heng* construisit un Catalogue des fixes très-ample ; car il y en avoit compris 3500.

Le IIIe siecle après J. C. produisit deux découvertes importantes dans l'Astronomie Chinoise ; la connoissance de la premiere équation de la Lune, & celle du mouvement propre des fixes. La premiere fut l'ouvrage des Astronomes *Lieou-Hang* & *Tsay-Yong*, qui reconnurent aussi que la grandeur de l'année solaire étoit moindre que 365 jours 6 heures. Ce furent eux qui commencerent à enseigner les solides principes du calcul des éclipses. La seconde découverte est dûe à *Yu-Hi* : il est le premier, dit le P. *Gaubil*, qui ait parlé à la Chine du mouvement propre des fixes ; il le détermina d'un degré dans 50 ans.

L'Astronomie ne marcha jamais qu'à pas bien lents chez les Chinois. On croyoit encore au milieu du Ve siecle que l'étoile polaire étoit située au pole même du monde : c'est une erreur dont enfin l'Astronome *Tsou-Tchong* désabusa en 460. Il apprit qu'elle tournoit autour du pole même. Un siecle après, c'est-à-dire en 550, *Tchang-tse-Tsin* distingua les différentes especes de parallaxes de la Lune, & il enseigna à calculer les éclipses & leurs différentes phases, c'est-à-dire le commencement, le milieu & la fin.

Depuis le Ve siecle jusqu'au VIIe, l'Astronomie Chinoise ne nous offre rien de remarquable ; elle fut pendant presque tout ce temps dans un grand désordre par l'ignorance de ceux qui y présidoient. Enfin grand nombre d'éclipses faussement calculées firent que l'Empereur *Hiven-Tsong* appella à sa Cour l'Astronome *Y-Hang*. C'étoit un habile homme, comme on le va voir, & il travailla fort utilement. Il fit faire de grands instrumens, des spheres, des Astrolabes, des Armilles, &c ; il envoya deux bandes de Mathématiciens au Nord & au Sud, pour mesurer les latitudes des villes par le moyen de l'ombre du Gnomon ; il entreprit même, chose nouvelle, selon les apparences, à la Chine, de mesurer un degré de la terre, & l'on choisit pour cela la Province de Honan, où il y a de grandes & belles plaines. On trouva qu'un degré terrestre étoit de 351 lis & 80 pas : mais comme cette mesure itinéraire a beaucoup varié chez les Chinois, on n'en est guere plus avancé. Il chargea aussi ses Voyageurs d'aller dans la Cochinchine & le Tonquin, pays plus méridionaux que la Chine, & là d'observer les étoiles qu'on ne pouvoit voir dans cet Empire. Il fit faire aussi des observations d'éclipses de Lune dans diverses Provinces de la Chine, pour déterminer leur différence de longitude. On dit enfin qu'il fit fabriquer une grande sphere, comme celles qui ont fait tant d'honneur à *Archimede* & à *Possidonius*. L'eau la mettoit en mouvement, & faisoit marcher le Soleil, la Lune & les autres planetes, de sorte qu'on y voyoit tous les phénomenes qui résultent de la combinaison de leurs mouvemens. Il y avoit deux aiguilles qui marquoient les heures & les *ke*, ou centiemes de jours qui équivalent à 14 de nos minutes & 24″. Une statue paroissoit au moment où l'une de ces aiguilles marquoit une division, & frappoit sur un tambour pour les centiemes de jours, & sur une cloche pour les heures. Avec toute cette habileté *Y-Hang* ne laissa pas de recevoir un affront sensible pour un Astronome : il calcula une éclipse de Soleil ; elle étoit annoncée dans tout l'Empire, & il ne parut rien. Mais les Astronomes Chinois avoient depuis long-temps des moyens pour sauver leur honneur dans ces cas qui étoient assez fréquens. Ils disoient qu'en considération des Princes vertueux le Ciel changeoit quelquefois les regles de son mouvement. *Y-Hang* fut obligé d'y avoir recours, tandis qu'en secret il travailloit à rectifier les principes de ses calculs. Il le faisoit avec ardeur lorsqu'il mourut en 727, au grand regret de l'Empereur & de toute sa Cour.

Jamais l'Astronomie ne fut plus cultivée à la Chine, que sous *Gengiskan* & ses successeurs. Alors fleurissoit un Astronome nommé *Yelu-Tchu-Tsé-Sai*, Prince de la famille de *Leao*. *Gengiskan* qui du moins en habile politique affecta les manieres Chinoises, s'attacha cet habile homme dès ses premieres conquêtes. *Tchu-Sai* eut des conférences avec les Mathématiciens d'Occident que le Conquérant Tartare avoit dans son camp, & qui étoient des Arabes : il convint de bonne foi qu'ils avoient de meilleures méthodes que les Chinois. De retour à la Chine, il composa une Astronomie, à laquelle il donna le nom d'un pays Occidental. Il y a apparence qu'il y expliquoit la méthode des Mathématiciens Arabes.

Kobilai, le Ve successeur de *Gengiskan*, & celui qui fonda à la Chine la Dynastie des *Yven* en 1271, favorisa beaucoup l'Astronomie. Ce Prince étoit frere d'*Holagu-Ilecan*, que nous avons vu protéger en Perse cette Science de la maniere la plus magnifique. *Kobilai*, qu'on nomme encore *Houpilié*, établit pour chef du tribunal des Mathématiques un Chinois nommé *Co-Cheou-King*, qui étoit réellement un habile homme. Un peu aidé des lumieres que lui avoient communiqué les Occidentaux, *Cheou-King* fit plusieurs changemens importans à l'Astronomie Chinoise. Il observa avec un Gnomon de 40 pieds: il renonça aux époques fictices, si longtemps en usage chez les Chinois, & il établit pour époque réelle de ses Tables le moment d'un solstice observé à Péking le 14 Décembre 1280, à une heure 26′ 24″ après minuit. Il marqua aussi avec distinction les lieux des planetes à ce moment, ceux de l'apogée, des nœuds & des autres points, d'où dépend le calcul des mouvemens célestes. Il observa plusieurs autres solstices; & en les comparant avec celui qu'avoit observé *Tchou-Tsong* en 460, il détermina la quantité de l'année solaire de 365 jours 5 heures 49′ 12″. Il fixa aussi la plus grande déclinaison du Soleil à 23° 33′ 39″. Il rectifia les instrumens anciens, & en fit construire de nouveaux qu'on voit encore à Péking dans les salles basses du tribunal des Mathématiques. On regarde aussi à la Chine *Co-cheou-king*, comme l'Inventeur de la Trigonométrie sphérique: il est assez vraisemblable que ce fut une connoissance qui lui fut communiquée par les Astronomes Occidentaux que *Kobilai* avoit à sa Cour; car le P. *Gaubil* nous apprend que du temps de ce Prince les Chinois apprirent beaucoup des Mathématiciens de Perse (*a*). Les Chinois vantent encore un instrument composé d'un tube & de deux fils, avec lequel il prenoit, disent-ils, jusqu'aux minutes les distances des astres. Mais comme cela se trouve écrit seulement dans une Astronomie faite du temps de l'Empereur *Cam-Hi*, c'est-à-dire vers la fin du siecle passé, il est fort probable que les Auteurs Chinois qui l'ont composée, ont voulu faire honneur à un

(*a*) Observations recueillies par le P. Souciet, T. I, p. 202.

de leurs compatriotes, de cet instrument des Astronomes Européens; & ce n'est point-là une raison suffisante de lui en adjuger l'invention. On trouve dans l'Histoire Chinoise de *Gengiskan* & de ses successeurs jusqu'à *Kobilai*, un grand nombre d'observations de différente espece, comme d'éclipses du Soleil & de la Lune, d'occultations de fixes par les planetes, de Mercure, &c (*a*).

L'Astronomie fut négligée à la Chine après la mort de *Cheou-King*. Elle resta ainsi pendant près d'un siecle, c'est-à-dire jusqu'à 1398, qu'une nouvelle branche, appellée des *Ming*, supplanta celle des *Yven*, ou des descendans de *Gengiskan*. Alors l'Astronomie se releva, & ce furent principalement des Astronomes Mahométans qui eurent la direction du tribunal des Mathématiques. Les choses allerent assez bien au commencement, & l'on détermina le mouvement des étoiles fixes d'un degré en 71, ou 72 ans. Mais peu après l'Astronomie Chinoise retomba dans la langueur, & vers le milieu du XVIe siecle tout étoit sens-dessus-dessous. Les Chinois & les Mahométans ayant oublié, ou négligeant les principes de leurs devanciers, commettoient mille fautes. Vers la fin de ce siecle le Prince *Tching* & l'Astronome *Hing-Yun-Lou*, entreprirent de relever l'Astronomie. Ils prirent des peines incroyables pour cet effet, & ils y réussirent assez bien. Ils expliquerent la méthode des éclipses, & calculerent toutes celles qui étoient arrivées précédemment, & dont les fastes Chinois faisoient mention. Le P. *Gaubil* dit que c'est ce que les Chinois ont de mieux en ce genre.

VI.

Ce fut alors que les Jésuites pénétrerent dans la Chine pour y prêcher l'Evangile. Ils ne tarderent pas à s'appercevoir qu'un des moyens les plus efficaces pour s'y maintenir, en attendant le moment que le Ciel avoit marqué pour éclairer ce vaste Empire, étoit d'étaler des connoissances Astronomiques. Ils s'y firent bientôt distinguer par leur sçavoir dans ce genre. Au commencement du XVIIe siecle le Calendrier Chinois, malgré les soins de *Tching* & d'*Hing-Yun-Lou* dont nous venons de parler, étoit tombé dans un grand désordre : car c'est une réflexion que nous ne devons point omettre, que chez les Chi-

(*a*) Observations recueillies par le P. Souciet, *ibid.*

nois l'Astronomie fut presque toujours une affaire de systême. Bien différens de nous qui faisant usage des connoissances solidement établies, avons toujours été en approchant de la perfection, les Chinois au contraire ont eu tantôt une Astronomie assez passable, tantôt une pitoyable. Un Président du tribunal qui avoit enrichi cette Science de plusieurs découvertes & de diverses méthodes utiles, venoit-il à mourir, son successeur, sans y avoir égard, aspiroit à l'honneur de fonder un nouveau systême, & tout ce que son prédécesseur avoit fait de bon, précieusement consigné dans les fastes de l'Empire, étoit comme non avenu. C'est delà que vient cette prodigieuse multitude d'écrits, ou de nouveaux systêmes de calculs astronomiques, qui partant de principes arbitraires & fictices, ont moins servi chez eux aux progrès solides de l'Astronomie, quoiqu'ils s'y soient livrés plusieurs milliers d'années, que les travaux de deux ou trois siecles chez les Grecs, & environ autant chez les Modernes. Mais revenons aux travaux astronomiques des Jésuites dans la Chine.

Nous avons dit qu'au commencement du XVIIe siecle le Calendrier Chinois étoit tombé dans un grand désordre; ce fut le sujet de beaucoup de délibérations dans le tribunal des Mathématiques & dans le Conseil de l'Empereur. Un Mandarin converti au Christianisme, nommé *Paul Siu*, parla à ce Prince de l'habileté de certains étrangers arrivés d'Occident. Il lui montra un Livre que le P. *Schall* avoit composé en Chinois sur les éclipses, & un calcul du P. *Terentius*, qui annonçoit exactement une éclipse récemment manquée par les Astronomes du tribunal. L'Empereur charmé de trouver des gens capables de remettre les choses en ordre, chargea le P. *Terentius* de la correction du Calendrier : on s'attend bien que ce ne fut point sans beaucoup éprouver l'habileté du Missionnaire, qu'on se détermina ainsi à remettre entre des mains étrangeres une affaire de cette importance. Mais l'Astronomie Européenne aussi sûre que la Chinoise étoit incertaine & chancelante, satisfit facilement à toutes les épreuves auxquelles on put la mettre. Le P. *Terentius* exerça cet emploi jusqu'à sa mort qui arriva en 1630. Les Astronomes Chinois firent alors quelques efforts pour supplanter ceux d'Europe : mais après bien des tracasseries, ces derniers l'emporterent.

Le P. *Adam Schall* fut ſubſtitué au P. *Terentius*, & peu après nommé Préſident du tribunal des Mathématiques par l'Empereur *Chun-Ti*, qui l'honora d'une familiarité peu ordinaire aux Monarques Aſiatiques.

Ce Prince, dont le regne fut très-court, étant mort, on profita de la minorité de ſon ſucceſſeur *Cam-Hi*, pour élever une cruelle perſécution contre les Miſſionnaires Jéſuites. Le P. *Adam Schall* fut dépoſſédé de ſa charge, enfermé avec ſes compagnons dans d'obſcures priſons, enfin condamné à la mort la plus ignominieuſe qu'on connoiſſe à la Chine: mais cette ſentence n'eut point d'exécution. Cependant l'Aſtronomie Chinoiſe remonta ſur le Trône pour donner de nouvelles preuves de ſa foibleſſe. Le Calendrier retomba bientôt dans un tel déſordre, qu'on annonça la huitieme année de *Cam-Hi* comme intercalaire, quoiqu'elle ne dût point l'être. Ces défauts devenant de jour en jour plus apparens, l'Empereur *Cam-Hi*, qui dans ſa tendre jeuneſſe avoit oui parler de l'habileté des Miſſionnaires, ordonna qu'on les conſultât. On les tira de leurs priſons, & on les lui amena. Sur la demande que leur fit l'Empereur s'ils étoient en état de montrer les défauts du Calendrier, & de le remettre en ordre, le P. *Verbieſt* s'offrit à les rendre ſenſibles par des obſervations auſquelles il ſeroit impoſſible de ſe refuſer. Elles furent faites en préſence de l'Empereur aſſiſté d'une Cour nombreuſe, & l'ignorance de l'Aſtronome Chinois qui préſidoit au tribunal, ayant été démaſquée, le P. *Verbieſt* fut chargé du ſoin du Calendrier, & en 1669 établi Préſident du tribunal des Mathématiques. Cette affaire fut traitée avec le même appareil que ſi le ſalut de l'Empire en eût dépendu (*a*). L'ignorant & méchant *Yang-Kang-Sien*, qui avoit ſoulevé la tempête contre les Jéſuites, & qui les avoit fait chaſſer du tribunal, fut condamné à mort, peine qui fut commuée en celle d'une priſon perpétuelle dans une frontiere de l'Empire. Depuis ce temps l'Aſtronomie Européenne a eu le deſſus à la Chine, & le P. *Verbieſt* étant mort en 168.., il fut remplacé par les PP. *Bouvet* & *Gerbillon*, qui eurent, de même que leur prédéceſſeur, la faveur de l'Empereur *Cam-Hi*. Aujourd'hui même que la Religion Chrétienne y eſt interdite, l'habileté des Jéſuites dans

(*a*) Hiſt. de la Ch. du P. *du Halde*, T. III.

les

les Sciences, & particuliérement en Astronomie leur a fait permettre d'y demeurer. Ils sont toujours à la tête du tribunal des Mathématiques, & c'est à eux qu'est confiée l'affaire importante du Calendrier. Le P. *Koegler*, Jésuite Allemand, étoit Président de ce tribunal en 1732, le P. *Gaubil* lui a succédé & remplit encore aujourd'hui cette place, suivant les dernieres nouvelles venues de ce pays. L'obligation continuelle où ont été les Missionnaires Jésuites de cultiver l'Astronomie à la Chine, a produit quantité d'ouvrages de ce genre en Langue Chinoise. Le P. *Ricci*, qui sçut le premier s'ouvrir une entrée dans ce vaste Empire pour y prêcher l'Evangile, ne dédaigna pas de composer en faveur des Chinois *une Exposition de la Sphere Terrestre & Céleste.* Les PP. *Sebastien de Ursis*, *Emmanuel Diaz*, *Jacques Rho*, *Jean Térentius* l'imiterent en écrivant sur l'Astronomie. Les Chinois possedent surtout un grand nombre de Traités astronomiques des PP. *Schall* & *Verbiest.* Mais nous nous bornerons à cette indication : ceux qui désireroient connoître les titres de ces divers écrits, peuvent recourir à M. *Weidler* qui les a tous rassemblés (*a*).

Les sçavans Missionnaires dont nous parlons, ne se sont pas contentés de réformer l'Astronomie Chinoise sur les principes de celle des Européens ; ils ont été aussi fort utiles à ces derniers par les observations nombreuses qu'ils leur ont fournies, & surtout par les lumieres qu'ils ont données sur la Géographie des contrées Orientales. Ils avoient déja rendu divers services de ce genre jusqu'au milieu du siecle passé, mais moins qu'on pouvoit en attendre, parce que cet objet n'entroit pour rien dans leurs voyages. Lorsque l'Académie Royale des Sciences fut établie, elle sentit tout l'avantage qu'il y avoit d'entretenir des correspondances avec eux, & il partit dès lors de France peu de Missionnaires Jésuites sans des instructions propres à rendre leur voyage utile aux Sciences d'Europe. On ne peut trop louer le zele avec lequel ils s'y sont portés. Plusieurs Missionnaires, la plûpart Mathématiciens, devant partir en 1684 pour la Chine ou les Indes Orientales, eurent de fréquentes conférences avec M. *Cassini* & les autres Astronomes de l'Académie : on les fournit des instru-

(*a*) Hist. Astron. p. 260.

mens néceſſaires pour l'obſervation, & le Roi les décora du titre de ſes Mathématiciens. Ces PP. étoient les PP. *Bouvet*, *Gerbillon*, *Fontenay*, *le Comte*, *Tachard*, *Viſdelou*. Ils partirent ſur les vaiſſeaux qui portoient l'Ambaſſadeur du Roi à Siam, & ils arriverent à la Chine en 1686. Leur route fut marquée par une multitude d'obſervations de divers genres: elles furent publiées en 1688 par le P. *Gouye*, qui en donna un ſecond volume en 1692. On les trouve dans le VIIe Tome des Mémoires de l'Académie Royale des Sciences avant 1699. Le P. *Noel*, autre Aſtronome & Miſſionnaire de la Compagnie de Jeſus, a fait auſſi beaucoup d'obſervations à la Chine & dans l'Inde, qu'il publia en 1710 (*a*). Le P. *Gaubil* qui partit en 1721, nous a communiqué un grand nombre d'obſervations anciennement faites à la Chine, & d'autres faites dans cet Empire par lui-même & par les PP. *Koegler*, *Slaviſeck*, *Pereira*, &c. Il nous a auſſi donné une hiſtoire & un Traité de l'Aſtronomie Chinoiſe avec de ſçavantes diſſertations ſur les phénomenes, ou les obſervations dont parle l'hiſtoire de la Chine, & qui peuvent être conteſtées. Le P. *Souciet* a pris ſoin de raſſembler & de publier toutes ces pieces en 1732 (*b*).

VII.

Nous avons dit dans pluſieurs endroits de cet Ouvrage qu'il n'eſt preſque point de peuple qui n'ait jetté ſur le Ciel un œil de curioſité. Les Indiens, malgré leur indifférence pour tout ce qui ne va pas directement au bien-être corporel, n'ont pas laiſſé d'être ſenſibles au ſpectacle des corps céleſtes, & l'on voit encore parmi eux une ſorte d'Aſtronomie. Ils ont donné des noms aux diverſes conſtellations, comme l'éléphant & ſa trompe, le corps de chaſſe, le palanquin, &c. Ils ont deux diviſions du Zodiaque, l'une ſemblable à celle des Arabes, & relative à la Lune : elle eſt en 27 parties égales dont ils ſe ſervent pour connoître à peu près les heures de la nuit (*c*). L'autre eſt relative au Soleil, & eſt comme la nôtre, en 12 ſignes auxquels ils donnent des noms qui répondent à

(*a*) *Obſ. Math. in India factæ.* Prag. 1710. 4.

(*b*) Obſerv. Math. & Phyſiques faites aux Indes & à la Chine, rédigées par le P. Souciet, avec l'Hiſtoire & le Traité de l'Aſtronomie Chinoiſe. *in*-4°. 3 vol.

(*c*) Obſervations rédigées par le P. Souciet, *T. I*, *p.* 6 & 243, &c.

ceux que nous tenons des Grecs. Il est fort probable qu'ils les ont reçues autrefois par l'entremise des Arabes ; car je ne pense pas que qui que ce soit se persuade que c'est l'ancienne division du Zodiaque, faite suivant quelques Auteurs par les premiers peres du genre humain, qui s'est ainsi conservée parmi eux.

M. *de la Loubere*, Ambassadeur du Roi à Siam, en rapporta un manuscrit qui contenoit les regles de l'Astronomie Indienne, pour calculer les lieux du Soleil & de la Lune. Elles ne ressemblent en rien aux nôtres ; ce ne sont que des additions, des soustractions, des multiplications & des divisions de certains nombres, énigme d'autant plus difficile, que les résultats de ces calculs sont désignés par des mots dont plusieurs ne sont plus entendus par ceux même qui les emploient. Malgré ces difficultés M. *Cassini* ne laissa pas d'entreprendre de la deviner, & il y réussit. Il démêla sous cette enveloppe obscure deux époques, l'une civile, qui commença 544 ans avant J. C. l'autre Astronomique, qui date de l'année 638 après sa naissance. On y voit que les Auteurs de ces regles sçavoient faire la distinction de l'année solaire tropique, qu'ils estimerent de 365 jours 5 heures 55′ environ, comme *Hipparque* & *Ptolemée* ; & de l'année anomalistique, ou du retour du Soleil à son apogée, qu'ils faisoient de 365 jours 6 heures 12′ & quelques secondes. On y apperçoit aussi l'équation du Soleil, tantôt soustractive, tantôt additive, les deux équations de la Lune, un cycle de 19 années solaires équivalant à 235 lunaisons, &c. M. *Cassini* a développé tout cela fort au long dans le VIIIe volume des Mémoires de l'Académie avant 1699. Il trouve cette méthode ingénieuse, & il ajoute que si elle étoit rectifiée & simplifiée en quelques points, elle pourroit être utile en certaines circonstances. En effet il semble qu'on ne pouvoit rien imaginer de mieux pour affranchir le calcul des mouvemens du Soleil & de la Lune, de l'attirail des tables. Si nous avions des regles semblables, & que quelqu'un prît la peine de les mettre en vers Techniques pour les imprimer dans la mémoire, un Voyageur qui les sçauroit, pourroit, au milieu de l'Amérique & sans aucun Livre, calculer ces mouvemens ; ce qui ne seroit peut-être pas un petit avantage dans quelques occasions.

Si l'on considere les connoissances qui sont cachées sous ces regles, on ne doutera en aucune maniere qu'elles ne soient l'ouvrage d'un temps où l'Astronomie étoit dans les Indes sur un autre pied qu'à présent. Ce temps est probablement celui où les Arabes établis dans la Perse, la Transoxane, &c, avoient un grand commerce avec les Indiens, ou bien celui où les successeurs de *Gengis-kan* les réunirent les uns & les autres sous la même domination. Je dois remarquer ici que quoique les Chinois aient des regles assez semblables pour calculer les mouvemens célestes, celles des Indiens ne viennent certainement point d'eux, mais plus probablement de la partie Occidentale de l'Asie. Car les Chinois ont toujours divisé le cercle en 365° $\frac{1}{4}$, & chaque degré en 100 minutes, &c. On voit au contraire que dans la méthode Indienne le cercle est divisé en 360 degrés, le degré en 60 minutes, &c, comme parmi nous.

Les Indiens sont aujourd'hui plongés dans la plus profonde ignorance sur l'Astronomie physique. Ils n'ont pas la moindre idée de la figure de la terre, de la disposition des corps célestes, &c. Ceux de leurs Sçavans qui possedent les regles dont nous venons de parler, n'en entendent aucunement les raisons, & s'en embarrassent peu. Ils en font au surplus un grand mystere, & quoique par leur moyen ils aspirent à prédire les éclipses, ils ne laissent pas de débiter de ridicules contes sur la cause de ce phénomene. Ils font aussi la Lune plus éloignée de nous que le Soleil, & même ils sont aussi attachés à cette opinion qu'on l'est encore dans certaines contrées à nier le mouvement de la terre. Un Brame & un Missionnaire étant dans la même prison, le premier souffroit assez patiemment que l'autre entreprît de le désabuser du culte de *Brama*, mais lorsque dans d'autres conversations il vit que le Missionnaire prétendoit que le Soleil étoit au delà de la Lune, ç'en fut fait : il rompit entiérement avec lui, & ne voulut plus lui parler (*a*).

(*a*) Observ. rédigées par le P. Souciet, *T. I, p.*

Fin du second Livre de la seconde Partie.

HISTOIRE
DES
MATHÉMATIQUES.

TROISIEME PARTIE,

Contenant l'Histoire de ces Sciences chez les Latins & les peuples Occidentaux, jusqu'au commencement du dix-septieme siecle.

LIVRE PREMIER.

Etat des Mathématiques chez les Romains, & leurs progrès en Occident, jusqu'à la fin du quatorzieme siecle.

SOMMAIRE.

I. *Quel fut l'état des Mathématiques chez les Romains jusqu'au* V^e *siecle après l'Ere Chrétienne. Du Calendrier de Numa. De l'Astronome Sulpitius Gallus. De la réformation du Calendrier faite par Jules-César. De l'Obélisque élevé dans Rome par l'Astronome Manlius, pour servir de Gnomon. De Divers Ecrivains Latins qui ont eu des connoissances en Mathématique.* II. *Troubles qui agitent l'Empire Romain, & qui empêchent les Sciences d'y faire des progrès. De Boece, Bede, Alcuin & autres Sçavans qui écrivirent sur les Mathématiques depuis le* VIe *siecle jusqu'au* IXe. III. *Obscurité profonde des* IX *&* X^e *siecles. Gerbert à la fin du* X^e *va puiser chez les Maures* *quelque connoiſſance des Sciences, & il en rapporte notre Arithmétique, dont il expoſe les principes. Il eſt imité dans les ſiecles ſuivans par divers amateurs des Mathématiques, comme Campanus de Novarre, Athelard, &c.* IV. *Les Sciences, & en particulier les Mathématiques commencent à faire des progrès chez les Occidentaux dans le XIIIe ſiecle. Frederic II fait traduire l'Almageſte. Alphonſe, Roi de Caſtille, encourage l'Aſtronomie d'une façon ſignalée. De ſes Tables & des Aſtronomes qu'il y emploie.* V. *Des autres Mathématiciens que produit ce ſiecle, & en particulier de Roger Bacon. Examen des inventions Mathématiques qu'on lui attribue.* VI. *Découverte de verres lenticulaires, ou des lunettes ſimples. Leur antiquité prétendue examinée.* VII. *Invention de la Bouſſole dans le XIVe ſiecle.* VIII. *De quelques Mathématiciens que produit ce ſiecle.*

I.

LES Sciences ne firent jamais chez les Romains des progrès proportionnés à ceux qu'on leur vit faire dans la Grece. Ces Conquérans de l'Univers uniquement occupés du ſoin d'étendre leur domination, ne s'aviſerent que fort tard d'aſpirer à la gloire d'être ſçavans & éclairés. Il y eut même à diverſes repriſes des décrets du Sénat pour chaſſer de Rome les Philoſophes & les Rhéteurs qui apportoient dans cette Capitale les Sciences de la Grece. Si ces ordonnances ne parvinrent pas à détruire dans l'eſprit des Romains le goût des Lettres & de l'Eloquence, elles influerent du moins tellement ſur la Philoſophie & les Mathématiques, moins attrayantes par elles-mêmes, qu'on ne compte parmi eux qu'un fort petit nombre d'hommes qui aient eu des connoiſſances plus qu'ordinaires dans ce genre. Les Mathématiques ſurtout furent extrêmement négligées à Rome, & la Géométrie à peine connue ne s'y éleva guere au deſſus de l'Art de meſurer les terres, & d'en fixer les limites. *In ſummo honore*, dit Cicéron, *apud Græcos Geometria fuit; itaque nihil Mathematicis illuſtrius: at nos ratiocinandi metiendique utilitate hujus artis terminavimus modum* (*a*).

Les premiers temps de la République ſont marqués par des traits d'une ignorance extrême. Rien ne fut plus mal arrangé que le Calendrier dont les Romains ſe ſervirent juſqu'à

(*a*) *Tuſcul*, l. 1.

Jules Cesar. *Romulus* n'avoit composé l'année que de 340 jours ; on ne devoit guere plus attendre de ce fondateur de Rome. *Numa*, qui étoit un Philosophe qu'on tira de la retraite pour le mettre sur le trône, donna au Calendrier Romain une forme plus passable. Soit qu'il eût puisé chez les Grecs une connoissance approchée de la durée des années solaire & lunaire, soit que ce fut l'ouvrage de ses réflexions, il fixa la premiere à 365 jours, & la seconde à 354. En conséquence il voulut que l'année Romaine fût composée de 12 mois, alternativement de 29 & de 30 jours, afin de se conformer aux mouvemens de la Lune, & que de deux ans en deux ans on ajoutât un mois intercalaire alternativement de 22 ou 23 jours, afin de s'accorder avec le mouvement du Soleil (*a*). Mais il est facile de voir que *Numa* manquoit l'un de ses deux objets, & que son année ne s'accordoit que de deux en deux ans avec le cours du Soleil, rarement & seulement par hazard avec celui de la Lune. *Numa* sentit, ce semble, l'imperfection de son Calendrier, & il préposa les Pontifes pour y veiller, & pour l'accorder avec les mouvemens célestes, quand il s'en écarteroit trop : il les exhorta même à s'adonner à l'Astronomie pour y réussir avec plus de succès. Mais ils remplirent mal les intentions de ce Prince, comme nous le verrons bientôt.

L'Art de diviser la journée ne pénétra que tard à Rome ; on n'y connut pendant les trois ou quatre premiers siecles que le lever & le coucher du Soleil avec le midi. Ce dernier étoit marqué par l'arrivée du Soleil entre la Tribune aux harangues & un lieu nommé *Græco-stasis*. *Lucius Papirius* fit connoître aux Romains la premiere horloge solaire 12 ans avant la guerre de *Pyrrhus*, & en fit tracer une vis à vis le Temple de *Quirinus*. Il y a apparence qu'elle étoit fort mauvaise ; car le Consul Romain qui prit Catane en Sicile, y en ayant trouvé une, la fit transporter à Rome pour la substituer à celle de *Papirius*. Si cette horloge eût été placée par un homme intelligent, elle eût pu remplir parfaitement sa destination : mais on prit probablement beaucoup de soin pour la placer à Rome comme elle étoit à Catane ; ce qui, de bonne qu'elle étoit dans la derniere de ces villes, la rendit fort mauvaise pour l'autre.

(*a*) Plut. *in Numa*. Macrob. *Saturn. l.* 1, *c.* 13.

On s'apperçut bien qu'elle étoit peu exacte, mais faute de quelque chose de mieux on s'en servit pendant 11 ans. Enfin le Consul *Martius Philippus*, vers l'an de Rome 275, en fit tracer une plus parfaite, dont on lui sçut beaucoup de gré. Environ un siecle après, *Scipion Nasica* fit faire une clepsydre pour suppléer au défaut de l'horloge solaire, durant la nuit & dans les temps nébuleux (*a*).

Sulpitius Gallus. Le premier des Romains qui ait eu quelque connoissance approfondie d'Astronomie, est *Sulpitius Gallus*. Il cultiva cette Science avec une passion extrême (*b*), & il prédit les éclipses long-temps avant leur arrivée ; ce qui le fit admirer de ses compatriotes. Son habileté servit la République dans une occasion importante (*c*). La nuit qui précéda le jour où *Paul Emile* défit *Persée*, il devoit y avoir une éclipse de Lune. *Sulpitius Gallus* l'annonça aux soldats Romains, & leur en ayant expliqué les causes, dissipa la frayeur que ce phénomene imprévu auroit jetté dans leur esprit. Cette éclipse arriva, suivant *Riccioli*, le matin du 4 Septembre de l'an 168 avant J. C.

Jules-César. Je ne trouve depuis *Sulpitius* jusqu'aux derniers temps de la République, aucun Romain qui ait cultivé l'étude du Ciel. Mais *Jules Cesar*, malgré les embarras où le plongerent son ambition & son amour pour la gloire, sçut trouver les momens de s'y adonner. Il écrivit même sur ce sujet, & *Pline* nous rapporte quelques extraits de ses Livres (*d*). *Ptolemée* le cite aussi dans son Traité sur *les apparences des fixes*, & il le range parmi les Observateurs dont il a profité pour composer cet ouvrage.

Réform. du Calendrier. *Jules Cesar* n'est guere moins célebre par la nouvelle forme d'année qu'il introduisit dans l'Empire Romain, que par ses qualités militaires. Le Calendrier étoit tombé de son temps dans une prodigieuse confusion par l'avarice & la mauvaise foi des Pontifes que *Numa* avoit préposés à sa direction. Gagnés, tantôt par les Magistrats qui étoient en place, pour proroger l'année, tantôt par les Candidats, pour hâter le moment de leur élection, ils avoient si bien fait que l'équinoxe civil s'écartoit de l'astronomique de près de trois mois. *Jules Cesar* ne

(*a*) Plin. *Hist. Nat. l.* VII, *c.* 60.
(*b*) Cic. *in Caton. maj.*
(*c*) Tit. Liv. *lib.* XLIV.
(*d*) l. XVIII, c. 25, 26, 27, 28.

jugea

jugea pas qu'il fût indigne de ses soins de rétablir l'ordre dans le Calendrier, & de lui donner une forme stable. Pour cela il préféra l'année solaire moins embarrassante à conformer avec l'état du Ciel. Elle lui parut, & à son Conseiller *Sosigene*, de 365 jours & un quart: c'est pourquoi après avoir ajouté à l'année alors courante 85 jours pour ramener l'équinoxe du printems au 25 de Mars qui étoit sa place, il ordonna que dorénavant l'année seroit de 365 jours, & qu'afin de tenir compte des 6 heures de plus qu'il y avoit dans une révolution du Soleil, de quatre ans en quatre ans on intercaleroit un jour entre le 6 & le 7 des Calendes. L'on comptoit cette année deux six des Calendes, & l'on disoit *bis-sexto Calendas* au second, d'où est venu le nom de *Bissextile*, que l'on a donné depuis à l'année de 366 jours. Cette forme d'année a été nommée *Julienne*, du nom de son Instituteur. La correction qu'il a fallu y faire après plusieurs siecles, vient des 11 minutes dont l'année solaire est moindre que *Jules Cesar* & *Sosigene* ne l'avoient pensé. Ce dernier n'ignoroit cependant pas qu'elle étoit moindre de quelques minutes, qu'il ne le falloit pour que l'arrangement projetté par *Jules Cesar* fût parfait, & ce fut la raison pour laquelle il témoigna une sorte d'incertitude que *Pline* attribue mal à propos à d'autres motifs peu raisonnables (*a*). On fera dans son temps l'histoire de cette correction. La premiere année Julienne commença l'an 46 avant la naissance de J. C. ou la 708e de la fondation de Rome.

L'Empereur *Auguste* éleva un monument digne de la magnificence Romaine, lorsqu'il fit placer dans le champ de Mars un obélisque pour observer la longueur de l'ombre méridienne & le mouvement du Soleil pendant l'année. Il avoit de hauteur 70 de nos pieds, & son ombre se projettoit à midi sur une ligne horizontale, qui étoit marquée par des lames de bronze incrustées dans de la pierre, & qui portoit les divisions (*b*). Le Mathématicien *Manlius*, qui dirigea cet ouvrage, termina l'obélisque par un globe, non pour lui donner de la ressemblance avec la figure humaine, comme le dit *Pline* souvent peu heureux dans ses conjectures, mais afin que le

(*a*) Hist. Nat. *l.* XVIII, *c.* 25.

(*b*) *Ibid. l.* XXXVI, *c.* 10.

ſommet de l'obéliſque étant cenſé au centre de ce globe, le milieu de l'ombre qu'il projetteroit, déſignât la hauteur du centre du Soleil. *Manlius* chercha à prévenir par-là l'inconvénient auquel les autres Gnomons étoient ſujets, ſçavoir de ne donner par l'ombre forte, qui eſt la ſeule dont on puiſſe déterminer les limites, que la hauteur du bord ſupérieur de cet aſtre. Une attention auſſi fine, & qu'il eſt difficile de méconnoître dans cette conſtruction, lui fait honneur. Mais ce monument fut de peu de durée, & il y avoit 30 ans, au temps de *Pline*, qu'il ne rempliſſoit plus ſa deſtination. Cet Hiſtorien en ſoupçonne trois cauſes, comme un changement de cours dans le Soleil, un déplacement de la terre, ou l'affaiſſement de la baſe de l'obéliſque; mais il eût montré plus de diſcernement à accumuler moins de conjectures, & à s'en tenir à la derniere qui eſt la ſeule vraiſemblable.

Le Calendrier inſtitué par *Jules Ceſar* eut beſoin, au temps d'*Auguſte*, d'une eſpece de correction dont *Pline* n'a pas plus heureuſement démêlé le motif. Les Pontifes prépoſés à la direction du Calendrier, avoient mal entendu ce que *Jules Ceſar* avoit ordonné, ſçavoir d'intercaler un jour après chaque quatrieme année révolue, & ils avoient intercalé à chaque quatrieme année commençante, c'eſt-à-dire de trois en trois ans. Ce déſordre avoit déja duré 36 ans, & l'équinoxe commençoit à arriver trois jours plutôt qu'il ne falloit. *Auguſte* fit apparemment examiner par d'habiles gens la cauſe de ce déſordre, & ſur le rapport qu'on lui en fit, il ordonna que l'on n'intercaleroit point de 12 ans, & qu'enſuite on ne le feroit qu'à la fin de la quatrieme année. *Pline* en a inféré que le Soleil avoit accéléré ſon cours durant ce temps-là (*a*). Mais qu'il me ſoit permis de le dire, cette conjecture & celles que j'ai rapportées un peu auparavant, doivent donner une idée peu avantageuſe de ſon intelligence dans ces matieres.

Ce qu'il me reſte à dire ſur les progrès des Mathématiques chez les Romains, ſe réduit preſqu'à faire connoître quelques Ecrivains qui ont montré dans leurs ouvrages des connoiſſances de ce genre, ou de l'affection pour elles. Le célebre Orateur Romain tient un rang parmi les uns & les autres. Ses écrits philoſophiques nous préſentent fréquemment des

(*a*) L. XVIII, c. 25.

traits de son estime pour les Mathématiques, & la maniere juste dont il parle quelquefois de la méthode qu'on y emploie, nous donne lieu de croire qu'il y avoit donné quelque application. Il avoit traduit dans sa jeunesse le Poëme d'*Aratus* en vers Latins : il nous en reste quelques fragmens peu propres, ce me semble, à lui donner une place parmi ceux qui ont réussi dans la poésie. Nous avons la traduction entiere de ce Poëme par *Germanicus Cesar*, petit fils d'*Auguste*, qui est d'une versification plus naturelle & plus harmonieuse. Cet ouvrage a encore été traduit chez les Latins par *Rufus Sextus Avienus*, & aussi avec plus de succès que par *Cicéron*.

Varron, un des Romains qui s'est attiré le plus de réputation par ses connoissances multipliées, étoit instruit dans les Mathématiques, si nous en jugeons par les titres de quelques-uns de ses ouvrages. Ces titres nous apprennent qu'il avoit écrit sur la Géométrie & sur l'Astronomie. Il est dommage qu'il n'en subsiste plus rien, pour juger jusqu'où il y avoit pénétré. Je soupçonne cependant qu'il en parloit beaucoup plus en Orateur & en Grammairien, qu'en Mathématicien. On met à côté de *Varron* pour l'étendue du sçavoir dans les Sciences & dans les Arts, le Philosophe *P. Nigidius Figulus*; il avoit écrit sur la différence de la *Disposition du Ciel dans le climat de la Grece & celui de l'Egypte*; mais il ternit ce qu'il sçavoit en Astronomie par son attachement à l'Astrologie judiciaire. *Vitruve* a aussi étalé beaucoup de connoissance dans les Mathématiques. Nous lui devons la mémoire de quantité de traits curieux, concernant la Méchanique & diverses inventions anciennes de ce genre. *Frontin* s'est fait un nom par son Livre *des Aqueducs de Rome*, à la conduite desquels il fut long-temps préposé. Il y montre autant d'habileté qu'on pouvoit en avoir dans un temps où l'on étoit encore destitué des solides principes de l'Hydraulique. *Pline* nous a conservé dans son Histoire Naturelle, & surtout dans le Livre IIe, quantité de traits sur l'Astronomie. Nous désirerions trouver dans son ouvrage plus d'exactitude & d'intelligence en ce qui concerne le fonds de cette Science; car on ne sçauroit dire en combien d'endroits il montre qu'il n'avoit rien moins qu'une idée nette des matieres dont il entreprend de parler. *Séneque* donne des marques de génie & de connoissances Astronomiques dans le VIIe Livre de ses questions naturelles. J'aime à le voir adopter, comme il fait, certaines opinions Physico-Astronomiques fort au dessus de la Physique de son temps, comme celle d'*Apollonius* Myndien, qui réputoit les cometes des astres éternels, & sujets à des retours périodiques. *Séneque* saisit cette idée avec une sorte de transport, & perçant en quelque sorte dans l'avenir, il ose prédire qu'il viendra un temps où l'on connoîtra leur marche, comme celle des planetes. A en juger par ce trait, il eût eu peu de peine à adopter les vérités les plus sublimes de l'Astronomie moderne.

II.

Il ne faut que connoître un peu l'Histoire de l'Empire d'Occident, pour trouver les causes de l'ignorance que nous allons y voir régner durant plusieurs siecles. Cette partie de l'Europe attaquée de tous côtés, & subjuguée par des peuples venus du Nord, qui ne connoissoient encore d'autre mérite que celui d'une valeur féroce, commençoit à peine à jouir de quelque tranquillité, lorsque de nouveaux Conquérans sortis du Midi, vinrent la menacer des mêmes horreurs. Dans des circonstances si malheureuses doit-on s'attendre que les Sciences pussent y prendre racine, & frapper de leurs attraits des hommes uniquement occupés du soin de conquérir ou de se défendre. Si dans le même temps les Sciences, surtout exactes, perdoient leur éclat chez les Grecs où elles avoient toujours été florissantes, il ne faut pas s'étonner qu'elles fussent négligées & à peine connues dans l'Occident, où lors même des temps les plus éclairés de l'Empire Romain, elles n'avoient fait qu'une légere impression.

Les V, VI & VIIe siecles nous offrent moins des Mathématiciens que des Philologues qui ont parlé par occasion des Mathématiques. Tels sont *Macrobe* & *Martianus Capella*. Celui-là étale quelques connoissances Astronomiques dans son Commentaire sur le songe de *Scipion*, mais souvent avec peu de discernement & d'exactitude; celui-ci fait la même chose dans les quatre derniers Livres de son Traité des *sept Arts libéraux*. Tels furent encore *Cassiodore* & *Isidore* de Séville, qui vivoient, celui-ci dans le VIIe siecle, l'autre au commencement du VIe. Les Abrégés des Mathématiques qu'on trouve dans les écrits de ces perſonnages ſçavans & eſtimables d'ailleurs, ne contiennent rien de relevé, rien qui paſſe la capacité d'un commençant initié dans ces Sciences. Nous nous arrêterons davantage à *Boece,* qui dans ces ſiecles d'obſcurité, donna des marques d'un ſçavoir plus profond.

Le Sénateur & Conſul Romain *Anitius-Manlius-Severinus Boethius*, ſi connu par ſes diſgraces & ſa conſolation Philoſophique, fut pour ſon temps un des hommes les plus verſés dans les Mathématiques. Si nous en jugeons par ſes travaux, il eut pour elle des vues que les ſeuls malheurs des temps rendirent inutiles. Ce fut par ſes ſoins que divers Auteurs Grecs, comme *Nicomaque, Ptolemée, Euclide,* commencerent à être connus des Latins. Son Arithmétique & ſa Géométrie ne ſont proprement que des traductions libres du premier & du dernier. Il fut encore habile dans la Méchanique & dans la Gnomonique : c'eſt ce que nous apprend une lettre de *Théodoric,* Roi des Gots. Ce Prince lui demande deux horloges, l'une Solaire, l'autre Hydraulique, pour le Roi des Bourguignons, & il termine cet endroit de ſa lettre par ces mots : Ne tardez pas de nous envoyer ces deux ouvrages, afin que votre nom pénétre dans des contrées où vous ne pouvez aller vous-même, & que les Nations étrangeres apprennent que nous avons ici une Nobleſſe auſſi inſtruite que le ſont ailleurs ceux qui font profeſſion de ſçavoir. Ces ſentimens feroient plus d'honneur à *Théodoric,* s'il n'eût pas fait mettre à mort, ſur de legers ſoupçons, ce Philoſophe reſpectable. *Boece mort en 524.*

Bede illuſtra le commencement du VIIIe ſiecle par ſon ſçavoir. Il embraſſa juſqu'aux Mathématiques, ſi peu connues de ſon temps, & ſurtout l'Aſtronomie, dont il traita dans divers écrits. Il propoſa des vues utiles ſur le Calendrier & la célébration de la Pâque. M. *Wallis,* zélé pour l'honneur de ſa Nation, a pris le ſoin de nous faire connoître quelques Mathématiciens contemporains & compatriotes de *Bede*, comme *Adelme*, le Moine *Hémoald*, &c. C'eſt en effet une juſtice dûe à l'Angleterre qu'on y vit les Mathématiques plus connues alors que dans aucune autre partie de l'Europe. *Bede en 720.*
Elle donna un maître à *Charlemagne*, dans *Alcuin* le diſciple de *Bede*. Ce Sçavant, inſtruit de toutes les parties des *Alcuin.*

Mathématiques, écrivit en particulier sur l'Astronomie, & il en inspira le goût à son illustre éleve, qui la cultiva avec plus de soin qu'on n'en attendroit d'un Prince, & d'un Prince de ce siecle. Ce furent les conseils d'*Alcuin* qui porterent *Charlemagne* à fonder les Universités de Paris & de Pavie, institution qui fut imitée quelques siecles après, par divers Souverains, & qui servit du moins à perpétuer le dépôt des Sciences & des Lettres jusqu'à des temps plus favorables à leur accroissement. Mais ces efforts de *Charlemagne* & d'*Alcuin* ne purent venir à bout de les faire fleurir. La disposition générale des esprits s'opposa à ce noble dessein, & l'ignorance continua à étendre & à affermir son Empire. Nous ne trouvons qu'un seul anonyme amateur de l'Astronomie, que ces exemples aient excité. Il vivoit principalement sous *Louis le Debonnaire*, dont il écrivit les annales avec celles de *Pepin* & de *Charlemagne*. Elles font mention de plusieurs phénomenes célestes, observés pendant une assez longue suite d'années, sçavoir depuis 807 jusqu'en 842. Il y a plusieurs éclipses de Lune & de Soleil, une occultation de Jupiter par la Lune, &c. On y lit surtout une observation remarquable, c'est celle d'une tache du Soleil qu'on apperçut huit jours de suite en 807, & qu'on prit pour Mercure passant sous cet astre. *Kepler* écrivant dans un temps qui précédoit la découverte des taches du Soleil, a tâché de rendre cette observation conforme à la saine Théorie de Mercure. Il soupçonnoit qu'il y avoit une faute dans la citation de l'année, & que c'étoit l'an 808 où il put effectivement y avoir une conjonction écliptique de Mercure & du Soleil. Il conjecturoit aussi qu'on y devoit lire *octories*, ce qui en Latin barbare auroit voulu dire, durant huit heures, au lieu d'*octo dies*, pendant huit jours. Mais on sçait aujourd'hui que Mercure passant sous le disque du Soleil, ne sçauroit être apperçu sans télescope. Ainsi cette observation ne peut être que celle d'une tache du Soleil assez considérable pour être apperçue à la vue simple, & que des temps nébuleux empêcherent d'observer les premiers & les derniers jours de sa marche sur le disque de cet astre; ce qui est d'ailleurs conforme au récit de l'Historien.

III.

Il se trouve ici un long intervalle de temps, près d'un siecle & demi, où malgré mes recherches je n'ai pu rencontrer un seul Mathématicien. Je crois pouvoir le regarder comme celui de la plus profonde obscurité qui ait régné dans ces contrées. Sur la fin du Xe siecle il y eut quelques hommes qui, épris des connoissances Mathématiques, montrerent un zele digne d'éloges, pour s'en instruire. Les Arabes chez qui elles fleurissoient alors, furent pour les Chrétiens, ce qu'autrefois les Egyptiens avoient été pour les Grecs avides de sçavoir. Parmi ceux qu'un si noble motif porta à entreprendre ces voyages, on remarque principalement le fameux *Gerbert*, que son mérite & son sçavoir éleverent dans la suite au Pontificat, sous le nom de *Sylvestre II*.

Gerbert, François de Nation, & engagé dès son jeune âge dans le Monastere de Fleury, n'eût pas plutôt goûté les prémices des Sciences, qu'il sentit que la Chrétienté ne pouvoit point lui fournir des secours suffisans pour y faire de grands progrès. Cette raison le porta à s'enfuir de son Couvent, & à passer en Espagne, où il séjourna plusieurs années. Il s'y instruisit tellement dans les Mathématiques, qu'il surpassa, dit-on, bientôt ses maîtres. L'Arithmétique, la Musique, la Géométrie, l'Astronomie lui furent familieres, & de retour en France, il fit connoître ces Sciences oubliées depuis long-temps. *Gerbert.*

Les Chrétiens Occidentaux doivent surtout à *Gerbert*, de leur avoir transmis l'Arithmétique dont nous faisons usage aujourd'hui. *Abacum certè primus à Saracenis rapiens, regulas dedit quæ à sudantibus Abacistis vix intelliguntur,* dit *Guillaume de Malmesburi* (*a*). Cette date de la premiere introduction de l'Arithmétique Arabe chez les Latins, est encore prouvée par plusieurs lettres de *Gerbert*; il y en a surtout une, sçavoir la 160e qui paroît avoir été à la suite d'un petit Traité sur ce sujet. Il y remarque que le même nombre devient tantôt *articulus*, tantôt *digitus*, *minutum*, c'est-à-dire centaine, dixaines, unités; ce qui convient tout-à-fait à cette Arithmétique dont

(*a*) *Chron.* Wallis, *de Alg.*

nous parlons. L'Editeur des lettres de *Gerbert*, dit avoir eu entre les mains le Traité désigné dans celle-là (*a*), & il a eu grand tort de ne pas nous faire part de ce curieux monument. La date de cet événement remarquable paroît devoir être fixée vers l'an 960 ou 970.

Gerbert avoit du génie pour la Méchanique. Il fit, à ce qu'on rapporte (*b*), une machine qu'on pourroit regarder comme la premiere ébauche de nos machines à feu. C'étoit une espece d'automate auquel la vapeur de l'eau échauffée donnoit le mouvement, & faisoit pousser des sons. Mais j'ignore sur quel fondement est appuyé ce récit : il n'est peut-être pas plus exact que celui de quelques autres Ecrivains qui ont dit qu'il fut l'inventeur des Montres à rouage, & qu'il connut la propriété de l'aimant de se diriger du côté du Nord. Ce dernier trait n'est fondé que sur quelques paroles obscures de la chronique de *Magdebourg*. On y lit que *Gerbert* fit un Cadran dans cette ville, & qu'il le plaça de la maniere convenable, *consideratâ*, dit l'Historien, *per fistulam quamdam stellâ nautarum duce*. C'est dans ces expressions qu'on a cru voir une connoissance de la boussole : mais il est plus naturel de penser qu'elles désignent seulement les dioptres de l'instrument dont *Gerbert* se servit pour mesurer la hauteur du pole.

L'exemple de *Gerbert* inspira à divers Amateurs des Mathématiques un zele semblable. Pendant plusieurs siecles tous ceux qui eurent le plus de réputation dans ce genre, étoient des hommes qui avoient été puiser leur sçavoir chez les Arabes. *Campanus* de Novarre, fit dans le XIe siecle ce voyage dont le motif est si louable, & il en rapporta *Euclide* avec divers autres manuscrits qu'il traduisit. Il rendit surtout un service important aux Mathématiques, en faisant connoître dans ces contrées l'Ouvrage du Géometre Grec dont le nom y avoit à peine pénétré. *Campanus* ajouta à sa traduction un commentaire utile pour le temps, quoiqu'il n'ait pas toujours bien saisi le sens de son texte. Il écrivit aussi divers ouvrages sur l'Astronomie, comme des *Théoriques des Planetes*, dont l'objet fut sans doute de faire connoître l'Astronomie ancienne avec les corrections & additions qu'y avoient fait les Arabes.

Campanus.

(*a*) Wallis. *Tract. Hist. & pract. de Alg.*
(*b*) Bernard. Baldi. *præf. ad Heron. jun.*

Ses

Ses soins pour relever les Mathématiques eurent, ce semble, quelques succès. Car le reste de ce siecle nous fournit plusieurs Mathématiciens à la vérité fort élémentaires, comme *Hermann Contractus* en 1050, *Guillaume*, Abbé d'*Hirzaugen*, en 1080; *Sigebert de Gemblaurs* mais c'est assez de les avoir nommés ; on me dispensera de grossir cet article des titres de leurs ouvrages.

On vit dans le siecle suivant le Moine *Athelard*, Anglois, & quelques-uns de ses compatriotes (*a*), montrer le même zele que *Gerbert* & *Campanus*. *Athelard* voyagea en Espagne, en Egypte, & à son retour il traduisit divers ouvrages anciens qu'il en avoit rapportés, & en particulier les Elémens d'*Euclide*. Il écrivit aussi quelques ouvrages originaux, comme un Traité sur l'*Astrolabe* & *des sept Arts Libéraux*. Tout cela ne subsiste qu'en manuscrit. *Daniel Morlai*, *Robert of Reading*, *William Shell*, ou *de Conchis*, sont ces compatriotes & imitateurs d'*Athelard* dont j'ai parlé. Ils vécurent vers la fin de ce siecle, où nous trouvons encore *Robert*, Evêque de Lincoln, *Clément* de *Langton*, &c. *Athelard.*

IV.

Le XIIIe siecle fut un temps de lumiere en comparaison de ceux qu'on vient de voir écouler. On le regardera même comme le crépuscule du beau jour qui a commencé à renaître il y a deux cens ans, si l'on fait attention au nombre considérable de Sçavans qu'il produisit, & aux encouragemens marqués que divers Souverains donnerent alors aux Sciences. *Jordanus Nemorarius*, qui vécut vers l'année 1230, fut un homme très-intelligent en Géométrie & en Arithmétique. Nous en jugeons par son Traité du *Planisphere*, & ses dix Livres d'*Arithmétique*. Jean *de Halifax*, plus connu sous le nom de *Sacro-Bosco*, qui signifie la même chose dans le Latin barbare alors en usage, fut contemporain de *Jordanus Nemorarius*. Son Traité de *la Sphere* a été pendant longtemps un Livre classique, & a eu divers Commentateurs, entr'autres *Clavius*. Ce sçavant Jésuite pouvoit cependant se dispenser de faire un aussi prolixe commentaire sur un Livre *Jordanus Nemorarius.* *Sacro-Bosco.*

(*a*) Wallis *Algebra IV*.

tel que celui-là, qui ne contenoit rien que de fort commun, même pour le XVIe siecle. Jean *de Sacro-Bosco* laissa encore des Traités sur l'*Astrolabe*, ou *le Planisphere; sur le Calendrier*, & sur l'*Arithmétique Arabe*, invention alors peu répandue en Europe, & presque renfermée entre les Mathématiciens. Le dernier de ces Traités étoit en vers Techniques. Ce Mathématicien enseigna à Paris, & y mourut en 1256 : on voit son tombeau dans le Cloître des PP. de la Merci, plus vulgairement les Mathurins.

L'Empereur *Frédéric* II prit dans le même temps l'Astronomie sous sa protection. L'Europe doit à ses soins & aux encouragemens qu'il donna aux Sçavans, la premiere traduction de *Ptolemée*, ouvrage qui commença à faire connoître la véritable & solide Astronomie. Comme le Grec étoit alors absolument inconnu dans ces contrées, c'est d'après l'Arabe que fut faite cette traduction. Les Historiens de *Frédéric* ajoutent qu'il ne se borna pas à protéger l'Astronomie, mais qu'il l'étudia, & même qu'il s'y rendit habile. Parmi les choses qui lui étoient les plus cheres, il rangeoit un globe ou une sphere céleste, dont la surface portoit les constellations, & dont le dedans représentoit la disposition des orbites, & les mouvemens des planetes.

Les Sciences ont rarement eu des protecteurs aussi magnifiques & aussi zélés que le fut vers le milieu du XIIIe siecle le Roi *Alphonse* de Castille. L'intérêt qu'il prit au rétablissement de l'Astronomie, paroît supposer qu'il y étoit fort versé. Il n'épargna aucune dépense pour parvenir à cet objet : car il fit venir à grands frais de tous les pays de l'Europe des Astronomes Chrétiens, Juifs, Arabes. Il les logea magnifiquement dans un de ses Palais près de Tolede, & il les fit conférer sur les moyens de remédier aux défauts de l'Astronomie ancienne, dont la théorie s'écartoit de plus en plus des observations. On travailla dans ces vues pendant quatre ans, & enfin en 1252 on publia ces fameuses Tables, nommées *Alphonsines*, du nom du Prince qui avoit encouragé leur composition par ses libéralités. La somme qu'elles lui coûterent, fut immense, s'il est vrai qu'elle monta à 400000 ducats : il est probable qu'on doit la réduire à 40000, ce qui est encore bien considérable pour le siecle où vivoit ce Prince.

On ne s'accorde pas sur ceux qui furent à la tête de cet ouvrage. Les uns y mettent le Juif *R. Isaac Aben-Said*, d'autres disent d'après des manuscrits du Roi *Alphonse* (*a*), que ce furent *Alcabitius* & *Aben-Ragel*, ses Maîtres en Astronomie, qui y présiderent. Quelques circonstances que je remarquerai bientôt, rendent probable que l'Astronome Juif eut une grande part à la direction de ce travail. Parmi les Astronomes qui y furent employés, on nomme encore *Aben-Musa*, *Mohammed*, *Joseph Ben-Ali*, & *Jacob Abuena*, Arabes; *Samuel* & *Jehuda El-Coneso*, Juifs : on ignore les noms des Astronomes Chrétiens.

L'exécution de cette entreprise Astronomique mérite à certains égards des louanges, & du blâme à certains autres. On a pensé avec raison que les Astronomes qu'*Alphonse* employa, répondirent mal aux dépenses considérables qu'il fit, & qu'ils donnerent une idée peu avantageuse de leur sçavoir & de leur jugement, en admettant la bizarre hypothese sur le mouvement des fixes qu'on voit dans ces Tables. Car ils attribuerent aux fixes un mouvement inégal en longitude; & pour représenter ce mouvement, & l'assujettir au calcul, ils imaginerent un cercle de 18° de rayon, dont le centre parcouroit l'écliptique en 49000 ans, pendant que les points équinoxiaux de la sphere des fixes parcouroient la circonférence de ce petit cercle en 7000 ans. Il est aisé d'appercevoir que ces mouvemens combinés devoient produire une progression des fixes, tantôt accélérée, tantôt moyenne, tantôt retardée. L'obliquité de l'écliptique devoit aussi diminuer jusqu'à un certain point, ensuite augmenter. C'est-là en quoi consiste le mouvement de la 8e sphere suivant les Alphonsins. Mais cette hypothese, soutenue après eux par quelques Astronomes peu intelligens, a toujours été rejettée par les plus habiles & les plus judicieux. Les Tables d'*Alphonse* paroissoient à peine, qu'un Astronome Arabe nommé *Alboacen*, s'éleva contre elles, & établit si solidement le sentiment d'*Albatenius*, qui ne donne aux fixes qu'un mouvement égal, que les Alphonsins furent obligés de se rétracter, & publierent en 1256 de nouvelles Tables plus judicieuses & plus correctes (*b*). Au

(*a*) Nicol. Ant. *Bibl. Hisp. vetus*, *T. II.*
(*b*) Alb. Pigh. *De motu oct. sph. c.* 46.

reste le choix des nombres 7000 & 49000 qu'on a vus ci-dessus, nombres révérés des Juifs Cabalistiques à cause des années jubilées ordinaires qui se renouvellent tous les 7 ans, & des grandes qui reviennent tous les 49, ce choix, dis-je, désigne que les Astronomes Juifs eurent une grande part à la direction des *Tables Alphonsines*. *Alphonse*, choqué des hypotheses embarrassées qu'il falloit admettre pour concilier tous les mouvemens célestes, ne put retenir une plaisanterie peu respectueuse. Il dit que *si Dieu l'eût appellé à son Conseil, lorsqu'il créa l'Univers, les choses eussent été dans un ordre meilleur & plus simple.* Si nous ne trouvons pas dans ce mot une preuve de la Religion d'*Alphonse*, il nous apprend du moins que ce Prince ne voyoit qu'à regret cet embarras monstrueux, & qu'il le regardoit comme une tache à l'ouvrage de l'Univers.

Les autres défauts de l'Astronomie Alphonsine sont plus à imputer au temps, qu'au manque de lumiere ou d'industrie des Astronomes qui y travaillerent. Nous remarquerons à leur avantage qu'ils fixerent le lieu de l'Apogée du Soleil plus exactement qu'on n'avoit encore fait, en le plaçant à l'époque de leurs Tables, c'est-à-dire en 1252, au 28e degré 40' des Gémeaux; en quoi ils ne se tromperent que d'un degré & demi. Mais quand on réfléchira sur l'état d'imperfection où étoit encore l'Astronomie pratique, on ne pourra regarder ce succès dans une détermination aussi délicate, que comme un effet du hazard. Il n'appartient qu'à une histoire particuliere de l'Astronomie, d'entrer dans une exposition plus circonstanciée des hypotheses qui ont servi de base aux Tables Alphonsines: il suffira de dire ici que, quoique leurs succès n'aient pas été bien brillans, la postérité tiendra toujours compte à *Alphonse* de ses efforts, en le rangeant parmi les Princes à qui les Sciences ont le plus d'obligation.

V.

Le XIIIe siecle fournit à notre Histoire divers autres amateurs des Mathématiques, qu'il nous faut faire connoître. *Albert le Grand*, ainsi nommé, non à cause de l'excellence de son sçavoir, mais parce que son nom étoit *Albert Grot*, (*Grot* signifie *Grand* en bas Allemand,) embrassa les Mathématiques,

Albert le ...and.

parmi les connoissances nombreuses qui l'ont rendu célebre. Il écrivit sur divers sujets Astronomiques : il excella surtout dans la Méchanique, & suivant la Renommée, il fit des ouvrages surprenans dans ce genre. On rapporte de lui qu'il avoit construit un Automate de forme humaine, qui alloit ouvrir sa porte quand on y frappoit, & qui poussoit quelques sons, comme pour parler à celui qui entroit. Mais on doit mettre cette histoire au même rang que celle de la Colombe d'*Architas*, & de la Mouche artificielle de *Regiomontanus*.

Vitellion s'est fait un nom dans le même temps par son Traité d'optique Il semble qu'on devroit plutôt le ranger parmi les Traducteurs, que parmi les Auteurs Originaux; car son ouvrage n'a par dessus celui d'*Alhazen*, que le mérite d'être moins prolixe & dans un meilleur ordre. Il indique cependant dans son Auteur une connoissance de Géométrie rare pour le temps où il vivoit. On a encore un Opticien de ce siecle, sçavoir *Peccamus*, Archevêque de Cantorbery, dont *la Perspective*, c'est-à-dire l'*Optique directe* a été imprimée avec un abrégé de Catoptrique. Ce Prélat qui vivoit vers l'an 1280, mérite des éloges pour s'être adonné aux Sciences solides dans un temps où elles étoient si peu connues. Mais on pouvoit se dispenser d'imprimer son ouvrage qui ne contient rien que de fort commun ou d'inexact. *Vitellion.*

Le fameux *Roger Bacon*, nous offre de quoi nous occuper d'une maniere plus intéressante. Né avec un esprit avide de sçavoir, il étendit ses vues sur toutes les Sciences, & en particulier sur les Mathématiques. Le désir de s'instruire le porta à apprendre le Grec & l'Arabe, & à lire quantité de Livres écrits dans ces Langues. Doué d'un génie digne d'un meilleur temps, il comprit bientôt qu'on avoit entiérement manqué la vraie route, pour faire quelques progrès dans la Philosophie naturelle. Il conseilla fortement les Mathématiques, seules capables, avec l'expérience, de porter le flambeau dans la recherche des secrets de la nature. On le voit se plaindre en divers endroits de ses écrits, de l'oubli presque général où elles étoient ensevelies. *Roger Bacon*

Tout le monde sçait que *Bacon* fut la victime de son génie. Il avoit embrassé à un âge déja mur la regle de l'Observance, pensant qu'il pourroit se livrer plus librement à l'étude dans la tranquillité du Cloître, qu'au milieu du monde, où son peu de fortune l'eût obligé à choisir quelque profession incompatible avec son goût. Mais il se trompa, & cette démarche empoisonna sa vie de beaucoup d'amertumes. Malheureusement le siecle où il vivoit, étoit le beau siecle de la Philosophie Scholastique. C'étoit un temps où des argumens auxquels nous ne trouverions pas aujourd'hui l'ombre de raison, poussés avec une forte poitrine, donnoient la réputation de grand Philosophe, & faisoient même des Docteurs à surnom. *Aristote*, & qui pis est, *Aristote* défiguré par les Arabes, enrichi des visions creuses de leurs Commentateurs, régnoit seul despotiquement dans les Ecoles. *Bacon*, qui avoit goûté la vérité dans les Mathématiques, désapprouva hautement une maniere si déraisonnable de philosopher, & souleva par là tous les esprits contre lui. Les Philosophes de son ordre, le plus fertile de tous en subtiles Dialecticiens, c'est-à-dire, en hommes habiles à disputer pour ou contre, sans aucun avantage pour la vérité, ne purent souffrir sa liberté à fronder leur méthode & leur Philosophie. Divers secrets naturels, à l'aide desquels il opéroit des choses extraordinaires, servirent de moyens pour le perdre. On le condamna dans un Chapitre général, & on lui défendit d'écrire. On le renferma enfin dans une prison, où on le détint long-temps à différentes reprises. Il ne fut élargi que dans une extrême vieillesse, à la sollicitation de quelques personnes puissantes. Il mourut en 1292, à l'âge de 78 ans.

Nous ne pouvons cependant dissimuler que *Roger Bacon* mérite plus d'éloges pour avoir senti l'utilité des Mathématiques dans la Philosophie naturelle, que pour avoir fait des découvertes qui les aient étendues. On ne peut lui refuser de grandes vues, mais souvent moins justes que gigantesques, & plus séduisantes que solides, comme l'examen de quelques-unes de ses inventions le montrera. Il y eut dans lui un singulier contraste de connoissances, (cela s'entend toujours relativement au temps où il vivoit,) & d'erreurs ou de crédulité. C'étoit, pour me servir de l'expression d'un homme célebre, (*M. de Voltaire*,) un or encrouté de toutes les ordures de son siecle : car il croyoit, ce qui paroîtra peu compatible avec le génie qu'on lui attribue, il croyoit, dis-je, à la pierre philosophale, à mille secrets naturels méprisés aujourd'hui par les gens sensés, enfin à l'Astrologie judiciaire dont il entreprit même la défense. Il est vrai que c'est une Astrologie assez modérée, & qu'il ne donne aux configurations des astres d'autre influence que sur les variations du temps, les tempéramens des hommes, & l'action des remedes. Mais ce n'en étoit pas moins une erreur pitoyable, & qui montre jusqu'où peut aller la foiblesse de l'esprit humain.

Roger Bacon avoit écrit un grand nombre d'ouvrages dont différentes parties ont été imprimées à diverses reprises. Sa *Perspective* l'a été vers le commencement du siecle passé, avec un autre Traité intitulé *Specula Mathematica*. Mais ce n'étoient que des morceaux détachés de son *Opus Majus*, qui est un précis de ses inventions & de ses vues, qu'il avoit adressé à *Clément* IV. Cet ouvrage a été publié en 1733, à Londres par M. *Jebb*. La partie qui concerne l'Optique & l'Histoire Naturelle, y est intéressante. On y trouve de grandes vues, & des réflexions judicieuses sur divers points d'Optique, comme sur la réfraction Astronomique, sur la grandeur apparente des objets & la grosseur extraordinaire du Soleil & de la Lune à l'horizon. On y voit que *Bacon* avoit beaucoup profité d'*Alhazen* & de *Ptolemée*. L'Optique de ce dernier subsistoit encore apparemment alors, car il cite son cinquieme Livre. Du reste *Bacon* fit des tentatives inutiles pour résoudre diverses questions optiques qui avoient échappé aux Anciens. Ce qu'il dit sur le lieu des foyers des miroirs sphériques, sur le phénomene de la rondeur de l'image formée par les rayons du Soleil passant par une ouverture quelconque, est une explication manquée. Il est vrai que *Bacon* toucha de fort près à la véritable, & qu'en lisant son écrit, on est surpris de l'obstacle qui l'empêcha d'y arriver.

C'est ici le lieu de discuter s'il y a de la réalité dans quelques inventions optiques qu'on attribue à *Roger Bacon*. Plusieurs personnes, entr'autres parmi ses compatriotes, ont cru trouver dans ses écrits la connoissance du Télescope ou des Lunettes à longue vue: on a même voulu que ce soit le merveilleux de cet instrument qui l'ait fait passer pour Magicien. Il nous faut examiner cette prétention. Voici d'abord le passage qui lui sert de fondement: *de visione fractâ majora sunt (a) : nam de facili patet per canones supradictos quod maxima possunt apparere minima, & econtrà, & longè distantia videbuntur propinquissima, & econversò. Nam possumus sic figurare perspicua, & taliter ea ordinare respectu nostri visûs & rerum, quòd frangentur radii, & flectentur quorsùmcumque voluerimus, & sub quocumque angulo voluerimus, & videbimus rem longè vel propè; & sic ex incredibili distantiâ legeremus litteras minutissimas, & pulveres ex arenâ numeraremus, &c. ... & sic posset puer apparere gigas, & unus homo videri mons ... & parvus exercitus videretur maximus. Sic etiam faceremus solem & lunam descendere hîc inferiùs secundùm apparentiam, & super capita inimicorum apparere, &c.*

On ne peut disconvenir qu'il n'y ait dans ce passage quelque chose de séduisant en faveur de *Roger Bacon*, & je ne suis pas étonné que M. *Wood*, écrivant l'histoire de l'Université d'Oxford dont *Bacon* étoit Membre, & M. *Jebb*, l'Éditeur de son *Opus Majus*, aient positivement avancé qu'il avoit été en possession du Télescope. D'ailleurs il en résultoit que la premiere idée de cette belle invention étoit dûe à un Anglois, & c'en étoit bien assez pour déterminer des compatriotes de *Bacon* à prendre le passage dont il est question, de la maniere la plus avantageuse. M. *Molineux* dans sa Dioptrique a avancé le même fait, comme clairement prouvé par les paroles de *Bacon*. Celles qu'il rapporte, seroient en effet plus décisives, si elles étoient exactes : mais il a eu la bonne foi d'avertir qu'il ne les citoit que de mémoire, n'ayant pas le Livre à sa portée. Aussi nous ne craindrons pas de dire qu'elles ne sont point conformes à celles qu'on lit dans les ouvrages de *Bacon*, soit sa *Perspective*, soit son *Opus Majus*.

M. *Smith* cependant n'a point été du même avis que ses compatriotes au sujet des inventions de *Bacon*. Il lui refuse non seulement la connoissance du Télescope, mais même celle de l'effet des verres lenticulaires pris séparément (*b*), & ses raisons me paroissent solides. Les voici.

1° *Bacon* allegue dans l'endroit cité ses *canons*, ou chapitres sur la vision rompue ; mais on n'y trouve rien qui ressente la

(*a*) *Opus Majus*, p. 357. *Perspect. c. de rad. fract.*

(*b*) *A compleat syst. of Opt.* T. II. *Remarcks*, p. 20.

la composition du Télescope. Il n'y est question que de la réfraction faite par une seule surface sphérique. *Bacon* y démontre que si la surface du milieu le plus dense dans lequel l'objet est plongé, est convexe vers l'œil, cet objet paroîtra plus grand, & au contraire. C'est ce qui lui a fait concevoir que l'interposition d'un milieu dense, figuré sphériquement grossiroit les objets qui seroient au delà; & il n'en falloit pas davantage à un homme doué d'une forte imagination, comme il l'étoit, pour lui faire annoncer toutes ces merveilles comme possibles.

2° Les paroles mêmes de *Bacon* peuvent servir à prouver qu'il n'a jamais eu de Télescope entre les mains : car plusieurs des effets qu'il décrit dans le passage cité, sont impossibles, ou ne sont point tels qu'il le dit. Il n'est point vrai qu'un Télescope fasse appercevoir les plus petites lettres d'une distance incroyable; qu'un homme paroisse grand comme une montagne; qu'une petite armée paroisse innombrable par son moyen. On ne sçait encore ce qu'il veut dire, lorsqu'il ajoute qu'on pourra faire descendre le Soleil & la Lune sur la tête de ses ennemis. Cela n'a aucun rapport au Télescope, & ne peut être que l'ouvrage d'une imagination qui se joue.

3° Ce que *Bacon* dit qu'on pourra faire par le moyen d'un milieu terminé sphériquement, il dit dans un chapitre précédent, qu'on pourra aussi l'exécuter avec un miroir concave, & que par ce moyen on pourra voir les objets d'aussi loin qu'on voudra. Je m'étonne qu'on ne se soit pas avisé de même de trouver ici l'invention du Télescope à réflection. Mais si cette idée étoit venue à quelqu'un, les autres circonstances du passage de *Bacon* la dissiperoient bientôt : car la maniere dont il propose de se servir de ces miroirs, est entiérement chimérique. Il veut qu'on les éleve sur des hauteurs du côté des villes ou des armées ennemies, pour découvrir ce qui s'y passe. C'est à peu près ainsi qu'il dit ailleurs que *Jules César* découvrit par des miroirs élevés sur la côte de France, ce qui se passoit en Angleterre; fait hazardé & impossible, de même que celui que raconte le crédule *Porta*, lorsqu'il dit que *Ptolemée* distinguoit avec des miroirs les vaisseaux qui étoient à six cens milles de distance. S'il y a dans les Anciens quelque passage qui ait pu donner lieu à ces fables, on doit l'entendre, non des Miroirs, mais de quelque Tour élevée, qui se disant en Latin *specula*, a pu dans certains cas obliques du pluriel, occasionner cette équivoque.

Ces raisons sont sans réplique, & elles prouvent que c'est légérement qu'on a fait *Bacon* l'inventeur du Télescope. Tout ce qu'on peut lui accorder, c'est ce qu'il a prévu, que des milieux figurés d'une certaine maniere, & disposés convenablement entre l'œil & l'objet, pourroient augmenter l'angle visuel, & conséquemment l'apparence de cet objet. Mais dans aucun de ses écrits on ne trouvera les solides principes de l'augmentation de grandeur que produisent les Télescopes. On seroit un peu plus fondé à lui faire honneur de l'invention des verres lenticulaires simples; cependant M. *Smith* la lui refuse encore sur des raisons qui me paroissoient solides; voici le passage qu'on a cru contenir cette découverte, & qui soutiendra aussi peu que le précédent, l'épreuve de la discussion. *Si verò homo respiciat litteras & alias res per medium crystalli vel vitri suppositi litteris, & sit portio minor sphæræ, cujus convexitas sit versùs oculum, & oculus sit in aëre, longè meliùs videbit litteras, & apparebunt ei majores, &c.*

Je remarque d'abord, avec M. *Smith*, que dans les figures qui regardent ce passage, on voit toujours l'objet appliqué à la base plane du segment sphérique, d'où il paroît assez clairement que c'est ainsi que *Bacon* prétendoit que le verre fût disposé à l'égard de l'objet à regarder. C'est ce que désigne encore cette expression *suppositi*, qui est équivalente à *superimpositi*.

En second lieu, ce que *Bacon* dit ici, n'est à peu près que ce qu'*Alhazen* avoit dit dans le septieme Livre de son Optique. Mais *Bacon* s'est trompé, en ce qu'il attribue l'avantage pour grossir, au petit segment sphérique; au lieu que l'Opticien Arabe a très-bien reconnu que plus le segment de sphere auroit d'épaisseur & approcheroit de la sphere entiere, plus il grossiroit. Cette erreur de *Bacon* nous fournit une preuve qu'il n'a jamais réduit sa Théorie en Pratique: car il auroit apperçu aussitôt un effet tout contraire: il auroit vu que malgré ses conjectures, le grand segment grossissoit davantage que le moindre. *Bacon* nous fournit encore une preuve sans réplique, qu'il n'a jamais fait l'expérience de sa

Théorie, & qu'il n'a jamais eu de verre lenticulaire. C'est en disant peu de lignes après le passage cité, qu'un morceau plan de crystal produira le même effet. Mais si *Bacon* s'est trompé sur un fait aussi facile à vérifier, car il ne s'agissoit que d'avoir un morceau de glace plane, est-il probable qu'il ait éprouvé ce qu'il avançoit sur les verres sphériques ?

Après avoir montré, par un examen approfondi des paroles de *Bacon*, qu'il ne connut ni le Télescope, ni les Verres lenticulaires, quoiqu'il ait décrit quelques-uns de leurs effets, il est inutile de m'arrêter à ce que quelques Auteurs ont avancé ; sçavoir, qu'il observa les astres par le moyen du Télescope. Le seul fondement de cette opinion, est ce qu'il dit dans le premier passage cité, que l'on pourra faire descendre en apparence le Soleil & la Lune, & dans un autre, que la construction des instrumens d'Astronomie exige des connoissances d'Optique. Mais ce sont-là des preuves bien foibles ; & quand on voudra s'en tenir à de pareilles inductions, il sera facile d'attribuer à d'anciens Auteurs bien d'autres découvertes qui sont certainement l'ouvrage des Modernes.

Une connoissance qu'on peut attribuer à *Bacon* avec plus de fondement, est celle de la poudre à canon. Il décrit bien nettement sa composition, & le bruit qu'elle produit lorsqu'elle s'enflamme (*a*). Mais M. *Plot* (*b*) donne à cette découverte une plus grande antiquité, & il soupçonne que ce que *Bacon* a dit à ce sujet, il l'a tiré d'un Auteur Grec antérieur nommé *Marc*, dont *Mead* possédoit l'ouvrage intitulé *de Compositione ignium*. On ne sçauroit en effet trouver aucune part la poudre à canon plus clairement décrite qu'elle l'est chez ce Grec. La dose de chacun des ingrédiens y est énoncée avec la même précision que dans nos formules d'ordonnances de Médecine. On s'en servoit alors pour faire des fusées volantes & des pétards, qu'on y voit aussi clairement décrits. Mais comme ce sujet est étranger à notre plan, il nous suffira d'avoir indiqué ce trait curieux.

Outre l'*Opus Majus* qui est imprimé, la Bibliotheque d'Oxford possede divers autres écrits de *Bacon*, comme un *Opus Minus*, un *Opus Tertium*, un *Traité du Calendrier*, qui se trouve

(*a*) *Opus Majus*, p. 474.
(*b*) Nouveau suppl. au Dict. de Bayle, T. I, à l'art. de *Bacon*.

aussi dans d'autres Bibliotheques, & qui contient des Tables Astronomiques. Ce dernier Traité nous donne lieu d'observer, à la louange de *Bacon*, qu'il remarqua l'erreur qui s'étoit déja glissée de son temps dans le Calendrier *Julien*, soit à l'égard du mouvement du Soleil, soit à l'égard de celui de la Lune. Il proposa même des expédiens pour la corriger, mais que nous ne connoissons point. M. *Jebb* & M. *Freind* vont jusqu'à dire qu'il ne s'est rien fait de meilleur jusqu'ici sur ce sujet, & ils semblent insinuer que les moyens mêmes dont on s'est servi lors de la réformation Grégorienne, sont de l'invention de *Bacon*. Il peut se faire facilement que *Bacon* se soit rencontré avec les réformateurs de notre Calendrier, en ce qui concerne le mouvement du Soleil, (ce n'étoit pas-là la partie difficile de leur ouvrage,) mais nous ne croirons point, sans d'autres preuves, qu'il les ait aussi prévenus dans l'invention du moyen qu'ils ont employé pour concilier l'année lunaire & la solaire. Il y a apparence que ces deux Ecrivains, trop transportés du plaisir de pouvoir revendiquer à un de leurs compatriotes l'ébauche d'une invention attribuée jusqu'ici à des Etrangers, ont été plus loin qu'il ne falloit. On a attribué à *Roger Bacon* d'avoir fabriqué une tête d'airain, qui répondoit aux questions qu'on lui faisoit, ce qui n'a pas peu contribué à le faire passer pour un Magicien auprès du vulgaire. Mais les gens sensés ne verront en cela qu'un tour de subtilité, ou quelque automate ingénieux qui surprit les contemporains de *Bacon*, & qui a donné lieu à cette fable. Dans le langage de ces temps ignorans & si amateurs du merveilleux, avoir été sorcier, ou avoir fait des figures volantes & parlantes, c'est avoir eu quelque secret naturel, ou avoir fait quelque machine fort étonnante pour lors, quoique peut-être elle ne nous surprît pas beaucoup aujourd'hui.

Bacon nous a conservé la mémoire de quelques hommes de son temps, qui firent des progrès plus qu'ordinaires dans les Mathématiques. Il nomme surtout l'Evêque de Lincoln, Robert *Grosthead* & son frere Adam *Marsh*, (*de Marisco*). Ils pénetrerent profondément dans la Géométrie, quoique rien ne fût plus rare alors, & que la plûpart de ceux qui l'étudioient, allassent échouer sans retour contre la 47e du prémier Livre d'*Euclide*. Ils étoient plus âgés que *Bacon*, & ils moururent dans un temps où il étoit encore jeune : mais c'est-là tout ce qu'il nous en apprend, & que nous en sçavons.

VI.

Quoique le XIIIe siecle n'ait pas été un siecle de génie, il est cependant remarquable par une découverte utile, & qui a été le premier degré pour s'élever à une autre tout-à-fait mémorable. C'est celle des verres à lunettes, ou des verres lenticulaires propres à aider les vues affoiblies. Les premieres traces en remontent d'une façon bien avérée à la fin du siecle dont nous parlons : mais la maniere dont elle fut faite nous est absolument inconnue, & l'on n'a guere plus de lumieres sur le nom de son inventeur. Je serois néanmoins porté à penser que ce furent les ouvrages de *Bacon* & de *Vitellion*, qui lui donnerent naissance. Quelqu'un chercha à mettre en pratique ce que ces deux Auteurs avoient dit sur l'avantage qu'on pouvoit tirer des segmens sphériques pour agrandir l'angle visuel, en les appliquant immédiatement sur les objets. A la vérité, ils s'étoient trompés à cet égard ; mais il suffisoit d'en tenter l'expérience pour faire la découverte qu'ils n'avoient pas soupçonnée : car il est impossible de tenir un verre lenticulaire à la main, & de l'appliquer sur une écriture, sans appercevoir aussitôt qu'il grossit les objets bien davantage, quand ils en sont à un certain éloignement, que quand ils lui sont contigus.

Personne n'a plus sçavamment discuté l'antiquité des verres à lunettes, que M. *Molineux* dans sa *Dioptrique*. Il y prouve, par un grand nombre d'autorités laborieusement recherchées, qu'ils ont commencé à être connus en Europe vers l'an 1300, & il y examine les vestiges que quelques Auteurs ont cru en trouver dans l'antiquité. Voici un précis de cet endroit curieux.

Si l'on considere le silence de tous les Ecrivains qui ont vécu avant la fin du XIIIe siecle, sur une invention aussi utile, on ne pourra refuser de reconnoître qu'elle est d'une date qui ne va pas au delà de cette époque. Comme il est cependant des Sçavans qui seroient en quelque sorte fâchés de trouver parmi les Modernes, des inventions que l'antiquité eût ignorées, on en a vu quelques-uns prétendre que les lunettes lui furent connues. On a été jusqu'à forger des autorités pour étayer cette prétention, on a cité *Plaute*, à qui l'on fait dire dans une de ses pieces, *Cedo vitrum, necesse est conspicilio uti.* Mais malheureusement ce passage qui décideroit la question en faveur des Anciens, ne se trouve nulle part : divers (*a*) Sçavans ont pris la peine de le chercher dans toutes les éditions connues de *Plaute*, & n'ont jamais pu le rencontrer. Ces recherches réitérées & sans effet, nous donnent le droit de dire que le passage en question, est absolument controuvé.

On rencontre, à la vérité, dans deux autres endroits de *Plaute* (*b*), le terme de *conspicilium*, mais il n'y a aucun rapport avec un verre à lunette, & il paroît devoir s'y expliquer par des jalousies, d'où l'on apperçoit ce qui se passe au dehors, sans être apperçu. *Pline* racontant la mort subite du Médecin *Caius Julius*, parle encore d'un instrument appellé *Specillum* (*c*); mais c'est sans aucun fondement qu'on l'interprête par un verre à lunette : ce mot signifie seulement une sonde; & si l'on prétendoit, par les circonstances du passage, que ce fût un instrument Optique, il seroit plus naturel d'en faire un petit miroir.

Il y a une scène d'*Aristophane* qui paroît fournir quelque chose de plus spécieux, pour prouver que les Anciens ont été en possession des verres lenticulaires, & les conséquences qu'on en tire, sont les seules qui méritent d'être discutées. *Aristophane* introduit dans ses *Nuées* (*d*) une espece d'imbécille nommé *Strepsiade*, faisant part à *Socrate* d'une belle invention qu'il a imaginée pour ne point payer ses dettes. *Avez-vous vu*, dit-il, *chez les Droguistes la belle pierre transparente dont ils se servent pour allumer du feu. Veux-tu dire le verre*, dit *Socrate* : *Oui*, répond *Strepsiade*. *Eh bien ! voyons ce que tu en feras*, réplique *Socrate*. *Le voici*, dit l'imbécille *Strepsiade* : *Quand l'Avocat aura écrit son assignation contre*

(*a*) Vossius, *de sc. Math. c.* 16, *s.* 10. L'Abbé Michel Giustiniani dans ses *Lettere Memorabili, p.* 3, *l.* 17. Plempius, Ophtalm. L. 4, c. 71.

(*b*) Frag. de la Comm. du Médecin, & dans la *Cistellana*.

(*c*) *Hist. Nat.* l. VIII, c. 33.

(*d*) *Act. II, s. 1.*

moi, je prendrai ce verre, & me mettant ainsi au soleil, de loin *je fondrai toute son écriture*. Quel que soit le mérite de cette plaisanterie, ces termes *de loin* (ἀποτέρωθεν) ont paru à quelques Auteurs désigner qu'il s'agissoit d'un instrument qui brûloit à quelque distance, & conséquemment que ce n'étoit point une simple sphere de verre dont le foyer est très-proche, mais un verre lenticulaire qui a le sien plus éloigné. A cette autorité on joint celle du *Scholiaste* Grec sur cet endroit; il remarque qu'il s'agit d'un *verre rond & épais* (*a*), *fait exprès pour cet usage, qu'on frottoit d'huile, que l'on échauffoit, & auquel on ajustoit une meche, & que de cette maniere le feu s'y allumoit.* Cette explication, quoiqu'inintelligible en quelques points, semble prouver clairement que le *Scholiaste* entend parler d'un verre seulement convexe, d'où l'on conclud que les verres de cette forme étoient connus du moins de son temps.

Si ceux qui entreprennent d'adjuger cette invention à l'antiquité, n'ont pas de plus fortes raisons, je doute qu'ils trouvent beaucoup de personnes qui se rangent de leur avis. Rien n'est plus foible en effet que l'autorité qu'ils alleguent pour prouver leur prétention. Il n'y a personne qui ne voye que le dessein de cette piéce est uniquement de ridiculiser *Socrate*, en mettant des propos impertinens dans la bouche de *Strepsiade*, & les faisant approuver par le premier. *Aristophane* ne pouvoit mieux remplir son objet, & mieux faire éclater la grossiéreté de *Strepsiade*, qu'en lui faisant concevoir & proposer un moyen en même temps ridicule & impossible: mais sans donner une explication si fine à ce passage, ne pourroit-on pas dire qu'*Aristophane* ignoroit peut-être qu'il n'y avoit qu'un seul point où la sphere de verre allumoit le feu, & que ce point en étoit fort voisin? On trouveroit peut-être encore bien des gens d'esprit, & même doués de talens, assez peu instruits de l'effet de nos verres ardens, pour donner dans quelques méprises semblables. Ne pourroit-on pas encore soupçonner que le mot qu'emploie *Aristophane*, n'est là que pour la mesure du vers? Rien de plus ordinaire dans les Poëtes que ces expressions peu exactes, effet de la contrainte continuelle de la versification. Quant à l'autorité du Scoliaste Grec, elle est d'un homme qui montre trop d'igno-

(*a*) τροχοειδής.

rance sur l'effet & l'usage de ces verres, pour avoir quelque poids. Ce qu'il dit, sçavoir qu'on les frottoit d'huile & qu'on les échauffoit, doit nous donner une défiance extrême sur le reste de sa description. C'est ici le cas d'alléguer la regle de Droit, que tout témoignage est indivisible. Celui de cet Ecrivain est grossiérement faux dans un point, il doit être rejetté en entier.

On pourroit rassembler un grand nombre de passages propres à prouver que les Anciens se servoient de spheres de verre, & non de verres lenticulaires pour brûler. *Pline* (*a*) parle des boules de verre ou de crystal avec lesquelles on brûloit les habits, ou les chairs des malades qu'on vouloit cautériser. C'étoit, suivant *Plutarque*, avec une sphere de verre que les Vestales allumoient le feu sacré. J'ai peine à me persuader que ces Auteurs eussent pris un verre seulement plus relevé dans son milieu qu'à ses bords, pour une sphere.

Les raisons de ceux qui ont voulu trouver dans l'antiquité des traces des verres lenticulaires, me paroissent assez discutées : il me reste à établir, par des témoignages certains, qu'ils n'ont commencé à être connus que vers la fin du XIIIe siecle. Les voici rassemblés en peu de mots.

Premiérement, les écrits de *Roger Bacon* montrent que de son temps on ignoroit encore cette invention, puisque les secours qu'il propose à ceux qui ont la vue affoiblie, se réduisent à appliquer un segment sphérique sur les objets qu'ils voudront voir (*b*). C'est dans l'Italie que nous trouvons les premieres traces des verres appellés Lunettes, & cela vers les dernieres années du XIIIe siecle. M. *Spon* (*c*) nous a rapporté une Lettre curieuse écrite par *Redi* à *Paul Falconieri*, sur l'Inventeur des lunettes. *Redi* y allegue une Chronique manuscrite, conservée dans la Bibliotheque des Freres Prêcheurs de Pise. On y lit ces mots : *Frater Alexander de Spinâ, vir modestus & bonus, quæcumque vidit & audivit facta, scivit & facere : ocularia ab aliquo primo facta, & communicare nolente, ipse fecit & communicavit corde hilari & volente.* Ce bon Pere mourut en 1313 à Pise.

(*a*) Lib. 36, 37.

(*b*) Voyez l'art. préced.

(*c*) *Recher. curieuses d'antiq. Diss.* 16. Voyez Molineux, *Dioptrick.* M. Smith. *Syst. complet d'Optique*, T. II, rem. p. 20.

Le

Le même *Redi* possédoit dans sa Bibliotheque un manuscrit de 1299, où on lit ces paroles remarquables : *Mi trovo cosi gravoso d'anni, che non arei valenza di leggere e di scrivere senza vetri appellati* Occhiali, *trovati novellamente per commodità de' poveri vecchi, quando affiebolano di vedere.* C'est-à-dire, je me trouve si accablé d'années, que je ne pourrois ni lire, ni écrire sans ces verres appellés *Occhiali*, (lunettes) qu'on a trouvés depuis peu pour le secours des pauvres vieillards dont la vue est affoiblie.

Le Dictionaire *de la Crusca* nous fournit encore une preuve que les lunettes étoient d'une invention récente au commencement du XIVe siecle. Il nous apprend au mot *Occhiali*, que le Frere *Jordan de Rivalto*, dans un Sermon prêché en 1305, disoit à son auditoire, qu'il y avoit à peine vingt ans que les lunettes avoient été découvertes, & que c'étoit une des inventions les plus heureuses qu'on pût imaginer. On peut ajouter à ces trois témoignages ceux de deux Médecins du commencement du XIVe siecle, *Gordon* & *Gui de Chauliac*. Le premier, qui étoit un Docteur de Montpellier, recommande dans son *Lilium Medicinæ*, un remede pour conserver la vue. *Ce remede est d'une si grande vertu*, dit-il, *qu'il feroit lire à un homme décrépit de petites lettres sans lunettes. Gui de Chauliac*, dans sa *Grande Chirurgie*, après avoir recommandé divers remedes de cette espece, ajoute que s'ils ne produisent aucun effet, il faut se résoudre à faire usage de lunettes.

Voilà le temps auquel l'invention des lunettes commença à paroître assez bien constaté : il nous resteroit à en faire connoître l'Auteur ; mais c'est un sujet sur lequel nous n'avons pas tout à fait les mêmes lumieres. M. *Manni* qui a donné deux sçavantes Dissertations sur l'origine des lunettes (*a*), prétend néanmoins qu'elles sont dûes à un Florentin, nommé *Salvinio degli armati* (*b*). Comme nous n'avons pu nous procurer ces dissertations, il nous est impossible de rapporter les raisons sur lesquelles cette prétention est fondée. Nous le ferons si, avant la fin de l'impression de cet ouvrage, nous pouvons découvrir le livre cité.

(*a*) *Raccolta d'Opuscoli Scientif. è Philolog.* T. IV. *Venet* 1739.

(*b*) Journal Etranger, Mars 1756.

VII.

[In]vention de [la] Bouſſole.

Une découverte des plus mémorables illuſtre le commencement du XIVe ſiecle; j'entends parler de celle de la bouſſole que des Melphitains inventerent vers l'an 1302. Les Hiſtoriens varient peu ſur l'époque: l'incertitude ne tombe preſque que ſur les noms de l'Inventeur. Les uns le nomment *Flavio Gioia*, les autres l'appellent *Giri*, quelques autres enfin les aſſocient enſemble dans cette découverte. Mais après tout, peu importe, & ce ſeroit en vain que nous chercherions de plus grandes lumieres ſur ce fait.

La plûpart des découvertes ne viennent à leur perfection, que par des accroiſſemens inſenſibles. Cela eſt vrai, ſurtout à l'égard de la bouſſole. On ne peut douter, quand on conſidérera les paſſages que j'ai cités plus loin, que la direction de l'aimant n'ait été connue pluſieurs ſiecles auparavant, qu'on ne la communiquât même à un morceau de fer, ſans doute alongé, & que les gens de mer ne s'en ſerviſſent pour diriger leur route. On faiſoit nager ce morceau de fer, en le plaçant ſur une petite nacelle de bois ou de liege, & ſa direction ſervoit à indiquer le Nord. C'eſt à peu près ainſi que pluſieurs nations Indiennes le font encore: mais il eſt aiſé de ſentir combien ce moyen étoit peu commode, & combien de fois l'agitation de la mer devoit le rendre impraticable. Cependant on s'en tenoit là, tant l'ignorance avoit étouffé le génie propre à l'invention & à la perfection des découvertes. Les Melphitains dont nous avons parlé, imaginerent la ſuſpenſion commode dont nous uſons aujourd'hui, en mettant l'aiguille touchée de l'aimant ſur un pivot qui lui permet de ſe tourner de tous les côtés avec facilité. On ne ſçait s'ils allerent d'abord plus loin: dans la ſuite on la chargea d'un carton diviſé en 32 rumbs de vents, qu'on nomme la roſe des vents, & l'on ſuſpendit la boîte qui la porte de maniere, que quelque mouvement qu'éprouvât le vaiſſeau, elle reſtât toujours horizontale. Les Anglois ſe font honneur de cette addition à la bouſſole, *jure an injuriâ*, c'eſt ce que je ne ſçaurois dire; je n'en connois du moins aucune preuve.

Il eſt inutile de faire ici l'éloge de cette invention. Les progrès de la navigation qui changea preſque ſubitement de face, les gens de mer s'enhardiſſant de plus en plus à s'éloigner des côtes, le commerce de toute l'Europe qui prit par-là une nouvelle vigueur, la découverte enfin d'un paſſage aux Indes Orientales en doublant le Cap de Bonne-Eſpérance, & celle de l'Amérique; tous ces avantages ſont des fruits qu'on retira de l'invention de la bouſſole dans ce ſiecle ou le ſuivant. Ainſi ce n'eſt pas ſans raiſon que la ville de Melphi ſe fait gloire de lui avoir donné le jour. On voit, ſuivant quelques relations, ſur une de ſes portes une inſcription qui rappelle la mémoire de cet événement: elle jouit même de quelques privileges particuliers, & elle porte pour armes une Bouſſole.

Nous ne nous amuſerons pas à diſcuter les prétendues autorités qu'alleguent ceux qui veulent, à quelque prix que ce ſoit, trouver une connoiſſance de la bouſſole dans l'antiquité. Il ſuffit de conſidérer les nombreux paſſages où les Anciens ont parlé de l'aimant, pour ſe perſuader que ſa vertu attractive, & celle de la communiquer au fer, ſont les ſeules dont ils eurent connoiſſance. Ce ſont en effet les ſeules dont ils aient parlé dans leurs écrits; & l'on ne ſçauroit préſumer que ſi la direction de l'aimant leur eût été connue, elle eût moins excité leur admiration. Cependant *Pline*, dans un paſſage remarquable (*a*), & où il s'étend avec une ſorte d'enthouſiaſme ſur les propriétés de l'aimant, ne dit rien de ſa direction, & l'on ſçait que *Pline* étoit bien plus porté à adopter, ſans beaucoup d'examen, ces ſingularités de la nature, qu'à les rejetter: d'ailleurs il lui étoit aiſé d'en éprouver la verité. *Claudien* dans ces vers pompeux (*b*), où il célebre les propriétés de l'aimant, garde ſur celle-là un profond ſilence. En faut-il davantage pour établir qu'elle fut entiérement inconnue aux Anciens. Je dois ſeulement craindre de paroître avoir donné trop de ſoin à prouver ce que les Lecteurs ne me conteſteront point.

Il n'eſt pas poſſible de déterminer au juſte quand cette propriété auſſi utile que merveilleuſe, a commencé à être connue: mais il y a apparence qu'elle le fut quelques ſiecles avant l'époque de la bouſſole, telle que la conſtruiſirent les Melphitains dont j'ai parlé. Dans un Livre fauſſement attribué à

(*a*) *Hiſt. Nat.* l. XXXVI, c. 16.
(*b*) *De magnete.*

Aristote, mais connu dès le XIIIe siecle, & cité par *Vincent de Beauvais* (*a*), & *Albert le Grand* (*b*), on lit ce passage remarquable : *Angulus quidam magnetis est, cujus virtus convertendi ferrum est ad Zorrum, id est ad Septentrionem, & hoc utuntur nautæ. Angulus verò alius magnetis illi oppositus, trahit ad Afron, id est Meridiem.* Ces mots désignent d'une maniere aussi claire qu'on puisse le désirer, la propriété directive de l'aimant, & son usage dans la navigation.

Les vers de *Guyot de Provins*, Poëte du XIIe siecle, car il étoit à la Cour de *Frédéric* I, tenue à Mayence en 1181, nous fournissent une nouvelle preuve que la connoissance de la direction de l'aimant étoit déja répandue. *Icelle étoile ne se muet*, dit-il, d'abord en parlant de l'étoile polaire ; puis il ajoute :

Un Art font, qui mentir ne puet
Par vertu de la Marinette,
Une pierre laide & noirette,
Où le fer volontiers se joint, &c.

Il y a des personnes qui attribuent ces vers au Moine *Hugues Bertius*, contemporain de S. Louis, & par conséquent du milieu du XIIIe siecle : mais cela fût-il vrai, il s'ensuit toujours de cette autorité que la connoissance de la direction de l'aimant est du moins de ce siecle, & précede l'invention des Melphitains. Le nom que porte l'aimant dans ces vers où il est appellé *la Marinette*, à cause de son utilité pour les marins, semble même désigner un usage établi depuis long-temps.

Quelques Auteurs ont pensé que l'invention de cette Boussole informe dont on usoit avant celle de *Gioia de Melphi*, est dûe aux Chinois, & nous a été apportée par *Marc Paul.* Mais les témoignages précédens, qui nous ramenent à une époque plus ancienne que celle de ce voyageur célebre, ne nous permettent pas d'adopter ce sentiment. Il est vrai que les Chinois ont connu la Boussole très-long-temps avant les Européens ; mais si elle nous vient d'eux, c'est par l'entremise de quelque autre que *Marc Paul.* Nous conjecturons que ce pourroit bien être par celle de quelque Vénitien qui faisoit le commerce de l'Inde : ce commerce étoit, comme l'on sçait,

(*a*) *Specul. Hist.* t. II, l. 8, c. 19.
(*b*) *De mineralibus.*

pour Venise la source des richesses & de l'opulence, & par conséquent devoit attirer dans l'Inde un grand nombre de Vénitiens. Quelqu'un d'entr'eux aura pu pénétrer jusqu'à la Chine, & là ayant appris la propriété de l'aimant, il en aura instruit ses compatriotes à son retour.

L'invention de la Boussole est si mémorable, que l'on ne doit point s'étonner que les Nations s'en soient disputé l'honneur. Les François ont allégué pour eux la connoissance ancienne que fournissent deux de leurs Ecrivains, de la propriété directive de l'aimant. Ce sont en effet deux François, *Guyot de Provins* & *Vincent de Beauvais*, chez qui nous en trouvons les plus anciennes traces. Ils ont aussi prétendu que la coutume de se servir dans la rose des vents, d'une fleur de lis, pour diriger le Nord, prouve que les premieres Boussoles ont été faites en France, & qu'on les a ensuite imitées ailleurs. On en a aussi voulu tirer une preuve du nom de *Calamita*, que porte l'aimant chez les Italiens, nom qui paroît venir de celui de *Calamite*, qui en ancien François signifioit une petite grenouille, à laquelle on compare l'aimant nageant sur l'eau, comme on le mettoit autrefois avant que de suspendre l'aiguille sur un pivot. Les Anglois prétendent à la gloire de l'invention, & ils disent pour eux que le mot de Boussole dont se servent les autres Nations, vient du mot Anglois *Boxel*, Boîte. Un Sçavant d'Allemagne (*a*), qui a pris des peines extrêmes pour revendiquer à sa patrie quantités de découvertes, a voulu lui faire honneur de celle-ci, sur le fondement que les noms de vents qui sont inscrits sur la rose, sont Allemands. Je laisse au Lecteur à peser ces raisons qui me paroissent peu solides. On peut concevoir facilement que diverses Nations ayent successivement perfectionné la Boussole. L'Italien suspendit l'aiguille sur son pivot, & peut-être en resta-là. L'Anglois imagina la suspension de la boîte où l'aiguille est contenue. Les noms des rumbs de vents ont été dérivés dans l'Océan, de la langue qui fournissoit le plus de monosyllabes pour désigner les points cardinaux, afin de pouvoir plus facilement en composer les noms des rumbs moyens. La Langue Allemande ou Angloise s'est trouvée jouir de cet avantage; & c'est ce qui a fait donner aux vents les

(*a*) Goropius Becanus.

noms qu'ils portent aujourd'hui : je ne vois rester aux François que l'avantage d'avoir fourni la fleur de lis comme une terminaison plus agréable pour montrer le point principal, c'est-à-dire, celui du Nord.

VIII.

C'est de l'invention seule de la Boussole que le XIVe siecle tire quelque lustre. Il nous présente, à certains égards, des traits moins brillans que le XIIIe, où l'on vit de grandes entreprises, & des hommes qui ont montré des étincelles d'un génie supérieur. On voit, à la vérité, dans le XIVe, un assez grand nombre de Mathématiciens, & surtout d'Astronomes. Mais la plûpart sont plus dignes de louanges par leurs efforts pour pénétrer dans des Sciences encore si peu connues, que par les progrès qu'ils y firent. Tels sont *Pierre d'Apono*, Auteur d'un Traité sur l'Astrolabe; *Cechi d'Ascoli*, que ses sentimens singuliers conduisirent au bucher; *Robert Holcoth*, Religieux de S. Benoît; *Gérard de Crémone*, qui traduisit divers Auteurs d'après l'Arabe, & dont on doit plutôt louer le zele que l'intelligence; *Climiton Langlei*, *Guillaume Grisaunt*, *Nicolas Linn*, tous trois Anglois, & Auteurs de quelques Traités peu importans; *Jean de Saxe*, *Henri de Hesse*, *Marc de Bénevent* qui écrivit sur le mouvement propre des fixes, &c.

Nous devons faire plus d'attention à *Henri Batem* de Malines, & à *Jean de Lineriis* : ce furent l'un & l'autre des Astronomes Observateurs. Le premier reconnut diverses fautes dans les Tables Alphonsines, & écrivit un Traité où il les relevoit (*a*). Le second rectifia aussi les lieux des étoiles, observés par ses prédécesseurs, & *Vendelin* a rapporté quelques-unes des observations qu'il fit pour cet effet (*b*) : il enseigna les Mathématiques à Paris.

Jacques de Dondis, surnommé *Horologius*, par les raisons que nous allons dire, se fit une grande réputation vers le milieu du XIVe siecle. Il réunit dans un degré éminent pour son temps les qualités de Philosophe, de Médecin, d'Astronome & de Méchanicien, mais il doit principalement sa célébrité aux deux dernieres. Il fabriqua une horloge qui passa pour la mer-

(*a*) Astron. Philol. prol. & l. II, c. 3.
(*b*) Gassendi, op. t. VI, p. 512.

veille de son siecle. Elle marquoit, outre les heures, le cours du Soleil, celui de la Lune & des autres planetes, aussi-bien que les mois & les fêtes de l'année. Cet ouvrage lui mérita le surnom d'*Horologio*, qui est devenu dans la suite le nom de ses descendans. *Jacques de Dondis* eut un fils nommé *Jean*, qui fut aussi Astronome, & qui expliqua dans un ouvrage particulier, intitulé *Planetarium*, le méchanisme de l'horloge de son pere : mais cet ouvrage est resté manuscrit. *Regiomontanus* s'est trompé (*a*) en prenant l'horloge de Pavie pour celle que *Dondis* avoit fabriquée, & en nommant ce Méchanicien *Jean* au lieu de *Jacques*. Ils moururent l'un & l'autre vers la fin du XIVe siecle. Cette famille subsiste encore aujourd'hui en deux branches ; l'une agrégée au Corps des Patriciens de Venise, l'autre décorée du titre de Marquis (*b*).

(*a*) *In prælect. ad Alfrag. orat. introd.*

(*b*) M. Falconet a donné, dans les Mémoires de l'Académie des Inscriptions, T. XX, un sçavant Mémoire sur Jacques de Dondis, & à son occasion sur les Horloges à roues. Nous l'imiterons en faisant passer briévement en revue les ouvrages de ce genre, qui ont eu, ou qui ont encore le plus de célébrité. Le premier est celui de Ctésibius, dont Vitruve (*Arch. l. IX, 9.*) a donné la description. Le principe de son mouvement étoit hydraulique. Une nacelle renversée, & surnageant à mesure que l'eau montoit, poussoit par une regle dentée, une roue dont les dents s'engrenoient avec les siennes : cette roue en poussoit d'autres qui servoient à montrer les heures, à faire jouer divers instrumens à vent, &c. Long-temps après Ctésibius, l'Histoire fait mention des Horloges de Boece & de Cassiodore, dont la description ne nous est pas parvenue. Il est fort peu probable qu'elles fussent aussi composées que celle de Ctésibius. Le Pape Paul I en envoya une à Pepin le Bref vers la fin du VIIe siecle. Celle dont le Calife *Aaron Reschid* fit présent à Charlemagne, est célebre. Elle étoit fort composée & fort ingénieuse. (*Voyez l. I, part. II.*) On voit au milieu du IXe siecle, celle de *Pacificus*, Diacre de Vérone. Léon le Philosophe en fit une des plus magnifiques pour l'Empereur Théophile ; sa richesse fut la cause de sa perte ; un des successeurs de Théophile la fit fondre, aimant mieux remplir ses coffres de l'or qui y étoit employé, que de le voir décorer un chef-d'œuvre de l'art. Au commencement du XIVe siecle, *Walingford*, Bénédictin Anglois, s'illustra par une Horloge semblable, & l'on croit que ce fut ce qui donna à Dondis l'idée de la sienne. Galeas Visconti en fit faire une à Pavie, de cette espece : l'Artiste se nommoit Guillaume Zélandin. Charles V la fit raccommoder par Janellus Turrianus, avec qui il s'adonna beaucoup à la Méchanique dans les dernieres années de sa vie. Celle de Strasbourg, aujourd'hui célebre, a été faite sur les desseins du Mathématicien Conrad Dasypodius, en 1580 ; & bientôt après le Chapitre de S. Jean de Lyon en fit faire une par Lippius de Basle, qui est, je crois, regardée comme la seconde de l'Europe ; elle fut rétablie par Nourrisson, Horloger de Lyon, en 1660 ; mais elle commence à demander en quelques parties un nouveau restaurateur. Les autres Horloges célebres sont celles de Lunden, de Nuremberg, d'Ausbourg, de Liege, de Venise, &c.

Fin du premier Livre de la troisieme Partie.

HISTOIRE DES *MATHÉMATIQUES.*

TROISIEME PARTIE,

Qui contient leur Hiſtoire chez les Occidentaux, juſqu'au commencement du dix-ſeptieme ſiecle.

LIVRE SECOND.

Hiſtoire des Mathématiques durant le quinzieme ſiecle.

SOMMAIRE.

I. *Les Mathématiques commencent à prendre une nouvelle vigueur en Europe. L'Algebre eſt tranſplantée d'Arabie dans ces climats, par Léonard de Piſe.* II. *De divers Aſtronomes du commencement de ce ſiecle, comme Pierre d'Ailli, le Cardinal de Cuſa, &c.* III. *De Purbach; ſes travaux divers; changemens qu'il fait dans la Trigonométrie. Uſage du fil à plomb dans les Inſtrumens Aſtronomiques.* IV. *De Régiomontanus. De ſes travaux & de ſes divers écrits. Perfection que lui doit notre Trigonométrie moderne.* V. *De Bernard Walther. Habileté de*

de cet Observateur. Il découvre la réfraction Astronomique.
VI. *De divers autres Mathématiciens & Astronomes qui fleurirent dans le XVe siecle, entr'autres Lucas de Burgo.*

I.

Nous venons de voir dans les deux siecles précédens, les Mathématiques se relever lentement de la langueur où elles avoient été si long-temps plongées parmi nous. Celui-ci nous présente des progrès plus rapides vers leur rétablissement, & il nous a paru propre, par cette raison, à former comme une nouvelle époque dans cette Histoire. Si nous n'y trouvons pas encore de grandes découvertes, comme celles qui caractérisent le XVIIe siecle, nous y voyons du moins des hommes qui entrerent dans la bonne route, & qui travaillerent puissamment à la restauration des Sciences. Il y auroit même de l'injustice à lui refuser entiérement le mérite d'avoir contribué à leur accroissement. Divers traits que la lecture de ce Livre fera connoître, annoncent dans ceux qui nous les fournissent, quelque chose de mieux que du zele & de l'intelligence.

L'Algebre, qui avoit pris naissance chez les Arabes, fut transplantée au commencement de ce siecle en Occident. L'Europe a cette obligation à *Léonard de Pise*, qui, porté du desir de s'instruire dans les Mathématiques, fit de longs voyages en Arabie & dans les autres contrées Orientales. A son retour il fit connoître l'Algebre à ses compatriotes, & nous trouvons même qu'elle fit d'assez rapides progrès. Nous remarquons en effet dès le milieu du XVe siecle, que les regles de l'Algebre, pour la résolution du second degré, étoient vulgairement connues : l'ouvrage de *Régiomontanus sur les Triangles*, nous en fournit la preuve ; car se proposant un problême qu'il analyse algébriquement, & qui le conduit à une équation du second degré, il renvoie aux regles de l'art, qu'il dit connues, *fiat*, dit-il, *secundùm cognita artis præcepta.* On s'est trompé lorsqu'on a regardé *Lucas de Burgo*, comme celui qui avoit fait connoître l'Algebre aux Européens. L'époque en est plus ancienne, & cette connoissance est dûe à *Léonard* de Pise.

Ce Mathématicien écrivit divers ouvrages, qui ont resté manuscrits: un d'eux regardoit la Géométrie, & parut assez bon à *Commandin*, pour mériter de voir le jour à la fin du XVIe siecle. Il en préparoit une édition, lorsqu'il mourut, ce qui en fit échouer le projet (*a*).

II.

L'Astronomie prit aussi quelqu'accroissement au commencement de ce siecle; elle fut cultivée par Jean de *Gmunden*, qui la professoit dans l'Université de Vienne, & qui fit un grand nombre de disciples; cet Astronome a quelque part à la restauration de cette Science, & il écrivit divers ouvrages qui subsistent dans la Bibliotheque de l'Université de Vienne. Après lui vint le fameux *Pierre d'Ailli*, qui écrivit aussi sur divers sujets Astronomiques. Il ressentit surtout la nécessité d'une réformation du Calendrier, & il proposa pour cela des moyens, soit pour ajuster l'année solaire avec la civile & l'ecclésiastique, soit pour accorder l'année solaire avec la lunaire. Son projet eut l'approbation du Pape *Jean* XXIII, & des Prélats assemblés au Concile de Constance. Mais il ternit le mérite de ses connoissances Astronomiques par un singulier attachement à l'Astrologie Judiciaire. Il le poussa même jusqu'au point de penser & d'écrire que la naissance de J. C. auroit pu être déduite de cet Art.

Le Cardinal de *Cusa* s'acquit aussi au commencement de ce siecle une grande réputation en Géométrie & en Astronomie. Il insista surtout sur la réformation du Calendrier, & il releva divers défauts dans les Tables Alphonsines, en quoi il se trompa néanmoins quelquefois (*b*). Il est le premier des Modernes qui ait tenté de faire revivre le systême Pythagoricien, qui met la Terre en mouvement autour du Soleil (*c*): mais le temps n'étoit pas encore venu, où une opinion si contraire au témoignage des sens, pouvoit faire quelque fortune. Il faut même remarquer que ce Cardinal ne la propose guere que comme un paradoxe ingénieux, & on ne la regarda pas autrement. La réputation du Cardinal de *Cusa*,

(*a*) Bernard Baldi, *Chroni. Math.*

(*b*) Astron. Philol. l. 11, c. 3.

(*c*) *De doctâ ignorantia.*

en Géométrie a moins de fondement : car il crut avoir trouvé la quadrature du cercle, prétention à laquelle s'opposa fortement *Regiomontanus*, qui le réfuta avec solidité (*a*). Ses autres ouvrages géométriques ne contiennent guere une doctrine meilleure que sa quadrature ; c'est pourquoi nous nous dispenserons même d'en citer les titres.

III.

Les deux hommes à qui les Mathématiques doivent le plus dans le XVe siecle, sont *Purbach* & *Regiomontanus*. Ce ne sera point concevoir d'eux une idée trop avantageuse, que de les regarder comme les vrais restaurateurs de ces Sciences, & surtout de l'Astronomie. Ceci nous engage à faire connoître avec étendue ce qui les concerne. Voici les principaux traits de leur vie & de leurs travaux ; je commence par *Purbach*.

Purbach.

George *Purbach*, ainsi nommé, parce qu'il étoit d'un endroit de ce nom entre l'Autriche & la Baviere, naquit en 1423. Il fut disciple de Jean de *Gmunden*, qui enseignoit l'Astronomie au commencement de ce siecle dans l'Université de Vienne. Ce fut-là sans doute que *Purbach* puisa le goût qu'il eut toujours pour cette Science. Il voyagea ensuite dans diverses parties de l'Europe, pour profiter des connoissances de ceux qui cultivoient l'Astronomie. De retour dans sa patrie, il succéda à son Maître, Jean de *Gmunden*, après avoir été fort sollicité de se fixer à Boulogne & à Padoue. Mais l'amour de sa patrie, & les bienfaits de l'Empereur *Frederic* III le fixerent à Vienne.

Purbach ne jouit pas plutôt de la tranquillité de la vie sédentaire, qu'il entreprit un ouvrage utile, & qui manquoit. C'étoit une bonne traduction de *Ptolemée* ; on en avoit à la vérité une, & même plusieurs d'après l'Arabe, mais elles étoient fort vicieuses, parce que ceux qui les avoient faites, n'entendoient que médiocrement l'Astronomie. Celle que *George* de Trébizonde avoit donnée d'après l'original Grec, n'étoit guere meilleure par la même raison. *Purbach* en entreprit une nouvelle, en conférant les précédentes, & en les

(*a*) *De quad. circuli, contrà Card. Cusensem.*

corrigeant. C'étoit tout ce qu'il pouvoit faire, parce qu'il ignoroit le Grec & l'Arabe; mais aidé des connoiſſances qu'il avoit en Aſtronomie & de ces traductions déja faites, il parvint aſſez bien à rétablir le vrai ſens, & le texte de *Ptolemée*, dont il fit dans la ſuite un abrégé qui n'a jamais vu le jour.

Purbach s'attacha ſpécialement à obſerver. Il ſentit que c'étoit le ſeul moyen de corriger ou de confirmer les hypotheſes de l'ancienne Aſtronomie. Il imagina dans cette vue divers inſtrumens, & il rectifia ceux des Anciens. Il corrigea d'après ſes Obſervations les hypotheſes de *Ptolemée* en divers points, & il introduiſit de nouvelles équations dans les mouvemens des planetes. Il meſura plus exactement les lieux des fixes, dont la connoiſſance eſt ſi néceſſaire pour les mouvemens céleſtes. Pour aider enfin les Aſtronomes dans leurs calculs, il dreſſa un grand nombre de Tables de différente eſpece: mais ce dont on lui a le plus d'obligation, eſt d'avoir banni l'uſage du calcul ſexagenaire de la Trigonométrie qu'il enrichit de diverſes propoſitions nouvelles. Il ſuppoſa le rayon diviſé en 600000 parties, au lieu des diviſions de 60 en 60 uſitées par les Anciens, & au lieu des cordes des arcs doubles exprimées en parties ſexagenaires du rayon, il calcula les ſinus en ſix cens milliemes de ce rayon. Son diſciple, *Regiomontanus* perfectionna cela davantage, comme on le verra bientôt. Je ne dis rien de pluſieurs inventions Gnomoniques dont *Purbach* fut Auteur. On ne regarde pas aujourd'hui la Géométrie qui y préſide, comme bien relevée, mais au temps de *Purbach* c'étoit une théorie bien fine & bien délicate. J'ajoute que *Purbach* eſt l'Inventeur d'un inſtrument connu dans la Géométrie pratique, ſous le nom du quarré Géométrique; il paroît être le premier qui ait employé le fil à plomb pour marquer les diviſions d'un inſtrument. On en voit un dans ſon quarré géométrique qui comprend auſſi un quart de cercle, dont le centre eſt au point d'où pend le fil à plomb. On n'a fait que ſupprimer le quarré qui étoit peu utile, & c'eſt ainſi que s'eſt formé notre quart de cercle aſtronomique.

Cependant le bien de l'Aſtronomie faiſoit toujours déſirer à *Purbach* d'avoir une traduction fidelle de l'*Almageſte*. Lors donc que le Cardinal *Beſſarion*, qui étoit Grec d'origine,

& qui aimoit l'Astronomie, vint à Vienne en qualité de Légat du Pape, il lui fut aisé de le déterminer à apprendre cette Langue; mais il n'en étoit pas alors comme à présent, où par le secours des Livres & des Grammaires on peut apprendre quelque Langue que ce soit, sans aucun commerce avec ceux qui la parlent. Toute l'érudition Grecque étoit encore renfermée dans l'Italie qui venoit de recevoir les Sçavans de la Grece, fuyans les malheurs de leur patrie. *Bessarion* persuada à *Purbach* de retourner dans ce pays, pour y puiser les élémens de la Langue Grecque, avec son disciple *Regiomontanus*, qui ne désiroit pas moins de l'apprendre. Il étoit sur le point de partir, lorsqu'une maladie imprévue l'enleva en 1461, au grand regret de tous les amateurs des Sciences: car il avoit déja beaucoup fait pour elles, quoiqu'il ne fût arrivé qu'à la fleur de son âge, & il promettoit encore plus pour la suite. On lui fit cette épitaphe qu'on lit sur son tombeau dans la Cathédrale de Vienne.

Extinctum, dulces, quidnam me fletis, Amici?
Fata vocant, Lachesis sic sua fila trahit.
Destituit terras animus, Cœlumque revisit,
Quæ semper coluit, liber ut astra colat.

Les écrits de *Purbach* qui ont vu le jour, sont ses *Théoriques des planetes* (*a*), quelques observations d'éclipses que *Wilebrord Snellius* a publiées (*b*), ses Tables des éclipses pour le méridien de Vienne (*c*), son Livre du *Quarré géométrique* (*d*). Un Mathématicien de l'Université de Vienne a donné un catalogue des manuscrits de *Purbach* (*e*). M. *Gassendi* a écrit fort au long, & peut-être trop prolixement la vie de cet Astronome avec celles de *Regiomontanus* son disciple, de *Tycho-Brahé*, & de *Copernic*.

IV.

Le célebre *Regiomontanus* seconda dignement le zele de *Purbach*, pour l'Astronomie: il le surpassa même à plusieurs REGIOMONTANUS.

(*a*) *Theoricæ novæ planet.* Purbachii, *cum notis* Reinoldi, Viteb. 1580. 8°.

(*b*) *Obs. Hassiacæ*, app. p. 12.

(*c*) 1514. *in-fol.*

(*d*) Norimbergæ, 1544. 4°.

(*e*) *Tab. eclips. suprà citatæ.*

égards par l'universalité de ses connoissances. Son vrai nom est Jean *Muller*. Il étoit de la petite ville de Konigberg (*a*), en Franconie, d'où lui est venu celui de Jean de *Regiomonte*, ou de *Regiomontanus*, quelquefois de *Montroyal*. Il naquit en 1436, & à peine avoit-il quatorze ans, qu'épris des charmes des Mathématiques, & surtout de l'Astronomie, il se mit sous la conduite de *Purbach*, qui jouissoit alors d'une grande réputation: il fut bientôt son disciple chéri, ou plutôt son compagnon. Pendant un séjour d'environ dix ans qu'il fit auprès de *Purbach*, c'est-à-dire jusqu'à la mort de celui-ci, il l'aida dans ses différens travaux; il fit avec lui quantité d'observations pour y comparer les hypotheses de *Ptolemée*, & des autres Astronomes qui l'avoient suivi; & pour déterminer plus exactement les lieux des fixes, & les momens des phénomenes. Il ne nous est cependant parvenu qu'un fort petit nombre de ces observations; sçavoir celles des éclipses de Lune des années 1457 & 1460, avec une autre de la planete de Mars, qu'ils trouverent éloignée de deux degrés du lieu où elle auroit dû se trouver suivant les Tables.

Regiomontanus devoit faire avec *Purbach* le voyage d'Italie, afin d'y apprendre le Grec, & de pouvoir puiser dans les sources pures de l'antiquité. La mort en empêcha *Purbach*, & son disciple y suivit seul le Cardinal *Bessarion*; il y apprit le Grec; & traduisit de nouveau sur le texte original l'*Almageste* de *Ptolemée*, & son Commentateur *Théon*. On auroit peine à croire qu'un homme ait pu suffire aux nombreux ouvrages qu'il entreprit de faire connoître par ses traductions, qui ne sont cependant qu'une petite partie de ses écrits. Car il mit encore en Latin les *Sphériques* de *Ménélaus*, ceux de *Théodose*, & ses autres Traités. Ses vues même s'étendant fort au-delà de l'Astronomie, il corrigea sur le texte Grec l'ancienne version d'*Archimede*, faite par *Jacques* de Crémone. Il traduisit les *Coniques* d'*Apollonius*, les *Cylindriques* de *Sérénus*, les *Pneumatiques* d'*Héron*, la *Musique* & l'*Optique* de *Ptolemée* (*b*), avec sa *Géographie*, les Questions Méchaniques

(*a*) *König*, Roi, *Berg*, Montagne.

(*b*) On trouve cet Ouvrage dans le Catalogue que Régiomontanus publia lui-même de ses écrits, & que Tanstetter a donné de nouveau en 1514. Comme la plûpart des Manuscrits de cet Astronome sont dans la Bibliotheque de Nuremberg, peut-être l'Optique de Ptolemée s'y trou-

d'*Aristote*, &c. Il se proposoit de donner ces différens ouvrages au Public; mais sa mort précipitée l'en empêcha: plusieurs subsistent encore en manuscrits dans la Bibliotheque de Nuremberg, où l'on a soigneusement rassemblé tout ce qu'on a pû en retrouver.

Regiomontanus ne se borna pas à ce travail qui, quoiqu'utile, n'est pas capable, par sa nature, de faire beaucoup d'honneur. Le nombre de ses ouvrages propres, dont plusieurs sont imprimés, n'est pas moins considérable. Il continua l'*Epitome*, ou l'abrégé de l'*Almageste*, que *Purbach* prévenu par la mort, avoit laissé imparfait, & qu'il avoit fortement recommandé à ses soins dans ses derniers momens. Après s'être acquitté de ce devoir d'amitié, il commenta *Ptolemée* d'une maniere très-claire & très-succincte, & il résolut par occasion quantité de problêmes astronomiques qui tiennent à cette théorie. Il traita dans un autre ouvrage des instrumens astronomiques, soit ceux dont les Anciens s'étoient servi, soit ceux que que l'on avoit imaginés après eux, & dont plusieurs sont de son invention. Il réfuta l'opinion de *Thébith*, & des Alphonsins, sur le mouvement irrégulier ou de rétrogradation qu'ils donnoient aux fixes. Je passe légérement sur diverses Tables, comme des Tables du premier mobile, de direction, &c, pour parler de ses éphémérides qu'il calcula pour la durée de 30 ans, depuis 1475 jusqu'à 1505. Cet ouvrage fut reçu avec un empressement extraordinaire, & valut à son Auteur une gratification considérable du Roi *Mathias*, à qui il le dédia. Mais ce qu'il y a de plus essentiel ici, c'est que ces éphémérides approcherent beaucoup de la vérité.

L'année 1472 fut remarquable par une comete que *Regiomontanus* observa, & qui donna lieu à un Traité ingénieux qu'il composa à ce sujet (*a*). Cette comete parut vers le milieu de Janvier, allant d'un mouvement médiocre, qui s'accéléra bientôt de telle sorte, qu'elle parcourut vers son périgée plus de 30 degrés dans vingt-quatre heures. Elle traînoit une queue qui avoit aussi plus de 30° de longueur. *Regiomontanus* observa

veroit-elle, c'est ce que peuvent vérifier ceux qui sont à portée de le faire. Je doute cependant que si cet Ouvrage ancien s'y trouvoit, parmi tant d'habiles gens qui ont parcouru ces Manuscrits, il n'y eût eu personne qui l'eût apperçu, & qui nous en eût informé.

(*a*) *Obs. Hass. ad finem.*

sa parallaxe, & la trouva de trois degrés, de maniere que, si l'on peut compter sur cette observation, elle passa à environ vingt demi-diametres de la terre. L'extrême rapidité de son cours rend cela assez vraisemblable. Une autre particularité à observer dans cette comete, c'est que son mouvement se fit en allant presque directement du Zodiaque vers le pole. Elle parut d'abord vers l'épic de la Vierge, delà elle passa dans les constellations de Bootes & d'Arcturus, ensuite au dessus de la queue du Dragon, & au travers de la petite Ourse fort près du pole, d'où elle continua sa route au travers de Céphée, Cassiopée, Andromede, les Poissons, & enfin elle disparut dans le Bélier, offusquée par le voisinage du Soleil. Tout cela se fit dans l'espace d'un mois & demi. Il est fort à regretter que la persuasion où l'on étoit alors que ces phénomenes n'étoient que des météores allumés dans la région sublunaire, nous ait privés d'observations plus exactes : car celles que fit *Regiomontanus*, sont en petit nombre, & de peu d'utilité.

On dit de cet Astronome célebre (*a*), qu'il étoit assez porté en faveur de l'opinion qui met la terre en mouvement autour du Soleil : il est à croire que s'il eût vécu un siecle plus tard, il auroit été un de ses zélés défenseurs. Mais lorsqu'il parut, il n'étoit pas encore temps de renverser l'édifice de l'Astronomie ancienne. Il falloit auparavant s'assurer de ses défauts, en le reconnoissant dans toutes ses parties. Le penchant de *Regiomontanus* vers le systême de l'École Pythagoricienne, montre qu'il commençoit à connoître l'insuffisance de celui de *Ptolemée*.

Regiomontanus ne se borna pas à l'Astronomie : presque toutes les autres parties des Mathématiques lui furent également connues, & il en est peu qu'il n'ait illustré par des écrits. 1° Il commenta les Livres d'*Archimede*, auxquels *Eutocius* n'avoit point touché. 2° Il défendit *Euclide* contre les imputations de *Campanus*, & des Arabes, au sujet de la définition fameuse des quantités proportionnelles. 3° Il réfuta la prétendue quadrature du Cardinal de *Cusa*. 4° Il écrivit sur les poids, sur la conduite des eaux, sur les miroirs ardens,

(*a*) Schoner. *in opusc. Geog.* Doppelmayer, *de Math. Norimb.*

&c.

&c (*a*). 5° Il perfectionna considérablement la Trigonométrie. Cette partie des travaux de *Regiomontanus*, est une de celles qui lui font le plus d'honneur, c'est pourquoi il faut que nous nous y arrêtions davantage.

Les travaux trigonométriques de *Regiomontanus* sont contenus dans son Traité *de Triangulis*, en cinq Livres (*b*). C'est une Trigonométrie, soit rectiligne, soit sphérique, fort complette. Les Arabes l'avoient, à la vérité, assez heureusement avancée en découvrant quelques-uns de ses théorêmes fondamentaux : mais le Mathématicien Allemand y mit le comble par la découverte de ceux qui donnent la solution des cas les plus difficiles (*c*). A l'invention près, des logarithmes & de quelques théorêmes proposés par *Neper*, la Trigonométrie de *Regiomontanus* ne le cede guere à la nôtre. *Regiomontanus* ne s'y borne même pas, comme nous faisons, à la considération des cas ordinaires. Il se propose dans son Ve Livre divers problêmes sur les triangles rectilignes, & il en résoud quelques-uns à l'aide de l'Algebre. Je remarque cette circonstance, parce qu'elle prouve que cet Art étoit connu en Europe avant *Lucas de Burgo*, à qui on attribue ordinairement de l'avoir transplanté dans ces climats.

La Trigonométrie a encore diverses obligations à ce

(*a*) Voyez le Cat. de Tanstetter, *in pref. Tab. Eclips. Purbachii*; & Doppelmayer, *in Math. Normb.*

(*b*) Norib. *1533, in-fol.* Basileæ, 15.., in-fol.

(*c*) Les Théorêmes de Trigonométrie sphérique trouvés par les Arabes, sont 1° que *dans tout triangle sphérique, les sinus des angles sont proportionnels à ceux des côtés opposés.* 2° Que *dans tout triangle sphérique rectangle qui n'a qu'un angle droit, la proportion du sinus d'un angle oblique au sinus total, est la même que celle du sinus de complément de l'autre angle oblique, au sinus de complément du côté qui lui est opposé.* 3° Que *dans ce même triangle le sinus total est au sinus de complément d'un des côtés autour de l'angle droit, comme le sinus de complément de l'autre au sinus de compl. de l'hypoténuse.* Avec ces trois Théorêmes on peut résoudre tous les cas des triangles sphériques rectangles, & plusieurs de ceux des triangles obliquangles, en les réduisant par une perpendiculaire, en triangles rectangles. Mais il y a deux cas qui échappent à ces théorêmes, comme lorsque tous les angles, ou tous les côtés sont donnés. Regiomontanus en propose pour cela deux de son invention : l'un est que, *si dans un triangle obliquangle on abaisse d'un angle sur le côté opposé une perpendiculaire, les sinus des complémens des angles sur cette base, sont proportionnels aux sinus des segmens de l'angle au sommet, faits par cette perpendiculaire.* Ce théorême conduit, moyennant quelque petite adresse, à la résolution du cas, où tous les angles étant donnés, on cherche les côtés. Le second théorême de l'invention de Regiomontanus, est que *dans tout triangle le rectangle sous les sinus de deux côtés est au quarré du rayon, comme la différence des sinus verses de la base & de la différence des côtés, au sinus verse de l'angle du sommet.*

Mathématicien. Il perfectionna ce que *Purbach* son Maître, avoit commencé à l'égard de la Table des sinus. Nous avons vu que celui-ci avoit substitué au rayon divisé en parties sexagénaires, le même rayon divisé en 6000000 parties. *Regiomontanus* avoit même construit des Tables des sinus suivant cette division: mais s'appercevant ensuite qu'elle ne remplissoit pas encore parfaitement tout ce que le Calculateur pouvoit désirer, il lui substitua celle du même rayon en 1000000 parties, & il calcula suivant ce systême, de nouvelles Tables pour tous les degrés & minutes du quart de cercle. Remarquons encore que *Regiomontanus* introduisit dans la Trigonométrie l'usage des tangentes. Les avantages nombreux qu'il trouva à s'en servir, lui firent donner à la Table de ces lignes le nom de *Table féconde*, qu'elle a gardé pendant quelque temps.

Regiomontanus excella aussi dans la Méchanique. *Ramus* lui attribue des ouvrages si extraordinaires, qu'ils l'emportent encore sur les productions les plus merveilleuses de nos Méchaniciens modernes. Telle est une mouche artificielle qui, sortant de la main de son maître, faisoit le tour d'une table, & venoit se reposer à l'endroit d'où elle étoit partie. Il parle encore d'une aigle qui, dit-on, alla au devant de l'Empereur, & qui l'accompagna jusqu'à l'entrée de la ville. Mais, comme le remarque M. *Weidler* (a), outre que cela n'est appuié du récit d'aucun Auteur contemporain, il y a de la crédulité à ajouter foi à de pareils contes. Ce qui a pu y donner lieu, est apparemment la grande réputation qu'eut *Regiomontanus* dans la Méchanique, & le penchant du vulgaire vers tout ce qui porte le caractere de merveilleux. Ce que l'on sçait des inventions méchaniques de *Regiomontanus*, se réduit aux additions qu'il fit avec *Walther* à la fameuse horloge de Nuremberg, une des merveilles de son temps. Il avoit aussi commencé à faire exécuter une machine qu'il nomme *Astrarium*. On doit probablement entendre par-là ce que nous appellons aujourd'hui, un Planétaire. Ce devoit être une machine fort composée, à en

Ceci s'applique facilement à la résolution du cas où tous les côtés étant donnez, on demande quelqu'un des angles. Il y a au reste dans le Traité de Regiomontanus, plusieurs autres beaux théorêmes pour parvenir aux mêmes résolutions.

(a) Hist. Astron. c. XIII, p. 260.

juger par ce qu'il dit : car après l'avoir annoncée comme étant entre les mains des ouvriers, il ajoute ces mots : *Opus planè pro miraculo spectandum.*

Regiomontanus eut le même sort que son maître, je veux dire qu'une mort précipitée interrompit tous ses projets utiles, en l'enlevant à la fleur de son âge. Après un séjour de quelques années en Italie où nous l'avons laissé, en commençant le récit de ses travaux, il étoit retourné en Allemagne, & en 1471 il avoit fixé son séjour à Nuremberg, où il avoit fait un disciple illustre dans la personne de *Bernard Walther*, l'un de ses citoyens, dont nous parlerons bientôt. Il resta dans cette ville, partagé entre les travaux de son Cabinet & ceux d'observer, jusqu'en 1475 qu'il retourna à Rome. Le motif de ce voyage fut l'invitation que lui fit le Pape *Sixte IV* de travailler à la réformation du Calendrier. Ce Pontife ayant formé ce projet, personne ne lui parut plus capable de seconder ses vues, que *Regiomontanus*. Il lui fit de grandes promesses, & le nomma même à l'Evêché de Ratisbonne. *Regiomontanus* partit donc, laissant *Walther* continuer ses observations à Nuremberg, & arriva à Rome en 1475. Il commençoit à former le plan de la réformation projettée, lorsqu'il mourut. Ce fut au mois de Juillet de l'année 1476, que les Mathématiques firent cette perte. Il excita les regrets de tous les Sçavans. Le Pape lui fit faire de magnifiques obseques, & donner une sépulture au Panthéon. La cause de sa mort fut, dit-on, la critique qu'il avoit faite de la traduction de *Ptolemée* & de *Théon*, donnée par *George* de Trébizonde. Les fils de ce Grec ne purent digérer l'affront fait à la mémoire de leur pere, & s'en vangerent par le poison. Mais quoique bien des Auteurs l'aient répété les uns après les autres, je ne crois pas que cela soit fondé sur quelque chose de plus, que des soupçons (*a*).

V.

Regiomontanus fit plusieurs éleves qui perpétuerent l'étude

(*a*) Tanstetter *loco. sup. cit.* & Doppelmayer, *de Math. Norimb.* ont donné des Catalogues des écrits tant imprimés que manuscrits de Regiomontanus : j'y renvoie, ou bien à M. Weidler dans son Histoire de l'Astronomie, c. XIII, afin de me ménager de la place pour des choses plus nécessaires.

de l'Astronomie durant le reste de ce siecle. Mais je me bornerai à parler du plus célebre, sçavoir *Bernard Walther*. C'étoit un riche citoien de Nuremberg, qui étoit depuis long-temps amateur des Mathématiques, lorsque *Regiomontanus* vint fixer sa demeure dans cette ville. La proximité de cet homme célebre enflamma *Walther* d'une nouvelle ardeur, & il commença à s'adonner fort sérieusement à l'Astronomie. Comme il étoit opulent, il fit des dépenses considérables pour exécuter tous les nouveaux instrumens que *Regiomontanus* imagina. Il assista à la plûpart des observations que ce dernier fit à Nuremberg, & après son départ pour Rome, il continua d'y observer avec exactitude pendant près de quarante ans, sçavoir depuis 1475 jusqu'à 1504, qui fut l'année de sa mort. On a cette suite d'observations, qui présente aux Astronomes des phénomenes de toute espece, des hauteurs méridiennes du Soleil, des éclipses, des occultations de fixes ou de planetes par la Lune, des conjonctions de planetes, &c, des mesures de leurs distances avec des fixes (*a*). Ces observations sont très-estimées, du moins respectivement à leur temps, où l'Astronomie pratique étoit bien loin du point de perfection qu'elle a atteint depuis. Elles sont ordinairement caractérisées par quelque note, qui apprend quelle foi on peut y ajouter, & jusqu'à quel point *Walther* y comptoit lui-même. Cet Astronome étoit enfin un soigneux Observateur, qui n'épargna rien pour avoir des instrumens grands & parfaits. Il se servoit pour mesurer le temps, d'une horloge à roues, qu'il disoit être fort correcte, & marquer exactement le midi, s'accordant presque toujours entiérement avec le calcul.

Walther est encore mémorable en Astronomie pour avoir été le premier des Modernes qui se soit apperçu de la réfraction. Il semble, à la vérité, que *Regiomontanus* l'avoit soupçonnée: car il avertit que les hauteurs paroissent différentes suivant les saisons, & il préfere par cette raison les équinoxes d'automne à ceux du printems. Mais il est vraisemblable qu'il n'attribuoit cet effet qu'aux vapeurs accidentelles qui remplissent l'air plus dans un temps que dans un autre; & il ne paroît

(*a*) *Norib.* 1544. ed. Schonero. *Hist.* p. 46, ad. 64. *Obs. Hassiacæ. Cœlest.* L. Barreti, *sub titulo obs. Noriberg.*

pas avoir ſongé à cette réfraction conſtante, qui ſe fait même dans l'athmoſphere la plus épurée de vapeurs. *Walther* s'en apperçut en obſervant Vénus par ſes Armilles. Le lieu qu'il trouvoit par l'écliptique de l'inſtrument, étant fort différent de celui que lui donnoit au même inſtant le cercle de latitude, ce phénomene ſingulier le porta à penſer que c'étoit l'effet d'une réfraction qui faiſoit paroître ſur l'horizon l'aſtre qui étoit encore au deſſous, & qui affectoit davantage une des déterminations que l'autre. Cette idée lui vint, à ce qu'il dit, avant que d'avoir vu *Alhazen* & *Vitellion*, qui parlent fort diſtinctement de la réfraction Aſtronomique, & qui en examinent au long les effets. *Walther* imagina à cette occaſion un moyen que *Képler* (*a*) appelle ingénieux, pour prévenir cette erreur optique. Mais il faut remarquer, pour ne pas trop accorder à *Walther*, qu'il ne paroît pas avoir cru que la réfraction s'étendît au-delà du voiſinage de l'horizon; ce qui montre qu'il n'en avoit pas ſaiſi le vrai principe.

Quelqu'obligation qu'ait l'Aſtronomie à *Walther*, elle lui en auroit eu davantage, ſans la ſingularité & la bizarrerie de ſon caractere. Auſſi-tôt après la mort de *Regiomontanus*, il avoit acheté de ſes héritiers tous ſes papiers & ſes inſtrumens. Le bien de l'Aſtronomie exigeoit qu'il fît part aux Sçavans des écrits de cet homme célebre; & il le pouvoit faire d'autant plus facilement, qu'il étoit opulent, & qu'il avoit une Imprimerie chez lui. Mais ſemblable à un avare qui ne veut partager ſes richeſſes avec qui que ce ſoit, & qui a même peine à s'en ſervir lui-même, il garda toujours ces manuſcrits ſoigneuſement renfermés, ſans permettre à perſonne de les voir (*b*). Ce fut-là la cauſe de la perte de pluſieurs d'entr'eux; car *Walther* étant mort, ſes héritiers qui n'avoient pas le même goût que lui, négligerent ce tréſor : heureuſement le Sénat de Nuremberg en arrêta la diſperſion, en achetant tous les écrits qui ſubſiſtoient de l'un & de l'autre de ces Mathématiciens. Ils furent conſignés dans la Bibliothéque de cette ville, d'où les *Schôner* pere & fils, tirerent dans la ſuite pluſieurs morceaux qu'ils publierent en divers tems.

(*a*) *Paralip. ad Vitell. optic.* p. 155.
(*b*) J. Vernerus, *ad Amiruccii Geog. pref.*

VI.

Nous venons de faire connoître les Mathématiciens les plus célebres que produisit le quatorzieme siecle. En voici plusieurs autres qui, s'ils ne servirent pas ces sciences avec autant de succès, contribuerent du moins beaucoup à en répandre le goût par leurs écrits & leurs travaux. Tels furent François de *Capoue*, Jean *Angelus*, Jean *Blanchin* ou *Bianchini*, Boulonois, Auteur de Tables Astronomiques qui eurent de la réputation (*a*), Paul *Toscanella*, qui éleva à Florence le plus haut des Gnomons qui aient encore été construits, Jacques *Faber* d'Etaples, dont on a divers écrits. Comme leurs ouvrages ne contiennent rien de fort remarquable, je ne crois pas devoir en entamer l'énumeration. Dominique *Maria*, Professeur de Mathématiques à Boulogne, mérite une mention plus spéciale, pour avoir été le Maître de *Copernic*, & l'avoir excité, par son exemple & ses conseils, à s'adonner à l'Astronomie. *Maria* fut de plus un Observateur assidu. Il eut une opinion singuliere, & dont il faut que nous disions un mot, parce qu'elle a trouvé des partisans parmi quelques habiles gens (*b*) : c'est que depuis le tems de *Ptolomée*, le pole du monde avoit changé de position, & s'étoit rapproché de notre zénith dans ces contrées. Il se fondoit sur ce qu'il lui sembloit observer constamment que les hauteurs du pole en Italie étoient plus grandes d'un degré & quelques minutes, qu'au tems de l'Astronome Grec (*c*). Mais il eût mieux valu en conclure que cet Astronome s'étoit trompé. En effet, on sçait qu'ayant été obligé de s'en tenir aux relations des Voyageurs, il n'a déterminé ces latitudes que sur des observations du plus grand jour, ou sur des itinéraires. Or il est facile de sentir combien ces manieres de déterminer la latitude, sont peu exactes & sujettes à erreur. Cette opinion trop légérement fondée, a

(*a*) *Tab. mot. cel. novæ.* 1495, 1526.

(*b*) M. Petit, Astronome du milieu du siecle passé, a eu la même idée que Dominique Maria. (Voy. *Epist. ad Sauvallium de mut. latit. Paris.* 1660. in-4°). Mais les observations sur lesquelles il se fondoit, étoient l'ouvrage d'Observateurs trop peu habiles pour y faire quelques fonds. Il tâchoit d'expliquer ce phénomene par un mouvement de l'axe de la terre, à peu près semblable à celui que lui donne Copernic pour expliquer la précession des équinoxes. Je m'étonne qu'il ne se soit pas apperçu que cela ne suffisoit pas : car qu'elle que soit la position de cet axe à l'égard des fixes, à moins de supposer que le globe de la terre en change, la latitude de chaque lieu ne variera en aucune maniere.

(*c*) *Eratost. Bat.* l. 1, c. 8.

été réfutée par *Snellius*, & ne me paroît guere conciliable avec les loix de la Méchanique, & la forme de la terre.

Lucas Paccioli, surnommé *de Burgo Sancti Sepulchri*, parce qu'il étoit du Bourg du Saint Sépulcre en Italie, ce qui fait qu'on l'appelle le plus souvent *Lucas de Burgo*, eut quelque part vers la fin du XVe siecle à la renaissance des Mathématiques dans ces contrées. C'étoit un Francisquain, qui après avoir long-temps voyagé en Orient, soit par goût pour les Sciences, soit par ordre de ses supérieurs, fut Professeur de Mathématiques à Venise. Il eut beaucoup de disciples, dont il donne même dans un de ses ouvrages le nombreux Catalogue. Il traduisit *Euclide* en Italien, & l'édition qu'il en donna, est, je crois, la premiere qui ait subi l'impression. Son Livre principal est sa *Summa de Arithmeticâ & Geometriâ*, ouvrage demi-Italien & demi-Latin barbare, imprimé pour la premiere fois en 1494. Il y expose fort au long les différentes regles de l'Arithmétique, avec quelques inventions dûes aux Arabes, comme les regles de fausse position. Il y traite aussi de l'Algebre, qu'il nomme l'*Arte Maggiore*. Nous aurons occasion dans le Livre suivant de rapprocher tout ce qui concerne les premiers traits de cette Science dans ces contrées : c'est pourquoi nous nous bornerons ici à cette légere indication. Un autre ouvrage de *Lucas de Burgo* est celui qu'il a intitulé *de proportione divinâ*. C'est un Traité de la ligne divisée en moyenne & extrême raison. Les propriétés de ce rapport lui parurent si merveilleuses, qu'il lui donna le nom de *Divin*, suivant la coutume de son siecle de chercher à rehausser par des noms pompeux les choses les plus ordinaires. Cet ouvrage n'est guere remarquable que par ce titre & sa rareté.

Nous pourrions encore trouver à la fin de ce siecle quelques amateurs des Mathématiques, comme le fameux *Albert Durer*, dont on a un ouvrage intitulé *Institutiones Geometricæ*, & un autre sur la *Perspective* ; le Patriarche d'Aquilée *Hermolao Barbaro*, qui écrivit aussi sur la Géométrie, sur la Perspective, sur les corps réguliers ; & quelques autres. Mais comme leurs travaux ne nous présentent rien de remarquable, nous en sacrifions l'énumération à d'autres objets plus importans.

Fin du Livre second de la troisieme partie.

HISTOIRE
DES
MATHÉMATIQUES.

TROISIEME PARTIE,

Qui contient leur Histoire chez les Occidentaux, jusqu'au commencement du dix-septieme siecle.

LIVRE TROISIEME.

Progrès des Mathématiques pures durant le seizieme siecle.

SOMMAIRE.

I. *Causes qui accélerent les progrès des Sciences parmi nous.* II. *On travaille fortement à se mettre en possession des richesses de l'antiquité. Des principaux Editeurs & Commentateurs des ouvrages anciens.* III. *Des Géometres les plus dignes d'être connus, qui fleurirent durant ce siecle dans diverses contrées de l'Europe. Travaux des Géometres Allemands dans la Trigonométrie. Inventions ingénieuses de quelques-uns.* IV. *Récapitulation de ce qu'on a dit ailleurs sur l'Histoire de l'Algebre jusqu'au* XVIe *siecle, pour servir d'introduction à cette Histoire durant ce siecle.* V. *Progrès de l'Algebre pendant le* XVIe *siecle en en Italie. Découverte de la solution des équations du 3e degré par Tartalea, & Histoire singuliere de cette découverte. Démêlés qu'a ce Mathématicien avec Cardan sur ce sujet. Inventions diverses de Cardan. Il considere les racines négatives & positives. Ferrari, son disciple, trouve la solution des équations du 4e degré : sa méthode. Ce que Bombelli ajoute à ces decouvertes, entr'autres sa méthode pour le cas irréductible. Erreurs multipliées de Wallis sur tous ces sujets.* VI. *Découvertes purement analytiques de M. Viete : ses diverses regles pour la résolution & la préparation des équations : ses remarques sur la composition de leurs coefficiens, germe assez developpé des inventions de Descartes & d'Harriot : sa méthode pour la résolution des équations de tous les degrés. Il reconnoît la loi de la formation des puissances. Nouvelles erreurs & injustices de Wallis à l'égard de Viete.* VII. *Suites des découvertes de Viete dans l'analyse mixte. Il applique le premier l'Algebre à la Géométrie. Ses constructions des équations du 3e degré. Ses remarques sur les sections angulaires : il donne la premiere suite infinie pour exprimer la grandeur du cercle.* VIII. *Brieve énumeration des autres Analistes de ce siecle.*

I.

Les semences de Mathématiques jettées durant le XVe siecle par *Regiomontanus*, *Lucas Paccioli*, & quelques autres, commencerent dès les premieres années du XVIe à promettre une ample moisson. Nous devons remarquer ici les deux circonstances particulieres qui contribuerent à produire cette heureuse révolution dans les esprits. L'une est la connoissance de la Langue Grecque, seule dépositaire des solides principes des Sciences & des découvertes des Anciens, mais presqu'entiérement ignorée jusqu'alors dans ces contrées. La décadence de l'Empire Grec, & la prise de Constantinople, arrivée l'an 1452, sont l'époque de nos lumieres à cet égard ; une foule de sçavans fuyans les malheurs de leur patrie désolée, se retirerent en Italie, & y porterent leur Langue & les précieux originaux de l'antiquité. Ils n'eurent pas plutôt fait connoître cette Langue & les richesses qu'elle renfermoit, que l'on s'attacha de toutes parts à l'étudier. Il y eut déja dans le XVe siecle des hommes qui s'illustrerent par leur sçavoir dans ce genre ; mais ce fut surtout au commencement, & durant le cours du XVIe, que cette étude fit des progrès marqués. On puisa alors dans les sources pures de l'antiquité, & l'on fut bientôt en possession d'une grande partie des ouvrages Grecs par les traductions qu'on en fit. Ce fut aussi au commencement du XVIe siecle que l'Imprimerie surmontant heureusement les difficultés qui accompagnent toutes les inventions naissantes, commença à se répandre universellement. A cette époque les Livres instructifs, soit originaux, soit traductions de ceux des Anciens, devinrent plus communs ; enfin par une suite nécessaire de ces circonstances réunies, on vit se former dans tous les genres un grand nombre d'hommes qui travaillerent à publier les travaux des Anciens, quelques-uns à perfectionner ce qu'ils nous avoient transmis.

Il est vrai que le nombre des premiers, je veux dire de ceux qui se bornerent à travailler sur le fond des Anciens, est le plus considérable. On peut dire que l'esprit général du XVIe siecle ne fut pas celui d'invention ; ce seroit néanmoins être peu équitable, que de ne pas reconnoître qu'on y vit quelques génies heureux qui sçurent se frayer des routes particulieres. Ce fut le siecle des *Copernic*, des *Ticho*, &c ; l'analyse y prit des forces par les soins de divers Géometres, entr'autres de M. *Viete* ; on y vit même quelques Géometres originaux & profonds. D'ailleurs on fit à peu près alors ce qu'on devoit attendre de la marche ordinaire de l'esprit humain. Il falloit commencer à faire en quelque sorte l'inventaire des connoissances qu'on tenoit des Anciens ; il falloit se familiariser avec elles, avant que de songer à en acquérir de nouvelles.

La matiere abondante que nous présente le reste de notre histoire, nous oblige d'adopter un plan un peu différent de celui qu'on a suivi jusqu'ici. Dans les parties précédentes de cet ouvrage, on a exposé les découvertes des principaux Mathématiciens dans chaque genre, en suivant l'ordre de leurs temps, plutôt que celui des matieres. Comme ils ne se succédoient que de loin en loin, nous pouvions suivre cet arrangement ; mais leur nombre se multipliant désormais, en nous conformant davantage à ce plan, nous ne pourrions éviter une confusion extrême. Nous commencerons donc à parler des Mathématiques pures, telles que la Géométrie, l'Algebre; delà nous passerons aux autres branches des Mathématiques mixtes, dont nous exposerons les principaux traits, donnant toujours la préférence à ceux qui regardent plus particuliérement leurs progrès.

II.

Le premier pas, comme nous l'avons dit, vers le renouvellement des Mathématiques, étoit de se procurer la connoissance de ce qu'avoient fait les Anciens. On y travailla avec ardeur dès le commencement du XVIe siecle. *Zamberti* donna en 1505, d'après le Grec, une traduction des quinze Livres des Elémens d'*Euclide*. Les Sphériques de *Théodose* parurent aussi dans les premieres années de ce siecle, sçavoir en 1518, par les soins de *Platon* de Tivoli. *Memmius*, noble Vénitien, traduisoit vers le même temps l'ouvrage d'*Apollonius*, je veux dire les quatre Livres de ses Coniques, qu'on connoissoit alors. Cet ouvrage publié après sa mort par son fils, (en 1537) donne un exemple singulier de l'ignorance de cet Editeur. On y voit à côté des figures, des calculs algébriques qui n'ont aucun rapport au sujet. *Memmius* s'étoit apparemment servi du blanc de ses papiers pour y faire ces calculs, & son fils croyant qu'ils appartenoient à la traduction, les y a joints. On eut en 1544 une traduction Latine d'*Archimede*, & de son Commentateur *Eutocius*, accompagnée du texte Grec de l'un & de l'autre. On doit cette édition à *Venatorius* & aux *Hervages*, célebres Imprimeurs de Bâle. Les mêmes Imprimeurs avoient donné auparavant (en 1533) le texte Grec de tout ce qui subsiste d'*Euclide*, mais sans traduction; en 1537 ils publierent celle de *Zamberti*, la seule connue encore. Ces trois Traducteurs, *Zamberti*, *Memmius* & *Venatorius*, quoique médiocrement intelligens, occuperent, si l'on peut se servir de ce terme, la scêne pendant long-temps. L'obligation qu'on leur a d'avoir fait connoître les premiers ces anciens Ouvrages, leur donne un droit à notre indulgence.

On eut enfin, peu après le milieu du XVIe siecle, des Traducteurs & des Editeurs d'un ordre plus estimable. *Maurolius* de Messine, Géometre original, comme on le verra dans la suite, publia en 1558, *Théodose* & *Menelaus*, Auteurs célebres des Sphériques. Il entreprit une édition d'*Archimede*, éclaircie par des notes, qui ne parut qu'après sa mort, en 1572 & 1685 (*a*), & qui fait honneur à ce Géometre Sicilien. *Tartalea* traduisit en 1557 les quinze Livres d'*Euclide* en Italien, & y ajoûta un brief commentaire. Malheureusement cette traduction fut faite en mauvais Italien, tel qu'on le parle à Venise & que le parloit ce Mathématicien, ce qui a dû la rendre moins utile. Il avoit déja publié en 1543 une partie considérable des œuvres d'*Archimede* dans la même Langue. Mais parmi ceux qui coururent une carriere semblable en Italie, aucun ne s'est rendu plus recommendable que *Commandin*: il mérite les plus grands éloges, & pour son intelligence, soit dans les Mathématiques, soit dans la Langue Grecque, & par le grand nombre d'ouvrages qu'il publia. On lui doit d'abord une traduction Latine des Elémens d'*Euclide*, accompagnée des notes de *Théon* & des siennes. Il en fit dans la suite une nouvelle édition moins chargée, & une traduction en Langue Italienne, qui parut en 1575. En 1558 il publia en Latin les Traités d'*Archimede*, qui concernent la Géométrie, & il y joignit des notes sur les endroits difficiles. Les deux Livres d'*Archimede*, *de innatantibus in fluido*, dont le texte Grec n'a jamais été retrouvé, parurent par ses soins en 1565. Il donna l'année suivante les quatre Livres des coniques d'*Apollonius*, avec les Lemmes de *Pappus* & le Commentaire d'*Eutocius*. On lui doit aussi divers ouvrages de *Ptolemée*, comme son *Planisphere* & son *Traité de l'Analemme*; le *Traité d'Aristarque sur la grandeur & la distance du Soleil & de la Lune*; *les Pneumatiques d'Héron*; l'élégant *Traité de Géodésie* du Géometre Arabe *Mehemet* de Bagdad. Il se proposoit de publier l'ouvrage intéressant des *Collections Mathématiques* de *Pappus*, mais surpris par la mort, il n'eut que le temps d'en finir la traduction. Ce furent ses héritiers qui la donnerent au public en 1588. Tous ces ouvrages sont excellens, & *Commandin* pourroit être cité comme le modele des Commentateurs. Ses notes vont au fait, & ne viennent qu'à propos, sans être trop longues ou trop concises. Très-versé dans ce que les Mathématiques avoient alors de plus profond, il prend bien le

(*a*) Voyez p. 252.

ſens de ſon texte, & le redreſſe où il en eſt beſoin. Quand on s'acquitte avec cette ſupériorité du devoir d'éditeur, on n'eſt guere inférieur aux bons originaux.

Je paſſerai briévement ſur les autres Commentateurs & Traducteurs nombreux que me fourniſſent les diverſes parties de l'Europe. *Barocius*, Vénitien, donna en 1560, la traduction du prolixe Commentaire de *Proclus*, ſur le Ier Livre d'*Euclide*. En France *Oronce Finée* publia en 1551 une traduction Latine des ſix premiers Livres d'*Euclide*, & le *Pelletier* du Mans, les donna en François en 1557. M. de *Candalle*, Archevêque de Bordeaux, fit deux éditions Latines des Elémens en 1556 & 1578, dont la derniere eſt augmentée de quelques Livres aſſez inutiles ſur les ſolides réguliers. *Jean Pena*, Profeſſeur Royal à Paris, donna en 1557 le texte Grec des Sphériques de *Théodoſe*, de la Muſique d'*Euclide* & de l'Optique qu'on lui attribue, avec une traduction Latine. *Forcadel* publia auſſi quelques ouvrages anciens. En Allemagne, *Herlinus*, *Daſipodius*, *Joachim Rheticus*, *Scheubelius*, publierent diverſes parties des Elémens d'*Euclide*. En Angleterre *Jean Dee*, le Chevalier *Scarborough*, & *Billingſley* qui d'apprentif Chapelier devint Lord Maire de Londres (*a*), donnerent auſſi des éditions d'*Euclide*. Je ne parle plus que de *Clavius*, dont le commentaire ſur *Euclide* vit le jour en 1571, & a eu diverſes éditions en 1603 & 1607, &c. C'eſt un ouvrage fort eſtimable par l'intelligence & le ſçavoir de ſon Auteur. Ce ſont-là les plus célebres Editeurs d'ouvrages Géométriques du XVe ſiecle, dont la plûpart, comme on voit, ſe bornerent à l'élémentaire. On ne s'en étonnera pas, ſi l'on conſidere depuis combien peu de temps la Géométrie étoit connue dans ces contrées. Il s'agiſſoit encore ſeulement de dégroſſir les eſprits, & de leur faire goûter une ſcience preſque inconnue juſqu'alors. Cela ne ſe pouvoit pas faire tout-à-coup, & l'eſprit humain, ſemblable à un eſtomac foible que fatigueroit une nourriture trop ſolide, avoit beſoin d'être amené par degrés à des conſidérations d'un ordre plus relevé.

(*a*) On peut voir dans le Supplément de Bayle, par M. de la Chauffepié, un article très-curieux concernant Billingſley.

III.

Nous allons maintenant parcourir les diverses parties de l'Europe, & faire connoître les travaux & le mérite des principaux Géometres qui y fleurirent durant le XVIe siecle. Il est juste que nous commencions par l'Italie, qui a fourni à toutes ces autres contrées les premieres étincelles des Sciences & des Arts.

Tartalea. *Tartalea* (*Nicolo*), sans mériter un rang parmi les Géometres de la premiere classe, joua un rôle illustre parmi les Mathématiciens d'Italie. Nous le citerons comme un exemple remarquable de ces hommes qu'on voit de temps à autre se faire jour malgré les empêchemens les plus capables d'étouffer le génie. Il étoit de Brescia, mais d'une famille très-basse & très-pauvre, car son pere faisoit le métier de courrier, & ce pere qui soutenoit sa famille, étant mort, elle tomba dans une misere extrême. Pour surcroît de malheur, *Tartalea* étoit à Brescia lorsque les François revenant de Naples, la saccagerent. Il y reçut, quoique fort jeune, quantité de blessures dont plusieurs lui étant tombées sur la tête, le rendirent begue, ce qui lui fit donner dans la suite le nom de *Tartaglia*, ou *Tartalea*. La nature fut son seul Médecin, car il n'avoit pas dequoi payer le pansement de ses blessures : revenu cependant de ce funeste accident, le jeune *Tartalea* apprit à lire, je ne sçais comment; mais pour apprendre à écrire, il fut obligé de voler à un maître qu'il feignit de vouloir prendre, un modele des lettres de l'alphabet. C'est lui même qui nous apprend tout ceci dans son Livre des *Quæsiti è invenzioni diverse*; mais il ne nous conduit pas plus loin. Il est aisé de s'imaginer quelles difficultés il lui fallut surmonter pour parvenir aux connoissances qu'il sçut acquérir. Ces difficultés ne l'empêcherent pas de se faire un nom dans sa patrie; il professa les Mathématiques à Venise; il fut consideré, & même consulté par tous les amateurs de ces Sciences. Indépendamment de ses traductions d'*Archimede* & d'*Euclide*, on a de lui un grand ouvrage intitulé *de numeri è misure*, ouvrage fort bon pour son temps, & qui est une preuve de son intelligence dans les Mathématiques ordinaires. Une invention ingénieuse qu'on lui doit dans ce genre, est celle de mesurer l'aire d'un triangle par la connoissance des trois côtés sans rechercher la perpendiculaire. Il mania l'Algebre avec dextérité, & l'appliqua à quantité de problêmes Arithmétiques & Géométriques, proposés par ses envieux qui l'accablerent de défis. Je ferai ailleurs l'histoire de sa Formule pour la résolution des équations cubiques, & celle de quelques inventions ballistiques qu'on lui doit. *Tartalea* mourut en 1557. On lui a reproché d'être fort vain. Cela est un peu excusable dans un homme qui doit presque tout à lui seul.

Commandin (*Federic*), Médecin & Mathématicien de la ville d'Urbin, né en 1509, s'est rendu principalement recommandable par ses nombreuses traductions, qui respirent une parfaite intelligence dans la Géométrie, soit ordinaire, soit transcendante. A la vérité il ne fut pas aussi heureux dans les efforts qu'il fit pour aller au delà des Anciens; le seul ouvrage où il ait tenté d'être original, est son Traité des centres de gravité des solides, matiere à laquelle *Archimede* n'avoit point touché. Mais parmi les corps dans lesquels la position de ce centre ne se présente pas au premier coup d'œil, l'hémisphere & le conoïde parabolique sont les seuls où il put réussir. Il y avoit plus de difficulté à déterminer les centres de gravité des segmens de spheres & de sphéroïdes, & ceux des conoïdes hyperboliques: c'est ce que fit au commencement du XVIIe siecle *Lucas Valerius*, autre Géometre Italien très-ingénieux & très-habile, dont nous parlerons dans la suite. *Commandin* mourut en 1575. *Commandin.*

Maurolicus de Messine, mérite d'être regardé comme le premier des Géometres ses contemporains. Il fleurit au milieu du XVIe siecle; personne de son temps ne fut plus versé que lui dans la Géométrie transcendante. Il donna non seulement des éditions de divers Géometres anciens, mais il fit quelques découvertes dans la théorie des sections coniques. 1° Il travailla à rétablir le Ve Livre d'*Apollonius*, sur les indications de *Pappus*, qui apprenoit qu'il traitoit *de maximis & minimis*. Il en forma deux Livres, à la vérité, fort inférieurs à celui d'*Apollonius*, & à ceux de M. *Viviani*; ils n'ont paru qu'en 1654, par les soins, je pense, d'*Alphonse Borelli*, & *Viviani* en a donné un précis dans sa divination sur *Apollonius*. Mais ce qui fait principalement honneur à *Maurolicus*, c'est *Maurolicus.*

l'ingénieuse maniere dont il considere les sections coniques. Il les prend dans le cône même, & il montre par cette voie diverses propriétés de ces courbes, comme celles de leurs tangentes, des asymptotes de l'hyperbole, &c, avec une élégance ravissante pour les amateurs de la Géométrie ancienne. Aussi plusieurs Auteurs ont-ils adopté cette méthode, entr'autres M. *de la Hire* dans son grand & sçavant Traité des sections coniques, où il l'a beaucoup étendue. Si l'espace nous le permettoit, nous en donnerions volontiers une légere idée. L'esprit géométrique dont *Maurolicus* étoit plein, lui fit faire cette remarque utile en Gnomonique, que les traces de l'ombre du sommet d'un style sont toujours des sections coniques, dont la nature & l'espece varient suivant la position du plan où se projette cette ombre. (On suppose ici que le mouvement de déclinaison du Soleil dans le cours d'une journée ne soit pas sensible.) Cette remarque fournit d'ingénieuses solutions de divers problêmes Gnomoniques.

La Géométrie étoit cultivée en France dans le même temps, mais avec moins de succès qu'en Italie. On n'y voit guere que de la Géométrie fort élémentaire. Je dirai pourtant un mot de quelques-uns de nos Géometres François du milieu de ce siecle, plus connus par des anecdotes particulieres, que par des travaux remarquables ou des découvertes.

Le Pelletier. *Le Pelletier* du Mans, s'est acquis une sorte de célébrité par sa querelle avec le P. *Clavius* sur l'*Angle de contingence.* On nomme ainsi l'angle qui se forme, lorsqu'une ligne droite touche une courbe, comme l'angle entre la tangente du cercle & sa circonférence. *Clavius* prétendoit que cet angle étoit de nature hétérogene avec l'angle rectiligne, & il se fondoit sur ce que l'on démontre que le plus grand angle de contingence est moindre que le plus petit angle rectiligne; *Le Pelletier* vouloit que cet angle n'en fût point un véritable: toutes les raisons apportées de part & d'autre ont été rassemblées par *Clavius* dans son commentaire sur la proposition 28e du IIIe Livre d'*Euclide*, qui donne lieu à la question. Avant que de parler du fonds de la contestation, je remarquerai que cet angle de contingence a été le sujet de plusieurs querelles. Il y en eut une vers le milieu du siecle passé entre les PP. *Léotaud* & *Grégoire de S. Vincent*, Jésuites. A peine étoit-elle assoupie, qu'elle se renouvella

renouvella fort vivement entre le même P. *Léotaud*, & *Wallis* qui prit le parti de *Grégoire de S. Vincent* & de *Pelletier.* Il me semble que *Wallis* avoit raison. Il est nécessaire, suivant les principes de la nouvelle Géométrie, que la tangente se confondant avec le côté infiniment petit de la courbe, il n'y ait point d'angle en ce point; car deux lignes qui sont dans la même direction, ne forment aucun angle. Je n'ignore pas que M. *Newton* a démontré qu'il y a des angles de contingence infiniment plus grands les uns que les autres, & néanmoins tous moindres que le plus petit angle rectiligne. Mais cela ne me paroît pas incompatible avec ce que je viens de dire. La démonstration de M. *Newton* prouve seulement qu'il y a des genres de courbes, qui par leur nature ont ce petit côté commun à la courbe & à la tangente, de différens ordres d'infiniment petits. L'angle de contingence est d'autant plus grand, que ce côté est plus petit, & l'angle rectiligne le plus grand de tous, est celui dans lequel ce côté commun est absolument zero, qui est le dernier des infiniment petits.

Oronce Finée, homme assez célebre dans ce siecle, ne fut pas inutile au rétablissement des Mathématiques. On a de lui quelques ouvrages élémentaires; mais il eut le malheur de donner dans le ridicule de prétendre avoir trouvé la quadrature du cercle. Il ne se borna même pas-là, il crut aussi avoir résolu le problême des deux moyennes proportionnelles, celui de la trisection de l'angle & même de sa division en un nombre quelconque de parties égales. Il publia toutes ces prétendues découvertes dans un Livre pompeusement intitulé *de Rebus Mathematicis hactenùs desideratis*, qui n'est qu'un paralogisme perpétuel. Aussi fut-il réfuté vivement; & ce qu'il y eut d'humiliant pour lui, par un de ses disciples, *le P. Buteon*, depuis Général de l'Ordre de S. Antoine, qui a déployé beaucoup de sçavoir & d'intelligence géométrique dans divers ouvrages. *Nuñes*, plus connu sous le nom de *Nonius*, Géometre Portugais, très-habile, le démasqua aussi dans son Livre intitulé *de erratis Orontii.* Ainsi s'évanouit l'espérance de l'immortalité brillante dont *Oronce* s'étoit flatté. *Oronce Finée.*

Le fameux *Pierre Ramus*, mérite d'avoir place ici à cause de son zele pour les Mathématiques & la solide Philosophie. Doué d'un esprit plus judicieux que la plûpart de ses contemporains, il sentit que la Philosophie alors en usage dans les Colleges, n'étoit qu'un vain amas de mots. Il voulut la bannir, & pour inspirer l'amour de la vérité, introduire dans l'Université de Paris l'étude des Mathématiques. Mais ce zele lui attira bien des ennemis & bien des tracasseries; les choses allerent même au point qu'il fut obligé de faire l'apologie de sa conduite & celle des Mathématiques devant le Parlement; ce qui n'empêcha pas qu'*Aristote* ne fût conservé dans sa possession d'asservir les esprits. L'issue de sa querelle concernant cet ancien Philosophe avec les Péripatéticiens de l'Université, est un exemple mémorable de ce dont l'ignorance & la passion sont capables. L'affaire ayant été portée devant des Commissaires nommés par le Roi, *Ramus* fut condamné, chose peu surprenante; car ses juges étoient d'imbécilles Péripatéticiens, & par dessus cela ses ennemis. La sentence en faveur d'*Aristote* fut affichée à toutes les portes de l'Université; & *Ramus* eut à essuyer tout ce que la lie des Colleges ameutée contre lui par ses adversaires, put imaginer d'indignités (*a*). Mais revenons à notre sujet. On a de *Ramus* un ouvrage intitulé *Proœmium Mathematicum*, qui est un éloge des Mathématiques. Il donna aussi de nouveaux élémens d'Arithmétique & de Géométrie, dans un ordre différent de celui d'*Euclide* qu'il désapprouvoit, mais ils n'ont pas eu l'accueil des Géometres. Il fonda une chaire de Mathématiques dans le College *Gervais*, qui fut long-temps occupée le siecle passé par *Roberval*, & qui vient d'être éteinte. Un des statuts étoit qu'elle reviendroit tous les trois ans au concours. L'exemple de *Ramus* fut imité par M. de *Candalle*, Archevêque de Bordeaux. Ce Prélat Géometre fonda dans cette ville une chaire de Mathématiques, & comme il s'étoit beaucoup adonné à la théorie des corps réguliers, il mit une condition particuliere au concours; c'est qu'on ne pourroit obtenir cette chaire, qu'autant qu'on auroit trouvé quelque chose de nouveau sur ces corps. Cette loi étoit en vigueur au commencement de ce siecle: car l'Académie Royale des Sciences fut prise pour juge d'un procès élevé à ce sujet entre deux concurrens (*b*). On doit à M. de *Candalle* quelques éditions d'*Euclide*, augmentées de trois Livres sur les corps réguliers, &

(*a*) Dict. de Bayle.
(*b*) Hist. de l'Acad. 1703.

sur certains autres qu'il nomme régulièrement irrégulier. Ces derniers qui avoient beaucoup occupé *Barbaro*, Patriarche d'Aquilée, méritoient peu l'attention sérieuse des Géometres.

Le célebre M. *Viete* fleurissoit vers la fin du même siecle. Ce fut un homme d'un mérite bien supérieur à ses autres compatriotes que nous venons de faire connoître. L'analyse algébrique lui doit plusieurs découvertes que nous remettrons à exposer vers la fin de ce Livre. Il ne possédoit pas moins toutes les finesses de la Géométrie ancienne. Un problême assez difficile, qu'il avoit proposé aux Mathématiciens, lui donna lieu de restituer un ouvrage d'*Apollonius* qui étoit perdu, sçavoir celui *de Tactionibus*. Nous en avons fait l'histoire en parlant des différens écrits de ce Géometre ancien, & nous y renvoyons. Il poussa le premier jusqu'à dix décimales le rapport approché de la circonférence du cercle au diametre : il détermina enfin par des formules analytiques, les rapports des sinus des arcs multiples ou sous-multiples ; & il construisit sur ce principe des Tables Trigonométriques (*a*). Le surplus de ses travaux, ou trouve place ailleurs, ou n'est pas assez remarquable pour s'attirer ici notre attention.

Les Pays-Bas nous offrent aussi quelques Géometres. Pierre *Metius*, pere de Jacques *Metius*, réputé l'inventeur du Télescope, & d'Adrien *Métius*, Mathématicien connu du commencement du XVIIe siecle, est Auteur du rapport approché qui fait le diametre à la circonférence, comme 113 à 355 (*b*). Ce rapport est très-heureusement trouvé : car réduit en fraction décimale, il s'accorde avec la vérité jusqu'au sixieme chiffre inclusivement, c'est-à-dire, qu'il donne la vraie grandeur de la circonférence, à moins d'une 100000 près. Ce fut la prétendue quadrature d'un certain *Simon à quercu* (*Van-eick*), qui donna lieu à cette découverte. *Adrianus Romanus*, Géometre fort estimé de son temps, quoiqu'on n'ait pas de lui des ouvrages bien remarquables, poussa jusqu'à dix-sept décimales le rapport approché du diametre du cercle à la circonférence. *P. Metius.*

Ludolph Van-Ceulen son compatriote, fit plus : il donna ce rapport exprimé en trente-cinq chiffres : le diametre étant *Ludolph Ceulen.*

(*a*) *Canon Mathem.* 1579.
(*b*) *Adriani Metii, Geom. Pract.* p. 1, c. 10.

l'unité suivie de trente-cinq zero, il montra (*a*) que la circonférence étoit plus grande que 3, 14159, 26535, 89793, 23846, 26433, 83279, 50288, & moindre que ce même nombre augmenté d'une unité seule. Ainsi l'erreur est moindre qu'une fraction dont l'unité seroit le numérateur, & le dénominateur un nombre de trente-cinq chiffres. L'imagination est effrayée lorsqu'elle tente de se représenter l'extrême petitesse de cette fraction. *Ludolph* désira, à l'exemple d'*Archimede* (*b*), que ces nombres fussent gravés sur son tombeau, & on dit que cela a été exécuté. On a de lui divers ouvrages, sçavoir, *Fundamenta Arithmeticæ ac Geometriæ, de circulo & adscriptis, Zetemata* (ou *problemata*) *Geometrica*, qui, de même que la plûpart des écrits de *Romanus*, ne se trouvent point, ou rarement dans ces pays-ci. On sçait de plus de *Ludolph*, que c'étoit un habile Analiste, & qu'il manioit l'Algebre avec beaucoup de dextérité. *Simon Stevin* de Bruges, maître de Mathématique & Ingénieur du Prince d'Orange, étoit habile en Géométrie: mais ce fut principalement en Méchanique qu'il fit des découvertes que nous exposerons dans leur lieu.

Nonius. L'Espagne & le Portugal ne fournissent à notre Histoire que deux Géometres. L'un est *Nonius*, ou dans sa langue, *Nuñez*. Il déploya beaucoup de zele pour faire fleurir dans sa patrie les Mathématiques. On a un essai de sa sagacité dans la solution du problême du moindre crépuscule (*c*), problême que M. *Jacques Bernoulli* avoue lui avoir échappé pendant plusieurs années. *Nonius* le résolut, quoique d'une maniere moins élégante que M. *Bernoulli*, mais il est tel que quelle que soit sa solution, elle doit lui faire beaucoup d'honneur. Ce Mathématicien s'est encore rendu recommendable par l'ingénieuse invention connue sous le nom de division de *Nonius* (*d*). Elle sert dans les instrumens à trouver les subdivisions des divisions principales, lorsque celles-ci sont trop petites pour en admettre d'autres. Ainsi par la division de *Nonius*, dans un instrument divisé seulement en quarts de degré, on peut prendre jusqu'aux minutes. Cette division a été surtout appliquée en Astronomie aux grands quarts de cercle immobiles, & où par conséquent on ne peut se servir

(*a*) *De Circulo & Adscript.*
(*b*) Willeb. Snel. *Cyclom.* p. 55.
(*c*) *de Crepusculis.*
(*d*) *Ibid. prop.* 31.

du fil à plomb, que pour les rectifier, & non comme dans les quarts de cercle ordinaires, pour indiquer les divisions du limbe. On l'a aussi fort utilement employée dans les nouveaux instrumens inventés ces dernieres années, pour prendre hauteur en mer. On a de *Nonius* plusieurs ouvrages estimables. Il est encore un des premiers qui aient défriché la Théorie des Loxodromies dont nous parlerons ailleurs. *Nonius* mourut en 1577 à Conimbre, où il étoit Professeur de Mathématiques. *Jean de Royas* étala aussi de l'habileté en Géométrie dans son nouveau planisphere; c'est une projection de la sphere sur un plan qui a retenu son nom, & qui a des avantages par dessus celle de *Ptolemée*. Mais ce n'est point ici le lieu de nous étendre sur ce sujet.

L'Angleterre si fertile en Géometres du premier ordre, depuis un siecle & demi, ne me paroît pas l'avoir été autant dans le XVIe siecle. Nous y trouvons bien divers Ecrivains qui travaillerent utilement à faire connoître les travaux des Anciens, & dont nous avons déja parlé. Mais ceux qui entreprirent d'être originaux, prirent un essor peu élevé; c'est le jugement que nous portons de *Robert Record*, de *Léonard* & *Thomas Digges*, sur les titres de leurs Ouvrages. *Edward Wright* mérite néanmoins d'être distingué des autres, à cause de son invention des Cartes de navigation réduites. Son Livre intitulé *errores in navigatione*, contient dans certains endroits une Géométrie fine & délicate.

Nous ne trouvons aucune part des Géometres en plus grand nombre qu'en Allemagne. Ils ne s'éleverent pas, à la vérité, à une Géométrie fort transcendante: la plûpart s'adonnerent à des travaux plus utiles que brillans, & qui demandent plus de flegme & de patience que de génie. Nous en rendrons compte après avoir parlé d'un Géometre de cette Nation peu connu, & qui méritoit de l'être d'avantage.

Ce Géometre est *Jean Werner* de Nuremberg, qui fleurissoit au commencement du XVIe siecle. Il mérite de grandes louanges, pour s'être élevé à une Géométrie beaucoup plus sublime que ne le comportoit son temps. Car outre un abrégé des sections coniques qu'il composa, il possédoit très-bien l'analyse ancienne, & il en donna un essai ingénieux dans une nouvelle solution d'un problême solide proposé par *Archimede*, & qui avoit occupé quelques Géometres de l'antiquité, *Werner.*

comme *Dioclès* & *Dionysiodore* (a) ; c'est celui où il s'agit de diviser une sphere par un plan en raison donnée. La solution de *Werner* a, à la vérité, le défaut ordinaire à celles des Anciens, sçavoir, d'employer deux sections coniques, tandis qu'une seule avec un cercle peut suffire. Mais ce défaut est bien pardonnable à un Géometre du commencement du XVIe siecle. *Werner* avoit entrepris de rétablir un des Traités Analytiques d'*Apollonius*, sçavoir celui *de sectione rationis*. On le reconnoît facilement à ce titre de son écrit, *Tractatus Analyticus, Euclidis datorum pedisequus* (b). C'est en effet immédiatement après les donnés d'*Euclide*, que vient le Traité ci-dessus d'*Apollonius*, dans l'énumération que fait *Pappus* des ouvrages Analytiques des Anciens. La Trigonométrie & les autres parties des Mathématiques durent aussi à *Werner* divers ouvrages, de sorte qu'on peut dire qu'il ne fût pas un de ceux qui contribuerent le moins efficacement à en répandre le goût. *Werner* étoit né en 1468, & mourut en 1528.

Les autres Géometres Allemands dont je vais parler, n'eurent pas pour objet une Théorie si sublime. L'Astronomie, en quelque sorte naturalisée en Allemagne par la succession des *Purbach*, des *Regiomontanus*, des *Walther*, des *Copernic*, &c, tourna les vues de la plûpart du côté des recherches utiles à cette Science. *Werner*, dont nous venons de parler, avoit écrit cinq Livres sur les triangles, mais qui n'ont pas été publiés. L'ouvrage de *Regiomontanus* sur le même sujet, ayant été mis au jour en 1533, & ne restant en quelque sorte plus rien à faire en ce qui concerne la théorie de la Trigonométrie, divers Astronomes Géometres se proposerent pour objet la perfection des Tables. *Rheticus* entreprit d'en calculer de nouvelles plus exactes que toutes celles qu'on avoit encore. Pour cela il supposa le sinus total exprimé par l'unité suivie de quinze zero, & sur ce fondement il calcula les sinus, tangentes & sécantes pour tous les arcs croissans de minute en minute jusqu'au quart de cercle, & même de dix en dix secondes pour les premier & dernier degré. *Rheticus* prévenu par la mort, ne publia pas son ouvrage : nous le devons à un de ses disciples nommé *Valentin Othon*, qui l'acheva, & le donna en 1594.

(a) *Comm. in Dionysiod. problema, unà elem. conicis ; comment. in dupl. cubi ; de motu octavæ. sph.* 1522, *in*-4°. *Norimb.*

(b) Doppelmayer, *de Math. Norimb.*

Cet ouvrage eſt d'une grande utilité pour vérifier les tables ordinaires. Il eſt à propos de remarquer que c'eſt à ce Mathématicien que nous devons l'uſage des ſécantes en Trigonométrie.

Juſte Byrge, obſervateur & conſtructeur des Inſtrumens Aſtronomiques du célebre Landgrave de Heſſe, calcula des Tables de ſinus de deux en deux ſecondes. *Kepler* lui fait honneur de la premiere idée des logarithmes (*a*). Ceci ne doit cependant faire aucun tort à *Neper* qui en eſt avec raiſon réputé l'inventeur; car la découverte de *Byrge* n'a jamais vu le jour. *Kepler* nous le repréſente comme doué de beaucoup de génie, mais penſant ſi modeſtement de ſes inventions ou ſi indifférent pour elles, qu'il les laiſſoit enfouies dans la pouſſiere de ſon cabinet. C'eſt pour cela que quoiqu'il fût fort laborieux, il ne donna jamais rien au public par la voie de l'impreſſion. Je remarque en paſſant, ce qui intéreſſera peut-être quelques perſonnes, que *Byrge* eſt l'inventeur du compas de proportion, inſtrument fort connu de ceux qui pratiquent la Géométrie élémentaire. *Levinus Hulſius* le lui attribue dans un ouvrage imprimé en 1603, ſous le titre de *tractatus tres ad geodeſiam ſpectantes*. Un de ces Traités concerne le compas de proportion; on l'y voit à la tête, fait en forme de compas à groſſes branches applanies & quarrées, qui ſe terminent par deux pointes comme les compas ordinaires. C'eſt delà que lui eſt venu le nom de compas de proportion; car fait de cette maniere, il ſervoit en même temps de compas & de regles à exécuter diverſes opérations. Cet inſtrument a été dans la ſuite le ſujet d'une querelle entre *Galilée* & un certain *Balthazar Capra*, qui fut pouſſée vivement par divers écrits pendant pluſieurs années: on peut en voir les pieces dans le troiſieme Tome des Œuvres de *Galilée*. Cette invention ne méritoit pas, à notre avis, d'être revendiquée avec autant de chaleur qu'elle le fut par ce grand homme. Il n'y a pas de quoi illuſtrer un Mathématicien d'avoir eu l'idée de transporter ſur deux regles de cuivre mobiles angulairement, quelques échelles de parties égales, de polygones, &c.

(*a*) *Tab. Rudolph.* f. 11.

Le motif qui avoit porté *Byrge* à imaginer ses logarithmes, étoit sans doute l'embarras d'employer d'aussi grands nombres que ceux qui entrent dans la composition des Tables Trigonométriques. Quelques Géometres prirent une autre voie pour diminuer cet embarras; *Raimard Ursus Dithmarsus*, imagina pour cet effet une méthode ingénieuse. Il fit voir qu'une analogie quelconque entre des sinus étant proposée, on pouvoit trouver le quatrieme sans autre opération que l'addition & la soustraction. Il la publia en 1588, dans son *Fundamentum Astronomiæ.* Quoique cette invention ait perdu son mérite depuis celle des logarithmes, elle méritoit que nous en fissions quelque mention. Ceux qui seroient curieux de la connoître, la trouveront dans *Clavius*, qui l'a développée & perfectionnée en quelques points (*a*).

Je me borne à citer les noms de quelques autres Géometres Allemands, qui mériterent bien des Mathématiques dans ce siecle par divers travaux: tels furent *André Stiborius; Jean Schoner*, & *André Schoner* son fils; *Pierre Apianus* qui, outre ses écrits astronomiques, en composa plusieurs autres sur des sujets géométriques qui n'ont point vu le jour; *Gemma Frisius* inventeur de l'Anneau Astronomique, & suivant quelques-uns de l'instrument de Géométrie pratique, appellé la planchete; *Sébastien Munster* qui écrivit des Elémens de Géométrie, sous le titre de *Rudimenta Mathematica; Piticus*, Auteur d'une Trigonométrie imprimée en 1599, & assez bonne pour son temps; *Rheinold*, fils de l'Astronome qui appliqua particuliérement la Géométrie à l'art de se conduire dans les Mines: sa *Geometria Subterranea* lui fit un grand nom à cause de son utilité dans un pays où tant de gens s'occupent de cette sorte de travail. Je finis par *Clavius*, l'un des hommes de son siecle qui jouit de la plus grande célébrité. Ce fut, on ne peut en disconvenir, un des Mathématiciens qui montra le plus d'universalité & d'intelligence. Son Commentaire sur *Euclide*, son Traité sur l'Astrolabe, sa Gnomonique, &c. en sont des preuves. Je ne sçais cependant si cet Ecrivain mérite tout-à-fait l'idée extraordinaire qu'en avoit *Sixte V*, lorsqu'il disoit que *quand la Société de Jesus n'auroit produit*

(*a*) *De Astrolab.*

qu'un

qu'un homme tel que Clavius, elle seroit recommandable pour cela seul (*a*). Cette Société, qui a donné aux Lettres & aux Sciences tant d'hommes célebres, peut facilement citer des Géometres plus capables de lui faire honneur auprès de ceux qui mesurent le mérite des Auteurs, non par le nombre & la grosseur des volumes qu'ils ont enfantés, mais par l'excellence & la nouveauté des choses qu'on leur doit. Le P. *Guldin*, *Grégoire* de S. Vincent, le P. *Laloubere*, le P. *de Billi* & divers autres, ont sans doute donné des marques d'un génie fort supérieur à celui de *Clavius*.

IV.

Histoire de l'Algebre durant le XVI siecle.

L'idée d'obscurité est tellement attachée au nom d'*Algebre*, auprès de ceux qui ne sont point initiés dans les Mathématiques, que notre premier soin doit être de la dissiper, & de montrer clairement quelle est la nature de cet art dont les Mathématiciens se servent avec tant de succès. L'Algebre n'est que l'expression abrégée d'un raisonnement que tout esprit fin & conséquent feroit en termes plus longs & plus embarrassans à démêler. Nous allons faire sentir ceci par un exemple simple & à la portée de tout le monde. Transportons-nous dans les premiers temps des Mathématiques, où cet art étoit encore inconnu, & qu'on eût proposé à un Mathématicien intelligent cette question, *trouver un nombre tel qu'en lui ajoutant 10, la somme fasse autant que le double du même nombre diminué de 14.* Que se passeroit-il dans l'esprit de cet Arithméticien, lorsqu'à l'aide du raisonnement il chercheroit à déterminer ce nombre ? Sans doute il commenceroit à dire : Puisque le nombre inconnu avec 10, fait autant que le double du même nombre diminué de 14, donc ôtant de part & d'autre ce qu'on peut en ôter, sçavoir le nombre inconnu, les restans seront égaux, c'est-à-dire, que 10 sera égal au nombre inconnu diminué de 14. Si l'on ajoute maintenant de part & d'autre 14, on aura 10 augmenté de 14, ou 24 égal au nombre inconnu, puisqu'en ajoutant 14 à un nombre diminué d'autant, il en résulte ce nombre seul. On aura donc le nombre cherché égal à 24.

(*a*) Greg. Leti *dans la vie de Sixte V.*

Tout ce que nous venons d'exprimer par un discours de plusieurs lignes, cet Arithméticien l'exprimeroit en une, s'il se formoit des signes particuliers pour écrire en abrégé. Il pourroit, par exemple, nommer A le nombre inconnu qu'il cherche, ou bien le désigner par quelque autre signe. Pendant long-temps certains Algébristes l'ont fait par ℞ : d'autres, tels que ceux des Pays-Bas, jusqu'après le commencement du XVIIe siecle se sont servis de ce signe ⊙, pour la quantité cherchée, de celui-ci (2) pour son quarré, &c ; & ce n'est que depuis *Viete* que l'usage d'y employer des lettres de l'alphabet s'est introduit. Revenant donc à notre Arithméticien, il diroit après l'invention de ces nouveaux signes que A plus 10 seroit égal à 2A moins 14 : & suivant la trace du raisonnement que nous avons développé plus haut, il concluroit que 10 est égal à A moins 14, & enfin que 10 plus 14, ou 24, est égal à A.

Notre Algebre ne differe en aucune maniere de ce qu'on vient de voir : il y a seulement ceci de plus, que les Modernes affectant de mettre tout en signes, en ont imaginés pour désigner l'addition, la soustraction des grandeurs, & leur égalité. Les premiers Algébristes du XVIe siecle les indiquerent par les lettres initiales de *Plus*, *Moins*, *Egal* ; aujourd'hui nous le faisons par les signes +, —, =. Ainsi $A + 10 = 2A - 14$, ne veut rien dire de plus, sinon que le nombre A augmenté de 10 est égal à deux fois ce même nombre diminué de 14. En un mot toute expression algébrique n'est qu'un raisonnement exprimé en signes abrégés, raisonnement que l'Algébriste à qui cette langue est connue, voit & suit avec la même facilité que s'il étoit énoncé en termes ordinaires. Que dis-je, avec la même facilité ! La briéveté extrême de l'expression fait de ce raisonnement comme un tableau, dont la seule inspection le lui rend beaucoup plus clair. Il n'est pas rare à ceux qui lisent des Livres où les matieres sont traitées algébriquement, d'avoir de la peine à entendre l'énoncé d'une proposition un peu embarrassée, & de se servir de l'expression algébrique pour le concevoir. Ici l'Algebre loin d'être obscure, sert de truchement au langage ordinaire. Un autre avantage de l'Algebre, c'est le secours qu'elle prête pour démêler les rapports les plus compliqués. Tout ce qui est exprimé algébriquement, pourroit à la rigueur s'exprimer en termes communs : mais tandis que pour suivre le fil de certains rapports énoncés à la maniere ordinaire, il faudroit une contention dont aucun esprit humain ne seroit susceptible dans bien des cas, l'expression algébrique déchargeant l'esprit de cette contention, n'exige après les premiers pas qu'un méchanisme d'opérations semblables à celles du calcul, & qui conduit à coup sûr au résultat cherché. C'est cet avantage admirable, & qui pourroit faire nommer l'Algebre l'art du raisonnement réduit à un méchanisme certain, c'est, dis-je, cet avantage de l'Algebre sur le langage ordinaire, qui a procuré à la Géométrie l'essor rapide qu'elle a pris dans le siecle passé. Admirons-donc ici la ridicule ineptie de l'Auteur d'un écrit contre les Mathématiques, inséré dans un écrit périodique (*a*). « Quelle liaison, dit ce judicieux Auteur, « y a-t'il entre les choses elles-mêmes, & cet obscur grimoire « de lettres peut-être jettées au hazard ». *Spectatûm admissi risum teneatis amici.*

On a demandé, & c'est une question qui s'est faite bien souvent, si les Anciens connoissoient l'Algebre, j'entends ici par Anciens, les Géométres du temps des *Euclides*, des *Archimedes*, des *Apollonius*. Quelques raisons qu'aient fait valoir ceux qui l'ont pensé, elles ne prouvent rien, & sûrement l'Algebre n'étoit pas connue alors. Nous avons dans des Géometres du siecle passé, tels que *Viviani*, *Grégoire de S. Vincent*, &c. qui n'ont employé que les méthodes anciennes, des exemples de recherches plus difficiles encore que celles d'*Archimede* & d'*Apollonius*, & certainement ils ne s'y sont conduits qu'en partie à force de tête, en partie à l'aide de l'analyse dont nous avons parlé dans la premiere partie de cet ouvrage (*b*). La conjecture de ceux qui ont cru que les Anciens avoient affecté de cacher l'artifice par lequel ils étoient parvenus aux vérités qu'ils étalent dans leurs écrits, n'est qu'une conjecture de gens qui ne connoissoient guere l'histoire de la Géométrie.

L'Algebre fut connue aux Grecs dans le quatrieme siecle, après l'Ere Chrétienne; c'est au plus tard le temps où vivoit

(*a*) *Journ. Litt.* Septembre 1713, p. 188.
(*b*) *l. III.*

le célebre *Diophante*, Auteur des *Questions Arithmétiques*, dont quelques Livres nous sont parvenus. Nous avons déja dit, en rendant compte des travaux de cet Analiste, qu'il employa l'Algebre, & nous avons exposé la nature des questions dont il s'occupa. C'est pourquoi afin d'éviter des répétitions qui ne servent qu'à employer une place qui nous est précieuse, je renvoie à l'article qui concerne ce Mathématicien. Nous passons par la même raison rapidement sur ce qui concerne les progrès des Arabes dans cette Science, pour arriver au temps où elle fut transplantée dans nos contrées.

Il n'en fût pas de l'Algebre comme de l'Arithmétique des Arabes : cette derniere pénétra assez tôt parmi nous, ainsi qu'on l'a vu ; mais la connoissance de l'Algebre fut une nouveauté du commencement du XVe siecle. On s'accorde généralement à croire que ce fut *Léonard de Pise* qui la transplanta d'Arabie dans ces climats (*a*). Il écrivit même sur ce sujet un Traité qui n'a jamais vu le jour ; ses soins ne furent pas sans succès, car l'Algebre fut assez communément connue dans le XVe siecle, comme nous l'avons prouvé ailleurs (*b*).

Lucas de Burgo est le premier dont les préceptes sur l'Algebre aient subi l'impression. C'est dans sa *Summa de Arithmetica & Geometria*, imprimée la premiere fois en 1494, & de nouveau en 1523, qu'il les explique. Ils composent la plus grande partie de ce qu'il appelle l'*Arte Magiore*, & c'est delà qu'est venue la dénomination d'*Arte Magna, Ars Magna*, &c, que *Cardan* & d'autres ont donnée à l'Algebre. Le langage de cette science étoit alors bien différent de celui d'aprésent. La chose inconnue & qu'on cherche, on l'appelloit *la Cosa*; ce qui donna même pendant un temps à l'Algebre le nom d'*Arte della Cosa :* le quarré de la quantité cherchée se nommoit *censo*, terme Italien qui signifie *produit :* la troisieme puissance portoit le nom de *cubo*, comme parmi nous. Les autres étoient formées des premieres, à l'imitation des Arabes : ainsi la suite des puissances étoit 1 *la cosa*; 2 *il censo* ou *il zenzo* (le quarré); 3 *il cubo*; 4 *il censo di cenzo*; 5 *il primo supersolido*, &c. Cette dénomination varia dans la suite, &

(*a*) Voyez le Liv. préced. au comm.
(*b*) *Ibid.*

plusieurs Algébristes préférerent celle de *Diophante*, où les puissances supérieures sont les produits des inférieures. Aujourd'hui on ne leur donne guere des noms au delà du cube, & l'on se contente de les désigner par la 1re, la 2e, la 3e, la 4e, &c.

L'Algebre de *Lucas de Burgo* ne va pas au delà des équations du second degré. Les regles qu'il donne pour leurs résolutions, sont fondées sur le même principe que les nôtres, mais seulement énoncées autrement. Au lieu que nous ne donnons qu'une regle générale, quelle que soit la forme de l'équation, *Lucas de Burgo* donne pour chacune des trois formes, dont une équation du second degré est susceptible, une espece de regle particuliere, ou de canon qu'il a exprimé par un quatrain d'un Latin demi-barbare (*a*). Nous croyons devoir donner ces trois quatrains pour la curiosité; les voici.

1. *Si res & census numero coequantur, à rebus*
Dimidio sumpto, censum producere debes,
Addereque numero, cujus à radice totiens,
Tolle semis rerum, census latusque redibit.
2. *Et si cum rebus drachmæ quadrato pares sint,*
Adde, sicut primò, numerum producto quadrato
E rebus mediis, hujusque radice receptâ,
Si rebus mediis addes, census patefiet.
3. *At si cum numero radices census equabit,*
Drachmas à quadrato deme rei medietatis,
Hujus quod superit radicem adde traheve
A rebus mediis, sic census costa notescet.

Ces especes de vers rendus dans des termes familiers à nos Analistes, signifient ceci; 1° si l'on a $x^2 + mx = aa$, il faut prendre la moitié du coefficient m du second terme, ou des choses, en faire le quarré, & l'ajouter à l'absolu ou aa, ensuite ayant tiré la racine de cette somme, en ôter la moitié du coefficient m; le restant sera, disoient les Algébristes de ce temps, la valeur cherchée; 2° si l'on a $x^2 - mx = aa$, le quarré de la moitié du coefficient du second terme étant ajouté à l'absolu & la racine extraite, il faut ajouter à cette racine la

(*a*) *Dist.* 8*a. t.* 5.

moitié du coefficient, & la valeur de x sera cette somme ; 3° lorsqu'on a $a\,x^2 - mx = -aa$, ôtant aa du quarré du demi-coefficient du second terme, & tirant la racine si elle est possible, il faut lui ajouter le demi-coefficient du second terme, ou l'en ôter, & l'une ou l'autre, la somme ou la différence, sera la valeur cherchée.

On voit suffisamment par ces regles, que *Lucas de Burgo* & les Analistes de son temps ne connoissoient point l'usage des racines négatives; car c'est la seule raison pour laquelle dans le premier & le second cas, ils n'avoient aucun égard aux racines $x = -m - \frac{m}{2}\sqrt{\frac{1}{4}m^2 + aa}$, $x + = \frac{1}{2}m - \sqrt{\frac{1}{4}m^2 + aa}$. C'est aussi la raison pour laquelle ils ne considéroient en aucune maniere le cas $x^2 + mx = -aa$, où les deux racines sont négatives. On n'avoit point encore fait des réflexions assez profondes sur la nature de ces sortes de quantités. La Géométrie manquoit surtout de cet esprit de Métaphysique & d'Analogie, auquel elle doit une grande partie de ses progrès : il auroit appris qu'une quantité prise négativement, n'est qu'une quantité prise en sens contraire de ce qu'il faudroit faire si elle étoit positive. Si l'on proposoit de trouver combien il faudroit avancer vers l'Orient pour satisfaire à certaines conditions, & que la solution donnât une quantité négative, ce seroit un indice qu'au lieu d'avancer dans le sens qu'on s'étoit proposé, il faudroit le faire en sens contraire, c'est-à-dire, reculer de cette quantité. Lorsqu'on rencontre à la fois une quantité positive & une négative, comme il arrive souvent dans les équations du second degré, c'est un indice que le problême est résoluble de deux manieres ; l'une, en prenant la quantité trouvée dans le sens qu'on avoit d'abord entendu, & l'autre, en la prenant dans le sens contraire. Bien loin que l'analyse fournisse ici des superfluités, comme se l'imaginerent probablement ces premiers Algébristes, elle ne donne que tout ce qu'elle doit donner pour la solution complete du problême.

V.

Il étoit naturel que l'Italie où l'Algebre avoit d'abord pris racine en arrivant dans ces contrées, fût la premiere à lui procurer quelque accroissement. C'est aussi à des Italiens que l'analyse algébrique doit tous les progrès qu'elle fit durant une grande partie du seizieme siecle. Ils l'enrichirent de la résolution des équations du 3e & du 4e degré, & de quelques autres remarques analytiques dont nous allons faire l'histoire (*a*).

Un Mathématicien Boulonois nommé Scipion *Ferreo*, trouva le premier, suivant *Cardan* (*b*), un cas particulier des équations cubiques : c'étoit celui que nous exprimerions ainsi, $x^3 + px = q$; & qu'on appelloit alors, *capitolo, de cose è cubo eguali à numero*. Ce Mathématicien cacha soigneusement son secret, & n'en fit part qu'à un certain *Maria Antonio del Fiore*, ou *Florido* son disciple. Celui-ci fier de la possession de cette méthode, eut quelques prises avec *Tartalea*, & crut pouvoir l'humilier en lui proposant des problêmes dont il ne pourroit se tirer, faute de sçavoir résoudre les équations cubiques. Ces bravades de *Florido* animerent *Tartalea* à rechercher la résolution de ces équations; & après y avoir long-tems & profondément rêvé, il y réussit, & il trouva non seulement le cas de *Florido*, mais encore les autres. Alors sûr de son coup, il accepta le défi que celui-ci lui avoit fait, de se proposer mutuellement trente problêmes, à condition que celui qui en auroit résolu le plus grand nombre après un tems déterminé, gagneroit le pari qui consistoit en un repas par problême. Ce que *Tartalea* avoit prévu arriva. *Florido* persuadé que la résolution des équations cubiques étoit un secret que son adversaire ne devineroit pas, lui proposa des problêmes qui, dépendoient tous de ce cas trouvé par *Ferreo*. Mais il se trompa : *Tartalea* résolut tous ses problêmes en peu d'heures. *Florido* fut couvert de confusion, & d'autant plus qu'il ne résolut lui-même aucun de ceux qui lui avoient été proposés.

Tartalea, soit pour célebrer sa découverte, soit pour rendre son procédé plus aisé à retenir, l'exposa en vers Italiens (*c*), qui, quoique fort mauvais, piqueront peut-être la curiosité. Ils

(*a*) On lit dans un Mémoire de M. l'Abbé du Gua, inséré parmi ceux de l'Académie de l'année 1751, une histoire des principales découvertes dont nous allons nous occuper. Quelque bien fait que soit ce morceau, nous croyons y avoir ajouté quelques particularités intéressantes.

(*b*) *Dell' arte magna.*

(*c*) *Quesiti ed invenz. diverse.*

sont au nombre de vingt-quatre, partagés en trois strophes, dont nous nous contenterons de donner la premiere, qui contient la solution du cas $x^3+px=q$.

Quando che il cubo con le cose appresso,
S'agguaglia a qualche numero discreto,
Trovami due altri differenti in esso,
Dapoi terrai questo per consueto
Ch'il lor producto sempre si eguale
Al terzo cubo delle cose netto;
El residuo poi tuo generale
Delli lor lati cubi ben sottratto
Verrà la tua cosa principale.

Je ne doute pas que la plûpart des lecteurs ne trouvent que ces vers ont fort besoin d'explication, & même de commentaire; voici donc ce qu'ils signifient. Quand le cube avec les choses, est égal à un nombre, c'est-à-dire, quand (suivant notre langage), on a $x^3+px=q$, il faut trouver deux nombres (z, y) dont la différence soit q, & dont le produit (zy) soit égal au cube du tiers du coefficient des choses $(\frac{1}{27}p^3)$. Cela fait, trouvez les valeurs de y & de z; (ce qui est facile: car par la premiere équation on a $z-q=y$, & $q+y=z$: par conséquent $zz-qz=\frac{1}{27}p^3$, & $yy+qy=\frac{1}{27}p^3$, dont les racines prises à la maniere de ce tems, c'est-à-dire, n'ayant égard qu'aux positives, donnent $z=\frac{1}{2}q+\sqrt{(\frac{1}{4}qq+\frac{1}{27}p^3)}$, & $y=\sqrt{(\frac{1}{4}qq+\frac{1}{27}p^3)}-\frac{1}{2}q$. Il faut prendre ensuite leurs racines cubes, & soustraire la moindre de la plus grande, & l'on aura la valeur de la chose, ou x, qui sera conséquemment $=\sqrt[3]{[\frac{1}{2}q+\sqrt{(\frac{1}{4}qq+\frac{1}{27}p^3)}]}-\sqrt[3]{[\sqrt{(\frac{1}{4}qq+\frac{1}{27}p^3)}-\frac{1}{2}q]}$, ou bien, ce qui est la même chose, $\sqrt[3]{[\frac{1}{2}q+\sqrt{(\frac{1}{4}qq+\frac{1}{27}p^3)}]}+\sqrt[3]{[\frac{1}{2}q-\sqrt{(\frac{1}{4}qq+\frac{1}{27}p^3)}]}$.

Au reste *Tartalea* prétendoit faire de sa découverte le même usage que *Ferreo* & *Florido*. Content d'être par-là en état de résoudre des questions inaccessibles aux autres Analistes, il vouloit la réserver pour lui. Il ne consentit qu'avec beaucoup de de peine à la communiquer à *Cardan* ; & ce ne fut qu'après avoir exigé son serment qu'il ne la publieroit point, & même qu'il ne la garderoit qu'écrite en chiffres, afin qu'elle ne tombât entre les mains de personne. *Cardan* promit tout à *Tartalea* : mais ses promesses ne l'empêcherent pas de la publier dans son Algebre, ou Traité *de Arte Magnâ*, imprimé en 1545. Comme cet ouvrage est le premier où aient paru les formules de solution des équations du troisieme degré, elles en ont retenu le nom de *Cardan*. Il seroit cependant bien plus équitable de les appeller les formules de *Tartalea*, puisque c'est à lui qu'on en a la premiere obligation. Mais revenons à notre récit. *Tartalea* se voyant joué, s'en plaignit amérement & cria au parjure. *Cardan*, sans beaucoup s'émouvoir, lui répondit qu'il avoit fait à sa découverte des additions qui la lui rendoient comme propre, qu'il en avoit trouvé les démonstrations, & que par ces raisons il pouvoit en user comme d'une chose qui lui appartenoit. Il fit plus, il jetta quelques soupçons sur le droit que *Tartalea* pouvoit avoir à cette découverte. Ce fut ce qui le piqua par dessus toutes choses, & qui redoubla la vivacité de la querelle qui régnoit déja entr'eux. *Tartalea* s'y échauffa tellement, que *Nonius* (*Nuñez*) parlant de lui, dit qu'il sembloit en avoir perdu l'esprit. Les problêmes furent lancés avec vivacité de part & d'autre, & la guerre ne finit que par la mort de *Tartalea*, qui arriva en 1557.

Ce n'étoit pas sans quelque raison que *Cardan* prétendoit avoir fait aux regles de *Tartalea*, des additions qui lui donnoient une sorte de droit à leur découverte. Il traite en effet dans son *Ars Magna*, toute cette matiere avec beaucoup d'étendue. Il en parcourt tous les cas, & quoique *Tartalea* ne lui eût communiqué que la résolution de ceux où manquoit le second terme, il donne des regles pour ceux où tous les termes se trouvent, aussi bien que pour les autres où manque seulement le troisieme. Il est bien vrai que de la maniere dont nous résolvons aujourd'hui les équations, tous ces derniers cas se réduisent aux premiers enseignés par *Tartalea* ; mais dans le temps de *Cardan* cette liaison n'étoit pas apperçue aussi distinctement, & il falloit de l'adresse & de l'habileté pour passer de l'un à l'autre. Chaque cas enfin, ou chaque

Capitolo, comme on les nommoit alors, avoit sa regle particuliere, & c'est sous cette forme qu'ont été exposées les regles de solution pour le troisieme degré jusqu'à *Viete*.

On doit à *Cardan* la remarque de la limitation d'un cas des équations cubiques, où il arrive que l'extraction de la racine quarrée qui entre dans la formule, n'est pas possible. C'est ce que nous appellons le *cas irréductible*, dont la difficulté a donné & donne encore la torture aux Analistes; il n'a pas lieu dans le premier cas qu'on a développé plus haut; mais seulement dans les deux autres, & cela arrive lorsque $\frac{1}{27}p^3$ ou le cube du tiers du coefficient qui affecte l'inconnue au premier degré, surpasse le quarré de la moitié de l'absolu, ou $\frac{1}{4}qq$. Car dans l'un de ces derniers cas, par exemple, dans celui où on a $x^3 - px = q$, la valeur de x est $\sqrt[3]{\frac{1}{2}q + \sqrt{\frac{1}{4}qq - \frac{1}{27}p^3}} + \sqrt[3]{\frac{1}{2}q - \sqrt{\frac{1}{4}qq - \frac{1}{27}p^3}}$. Or il est visible que si $\frac{1}{27}p^3$ est plus grand que $\frac{1}{4}qq$, la quantité $\sqrt{\frac{1}{4}qq - \frac{1}{27}p^3}$ est imaginaire Le troisieme cas $x^3 = px - q$ est sujet à la même difficulté, & par la même raison. La remarque au reste en étoit bien facile; & il est surprenant que lorsque *Cardan* la communiqua à *Tartalea*, celui-ci l'ait pu regarder comme une chicane par laquelle il cherchoit à trouver ses regles en défaut. Il étoit bien plus difficile de déterminer en ce cas, si la valeur de l'inconnue étoit possible, ainsi déguisée sous une forme imaginaire qui, dans les équations du second degré, désigne une impossibilité absolue; & l'on ne doit pas s'étonner que *Cardan* ait hésité ici. Il remarqua cependant des équations cubiques qui menoient au cas irréductible, & dont il ne laissoit pas de trouver la solution par des voies particulieres, celle de *Tartalea* ne pouvant l'y conduire. Incertain il n'osa prononcer sur les autres. Mais depuis lui on a remarqué, & qui plus est, démontré que le cas irréductible non seulement ne désigne point une impossibilité dans l'équation, mais qu'il ne peut avoir lieu que lorsqu'elle est possible du plus grand nombre de manieres.

Cardan est encore le premier qui ait apperçu la multiplicité des valeurs de l'inconnue dans les équations, & leur distinction en positives & négatives. Cette découverte qui, avec une autre de

Viete, eſt le fondement de toutes celles d'*Harriot* & de *Deſcartes* ſur l'analyſe des équations, cette découverte, dis-je, eſt clairement contenue dans ſon *Ars Magna*. Dès l'article 3e il obſerve que la racine d'un quarré eſt également plus ou moins le côté de ce quarré, & dans l'article 7 il propoſe une équation qui, réduite à notre langage, ſeroit $x^2 + 4x = 21$, & il y remarque fort bien que la valeur de x, eſt également $+ 3$ ou $- 7$, & qu'en changeant le ſigne du ſecond terme, elle devient $- 3$ ou $+ 7$. Ces racines négatives, il les nomme feintes. *Cardan* redreſſa en cela l'erreur de *Paccioli*, qui n'ayant fait aucune mention de ces racines négatives, ſemble ne les avoir pas remarquées.

Ce que dit *Cardan* ſur la multiplicité des racines des équations, ne ſe borne pas aux équations quarrées. Il montre auſſi que les cubiques ſont ſuſceptibles de trois ſolutions différentes, & il en donne des exemples dans les articles 5 & 6. Il obſerve d'abord fort bien que dans toutes les équations de dénominations impaires non affectées, comme $x^3 = \pm a^3$; $x^5 = \pm a^5$, il n'y a qu'une ſeule valeur réelle, & que toutes les autres ſont imaginaires. Delà paſſant aux équations cubiques dont le ſecond terme eſt évanoui, il propoſe l'équation $x^3 + 9 = 12x$, & il dit que x y a trois valeurs, deux poſitives, ſçavoir 3 & $\sqrt{5\frac{1}{4}} - 1\frac{1}{2}$, & la troiſieme feinte ou négative, égale aux deux premieres enſemble, $-\sqrt{5\frac{1}{4}} - 1\frac{1}{2}$. Les mêmes valeurs ſont, ſelon lui, celles de l'équation $x^3 - 12x = 9$, à cela près, que celles qui étoient poſitives dans la précédente, ſont feintes dans celle-ci, & au contraire.

Obſervons cependant, pour ne pas trop accorder à *Cardan*, que ſa découverte n'eſt pas parfaitement développée : outre qu'il ne dit rien ſur l'uſage de ces racines négatives, qu'il regarda probablement comme inutiles, il ſe trompe à l'égard des équations qui ont pluſieurs racines égales & affectées du même ſigne. Ainſi dans l'équation cubique $x^3 - 12x = 16$, dont les racines ſont -2, -2, & $+4$, il n'en compte que deux, -2 & $+4$, & dans celle-ci $x^3 - 16 = 12x$, il ne compte que 2 & -4 ; ce qu'il fait dans d'autres cas d'équations plus relevées, où la même choſe arrive. Cette erreur au reste étoit fort excusable dans un temps où l'on n'appliquoit l'Algebre qu'à la résolution des problêmes numériques. Car supposons un problême de ce genre, qui eût conduit à la derniere des équations ci-dessus, que pouvoit faire un Analiste qui auroit remarqué qu'elle donnoit 2 deux fois, & — 4, il ne pouvoit regarder ces deux solutions que comme la même, sans les distinguer l'une de l'autre. La simple arithmétique ne fournit aucune lumiere sur ce sujet, & c'est la seule application de l'Algebre à la Théorie des courbes, qui a pu apprendre à faire la distinction dont nous parlons.

La résolution des équations du quatrieme degré ne tarda pas à suivre celle des équations du troisieme. Elle fut l'ouvrage d'un disciple de *Cardan*, nommé *Louis Ferrari* de Boulogne (*a*); voici quelle en fut l'occasion. Une espece d'avanturier nommé *Jean Colla*, qui est souvent cité dans les *quesiti è invenzioni* de *Tartalea*, &qui prenoit plaisir à embarrasser les Mathématiciens par des propositions captieuses, avoit proposé un problême qui les divisoit (*b*). Il s'agissoit de trouver trois nombres continuellement proportionnels, dont la somme fut 10, & le produit du second par le premier fût 6. Ce problême analysé, suivant les voies ordinaires, conduisoit à une équation de cette forme, $x^4 + 6x^2 + 36 = 60x$. Quelques-uns croyoient le problême impossible à résoudre. *Cardan* ne désesperoit cependant pas de sa solution, & invita fortement à y travailler, *Louis Ferrari* jeune homme plein de génie, & qui promettoit beaucoup. *Ferrari* se rendit aux instances de *Cardan*, & trouva une ingénieuse solution de ces équations : elle consiste à ajouter à chaque membre de l'équation arrangée d'une certaine maniere, des quantités quadratiques & simples, qui soient telles que l'extraction de la racine quarrée de chacun soit possible (*c*). Mais pour parparvenir à la détermination de ces grandeurs à ajouter, il

(*a*) Quelques Auteurs se sont mépris en l'appellant Louis de Ferrare, *Lud. Ferrariensis* ; Bombelli qui étoit Boulonois, le nomme *Ludovico Ferrario Cittadino nostro*.

(*b*) *Card. de Arte Magnâ.*

(*c*) Soit 1° l'équation $x^4 + 6x^2 + 36 = 60x$, ou $x^4 = -6x^2 + 60x - 36$. Il faut ajouter de part & d'autre des nx^2 & n^2, tels que l'extraction puisse se faire ; or on voit d'abord qu'en ajoutant au premier membre $2nx^2 + n^2$, on aura $x^4 + 2nx^2 + n^2$ dont la racine sera $x^2 + n$; & les mêmes grandeurs ajoutées de l'autre côté, en feront $\overline{2n - 6x^2 + 60x + n^2 - 36}$ qui doit être un

faut résoudre une équation du troisieme degré. C'est en cela seul que la solution de *Ferrari* ressemble à celle que *Descartes* a donnée : du reste son principe est totalement différend. C'est donc à tort que M. *Wallis*, dans son Traité d'Algebre historique & pratique, a dit qu'il ne trouvoit pas que *Ferrari* eût fait aucune découverte dans l'Analyse. Si cet écrivain eût fait des recherches plus grandes sur l'Histoire qu'il prétendoit écrire, (& n'aurions-nous pas droit d'exiger qu'il les eût faites,) il auroit trouvé dans l'Algebre de *Cardan* ce que nous venons de raconter : *Bombelli* lui auroit aussi appris ce que l'Algebre devoit à *Ferrari*. Mais cette inexactitude de *Wallis* ne doit pas nous surprendre : il n'y a personne qui, après avoir lu sa prétendue Histoire, ne voie clairement que son objet a été bien moins d'en faire une, que d'élever son *Harriot* au dessus & aux dépens de tous les Analistes Etrangers.

Avant que de sortir de l'Italie, nous avons encore à parler de *Raphael Bombelli*, qui fit des découvertes utiles en analyse, & dont l'Algebre parut en 1589. Il développa d'abord dans cet ouvrage, d'une maniere plus claire, ce que *Cardan* avoit dit sur les équations du 3e & du 4e degré. A l'égard de ces dernieres, il ne fit que suivre la méthode de *Ferrari*. M. *Wallis* montre encore ici qu'il n'avoit lu *Bombelli* qu'avec beaucoup d'inattention : il tombe même à son égard dans une double faute, 1° en lui faisant honneur de la résolution des équations du 4e degré, que *Bombelli* attribue expressément à *Ferrari* ; 2° en disant que la méthode de *Bombelli* est la même que celle de *Descartes* (*a*). Cela est entiérement faux, & il falloit être aveuglé comme l'étoit *Wallis*, par l'envie de déprimer le Géometre François, pour tomber dans une pareille inexactitude. *Bombelli* ne divise point,

quarré parfait. Or cela arrivera si le produit de $2n - 6$ par $n^2 - 36$, est égal au quarré de 30. (cela se voit par la considération de ce quarré $a^2x^2 + 2abx + bb$, où a^2bb est le quarré de la moitié du coefficient du second terme). Mais cela donnera l'équation $n^3 - 3n^2 + 36n = 342$. Or n étant trouvé, on aura les complémens qu'il faut ajouter aux membres de l'équation proposée pour la résoudre. Si l'on a $x^4 = 12x + 5$, en appliquant de part & d'autre $2nx + n^2$, on aura le premier membre quarré, & le second le sera en faisant $2n \times n^2 + 5 = 36$; c'est-à-dire $n^3 + 5n = 18$, ce qui donne n égal à 2. le reste n'a plus aucune difficulté.

(*a*) *Tract. hist. & pr. de Alg.* p. 228 & 229, éd. 1699.

comme fait *Descartes*, une équation biquadratique, aux deux du second degré qui la produisent par leur multiplication mutuelle: il n'y en a pas la moindre trace même dans la page 353 que cite *Wallis*. Le principe de la solution de *Bombelli*, ou plutôt de *Ferrari*, est bien différent, comme on peut le voir par la note précédente, & c'est une observation qui n'auroit pas échappé à *Wallis*, si *Harriot* eût été à la place de *Descartes*.

Bombelli fut plus clairvoyant que *Cardan* sur le sujet du cas irréductible. Il prononça que malgré le déguisement de la racine sous une forme imaginaire, elle étoit toujours possible : il fit plus, il le démontra à l'aide de certaines constructions géométriques, dans le goût de celle que *Platon* donna pour la solution du problême de deux moyennes proportionnelles. Il remarque fort justement qu'on ne doit point lui faire un crime d'y employer un certain tâtonnement, puisque le problême étant de la même nature & du même ordre que celui de la duplication du cube, on chercheroit en vain à le résoudre rigoureusement à l'aide de la seule regle & du compas. C'est encore une des choses que *Wallis* n'a pas remarquées; car il fait honneur à *Harriot*, d'avoir démontré le premier que lors du cas irréductible, la racine devoit avoir trois valeurs (*a*). D'ailleurs il n'étoit pas difficile de le faire après les constructions que *Viete* avoit données de ce cas.

Bombelli ne se contenta d'avoir démontré que la valeur de l'inconnue dans le cas de l'équation dont nous parlons, étoit réelle : il fit des efforts pour la trouver, & pour ainsi dire, il força la nature dans un de ses retranchemens. Il eut l'idée heureuse d'observer qu'il n'y avoit qu'à opérer sur le binome composé de la quantité ordinaire & de la racine imaginaire, comme si cette derniere étoit une racine commune, & qu'on parviendroit (du moins dans certains cas) à la vraie solution. Il arrive en effet qu'extrayant la racine cube de chacun des deux binomes dont la valeur de l'inconnue est composée, suivant la maniere qu'il enseigne, & qui étoit déja connue dès le temps de *Lucas de Burgo*, il arrive, dis-je, que chacune de ces racines comprend une partie ration-

(*a*) *Ibid.* p. 206, art. 23.

nelle avec une autre imaginaire. Mais comme cette derniere est affectée dans les deux racines, de signes différens, en les ajoutant ensemble elle disparoît, & il ne reste que des quantités ordinaires, dont la somme est une des valeurs de l'inconnue. Un exemple éclaircira ceci. Soit l'équation cubique $x^3 - 7x = 6$. on trouve, suivant le procedé de *Tartalea* & de *Cardan*, $x = \sqrt[3]{3 + \sqrt[2]{-\frac{100}{27}}} + \sqrt[3]{3 - \sqrt[2]{-\frac{100}{27}}}$ ou $\frac{\sqrt[3]{81 - 30\sqrt{-3}} + \sqrt[3]{81 + 30\sqrt{-3}}}{3}$, expression qui sous cette forme ne présente aucune valeur. Mais si l'on tire la racine cubique de chacun des membres du numérateur, on trouvera pour l'un $\frac{9}{2} + \frac{1}{2}\sqrt{-3}$, & pour l'autre $\frac{9}{2} - \frac{1}{2}\sqrt{-3}$. leur somme sera donc 9, qui étant divisée par 3, donnera une des valeurs de x.

M. *Wallis* n'est pas plus exact en ce qui concerne cet article, qu'à l'égard des précédens. Il tombe encore ici dans deux fautes plus grieves que celles qu'il a reprochées à *Descartes* avec tant d'animosité. L'une consiste en ce qu'il s'attribue l'invention de cette méthode (*a*), quoiqu'elle soit distinctement & clairement expliquée par *Bombelli*. Il se contente de dire que *Collins* lui avoit appris qu'un Analiste Hollandois nommé *Kinckhuysen*, qui vivoit en 1620, avoit eu la même idée. S'il a fait à *Descartes* un si grand crime d'avoir donné dans sa Géométrie, des choses qui se trouvoient dans *Harriot*, & qui n'étoient pas dans *Harriot* seul, comme nous le montrerons ailleurs, quoique sans se les attribuer expressément, que dirons-nous de lui qui se pare ainsi de la découverte de *Bombelli ?* Ajoutons que *Descartes* ne faisant pas l'Histoire de l'Algebre, il seroit excusable d'avoir donné comme siennes des inventions qui se trouvoient dans des Ecrivains qu'il n'avoit peut-être jamais lus : mais M. *Wallis* écrivant cette Histoire, peut-il être censé ignorer que *Bombelli* l'avoit prévenu il y avoit près d'un siecle?

La seconde faute que commet *Wallis*, c'est de donner à sa regle plus d'étendue qu'elle n'en a réellement. Il a cru, à

(*a*) *Ibid.* p. 191.

l'exemple de *Bombelli*, avoir parfaitement & entiérement résolu toute la difficulté du cas irréductible. Mais cette regle dont il se sçait tant de gré, quoique générale en apparence, ne l'est point : elle est sujette à un tâtonnement qui ne permet de s'en servir que lorsqu'on est assuré que les racines sont ou des nombres entiers, ou du moins des fractions assez simples pour qu'on puisse facilement les rencontrer. C'est ce que M. *Hallei* a remarqué dans les Transactions Philosophiques, n° 451. Bien loin d'employer la regle de *Wallis*, pour extraire la racine cube d'un binome tel que $a + \sqrt{-b}$, il ordonne au contraire de remonter à l'équation du troisieme degré, d'où cette expression dérive, & d'en chercher la valeur par la trisection de l'angle.

VI.

Tel étoit à peu près l'état de l'Algebre lorsque M. *Viete* entra dans la carriere. Il est peu de Mathématiciens à qui cette science doive plus qu'à cet homme illustre. Digne précurseur des grands Analistes du siecle passé, il jetta les fondemens d'une partie considérable de leurs découvertes ; & les étrangers impartiaux lui rendent cette justice, de remarquer que ses écrits ont servi de flambeau à tous ceux qui ont écrit après lui.

On doit d'abord à M. *Viete* d'avoir établi l'usage des lettres pour désigner non seulement les quantités inconnues, mais même celles qui sont connues. A l'égard de la coutume de se servir de lettres pour les premieres, au lieu des signes usités par les Italiens, les Allemands & les Hollandois, je remarque que *Buteon* en est le premier Auteur. *Viete* y ajouta l'invention de se servir de lettres pour les quantités connues ; ce qui fit donner à son Algebre le nom de *Spécieuse*, nom qu'elle a gardé long-temps, à cause que tout y est représenté par des symboles. Ce changement que *Viete* fit à la méthode ordinaire, paroîtra peut-être assez indifférent à ceux qui connoissent peu l'Algebre : mais ceux qui sont versés dans l'analyse, en porteront un autre jugement. En effet cette méthode est d'abord utile en ce qu'elle fournit dans tous les cas des solutions générales où l'ancienne n'en donnoit que de particulieres.

particulieres. Lorsqu'on n'employoit que des nombres pour désigner les quantités connues, ces nombres se confondant ensemble, il ne restoit plus aucune trace des progrès de l'opération. Dans la nouvelle méthode de *Viete*, au contraire, la quantité inconnue étant dégagée & égalée aux quantités connues, on a comme dans un tableau, toutes les opérations qu'il faut faire sur les donnés de la question pour parvenir à sa solution. Un autre avantage plus estimable encore, est la facilité qu'elle procure de pénétrer dans la nature & la composition des équations; c'est, nous l'osons dire, à ce changement que l'Algebre est redevable d'une grande partie de ses progrès.

Les différentes transformations dont on peut se servir pour donner à une équation une forme plus commode, sont, du moins pour la plûpart, de l'invention de M. *Viete*. Il en enseigne la méthode dans le Livre intitulé, *de Emendatione Æquationum*. On y voit comment on peut faire sur les racines de l'équation, toutes les opérations de l'Arithmétique, les augmenter, les diminuer, les multiplier, les diviser. C'est par cet artifice qu'il fait disparoître d'une équation le second terme; opération qui résoud tout d'un coup les équations quarrées, & qui prépare les cubiques. C'est par-là qu'il fait évanouir les fractions qui embarrassent une équation, qu'il la délivre de l'irrationnalité quand quelques termes en sont embarrassés. Toutes ces choses ont été adoptées par les Analistes modernes, & forment ce qu'on appelle *la préparation des équations*.

Après ces préliminaires, M. *Viete* passe à la résolution des équations de tous les degrés. A l'égard de celles du second, nous venons de remarquer qu'en faisant évanouir le second terme, elles deviennent non affectées ou simples comme $x^2 = a$. C'est une façon particuliere de les résoudre, dont on pourroit faire honneur à M. *Viete*, s'il étoit moins riche. M. *Wallis* n'a pas manqué d'en enfler le catalogue des inventions de son compatriote. A l'égard des équations cubiques, M. *Viete* les résoud d'une maniere différente de celles de *Cardan* & de *Bombelli*; & il est aisé de voir au tour qu'il y emploie, que sa méthode lui est propre, & que si la résolution de ces équations eût été manquée jusqu'alors, elle ne lui auroit pas échappée. Il les réduit, par une adroite substitution, de la forme cubique affectée à une forme $y^6 \pm y^3 = a$, (*a*) qui n'est proprement qu'une équation du second degré où l'inconnue est un cube. *Harriot* (*b*) a suivi précisément cette méthode, & n'y a fait presque d'autre changement que d'employer de petites lettres au lieu de grandes. M. *Wallis* montre qu'il n'avoit lu *Viete* qu'avec bien de la négligence, lorsqu'il dit qu'*Harriot* a trouvé les formules de *Cardan* par une méthode qui lui est propre. Il eût dû remarquer qu'il la tenoit de M. *Viete*, ou du moins que celui-ci l'avoit prévenu.

La méthode de M. *Viete* pour les équations quarre-quarrées, est, à la vérité, fondée sur le même principe que celle de *Ferrari* : il s'y agit aussi d'ajouter à chaque membre de l'équation, arrangée de maniere que la plus haute puissance de l'inconnue soit d'un côté, il s'agit, dis-je, d'ajouter des complémens qui fassent de chacun d'eux des quarrés. M. *Viete* y emploie la méthode de *Diophante*, à la différence de *Ferrari* qui s'y prend d'une autre maniere ; du reste le résultat est le même, il arrive aussi à une équation du troisieme degré qu'il faut résoudre. C'est tout ce que cette méthode a de ressemblant avec celle de *Descartes*, que *Wallis* affecte de confondre avec elle. S'il l'eût trouvé dans *Harriot*, certainement il y eût fait plus d'attention, & il auroit remarqué de grandes différences entre l'une & l'autre.

Nous passons sous silence plusieurs autres découvertes, ou, si l'on veut, remarques analytiques de *Viete*, pour en venir à une qui peut avoir été le germe des découvertes d'*Harriot* & de *Descartes*, sur la nature des équations quelconques. C'est

(*a*) Voici un exemple de sa méthode. Soit l'équation $a^3 + 3\,bba = 2\,ccc$, où a est l'inconnue. Qu'on fasse, dit-il, $a = \frac{ee - bb}{e}$ (e est une autre inconnue), on trouvera en substituant à a cette valeur dans l'équation précédente, & après les réductions ordinaires $e^6 - 2\,c^3 e^3 = b^6$, & ayant trouvé la valeur de e, par cette équation qui se résoud comme une du 2e degré, on aura celle de a. Mais $\frac{ee - bb}{e}$ est la différence entre les extrêmes de ces grandeurs continuellement proportionnelles e. b. $\frac{bb}{e}$. Or e se trouve $\sqrt[3]{c^3 + \sqrt{c^6 + b^6}}$. & b étant la 2e, la 3e doit être $\sqrt{-c^3 + \sqrt{c^6 + b^6}}$; car ces deux expressions multipliées ensemble, font la quantité b. Ainsi $a = \sqrt[3]{c^3 + \sqrt{c^6 + b^6}} - \sqrt[3]{-c^3 + \sqrt{c^6 + b^6}}$. Lorsqu'on a $a^3 - 3\,bba = 2\,ccc$, alors il faut supposer $\frac{ee + bb}{e} = a$, & l'on parviendra de même à la résolution. Voyez Viete, *de emend. æq. c. 7.*

(*b*) *Art. Analy. praxis. s. 6, prob. 12. & seq.*

celle-ci. M. *Viete* finit son Traité de *Emend. Æquat.* par un chapitre où il observe que si une équation du second degré a pour coefficient de son second terme, une grandeur qui soit la somme de deux autres dont le produit est le terme connu, l'inconnue se peut également expliquer de l'une ou de l'autre. En nous servant des expressions de *Viete*, si $\overline{B+D} \times A - A^q = BD$ ou $A^q - \overline{B+D} \times A + BD = 0$, A est égal à B ou D. De même si dans une équation du troisieme degré, $A^c - \overline{B+D+G} \times A^q + \overline{BD+BG+GD} \times A = BDG$, A est également B, ou D ou G. Il fait voir enfin en général que lorsque l'inconnue d'une équation quelconque, se peut expliquer par plusieurs valeurs positives, (car il faut en convenir, ce sont les seules qu'il considere) alors le second terme a pour coefficient la somme de ces valeurs, affectée du signe —; le troisieme la somme des produits de ces valeurs multipliées deux à deux; le suivant, la somme des produits de ces valeurs multipliées 3 à 3, &c. qu'enfin le dernier terme où l'absolu est le produit de toutes ces valeurs. Voilà la découverte d'*Harriot* bien avancée. Aussi M. *Wallis* s'est-il bien donné de garde de la voir dans *Viete*, elle auroit trop diminué la gloire de son compatriote.

Parmi les découvertes purement analytiques de *Viete*, on doit encore ranger sa méthode générale pour la résolution des équations affectées de tous les degrés. Personne jusqu'à lui n'avoit embrassé un objet si vaste. M. *Viete* refléchissant sur la nature des équations ordinaires, remarqua qu'elles n'étoient que des puissances incompletes, & il en conçut l'idée que de même qu'on tiroit par approximation les racines des puissances imparfaites en nombres, on pourroit de même extraire la racine des équations, ce qui donneroit une des valeurs de l'inconnue. En conséquence il a proposé des regles pour cela dans la partie de son ouvrage intitulé de *Numerosa potestatum affect. resolutione* : elles sont analogues à celles dont on se sert pour extraire la racine d'une puissance complete, & on peut assez commodément les employer dans les équations cubiques. *Harriot* a donné la moitié de son *Artis Analyticæ praxis*, à les développer : on les trouve aussi expliquées dans *Ougthred*, *Wallis*, & dans l'Algebre de M. de *Lagni*. *Wallis* s'en eſt même ſervi dans la réſolution d'une équation du quatrieme degré, & il a pouſſé ſon approximation juſqu'à onze décimales. Mais il falloit être doué d'un eſprit auſſi ſuſceptible de contention, que ce Géometre, pour entreprendre une opération auſſi laborieuſe. On a aujourd'hui des méthodes d'approximation plus commodes; les curieux peuvent néanmoins conſulter les endroits que j'ai cités.

VIII.

Nous n'avons pas encore épuiſé tout ce que l'Analyſe doit à M. *Viete*. Il nous reſte à rendre compte de ſes découvertes dans l'Analyſe mixte, je veux dire dans l'Analyſe appliquée à la Géométrie. Nous lui devons d'abord faire honneur de cette application, invention ſi utile, & dont l'Analyſe même n'a pas tiré de moindres avantages que la Géometrie. On voit, à la vérité, dès le milieu du XVe ſiecle, des traces de cette application dans *Regiomontanus*, qui ſe ſervit de l'Algebre pour réſoudre quelques problêmes ſur les triangles (*a*). On trouve auſſi dans *Tartalea* & d'autres Analiſtes du XVIe ſiecle, l'Algebre employée à la ſolution de divers problêmes de Géométrie: mais il faut bien diſtinguer cette eſpece d'application de l'Algebre à la Géométrie, de celle que M. *Viete* a introduite. Car tous ces Mathématiciens aſſignoient des valeurs numériques aux lignes données du problême, & ſe contentoient de trouver celle qu'on cherchoit de la même maniere. Il ne me paroît pas qu'aucun d'eux ait ſongé à conſtruire géométriquement cette valeur trouvée. Ils ne le pouvoient même par la nature de leur Analyſe, où la ſeule grandeur inconnue étoit repréſentée par quelques ſignes, toutes les autres l'étant par leurs valeurs numériques connues ou ſuppoſées.

M. *Viete* ayant donné à l'Algebre une nouvelle forme en introduiſant l'uſage des lettres pour repréſenter les grandeurs même connues, fut naturellement conduit à l'invention des conſtructions géométriques. Car ſuppoſons qu'après la réſolution d'une certaine équation, on ait $x = \frac{ac}{b}$, ou $= \frac{1}{2}a \pm \sqrt{aa \pm \frac{bb}{4}}$, il eſt facile de voir, à l'égard de la premiere, que

(*a*) *De Triang.* l, v.

la valeur de x, ou $\frac{ac}{b}$, eſt une quatrieme proportionnelle à b, c & a : on voit auſſi dans le ſecond cas, que $\sqrt{aa + \frac{bb}{4}}$ eſt l'hypoténuſe d'un triangle rectangle dont a & $\frac{b}{2}$ ſont les côtés, & que $\sqrt{aa - \frac{bb}{4}}$ eſt le côté d'un triangle rectangle dont a eſt l'hypoténuſe & $\frac{1}{2}b$ l'autre côté. Rien n'eſt plus facile que ces conſtructions, & nous n'en tirerons pas un ſujet de grandes louanges pour M. *Viete*. Nous n'avons pas beſoin de faire comme *Wallis*, qui accumule toutes les minuties qu'il peut pour groſſir le catalogue des inventions d'*Harriot*.

Viete a donné une marque de génie plus éclatante, en enſeignant la maniere de conſtruire les équations du troiſieme degré, celles-là même où entre ſous le ſigne radical une quantité imaginaire. Il fit cette remarque, que toutes ces équations pouvoient ſe réduire à la duplication du cube, ou à la triſection de l'angle ; remarque utile, & qui fournit à la pratique, où il ne s'agit que d'avoir la valeur par approximation, une maniere commode d'y parvenir. Mais ſi l'on demande une conſtruction géométrique, la Conchoïde de *Nicomede*, courbe facile à décrire, remplit tout ce qu'on peut déſirer, même ſuivant la rigueur géométrique, comme l'a remarqué M. *Newton*. Il nous faut donner une idée du procédé de M. *Viete*.

Tous les Analiſtes ſçavent que les équations du troiſieme degré ſe réduiſent à ces trois formes, $x^3 + 3bbx = 2ccc$, $x^3 - 3bbx = 2ccc$; $x^3 = 3bbx - 3ccc$, dont les racines exprimées à la maniere de *Cardan*, ſont reſpectivement $\sqrt[3]{c^3 + \sqrt{c^6 + b^6}} + \sqrt[3]{c^3 - \sqrt{c^6 + b^6}}$; $\sqrt[3]{c^3 + \sqrt{c^6 - b^6}} + \sqrt[3]{c^3 - \sqrt{c^6 - b^6}}$; $-\sqrt[3]{c^3 + \sqrt{c^6 - b^6}} - \sqrt[3]{c^3 - \sqrt{c^6 - b^6}}$. Mais avec un peu d'attention on apperçoit que la conſtruction de chacune de ces formules ſe réduit à trouver les côtés de certains cubes égaux à la ſomme ou à la différence d'autres cubes donnés, & que cela aura toujours lieu dans la premiere formule, & dans les autres ſeulement lorſque b ſera moindre que c. Or le problême de déterminer le côté d'un cube égal à la ſomme ou à la différence de deux autres, dépend viſiblement, comme tout le monde ſçait, de celui de deux moyennes proportionnelles. Tous ceux qui ſont un peu verſés dans la conſtruction des équations, peuvent donc trouver celle de ce cas : c'eſt pourquoi nous ne nous y arrêtons pas, dans la vue d'abréger.

Le ſecond cas dont la ſolution fait principalement honneur à *Viete*, eſt celui où b eſt plus grand que c. Car il eſt viſible que la racine $\sqrt{c^6 - b^6}$ eſt inexplicable dans ce cas, mais il arrive alors, par une ſorte de phénomene, que c'eſt de la triſection de l'angle que dépend la conſtruction. Voici celles que propoſe M. *Viete* (*a*).

Si l'on a l'équation $x^3 = 3bbx + abb$, ou, ſuivant notre formule ordinaire, $x^3 = px + q$, il faudra d'abord faire une ligne égale $= \frac{3q}{p}$, puis conſtruire ſur cette ligne comme baſe *Fig. 36.* un triangle iſoſcele ABC, dont les côtés égaux AB, AC ſoient $\sqrt{\frac{1}{3}p}$; la baſe DB du triangle EDB, dont les côtés BE, ED ſont auſſi égaux à AB, AC, & qui aura l'angle D égal au tiers de ABC, ſera la valeur d'x. Or il eſt viſible que tout cela peut ſe faire facilement par le moyen d'une table de ſinus, car ayant la baſe & les côtés du triangle ADB, il eſt facile de trouver l'angle B, & ayant enſuite les côtés DE, EB avec l'angle D $= \frac{1}{3}$ ABC, on peut auſſi facilement trouver le côté BD.

Tout ſubſiſte de même pour l'équation $x^3 = 3bbx - abb$, ou $x^3 = px - q$. BC eſt encore $\frac{3q}{p}$ & le côté AB $= \sqrt{\frac{1}{3}p}$, enfin le triangle EDB eſt conſtruit de la même maniere ; mais il faut faire EF double de EI, & l'on aura également DF ou FB pour la valeur de la racine cherchée. M. *Viete*, qui ne conſidéroit pas les racines négatives des équations, s'arrêtoit ici, & ne déſignoit pas la troiſieme racine qui eſt égale aux deux premieres, & qui eſt négative : il y a auſſi dans le premier cas ci-deſſus deux racines négatives, ſçavoir DF & FB, que M. *Viete* y négligeoit par la même raiſon (*b*).

(*a*) *Suppl. Geom.* p. 16.

(*b*) Il eſt facile de démontrer cette conſtruction en cherchant la grandeur du côté D B du triangle DEB ; car nommant AB $= a$, BC $= b$, & DB $= x$, on trouve cette équation $x^3 = 3bbx + abb$, d'où l'on tire les expreſſions que nous avons données, en la comparant terme à

M. *Viete* a encore jetté dans sa doctrine des sections angulaires, les fondemens d'une autre construction également ingénieuse de ces équations, qu'*Anderson* (*a*) & *Albert Girard* (*b*), deux Analistes estimables du commencement du XVIIe siecle, ont saisie & expliquée. Si AB $= a$ est le diametre d'un cercle dont AF $= b$ soit une corde, l'arc BG étant le tiers de l'arc BF, la ligne AG ou x est la racine d'une équation qui, exprimée à notre maniere, est $x^3 - \frac{3a^2x}{4} - \frac{a^2b}{4} = 0$. Cette équation, comme il est aisé de voir, ne peut manquer de tomber dans le cas irréductible, mais elle se construit visiblement par la trisection de l'angle, puisque c'est de-là qu'elle dérive; & elle peut servir de modele à celle-ci $x^3 - px - q = 0$. Car on aura par la comparaison des termes, le diametre du cercle à décrire $= 2\sqrt{\frac{1}{3}p}$, & la corde AF sera $\frac{3q}{p}$: ayant donc tiré cette corde, & divisé l'arc BF en trois parties égales, la ligne AG tirée à la premiere division, à compter du point B, sera la racine positive de x, & si l'on fait BI $=$ Bi égal à 2 BG, les lignes $\frac{1}{2}$ AI, $\frac{1}{2}$ Ai seront les deux autres racines qui doivent être négatives.

Fig. 35.

On aura la même construction dans l'autre cas où l'équation est $x^3 - px + q = 0$. Les lignes $\frac{AI}{2}, \frac{Ai}{2}$ seront les racines positives, & AG la racine négative.

Cette construction differe peu de celle d'*Albert Girard*, adoptée par *Descartes*. Tout le procedé d'*Anderson* restant le même, on fait l'arc AK $=$ au tiers de AF, l'arc AL $= \frac{1}{3}$ ALF, enfin BG $= \frac{1}{3}$ BF. Les cordes AK, AL, AG sont les trois valeurs de l'équation, AG la positive, si l'on a $x^3 - px - q$. & AK, AL les deux positives, si l'on a $x^3 - px + q$.

Rien n'est plus commode que la construction qui suit delà, on n'a qu'à faire comme $\sqrt{\frac{1}{3}p}$ à $\frac{3q}{p}$, ainsi le sinus total à un quatrieme terme qui sera le sinus d'un arc; on prendra

terme avec celle-ci $x^3 = px + q$. Car cette comparaison montre que b ou BC $= \sqrt{\frac{1}{3}p}$. puisque $3bb = p$; & que a ou AB $= \frac{3q}{p}$, puisque abb ou $\frac{1}{3}ap = q$.

(*a*) *App. ad tract. duos Vietæ.* Edit. ann. 16.... Voyez *Vietæ Opera.* p. 160.

(*b*) Invent. nouvelle en Algebre, 1629. Voyez le *Comm. de Schooten* sur Descartes, p. 345, ed. 1659.

le tiers de cet arc, & le tiers du reste au cercle entier, enfin le tiers de la somme du premier & du cercle entier ; les sinus de ces arcs étant doublés, seront les racines cherchées.

La doctrine des sections angulaires, c'est-à-dire, la connoissance de la loi suivant laquelle croissent ou décroissent les sinus ou les cordes des arcs multiples, ou sous-multiples, est encore une découverte dûe à M. *Viete*, & sur laquelle je ne connois personne qui lui ait rendu justice. Il la publia en 1579 avec son *Canon Mathematicus*, qui n'est autre chose qu'une Table de sinus construite suivant ce principe. Ce que nous allons en dire, nous le tirons de sa réponse (*a*) à un singulier problême proposé par *Adrianus Romanus*, dont nous parlerons ensuite. M. *Viete* dit que si l'on a une suite de triangles rectangles comme ABC, ABD, ABE, &c, sur même hypoténuse, & que la moitié de cette hypoténuse soit 1, enfin que AG soit, suivant notre langage $= x$, la suite des cordes de complémens, AC, AD, AE, &c, des angles doubles, triples, quadruples, &c. sera

Fig. 37.

$$\begin{array}{l} x^1 \\ x^2 - 2 \\ x^3 - 3x \\ x^4 - 4x^2 + 2 \\ x^5 - 5x^3 + 5x \\ x^6 - 6x^4 + 9x^2 - 2 \\ x^7 - 7x^5 + 14x^3 - 7x \quad \&c. \end{array}$$

Il ne s'agit plus que d'appercevoir la loi de cette progression, pour la continuer à l'infini : elle n'échappa pas à M. *Viete*. Il remarque que les termes sont alternativement positifs & négatifs ; que les exposans des puissances y décroissent de deux ; qu'enfin les coefficiens des termes de la seconde colonne, sont les nombres naturels ; ceux de la troisieme, les nombres triangulaires, en commençant non par l'unité, comme *dans la génération des puissances*, mais par 2 ; que dans la quatrieme ce sont les nombres pyramidaux, ensuite les triangulo-triangulaires, &c.

Mais si nous cherchons le rapport des cordes elles-mêmes, M. *Viete* nous apprend que le rayon étant l'unité & la pre-

(*a*) Oper. p. 305.

miere

miere corde x, la ſuite des cordes des arcs double, triple, quadruple, &c, eſt

$$2 - x^2$$
$$3x + x^3$$
$$2 + 4x^2 - x^4$$
$$5x - 5x^3 + x^5 \quad . \quad . \quad \&c.$$

Cette progreſſion eſt la même que la précédente, à cela près que les termes affectés dans la premiere du ſigne $+$, le ſont ici du ſigne $-$, & au contraire. Il eſt facile de voir que cette théorie nous fournit tous les théorêmes néceſſaires pour la ſection d'un arc en raiſon quelconque. Car ſi la corde de l'arc donné eſt b, le rayon l'unité, la corde cherchée x, & qu'il faille diviſer cet arc en cinq parties égales, l'équation $x^5 - 5x^3 + 5x = b$, ſera celle qu'il faudra réſoudre pour cet effet.

M. *Viete* remarqua encore ici une vérité importante de la doctrine des ſections angulaires : c'eſt que lorſqu'on cherche à diviſer un arc en parties égales, par exemple, en cinq, on trouve non ſeulement la corde de la cinquieme partie de cet arc, mais encore celle de la cinquieme partie du reſtant au cercle, celle de la cinquieme partie de la circonférence entiere plus l'arc propoſé, celle de la cinquieme partie de deux fois la circonférence augmentée de ce même arc, & ainſi de ſuite juſqu'à ce qu'on ait autant de valeurs différentes qu'il y a d'unités dans le nombre des parties demandées : (on ne ſçauroit en avoir davantage, parce qu'en continuant on retrouve les mêmes cordes qu'auparavant, & dans le même ordre ; par exemple, la corde de la cinquieme partie, de cinq fois la circonférence plus l'arc propoſé, n'eſt que la corde de la 5ᵉ de cet arc). M. *Viete* s'exprime un peu différemment, & il n'a égard qu'aux valeurs poſitives de l'inconnue, dont le nombre dans ces ſortes d'équations eſt toujours égal à la moitié de l'expoſant s'il eſt pair, ou à ſa plus grande moitié s'il eſt impair. Ainſi dans l'équation qui ſert à diviſer l'arc en cinq parties égales, il y en a trois poſitives & deux négatives ; dans celle qui ſert à le partager en ſept, il y en a quatre positives & trois négatives, &c. Ces théorêmes fournissent enfin à M. *Viete* une solution des équations de tous les degrés qui sont de même forme que celles qui servent à la multisection de l'arc, ou qui peuvent s'y réduire. C'est par-là qu'il parvint à résoudre une équation singuliere que *Adrianus Romanus* avoit proposée aux Géometres de son temps. Elle étoit du 45e degré, & en l'exprimant à notre maniere, ce seroit celle-ci, $x^{45} - 45 x^{43} + 945 x^{41} - \&c = A$, cette quantité A étant moindre que 2. Quelque difficile que paroisse cette énigme, ce n'en fut pas une pour M. *Viete.* Ayant approfondi, comme il avoit fait, la théorie des sections angulaires, il reconnut bientôt que la solution de cette équation dépendoit de la division d'un arc donné, (sçavoir celui dont la corde étoit A,) en 45 parties égales; ce que l'on peut exécuter en le partageant d'abord en trois parties égales, puis une de ces parties en trois, & une de ces dernieres en cinq. Mais ce que n'avoit pas fait *Romanus*, M. *Viete* remarqua & assigna les vingt-deux autres valeurs positives de cette équation, qui sont, comme l'on sçait, les cordes, de cette 45e partie de l'arc proposé augmentée des $\frac{2}{45}$ de la circonférence entiere, ou des $\frac{4}{45}$, ou des $\frac{6}{45}$, & ainsi de suite.

Il y a trop d'analogie entre les formules des équations pour les sections angulaires, & celles des puissances d'un binome tel que $a + b$, pour que M. *Viete* ignorât les loix de celles-ci. Aussi montre-t'il en plusieurs endroits qu'il les connoissoit, entr'autres lorsqu'il explique les loix de la progression des termes des équations pour la multisection de l'arc. Il dit que dans ces équations, les coefficiens numériques sont les nombres triangulaires, pyramidaux, &c, formés des nombres naturels en commençant non par l'unité, *ut in potestatum genesi*, mais par 2. Ailleurs il fait cette remarque, sçavoir que la suite des termes d'un binome tel que $a \pm b$, élevé à une puissance quelconque, est celle de toutes les proportionnelles continues depuis la puissance semblable de a, jusqu'à celle de b. Ainsi dans la cinquieme, ce sont a^5, $a^4 b$, $a^3 b^2$, $a^2 b^3$, $a b^4$, b^5, & ces grandeurs étant mises avec leurs coefficiens convenables, sçavoir 1. 5. 10.

10. 5. 1. tirés de la table des nombres triangulaires, pyramidaux, &c, ci-jointe, & avec tous les signes positifs, si on a + b, ou alternativement positifs & négatifs si on a $a - b$, forment la cinquieme puissance de $a \pm b$. On peut même tirer delà la formule générale d'une puissance quelconque n de $a + b$. Car n étant un des nombres naturels, on a pour le nombre

1							
1.	1						
1.	2.	1					
1.	3.	3.	1				
1.	4.	6.	4.	1			
1.	5.	10.	10.	5.	1		
1.	6.	15.	20.	15.	6.	1.	
1.	7.	21.	35.	35.	21.	7.	1.
	nat.	*tri.*	*pyra.*	&c.			

triangulaire correspondant $\frac{n. n-1}{2}$, pour le pyramidal $\frac{n. n-1. n-2}{1. 2. 3.}$, pour le nombre figuré suivant $\frac{n. n-1. n-2. n-3}{1. 2. 3. 4.}$, & ainsi de suite. On eût donc pu dès-lors dire que la puissance $\overline{a \pm b}^n$ étoit $a^n \pm na^{n-1} b + \frac{n. n-1}{2} a^{n-2} b^2 \pm$ &c. ce qu'a fait dans la suite M. *Newton*.

Nous pourrions encore faire honneur à M. *Viete*, d'avoir eu la premiere idée d'exprimer l'aire d'une courbe, par une suite infinie de termes. Nous en tirerions la preuve d'un endroit de ses ouvrages (a), où il recherche l'aire du cercle en le considérant comme le dernier des polygones inscrits. Il y démontre cette vérité, sçavoir qu'en nommant 1 le diametre, le rapport du quarré au cercle qui le renferme, est égal à $\sqrt{\frac{1}{2}} \times \sqrt{\frac{1}{2} + \sqrt{\frac{1}{2}}} \times \sqrt{\frac{1}{2} + \sqrt{\frac{1}{2} + \sqrt{\frac{1}{2}}}}$, &c, à l'infini. Quoique cette expression ne soit guere traitable, à cause de la multitude d'extractions de racines quarrées, & de multiplications qu'il faudroit faire pour en tirer une approximation de la grandeur du cercle, elle ne laisse pas d'être remarquable du moins dans sa théorie.

Nous ne devons pas terminer cet article sans faire connoître plus particuliérement un homme à qui les Mathématiques ont tant d'obligations. M. *Viete* étoit de Fontenai dans le Poitou, où il naquit vers l'an 1540. Il fut Maître des Requêtes à Paris. Malgré les occupations de cette Charge, &

(a) *Resp. Math.* l. VIII, c. 18.

les affaires qu'il eut à conduire, il sçut trouver le temps de s'adonner aux Mathématiques avec le succès qu'on a vu. M. *de Thou* (*a*) nous rapporte qu'on le vit quelquefois passer trois jours de suite sans quitter son travail, & même sa table où on lui apportoit de quoi réparer les forces qu'il dissipoit par une application si continuelle. Il eut deux vifs démêlés, l'un avec *Scaliger*, & l'autre avec *Clavius*. Dans le premier il avoit incontestablement raison, puisqu'il réfutoit la prétendue quadrature du cercle, que ce sçavant Littérateur, mais méchant Géometre avoit donnée. Sa querelle avec *Clavius*, lui fait, à mon avis, moins d'honneur. Le Calendrier qu'il prétendoit substituer à celui que *Gregoire XIII* avoit adopté d'après *Lilius* & *Clavius*, étoit sujet à des défauts monstrueux que *Clavius* releva fort bien. M. *Viete* étoit profondément versé dans le Grec, & l'on ne s'en apperçoit que trop. Ses écrits sont tellement parsemés de phrases en cette Langue, ou de mots qui en tirent leur origine, comme *Parabolisme*, *Hypobibasme*, *Antistrophe*, & mille autres, que leur lecture est extrêmement laborieuse. Mais tel étoit le goût du temps où il vivoit : il falloit étaler de l'érudition grecque avec profusion, pour mériter un nom parmi les Sçavans ; on a vu M. de *Thou* traduire en Grec des noms propres d'hommes qui jouoient un rôle de son temps, & il y a un Sçavant de ce siecle, qui donne à Fontainebleau le nom de *Callirhôe*, mot qui signifie *Belle-fontaine*. Durant les Guerres de la France avec l'Espagne, des lettres de la Cour de Madrid à ses Gouverneurs dans les Pays-bas, ayant été interceptées, personne ne parut plus capable que M. *Viete* de les déchiffrer. Il y parvint en effet, malgré la difficulté & la complication extrême de leur chiffre ; ce qui dérangea beaucoup pendant deux ans les affaires des Espagnols. Ils comptoient tellement sur l'impossibilité d'en trouver la clef, que lorsqu'ils s'apperçurent qu'on en étoit venu à bout, ils publierent partout qu'on y avoit employé le sortilege. M. *Viete* vécut jusqu'à 63 ans, & mourut à Paris au mois de Décembre de l'année 1603. Il avoit publié durant sa vie divers écrits, mais qui furent toujours très-rares, parce que lorsqu'il les avoit fait imprimer, il en retiroit tous les exemplaires, & n'en faisoit présent qu'à des

(*b*) Hist. l. cxxix.

gens habiles, ou à ses amis. Après sa mort, *Alexandre Anderson* mit au jour quelques-uns de ses manuscrits ; *Schooten* donna en 1646 une édition de tous les écrits de *Viete* qu'il put recouvrer.

VIII.

Il nous faut maintenant faire passer briévement en revue divers Algébristes du XVIe siecle, qui ont contribué par leurs écrits à répandre le goût & la connoissance de l'Algebre. En Italie, outre les Analistes dont on a exposé les découvertes, nous trouvons un certain *Pelecanius* ou *Caligarius*, qui écrivoit en 1518. En France, *le Peletier* traita de l'Algebre en 1554, *Jean Buteon*, depuis Général de S. Antoine, en publia un Traité en 1559 : il est, ce me semble, le premier qui, rejettant les signes différens dont les Analistes s'étoient servi jusqu'alors, imagina d'employer les lettres de l'alphabet, & qui prépara ainsi les voies à la nouvelle forme que *Viete* donna à l'Algebre : *Gosselin* de Caen, *Bernard Salignac*, donnerent aussi des Traités d'Algebre en 15.., & en 1580. En Angleterre, *Robert Record*, *Richard Norman*, *Leonard Digges*, expliquerent l'Algebre à leurs compatriotes. En Allemagne on vit fleurir *Michel Stifels*, dont l'*Arithmética integra*, qui est en partie un Traité d'Algebre, parut en 1544 (*a*) ; *Christophe Rudolphs*, qui n'écrivit qu'en Allemand, & dont l'ouvrage

(*a*) Nous sommes fâchés pour l'honneur de Stifels, d'avoir à remarquer qu'avec beaucoup de talent pour les Mathématiques, il fut un visionnaire. Il annonça la fin du monde pour l'année 1533 au mois d'Octobre, se fondant sur ces paroles : *Jesus Nazarenus, Rex Judæorum... videbunt in quem transfixerunt* ou *pupugerunt*. Il trouvoit, en combinant les lettres numérales de ces mots, que c'étoit pour l'année 1532, ou au plûtard pour le 2 Octobre 1533 ; de sorte que cette catastrophe n'étant pas arrivée en 1532, il l'assura si positivement pour 1533, que les paysans du lieu où il étoit Ministre, mangerent gaiement leur bien en attendant le Jugement universel. Le jour terrible étant venu, Stifels monta en Chaire, assembla ses paroissiens, & les exhorta à se préparer à voir paroître la Divinité pour les juger avec le reste des humains. Plusieurs heures s'écoulerent sans qu'on vît rien d'extraordinaire, & il commençoit à être embarrassé, lorsqu'un orage releva ses espérances ; mais il passa, & le temps redevint serein. Alors ses paysans irrités, l'arracherent de sa Chaire, & le traînerent garroté & chargé de coups, à Wittemberg. Il se tira néanmoins d'affaire par le crédit de Luther, dont il avoit été un des premiers disciples. Luther l'exhorta fort à être plus sage, mais Stifels ne cessa, dit-on, de chercher la fin du monde, & de l'annoncer de temps en temps. Il étoit natif d'Eslingen, & il mourut en 1567, âgé de quatre-vingts ans. *Voyez le Dict. de* Bayle, *à l'article de* Stifels

intitulé *Die Coss*, fut réimprimé en 1553 par *Stifels* ; *Scheubelius* & *Lazare Schoner*, qui traiterent du même sujet en 1554 & 1586. Le Géometre Portugais *Pierre Nonius* ou *Nuñez*, expliqua aussi les regles de l'Algebre en langue Castillane : son ouvrage parut en 1567. Dans la Hollande fleurirent divers Analistes, *Simon Stevin*, dont nous avons l'Algebre, & une sorte de Commentaire sur les Questions de *Diophante*; *Ludolph Van-Ceulen*, qui fut très-versé dans l'Analyse de *Diophante* (*b*), &c. *Adrianus Romanus* fut aussi un habile Analiste, autant que nous pouvons le conjecturer. Le problême qu'il proposa aux Géometres, & dont nous avons fait l'histoire dans l'article précédent, prouve qu'il avoit cultivé la Théorie des sections angulaires : mais on y trouve en même temps une preuve qu'il n'avoit pas autant pénetré dans la nature des équations, que M. *Viete* ; car il paroît qu'il ignoroit la multiplicité des racines de l'équation qu'il avoit proposée, & que ce fut *Viete* qui la lui enseigna.

(*a*) Schooten. *exercit. Math.* l. v. S. 13.

Fin du Livre troisieme de la troisieme partie.

HISTOIRE DES *MATHÉMATIQUES.*

TROISIEME PARTIE,

Histoire des Mathématiques en Occident, jusqu'au commencement du dix-septieme siecle.

LIVRE QUATRIEME.

Qui contient les progrès de l'Astronomie & des branches des Mathématiques qui en dépendent, pendant le seizieme siecle.

SOMMAIRE.

I. *Prospectus général de l'Astronomie durant le XVIe siecle.* II. *De quelques Astronomes qui fleurirent au commencement de ce siecle.* III. *De Copernic. Abregé de la vie de cet homme célebre. Développement de ses idées sur le système de l'Univers : il établit enfin le véritable dans son Livre des Révolutions.* IV. *Exposition détaillée du système de Copernic, & de la maniere dont il satisfait aux principaux phénomenes.* V. *Histoire des contestations qu'il essuie avant que de s'établir ; traitement que Galilée éprouve à son sujet.* VI. *Examen des objections de divers genres qu'on a proposées contre le mouvement de la terre.*

VII. *Des avantages de ce systême, & des preuves qu'on en donne aujourd'hui. Tentatives qu'on a faites pour le démontrer absolument.* VIII. *De Divers Astronomes qui fleurirent après le milieu du XVIe siecle, & entr'autres de Reinold, du Landgrave de Hesse, de Mæstlin, &c.* IX. *De Tycho Brahé; Histoire de cet Astronome célebre. Ses travaux astronomiques, & ses découvertes nombreuses.* X. *De la fameuse étoile qui parut en 1572 dans Cassiopée.* XI. *De la réformation du Calendrier, faite en 1582, par le Pape Grégoire XIII. Explication du Calendrier Grégorien, & examen de ses défauts & de ses avantages.* XII. *De la Gnomonique Moderne. Histoire abrégée de cette branche de l'Astronomie.* XIII. *De la navigation. Progrès de cet Art parmi les Modernes, en ce qui concerne la partie astronomique. Des Cartes Marines, & de la Théorie des Loxodromies. A qui en est dûe l'invention & la perfection.*

I.

L'ASTRONOMIE qui avoit commencé à renaître en Allemagne, continua d'y être cultivée avec un grand succès durant le seizieme siecle. En jettant un coup d'œil sur l'histoire de cette Science, on ne peut se refuser à une réflexion, sçavoir que pendant près de trois cens ans, l'Allemagne resta dans la possession presque exclusive de donner naissance aux Astronomes les plus célebres. C'est en effet dans cette partie de l'Europe qu'on avoit vu *Purbach* & *Regiomontanus* relever l'Astronomie de la langueur où elle étoit plongée; c'est à elle que nous devons le rétablissement du véritable systême de l'Univers, ouvrage de l'immortel *Copernic;* c'est aussi en Allemagne que l'Astronomie s'enrichit par les soins du *Landgrave de Hessé*, & du fameux *Tycho-Brahé*, d'une précieuse suite d'observations plus exactes que toutes celles qui avoient été faites précédemment; c'est-là enfin qu'on voit éclorre de ces observations les heureuses découvertes du célebre *Kepler*. Je ne dis rien des travaux d'une foule d'autres Astronomes dignes de louange, qui fleurirent dans le même temps. Tel est le tableau abrégé du progrès de l'Astronomie pendant le seizieme siecle, & le commencement du dix-septieme.

II.

II.

Avant que de parler de *Copernic*, qui nous fournira le sujet de plusieurs articles, il est à propos que nous disions quelques mots de divers Astronomes qui s'acquirent de la réputation au commencement de ce siecle. Les Annales de l'Astronomie citent avec éloge *André Stiborius*, *Jean Stabius*, l'un & l'autre Professeurs de Mathématiques dans l'Université de Vienne, & surtout *Jean Werner*. Les écrits des deux premiers n'ont *Werner.*
jamais vu le jour : c'est pourquoi nous avons peu de chose à en dire. Nous remarquerons seulement qu'il paroît par les titres de ces écrits que quelques Ecrivains nous ont conservés, que ces deux Astronomes furent des premiers créateurs de notre Gnomonique moderne (*a*). Quant à *Werner*, dont on a déja parlé comme d'un habile Géometre, ce fut aussi un Astronome de grande réputation, & qui marcha de près sur les traces de *Purbach* & de *Regiomontanus*. Son principal ouvrage est celui qui porte pour titre, *de Motu octavæ sphæræ*, ou sur le mouvement propre des fixes. Il y rejette sur de solides raisons les chimériques idées des Astronomes Arabes & de ceux du Roi *Alphonse*, sur la rétrogradation ou l'inégalité du mouvement des fixes. Il se trompe néanmoins un peu en faisant ce mouvement d'un degré en 86 ans : il est, comme on sçait, plus rapide, c'est-à-dire, d'un degré en 72 ans. Soit hazard, soit industrie, personne n'a plus approché de la vérité, en fixant l'obliquité de l'écliptique à 23°. 28′. Il écrivit sur divers sujets astronomiques ou attenans à l'Astronomie, comme la Géographie, &c.

Nous parlerons encore ici d'*Augustin Ricci*, Astronome Italien, Auteur d'un Livre de *Motu octavæ sphæræ*, que je n'ai point pu me procurer pour porter un jugement de sa doctrine ; de *Jean Stoeffler*, ou *Stoefflerin*, (car on lui donne ces deux noms,) Auteur d'Ephémérides depuis 1500 jusqu'en 1550, & de divers autres ouvrages, parmi lesquels il en est plusieurs qui prouvent son foible pour l'Astrologie (*b*); de *Jean Schôner*, à qui

(*a*) Doppelmayer; *de Math. Norimb.* Weidler, *Hist. Astron.* c. XIV.

(*b*) Stoeffler fut un des visionnaires qui prédirent un déluge pour l'année 1524, se fondant sur ce qu'il devoit y avoir cette année une conjonction de Mars, Jupiter & Saturne dans le signe des poissons. Mais au grand deshonneur de l'Astrologie, l'année 1524 fut une des plus séches qu'on eût vues depuis long-temps.

nous devons l'édition de divers ouvrages intéressans de *Regiomontanus* & *Walther,* & surtout de leurs observations. Il écrivit aussi quelques ouvrages originaux, un entr'autres sur la réformation du Calendrier, & il ne négligea pas l'observation. Vers le même temps *Jean Fernel,* qui joignoit à une grande habileté dans la Médecine, beaucoup de connoissance dans les Mathématiques, fleurissoit à Paris. Il s'est rendu principalement recommandable par sa mesure de la terre, où il approcha beaucoup de la vérité. Nous en parlerons ailleurs avec plus d'étendue. Dans cette partie du XVIe siecle, nous trouvons encore *Pierre Aipanus,* qui s'est fait un nom parmi ses contemporains. On a de lui deux ouvrages considérables, sa Cosmographie & son *Astronomicon Cæsareum.* Dans la premiere partie de celui-ci, il s'est attaché à représenter les mouvemens célestes par des cercles mobiles de carton, dans la vue de diminuer l'ennui des calculs. C'est une idée qu'avoient déja eu quelques Astronomes, comme *Léonard* de Pise; *Schöner* dans son *Æquatorium Astronomicum; Sébastien Munster* dans son *Organum Uranicum, &c.* Mais quoique cette invention soit ingénieuse, elle n'a pas fait fortune en Astronomie, & c'est avec raison que *Kepler* déplore le temps (*a*) qu'*Apianus* perdit à la cultiver. La seconde partie de son ouvrage est plus utile: elle contient entr'autres les observations qu'il fit sur les Cometes de 1531, 1532, 1533, 1538, 1539. Elles ne me paroissent cependant pas assez suivies pour en pouvoir retirer un grand fruit. On a enfin de lui plusieurs observations d'éclipses (*b*). *Apianus* mourut en 1552. On voit par le privilege de son *Astron. Cæsareum*, qu'il méditoit quantité d'autres ouvrages en tout genre. Il laissa un fils nommé *Philippe Apianus,* qui fut aussi Astronome, & dont le seul écrit que nous connoissions, est une lettre au Landgrave de Hesse, sur la fameuse étoile qui parut tout à coup dans *Cassiopée* en 1572 (*c*). Il me seroit facile de grossir cet article en parlant de divers Astronomes peu connus, & qui n'ont rien fait d'éclatant. Je me hâte de traverser cet endroit stérile de mon ouvrage, pour arriver à d'autres plus dignes de nous intéresser.

(*a*) *Comment. de Mot. Martis*, p. 11. c. 14.

(*b*) Cosmograph. ed. 1550, 1584.

(*c*) Tych. *Progymnasm*, p. 643.

III.

Pendant qu'on travailloit de toutes parts à faire fleurir l'Astronomie, mais sans s'écarter encore de la route que les Anciens avoient tenue, le célebre *Copernic* méditoit un projet plus avantageux pour cette science. Libre des préjugés sous lesquels les esprits étoient depuis si long-temps asservis, il osoit soumettre à l'examen les raisons qui avoient fait croire jusqu'alors que notre habitation étoit le centre de l'Univers & des mouvemens célestes. Frappé de la foiblesse de ces raisons & des inconvéniens sans nombre qui suivent de l'immobilité de la terre, il travailloit à relever de ses ruines le véritable systême de l'Univers; il osoit enfin le publier malgré l'air de paradoxe qui l'accompagne auprès du vulgaire, & les contradictions qu'il prévoyoit. Cette époque est tout-à-fait digne de l'attention des Philosophes; car ce pas hardi fut comme le signal de l'heureuse révolution qu'éprouva la Philosophie peu de temps après. Il entre dans notre plan d'exposer par quelle suite de réflexions *Copernic* parvint à cette sublime découverte. Nous le ferons d'après lui-même (*a*), lorsque nous aurons fait connoître quelques traits de sa vie.

Copernic (*Nicolas*) naquit à Thorn en Prusse le 19 Janvier 1472, d'une famille noble. Après avoir appris dans la maison paternelle les Langues Grecque & Latine, il alla à Cracovie continuer ses études. Ce fut-là que le goût qu'il avoit toujours senti pour l'Astronomie, commença à trouver de quoi se satisfaire. Il profita des instructions d'un Professeur pour en apprendre les élémens, & bientôt enflammé d'ardeur par la haute célébrité où étoit *Regiomontanus*, mort depuis une vingtaine d'années, il entreprit le voyage d'Italie, où fleurissoient des Astronomes de réputation. Il conféra & il observa à Boulogne avec *Dominique Maria*: delà il alla à Rome, où son habileté lui mérita bientôt une chaire de Professeur. Diverses observations furent le fruit de son séjour dans cette ville. Il quitta enfin l'Italie vers le commencement du XVIe siecle, & son oncle l'Evêque de Warmie lui donna un canonicat dans sa Cathédrale; ce qui le fixa le reste de sa vie. C'est ici COPERNIC

(*a*) *De revolut. pref. ad Paulum III.*

que nous allons commencer à suivre *Copernic* dans ses réflexions, qui aboutirent enfin à lui montrer l'insuffisance de l'ancien systême de l'Univers, & qui l'obligerent d'en établir un autre sur ses débris.

Copernic ne jouit pas plutôt de la tranquillité de son établissement, qu'il se livra avec une ardeur nouvelle à l'étude du Ciel. Alors les inconvéniens de l'ancienne Astronomie le frapperent vivement. Le prodigieux embarras qui résultoit des hypotheses de *Ptolemée*, le peu de symmétrie & d'ordre qui régnoit dans ce prétendu arrangement de l'Univers, l'extrême difficulté de concevoir qu'une si vaste machine eût un mouvement aussi rapide que celui qu'on lui donnoit, en la faisant tourner sur elle-même en vingt-quatre heures; toutes ces raisons lui persuaderent qu'il s'en falloit beaucoup qu'on eût deviné l'ouvrage de la nature. Il se mit alors à rechercher dans les écrits des Philosophes, s'il n'y avoit pas quelque arrangement plus raisonnable & plus parfait. *Plutarque* lui fournit la premiere idée de son systême, en lui apprenant que quelques Pythagoriciens, entr'autres *Philolaüs*, avoient placé le soleil au centre de l'Univers, & mis la terre en mouvement autour de cet astre; que d'autres avoient fait tourner la terre sur son axe, & refusé aux corps célestes ce mouvement diurne qu'ils paroissent avoir. Cette derniere idée le charma par sa simplicité : elle l'affranchissoit déja de l'inconvénient de faire mouvoir toute la machine céleste avec une rapidité inconcevable pour satisfaire au mouvement diurne. Il apprit ensuite de *Martianus Capella*, que des Philosophes avoient pensé que Venus & Mercure faisoient leurs révolutions autour du soleil; ce fut pour lui un nouveau trait de lumiere, car les conséquences de cette hypothese s'accordent si bien avec les phénomenes, que tout esprit exempt de préjugés, ne peut manquer d'en être frappé.

Copernic remarquoit ensuite que Mars, Jupiter & Saturne paroissoient bien plus grands vers leurs oppositions que dans le reste de leurs cours. C'étoit-là une forte raison de soupçonner que ces trois planetes n'avoient pas la terre pour centre de mouvement, à moins de leur donner une excentricité prodigieuse. Il n'y avoit guere d'autre parti à prendre, que de les faire tourner autour du soleil; & en le supposant, on appercoit aussitôt que cette diversité considérable de grandeur apparente en est une suite nécessaire. L'idée de *Philolaüs* & de ces anciens Philosophes qui faisoient le soleil immobile, se lie admirablement avec ces premieres découvertes; *Copernic* ne manqua pas de voir que mettant le soleil en mouvement autour de la terre, pourvu qu'il entraînât avec lui, comme centre, les cinq planetes dont j'ai parlé, on satisferoit aux phénomenes. Mais l'ordre & l'harmonie de l'univers lui parurent en être blessés. Tout est au contraire dans une symmétrie satisfaisante, si plaçant le soleil au centre, on fait tourner autour de lui toutes les planetes dans cet ordre, Mercure, Venus, la Terre, Mars, Jupiter & Saturne. Alors la Lune, de planete principale, devient une compagne de la Terre, asservie à la suivre dans toutes ses révolutions; ce qui, bien loin de nuire à l'harmonie de l'Univers, sert au contraire à mieux faire éclater la bonté du Créateur, qui a accordé aux habitans de cette planete un astre dont la lumiere considérable peut les dédommager, pendant une partie des nuits, de l'absence du soleil.

Copernic ne se borna pas-là; quelque satisfaisante que fût cette idée, il sentit qu'il falloit qu'elle répondît non-seulement aux phénomenes généraux, mais encore aux particuliers. Ces vues lui firent entreprendre de longues observations, qu'il continua pendant près de trente-six ans, avant que de proposer publiquement son nouveau systême. Qu'il seroit à souhaiter que tous les Physiciens suivans cette sage méthode, ne missent au jour que des idées méditées & refléchies pendant long-temps, éprouvées enfin à la pierre de touche de l'expérience & de l'observation! On verroit moins de systêmes nouveaux, mais on n'en verroit que de justes & de solides.

Malgré de si légitimes raisons d'espérer un grand succès, ce ne fut pas sans peine que *Copernic* dévoila son systême. Il fallut des exhortations de personnes de poids & de grande considération pour l'y déterminer. Quelque chose en ayant transpiré, ou *Copernic* ayant communiqué ses idées à des amis intelligens & sans prévention, le Cardinal *Schoenberg* l'exhorta fortement à ne pas cacher plus long-temps ce trésor au monde sçavant. Sur ces entrefaites *Rheticus*, Professeur de

Vittemberg, attiré par la réputation de *Copernic*, vint se ranger sous ses instructions, & lui offrir ses secours pour donner la derniere main à son ouvrage. Alors *Copernic* ne différa plus à le mettre au jour. Il parut en 1543, sous le titre *de Revolutionibus Celestibus*, en six Livres, dans lesquels ce grand homme fonde d'après son hypothese, un corps d'Astronomie complet, comme *Ptolemée* avoit fait d'après celle qu'il avoit adoptée.

J'ai dit que ce ne fut pas sans beaucoup de ménagement que *Copernic* publia son systême. Il n'osa pas le proposer comme une vérité physique, mais seulement comme une hypothese par laquelle il représentoit plus facilement les mouvemens célestes. Il en parle de cette maniere dans sa Préface adressée à *Paul III.* « Les Astronomes, dit-il, quoique persuadés qu'il » n'y a dans le Ciel aucun des cercles qu'ils y ont imaginés, » ne laissent pas d'employer des hypotheses fondées sur ces » suppositions contraires à la nature ; pourquoi ne pourrai-je » pas supposer la terre mobile, s'il en résulte un calcul plus » simple des phénomenes » ? Cependant lorsque dans le cours de son ouvrage il réfute les raisons par lesquelles on prétendoit alors démontrer l'immobilité de la terre, il est facile de voir que ce qu'il ne donnoit que comme une hypothese, il le regardoit intérieurement comme le vrai & l'unique arrangement de l'Univers.

Copernic n'eut pas le temps d'être témoin de l'effet que son systême produiroit dans le monde sçavant. Un flux de sang l'enleva presque subitement le 24 Mai 1543, peu de jours après qu'on lui eut envoyé de Nuremberg le premier exemplaire de son ouvrage. Il avoit alors 71 ans & quelques mois. Il fut enterré dans la Cathédrale de Warmie, sans pompe & sans épitaphe : mais sa réputation plus durable que les monumens de marbre & de bronze, vivra tant qu'il y aura des Philosophes, & que quelque affreuse révolution ne replongera pas l'esprit humain dans son ancienne ignorance.

IV.

L'hypothese de *Copernic* & la maniere dont elle explique les phénomenes célestes, sont si connues, qu'il paroîtra peut-être inutile d'en rendre compte ici. Je l'ai d'abord pensé : mais ensuite il m'a semblé que cette exposition entroit nécessairement dans le plan d'une histoire raisonnée de l'Astronomie. Ce motif m'a déterminé à ne point supprimer ce morceau, quoique superflu pour ceux qui sont versés dans cette science. Il peut avoir son utilité pour quelques lecteurs à qui elle est moins familiere.

Les premiers phénomenes qui doivent s'attirer notre attention, & dont il s'agit de rendre raison dans le systême de *Copernic*, sont ceux qui concernent le globe que nous habitons, comme l'inégalité périodique des jours & des nuits, & la variété des saisons, occasionnée par le transport apparent du soleil d'un tropique à l'autre. On doit encore remarquer que l'axe de la terre paroît répondre constamment au même point du ciel, du moins dans le cours d'un petit nombre de révolutions ; delà l'immobilité apparente de ces points qui paroissent être les extrêmités d'un axe autour duquel tourne toute la machine céleste.

Pour rendre raison de ces effets, imaginons un plan qui représente l'écliptique, & qu'on décrive sur ce plan un cercle au centre duquel soit le soleil. Il est inutile ici d'avoir égard à la forme elliptique de l'orbite de la terre. La circonférence de ce cercle étant divisée en douze parties égales, qui seront les douze signes du Zodiaque, il est évident que tandis que le centre de la terre parcourra cette circonférence, le soleil que l'œil du spectateur terrestre rapporte à l'endroit diamétralement opposé, parcourra aussi tous les signes dans le même ordre. Ainsi la terre étant dans la Balance, & passant delà dans le Scorpion, le Soleil sera dans le Belier, & passera delà dans le Taureau, &c. Il n'est pas moins aisé de concevoir que la terre tournant toutes les vingt-quatre heures autour de son axe, comme si elle rouloit sur la circonférence convexe de son orbite, le soleil paroîtra se mouvoir dans le même-temps en sens contraire. Voilà le mouvement diurne qui semble se faire dans un sens opposé à celui du mouvement annuel.

Si l'axe de la terre étoit perpendiculaire au plan de l'orbite qu'elle décrit, l'écliptique & l'équateur coïncideroient ensemble : le soleil passeroit toujours à midi à une égale distance de notre zénith : nous jouirions enfin d'un équinoxe perpétuel. Mais cet astre passe tantôt plus près, tantôt plus loin de notre zénith, & semble parcourir, par son mouvement annuel, un cercle incliné à l'Equateur, de 23° ½. La considération de ces phénomenes apprit à *Copernic* qu'il falloit donner à l'axe de la terre une inclinaison semblable. Il fit donc tourner la terre dans son orbite, de telle maniere que son axe restant toujours parallele à lui-même, déclinât constamment de la situation perpendiculaire, d'un angle de 23° & demi. C'est ce parallélisme de l'axe terrestre, avec son inclinaison, qui produit la continuelle alternative des saisons, comme on va l'expliquer.

Qu'on imagine deux perpendiculaires AB, DE, qui partagent l'orbite terrestre en quatre parties égales, en la traversant du Belier à la Balance, & du Cancer au Capricorne: plaçons d'abord la terre au commencement du Belier, son axe incliné au plan de son orbite, de 23° ½, & de maniere que l'angle PCS soit droit; dans cette situation la ligne tirée du soleil au centre de la terre, sera dans un plan perpendiculaire à l'axe; & par conséquent la terre faisant dans vingt-quatre heures une révolution, cette ligne ou le rayon solaire décrira un grand cercle qui sera l'Equateur, & les jours seront égaux aux nuits; voilà l'équinoxe. Mais quand la terre se sera avancée au commencement du Cancer, alors son axe PC, par un effet de son parallélisme constant, formera, avec la ligne SG, un angle aigu de 66° ½. Le rayon solaire tiré à son centre, ou perpendiculaire à sa surface, y décrira durant le cours d'une révolution diurne, un cercle éloigné du pole, de 66° ½, & par conséquent un parallele distant de l'Equateur de 23° ½. Tous les lieux éloignés de l'Equateur, de ce nombre de degrés, auront donc à midi le soleil à leur zénith, tandis que ceux qui sont sous l'Equateur, l'auront à 23° ½ du leur. Cet astre paroîtra enfin à tous les habitans de la terre, décrire dans le Ciel le plus éloigné des paralleles à l'Equateur, c'est-à-dire le tropique; ce sera pour eux le jour du solstice. Que la terre aille delà au commencement de la Balance, il se fera un nouvel équinoxe, par la même raison qu'il s'en est fait un lorsqu'elle entroit dans le signe du Belier; & lorsqu'elle sera arrivée au Capricorne, on aura un nouveau solstice, le Soleil décrira l'autre tropique. Il est enfin aisé d'appercevoir que dans les positions moyennes,

Fig. 38.

moyennes, entre celles qu'on vient de décrire, le Soleil paroîtra parcourir des paralleles moyens entre l'Equateur & les tropiques : par conséquent il paroîtra tantôt s'approcher, tantôt s'éloigner du zénith de chaque lieu.

Il suivra encore de cette disposition de l'axe terrestre, qu'il regardera toujours sensiblement le même point du Ciel éloigné du pole de l'écliptique, de 23° $\frac{1}{2}$ environ. Il faut, à la vérité, supposer pour cela que les étoiles fixes sont à une distance du soleil incomparablement plus grande que celle de la terre à cet astre. Sans cela la même étoile, par exemple, l'étoile polaire seroit tantôt plus, tantôt moins près du pole. Aussi *Copernic*, à l'exemple d'*Aristarque*, supposoit-il que la grandeur de l'orbite terrestre, comparée à celle de la sphere des fixes, étoit insensible. Cette supposition peut paroître un peu dure, mais elle n'est rien en comparaison de celles auxquelles on est contraint en s'en tenant au repos de la terre ; & d'ailleurs nous en établirons la probabilité quand nous discuterons les objections élevées contre le systême de *Copernic*. Admettons-là ici comme nécessaire pour rendre raison de l'invariabilité des poles dans la sphere des fixes.

Mais par quelle force, demandera-t'on, l'axe de la terre garde-t'il toujours ce parallélisme qui semble devoir être continuellement dérangé par le mouvement de translation qu'elle éprouve ? La réponse est facile pour ceux qui connoissent les loix du mouvement. La terre ne se meut autour du soleil que par l'effet de deux forces combinées, dont l'une la pousse dans la direction de la tangente à son orbite, & l'autre vers le Soleil. Ces deux forces affectant également toutes ses parties, il en doit naître un mouvement semblable dans chacune. C'est ainsi qu'un cube poussé par deux forces qui agissent sur lui suivant les deux côtés d'un parallélogramme, conserve le long de la diagonale le mouvement de parallélisme. La terre est dans le même cas : tandis qu'elle parcourt chacun des côtés infiniment petits de son orbite, son axe doit rester dans une situation invariable vers le même côté, & le mouvement de rotation qu'elle a autour de cet axe, est de nature à ne pouvoir le déranger. On peut même s'assurer de ceci par une expérience facile. Qu'on ait un globe très-homogene & percé d'un axe, on pourra le jetter en l'air, & lui imprimer en même-temps un mouvement de rotation autour de son axe. On remarquera que soit que cet axe se trouve dans une situation perpendiculaire au plan de la courbe décrite par le corps, soit qu'il lui soit oblique, il restera parallele à lui-même. Ce qui se passe dans cette expérience, représente en petit le mouvement de la terre, & montre la possibilité, que dis-je, la nécessité de ce parallélisme de son axe; car ce sont des causes semblables qui font décrire à la terre une courbe autour du soleil.

J'ai fait jusqu'ici abstraction d'un petit mouvement, qu'il est nécessaire d'attribuer à l'axe terrestre pour expliquer un autre phénomene, sçavoir la progression apparente des fixes: car c'est aussi dans la terre elle-même que *Copernic* va chercher la cause de cette progression: & en effet, quand on considérera le prodigieux éloignement de cette masse de corps qui paroît se mouvoir comme un seul tout, il sera hors de vraisemblance que ce mouvement soit réel, excepté pour ceux qui, à l'exemple des grossiers Physiciens du Xe siecle, pourroient croire que les étoiles fixes sont des brillans implantés dans la surface concave de la derniere voûte du Ciel. Il est plus raisonnable de penser avec *Copernic*, que ce mouvement apparent n'est que l'effet d'une petite irrégularité dans le parallélisme de l'axe de la terre: on l'explique ainsi. Qu'on imagine que quelque cause, comme une impulsion, ait imprimé à la terre un mouvement qui feroit décrire à son axe, une surface conique autour de la perpendiculaire à l'écliptique, mais seulement dans plusieurs milliers d'années, il est évident que l'altération du parallélisme qu'il produira, sera imperceptible à chaque révolution: tout s'y passera, peu s'en faut, comme si la terre eût gardé un parallélisme exact. Cependant, quoique l'effet de cette aberration ne soit pas appréciable aux sens dans une révolution, on s'en appercevra au bout d'un certain nombre d'années: l'axe de la terre répondra à un autre point de la sphere des étoiles fixes & chacune de ses extrêmités, où chaque pole se sera avancé dans la circonférence d'un cercle concentrique au pole de l'écliptique. Mais la situation des poles de l'Equateur changeant, il est visible que les intersections de ce cercle avec l'écliptique, changeront de même; & si l'on suppose dans l'axe de la terre un mouvement de turbination contre l'ordre des ſignes, ces interſections ſe mouvront dans le même ſens, c'eſt-à-dire, rétrograderont, de ſorte que l'équinoxe du printems anticipera l'arrivée de la terre au point A de ſon orbite où il s'eſt fait l'année précédente. L'étoile placée au point A, paroîtra donc s'être écartée vers l'Orient, de l'interſection de l'Equateur & de l'écliptique, & cet écart très-peu ſenſible à chaque révolution, (car il n'eſt que d'environ 50″ par an) deviendra remarquable dans la ſuite des années. Ainſi la brillante d'*Aries*, qui étoit autrefois voiſine de l'interſection de l'Equateur & de l'écliptique, ſemble s'être avancée vers l'Orient de près d'un ſigne depuis *Hipparque ;* non qu'elle ait changé de place, non plus que l'immenſe aſſemblage des étoiles fixes, il ſeroit aujourd'hui ridicule de le croire, mais parce que les points équinoxiaux ont continuellement rétrogradé. C'eſt pour cela que *Copernic* appelle ce phénomene la préceſſion des équinoxes ; en quoi *Hipparque* ſemble l'avoir prévenu. Je ne ſçaurois en effet trouver d'autre raiſon que celle-là au titre qu'*Hipparque* donna à ſon Traité ſur le mouvement propre des fixes ; car, ſuivant *Ptolemée*, ce titre étoit : *du changement des points équinoxiaux & ſolſticiaux.*

De ce qu'on vient de dire, ſuit une conſéquence qu'il faut remarquer ; c'eſt que dans cette nouvelle Aſtronomie la vraie révolution de la terre n'eſt pas l'intervalle écoulé entre un équinoxe & ſon retour, comme dans le ſyſtême de la terre immobile ; car ce retour de l'équinoxe anticipe toujours le retour de la terre au même point de ſon orbite, parce que les points équinoxiaux rétrogradant, viennent au devant d'elle. La révolution de la terre eſt donc le temps qu'elle emploie à revenir à une même étoile fixe ; elle eſt de 365 jours 6 heures 9 minutes, tandis que la révolution tropique, ou l'intervalle d'un équinoxe au ſuivant du même nom, n'eſt que de 365 jours 5 heures 49 minutes.

Il eſt un autre phénomene dont il ne faut pas chercher la cauſe ailleurs que dans le mouvement de la terre. Toutes les planetes, ſi nous en exceptons la Lune, ſont ſujettes à certaines irrégularités fort bizarres. On les voit après qu'elles ſe ſont dégagées des rayons du Soleil, ralentir peu à peu leur mouvement, s'arrêter enſuite, puis rétrograder rapidement jusqu'à l'opposition, ensuite aller plus lentement, s'arrêter une seconde fois, & enfin reprendre leur marche suivant l'ordre des signes, jusqu'à ce que le Soleil qui les atteint, les fasse disparoître. Jupiter, qui dans chacune de ses révolutions est douze fois atteint & dépassé par la terre, éprouve ces apparences douze fois, Saturne trente, & Mars deux. Cette considération suffiroit déja, ce semble, pour faire rejetter la cause de ce phénomene sur le mouvement de la terre. Mais la maniere simple & lumineuse dont on explique ces irrégularités dans cette hypothese, ne laisse aucune incertitude sur la justesse de l'explication qu'en donne *Copernic*. Une comparaison que nous allons faire, jettera du jour sur l'exemple que nous donnerons ensuite.

Transportons-nous dans un bateau qui est en mouvement sur un grand lac, & examinons ce qui arrivera lorsque de ce bateau on en considérera un autre allant dans la même direction entre celui-ci & le rivage. Se meuvent-ils tous les deux avec une égale vîtesse & dans des directions paralleles? alors celui qui est le plus proche du rivage, paroît sans mouvement au spectateur placé dans l'autre, & si ce rivage étoit à une très-grande distance, ce bateau paroîtroit au spectateur dont nous parlons, répondre pendant assez long-temps à un même objet. C'est ainsi qu'une des planetes supérieures est stationnaire à l'égard du spectateur terrestre, c'est-à-dire, lui semble s'arrêter : cette planete est le bateau le plus proche du rivage; la sphere des fixes à laquelle nous rapportons tous les mouvemens célestes, est ce rivage, mais infiniment éloigné; ce qui fait que lorsque la terre & cette planete marchent avec une vîtesse égale vers le même côté, celle-ci paroît répondre pendant tout ce temps au même point du Ciel, & elle est stationnaire. Mais reprenant notre comparaison, que le bateau le plus voisin du rivage aille le moins vîte, le spectateur placé sur l'autre, le verra rétrograder, & lui cacher successivement le long du bord, des objets vers le côté opposé à celui où il va. Lorsqu'au contraire le premier ira le plus vîte, il paroîtra avancer dans sa véritable route, il sera direct. Si l'on supposoit que le plus éloigné du bord se mût dans un sens contraire, le plus voisin paroîtroit encore direct. Tout ceci est l'image de ce qui arrive aux planetes supérieures à l'égard de la terre. Lorsque celle-ci les surpasse en vîtesse dans la même direction, elles sont rétrogrades : elles deviennent directes quand la terre reste en arriere, ou qu'elle passe dans la partie de son orbite où elle a une direction opposée. Ainsi les stations & les rétrogradations des planetes supérieures se feront vers les oppositions, elles seront directes dans tout le reste de leur cours, & c'est ce que l'observation justifie ; un exemple achevera de rendre sensible cette explication.

Que l'arc AF représente une portion de la sphere des fixes, Fig. 39.
où le spectateur terrestre projette le mouvement de Jupiter, & que *am* soit une partie de l'orbite de cette planete, sçavoir celle qu'elle parcourt durant un an, ou pendant que la terre fait une révolution entiere autour du soleil ; que l'orbite de la terre soit divisée en douze portions égales par les points 1, 2, 3, &c, & qu'on en fasse autant de l'arc *a m*, ces portions de l'orbite de la terre & de l'arc *am*, seront à peu près les espaces correspondans que parcourent les deux planetes dans le même temps. Lorsque Jupiter approche de son opposition, que la terre parcoure le petit arc 5, 6, pendant que Jupiter parcourt le semblable dans son orbite *ef*, il est évident que si cet arc 5, 6 est tel, (& il y en aura nécessairement un,) que les lignes 5 *e*, 6 *f* soient paralleles entr'elles, la planete sera stationnaire ; car le spectateur placé en 5, la rapportera en L, & placé en 6, il la verra au point *l*, qui, à cause de l'éloignement immense des fixes, se confond avec le premier. Mais quand la terre parcourra les arcs 67, 78, alors elle devancera de vîtesse la planete parcourant dans le même temps les arcs *gh*, & *hi*, & le lieu où la rapportera l'observateur terrestre, sera moins avancé que le point L. Ainsi cette planete sera rétrograde, & l'opposition se fera vers le milieu de la rétrogradation. Enfin la terrre étant arrivée à l'arc 89 qui soit à l'égard de celui que décrit dans le même temps la planete *hi*, comme 5, 6 étoit à l'égard de *ef*, il se fera une nouvelle station qui terminera la rétrogradation. La planete commencera alors à être directe, & elle le sera tant que la terre parcourra la partie de son orbite 9, 10, 11, 12, 1, 2, 4, 5, 6, où elle se meut dans un sens contraire. On voit aussi facilement que le mouvement de la planete doit aller en s'accélérant

continuellement depuis sa derniere station, jusqu'à son occultation dans les rayons du soleil, & que du moment où elle s'en dégage, elle doit aller en retardant sa vîtesse jusqu'à la premiere station.

Les mêmes phénomenes arrivent aux planetes inférieures, qui circulent autour du Soleil entre cet astre & la terre, comme Venus & Mercure; & quoique l'explication de leurs stations & rétrogradations differe un peu de la précédente, elle est néanmoins fondée sur les mêmes principes. Ce qu'une des planetes inférieures est à l'égard de la terre, celle-ci l'est à l'égard d'une des supérieures. Ainsi nous prendrons pour exemple la terre vue de Jupiter, & ce que nous en dirons sera applicable aux planetes de Venus & de Mercure, vues de la terre. Il est d'abord facile de voir que la terre sera stationnaire à l'égard de Jupiter, quand celui-ci le sera à l'égard d'elle. Les stations de la terre arriveront donc quand elle parcourra avant & après sa conjonction inférieure, les arcs comme 56, 89, tels que les lignes 5 *e*, 6 *f*, ou 8 *h*, 9 *i*, soient paralleles: elle sera rétrograde quand elle décrira l'arc intermédiaire 68; car elle aura alors, à l'égard de Jupiter, un mouvement contraire à l'ordre des signes, & une vîtesse plus grande que celle de Jupiter dans son arc correspondant. Elle sera enfin directe dans tout le reste de son orbite, & sa vîtesse augmentera à mesure qu'elle approchera de sa conjonction supérieure, comme au contraire elle ira en diminuant lorsqu'elle se montrera après l'avoir passée. Ainsi l'on voit que les stations & les rétrogradations des planetes supérieures se font avant & après leurs oppositions; & au contraire les inférieures éprouvent ces apparences avant & après leur passage entre le soleil & la terre.

Ce que nous venons de dire montre encore que le lieu apparent d'une planete quelconque, de Jupiter, par exemple, dépend du lieu où est la terre; ainsi lorsque dans l'Astronomie moderne on veut calculer le lieu de Jupiter, qu'on nomme géocentrique ou vu de la terre, il faut d'abord calculer son lieu à l'égard du soleil, qu'on appelle le lieu héliocentrique, & qui dépend de la figure de l'orbite & des équations propres à cette planete. Il faut après cela calculer pour le même instant le lieu de la terre vu du soleil, ce qui donne la distance où ces deux corps paroîtroient l'un à l'égard de l'autre, à un spectateur placé sur cet astre, c'est-à-dire, l'angle formé par les lignes IS, ST; enfin par les théories particulieres de Jupiter & de la Terre, on connoît les rapports des lignes IS, ST, ce qui, avec l'angle IST, donne l'angle STI, qui est la distance de Jupiter au Soleil dans l'écliptique, ainsi le lieu du Soleil étant connu, on a celui de Jupiter à l'égard de la terre. Il arrive delà que tantôt le lieu héliocentrique précede le géocentrique, tantôt il le suit, tantôt ils coincident; c'est-là ce qui cause cette variété de phénomenes si singuliers en apparence, & qui dépendent néanmoins d'une cause fort simple. Fig. 40.

Ce seroit ici le lieu d'exposer les hypotheses particulieres que *Copernic* imagina pour représenter les mouvemens de chaque planete. Une histoire particuliere de l'Astronomie l'exigeroit; mais l'immensité de mon objet ne me permet pas de me livrer à ces détails. Je me bornerai à remarquer que *Copernic* improuva l'inégalité réelle que *Ptolemée* avoit donnée à quelques planetes, en plaçant le centre du mouvement uniforme ailleurs que dans le centre des cercles qu'il leur faisoit parcourir. Il étoit persuadé, avec l'antiquité, que le *mouvement d'un corps simple, comme les astres, devoit être simple & uniforme*, & que quelque irrégulier qu'il parût être, il ne pouvoit être composé que de mouvemens simples : les plus grands hommes tiennent toujours à leur siecle par quelque foible. En conséquence, pour représenter les mouvemens des planetes, il se servit d'un excentrique sur lequel rouloit un épicycle qui portoit la planete, & qui tournoit suivant une certaine loi. Il ne se fit pas même une peine de mettre épicycle sur épicycle, comme dans la théorie de la Lune, où les irrégularités multipliées obligent de recourir à des moyens extraordinaires. Je passe aussi légérement sur quelques-uns de ses sentimens astronomiques. Il pensa, par exemple, que la progression annuelle des fixes n'étoit pas toujours la même, qu'elle avoit été plus rapide au temps d'*Hipparque*, où elles paroissent avoir parcouru un degré en 72 ans, & plus lente au temps de *Ptolemée*. Il admit aussi des variations périodiques dans l'excentricité de l'orbite terrestre, & dans l'obliquité de l'écliptique. Mais ces questions qui ont autrefois divisé les

Astronomes, ne le font plus aujourd'hui. Il est, à la vérité, fort probable que l'action mutuelle des planetes les unes sur les autres, peut produire quelque variation dans leurs excentricités, &c, mais ce n'est point dans le sens de *Copernic* & de ceux qui adopterent son opinion. Ces irrégularités, si on en excepte celles de la Lune, étoient trop peu sensibles pour tomber sous l'observation dans le siecle où il vivoit.

V.

La terre étoit réputée depuis si long-temps dans un repos parfait au centre de l'Univers, que ce seroit un sujet de surprise que le systême qui venoit la troubler dans cette possession, se fût accrédité sans de longs & de vifs débats. Aussi ce n'est pas sans peine qu'il a prévalu sur celui de l'antiquité. On a vu pendant près d'un siecle les Physiciens & les Astronomes aux prises les uns avec les autres à son sujet. A la vérité c'étoit avec des armes bien inégales : les partisans de *Copernic* étoient la plûpart des Astronomes du premier ordre, des hommes guéris des préjugés de la Philosophie ancienne, & qui s'étoient illustrés par de brillantes découvertes. On ne voyoit presque de l'autre côté que des Péripatéticiens qui proposoient les plus ridicules argumens ; des Théologiens qui jugeoient une question qu'ils n'entendoient pas ; de ces hommes enfin qui dans tous les siecles auroient été des obstacles aux progrès de la Philosophie & de la raison. Tel est, qu'on me permette cette expression, le tableau des deux armées. L'histoire de cette querelle philosophique, vient trop naturellement ici pour la renvoyer ailleurs. Quoique sa grande chaleur ait été durant le XVIIe siecle, nous rassemblerons dans cet article & les suivans, tout ce qui la concerne, pour ne point séparer des objets qui se lient si bien ensemble.

Le premier disciple de *Copernic* fut *Joachim Rheticus*, que nous avons vu quitter sa Chaire de Vittemberg, pour aller travailler avec lui, & l'exciter à publier son Livre *des Révolutions*. *Rheticus* goûta parfaitement les raisons de *Copernic*, & dès l'année 1540 il se déclara publiquement le partisan de son systême (*a*). Plus hardi que son maître, qui ne proposoit le

(*a*) *Narratio de Libris revol. Copern.* 1540. 4. *& cum opere de revol.* 1666. *f.*

le mouvement de la terre que comme une hypothese, *Rheticus* ne fit aucune difficulté de l'assurer positivement. Il ajouta de nouvelles raisons à celles de *Copernic;* & il ne craignit pas d'insulter en quelque sorte aux partisans du sentiment contraire, en disant que si *Aristote* leur chef revenoit au monde, il reconnoîtroit son erreur. Cependant malgré ce zele de *Rheticus*, & la solidité des raisons de *Copernic*, le systême de la terre mobile ne prit que de foibles accroissemens dans ce siecle, & l'on compte facilement le nombre de ses partisans. Il se réduit presque à *Rheinold*, l'Auteur des Tables Pruténiques; à *Rothman*, que *Tycho* parvint dans la suite à attirer à soi en allarmant sa religion; à *Christianus Wurstisius*, qui lui fit quelques prosélites en Italie; à *Mœstlin* enfin, l'illustre maître de *Kepler*, dont nous ferons connoître ailleurs le mérite. Le vulgaire des Philosophes & des Astronomes continua à réputer la terre immobile, & à accabler, en apparence, *Copernic* sous le poids des raisons d'*Aristote* & de *Ptolemée*. En vain y avoit-il répondu; les moins prévenus se contenterent de regarder son systême comme un ingénieux paradoxe: il falloit, ce semble, que l'esprit humain eût encore acquis quelque degré de force pour être capable d'une vérité si sublime.

Cela arriva enfin au commencement du XVIIe siecle. Le Télescope nouvellement découvert en mettant en évidence le mouvement de Venus & de Mercure autour du Soleil, en faisant appercevoir autour de Jupiter de nouvelles planetes semblables à notre Lune, en démontrant enfin la ressemblance de la Lune avec la terre, fournit de nouvelles preuves au sentiment de *Copernic*. On commença vers le même-temps à connoître mieux qu'auparavant les loix du mouvement, & à consulter en Physique plutôt l'expérience que les raisons Métaphysiques. *Aristote* fut trouvé si souvent en défaut, qu'il perdit beaucoup de son crédit auprès des gens de génie, ou non prévenus. On remit ses raisons à la balance, & lorsqu'on les examina sans cette prévention servile de ses sectateurs, il parut surprenant qu'elles eussent si long-temps captivé l'esprit humain; enfin la révolution fut rapide partout où l'on jouit de la liberté de penser. Dès le milieu du XVIIe siecle, & même auparavant, il n'y avoit presque pas un Philosophe ou un Astronome libre & de quelque réputation, qui ne tînt le mouvement de la terre comme une vérité établie, ou du moins qui ne le regardât comme une hypothese qui n'avoit rien de répugnant à la saine Physique, & qui étoit plus propre qu'aucune autre à expliquer les phénomenes célestes.

Il est ordinaire d'attaquer par l'autorité ce qu'on ne peut détruire par de bonnes raisons. Quand les objections physiques qu'on élevoit contre le système de *Copernic*, eurent été convaincues d'impuissance, on souleva les Théologiens. *Copernic* avoit prévu qu'on lui feroit quelque jour cette querelle, & qu'il n'auroit pas seulement affaire aux Physiciens & aux Astronomes invétérés dans leur erreur. Il avoit traité fort cavaliérement cette sorte de gens qui prétendent trouver dans des passages de l'Ecriture, le dénouement d'une question physique, & il n'avoit pas daigné leur répondre. Ces passages furent la derniere arme qu'on employa contre lui: on accusa d'impiété & d'hérésie ceux qui osoient penser que la terre tournoit; bientôt même ils furent déférés aux Tribunaux Ecclésiastiques. Voici l'histoire de cette persécution, qui doit faire tant de honte à ceux qui en ont été les instrumens.

Ce fut en 1615 que le sentiment de *Copernic* commença à essuyer les censures du saint Office. Un Religieux Carme, nommé le P. *Foscarini*, homme judicieux, & dont les nouvelles découvertes de *Galilée* avoient fait un Copernicien, en fut la cause innocente. Il avoit fait paroître en 1615 une lettre adressée à son Général le P. *Fantoni*, où il examinoit la maniere dont on devoit entendre les passages de l'Ecriture qui sont contraires à *Copernic*; & sans s'écarter en aucune maniere du respect dû aux Livres Saints, il avoit proposé une voie de conciliation sage & ingénieuse. Il y avoit aussi quelque-temps qu'un Théologien Espagnol (*Didace Astunica*,) dans un Commentaire sur *Job*, avoit embrassé le système de *Copernic*, & avoit dit que dans les matieres de discussion philosophique, l'esprit Saint s'étoit énoncé conformément au langage & à l'opinion ordinaire des hommes. C'étoit la doctrine qu'avoient enseignée avant lui plusieurs sçavans Docteurs & divers Commentateurs de l'Ecriture, respectés dans les Ecoles. Mais ces autorités ne le purent préserver, non plus que le P. *Foscarini*, de la censure. Leurs ouvrages déférés à la Congrégation des Cardinaux préposés à veiller sur les Livres nouveaux, furent condamnés. Celui de *Copernic* qui y avoit donné lieu, fut aussi enveloppé dans la condamnation. Il fut ordonné que dans les nouvelles éditions qu'on en feroit, on retrancheroit, ou l'on changeroit les endroits où il donne son systême comme une réalité, & surtout ces deux chapitres où il parle avec une sorte de mépris de ceux qui pourroient penser que l'on doit prendre à la lettre les endroits contraires de l'Ecriture, & où il discute les raisons d'*Aristote* pour le repos de la terre. L'opinion enfin qui met le soleil immobile au centre de l'Univers, fut déclarée formellement hérétique, fausse & absurde en Philosophie; & celle qui, plaçant la terre au centre, lui donne un mouvement de rotation sur son axe, fut seulement qualifiée d'erronée dans la foi, & de dangereuse. Les auteurs de cette condamnation montroient une égale ignorance de l'étendue de leurs droits, de l'Astronomie, de la Physique & même de l'Ecriture : car qu'y a-t'il de plus ridicule que de voir un Tribunal Ecclésiastique décider qu'une opinion est fausse & absurde en Philosophie, & cela dans un temps où divers phénomenes nouvellement découverts dans les Cieux, attestoient qu'elle n'avoit rien que de raisonnable ? En second lieu, ces Juges ne traitoient que d'erronée & de dangereuse, ce qui est une qualification plus douce que celle d'hérétique, la proposition qui dans leur façon de penser, auroit dû être traitée avec le plus de rigueur. Car personne n'ignore que les passages les plus clairs & les plus fréquens de l'Ecriture, dont on peut se servir contre les Coperniciens, regardent uniquement le mouvement diurne. Le systême qui place la terre au centre, & qui lui donne seulement une circonvolution autour de son axe, va aussi directement contre ces passages, que celui de *Copernic* qui lui attribue de plus le mouvement de translation.

Galilée avoit trop de réputation, & ses découvertes avoient trop servi à accréditer le systême de *Copernic*, pour qu'il échappât aux censures de l'Inquisition. On n'eut pas plutôt déféré à ce Tribunal la nouvelle hérésie du mouvement de la terre, que ce grand homme y fut cité comme celui qui contribuoit le plus à l'étendre : ce fut vers la fin de 1615. Il ne jugea pas à propos de s'exposer à une longue prison, ou à quelque chose de pis, par un attachement trop opiniâtre à son sentiment; il le désavoua sans contrainte, & on le renvoya au commencement de 1616.

Quoique l'Italie soit un des pays où l'autorité met le plus d'entraves à la raison, *Copernic* & *Galilée* y eurent un Apologiste. Ce fut le P. *Campanella*, Dominicain, & Calabrois de naissance; deux qualités qui, quoiqu'elles le rendissent plus justiciable de l'Inquisition, ne l'empêcherent pas de réclamer les droits de la Philosophie. Son Livre, qui a le même objet que celui du P. *Foscarini*, parut en 1616.

Cependant *Galilée* méditoit une vengeance qu'il exécuta plusieurs années après. Il travailla dans le silence à ses Dialogues sur les trois fameux systêmes du monde, ou son *Systema Cosmicum*, qui est une Apologie complete de celui de *Copernic*, à le considérer du côté de la Physique. Il s'agissoit de le faire imprimer, pour cela il exposa artificieusement dans sa Préface, que les étrangers ayant pensé & même publié que la condamnation du systême de *Copernic* étoit l'ouvrage d'un Tribunal qui ne connoissoit pas les raisons qu'on pouvoit alléguer en sa faveur, il avoit voulu montrer que les Docteurs Italiens n'étoient pas moins instruits des raisons pour & contre, que les plus sçavans Ultramontains. Sur cet adroit exposé, on lui permit l'impression de son Livre, & il parut en 1632. C'est un dialogue entre trois interlocuteurs, dont l'un est le Seigneur *Sagredo*, noble & Sénateur Vénitien, son ancien ami; le second est lui-même sous le nom de *Salviati;* & le troisieme, un Péripatéticien nommé *Simplicio*. Le pauvre *Simplicio* ne paroît là que pour être battu de la maniere la plus complete, quoique *Galilée* lui fournisse les objections les plus fortes, dont se soient jamais servis les Péripatéticiens les plus aguerris; car la victoire eût été trop facile, s'il n'eût eu à combattre que celles des Philosophes ordinaires de cette secte. Cet ouvrage avoit été précédé d'un autre apparemment anonyme & furtif, qui parut en 1631 : il est intitulé *Nova antiqua SS. PP. & probat. Theologorum doctrina, de S. Script. testimoniis in conclusionibus merè naturalibus, quæ experientiâ sensuum & demonstrationibus necessariis evinci possunt temerè non usurpandis.* Ces deux ouvrages réunis, forment une apologie victorieuse du sentiment de *Copernic*.

Il étoit difficile que l'objet des Dialogues de *Galilée* fût long-temps caché. Le succès qu'ils eurent, le ridicule qu'ils jetterent sur les adversaires de *Copernic*, réveillerent l'inquisition. Sans doute *Galilée* avoit compté se mettre à l'abri du ressentiment de ce Tribunal sous la protection du grand Duc de Toscane auquel il étoit attaché, & qui l'affectionnoit particuliérement; mais ce Prince, soit foiblesse, soit intérêts politiques à ménager, n'osa le soutenir. *Galilée* cité pour la seconde fois devant le Saint Office le 23 Juin 1632, fut obligé de se rendre à Rome pour comparoître; & à son arrivée il fut arrêté. Nous ne dirons pas qu'il fut mis dans d'obscures prisons; encore moins eût-il les yeux crevés, comme l'a récemment raconté l'Auteur d'une espece d'histoire de l'Astronomie : l'intérêt de la vérité nous oblige de remarquer qu'au milieu de cette odieuse procédure, on eut quelques égards pour ce grand homme. Si nous en pouvons croire M. *Viviani* (*a*), le lieu de sa prison ou de ses arrêts, fut le magnifique Palais des Ambassadeurs France; mais on ne l'en menaça pas moins de la peine des relaps, s'il ne désavouoit une seconde fois son sentiment, & s'il osoit jamais plus enseigner dans ses écrits, ou de vive voix, le mouvement de la terre. C'est par ces voies qu'on obtint de lui l'humiliante rétractation qu'on publia dans toute l'Europe, & dont triompherent les ennemis de *Copernic* & les siens : elle est du 20 Juin 1633. On la lit dans *Riccioli* (*b*), avec le decret de l'Inquisition qui la précede, monument célebre de l'ignorance & de la passion. On ne se borna pas à exiger de *Galilée* cette rétractation : par une rigueur qui révoltera à jamais les siecles éclairés, on condamna cet homme respectable à une prison perpétuelle, en punition de sa rechûte, sauf à lui faire grace; & en effet on le retint encore un an dans l'endroit que nous avons dit. Enfin lorsqu'on l'élargit, on prit des mesures pour qu'il restât toujours en quelque sorte sous la main de l'Inquisition; on lui ordonna de ne point sortir du territoire de Florence. Il y mourut en 1642 dans sa maison de campagne d'Arcetri, que, dans ses lettres à des amis intimes, il appelloit sa prison.

Pendant que *Galilée* essuyoit ce traitement rigoureux, qui

(*a*) Vita di Galileo, &c. *Fasti consol. dell' Acad. Florentina.* Heuman. *Act. Phil.* T. II.
(*b*) Alm. Nov. t. II, l. 9. *ad fin.*

rappelle la perſécution dont *Anaxagore* faillit autrefois à être la victime, la fermentation étoit grande dans le reſte de l'Europe, ſi pourtant on peut ſe ſervir de ce terme entre des adverſaires auſſi inégaux que ceux qui ſoutenoient le mouvement de la terre & ceux qui l'attaquoient. On voyoit en France l'illuſtre *Gaſſendi*, aux priſes avec le P. *Caſree* & le fameux *Morin*, fameux, dis-je, par ſon attachement à l'Aſtrologie judiciaire, quoiqu'il ne fut pas ſans mérite du côté des connoiſſances ſolides. Mais l'Aſtrologie étoit ſa manie, & l'emportoit aux plus ridicules excès (*a*). La querelle n'étoit qu'incidente entre *Gaſſendi*, & *Caſree* dont nous aurons occaſion de parler ailleurs au ſujet de l'accélération des graves; mais elle fut des plus vives entre *Gaſſendi* & *Morin*. Celui-ci avoit publié en 1631, un Livre où il prétendoit avoir réſolu la queſtion du mouvement de la terre, & il ſe déclaroit contre *Copernic*. Ce n'étoit qu'un réchauffé des objections Péripatéticiennes, & autres déja ſi ſouvent faites & ſi ſouvent repouſſées. *Gaſſendi* publia en réponſe ſon excellent écrit, intitulé *de motu impreſſo à motore tranſlato*, parce qu'il y répondoit principalement à l'argument Anticopernicien tiré de la chûte des graves dans la ligne perpendiculaire, qui étoit l'Achille de *Morin* & de quelques autres: nous en parlerons plus au long dans l'article ſuivant. *Morin* étoit d'ailleurs fort maltraité dans cet écrit; ce qui ne fit que l'irriter davantage. Il publia bientôt après contre *Gaſſendi*, un miſérable écrit intitulé, *Alæ telluris fractæ*; & un autre contre *Lansberge*, le fils de l'Aſtronome fort connu de ce nom. Ces deux écrits, au jugement de *Déchalles* même, qui n'étoit pas favorable à *Copernic*, ne ſont qu'un tiſſu de méchante Phyſique. On peut acquieſcer à cette déciſion qui n'eſt pas ſuſpecte. *Gaſſendi* ne répliqua pas, & laiſſa *Morin* s'applaudir d'avoir répliqué le dernier.

L'opinion de *Copernic* faillit vers ce temps à eſſuyer en

(*a*) Morin animé contre Gaſſendi, avoit publié pluſieurs fois qu'il mourroit vers un certain temps; mais malheureuſement pour l'honneur de Morin & de l'Aſtrologie, Gaſſendi, quoique d'une ſanté chancelante, ne ſe porta jamais mieux que les jours qu'il devoit mourir. Morin eut la hardieſſe de prédire la mort de Louis XIII, qui ſe releva en quelque ſorte de l'agonie pour le faire mentir, & ne mourut que quelques ſemaines après; il eut mille démentis publics de cette ſorte, qui ne ſervirent qu'à le rendre plus furieux & plus animé.

France une condamnation semblable à celle que Rome avoit lancée contre elle. Le Cardinal de Richelieu, apparemment animé par les suggestions de quelques Philosophes de l'Ecole, qui allarmerent sa religion, poursuivoit cette condamnation en Sorbonne. On étoit assemblé, & le plus grand nombre des voix alloit à confirmer le décret de l'Inquisition. Mais les réflexions d'un Docteur, homme d'esprit, arrêterent le coup, & épargnerent à ce corps une pareille sottise. La question du mouvement ou du repos de la terre, ne fut traitée que philosophiquement, malgré les efforts de ceux qui tenterent d'y employer la voie de l'autorité.

La querelle ne fut pas moins vive dans les Pays-bas, entre les Astronomes & les Théologiens. Le D. *Fromondus* de Louvain, publia en 1631 son *Anti-Aristarque*, où il défendoit le décret du Saint Office, donné en 1616 contre les Coperniciens : *Lansberge* déduisit au contraire en 1632 les preuves que ceux-ci donnoient de leur sentiment, & en même-temps le fils de *Lansberge* répondit à *Fromondus*, & celui-ci répliqua par sa *Vesta*. Ecoutons encore un Anticopernicien sur le mérite des écrits de ce Docteur de Louvain. *Déchales* convient que la plus grande partie des argumens Physico-mathématiques qu'il opposoit aux Coperniciens, ne partoit que de son peu d'intelligence en Physique & en Astronomie ; nous ajouterons qu'il y en a d'une ridiculité extrême, & ce n'est pas le moindre nombre (*a*). *Fromondus* fut secondé dans ses efforts contre *Copernic*, par un certain *Alexandre Rosse*, qui écrivit contre *Lansberge*. La plûpart de ses objections, comme celles du Docteur de Louvain, ne méritent d'autre réponse que des éclats de rire.

Parmi ceux qui n'ont pas admis le mouvement de la terre, un des plus raisonnables est le P. *Riccioli*. Ce sçavant Astronome passant en revue tous les argumens Anticoperniciens, convient de bonne foi qu'il n'y en a aucun auquel on ne donne une bonne réponse. Il en forme cependant un nouveau tiré de

(*a*) Voici un des argumens moraux de Fromondus, qui donnera une idée du génie de cet adversaire de Copernic. *L'enfer*, dit gravement ce Docteur, (Antarist. c. 12. *Item.* Vesta. Tract. 5, c. 2. (*est au centre de la terre, & doit être le plus loin qu'il est possible de l'empirée, le séjour des bienheureux, qui est sur la derniere voûte de l'Univers. Le centre étant donc le point le plus éloigné de la circonférence de tous les côtés, le centre de la terre doit être celui de l'Univers.*

l'accélération des Graves, qu'il regarde comme très-pressant; mais il trouva des contradicteurs même en Italie. Le Géometre *Stephano de Angelis*, dévoila la foiblesse de cette prétendue démonstration; ce qui occasionna quelques écrits de part & d'autre, où *de Angelis* montra que les solides principes de la méchanique lui étoient présens, & *Riccioli* ou ses défenseurs, qu'ils les avoient apparemment oubliés. Au reste, *Riccioli* insiste principalement sur l'autorité de l'Ecriture, qu'il prétend devoir être prise dans le sens littéral & rigoureux: mais c'est une assertion contre laquelle on a d'aussi bonnes, pour ne pas dire de meilleures raisons, que celles qu'il allegue en sa faveur. Pour le dire en un mot, le P. *Riccioli* montre beaucoup de sçavoir, mais peu de génie, & toute la servilité d'un esprit Ultramontain dans le prolixe examen qu'il fait de cette querelle.

Afin d'abréger, je passerai briévement sur divers autres écrits qu'on peut regarder comme les pieces de ce fameux procès. Je trouve d'abord en 1639 le *Philolaüs* de M. *Bouillaud*; en 1651 un Epître d'un Copernicien anonyme; le *Copernicus Redivivus* de *Lipstorp*, ouvrage curieux & d'une solide doctrine, en 1653; le *Copernic defend'd*, (*Copernic* défendu), en deux parties, du Sçavant *Wilkins*, Evêque de Chester en 1660: dans l'une il prouve qu'il n'y a rien qui s'oppose à ce que la Lune soit habitée comme la terre; & dans l'autre, que la terre peut être une planete (*a*). Aucun Auteur n'a plus sçavamment discuté les raisons que les Anticoperniciens prétendent tirer des Ecritures. Une demoiselle sçavante, (Mademoiselle *Dumée*) prenoit aussi en 1680, la défense du mouvement de la terre dans des entretiens sur le systême de *Copernic* (*b*). Un Astronome & Théologien Allemand, (M. *Zimmermann*) a entrepris de prouver que l'Ecriture Sainte favorise le mouvement de la terre: c'est-là l'objet de son livre intitulé *Scriptura sacra Copernisans*, qui parut en 1691. Je crois pouvoir dire, sans l'avoir lu, que ses raisons ne sçauroient être que fort détournées, & par-là de peu de considération.

(*a*) Cet ouvrage a été traduit en François sous le titre, *le Monde dans la Lune*, en deux Parties, &c. Par le sieur de la Montagne. *Rouen*, 1655.

(*b*) Ce Livre est annoncé dans le Journal des Sçavans, 1680: mais je doute qu'il ait jamais paru.

Les

Les écrits contre le systême de *Copernic*, que nous offre le même siecle, sont l'*Antiphilolaüs*, en réponse au *Philolaüs* de M. *Bouillaud ;* c'est l'ouvrage du Péripatéticien *Scipion Claramonti*, homme fameux par son opposition continuelle à toutes les découvertes de son temps ; le *Dialogus Theologico-Astronomicus* de *Jacques Dubois*, de Leide, auquel on répondit en 1656, de Rome, par un écrit sous le titre de *Demonstratio ineptiarum J. Dubois, &c ;* l'*Anticopernicus catholicus*, d'un certain *George Polac ;* l'*Examen Theologico-Philosophicum famosæ de motu telluris controversiæ* de Jean *Herbinius*, qui parut en 1655. Le P. *Grandami* publia en 1669 son Livre intitulé *Nova demonstratio immobilitatis terræ petita ex virtute magneticâ ;* mais cette démonstration du repos de la terre, est aussi mauvaise que celle que *Gilbert* prétendoit donner de son mouvement : nous parlerons ailleurs de l'une & de l'autre. Je ne dis rien de plusieurs autres adversaires de *Copernic*, antérieurs ou postérieurs à ceux que je viens de citer. Quelles que soient les lumieres d'un siecle, on ne doit pas s'attendre à voir aucune vérité à l'abri de la contradiction. Si dans celui-ci nous voyons tous les jours des gens qui découvrent la quadrature du cercle, en se jouant des principes géométriques les plus évidens, faut-il s'étonner d'en trouver encore qui prétendent donner des démonstrations du repos de la terre. On ne sçauroit mieux apprécier leurs ouvrages, qu'en n'en parlant pas.

VI.

La crainte de faire languir la narration précédente en y insérant les raisons des adversaires de *Copernic*, & les réponses de ses partisans, m'a porté à les renvoyer à cet article. Je vais maintenant faire connoître les principales. Je commence par les raisons Physiques & Astronomiques.

La premiere objection que les adversaires de *Copernic* aient fait valoir contre lui, est la prétendue démonstration que donne *Aristote* du repos de la terre au centre de l'Univers. Tous les corps graves, avoit dit ce Philosophe dont l'autorité a retardé si long-temps les progrès de la raison, tous les corps graves, tendent vers le centre de l'Univers, comme les corps legers vers sa circonférence. Or l'expérience nous apprend que les premiers tendent au centre de la terre : ce centre & celui de l'Univers, ſont donc dans le même point.

Dès qu'on commença à ſecouer la honteuſe ſervitude de l'autorité d'*Ariſtote*, il ne fut pas difficile de répondre à un auſſi mauvais raiſonnement. Car, qui avoit appris à ce Philoſophe que les corps graves tendent par leur nature au centre de l'Univers ? Il les avoit vu tomber vers la terre, & il en avoit conclu dans ſon préjugé ſur la poſition de notre demeure, qu'ils tomboient vers le centre de l'Univers, que la peſanteur enfin n'étoit qu'une appetence de ce centre. Puis prenant cette concluſion pour un principe, il vouloit en déduire le repos de la terre au centre. Le paralogiſme eſt évident, & fait peu d'honneur à ce Légiſlateur de la Logique. Nous trouvons dans la réponſe que faiſoit *Copernic* à cet argument, des traits du ſyſtême de la gravitation univerſelle ; la peſanteur, ſuivant lui, n'eſt autre choſe que la tendance qu'ont toutes les parties de la terre à ſe réunir. *Etenim*, dit-il, (*a*) *exiſtimo gravitatem nihil aliud eſſe quàm appetenciam quamdam naturalem terræ partibus inditam à divinâ providentiâ opificis univerſorum, ut in integritatem unitatemque ſuam ſeſe conferant in globi formam coeuntes, quam affectionem credibile eſt etiam ſoli, lunæ, cæteriſque errantium fulgoribus ineſſe, ut ejus efficaciâ in eâ quâ ſeſe repreſentant rotunditate permaneant.* Ainſi, diſoient *Copernic* & ſes partiſans, les corps terreſtres ne peſent que parce qu'ils tendent à ſe réunir au tout dont ils ſont parties ; il en eſt de même de la Lune, & c'eſt de l'égalité des forces avec leſquelles toutes ces parties tendent à compoſer un tout, que naît la rondeur de la terre & des corps céleſtes.

Je paſſe quelques autres mauvais argumens fondés ſur les fauſſes notions qu'*Ariſtote* avoit du mouvement qu'il diviſoit en circulaire & rectiligne, attribuant le premier aux corps céleſtes, & le ſecond aux corps terreſtres. Ils ſeroient tout-à-fait ridicules aujourd'hui, & les Coperniciens s'en tiroient comme du précédent, en rejettant toutes ces aſſertions dénuées de preuves. On doit faire auſſi peu de cas des raiſons de convenance, tirées du plus ou du moins de nobleſſe du centre ou de la circonférence, du repos ou du mouvement, que les

(*a*) De Revol. c. 9.

Rosse & les *Fromondus*, &c, faisoient beaucoup valoir. Les *Coperniciens* les tournoient à leur avantage avec autant de vérité.

Les raisonnemens qu'on fonde sur les phénomenes astronomiques, n'ont pas plus de force pour prouver l'immobilité de la terre. En tout temps, disoient les adversaires de *Copernic*, on voit une moitié du Ciel sur l'horizon, & de deux étoiles diamétralement opposées, l'une paroît toujours se coucher lorsque l'autre se leve. Les étoiles enfin paroissent toujours de la même grandeur. Ces apparences auroient-elles lieu si la terre n'étoit pas au centre? Cet argument ancien avoit été opposé à *Aristarque* de Samos, & il n'en avoit pas été plus incommodé que les partisans modernes du mouvement de la terre. Il avoit répondu comme eux, que l'orbite de la terre comparée à la distance des fixes, n'étoit qu'un point, qu'une quantité insensible. *Copernic*, avant qu'on lui fît cette objection, n'avoit pas manqué de l'assurer, & il en avoit fait un des points fondamentaux de son systême: car l'axe de la terre paroissant toujours répondre à un même point du Ciel étoilé, il lui falloit nécessairement supposer les étoiles si éloignées, que tout l'espace réel que décrivoit cet axe se perdît dans l'immensité de cette distance, & ne fût que comme un point à son égard. Je conviens que cette idée présente d'abord quelque chose de dur & de difficile à admettre; ce fut aussi une des raisons qui engagerent *Tycho-Brahé* à proposer son systême mi-parti de ceux de *Ptolemée* & de *Copernic*. A quoi bon, disoit-il, cet espace immense qui se rencontre au delà de l'orbite de Saturne, espace qui, suivant lui, se trouvoit vuide, & désert? Cette difficulté étoit spécieuse du temps de *Tycho*; mais ce n'en est plus une à l'égard de l'Astronomie moderne. Nous sçavons aujourd'hui, ou du moins nous avons de grandes raisons de croire, que cet espace immense est destiné aux orbites des cometes qui étant extrêmement excentriques, ne demandent pas un champ moins vaste pour leurs cours. Cette découverte, confirmée par l'accord du calcul avec les observations de toutes les cometes qui ont paru depuis un siecle, peut même servir à prouver cette immensité si difficile à concevoir; & ce qui n'étoit qu'une conséquence du systême de *Copernic*, est aujourd'hui une vérité de fait. Que si quelqu'un, sans être frappé de ces raisons, s'obstinoit à la rejetter, parce qu'elle effraye son imagination, nous lui dirions, avec *Gassendi* (*a*) : « Eh! qui êtes-vous, pour mesurer les » œuvres de la Divinité, & les resserrer au gré de votre » intelligence ? Etre qui jouissez à peine d'une étincelle de » raison, & qui rampez sur un point de l'immensité, depuis » quand avez vous pénétré toutes les vues du suprême Auteur » de la Nature ? Quelle certitude avez-vous que ces vastes » espaces où vos foibles organes n'apperçoivent rien, sont » réellement vuides & déserts ? & quand ils le seroient, » connoissez-vous assez tous les ressorts que la Divinité em- » ploie dans ses ouvrages, pour être assuré que cette immen- » sité ne soit pas dans l'ordre de quelqu'un de ses des- » seins. »

Ptolemée & quelques anciens Philosophes employoient autrefois les raisons suivantes contre le mouvement de la terre. Ils objectoient, à ceux qui auroient pu le soutenir, que si la terre tournoit autour de son axe, aucun corps ne pourroit rester sur sa surface; que les édifices seroient renversés, & que toutes les parties de la terre seroient bientôt dissipées par la vîtesse du tourbillonnement; qu'on ressentiroit enfin un vent d'une violence extrême, effet du choc des corps terrestres contre l'air immobile. Les modernes adversaires du mouvement de la terre ont ajouté plusieurs autres raisons à celle-là; si la terre, disoient-ils, avoit un mouvement autour de son axe, un corps qu'on laisse tomber du haut d'une tour, ne tomberoit pas au pied, mais à quelques milles delà, suivant l'espace de temps qu'il employeroit dans sa chûte. Les oiseaux voltigeant dans l'air, seroient laissés en arriere, & ne retrouveroient plus leurs retraites. Un canon tiré du côté de l'Orient, n'auroit aucune force; la balle resteroit en arriere du but : & au contraire, tiré vers l'Occident, il feroit une impression plus grande, le but allant au devant de la balle. Je passe sous silence plusieurs autres objections de cette nature, parce que ce n'est que la même présentée sous des faces différentes. Je les trouve toutes renfermées dans ces agréables vers de *Buchanan* (*b*) :

(*a*) *Adversùs Casreum.*
(*b*) *De Spherâ.*

Finge animo pigris immoto corpore flammis
Stare solem, terram sese circumvolvere in orbem,
Perque ter octonas umbrarum & luminis horas,
Claudere perpetuum sua per vestigia gyrum.
Hanc neque vim cursus celeres æquare sagittæ,
Nec poterunt alæ volucrum, nec flamina venti,
Nec quæ sulphureæ impellit violentia flammæ
Saxa, cavo inclusus quoties furit æstus aheno.
Nonnè vides parvâ pueri crepitacula dextrâ
Cum quatiunt, vel cum nervo stridente sagitta
Missa volat, vel cum follis de fauce reclusus
Ventus, anhelantem fovet in fornacibus ignem;
Nonnè vides quanto cum murmure sibilat aer,
Seque gemit findi; si parvo igitur momento
Cùm sonitu impulsus fremat atque remugiat aer,
Quem fore speramus sonitum, quæ murmura tellus
Concita præcipitem dum sese contorquet in orbem,
Totque simul silvas, præruptaque culmina montium
Auram indignantem, scindant lacerentque forentque.

Ergò tam celeri motu si concita tellus
Iret in occasum, rursùsque rediret in orbem,
Cuncta simul quateret secum, vastoque fragore
Templa, ædes, miseris etiam cum civibus urbes
Opprimeret subitæ strages inopina ruinæ.
Ipsæ etiam volucres tranantes aera leni
Remigio alarum, celeri vertigine terræ
Abreptas gemerent sylvas, nidosque tenellâ
Cum sobole, & charâ forsan cum conjuge, nec se
Auderet zephiro solus committere turtur,
Ne procul ablatos terrâ fugiente Hymenæos
Et viduum longo luctu defleret amorem.
Quid? cùm prima leves ineunt certamina Persæ,
Medorum & paribus stat contra exercitus armis,
Stante polo, fugiente solo, dum missile ferrum
Aere suspensum vacuo rotat, altera telis
Occurrens pars sese indueret; pars altera nunquam
Vulnera perferret, tela & vertigine terræ

Hostibus ablatis domini vestigia propter
Irrita conciderent. . . . .

Si quelqu'un trop peu versé dans la connoissance du mouvement, étoit ébranlé par ces objections, il seroit aisé de le rassurer par des observations fort simples. Il suffit d'avoir été une fois dans sa vie sur un vaisseau cinglant à pleines voiles, ou dans un bateau porté par le courant d'un fleuve rapide. On y observe que tous les mouvemens particuliers s'y exécutent de même que si le corps total du bâtiment étoit en repos. Un coup de pistolet tiré de la pouppe à la proue, ne fait pas moins d'impression que de la proue à la pouppe, & en le tirant transversalement, on ne frappe pas moins le blanc que si le vaisseau étoit sans mouvement. Un corps jetté perpendiculairement, retombe sur la main de celui qui l'a jetté, & le corps qu'on laisse tomber, quelque leger qu'il soit, semble tomber perpendiculairement. L'oiseau qu'on laisse en liberté dans une chambre, & voltigeant d'un endroit à l'autre, n'est point trompé par le mouvement du vaisseau qui avance pendant qu'il est en l'air. Tout s'y passe enfin comme si l'on étoit dans un parfait repos. Outre ces expériences familieres à tous ceux qui ont navigé sur mer ou sur les rivieres, *Gassendi* en fit une à Marseille pour convaincre les adversaires de *Copernic*, de la foiblesse de leur objection tirée de la chûte des corps pesans. Quelques-uns d'entr'eux avoient eu la témérité d'assurer qu'un corps qu'on laissoit tomber du haut d'un mât, dans un vaisseau cinglant à pleines voiles, ne tomberoit pas au pied, & delà ils tiroient une forte induction contre le mouvement de la terre. Car, disoient-ils, il en sera de même d'un corps qu'on laissera tomber du haut d'une tour, & si le corps de la terre étoit en mouvement, ce corps ne tomberoit point au pied de la tour, ce qui est contre l'observation. *Tycho*, de bonne foi sans doute, ou trompé par une expérience mal faite, avoit assuré à *Rothman*, que la chose étoit ainsi, & ce fut une des principales raisons par lesquelles il le débaucha au parti de *Copernic*. Néanmoins *Galilée* dans son *Systema Cosmicum*, avoit hardiment nié la prétendue expérience, & avoit établi, sur des raisons tirées des loix du mouvement, que le corps laissé à lui-même, tomberoit au pied du mât. *Gassendi* crut devoir en faire l'expérience, non qu'il doutât en aucune maniere du succès, mais uniquement pour forcer dans leur dernier retranchement ceux qui nioient le mouvement de la terre. Elle réussit, comme *Galilée* l'avoit assuré : le poids fidele à se prêter au mouvement général en même-temps qu'il tomboit, alla frapper le pied du mât. Ce fut un sujet de surprise, & pour les ignorans Philosophes qui avoient assuré le contraire, & peut-être dans un sens différent pour les matelots & les gens de mer, à qui le doute même qui occasionnoit cette expérience, dût paroître ridicule. *Gassendi* publia sur ce sujet son excellent écrit intitulé, *de Motu impresso à Motore translato.* Nos Physiciens ont imaginé une machine pour répéter cette expérience à moindres frais, sur quoi nous renvoyons aux Livres de Physique expérimentale.

Il y a un peu plus de réalité dans l'objection de ceux qui ont dit que si la terre tournoit autour de son axe, ses parties se dissiperoient, comme l'on voit les gouttes d'eau, dont la circonférence d'une roue est chargée, s'écarter dès qu'on la fait tourner avec quelque vîtesse ; comme la pierre d'une fronde agitée circulairement, s'échappe dès qu'elle est libre. On répondoit, il faut l'avouer, fort mal à cette objection avant qu'on eût l'idée convenable du mouvement. Car *Copernic* & ses partisans, encore prévenus de la mauvaise division du mouvement en rectiligne & circulaire, disoient que le mouvement naturel de toutes les parties de la terre étant circulaire, elles ne devoient point s'écarter ; & ils trouvoient une disparité entre les exemples ci-dessus & le mouvement de la terre, en ce que les gouttes d'eau ou la pierre de la fronde n'avoient point le mouvement circulaire naturellement. La réponse étoit suffisante pour le temps ; on se défendoit avec des armes semblables à celles avec lesquelles on étoit attaqué : mais aujourd'hui l'on répond mieux à cette difficulté. On convient que c'est le propre du mouvement circulaire, d'écarter du centre de rotation les parties du systême qui l'éprouve. Ainsi tout mouvement circulaire dissipera les corps qui n'ont aucune adhérence entr'eux : c'est pour cela que dans l'exemple cité, les gouttes d'eau se détachent aussitôt de la roue qui tourne : car il n'est aucune force qui les y attache, qu'une très-légere ténacité, encore faut-il que la roue ait une certaine vîtesse pour la vaincre. Mais il n'en sera pas de même lorsque les parties d'un systême de corps mu circulairement, tiendront les unes aux autres par quelque force, & tel est le cas des parties de la terre. Cette force est la pesanteur qui les porte au centre du globe terrestre. Tout mouvement circulaire ne suffira pas pour la surmonter : il ne fera qu'en diminuer l'action, d'autant plus qu'il sera plus rapide. Les Philosophes modernes, par des expériences réitérées, & une connoissance plus approfondie du mouvement, ont appris que les corps pesent moins sous l'Equateur, d'environ une 289e, qu'ils ne feroient si la terre étoit en repos. On démontre aujourd'hui par la théorie des forces centrales, qu'afin que les parties de la terre sous l'Equateur, fussent sur le point de se dissiper par l'effet de la force centrifuge & du tourbillonnement, il faudroit que sa révolution fût dix-sept fois plus rapide qu'elle n'est, c'est-à-dire, que le jour ne durât qu'une heure & 25'. Le mouvement qu'elle a est par conséquent de beaucoup trop lent pour nous inspirer aucune allarme.

Le P. *Riccioli*, après être convenu de l'insuffisance de tous ces raisonnemens pour établir le repos de la terre, en a proposé un autre, sur lequel il fait beaucoup de fonds (*a*). Il ne craint même pas de dire qu'en vertu de ce raisonnement, il est d'une évidence Physico-mathématique, que la terre n'a aucun mouvement. Mais nous croyons pouvoir dire au contraire, qu'en vertu de ce raisonnement il est de la derniere évidence que ce sçavant Astronome connoissoit mal les loix de la Méchanique & du choc des corps ; le voici. Qu'on laisse
Fig. 41. tomber, dit *Riccioli*, du haut d'une tour AB, un poids quelconque, qui, suivant la doctrine de l'accélération des graves, parcourra en quatre temps égaux des espaces AC, CD, DE, EB, qui seront entr'eux comme 1, 3, 5, 7. Si la terre tourne, & que le point B parcoure l'arc BF dans le même-temps que le sommet de la tour l'arc AQ, cet arc étant divisé en quatre parties égales, & ayant tiré les rayons, & décrit les arcs C*c*, D*d*, E*e*, le corps, dans l'hypothese du mouvement de la terre, parcourra dans quatre temps égaux les espaces A*c*, *cd*, *de*, *e*F. Or l'on trouve encore par le calcul, que supposant la durée

(*a*) *Alm. Nov.* t. II, l. 9.

entiere

entiere de la chûte de 4″, ou la hauteur de AB de 240 pieds, les lignes A*c*, *cd*, *de*, *eF* sont à très-peu de choses près égales. Donc, dit-il, les vîtesses par A*c*, *cd*, *de*, *eF* sont égales. Le corps porté par *e*F, c'est-à-dire après les quatre instans de chûte, ne frappera donc pas le plan horizontal avec plus de force qu'il auroit fait après le premier ou le second. Or cela est entiérement contre l'expérience, d'où le P. *Riccioli* conclud que le mouvement de la terre n'a pas lieu.

Une observation fort simple suffit pour détruire tout ce laborieux raisonnement. C'est que *Riccioli* ne faisoit pas attention que pour juger de la force du choc d'un corps sur un autre, ce n'est pas la vîtesse seule qu'il faut considérer, mais encore l'angle sous lequel le choc se fait. Il est même peu excusable à cet égard : car outre qu'un peu d'attention apprend cette vérité méchanique, il y avoit déja bien des années que *Galilée, Baliani, Torricelli* l'avoient enseignée. Or il est visible dans la figure de l'exemple dont il s'agit ici, que la ligne *e*F, ou le chemin que décrit le corps dans le dernier instant de sa chûte, est bien plus direct au plan horizontal, que *de*, & *de* plus que *cd*, & *cd* plus que A*c*. Le choc sera donc plus grand dans les instans les plus éloignés du commencement de la chûte, comme l'enseigne l'expérience. Ainsi cet argument si vanté par *Riccioli*, n'a, pour ne rien dire de plus, aucune solidité. Aussi remarquons-nous qu'il fit peu d'impression sur quelques-uns de ses compatriotes. *Etienne de Angelis* lui objecta à peu près les mêmes choses que nous venons de dire (*a*) ; ce qui excita entre ces deux hommes, l'un grand Géometre, l'autre habile Astronome, une vive altercation. Sans se donner la peine d'en lire les pieces, on peut assurer qu'*Angelis* eut le dessus. Je passe sur quelques autres raisonnemens auxquels *Riccioli* donne aussi beaucoup de poids, & qui sont de l'invention de son ami & compagnon d'observations le P. *Grimaldi*. Avec un peu plus de connoissance des loix du mouvement, il les auroit plus justement appréciés.

Je ne dis qu'un mot de ceux qui ont objecté que l'accélération uniforme des graves, observée par *Galilée*, est incompatible avec le systême de *Copernic*. Cela est vrai, dans la

(*a*) *Consid. sopra la forza d'alcune ragioni Physico-Mathem. di G. B. Riccioli.* Venet. 1667. 4. Voyez aussi *Trans. Phil. num.* 36.

rigueur mathématique, mais en combinant l'action de la pesanteur avec celle de la force centrifuge qui résulte de la rotation de la terre, il n'y a que de si légeres différences d'avec l'accélération uniforme, que l'expérience ne sçauroit les faire appercevoir. On ne peut donc rien conclure delà contre le mouvement de la terre.

Il nous faut maintenant dire quelque chose des objections qu'on prétend puiser dans l'Ecriture Sainte, contre le systême de *Copernic*. Comme, de l'aveu même des Anticoperniciens un peu éclairés en Physique, ce sont les seules & les plus fortes armes qu'ils aient pour combattre leurs adversaires, cela nous impose la nécessité de les discuter. Voici donc ces objections, nous le dirions, sans le respect que nous avons pour les Livres Saints, plus dignes du temps de la légende, que du siecle éclairé qui les a vu naître.

Les Anticoperniciens alleguent d'abord un passage de l'Ecclésiaste, où on lit : *Generatio præterit, generatio advenit, terra autem in æternum stat... oritur sol & occidit, & ad locum suum revertitur, ibique renascens gyrat per meridiem, & flectitur ad aquilonem, &c. In sole posuit tabernaculum suum, & tanquam sponsus procedens de thalamo suo, exultavit ut gigas ad currendam viam, à summo cœlo egressio ejus & recursus ejus usque ad summum ejus, nec est qui se abscondat à calore ejus*. Ils citent aussi une multitude d'autres passages où il est parlé du lever & du coucher du soleil, & des étoiles, où il est dit que Dieu a affermi la terre sur ses fondemens, & qu'elle ne sera ébranlée en aucun temps. Mais leur grand & principal argument est tiré du fameux passage de *Josué*, où ce chef du peuple de Dieu ordonne au soleil & à la lune de s'arrêter. *Sol contra Gabaon nè movearis, & luna contrà vallem Ajalon. Steteruntque sol & luna donec ulcisceretur se gens de inimicis suis*, &c.

Les objections tirées des premiers passages qu'on vient de rapporter, méritent peu, nous l'osons dire, la peine d'une discussion. Qui ne voit dans ces expressions *generatio præterit*, &c, que l'objet de l'Ecclésiaste est de faire une peinture de l'extrême inconstance des choses humaines, & de la petitesse de l'homme, qui comme une étincelle, naît & meurt un instant après ? C'est le sens de tout le Chapitre dont ce passage est tiré. Ainsi le mot de *stat* ne signifie ici que *permanet, durat*.

A l'égard du paſſage ſuivant, quel ſens phyſique & litteral doit-on chercher dans une peinture poétique du lever & du cours du ſoleil ? Nous ne devons pas nous étendre davantage ſur ce ſujet.

A l'égard du paſſage de *Joſué*, & des autres où il eſt parlé du mouvement du ſoleil & des étoiles, il y a long-temps qu'on a répondu, & qu'on a prouvé, par une foule d'exemples, que l'Ecriture s'eſt énoncée dans les termes communs, & ſuivant l'opinion vulgaire. C'eſt le ſentiment de pluſieurs Docteurs & de pluſieurs ſçavans Commentateurs de l'Ecriture. Ecoutons Saint Jérôme : *Conſuetudinis*, dit-il, *ſcripturarum eſt ut opinionem multorum ſic narret hiſtoricus, quomodo eo tempore ab omnibus credebatur* (*a*). Tel eſt auſſi le ſentiment de Saint Auguſtin. *Le Saint Eſprit*, dit-il, (*b*) *ayant à nous propoſer des vérités plus utiles, n'a point voulu inſérer celles-ci*, il veut dire celles qui concernent l'Aſtronomie, *de crainte que les hommes ſuivant la corruption de leur nature, & négligeant l'eſſentiel, ne s'occupaſſent trop à de vaines ſpéculations*. Auſſi lit-on dans Iſaïe (*c*), *Je ſuis le Seigneur ton Dieu, qui t'enſeigne les choſes utiles*, ce que les Interpretes expliquent par *non ſubtiles*. La conſéquence de ces paſſages eſt aiſée à tirer. Car ſi l'Eſprit Saint n'a pas prétendu nous apprendre des vérités aſtronomiques & phyſiques, toutes les fois qu'il a été queſtion de certains phénomenes, comme du lever & du coucher des aſtres, de leur mouvement apparent, il a dû parler comme penſoit & parloit le vulgaire, qui dans ſon langage, n'a égard qu'aux apparences, & en aucune maniere à la réalité qu'il ignore. Il n'eût pu ſe ſervir d'un autre langage, ſans propoſer des vérités difficiles à croire; ce qui eût jetté ceux à qui elles auroient été annoncées, dans un étonnement & dans des ſpéculations capables de les détourner du but que la Divinité s'eſt propoſé en ſe manifeſtant aux hommes par l'entremiſe de ſes Ecritures.

On formeroit facilement un catalogue des Auteurs ſur l'Ecriture Sainte, qui ont admis tacitement ou expreſſément le principe ci-deſſus, pour la concilier avec la ſaine Phyſique, & nous devons peu être ébranlés de ce qu'à l'exemple

(*a*) *In Math.* c. 14.
(*b*) *In Geneſ.* l. 11, c. 9.
(*c*) c. 48, v. 17.

de Saint Auguſtin, pluſieurs d'entr'eux s'en ſoient écartés en bien des occaſions, guidés par les préjugés ou par l'envie de ſoutenir une maniere de penſer qu'ils avoient ſucée avec le lait. Les adverſaires même de *Copernic* ne font pas difficulté de recourir à ce principe toutes les fois qu'on leur rétorque quelques-uns des paſſages nombreux qui ſont contraires à certaines vérités établies aujourd'hui. L'Ecriture alors s'eſt énoncée, diſent-ils, proverbialement, d'une maniere figurée : elle n'affecte pas une exactitude ſcrupuleuſe, elle ſe contente d'énoncer les nombres ronds, &c. Ils font pitié de vouloir que ſur le point conteſté, on la prenne à la rigueur, & que dans d'autres cas on ne l'entende que d'une maniere métaphorique & proverbiale.

Les partiſans du ſens rigide de l'Ecriture, dans la queſtion du mouvement de la terre, auroient en effet quelque fondement de le maintenir, ſi c'étoit dans ce ſeul cas qu'il fallût s'en départir. Mais il y a une foule d'autres paſſages où elle s'accommode viſiblement, je ne dis pas à des préjugés qui, comme celui du repos de la terre, ont quelque fondement en ce que le contraire eſt une vérité ſublime & très-difficile à perſuader au vulgaire, mais à des préjugés populaires, & dont il eſt facile de ſe déſabuſer. Dans combien d'endroits ne parle-t-elle pas des bouts de la terre, des piliers du Ciel, ou de ceux de la terre ? n'y lit-on pas que Dieu a étendu les Cieux comme une tente (*a*) ou comme un dais ? auſſi voit-on d'anciens Docteurs de l'Egliſe peu verſés dans la Phyſique, nier ou du moins douter que les Cieux ſoient ronds, ou qu'ils enveloppent la terre tout à l'entour. Tels ſont Saint Juſtin, Saint Ambroiſe, Saint Chryſoſtome, Theodoret, Theophilact, Saint Auguſtin, &c ; on voit même Saint Chryſoſtome s'écrier, *où ſont-ils ces gens qui peuvent prouver que les Cieux ſont ronds* (*b*) ? Mais Saint Jérôme reprend rudement ceux qui, ſe fondant ſur les paſſages ci-deſſus, nioient cette vérité. *C'eſt*, dit-il, (*c*) *une grande imbécillité*, (je me ſers d'un terme équivalent à celui de ce S. Pere,) *ſi quelqu'un, trompé par ces paroles d'Iſaïe, penſoit que le Ciel eſt en forme de voûte*, & non tout-à-fait rond. Que dirons-nous encore de ce

(*a*) *Iſaïe*, c. XL, 20, Pſ. 104. 2.
(*b*) *Hom.* 14. *ad. Epiſt. ad Hebr.*
(*c*) l. III, *Comm. in ep. ad Gal.* c. 3.

paſſage des Rois, & des Paralipomenes, où on lit de la mer d'airain que Salomon avoit placée dans le Temple, qu'elle étoit ronde, qu'elle avoit dix coudées de diametre, & trente de circonférence? ne ſeroit-il pas plaiſant de voir quelque partiſans de l'interprétation rigoureuſe de l'Ecriture, dénoncer les Géometres aux Tribunaux Eccléſiaſtiques, & les faire condamner, parce qu'ils démontrent que la circonférence du cercle eſt plus que triple du diametre, & qu'ainſi le contour de ce vaſe étoit de trente-une coudées & demie, très-près? Auſſi a-t'on vu de bonnes gens annoncer ſur ce paſſage la découverte de la quadrature du cercle. En vain leur montroit-on le contraire; l'Ecriture avoit parlé, diſoient-ils, & ils devoient lui ſoumettre leur raiſon & leurs ſens. *Beati pauperes ſpiritu.* Ceci me rappelle le trait d'un Cordelier Eſpagnol, qui faillit à dénoncer à l'Inquiſition ſes ſçavans compatriotes, lorſque de retour de leur voyage au Pérou, ils annoncerent que la terre étoit un ſphéroïde applati. La fameuſe *Marie d'Agreda,* reconnue pour Bienheureuſe en Eſpagne, & déclarée viſionnaire par le Clergé de France, l'avoit vue dans un de ſes délires aſcetiques ſous la forme d'un œuf. Il n'en fallut pas davantage pour exciter le zele du Cordelier, & il couroit dénoncer la monſtrueuſe héréſie de la terre applatie, ſi des gens ſenſés ne lui euſſent tranquilliſé l'eſprit, en lui repréſentant qu'il valoit mieux la laiſſer dans l'obſcurité, que de la divulguer par un éclat qui lui feroit peut-être des partiſans; le bon Pere trouva que cela étoit prudent, & il ſe tut.

C'eſt ici le lieu de parler de la déclaration donnée par le P. *Fabri,* Grand Pénitencier de Rome, concernant le ſyſtême de *Copernic.* Ce ſçavant Jéſuite, dans un écrit ſous le nom d'*Euſtache de Divinis,* écrit fait ſous ſes yeux, & preſque ſon ouvrage, dit que l'Egliſe eſt autoriſée à maintenir le ſens littéral des paſſages de l'Ecriture défavorables au mouvement de la terre, tant qu'on n'aura aucune démonſtration de ce mouvement; que lorſqu'on en aura trouvé une, alors elle ne fera aucune difficulté de déclarer qu'on peut les entendre ſeulement dans le ſens figuré. Nous ferons dans l'article ſuivant, des réflexions ſur la nature des démonſtrations qu'on peut raiſonnablement exiger du mouvement de la terre, & nous y montrerons qu'il eſt auſſi bien prouvé qu'une multitude d'autres vérités aſtronomiques univerſellement adoptées : nos réflexions préſentes ne regarderont que cette déclaration. Ne prouve-t'elle pas déja que l'on a mal à propos interpoſé l'autorité de l'Egliſe dans cette querelle philoſophique, & que les condamnations lancées contre *Galilée* & *Copernic*, ont été trop précipitées ? S'il eſt aujourd'hui de foi, ſuivant la déclaration du S. Office, qu'il faut entendre à la lettre les paſſages de l'Ecriture ſur le repos de la terre, comment peut-on dire que l'Egliſe, (ou plutôt ce Tribunal qu'il faut bien en diſtinguer,) ſe réſerve de déclarer un jour qu'on peut ne les entendre que dans un ſens figuré ? La vérité eſt unique & immuable : ſi le Tribunal dont nous parlons eſt infaillible, le mouvement de la terre eſt dès-aujourd'hui une erreur ; on ne ſçauroit jamais en trouver aucune démonſtration. La déclaration dont nous parlons, eſt donc une ſorte d'aveu que le premier jugement n'eſt tout au plus qu'un jugement de proviſion : ſi ceux de qui il émana euſſent eu plus de politique & de génie, ils euſſent ſenti combien ils compromettoient leur autorité, en l'interpoſant dans une queſtion de cette nature. Ils euſſent craint qu'il ne leur arrivât ce que *Kepler* dit ingénieuſement à ce ſujet : *Dolabra in ferrum impacta nequidem lignum ſecat.*

VII.

Nous nous ſommes ſuffiſamment occupés des difficultés qu'on a autrefois élevées contre le mouvement de la terre. Elles ſont aujourd'hui de ſi peu de poids auprès de ceux qui ſont initiés dans la ſaine Phyſique, que ſi l'objet de notre ouvrage ne l'eût exigé, nous n'euſſions pas donné tant de temps à les diſcuter. Nous paſſons à développer quelques-uns des avantages nombreux qui ont déterminé tous les Aſtronomes modernes en faveur de l'arrangement de l'Univers propoſé par *Copernic.*

Je remarquerai d'abord qu'on ne doit pas s'attendre en Phyſique & en Aſtronomie, à des preuves de la même nature que celles que les Géometres donnent des vérités géométriques. Si l'on en exigeoit de ſemblables, ce ſeroit encore une question problématique, si la lune tourne autour de la terre, quelle est la cause de ses phases, &c ? Car si quelque Physicien imaginoit, par exemple, de dire que les phases de la lune sont l'effet d'un feu qui parcourt successivement sa surface, ou qu'elle a un hémisphere lumineux de lui-même qu'elle nous présente tantôt directement, tantôt obliquement, on s'en moqueroit sans doute, mais qui que ce soit ne pourroit démontrer le contraire, comme on démontre que les trois angles d'un triangle ne sont pas plus grands que deux droits. Les démonstrations en Physique & en Astronomie sont d'un autre genre. Une hypothese Physico-astronomique est censée revêtue de preuves qui doivent entraîner tous les esprits, lorsqu'en même-temps qu'elle satisfait sans contrainte aux phénomenes, on y trouve cette simplicité qui charme ceux qui connoissent les procédés de la Nature; lorsqu'elle ne renferme rien qui ne soit conforme aux vérités Physiques qui sont déja reconnues & prouvées; lorsqu'à mesure qu'on découvre de nouveaux phénomenes, ils en reçoivent une explication facile, lorsqu'enfin l'hypothese contraire est exposée à une foule de difficultés qui ne sont susceptibles que d'une explication forcée. Or tous ces avantages sont incontestablement propres & uniques au systême de *Copernic*. Quoi de plus simple que de supposer au centre de l'Univers, ou de notre monde, le soleil qui est pour toutes les planetes la source de la lumiere & de la chaleur, qui d'ailleurs est d'une grandeur immense à leur égard ? Quoi de plus conforme à l'ordre & à la simplicité qui éclatent dans les procédés de la Nature, que de mettre toutes les planetes, (excepté la lune, dont la révolution environne évidemment la terre,) en mouvement autour du soleil; au lieu que dans le systême de *Tycho*, l'on fait d'abord du soleil le centre des révolutions de la plûpart de planetes, & ensuite l'on met ce centre en mouvement autour de la terre ? Qui peut se dissimuler dans ce dernier cas un manque d'ordre & de simplicité ? L'observation suivante est encore d'un très-grand poids en faveur du mouvement de la terre; & nous oserions presque la donner avec *Kepler*, comme une démonstration absolue de ce mouvement. Si l'on met le soleil au centre, & qu'on fasse mouvoir autour de lui toutes les planetes, on voit s'observer une même loi dans toutes les parties de ce ſyſtême. Cette loi eſt l'une de celles que l'immortel *Kepler* a découvertes; elle conſiſte en ce que lorſque pluſieurs planetes tournent autour d'un même centre, les quarrés de leurs temps périodiques ſont comme les cubes de leurs diſtances à ce centre. En effet, lorſqu'on compare les temps des révolutions de Mercure, Venus, la Terre, Mars, Jupiter & Saturne, & leurs diſtances au Soleil déterminées par d'autres moyens, on voit ce rapport s'obſerver ſi exactement, qu'on ne ſçauroit le regarder que comme l'effet d'une cauſe Phyſique qui regne dans le ſyſtême de l'Univers. On voit auſſi ce rapport s'obſerver entre les quatre planetes qui tournent autour de Jupiter, & les cinq qui environnent Saturne; & ſi nous avions deux lunes, ſans doute il régneroit auſſi entr'elles? Mais ſi l'on place, avec *Tycho-Brahé*, la terre au centre, & qu'on mette en mouvement autour d'elle, la Lune & le Soleil, cette loi ne s'obſervera plus entre ces deux planetes, tandis qu'elle régnera dans le reſte du ſyſtême. Voilà un manque de liaiſon, un défaut marqué d'uniformité qui rend cette derniere hypotheſe bien inférieure à celle de *Copernic*: ajoutons à cela l'énorme rapidité dont il faut faire mouvoir la machine céleſte pour ſatisfaire au mouvement diurne dans la ſuppoſition de l'immobilité de la terre. Depuis que les obſervations modernes ont extrêmement étendu les bornes de l'Univers, cette rapidité eſt bien autre que celle qu'admettoit *Tycho*. Qui pourra concevoir que les étoiles fixes parcourent chaque jour environ un millier de millions de lieues? Car, ſuivant les obſervations dont je viens de parler, on ne peut guere moins compter qu'environ 150 à 200 millions de lieues de la terre aux fixes les plus voiſines; ce qui fait environ mille millions de circonférence. Quoiqu'on puiſſe s'obſtiner à dire que cela n'eſt pas métaphyſiquement impoſſible, l'eſprit peut-il ſe ſatisfaire d'une pareille réponſe, pendant qu'on évite cette dure ſuppoſition dans le ſyſtême de *Copernic*?

L'hypotheſe de *Tycho* eſt non ſeulement inférieure à celle de *Copernic*, à l'enviſager du côté de la ſimplicité, de l'ordre & de l'enchaînement qui doivent régner dans le ſyſtême de l'Univers, mais elle eſt encore, nous l'oſons dire, incompatible avec la Phyſique. On ne peut aujourd'hui balancer qu'entre ces deux partis, ou de faire circuler les planetes autour du

Soleil

Soleil, par le moyen des tourbillons que *Descartes* a imaginés ; ou d'admettre la gravitation universelle pour le ressort du méchanisme de l'Univers. Mais de quelque côté que l'on penche, il y a d'égales absurdités à admettre, en s'obstinant à placer, avec *Tycho-Brahé*, la terre au centre. En adoptant les tourbillons de *Descartes*, qui pourra se persuader, à moins de n'avoir aucune idée de Physique, qui pourra, dis-je, se persuader que tandis que la terre est plongée dans le tourbillon qui entraîne Mercure, Venus, Mars, Jupiter & Saturne autour du Soleil, elle puisse non seulement lui résister, mais que ce tourbillon immense qui emporte ces corps, dont quelques-uns ont une masse beaucoup plus grande que la sienne, tourne autour d'elle avec le centre même de son mouvement : la prétention seroit ridicule ? Si l'on admet la gravitation universelle & réciproque, il est également impossible que la terre soit en repos ; si elle y étoit un instant par quelque contrainte, bientôt elle prendroit, conformément aux loix de la Méchanique, ou un mouvement qui la feroit retomber sur le Soleil, ou un mouvement autour de cet astre, si quelque impulsion oblique venoit se combiner avec sa tendance vers lui. On ne sçauroit enfin concilier le systême de *Tycho* avec aucune hypothese sur le méchanisme de l'Univers, conforme aux loix de la Physique & du mouvement. Il a pu paroître bon dans ces temps où l'on donnoit aux planetes des Anges pour les gouverner dans leur route : mais aujourd'hui on ne peut le regarder que comme un systême physiquement absurde.

Nous pourrions encore étaler ici d'autres preuves qui déposent en faveur du mouvement de la terre, mais afin d'abréger, nous nous bornerons à une ; c'est l'applatissement de la terre vers les poles, que les observations récentes viennent de démontrer. Quoi de plus capable de prouver la rotation de notre globe autour de son axe, que la liaison nécessaire de cet applatissement avec cette révolution. Le Télescope a ajouté une nouvelle force à cette preuve, en découvrant, à l'aide du micrometre, l'applatissement considérable de Jupiter, suite de la rapidité de sa révolution. En saine Physique, des mêmes effets on doit conclure les mêmes causes, surtout lorsqu'on apperçoit leur liaison mutuelle.

Les preuves qu'on vient de donner du mouvement de la

terre, sont plus que suffisantes pour convaincre tout esprit exempt de préjugés; cependant comme ces preuves sont en quelque sorte indirectes, il seroit avantageux d'en avoir une directe, & telle qu'il fût impossible de s'y refuser (*a*). Ce motif a excité divers Astronomes à faire des efforts pour la trouver. On a cru pendant long-temps pouvoir y réussir par le moyen de la parallaxe des fixes. Je m'explique : si la terre est en mouvement autour du soleil, & que son orbite soit d'une grandeur comparable à la distance des fixes, une de ces étoiles étant observée en différentes saisons, ne paroîtra pas précisément dans la même situation, mais elle sera tantôt plus, tantôt moins éloignée du pole ou du zénith. Il suffit de considérer la *fig. 42*, pour appercevoir la nécessité de ce phénomene. Car que T *t* soit, par exemple, un diametre de l'orbite de la terre, du Capricorne au Cancer, & A *p* P B le colure des solstices, il est évident que l'étoile A, voisine de ce colure, paroîtra dans un temps, éloignée du pole de l'angle P T A, & dans l'autre, de l'angle *p t* A, ou bien en considérant la distance au zénith, cette distance sera dans un temps l'angle Z T A, & dans l'autre *z t* A. Or il est facile de voir que l'angle P T A surpasse *p t* A de la quantité de l'angle T A *t*. Il en est de même de l'angle Z A T, eu égard à *z t* A. Ainsi une étoile située dans le colure des solstices du côté du septentrion, devroit paroître plus voisine du zénith ou du pole vers le solstice d'hyver, que vers celui d'été, si la parallaxe

Fig. 42.

(*a*) Le fameux Gilbert, Auteur de la *Philosophie Magnétique*, ouvrage où avec plusieurs traits de génie, on trouve bien des rêveries, a cru pouvoir démontrer le mouvement de la terre de la maniere suivante. La terre, disoit-il, n'est qu'un grand aimant sphérique; ce qu'il prouvoit tant bien que mal, par quelques propriétés qui semblent communes au globe de la terre & à l'aimant. Or, ajoutoit-il, un aimant sphérique étant suspendu par ses poles, & de maniere qu'ils soient directement tournés vers ceux du monde, auroit un mouvement de rotation sur lui-même dans 24 heures, la terre tourne donc sur elle-même dans 24 heures.

L'expérience qui sert de base à ce raisonnement, eût sans doute été une des plus curieuses de la Physique, mais malheureusement rien n'est plus hazardé. M. Petit qui eut la curiosité de la tenter en 1667, (*trans. phil.* num. 28,) la trouva fausse. Cela donna lieu à un adversaire de Copernic, le P. *Grandami*, d'établir là-dessus une démonstration plus mauvaise encore de l'immobilité de la terre. La terre, disoit-il, en partant du même principe que Gilbert, est un aimant, ou un aimant sphérique est une petite terre. Ainsi puisque l'aimant n'a de lui-même aucun mouvement autour de son axe, la terre n'en doit avoir aucun. (Voy. *demonstr. immobilitatis terræ petita ex virtute magneticâ*, 1669, 4. Par.) J'aimerois autant que, de ce qu'une pierre ne se meut pas d'elle-même, on en conclût qu'aucune ne peut être mise en mouvement.

annuelle étoit sensible. Ce sera le contraire à l'égard de l'étoile *B* située dans ce colure du côté du midi. Sa distance au zénith lors du solstice d'hyver, sera plus grande qu'au solstice d'été, car l'angle *zt*B est plus grand que ZTB de la quantité de l'angle TB*t*. De même que nous avons supposé le diametre T*t* de l'orbite terrestre, être celui qui va d'un des solstices à l'autre, si c'étoit celui qui joint les points équinoxiaux, il faudroit que l'arc AZB où seroient les étoiles observées, fût le colure des équinoxes; ainsi c'est d'un équinoxe à l'autre que se fera la plus grande variation de la hauteur d'une étoile située aux environs de ce cercle. Cette attention est nécessaire pour porter un jugement sur l'accord des aberrations observées avec la parallaxe annuelle; car toute aberration ne lui est pas favorable, & faute de cette attention, on a vu d'habiles Astronomes se tromper dans les conséquences qu'ils ont tirées de leurs observations.

Galilée est le premier qui ait cherché à prouver le mouvement de la terre par la parallaxe annuelle des fixes. Il décrit dans le troisieme de ses dialogues sur les systêmes de l'Univers, un moyen qu'il avoit imaginé pour la rendre sensible, quelque petite qu'elle fût, & il projettoit de le mettre en pratique. Ce moyen consistoit à fixer un Télescope dans une situation invariable, & à placer à une très-grande distance une petite lame qui, regardée par ce Télescope, cachât une des étoiles de la grande ourse, lorsqu'elle arrive à sa moindre hauteur: si cette étoile paroissoit dans une saison, & étoit cachée dans une autre, il en devoit résulter que la parallaxe étoit sensible. Mais nous devons peu regretter que *Galilée* n'ait pas exécuté son projet; car l'inégalité des réfractions s'oppose entiérement à son succès. M. *Wallis* cherchant à rectifier la méthode de *Galilée*, a proposé, dans un essai sur la parallaxe des fixes (*a*), d'observer une étoile à l'instant où elle se couche, & d'examiner si elle reste toujours dans le même vertical; mais cette méthode me paroît sujette à divers autres inconvéniens, qui la rendent aussi peu propre que celle de *Galilée*, à une détermination aussi délicate que celle dont il s'agit.

M. *Hook* entreprit en 166.. de déterminer la parallaxe annuelle des fixes d'une maniere plus sûre que celle que *Galilée*

(*a*) *Transf. Phil.* n. 202.

avoit proposée. Il fixa, pour cet effet, dans une situation perpendiculaire, un Télescope de 36 pieds, & il observa pendant plusieurs années la brillante de la tête du dragon passant par le méridien fort près de son zénith. Il trouva constamment que dans le solstice d'hyver elle en étoit plus proche de 27 à 30″ que dans l'été. Il publia en 1674 cette observation, & il la donna comme une démonstration du mouvement de la terre (*a*). M. *Manfredi*, qui a examiné dans un ouvrage particulier toutes les tentatives faites pour démontrer la parallaxe annuelle, a trouvé en effet que ces observations sont conformes à ce qui doit arriver, en supposant qu'elle soit sensible (*b*). Mais il y a d'autres raisons qui ne permettent pas de les regarder comme démonstratives.

Le célebre M. *Flamsteed* a fait pendant une assez longue suite d'années, des observations dans la même vue que M. *Hook*. Il travailla depuis 1689 jusqu'en 1697, à examiner les hauteurs de l'étoile polaire, par le moyen d'un quart de cercle de six pieds huit pouces de rayon fixé dans le plan du méridien. Il y trouva effectivement des variations assez sensibles, d'où il conclut que les fixes éprouvent une parallaxe annuelle. Mais cet Astronome célebre commettoit dans son raisonnement une sorte de paralogisme. Le résultat de ses observations n'étoit pas celui que devoit donner cette parallaxe. Au lieu de trouver la distance de l'étoile polaire plus grande vers le solstice d'hyver, que vers le solstice d'été, il auroit fallu la trouver plus grande aux environs de l'équinoxe du printems, qu'aux environs de celui d'automne. C'est ce que M. *Cassini* le fils, a démontré dans les Mémoires de l'Académie des Sciences, de 1699, en considérant la situation de l'étoile polaire à l'égard du petit cercle que décrit sur la surface concave de la sphere des fixes, l'axe de la terre prolongé. On peut aussi le démontrer d'après ce que nous avons dit plus haut; car l'étoile polaire est à l'égard du pole, presque dans le colure des équinoxes. M. *Roemer* fit aussi la même remarque, & en avertit M. *Flamsteed*. Il y avoit déja quelque-temps que cette aberration de l'étoile polaire avoit été observée par M. *Picard* dans son voyage d'Uranibourg, & par les Astronomes de l'Observatoire

(*a*) *An attempt to prove the motion of the Earth*; Lond. 1674. 4.

(*b*) *De annuis stell. inerrantium aberrationibus*, Bon. 1729. 4.

de Paris. Mais après avoir soigneusement examiné si ce n'étoit point une preuve de la parallaxe annuelle, on avoit conclu que non, & on avoit proposé quelques conjectures sur la cause de ce phénomene (*a*). M. *Gregori* rejette la conséquence que *Flamsteed* tiroit de son observation par un autre motif. Il peut se faire, dit-il, que la nutation de l'axe de la terre aux deux points solsticiaux soit inégale ; cela est même probable à cause de l'éloignement inégal du soleil à la terre dans ces deux points : ainsi, ajoute-t'il, l'on ne sçauroit conclure, comme le faisoit M. *Flamsteed*, de son observation, que la parallaxe annuelle des fixes soit sensible. La remarque de M. *Gregori* détruiroit en effet l'induction qu'on pourroit tirer de cette observation, quand même elle ne seroit pas vicieuse d'un autre côté ; mais elle porte sur celle de M. *Hook*, & elle ne permet pas qu'on la regarde comme décisive en faveur de la parallaxe annuelle.

Pendant que *Flamsteed* travailloit à déterminer la parallaxe de l'orbite de la terre, par les variations de déclinaisons des étoiles, M. *Roemer* qui connoissoit les exceptions qu'on peut proposer contre ce moyen, suivoit une autre voie qui lui paroissoit sujette à moins de difficultés. Il commença l'année 1692 à observer les variations des ascensions droites de deux étoiles, par la différence des intervalles de temps qui s'écoulent entre leur passage par le méridien ; & après dix-sept à dix-huit ans d'observations, il crut pouvoir assurer que cette différence étoit assez sensible pour la pouvoir regarder comme une démonstration de la parallaxe annuelle des fixes. Il trouvoit en effet que la somme des parallaxes en ascension droite de Sirius & de la Lyre, alloit au-delà d'une demi-minute, & étoit moindre que trois quarts de minute. Il se préparoit en 1710 à publier ses observations & les conséquences qu'il en tiroit, lorsqu'il mourut. Ce fut au mois de Septembre, quelques jours avant l'équinoxe qu'il attendoit pour mettre en quelque sorte le sceau à sa démonstration. M. *Horrebow*, Professeur d'Astronomie à Copenhague, qui avoit eu part aux observations de M. *Roemer*, la publia en 1727, sous le titre de *Copernicus triumphans*. Ce Livre contient aussi quantité d'observations faites par M. *Horrebow*, depuis la mort de *Roemer*.

(*a*) Voyages d'Uranibourg, & Mém. de l'Acad. de 1693.

M. *Manfredi* les examinant dans son Livre sur les aberrations des fixes, & dans une lettre écrite sur le même sujet quelque-temps après (*a*), a trouvé que quelques-unes d'entr'elles étoient conformes à la loi de la parallaxe annuelle, mais qu'en général elle ne la suivoient pas assez exactement, & que d'ailleurs elles étoient contraires à celles qu'il avoit faites lui-même en 1727 & 28, pour déterminer cette parallaxe. M. *Horrebow* a fait en quelque sorte l'apologie de ses observations dans les Mémoires de *Copenhague* (*b*). Il y prétend qu'elles prouvent la parallaxe annuelle, & il nous y apprend que ses deux fils MM. Pierre & Christian *Horrebow*, ont continué a observer dans la même vue. M. Christian *Horrebow* publia en 1744 un ouvrage où il confirmoit par ses observations propres, celles de *Roemer* & celles de son pere. Je crois devoir remarquer en faveur de ces observations, du moins celles de MM. *Roemer & Horrebow* le pere, (car ce sont les seules dont j'aie connoissance,) que de l'aveu même de M. *Manfredi* (*c*), les principales, c'est-à-dire celles qui ont été faites aux environs des équinoxes du printemps & de l'automne, sont favorables à la parallaxe annuelle, & sont conformes à la loi qu'elle doit suivre, si elle est sensible. Ce ne sont que les observations des temps intermédiaires qui s'en écartent, ou plutôt qui ne s'accordent pas entiérement avec elle, les différences d'ascension droite n'étant pas toujours dans le rapport où elles devroient être. Mais quand on fera attention que les plus grandes différences d'ascension droite observées n'excedent pas en temps quatre ou cinq secondes, je ne sçais si on sera fondé à en exiger l'accord parfait avec la théorie dans tous les temps intermédiaires. Il semble qu'il est suffisant que les plus grandes différences se trouvent aux environs du temps où elles doivent se trouver. C'est pourquoi M. *Horrebow*, nonobstant les raisons de M. *Manfredi*, paroît avoir resté dans la persuasion qu'il a démontré la parallaxe annuelle des fixes. Mais je n'oserois prononcer sur un sujet aussi délicat, sans un examen plus approfondi, que la disette de ces Livres rares ne m'a pas encore permis.

On doit aussi à MM. *Cassini* & *Maraldi*, des tentatives pour

(*a*) *De novissimis circà stellarum aber. observationibus epistola. comm.* Bon.

(*b*) T. II.

(*c*) *Epist. de novissimis, &c.*

déterminer la parallaxe annuelle. M. *Cassini* observa en 1714, la hauteur de Sirius par le moyen d'un télescope fixé dans une situation invariable, & ayant égard à la progression des fixes, il trouva que depuis le mois de Juillet, jusqu'à celui d'Octobre, cette hauteur avoit diminué de 5″ & demie, & que delà au mois de Décembre elle diminua encore d'autant, c'est-à-dire que la différence des hauteurs de cette étoile aux environs du solstice, étoit de onze secondes. Cette observation est conforme à la loi de la parallaxe annuelle. Sirius est l'étoile B, située fort près du colure des solstices, que nous avons vu devoir être plus éloignée du zénith au solstice d'hyver, qu'à celui d'été.

M. *Maraldi* a suivi la méthode de M. *Roemer*. Il observa en 1704 & 1705 les différences d'ascension droite de Sirius & d'Arcturus, & il en fit part à M. *Manfredi*, qui en a trouvé les unes conformes, les autres contraires à la parallaxe annuelle. M. *Manfredi* enfin a fait pendant les années 1727, 1728 & 1729, des observations dans cette même vue & de la même maniere, par le moyen de la brillante de la Lyre, & de celle de la Chevre. Il est remarquable que pendant que M. *Horrebow* trouvoit à Copenhague des différences d'ascensions favorables à la parallaxe de l'orbite, M. *Manfredi* en trouvoit de contraires à Boulogne.

Si toutes les observations dont nous venons de faire l'histoire, eussent toujours été conformes à la loi de la parallaxe annuelle, c'eût été une preuve sans replique de l'existence de cette parallaxe, & en même-temps une démonstration évidente du mouvement de la terre. Mais il faut en convenir, leur contrariété montre qu'on ne sçauroit en rien conclure en faveur de cette parallaxe. Ce sont les réflexions qu'a faites M. *Bradley*, & qui l'ont conduit à rechercher une autre cause de ces aberrations. Ce célebre Astronome, à l'assiduité & à la sagacité duquel les phénomenes les plus insensibles n'échappent pas, se proposant de déterminer la parallaxe annuelle des fixes, observoit en 1725, avec un soin & des précautions qu'il seroit trop long de décrire ici, les variations de déclinaisons de diverses étoiles qui passoient fort près de son zénith : mais il apperçut bientôt qu'elles ne s'accordoient point avec cette parallaxe. Frappé de ce phénomene, il en recherchа une autre explication, & il la trouva enfin dans le mouvement de la terre sur son orbite combiné avec celui de la lumiere, autrefois découvert par M. *Roemer*, & qui, quoique sujet à quelques difficultés, ne laisse pas d'être plus que probable en saine Physique. Ce n'est pas ici le lieu d'entrer dans l'explication de cette sçavante théorie. Il me suffira de dire que la maniere heureuse dont elle satisfait à tous les phénomenes de ces aberrations des fixes observées en divers lieux & en divers temps, l'a fait adopter avec acclamation des Astronomes. M. *Manfredi* lui rend le même témoignage; & l'on voit aisément que sans la contrainte où le decret du Saint Office contre le mouvement de la terre tient les Astronomes en Italie, il n'hésiteroit pas à la regarder comme quelque chose de mieux qu'une hypothese. Nous ne craindrons pas de dire enfin que de l'admirable accord de cette explication avec les phénomenes, il naît une nouvelle preuve du mouvement de la terre.

Mais que dirons-nous de la parallaxe annuelle ? est-elle absolument insensible, & l'orbite de la terre n'est-elle qu'un point à l'égard de la distance des fixes ? C'est une question, nous l'avouons, embarrassante. Mais une difficulté à laquelle nous ne trouvons point de réponse, à cause de la foiblesse de notre imagination & du peu de connoissance que nous avons de la nature de l'Univers, ne doit pas nous ébranler, tandis que nous avons tant de motifs pour nous déterminer en faveur du mouvement de la terre. Je remarquerai aussi que quand même cette parallaxe auroit quelque grandeur, comme 3 à 4 secondes; on ne devroit pas s'étonner qu'elle échappât encore aux Astronomes. On a découvert depuis quelques années tant de petites irrégularités dans les mouvemens des astres, & même dans celui de la terre, qu'il est probable que cette parallaxe se confond avec elles. Il faut espérer que si elle est tant soit peu sensible, elle n'échappera pas toujours à l'industrie des Astronomes.

VIII.

Nous ne pourrions éviter de tomber dans une prolixité excessive, si nous entreprenions de faire passer ici en revue tous les Astronomes

Aſtronomes ou Ecrivains d'ouvrages aſtronomiques, que nous offre le ſeizieme ſiecle. Ce ſeroit même, nous l'oſons dire, manquer entiérement notre objet, que d'entrer dans des détails auſſi peu intéreſſans. L'hiſtoire d'une Science n'eſt pas celle de tous les Auteurs qui en ont écrit, mais ſeulement de ceux qui ont contribué par leurs travaux à en reculer les bornes : l'énumération exacte des premiers eſt l'ouvrage du Bibliographe, & non de l'Hiſtorien. On ne doit donc point s'étonner ſi l'on ne fait ici aucune mention de quantité d'Auteurs auxquels M. *Weidler* a donné place dans ſon ouvrage. D'ailleurs obligés de nous reſſerrer dans des bornes étroites, nous devons nous réſerver pour ce que notre ſujet a de plus important.

Rheinold

Eraſme *Rheinold* s'eſt acquis de la célébrité par ſes Tables Pruténiques. Il les nomma ainſi, parce qu'il les calcula ſur les nouvelles hypotheſes & les principes de *Copernic*, qui étoit Pruſſien. Elles parurent pour la premiere fois en 1551, & elles furent pendant long-temps dans une grande eſtime & avec raiſon ; car quoique de beaucoup inférieures aux Tables modernes, elles ſont bien ſupérieures à toutes celles qui avoient été calculées auparavant, comme celles de *Ptolemée*, les *Alphonſines*, &c. *Rheinold* ſoupçonna quelques-unes des vérités que *Kepler* établit depuis dans ſon Livre *ſur les mouvemens de Mars*. Il enſeigna dans ſes notes ſur les *Théoriques de Purbach*, dont il donna une édition en 1542, que l'orbite de Mercure étoit elliptique. Il étoit, ce ſemble, aſſez naturel que l'ellipticité des orbites des planetes commençât à ſe manifeſter par celle de Mercure, qui eſt effectivement la plus excentrique & la plus alongée de toutes. *Rheinold* perfectionna auſſi un peu la théorie de la lune, en imaginant de faire mouvoir ſon épicycle ſur une orbite elliptique. Il avoit préparé quantité d'ouvrages utiles à l'Aſtronomie & aux Mathématiques en général, que ſa mort arrivée en 1553, l'empêcha de publier. Il étoit preſqu'à la fleur de ſon âge, étant né en 1511. C'étoit un homme doué de génie, & à qui il ne manqua qu'une plus longue vie, & plus d'aſſiduité à obſerver, pour rendre de grands ſervices à l'Aſtronomie.

Le Landg de Heſſ

Le catalogue des Aſtronomes du XVIe ſiecle, s'illuſtre du nom d'un Souverain qui, non content de protéger l'Aſtronomie, la cultiva lui-même presque avec l'assiduité d'un Astronome de profession. C'est *Guillaume IV*, Landgrave de Hesse-Cassel, qui donna cet exemple rare & mémorable à la postérité. Il commença à observer vers l'année 1557, & en 1561 il fit bâtir à Cassel un Observatoire, qu'il fournit dans la suite d'instrumens travaillés avec grand soin, & où il continua d'observer sans aucun aide jusqu'en 1577. Alors l'administration de ses Etats ne lui permettant plus de se livrer autant à son goût, il s'attacha *Christophe Rothman* & *Juste Byrge*, qui travaillerent en quelque sorte sous ses yeux & sa direction jusqu'à sa mort. On a les observations du *Landgrave* & de ses Astronomes : *Snellius* les publia pour la premiere fois en 1618, avec diverses autres de *Regiomontanus*, *Walther* & *Tycho* (*a*). On les trouve aussi dans l'*Historia Celestis* d'*Albert Curtius*, ou *Lucius Barretus*. Un des travaux du *Landgrave*, fut de dresser un nouveau catalogue des fixes, & il en observa dans cette vue environ 400. Sa méthode étoit précisément la même que nous employons aujourd'hui. Elle consistoit à mesurer leur déclinaison par leur hauteur méridienne, & leur ascension droite par le temps écoulé entre leur passage par le méridien, & celui du soleil ou de quelqu'autre étoile dont l'ascension droite étoit connue ou déterminée. Pour cela le *Landgrave* avoit dans son Observatoire des horloges travaillés avec beaucoup de soin, & aussi parfaits qu'on pouvoit les avoir dans son siecle. Le catalogue des fixes observées à Cassel, a été inséré dans l'*Historia Celestis* dont nous avons parlé. M. *Hevelius* en fait cas, & préfere même quelquefois les déterminations du *Landgrave* à celles de *Tycho*. On dit qu'on conserve encore à Cassel quantité d'autres observations de ce Prince, qui n'ont point vu le jour. Le *Landgrave* entretint pendant long temps avec *Tycho* un commerce de lettres, soit directement, soit par l'entremise de *Rothman* : il a été publié en 1596, sous le titre de *Tychonis-Brahé epist. Astr. Lib. 1.* Nous ne devons pas oublier de remarquer que c'est aux sollicitations du *Landgrave*, que le célebre Astronome Danois dut les faveurs qu'il reçut de *Frédéric*, & le magnifique établissement que ce Souverain lui donna dans l'Isle d'Huene.

(*a*) *Cœli ac fid. in eo errantium observat. Hassiacæ, illust. Wilhelmi Hassiæ Landgravii auspiciis quondam institutæ*, &c. Lugd. Bat. 1618. in-4.

Le Prince sçavant dont nous parlons, étoit né en 1532. Il succéda à son pere *Philippe* le magnanime l'année 1567, & il mourut en 1592.

Nous ne pouvons mieux placer qu'à la suite du *Landgrave* les deux Observateurs *Rothman* & *Juste Byrge*, qu'il s'étoit attachés pour l'aider dans ses travaux astronomiques. *Rothman* entra au service du Prince en 1577, & il observa avec assiduité jusqu'en 1590, qu'il alla à Uranibourg visiter *Tycho*. Mais au lieu de retourner à Cassel, soit besoin de respirer l'air natal, soit singularité dont *Tycho* & le *Landgrave* le taxent dans leurs letres, il ne reparut plus. On voit plusieurs lettres de *Rothman* parmi celles que *Tycho* publia en 1596. Il étoit fort partisan du systême de *Copernic*, & plusieurs de ces lettres roulent sur ce sujet. Il y eut même un peu de vivacité de part & d'autre; mais *Tycho* fit tant qu'il l'enleva à *Copernic*, soit en allarmant sa religion, soit en lui objectant diverses absurdités Physiques, dont il ne put trouver la solution. Au reste c'est *Tycho* qui se vante de ce triomphe: peut-être ne paroîtroit-il pas aussi réel qu'il le dit, si nous avions quelqu'écrit de *Rothman*, postérieur à son voyage d'Uranibourg. Je ne connois de *Rothman* qu'un ouvrage sur la comete de 1585, à l'égard de laquelle il s'accorda avec *Tycho*, en ne lui trouvant point de parallaxe. Mais ses conjectures sur la nature de ces astres, ne sont pas supérieures à la mauvaise Physique de son siecle. *Rothman.*

Juste *Byrge*, dont nous avons déja fait mention à l'occasion de ses travaux géométriques, excelloit dans l'art de fabriquer les instrumens astronomiques, & se rendit cher par-là au *Landgrave de Hesse*. Il étoit également versé dans la théorie & la pratique de l'Astronomie, & ce fut lui qui, après l'espece d'évasion de *Rothmann*, & la mort du *Landgrave*, continua d'observer à Cassel jusqu'en 1597. Il passa delà au service de l'Empereur, dont il fut Mathématicien. Nous avons déja dit ailleurs, que *Kepler* lui attribue la premiere idée des logarithmes. Si nous en croyons *Becker* (*a*), *Byrge* eut aussi l'heureuse idée d'appliquer le pendule à la mesure du temps. *Becker* dit le tenir d'un Mathématicien de l'Electeur de Mayence, qui le lui avoit dit en 1678: mais il y a trop loin *Juste Byrge.*

(*a*) *Phys. subt.* ed. 1738, p. 489.

de *Byrge* à ce premier témoin de sa découverte, & nous connoissons trop peu quel degré de créance nous lui devons, pour dépouiller *Galilée* & *Huygens* de l'honneur de cette ingénieuse & utile invention.

Mœstlin. Michel *Mœstlin* mérite ici une place à plusieurs titres. C'est en quelque sorte à lui que l'Astronomie doit le célebre *Kepler;* car ce furent ses exhortations qui le déterminerent à se livrer à cette science, dans un temps où il balançoit entre elle & une autre carriere plus propre à satisfaire son ambition. *Mœstlin* a eu quelques idées heureuses en Astronomie-Physique : on lui doit d'abord sçavoir gré d'avoir été un zélé partisan du systême de *Copernic*, dans un siecle où cette sublime vérité en avoit encore si peu. Il est surtout mémorable pour avoir donné la vraie raison de la lumiere obscure qu'on apperçoit sur le disque de la lune peu de jours avant & après la conjonction. Ce phénomene étoit depuis long-temps une énigme sur laquelle les plus habiles Physiciens Astronomes n'avoient encore avancé que de fausses conjectures (*a*). *Mœstlin* la devina enfin, & il enseigna que cette lumiere étoit produite par l'éclat que la terre, alors dans son plein à l'égard de la lune, jettoit sur elle. Destitué de commodités pour observer, *Mœstlin* étoit ingénieux à y suppléer : il observoit les cometes & les planetes par le moyen d'un fil tendu, à l'aide duquel il déterminoit deux paires différentes d'étoiles qui fissent avec elles des lignes droites. C'est-là un moyen fort simple, & que pourroit pratiquer, dans certaines circonstances, un Observateur dénué d'instrumens. Sans autre secours, *Mœstlin* ne laissa pas de trouver que la fameuse étoile nouvelle de *Cassiopée* n'avoit aucune parallaxe. *Tycho* donne des louanges à un de ses écrits sur la comete de 1577. Effectivement *Mœstlin* avoit non seulement apperçu que ce

(*a*) Les Anciens croyoient que cette lumiere foible de la lune lui étoit propre : il étoit, suivant eux, fort raisonnable de penser qu'un corps céleste ne fût pas entiérement destitué d'une perfection aussi essentielle que celle d'être lumineux, & la plûpart des Modernes avoient embrassé cette opinion. L'Illustre Tycho l'avoit rejettée, mais ce n'avoit été que pour lui en substituer une autre aussi peu juste. Il avoit conjecturé que cette lumiere étoit occasionnée par l'éclat de Venus, qui éclairoit l'hémisphere obscur de la lune. Avec un peu d'attention il est facile de voir que cela est impossible ; Venus est toujours trop élevée, à l'égard de la lune, pour pouvoir jamais éclairer l'hémisphere tourné du côté de la terre vers les conjonctions.

n'étoit point un météore sublunaire, mais il tentoit dans cet écrit de représenter son cours, en combinant son mouvement sur une orbite autour du soleil, avec celui de la terre sur la sienne. Cette idée est fort heureuse & fort analogue à celle qu'on a des cometes dans l'Astronomie moderne. *Kepler* fait souvent mention de *Mœstlin* dans son *Astronomiæ pars optica*, & il nous en donne une idée fort avantageuse par les diverses choses qu'il en rapporte. On lui doit plusieurs observations que l'on trouve dans l'*Hist. Celestis*. Il est cependant à regretter qu'il n'ait pas eu plus de secours pour y vaquer avec exactitude. Il fut long-temps Professeur à Tubinge, où il mourut vers le commencement du XVIIe siecle.

I X.

L'Histoire de l'Astronomie nous présente deux époques mémorables durant le cours du XVIe siecle. L'une est celle de *Copernic*, l'autre celle de *Tycho-Brahé*, à laquelle nous touchons. *Copernic* doué de cette force d'esprit nécessaire pour secouer le joug du préjugé, sçut démêler le vrai arrangement de l'Univers, & il jetta par-là les fondemens de la solide Astronomie. *Tycho-Brahé* ne contribua pas moins à l'avancement de cette Science. Plus assidu & plus exact Observateur que *Copernic*, il perfectionna en divers points la théorie particuliere des planetes, & entr'autres celle de la lune. Il tira la pratique de l'Astronomie de l'état d'imperfection qui étoit depuis si long-temps un obstacle aux progrès de la théorie. Il commença à dessiller les yeux sur la nature des Cieux & la place que les cometes occupent dans l'Univers. Les nombreuses observations qu'il transmit à la postérité, servirent enfin à perfectionner dans les détails le systême dont *Copernic* n'avoit en quelque sorte tracé que le plan général. Telles sont les obligations de l'Astronomie envers *Tycho-Brahé*. Nous nous occuperons de ces objets divers avec l'étendue qu'ils méritent; mais comme la vie d'un homme aussi célebre ne peut qu'être intéressante, nous commencerons par en rapporter les principaux traits.

Tycho-Brahé naquit en 1546 à Knud-sturp en Scanie, qui étoit un Château appartenant dès-long-temps à la maison de

TYCHO BRAHÉ.

Brahé, déja illustre en Dannemarck, & qui y subsiste encore aujourd'hui avec éclat. Je passe les traits peu intéressans de ses Etudes de Belles-Lettres & de Philosophie. Son génie pour l'Astronomie commença à se développer à la vue d'une éclipse de soleil, qui arriva en 1560. *Tycho* avoit à peine quatorze ans; & dans cet âge où l'on réfléchit si peu, il fut tellement frappé de la justesse du calcul qui annonçoit le phénomene; qu'il n'eut point de repos qu'il ne se fût mis en possession des principes de ces sortes de prédictions. En 1562 il quitta Copenhague, & alla étudier en Droit à Leipsick. La contrainte où le tenoit son Gouverneur, qui s'opposoit à son goût pour l'Astronomie, ne servit qu'à l'enflammer davantage. Ne pouvant se procurer ouvertement des Livres de cette Science, & les étudier, il y employoit l'argent que les jeunes gens de son âge & de son état dépensent pour leur plaisir, & il sacrifioit à l'étude le temps de son sommeil. Malgré ces difficultés, il ne laissa pas d'avancer assez rapidement pour reconnoître en 1563 le peu d'exactitude des Tables dans l'annonce d'une conjonction de Saturne & de Jupiter, & il conçut dès-lors le projet de perfectionner la théorie des planetes. Diverses autres observations furent le fruit de son séjour à Leipsick, & de l'amitié qu'il contracta avec un autre amateur de l'Astronomie, nommé *Barthelemi Sculiet.* Celui-ci moins gêné que *Tycho-Brahé,* lui procura les moyens d'avoir quelques instrumens, mais la rigueur avec laquelle ses maîtres lui interdisoient toute étude du Ciel, ne se relâchant point, il fut toujours obligé de s'en servir en secret.

Enfin après un séjour de trois ans à Leipsick, *Tycho* commença à jouir de la liberté. De retour à Copenhague, il vit avec chagrin le peu de cas que la noblesse & ses proches faisoient de sa science favorite. Il se mit donc à voyager, & il passa les années 1566, 1567 & 1568, tantôt à Wittemberg, tantôt à Rostoch. Il observa dans cette derniere l'éclipse de soleil de 1567, qui est la premiere observation sur laquelle il ait cru pouvoir faire quelque fonds, & dont il fasse mention dans ses *Progymnasmata.* Etant à Ausbourg en 1569, il y contracta une étroite amitié avec les Sénateurs Jean-Baptiste & Paul *Hainzel,* tous deux Astronomes, & dont le dernier entrant dans les vues de *Tycho,* fit fabriquer à ses frais un immense quart de cercle : je dis immense avec raison, car il avoit 14 coudées de rayon ; fait qui paroîtroit incroyable, si l'on ne le lisoit dans un ouvrage de *Tycho* (a). Il profita aussi de cette occasion & de l'adresse des ouvriers d'Ausbourg, pour faire exécuter divers instrumens nouveaux & plus parfaits qu'aucun de ceux dont on s'étoit servi avant lui.

Après quelques années ainsi employées à parcourir l'Allemagne, *Tycho* retourna dans son pays, où il rencontra plus d'agrément. Son oncle maternel *Stenon Billée*, rendit plus de justice à son goût pour l'Astronomie : il lui fournit même les moyens de le satisfaire commodément, en lui donnant un logement dans une de ses terres, & un emplacement commode pour observer. Là *Tycho* passa l'année 1572, uniquement partagé entre l'étude du Ciel & celle de la Chymie, car il avoit aussi de l'attachement pour cette belle partie de la Physique : il paroît même qu'elle l'avoit un peu détourné de l'Astronomie, mais un événement extraordinaire le rendit & l'attacha plus étroitement à cette derniere Science.

Dans les commencemens du mois de Novembre 1572, on vit presque tout à coup paroître une nouvelle étoile dans la constellation de Cassiopée. *Tycho* sortoit de son appartement, & alloit à son laboratoire chymique, lorsque regardant le Ciel pour voir si le temps lui permettroit d'observer la nuit suivante, l'éclat de ce nouvel astre lui frappa la vue. Il crut d'abord que c'étoit une illusion ; mais enfin assuré de la réalité du phénoméne par le témoignage de tous ceux qu'il questionna, il courut à son Observatoire, & il mesura la distance de cette étoile à plusieurs autres. Il continua d'observer avec le même soin pendant tout le temps qu'on l'apperçut au Ciel, c'est-à-dire, durant près d'un an & demi. Nous dirons ailleurs quelque chose de plus sur ce phénomene si digne de notre admiration. Les observations de *Tycho Brahé* se trouvent rassemblées dans le premier tome de ses *Progymnasmata*, auquel il donna même le titre *de Novâ stellâ anni* 1572, quoiqu'il s'y soit proposé un objet bien plus vaste, comme on le verra par la suite de notre récit.

Tycho se proposoit de visiter de nouveau l'Allemagne en

(a) *Progymn.* t. 1, p. 356.

1573, & de paſſer en Italie ; mais diverſes circonſtances, une maladie, un mariage diſproportionné qui le brouilla avec ſa famille, les ordres du Roi de Dannemarck qui l'engagerent à donner quelques leçons d'Aſtronomie dans l'Univerſité de Copenhague, lui firent différer ce voyage d'un an. Il partit donc en 1574, & il alla d'abord à Caſſel viſiter le célebre *Landgrave de Heſſe*, qui l'honora depuis de ſa correſpondance aſtronomique. A ſon paſſage par Baſle, cette ville lui plut tellement par ſa ſituation qui la met également à portée de l'Allemagne, de la France & de l'Italie, qu'il réſolut d'y fixer ſa demeure. Il étoit ſur le point d'y faire tranſporter ſes inſtrumens, lorſque les offres généreuſes du Roi de Dannemarck lui firent changer de deſſein. Ce Prince ayant réſolu, à la ſollicitation du *Landgrave de Heſſe*, de favoriſer d'une maniere vraiment royale les travaux de *Tycho*, lui dépêcha un de ſes Pages avec une lettre par laquelle il l'invitoit à le venir trouver inceſſamment. *Tycho* ayant obéi, *Frédéric* lui fit part de ſon projet, & lui offrit pour s'établir la petite Iſle d'Huene, ſituée à l'entrée de la mer Baltique, lieu admirable pour obſerver. Cette Iſle en effet qui a environ huit mille pas de circuit, s'éleve, par une pente inſenſible, juſqu'au milieu qui domine la mer & l'horiſon de tous les côtés. *Frédéric* ſe chargea auſſi de tous les frais néceſſaires pour la conſtruction des édifices & la fabrication des inſtrumens que *Tycho* jugeroit néceſſaires. Tant de libéralités & de magnificence l'attacherent à ſa patrie, qu'il étoit ſur le point d'abandonner.

Tycho prit poſſeſſion de l'Iſle d'Huene vers le milieu de l'an 1576, & bientôt après il jetta les fondemens du célebre Obſervatoire ſi connu ſous le nom d'Uranibourg. C'étoit un édifice quarré, & flanqué des côtés du midi & du nord de deux tours rondes deſtinées à obſerver. Le reſte du bâtiment ſervoit à ſa demeure, & à celle de ſa famille & des gens qu'il entretenoit pour l'aider, ſoit dans ſes travaux aſtronomiques, ſoit dans la conſtruction des inſtrumens qu'il imaginoit chaque jour, & aux frais deſquels le Roi fourniſſoit généreuſement. *Tycho Brahé* paſſa ainſi vingt ans à Uranibourg uniquement livré à ſon étude favorite, & il y fit un amas prodigieux d'obſervations, & diverſes découvertes. Il eut l'honneur d'y recevoir la viſite d'un Souverain : c'étoit *Jacques II*, Roi d'Écoſſe, qui

qui avoit passé en Danemarck, à l'occasion de son mariage avec la sœur de *Frédéric*. Ce Prince alla voir *Tycho*, & fit à son honneur des vers, qu'on voit à la tête de ses *Progymnasmata*.

Tant de félicité fut enfin troublée par la mort de *Frédéric*, qui arriva en 1597. Alors l'envie commença à lâcher ses traits sur *Tycho*. Ses ennemis (un Astronome retiré au milieu d'un désert, devoit-il en avoir ?) représenterent & exagérerent au successeur de *Frédéric*, les dépenses considérables auxquelles *Tycho* avoit engagé son prédécesseur, les grandes pensions dont il jouissoit, & les donations en terres qu'il en avoit reçues. On lui retira d'abord tous ces avantages : bientôt même il fut menacé d'être chassé d'Uranibourg, & d'être privé de ses instrumens. Dès-lors il commença à prendre des mesures contre ce dernier malheur, le plus grand de tous ceux qui pouvoient lui arriver. Il fit transporter à Copenhague la plûpart de ces instrumens : mais on lui fit défense de s'en servir.

Tycho vit bien qu'il lui falloit quitter sa patrie. Il loua un navire ; & y ayant embarqué sa famille, ses livres & tout son attirail d'Astronomie, il prit le chemin de Rostoch, où il arriva au milieu de l'année 1597. Il se retira ensuite près d'Hambourg, dans un Château du Comte de Rantzau, Seigneur qui aimoit l'Astronomie, mais qui avoit malheureusement un grand foible pour l'Astrologie. Il finit là son Livre intitulé *Astronomiæ instauratæ Mecanica*, qui a pour objet la description de ses instrumens, & afin de se procurer une retraite honorable auprès de quelque Prince Etranger, il le dédia à l'Empereur *Rodolphe II* : cet ouvrage parut en 1598.

Ce que *Tycho-Brahé* avoit désiré, arriva. Son mérite trouva un généreux protecteur dans *Rodolphe*. Ce Prince ordonna à son Vice-Chancelier de lui écrire, & de lui offrir des avantages capables de le satisfaire. *Tycho* partit sur ces assurances pour Prague, ne cessant d'observer sur son chemin. Il y arriva au printemps de 1599, & l'Empereur le reçut avec tous les témoignages possibles d'amitié. Il lui donna d'abord une pension de 3000 écus d'or ; & afin de lui procurer toutes les commodités possibles pour ses travaux astronomiques, il lui offrit à choisir de trois Châteaux hors de la ville, celui qui lui agréeroit le plus. *Tycho* choisit celui de *Benatica*, où il reçut la visite de *Kepler*, qui venoit de Gratz, pour converser avec lui & vaquer à l'Astronomie. Mais peu après éprouvant dans ce séjour diverses incommodités, il désira retourner à Prague, où l'Empereur lui donna la maison de *Curtius* son ancien ami, dans laquelle il avoit d'abord demeuré & observé, & qu'il fallut racheter de ses héritiers. Là il travailloit avec ardeur, aidé de *Kepler* que l'Empereur lui avoit attaché par ses libéralités, & de ses deux disciples & Secretaires *Jostelius* & *Longomontanus*, lorsqu'une mort imprévue l'enleva le 24 Octobre 1601. Au sortir d'un repas de cérémonie, où, suivant la coutume du pays, on seroit un homme insociable si l'on refusoit de répondre à une des santés qu'on y porte, il fut saisi d'une rétention d'urine: quelques-uns disent qu'il la contracta dans le carrosse de l'Empereur, où le respect ne lui permit pas de témoigner la cruelle nécessité dont il étoit pressé. Ce funeste accident l'emporta en peu de jours. *Tycho* n'avoit encore que 55 ans, & il étoit en état de faire de grandes choses pour l'Astronomie. Telle fut la fin de cet homme dont le nom méritera à jamais d'être célébré dans les fastes de cette Science. Passons à remplir le principal objet de cet ouvrage, c'est-à-dire, à donner un précis de ses travaux & de ses découvertes.

Tycho n'avoit pas plutôt goûté les charmes de l'Astronomie, qu'il s'étoit apperçu qu'une des principales causes qui en retardoient les progrès, étoit l'imperfection des instrumens dont on s'étoit servi jusqu'alors. Je ne dis rien de ceux des Anciens, tout le monde sçait combien ils étoient inexacts & grossiers. *Regiomontanus* & *Walther*, les plus grands observateurs de leur siecle, *Copernic* lui-même qui travailla pendant long-temps à rétablir l'Astronomie depuis ses fondemens, n'en eurent pas de beaucoup plus parfaits. On peut dire que *Tycho* fut le premier qui tira l'Astronomie pratique de cet état d'enfance, qui retardoit tant les progrès de la théorie. Un de ses plus grands soins fut d'avoir les instrumens les plus grands, les plus solides qu'il lui fut possible; & les libéralités de *Frédéric* son protecteur, lui en fournirent les moyens. Je renvoie le lecteur curieux du détail de ses travaux & de ses inventions dans ce genre, à son Livre intitulé

Astronomiæ instauratæ mecanica, & à divers endroits de ses *Progymnasmata*.

Une des premieres entreprises que conçut *Tycho-Brahé*, fut de dresser un nouveau Catalogue des fixes ; car celui que *Ptolemée* nous avoit transmis, étoit extrêmement fautif, & l'on ne s'en étonnera pas, si l'on réfléchit sur la maniere imparfaite que les Anciens employoient dans ces sortes d'observations. Il faut en donner une idée pour concevoir en quoi *Tycho* la rectifia.

Les Anciens destitués d'un moyen assuré de compter le temps, ne pouvoient point observer, comme nous faisons aujourd'hui, la position d'une étoile par le moyen de sa hauteur méridienne & de son ascension droite : car la détermination de cette ascension droite suppose nécessairement qu'on connoisse le temps qui s'est écoulé entre le passage par le méridien d'un astre dont le lieu est connu, & celui de l'étoile dont on cherche la position. Mais l'erreur de quatre minutes sur le temps, occasionne celle d'un degré entier sur l'ascension droite, de sorte qu'il faut être aussi assuré que le sont les Modernes, de l'exactitude de leurs pendules, pour compter sur cette maniere d'observer. Les Anciens ne pouvant donc se dissimuler que leurs clepsidres étoient sujettes à de grandes erreurs, recoururent à une autre méthode. Ils attendoient le temps où la lune, vers la premiere quadrature, paroît sur l'horizon avec le soleil, & alors ils prenoient leur différence d'ascension droite, de sorte que connoissant celle du soleil par sa théorie & par l'observation, ils avoient celle de la lune. Ensuite le soleil étant couché, & la lune paroissant avec l'étoile, ils mesuroient leur éloignement, & ils trouvoient par-là quel arc de l'Equateur lui répondoit. Mais comme depuis la premiere observation jusqu'à la seconde, la lune, par son mouvement propre, s'étoit approchée ou écartée du soleil, ils supposoient la théorie de cette planete assez passablement connue pour pouvoir calculer, sans erreur sensible, le chemin qu'elle avoit fait pendant le temps écoulé. Ils estimoient donc le lieu de la lune au moment de son observation avec l'étoile, & delà ils concluoient celui de l'étoile elle-même. Telle est la méthode qu'*Hipparque* & *Ptolemée* avoient suivie en déterminant les lieux des étoiles, & en dressant leur Catalogue. Il est facile de sentir combien elle est sujette à erreur : l'imperfection des instrumens, la parallaxe de la lune & l'irrégularité extrême de son mouvement, surtout aux environs des quadratures, ne pouvoient manquer de les écarter souvent beaucoup de la vérité.

Tycho qui sentit tous ces défauts de la méthode des Anciens, mais qui n'avoit pas plus qu'eux de moyen exact de mesurer le temps, quoiqu'il en eût tenté plusieurs (*a*), recourut à la planete de Venus, qui a le même avantage que la lune, de paroître souvent le soleil étant encore sur l'horison. Il pensa que cette planete ayant un mouvement bien plus lent que celui de la lune, les imperfections de sa théorie devoient être de moindre conséquence. *Tycho* observoit donc pendant le jour la position de Venus à l'égard du soleil, par le moyen d'un sextant d'une construction particulière, & à laquelle il avoit donné un soin extrême ; puis la nuit étant venue, il réitéroit cette observation entre l'étoile fixe & Venus, d'où il tiroit la longitude de l'étoile, ayant égard au mouvement propre de Venus pendant l'intervalle des deux observations, à sa parallaxe & à la réfraction. C'est par ce moyen qu'il détermina le lieu en ascension droite des étoiles les plus remarquables ; & à l'égard des autres, il trouva leur position en mesurant leur déclinaison & leurs distances aux premieres. *Tycho* rectifia ainsi la position de presque toutes les étoiles que *Ptolemée* avoit autrefois rédigées en catalogue, & il en construisit un nouveau qui en comprend 777, & qu'on peut voir dans ses *Astron. Progymnasmata* (*b*). Dans la suite *Kepler* inférant ce Catalogue dans les Tables Rudolphines, l'augmenta de 223, tirées des observations manuscrites de *Tycho*. Ainsi ce Catalogue contient les lieux de 1000 étoiles, déterminés par les observations de ce sçavant Astronome. Quant au mouvement propre en longitude, il le fait de 51″ par an, c'est-à-dire, d'un degré en 70 ans & 7 mois ; suivant des observations encore plus exactes, on l'a fixé à un degré dans 72 ans.

Quelque gré qu'on doive sçavoir à *Tycho* de son travail, il faut cependant remarquer qu'il a encore laissé beaucoup à faire aux Astronomes, & que ses positions d'étoiles ne sont pas entiérement exactes. C'est une suite de sa maniere d'ob-

(*a*) *Progymn.* p. 148, 149, &c.
(*b*) p. 257. & suiv.

ſerver : mais ce qu'il fit alors eſt ſans doute tout ce que pouvoit faire l'induſtrie humaine. Ce n'eſt guere que depuis l'application du téleſcope aux inſtrumens aſtronomiques, & celle du pendule à régler le temps, qu'on a pu aſpirer à quelque choſe de plus parfait.

Tycho-Brahé a donné naiſſance, comme tout le monde ſçait, à un troiſieme ſyſtême aſtronomique. Séduit par des raiſons de peu de poids, & s'exagérant l'obligation de prendre à la lettre les paſſages de l'Ecriture qui ſemblent atteſter le repos de la terre, il ne put ſe réſoudre à la mettre en mouvement autour du ſoleil. Ne pouvant cependant ſe diſſimuler la ſolidité des preuves ſur leſquelles *Copernic* avoit établi ſon ſyſtême, il tacha de le concilier autant qu'il ſe pouvoit avec le repos de la terre. Dans cette vue il conſerva le ſoleil au centre des révolutions de toutes les planetes, excepté la lune & la terre; mais au lieu de mettre celle-ci en mouvement autour du ſoleil, il la plaça au centre, en faiſant tourner autour d'elle le ſoleil avec la lune. Il conſerva auſſi cette partie du ſyſtême ancien qui concerne le mouvement diurne. C'eſt ainſi qu'en prenant dans chacun des deux ſyſtêmes ce qui pouvoit ſe concilier avec les apparences céleſtes, il en forma celui auquel la poſtérité a donné ſon nom.

On ſe tromperoit néanmoins ſi l'on regardoit *Tycho* comme l'inventeur de cette diſpoſition des corps céleſtes. Elle n'avoit pas été inconnue à *Copernic*. Ce reſtaurateur du vrai ſyſtême de l'Univers, avoit fort bien apperçu qu'en arrangeant ainſi les planetes, on ſatisferoit également à tous les phénomenes. Mais il penſa avec raiſon que ce ſeroit bleſſer l'ordre & la ſimplicité qui doivent régner dans ce bel ouvrage de la Divinité, que de faire ainſi tourner le centre principal & preſque général des mouvemens des planetes autour d'un autre centre. Ce motif & pluſieurs autres également preſſans, le porterent à rejetter cet arrangement, comme n'étant point celui de la nature, & à préférer, malgré l'air de paradoxe qui l'accompagne, celui où la terre au rang des planetes, tourne autour du ſoleil immobile.

Il eſt à croire que *Tycho* auroit penſé comme *Copernic*, ſi l'envie de donner ſon nom à un ſyſtême qui lui fût propre, ne lui eût exagéré les difficultés que l'on peut propoſer contre le mouvement de la terre. Quoi qu'il en ſoit, la plûpart de celles ſur leſquelles il ſe détermina à le rejetter, ne valent pas mieux que celles des Péripatéticiens de ſon temps, & ne ſont fondées que ſur les fauſſes notions du mouvement qu'on avoit alors; ce ſont auſſi de fort mauvaiſes raiſons que celles par leſquelles il entreprend de juſtifier la rapidité inconcevable avec laquelle il faudroit faire tourner toute la machine céleſte pour ſatisfaire au mouvement diurne. En vain prétend-il trouver & faire remarquer dans ce mouvement, des preuves de la ſageſſe & de la puiſſance de la Divinité (*a*), outre la mauvaiſe Phyſique qui regne dans ſon raiſonnement, il n'y a point d'embarras & d'abſurdité dans un ſyſtême, qu'on ne puiſſe excuſer de cette maniere. Si ce n'eſt la ſageſſe, ce ſera la puiſſance de la Divinité qui en éclatera davantage.

Parmi les objections que *Tycho* fait contre le mouvement annuel de la terre, il en eſt une aſtronomique dont il faut dire un mot. Dans le ſyſtême de *Copernic*, diſoit *Tycho*, le petit cercle que décrit chaque année dans le Ciel l'axe de la terre prolongé, n'a aucune grandeur ſenſible; & les étoiles en ont une: il faudroit donc que chaque étoile fût du moins auſſi grande que l'orbite annuelle de la terre. Or cela ſeroit abſurde, & ce ſeroit violer la ſymmétrie de l'Univers, que d'admettre une inégalité auſſi prodigieuſe entre le ſoleil & ces autres aſtres qui l'environnent.

Cette objection pouvoit être ſpécieuſe au temps de *Tycho*, où ne jugeant du diametre apparent des fixes qu'à la vue ſimple, on leur en donnoit un incomparablement plus grand qu'il n'eſt réellement. Il eſt aujourd'hui certain que leur grandeur eſt abſolument inſenſible, puiſque des téleſcopes qui groſſiſſent cent fois, mille fois même, ne les repréſentent encore que comme des points étincellans. Ainſi l'objection de *Tycho* n'a aucune force; & rien n'empêche que les étoiles

(*a*) *At hîc elucet*, dit-il, *incomprehenſibilis Dei opificis, imperſcrutabilis ſapientia ac poteſtas, qui cœli corporibus tam vaſtis, omni cogitatione celeriorem motum.... uniformem ac duplicem attribuere voluit; quique terræ pigrum, craſſum & ad motionem circularem perpetuamque haud idoneum corpus ſuâ ſubtilitate fundavit, quo hinc tanquam ex centro quieſcente, cœleſtium corporum quæ lucida & ignea, ſed inconſumptibili compagine conſtant, quæque motioni celerrimæ admodum apta ſunt, ſponteque eam appetunt curricula ſtupenda & indefeſſa contemplari liceret, &c, &c.* Voyez Epiſt. Aſtron. l. 1, p. 188, &c.

ne ſoient des ſoleils à peu près de la grandeur du nôtre. Je ne dis rien ici d'une autre objection que fait *Tycho*, & qu'il tire de l'inutilité d'un eſpace auſſi vaſte que celui qu'il faut laiſſer dans le ſyſtême de *Copernic*, entre Saturne & les fixes les plus voiſines : on y a répondu dans un des articles précédens.

On ne peut diſconvenir que le ſyſtême de *Tycho-Brahé* ne ſatisfaſſe parfaitement à tous les phénomenes céleſtes. A le conſidérer uniquement de ce côté-là, il eſt équivalent à celui de *Copernic.* Mais cela ne doit pas nous ſuffire pour le mettre de niveau avec ce dernier. Le ſyſtême de *Tycho* n'eſt qu'une ingénieuſe fiction telle que celle que pourroient imaginer les Aſtronomes, de quelque planete que ce ſoit. Suppoſons en effet qu'il y ait des habitans & des Aſtronomes dans Mars, & qu'ils s'y obſtinent à ſe placer au centre de l'Univers, ils rendront compte de tous les phénomenes par un ſyſtême ſemblable à celui de *Tycho*, c'eſt-à-dire, en faiſant tourner autour d'eux le ſoleil, tandis qu'il ſera le centre du mouvement de toutes les planetes : on en pourra faire autant dans Jupiter, dans Saturne, &c. Il n'y a même pas juſqu'à la Lune, dont les Aſtronomes, s'il y en a, ne puiſſent s'obſtiner à ſe réputer en repos, & en même temps ſatisfaire à tous les phénomenes aſtronomiques. Il ne ſuffit donc pas qu'un ſyſtême réponde aux apparences céleſtes, pour être réputé le véritable ouvrage de la nature ; il faut de plus qu'il n'ait rien de répugnant aux loix de la Phyſique. Or quel Phyſicien concevra qu'en même-temps le ſoleil ſoit le centre du mouvement de preſque tous les corps céleſtes, & qu'il tourne autour de la terre, entraînant avec lui toute cette vaſte machine ? Cette hypotheſe peut être ſuffiſante en Mathématique, mais en ſaine Phyſique elle ne peut être que réputée abſurde & impoſſible.

Tycho eut dans un Aſtronome de ſon temps, un concurrent qui lui diſputa vivement l'honneur de ſon ſyſtême. Ce fut *Raimard Urſus*, dont nous avons parlé ailleurs au ſujet d'une inventiontrigo nométrique qui a ſon mérite. *Urſus* avoit propoſé le même arrangement dans ſon *Fundamentum Aſtronomiæ*, imprimé en 1588 : il en avoit auſſi parlé quelques années auparavant au *Landgrave de Heſſe*, qui avoit fait exécuter une ſphere planetaire ſuivant cette idée. *Tycho* l'ayant appris, & ayant vu l'ouvrage dont nous venons de parler, prétendit qu'*Urſus* l'avoit volé dans un voyage qu'il avoit fait autrefois à Uranibourg. Il en écrivit ainſi à *Rothmann,* qui de ſon côté le qualifie très-injurieuſement dans quelques-unes de ſes lettres. *Tycho* ayant publié cette correſpondance en 1596, *Raimard Urſus* en fut ſi outré, qu'il écrivit contre l'un & l'autre un libelle, très-divertiſſant par ſon ridicule & par le ſingulier amas d'injures & de mauvaiſes plaiſanteries dont il eſt aſſaiſonné.

Quel que ſoit le droit qu'a *Raimard Urſus* au ſyſtême de *Tycho,* on ne peut du moins lui refuſer d'être l'Auteur de celui qu'on nomme demi-Tychonicien, où l'on fait tourner la terre autour de ſon axe en 24 heures, pour éviter à la machine céleſte la rapide révolution qu'elle paroît faire chaque jour ſur elle-même. C'eſt en cela que le ſyſtême qu'il propoſoit dans ſon *Fundamentum Aſtronomiæ*, différoit de celui de *Tycho.* Mais l'honneur de cette invention, s'il y en a, lui a encore été ravi par *Longomontanus.* Au reſte, ce ſyſtême qui, outre ſon inventeur & *Longomontanus* dont il porte le nom, a eu quelques partiſans au commencement du XVIIe ſiecle, eſt expoſé aux mêmes difficultés que celui de *Tycho,* & quoiqu'il ſatisfaſſe auſſi aux phénomenes céleſtes, il n'a point les caracteres d'ordre & de ſimplicité qui doivent diſtinguer le vrai ſyſtême de l'Univers.

Si *Tycho* ne ſecoua pas entiérement le joug du préjugé en ce qui concerne le repos de la terre, il ſçut du moins s'en affranchir à l'égard des cometes. Il dévoila le premier l'erreur où l'on étoit depuis ſi long-tems ſur leur ſujet. C'étoit une opinion invétérée que ces aſtres étoient de ſimples météores qui s'engendrent dans la région ſublunaire. *Ariſtote* l'avoit dit, & l'empire deſpotique qu'il exerçoit ne permettoit pas d'en douter. *Tycho* oſa néanmoins ſoumettre cette opinion à un nouvel examen. La comete de 1577 en fut l'occaſion : il l'obſerva avec ſoin durant tout ſon cours, & il chercha, par une méthode auſſi ſûre qu'ingénieuſe, à démêler ſi elle avoit quelque parallaxe. Mais une longue ſuite d'obſervations lui apprit qu'elle n'en avoit ſenſiblement aucune, d'où il tira deux conſéquences également fatales à l'ancienne Philoſophie ; l'une que les cometes ſont fort au delà de l'orbite de la lune, & l'autre que les Cieux réputés ſolides jusqu'alors jusqu'alors dans les écoles, étoient permeables dans tous les sens, & n'étoient remplis que d'une matiere extrêmement subtile. Il toucha même, peu s'en faut, à la brillante découverte de la nature de ces astres : car il eut l'idée de rechercher si quelque courbe réguliere décrite autour du Soleil, ne satisferoit pas au mouvement de cette comete ; & il trouva effectivement que si elle se fût mue autour de cet astre dans un cercle d'une certaine dimension passant entre la terre & Venus, elle eût eu, à quelques minutes près, dans la partie inférieure de ce cercle, le mouvement qu'il observa. Il établit toutes ces choses dans son Livre intitulé : *De Mundi ætherei recentioribus Phænomenis*, où il discute aussi les divers écrits qui parurent sur ce sujet. On vit quelques-uns de ceux qui avoient donné à cette comete une place inférieure à la Lune, forcés par les raisons de *Tycho*, se rétracter & adopter son sentiment. Les cometes de 1585, 1590, & diverses autres que *Tycho* observa dans la suite, ne firent que lui fournir de nouvelles preuves de sa découverte, & toutes celles qu'on a vues depuis, l'ont entiérement confirmée.

Cette découverte de *Tycho* portoit un coup trop dangereux à la Philosophie de l'Ecole pour s'établir sans contestation. Un Ecossois zélé pour l'honneur d'*Aristote*, attaqua aigrement l'Astronome Danois (*a*) : mais la querelle ne fut bien vive qu'après la mort de *Tycho*, entre *Kepler*, *Galilée*, &c, d'un côté, & *Scipion Claramonti* de l'autre. Ce Professeur de *Pise*, que nous appellerions volontiers l'opprobre des siecles philosophiques, & qui semble n'avoir joui d'une vie très-longue, que pour retarder, autant qu'il étoit en lui, le progrès des nouvelles découvertes, attaqua le sentiment de *Tycho* en 1621, par son Livre intitulé l'*Anti-Tychon*. *Kepler* lui opposa en 1625 son *Hyperaspistes* : *Claramonti* répliqua en 1626 par son *Apologia pro Anti-Tychone*, & attaqua de plus le Livre de *Tycho* sur la nouvelle étoile de 1572, & ceux de *Kepler* sur celles de 1600 & 1604. Réfuté & tourné en ridicule par *Galilée* dans ses *Dialogues*, il ne fit qu'en concevoir un nouvel acharnement, & il publia presqu'à la fois un *Supplément à l'Anti-Tychon*, une *nouvelle Apologie* pour cet écrit, & un

(*a*) *Epist. Astron.* l. 1, p. 286.

Examen de la Réponse qu'on avoit faite à son Livre sur les nouvelles étoiles. Tous ces écrits ne sont dignes que de figurer à côté de la *Chroa-Genesie*, du Moderne & impuissant adversaire de *Newton*.

Une des principales obligations qu'ait l'Astronomie à *Tycho-Brahé*, c'est d'avoir démêlé plus parfaitement les réfractions astronomiques. Je dis plus parfaitement, car on a vu que ce phénomene n'avoit pas été inconnu à *Walther*, à *Roger Bacon*, à *Alhazen*, à *Ptolemée* même. Divers Astronomes contemporains de *Tycho*, s'en étoient aussi apperçus, comme le *Landgrave de Hesse* (*a*), son Observateur *Rothmann* (*b*), & *Mœstlin*. Mais malgré son importance extrême, cette découverte n'avoit pas produit tout l'avantage qu'on pouvoit en tirer pour la perfection de l'Astronomie. On sçavoit que les astres, surtout aux environs de l'horizon, paroissoient plus haut qu'ils n'étoient réellement, mais on ignoroit de combien. *Tycho*, après avoir démontré les réfractions astronomiques, par des observations auxquelles il est impossible de se refuser, entreprit d'en soumettre l'effet au calcul. Il en dressa des Tables qu'on voit dans son *Astronomiæ Inst. Progymnasmata*. Il s'accorde, à bien peu de chose près, avec les Astronomes modernes, en ce qu'il fait la réfraction horizontale de 30 à 34 minutes. Mais il se trompe d'ailleurs en deux points, premiérement en ce qu'il fait les réfractions solaires plus grandes que celles des fixes ; secondement, en ce qu'il termine les premieres au 45e degré, & les dernieres au vingtieme. Cela n'est aucunement conforme aux loix de l'optique, qui apprennent que la réfraction doit être égale, soit pour le Soleil, soit pour les fixes, & qu'elle doit s'étendre jusqu'au zénith. A la vérité, *Tycho* ne prétendoit pas qu'elle fût absolument nulle au-delà du terme ci-dessus, mais seulement qu'elle étoit insensible & de nulle importance. A l'égard de la cause de la réfraction, *Tycho* en avoit d'abord eu une idée juste. Il avoit pensé qu'elle étoit produite par la différence de transparence entre l'air qui nous environne, & la matiere extrêmement subtile dont il remplissoit les espaces célestes. Il avoit même maintenu son sen-

(*a*) Tychonis *Epist. Astro.* l. 1, p. 25.
(*b*) Keppler, *Astron. pars Optica.* p. 137 & 181.

timent avec chaleur contre *Rothmann* (*a*), qui pensoit qu'elle étoit uniquement l'effet des vapeurs dont notre air voisin de la terre est chargé, tandis que celui qu'il supposoit delà jusqu'aux astres, est absolument épuré. Ainsi l'on est surpris de le voir dans ses *Astronomiæ Progymn.* attribuer la réfraction à ces vapeurs seules; à la vérité elles y ont quelque part auprès de l'horizon, & c'est probablement à elles qu'il faut imputer ce que M. *Cassini* le fils, & M. *de la Hire* ont observé, sçavoir, que les réfractions dans les premiers degrés de hauteur sur l'horizon, sont plus grandes que la théorie uniquement fondée sur les loix de l'optique ne les donne. Mais la véritable cause de cette inflexion de la lumiere en arrivant à nous, est la différente densité des couches de l'athmosphere. Au reste, *Tycho* soupçonna fort justement que la réfraction devoit varier suivant la situation des lieux, la température de l'air, &c. Les observations modernes ont convaincu de cette vérité.

Tycho perfectionna considérablement la théorie de la Lune, & fit, sur le mouvement de cette planete bisarre, trois importantes découvertes. La premiere est celle d'une troisieme inégalité qu'il appella *variation*. On a vu dans l'endroit où nous avons expliqué l'ancienne théorie lunaire de *Ptolemée*, que cette planete étoit sujette à deux inégalités, l'une causée par l'excentricité de son orbite, & de la même nature que celle du Soleil, à laquelle on donne le nom de premiere inégalité; la seconde occasionnée par son aspect avec le Soleil, & dépendante de la position de la ligne des apsides avec le lieu des conjonctions & oppositions. Celle-ci, lorsqu'elle a le lieu, (car on a vu que dans certaines positions de l'orbite de la Lune avec le Soleil, elle étoit quelquefois nulle,) celle-ci, dis-je, est toujours la plus grande dans les quadratures, & elle peut aller à 2° 40′. La troisieme que *Tycho* découvrit, dépend aussi de l'aspect de la Lune avec le Soleil, & elle est la plus grande qu'il est possible dans les octans, c'est-à-dire vers le 45e degré d'élongation du Soleil: elle peut aller alors, suivant *Tycho*, jusqu'à 40′ 30″, & afin qu'elle aille en croissant des syzigies, ou des quadratures, jusqu'aux octans, & que

(*a*) *Epist. Astron.* l. 1, p. 105, & *seq. passim.*

delà elle diminue & s'anéantisse aux sysigies & aux quadratures, il lui assigne la proportion du sinus du double de la distance de la Lune au Soleil. *Tycho* fit aussi quelques changemens à la maniere de représenter la théorie de cette planete. Il suppose un excentrique sur lequel se meut le centre d'un épicycle chargé lui-même d'un autre excentrique, sur lequel est le centre de la Lune ; il donne aussi à son excentrique un mouvement sur un petit cercle passant par le centre de la terre, ce qui équivaut au mouvement que *Ptolemée* donnoit à son déférent. Enfin pour représenter la troisieme inégalité, il donne à son premier épicycle un mouvement transversal de libration de 40′ 30″ qui doit s'achever dans le quart d'un mois périodique. Il est inutile que nous entrions dans de plus grands détails concernant cette hypothese, qui, outre qu'elle n'est que mathématique, n'est plus d'aucun usage. On peut la voir expliquée dans *Longomontanus*, ou dans *Tycho* même (*a*).

La seconde découverte de *Tycho* dans la théorie de la Lune, concerne l'inclinaison de son orbite, qu'on avoit jusqu'alors regardée comme invariable. Il enseigna qu'elle varioit de près de 20′, qu'elle n'étoit jamais plus grande que la Lune étant dans les quadratures, & jamais moindre que lorsqu'elle est dans les sysigies. Dans le premier cas il la fit de 5° 17′ 30″, & dans le dernier de 4° 58′ 30″. *Tycho* paroît cependant n'avoir fait ici aucune attention à la position des nœuds, qui est la principale cause de cette irrégularité ; car l'inclinaison ne variera point lorsque les nœuds seront dans les sysigies, & alors l'angle de l'orbite avec l'écliptique sera le plus grand qu'il est possible. Mais lorsqu'ils seront dans les quadratures, elle variera le plus, & elle sera la moindre qu'il soit possible au moment où la Lune sera dans la conjonction ou l'opposition.

On doit enfin à *Tycho* cette remarque de grande importance, que les nœuds de la Lune n'ont point, comme on se l'étoit persuadé jusqu'alors, un mouvement uniforme contre l'ordre des signes, mais qu'ils rétrogradent dans certaines circonstances, & qu'ils avancent dans d'autres, ainsi

(*a*) *Progymn. addit.* post. pag. 112, p. 4.

que l'illustre M. *Newton* l'a déduit depuis des causes physiques. Il ajouta en conséquence au calcul du mouvement & du lieu des nœuds, une nouvelle équation, & il montra que la négligence de cette équation pouvoit occasionner une erreur considérable dans la latitude de la Lune.

Tycho travailla beaucoup, surtout dans les dernieres années de sa vie, à restituer les autres planetes, comme on le voit par ce que *Kepler* raconte dans son Livre sur les mouvemens de Mars. Mais il ne fut jamais assez content de ce qu'il avoit fait sur ce sujet pour le publier; & comme il différoit de jour à autre, attendant du temps & des observations, de nouvelles lumieres, la mort le prévint. *Kepler* réussit plus heureusement à représenter les mouvemens des planetes, c'est pourquoi une esquisse générale des hypotheses de *Tycho* suffira ici. Elles étoient fort ressemblantes, pour la forme, à celle qu'il avoit donnée pour les mouvemens de la Lune. Il supposoit autour du Soleil un excentrique, sur la circonférence duquel rouloit, suivant une certaine loi, un épicycle qui en portoit lui-même un plus petit, & c'étoit sur la circonférence de celui-ci que la planete étoit placée. Nous n'en disons pas davantage, & nous renvoyons ceux qui désireroient prendre une idée plus distincte de ces hypotheses, à l'*Astronomia Danica* de *Longomontanus*, qui n'a fait que suivre les idées de son maître.

Ce seroit oublier un des monumens les plus remarquables des travaux de *Tycho*, que de ne rien dire du précieux amas d'observations qu'il fit durant trente années, & surtout pendant son séjour à Uranibourg. Jamais Astronome n'en avoit rassemblé une suite plus complete & plus considérable. *Tycho-Brahé* les avoit rédigées en vingt-un Livres, pour les publier quelque jour. Mais sa mort & diverses autres circonstances en retarderent long-temps l'impression, & elles n'ont paru qu'en 1666, par les soins d'*Albert Curtius*. Elles avoient d'abord été remises à *Kepler* pour s'en servir dans la construction des Tables *Rudolphines*. Cet ouvrage achevé, *Curtius* insista en vain pour se les faire remettre; *Kepler* à qui étoient dues plusieurs années de ses pensions, refusa de les rendre jusqu'à ce qu'il fût payé. Deux ans après *Kepler* étant mort, & la guerre s'étant allumée dans l'Allemagne, elles passerent de mains en mains, & peu s'en fallut qu'elles ne se perdissent. Heureusement quelques amateurs de l'Astronomie firent tant auprès de *Ferdinand II*, que ce Prince ordonna au Comte *Maninusius*, Chancelier de Bohême, d'en faire d'exactes recherches, & de les retirer des mains de ceux qui les possédoient. Elles ne furent pas pour cela hors de danger; elles coururent encore plusieurs fois celui d'être brûlées ou enlevées dans les guerres continuelles qui agiterent l'Allemagne durant une partie de ce siecle. Enfin *Albert Curtius* les publia en 1666, sous les auspices de *Léopold I.* Elles forment la principale partie de l'*Historia Celestis* de cet Auteur, qui y prend le nom de *Lucius Barretus*. Il est à regretter que l'impression n'en ait pas été faite avec plus de soin, & sur des manuscrits plus authentiques & plus exacts. M. *Erasme Bartholin* nous apprend (*a*) que ceux dont *Curtius* se servit, n'étoient pas les vrais originaux, mais seulement des copies mal collationnées. Ces originaux étoient restés en Danemarck, où l'on en méditoit une nouvelle édition. Ce projet ayant échoué, M. *Picard*, dans son voyage d'Uranibourg fait en 1671, les obtint par le crédit de M. *Bartholin*, & les apporta en France. Ce précieux trésor est aujourd'hui dans la possession de l'Académie Royale des Sciences; *Tycho-Brahé* n'eût pu désirer qu'il tombât en de meilleures mains pour le bien de l'Astronomie. C'ût été un ouvrage utile, que de donner un *errata* bien complet & soigneusement fait de l'édition imprimée, en la conférant avec le manuscrit original, & je m'étonne que cette idée ne soit venue à personne.

Je rassemblerai ici sous un seul point de vue les divers écrits de *Tycho-Brahé*. Le premier qu'il donna aux pressantes sollicitations de ses amis, est intitulé : *Contemplatio novæ stellæ in fine anni 1572 primùm conspectæ*. Il fut publié en 1573, pendant que l'étoile qui en faisoit l'objet, paroissoit encore au Ciel. *Tycho* l'a inséré dans le premier tome de ses *Progymnasmata*, dont il fait la plus grande partie, avec la critique & la comparaison des autres écrits qui parurent sur ce phénomene. La premiere partie des *Progymnasmata* contient la restitution des mouvemens du Soleil & de la Lune, avec

(*a*) *Specimen recognitionis editarum Augustæ observ. Braheanarum.* Hafn. 1668. 4.

les Tables de ces planetes, le Catalogue des fixes de *Tycho*, & l'examen des divers écrits sur l'étoile de *Cassiopée* dont nous venons de parler. *Tycho* avoit commencé à faire imprimer cet ouvrage à Uranibourg, lorsqu'il fut obligé d'en sortir & de s'exiler de sa patrie. Il resta imparfait jusqu'à sa mort, après laquelle son fils en fit finir l'impression sur les manuscrits de son pere, & le publia en 1602, *in*-4°. *Tycho* se proposoit apparemment d'en donner une seconde partie, où il auroit traité de la théorie des autres planetes, mais il ne se satisfit jamais assez sur ce sujet, de sorte que cette seconde partie n'a point eu lieu. On a seulement ajouté à la premiere, le Livre, *de Mundi ætherei recentioribus phænomenis*, qui regarde les cometes, & entr'autres celle de 1577. *Tycho* publia en 1596 un volume de Lettres sous le titre d'*Epistolarum Liber I.* Il contient principalement sa correspondance avec le fameux *Landgrave de Hesse*, & *Rothman* son Astronome. On y trouve aussi une description abrégée de son observatoire & de ses instrumens, telle qu'il l'envoya au *Landgrave* qui la lui avoit demandée. On a donné en 1610 deux autres Livres des Lettres de *Tycho*. L'ouvrage intitulé *Astronomiæ Instauratæ Mecanica*, fut publié par *Tycho* même en 1598; c'est une description détaillée & fort curieuse de ses instrumens. M. *Weidler* cite encore un ouvrage posthume de *Tycho*, intitulé *de Cometa*, qui parut en 1603. J'ignore quel est l'objet de cet écrit, car je n'ai point pu me le procurer; je soupçonne qu'il regarde la comete de 1585 ou 1592.

Après ce que nous avons dit plus haut de l'Observatoire d'Uranibourg, il n'est sans doute aucun Lecteur qui ne s'intéresse à sçavoir quel fut son sort. Ce magnifique monument de l'Astronomie & de la libéralité de *Frédéric*, ne subsista pas long-temps après le départ de *Tycho*. M. *Huet* qui, dans son voyage de Suede, eut la curiosité de visiter l'Isle d'Huene en 1652, y en trouva à peine de vestige. Il s'en informa même auprès de divers habitans & du Ministre du lieu, qui ne sçurent lui en donner aucune nouvelle. Un vieillard seul, qui avoit connu *Tycho-Brahé*, lui en apprit quelque chose. Il lui dit que la cause de cette prompte destruction étoit la violence des vents de la Mer Baltique, & la négligence des Propriétaires à réparer un bâtiment qui leur étoit effectivement inutile, de sorte qu'on s'étoit même servi des matériaux pour d'autres édifices. M. *Picard*, qui fut envoyé en 1671 dans l'Isle d'Huene, pour observer la situation d'Uranibourg, eut les mêmes peines à en retrouver les vestiges. En fouillant néanmoins dans la terre, & en comparant les plans qu'il avoit apportés, il reconnut un des endroits d'où *Tycho* observoit, & ce fut-là qu'il établit ses instrumens. M. *Picard* observa delà les angles de position de différens endroits, & les comparant à ceux que *Tycho* avoit trouvés, il en conclut que ce célebre Astronome s'étoit trompé de 20′ dans la détermination de sa ligne méridienne. Cela me paroît bien difficile à croire, & il me semble que c'est imputer un peu légérement à *Tycho* une erreur aussi grossiere. Comme l'enclos d'Uranibourg étoit considérable, & que *Tycho* observoit de différens endroits, il faudroit mieux connoître celui d'où il avoit pris ces angles de position pour en conclure cette erreur, & j'aimerois mieux croire, si ce premier moyen me manquoit, qu'il s'étoit trompé en observant les angles dont nous parlons, soit par quelque vice de division de l'instrument, soit par quelque autre cause. La détermination de la méridienne est trop importante dans l'art d'observer, pour présumer que *Tycho* n'ait pas mis tout le soin dont il étoit capable, soit à la trouver, soit à la vérifier.

X.

Nous avons parlé seulement par occasion dans l'article précédent, de la fameuse étoile qui parut dans *Cassiopée* en 1572. Un phénomene aussi extraordinaire, mérite de nous occuper davantage ; c'est dans cette vue que l'on va développer ici avec plus d'étendue les particularités qui l'accompagnerent, & les écrits aussi-bien que les sentimens qu'il excita parmi les Philosophes.

Ce fut au commencement de Novembre de l'année 1572, qu'on apperçut ce nouvel astre. Il seroit naturel de penser qu'il prit des accroissemens successifs & à peu près correspondans aux diminutions qu'il éprouva avant que de disparoître entiérement. Mais *Tycho* prouve fort bien qu'il parut tout-à-coup, ou presque tout-à-coup, comme un feu subitement allumé. Car deux Astronomes, *Mæstlin & Munosius*, qui avoient particuliérement

particuliérement confidéré *Caffiopée*, l'un dans le mois d'Octobre précédent, & l'autre le 2 de Novembre, n'y avoient rien apperçu de nouveau : il ne paroît pas non plus que perfonne l'ait remarqué avant le 7 de Novembre ; les premiers qui le découvrirent ce jour-là, font *Peucer* & le Sénateur *Hainzelius*, le premier à Wittemberg, & l'autre à Aufbourg. Il étoit déja plus brillant qu'aucune des étoiles de la premiere grandeur & que Jupiter, & il égaloit prefque Venus dans fon plus grand éclat.

Tycho qui a écrit avec le plus de folidité & d'étendue fur cette nouvelle étoile, rapporte avec foin les diverfes périodes par lefquelles elle paffa avant que de difparoître entiérement. Lorfqu'il l'apperçut, fçavoir le 11 Novembre, (car les jours précédens avoient été peu féreins,) elle étoit prefqu'auffi éclatante que Venus ftationnaire. Elle refta ainfi pendant quelques femaines, & dans le cours de Décembre elle égaloit feulement Jupiter. Au mois de Janvier 1573, elle étoit un peu moindre que cette planete, mais elle furpaffoit encore les étoiles de la premiere grandeur, aufquelles elle reffembla durant les mois de Février & de Mars. Son éclat continua à décroître pendant les mois d'Avril & de Mai, qu'elle n'égala plus que les étoiles de la feconde grandeur. Pendant les mois de Juin, Juillet & Août, elle reffembla à celles de la troifieme ; au mois de Septembre & d'Octobre elle n'étoit plus que comme celles de la quatrieme. Elle difparut enfin au mois de Mars de l'année 1574. On l'auroit fans doute fuivie plus long-temps, fi l'on eût eu le fecours du télefcope ; & ce feroit une obfervation digne d'un Aftronome muni d'inftrumens excellens, que d'examiner s'il n'y a point encore dans la place que *Tycho* lui affigne, quelque étoile imperceptible à la vue fimple, qu'on pourroit foupçonner être celle-là. Cette obfervation pourroit jetter quelque jour fur la queftion fi cet aftre étoit une production nouvelle, ou feulement quelque étoile dont le feu eût été augmenté & comme rallumé par quelque caufe extraordinaire, telles que les Newtoniens en ont foupçonnées.

La couleur de ce nouvel aftre ne fut guere moins inconftante que fa grandeur & fon éclat. D'abord elle fut d'un blanc éclatant, qui fe changea par degrés en un jaune rougeâtre tel que celui de Mars, d'Aldebaran, ou de l'épaule droite d'Orion. Elle devint enſuite d'un blanc plombé comme celui de Saturne, & c'eſt ainſi qu'elle reſta juſqu'à ſon entiere diſparition. On ne doit pas oublier qu'elle fut ſujette à ce tremblement de lumiere qui eſt propre aux étoiles fixes : cette ſcintillation l'accompagna juſqu'aux derniers jours qu'on l'apperçut.

Ce phénomene nous conduit naturellement à rappeller ici, & à diſcuter les traits à peu près ſemblables que nous préſente l'Hiſtoire des temps antérieurs. Les Poëtes ſemblent nous avoir conſervé la mémoire d'un obſcurciſſement d'étoiles, lorſqu'ils nous ont dit qu'*Electra*, l'une des pleyades, ſe cacha comme de douleur, à la priſe de Troye ; d'autres ont nommé cette étoile plus obſcure que les autres, *Mérope*, & ont dit qu'elle ſe cacha de honte de n'avoir épouſé qu'un mortel : c'eſt à quoi *Ovide* fait alluſion dans ſes faſtes, *l. 4*, par ces vers :

> *Septima mortali Merope tibi, Siſiphe, nupſit.*
> *Pænitet ; & facti ſola pudore latet.*
> *Sive quod Electra trojæ ſpectare ruinas*
> *Non tulit ante oculos : oppoſuitque manum.* Faſt. l. 4

Mais je ne crois pas qu'il faille alléguer cette fiction en preuve, qu'une des pleyades s'eſt obſcurcie. Il ſuffiſoit, pour y donner lieu, qu'elle fût moins brillante que les autres. On s'expoſe à entaſſer bien des conjectures chimériques, en cherchant, ſous l'enveloppe de ces fables, des vérités ou des événemens réels. Elles n'ont pour la plûpart d'autre ſource qu'une imagination portée à embellir tous les objets de la nature.

Il y a un peu plus de probabilité dans ce que *Pline* nous apprend, ſçavoir, que ce fut l'apparition d'une nouvelle étoile qui engagea *Hipparque* à travailler à un Catalogue des fixes. Je ne crois cependant pas qu'on doive regarder ce trait comme une preuve aſſurée d'un pareil phénomene. *Pline* ſe plait ſouvent à propoſer des conjectures, & ce qu'il dit du motif qui porta *Hipparque* à entreprendre ſon Catalogue, pourroit bien n'en être qu'une. Il n'étoit pas beſoin qu'il parût une nouvelle étoile pour engager un Aſtronome à cette entrepriſe ; d'ailleurs

Hipparque ne fit en quelque ſorte que continuer ce qu'avoient commencé *Ariſtille* & *Timocaris* ; enfin il eſt aſſez probable que *Ptolemée*, entre les mains de qui étoient les écrits d'*Hipparque*, auroit parlé de cette nouvelle étoile, ſi elle avoit quelque réalité.

On a dit que ſous l'Empire d'*Othon*, en 945, & en 1264, il parut dans le même endroit du Ciel, une nouvelle étoile. Il ſeroit à déſirer que cela fût bien établi ; il en naîtroit une conjecture ſatisfaiſante, ſçavoir, que l'étoile de 1572 n'eſt que la même qui a reparu, & que c'eſt un phénomene qu'on doit attendre tous les 300 ans environ ; mais je remarque, avec *Tycho-Brahé*, que cela n'eſt fondé que ſur le témoignage de l'Aſtronome, ou plutôt l'Aſtrologue *Léovitius*, homme fort peu exact, comme il paroît par ſon écrit ſur ce phénomene : il ſe contente de citer vaguement les Hiſtoriens, en diſant, *Hiſtoriæ perhibent ;* mais il n'en eſt aucun où on liſe quelque choſe de ſemblable. Auſſi *Tycho* paroît-il n'ajouter guere de foi à ſon récit.

Il eſt facile de ſe perſuader qu'un phénomene auſſi extraordinaire que celui dont nous parlons, excita particuliérement l'attention des Aſtronomes & des Philoſophes. Ce fut pendant pluſieurs années le ſujet d'une foule d'écrits remplis de conjectures ſur la nature & la deſtination de ce nouvel aſtre. Je ne m'attacherai pas à rappeller ici tout ce que dirent des hommes remplis de préjugés, ou qui, ſans avoir jamais levé les yeux au Ciel, diſcoururent de ce phénomene au gré de leur imagination (*a*). Les uns, & c'eſt le plus grand nombre, en firent une comete d'une nature particuliere, qu'ils placerent dans la région ſublunaire. Il y en eut qui oſerent avancer (*b*) que ce n'étoit point une nouvelle étoile, mais ſeulement la onzieme de *Caſſiopée* qui avoit changé de place, & qui étoit devenue plus brillante. Quelques autres, malgré la dépoſition de tous les Obſervateurs exacts, lui attribuerent un mouvement de quelques degrés vers le Nord. Les Aſtrologues entaſſerent des pronoſtics, & les Théologiens citerent des paſ-

(*a*) On doit mettre dans ce rang Léovitius, David Chytreus, Poſtell, Annibal Raymond de Verone, Cornelius Frangipani, André Nolthius, G. Buſchius, Théodore Graminæus, &c.

(*b*) Annibal Raymond de Verone, Cornel. Frangipani

ſages de l'Ecriture, pour prouver que ce n'étoit pas une étoile nouvelle, mais ſeulement quelqu'une des anciennes, qui s'étoit juſques-là dérobée à la vue des Aſtronomes, à la faveur de quelque défaut de tranſparence dans cet endroit du Ciel.

De tous les Aſtronomes que frappa l'apparition de ce nouvel aſtre, *Tycho-Brahé* fut, ſans contredit, celui qui apporta le plus de ſoin à l'obſerver. Il ne l'apperçut pas plutôt, qu'il ſe hâta de déterminer ſa poſition; & il meſura pour cet effet ſa diſtance non ſeulement aux principales étoiles de *Caſſiopée*, mais encore à quantité d'autres; & il nous a conſigné ſa place au 36° 54′ de longitude, & à la latitude de 53° 45′. Cette détermination eſt fondée ſur un grand nombre d'obſervations qui ne different qu'inſenſiblement entr'elles. Elles furent faites avec un grand ſecteur, à la conſtruction & à la diviſion duquel il avoit mis un ſoin particulier (*a*).

Tycho rechercha auſſi ſi la nouvelle étoile avoit quelque parallaxe, connoiſſance néceſſaire pour déterminer à peu près ſa place dans l'Univers. Sa poſition en fourniſſoit un moyen commode; car dans ſa plus grande hauteur elle paſſoit ſeulement à environ 10° du zénith, où la parallaxe eſt inſenſible, & dans ſa plus petite hauteur, elle étoit à environ 20 degrés de l'horizon, ſituation où ſa parallaxe, ſi elle en avoit quelqu'une, devenoit très-apparente. Mais obſervée dans ces deux poſitions, cette étoile n'éprouva aucune variation d'aſpect; & ſa diſtance aux mêmes étoiles, meſurée avec tout le ſoin poſſible, fut la même dans ces différentes hauteurs. *Tycho* remarque encore en faveur de ces obſervations, qu'elles furent faites à pluſieurs repriſes, & ſans déranger l'ouverture de ſon ſecteur. De ces faits il eſt facile de conclure que l'étoile n'avoit aucune parallaxe ſenſible, & qu'elle étoit au-delà de l'orbite de la Lune. Tout cela eſt établi avec beaucoup d'appareil dans le Traité que *Tycho* en a donné.

Cette vérité eſt auſſi confirmée par le témoignage preſqu'unanime de tous les autres Obſervateurs exacts. *Paul Hainzelius*, Sénateur d'Auſbourg, prenant l'éloignement de l'étoile au pole, dans ſa moindre & dans ſa plus grande hauteur, avec un très-grand quart de cercle, trouva qu'il étoit

(*a*) *Progymn.* p. 336, &c.

le même. *Mæstlin*, dont *Tycho-Brahé* fait grand cas, établit aussi ce fait avec autant d'évidence que de simplicité. Apparemment destitué d'instrumens propres à observer, cet Astronome chercha à déterminer le lieu du nouvel astre, en remarquant, par le moyen d'un filet roidi, avec quelles étoiles il étoit en ligne droite. Il trouva que c'étoient les mêmes, soit vers le zénith, soit près de l'horizon. Ce fut enfin le sentiment de *Thadæus Hagecius*, de *Munosius* Astronome Espagnol, de *Paul Fabricius*, de *Prætorius*, de *Reisacher*, & de divers autres. Tous ces Astronomes, sur des raisons semblables à celles de *Mæstlin* & de *Tycho*, lui donnerent place ou parmi les fixes, ou tout au moins dans les régions les plus éloignées de la sphere planétaire. Les autres qui lui ont donné quelque parallaxe, sont en petit nombre ou de peu de considération, si nous en exceptons le *Landgrave de Hesse*. Ce Prince & ses Observateurs lui en assignoient une, qui n'excédoit cependant pas trois minutes. Mais *Tycho* discutant leurs observations, fait voir qu'il en résultoit une parallaxe absolument nulle. *Digges*, Astronome Anglois, la réputoit d'environ 2'. *Elias Camerarius*, qui la fit d'abord de 10 à 12', ne la trouva ensuite que 4, de 2, & enfin absolument nulle. Ceux qui voudront voir une histoire plus circonstanciée de ce phénomene & des écrits qu'il occasionna, doivent consulter le Livre que *Tycho* en a écrit, & que nous avons cité plusieurs fois.

X I.

L'année 1582 est remarquable dans l'Histoire & dans la Chronologie, par un ouvrage auquel l'Astronomie présida. C'est la réformation du Calendrier; réformation déja désirée depuis long-temps, & que diverses circonstances avoient fait échouer jusqu'alors. Il entre tout-à-fait dans notre plan de rendre compte de cette importante opération; mais pour le faire avec clarté, il est nécessaire de reprendre les choses de plus haut, & d'exposer la constitution du Calendrier Chrétien, telle que les PP. du Concile de Nicée l'avoient ordonnée. *Histoir Calendrier moderne.*

La forme du Calendrier dont nous usons, renferme, comme celle des Grecs, l'année lunaire & la solaire, une partie des

Fêtes que nous célébrons étant attachée au cours du Soleil, & l'autre à celui de la Lune. C'est ce qui fait la distinction des Fêtes immobiles qui ont un jour fixe dans l'année, & des mobiles qui se célebrent tantôt un jour, tantôt un autre.

De toutes ces Fêtes, la principale & celle qui regle toutes les mobiles, est celle de Pâques, qui a été instituée à l'imitation de celle des Juifs, quoiqu'en mémoire d'un événement différent. Celle des Juifs se célébroit le 14 du premier mois, qu'ils nommoient *Nisan*, & ce premier mois étoit celui dont le 14 de la Lune tomboit le jour de l'équinoxe du printemps, ou le suivoit de plus près. L'Eglise a retenu cet usage quant à la détermination du premier mois dans lequel se doit célébrer la Pâque, mais à l'égard du jour, elle a voulu qu'on ne la célébrât que le Dimanche ; & comme il y eut dans les premiers siecles, des Eglises qui la célébroient le 14 même de la Lune quand il étoit un Dimanche, le Concile de Nicée tenu en 325, défendit cet usage, & ordonna que dans ce cas on ne réputât jour de Pâques que le Dimanche suivant. Dans le même temps du Concile de Nicée, l'équinoxe du printemps arrivoit le 21 de Mars : c'est pourquoi, comme il n'étoit guere praticable de recourir à l'observation immédiate de l'équinoxe, on regarda ce jour comme celui où il devoit toujours arriver. Ainsi sans autre observation, on réputa lunaison Pascale, celle dont le 14e jour tomboit le 21 de Mars, ou le suivoit de plus près.

Avant la tenue du Concile de Nicée, plusieurs sçavans Evêques avoient déja travaillé à donner au Calendrier Chrétien une forme constante & réguliere, de sorte que, par l'inspection seule d'une Table, on pût aussitôt reconnoître les nouvelles & les pleines lunes, aussi-bien que les jours auxquels on devoit célébrer les Fêtes de l'Eglise. Le siecle qui précéda le Concile de Nicée, *S. Hippolyte*, Evêque de Porto, avoit imaginé un cycle de seize années Juliennes, mais il avoit le défaut de laisser anticiper les nouvelles lunes de plus de trois jours. *Saint Anatolius*, vers l'an 280, en proposa un autre de dix-neuf années, mais différentes des Juliennes, en ce que dans cet intervalle de temps il ne faisoit que deux bissextiles, au lieu de quatre qu'il devoit y avoir, sans compter les dix-huit heures des trois dernieres années ; ainsi ce cycle avoit à peu près le même défaut que celui d'*Hyppolite*. Il est surprenant qu'*Anatolius*, à qui les Historiens Ecclésiastiques donnent de grands éloges pour son sçavoir en Astronomie, méconnût le cycle de *Meton*, ou ne l'entendît pas mieux. Quelques autres imaginerent un cycle de 84 années, moins imparfait, à la vérité, mais qui étoit sujet à une erreur de cinq jours dans quatre révolutions. Enfin *Eusebe* de Césarée introduisit le cycle de *Meton*, ou autrement le cycle lunaire, & son usage fut confirmé par le Concile de Nicée, au temps duquel on arrangea le Calendrier de la maniere dont il a été jusqu'au temps de la réformation.

La persuasion où l'on étoit alors que la période Métonicienne étoit parfaitement exacte, c'est-à-dire qu'après 235 lunaisons, les nouvelles lunes revenoient précisément au même jour & au même moment de l'année Julienne, donna lieu à l'arrangement du Calendrier. On pensa, ce qui étoit naturel dans cette supposition, que toutes les années qui auroient le même nombre d'or, c'est-à-dire qui seroient également éloignées du commencement de la période, auroient leurs nouvelles lunes aux mêmes jours. On inscrivit donc dans le Calendrier ces nombres d'or vis-à-vis les jours où devoient tomber les nouvelles lunes quand ces nombres auroient lieu. Ainsi l'on voyoit III vis-à-vis le 1er de Janvier & le 31, le 1er Mars & le 31, le 29 Avril, le 29 Mai, le 27 Juin, &c. Cela indiquoit que quand on auroit III pour nombre d'or, c'est-à-dire la troisieme des dix-neuf années du cycle, les nouvelles lunes arriveroient ces jours, & ainsi des autres.

Les PP. du Concile de Nicée ne firent cependant pas un tel fonds sur cette disposition, qu'ils ne la crussent sujette à quelque défaut. C'est pourquoi ils chargerent le Patriarche d'Alexandrie, dont l'Eglise étoit censée être la plus versée dans l'Astronomie, à cause de la fameuse Ecole qui y fleurissoit, ils chargerent, dis-je, le Patriarche d'Alexandrie de vérifier les lunaisons Pascales par le calcul & les observations astronomiques, & d'indiquer à l'Evêque de Rome le jour de la Pâque, afin que celui-ci l'annonçât à tout le monde Chrétien (*a*). Ainsi on a quelque raison de s'étonner que la Pâque

(*a*) Saint Cyrille, *in prol. cycli sui*. Petav. *de doctrinâ temp. sub finem.*

indiquée par les cycles, pouvant être rectifiée par le secours de l'Astronomie, l'Eglise Romaine ait resté pendant si long-temps à faire usage d'un Calendrier vicieux, & à célébrer le plus souvent cette Fête, contre la disposition du Concile. Cela justifie aussi, à certains égards, les Protestans d'Allemagne de la déterminer immédiatement par le calcul astronomique, puisqu'il est démontré que le Calendrier actuel la désigne mal assez souvent, & que dans le siecle qui s'écoule il y en a vingt qui sont ou trop avancées, ou trop retardées (a). Mais je reprends le fil de mon récit.

Il y avoit dans le systême du Calendrier adopté par le Concile de Nicée, deux fausses suppositions ; l'une que la révolution du Soleil étoit précisément de 365 jours 6 heures ; & l'autre, que dix-neuf années solaires étoient précisément équivalentes à 235 lunaisons. Ces deux erreurs qui sont peu sensibles dans un petit nombre d'années, le sont devenues beaucoup dans la suite des siecles. L'année solaire étant moindre de 11 minutes que 365 jours 6 heures, il en résultoit une rétrocession successive des équinoxes vers le commencement de l'année, qui étoit de 11 minutes par an, ou de trois jours dans 400 ans; c'est cette cause qui avoit fait passer l'équinoxe du 21 Mars où il étoit lors du Concile de Nicée, au 11 Mars où il se faisoit dans le XVIe. siecle. D'un autre côté le cycle de *Meton* ne ramene point précisément les nouvelles lunes au même point de l'année Julienne; car 19 années de cette espece excedent les 235 lunaisons de la période d'une heure & environ 32′ ; ce qui fait un jour en 312 ans & demi. De là vient qu'après 625 ans, les nouvelles lunes précédoient déjà de deux jours celles qu'annonçoit le Calendrier, & l'erreur allant toujours en croissant, après 1250 ans à compter du Concile de Nicée, c'est-à-dire peu après le milieu du XVIe siecle, elle fut de 4 jours. Sans la correction qui se fit alors, les âges suivants auroient eu la pleine lune, quand le Calendrier auroit indiqué la nouvelle lune ; les rigueurs de l'hyver se seroient fait sentir au mois de Juillet, & les plus grandes chaleurs au mois de Janvier.

On n'avoit pas attendu le milieu du XVIe siecle pour s'apper-

(a) F. Bianchini, *Solutio prob. Pascal. ad finem.* P. Bonjour, *Calend. Romanum.* Mem. de M. Cassini, *Mem. de l'Acad.* 1701.

cevoir

cevoir de ces défauts. Le fameux *Bede*, qui vivoit vers l'an 700, les avoit remarqués, & principalement l'anticipation des équinoxes qui arrivoient déja trois jours plutôt qu'il ne falloit. Cinq siecles écoulés depuis *Bede* jusqu'à Jean de *Sacro-Bosco* & *Roger Bacon*, rendirent ces défauts encore plus sensibles ; le premier écrivit sur ce sujet dans son Livre *de Anni ratione*, & *Bacon* donna un projet de réformation, sous le titre *de Reformatione Calendarii*, qu'il envoya au Pape, & qui a resté manuscrit. Deux compatriotes de *Bacon* (*a*), en font des éloges extraordinaires, & peu s'en faut qu'ils ne disent que *Lilius* & *Clavius* lui doivent le plan entier de la réformation exécutée en 1582. Mais les Anglois sont si sujets à trouver dans les ouvrages sortis de chez eux, ce que personne autre n'y voit, que nous attendrons, pour confirmer ces éloges, que ce Traité soit public. Nous sçavons seulement que *Bacon* eût désiré qu'en faisant la suppression de jours, nécessaire pour détruire l'effet de l'anticipation des équinoxes & des solstices, on les eût placés aux 25es des mois de Mars, Juin, Septembre & Décembre. C'étoient effectivement les jours qu'ils occupoient au commencement de l'Ere Chrétienne, & il n'eut pas été mal de remettre les choses précisément au même état où elles étoient à cette mémorable époque.

Le projet de réformer le Calendrier, fut renouvellé dans le cours du XVe siecle, par deux hommes célebres ; l'un est *Pierre d'Ailli*, qui présenta sur ce sujet au Concile de Constance, des projets & des mémoires qui firent mettre la matiere en délibération. L'autre est le Cardinal *de Cusa*, qui en fit autant au Concile de Latran. Ces représentations semblent avoir enfin déterminé le Pape *Sixte IV* à entreprendre cet ouvrage en 1474. La réputation de *Regiomontanus* lui fit faire choix de cet Astronome pour y travailler ; mais tout cela n'eut d'autre effet que de faire mourir *Regiomontanus*, Evêque de Ratisbonne ; dignité dont ce Pontife crut devoir récompenser d'avance les services qu'il en attendoit. La mort précipitée de ce Mathématicien célebre emporta avec lui toutes les espérances d'une réformation prochaine.

Cependant le besoin d'y mettre enfin la main devenant

(*a*) Voy. *Pref. ad opus majus.*

de plus en plus pressant, & l'Astronomie faisant de jour à autre des progrès, on vit dans le XVIe siecle éclorre une foule d'écrits qui avoient cet objet. *Jean Angelus*, Astronome Bavarois, au commencement de ce siecle, *Jean Stoeffler* en 1516, *Albertus Pighius* en 1520, *Jean Schôner* en 1522, *Lucas Gauricus* en 1525, publierent des traités, ou enfanterent des projets de réformation. *Paul de Middelbourg*, Evêque de Fossombrone, calcula les lunaisons pour les 3000 premieres années de l'Ere Chrétienne, & détermina astronomiquement celles qui étoient Pascales. *Pierre Pitatus* de Verone fit un grand nombre d'observations pour déterminer au juste les périodes lunaires & solaires. Il présenta en 1550 au Pape *Pie IV* un plan de réformation. Le gnomon élevé par *Egnazio Dante*, dans l'Eglise de Saint Petrone à Boulogne, n'a d'abord eu d'autre objet que de servir à rendre sensible à tout le monde l'anticipation considérable de l'équinoxe. Enfin le Pape *Gregoire XIII* a rendu son Pontificat mémorable en exécutant cette entreprise désirée depuis tant de siecles.

L'Auteur du projet de réformation, qui mérita la préférence, fut *Aloisius Lilius*, Astronome Véronois; mais il n'eut pas le plaisir d'être témoin de ses succès. La mort l'ayant enlevé lorsqu'il étoit sur le point de présenter son projet au Pape, ce fut son frere qui le fit. *Gregoire* qui désiroit d'illustrer son Pontificat par quelque trait éclatant, l'ayant donné à examiner à d'habiles Mathématiciens, il parut d'une exécution facile. Dès-lors l'affaire de la réformation fut entamée, & pour la traiter & la conduire à sa fin, *Gregoire* assembla une congrégation de gens distingués par leurs dignités & leur sçavoir. Le Cardinal *Sirleti*, le *Patriarche* d'*Antioche*, &c, *Clavius*, *Antoine Lilius* le frere de l'Auteur du projet, *Egnazio Dante*, & le fameux *Ciaconius*, furent ceux qui la composerent. On y examina de nouveau le projet de *Lilius*, & en 1577 on l'envoya à tous les Souverains de la Communion Romaine pour avoir leur avis. Il fut partout approuvé & comblé d'éloges. Ainsi *Gregoire* assuré du consentement universel, donna au mois de Mars de l'année 1582, un Bref, par lequel il abrogea l'usage de l'ancien Calendrier, & lui substitua le nouveau. Cette année eut cela de remarquable, que le mois d'Octobre n'eut que 20 jours: on passa immédiatement du 4 au 15, afin que l'année suivante 1583, on comptât le 21 de Mars au jour de l'équinoxe. Il fut statué en même-temps qu'afin de retenir l'équinoxe dans sa place, à l'avenir de quatre années séculaires qui devroient être bissextiles suivant le Calendrier Julien, il n'y en auroit qu'une qui le seroit. Ainsi des quatre années 1600, 1700, 1800, 1900, la premiere seule a été bissextile, & les autres ne doivent point l'être, & ainsi de suite. Si l'on se rappelle la cause de l'anticipation des équinoxes, il sera facile d'appercevoir la raison de cet arrangement. Par un effet de cette suppression de bissextiles, après chaque période de 400 ans, l'équinoxe reviendra à la même minute du même jour si l'année est de 365 jours 5 heures 49′ 12″, quantité dont elle ne differe que d'un très-petit nombre de secondes. Si l'année solaire n'est que de 365 jours 5 heures 49′, 1 ou 2″, comme le prétend M. *Bianchini*, il se fera une très-lente anticipation de l'équinoxe, & elle ne sera que d'un jour en sept à huit mille ans. Pour rétablir l'équinoxe à sa place, il faudra vers ce temps faire quatre séculaires de suite non bissextiles.

La restauration de l'année solaire & la fixation de l'équinoxe au même jour, n'étoient pas le point le plus difficile de la correction. La principale difficulté consistoit à y lier l'année lunaire. Il n'est pas trop aisé d'expliquer, sans un très-long discours, comment on y a réussi dans le Calendrier Grégorien. Je vais cependant tenter d'en donner une idée.

Le premier moyen qui se présentoit pour cet effet, étoit celui-ci. Puisque dans 312 ans & demi les nouvelles lunes anticipent d'un jour, on auroit pu faire rebrousser d'un jour tous les nombres d'or marqués dans le Calendrier Julien, après 300 ans ; de maniere, par exemple, que le XI qui, au temps du Concile de Nicée, répondoit au 3 de Janvier, eût passé 300 ans après vis-à-vis le deux, & ensuite vis-à-vis le premier, tous les autres faisant le même chemin à proportion. L'on auroit pu enfin, à cause des 12 ans & demi qui sont contenus 24 fois en 300 ans, omettre cette opération à la 25e période.

Ce moyen se présenta sans doute à *Lilius*, mais il y trouva des inconvéniens : c'est pourquoi il adopta un autre systême qui est plus ingénieux. Il rejetta les nombres d'or, & il leur ſubſtitua les épactes. Le lecteur ſçait ſans doute qu'on appelle épacte, le nombre de jours dont la lune eſt avancée au commencement de l'année. Ainſi ſuppoſant une nouvelle lune arriver le premier Janvier, cette année aura o d'épacte; ce qu'on déſigne par *, & l'excès de l'année ſolaire ſur 12 lunaiſons, étant d'environ 11 jours, la lune ſera vieille de 11 jours au commencement de l'année ſuivante, de 22 au commencement de la troiſieme. Il y auroit 33 jours entre la fin de cette troiſieme année & le commencement de la quatrieme: ces 33 jours ſuffiſant par une lunaiſon de 30 jours, il faut rejetter 30, & l'on a 3 pour l'âge de la lune au commencement de la quatrieme année. On continue ainſi juſqu'à la dix-neuvieme année du cycle, où au lieu d'ajouter 11, on ajoute 12 pour compléter 30, afin de revenir à l'épacte o ou * de la premiere année. C'eſt-là ce qu'on appelle le ſault de la lune. La raiſon de cette addition irréguliere, eſt que par la conſtitution du cycle, la lunaiſon intercalaire de la dix-neuvieme année n'eſt que de 29 jours. Or ajouter 11 à l'épacte de l'année précédente, & ôter 29, c'eſt la même choſe que de lui ajouter 12 & ôter 30.

On voit par-là que dans une révolution de 19 années, les épactes peuvent ſervir au même uſage que les nombres d'or écrits à côté des jours, ſuivant l'ancien Calendrier Julien. Ainſi l'année dont l'épacte auroit été XI, auroit eu XI marqué vis-à-vis les jours des mois où feroit arrivé la nouvelle lune, au lieu de II qui eſt le nombre d'or correſpondant: il ne faut pas un plus grand nombre d'exemples pour le ſentir. Cette forme auroit été perpétuelle, ſi le cycle de *Meton* eût été de la derniere préciſion.

Mais ce cycle ne ramene, comme on ſçait, avec quelque exactitude, les nouvelles lunes aux mêmes jours que pendant un peu plus de ſeize de ſes révolutions. Après ce temps toutes ces nouvelles lunes anticipent de vingt-quatre heures, & arrivent le jour précédent, d'où il ſuit que les épactes indices des nouvelles lunes devront avoir alors une unité de plus. Car ſuppoſons que la deuxieme année du cycle lunaire eût XI d'épactes, parce que l'année précédente la nouvelle lune arriva 11 jours avant la fin de Décembre, après les 312 ans & demi dont j'ai parlé, cette même nouvelle lune de la premiere année du cycle arrivera douze jours avant sa fin, & la seconde année devra avoir XII d'épacte : ce nombre XII sera donc l'indice de la nouvelle lune dans cette seconde année, & il est aisé d'appercevoir que l'anticipation de toutes les nouvelles lunes d'un jour, lui donnera place précisément le jour qui précede celui où est écrit XI. Après 300 ans de nouveau écoulés, on aura XIII, qui s'écrira encore le jour précédent; il en sera de même de toutes les autres épactes du cycle primitif. C'est sans doute cette espece d'analyse qui inspira à *Lilius* l'idée d'écrire les épactes tout de suite & dans leur ordre naturel le long des jours de l'année. En ne supposant aucune irrégularité dans les intercalations, après s'être servi pendant 300 ans des épactes, par exemple, *, XI, XXII, III, XIV, &c, dans les années respectives du cycle lunaire 1, 2, 3, 4, 5, &c, on eût dû employer dans les mêmes années, ou lorsque le nombre d'or eût été le même, les épactes I, XII, XXIII, IV, XV, &c, & après 300 autres années celles-ci, II, XIII, XXIV, V, &c; cela se présente & se sent assez facilement.

Mais il y a un inconvénient qui dérange entiérement cet usage des épactes. C'est l'omission que l'on fait de trois bissextiles pendant 400 ans, & par conséquent de deux jours, & quelquefois même de trois pendant les 300 ans qu'auroit dû durer un cycle d'épactes. Il arrive delà que l'usage d'un cycle d'épacte qui auroit dû servir durant 300 ans, peut changer dès le premier siecle, & encore le suivant, puis revenir, & cela par une marche irréguliere; en voici un exemple. Le cycle d'épacte qui fut introduit dès-après la réformation faite en 1582, est I, XII, XXIII, IV, XV, &c, pour les années qui auroient les nombres d'or 1, 2, 3, 4, 5, &c. Il auroit dû être d'usage pendant 3 siecles, en supposant, comme dans la forme Julienne, les années séculaires toutes bissextiles. Ainsi l'année 1600 l'ayant été, il a dû continuer pendant le XVIIe siecle. Il auroit de même continué à servir pendant le XVIIIe, si l'année 1700 eût été bissextile : mais la suppression de ce bissextile opérant l'effet de faire rétrograder les nouvelles lunes, le cycle a dû diminuer d'une unité : on se sert aussi de celui-ci *, XI, XXII, III, XIV, &c. Le cycle auroit dû augmenter d'une unité à la fin de ce siecle, à cause des 300 ans écoulés, qui font une anticipation de la lune d'un jour: mais la suppression d'un bissextile à l'année 1800, devant opérer une diminution de l'unité dans le même cycle, il se fait une compensation, & l'on se servira encore de ce cycle dans le XIXe siecle. On voit de même que l'année 1900 étant une des séculaires non bissextiles, il faudra faire usage depuis 1900 jusqu'à 2000 du cycle épactal XXIX, X, XXI, II, XIII, &c: l'année 2000 sera bissextile, & ne changera rien; car il n'y aura alors encore que deux siecles depuis qu'on aura changé de cycle à cause de l'anticipation de la lune. Il diminueroit enfin d'une unité à cause de la suppression du bissextile en 2100; mais à cause de l'anticipation d'un jour, il faudra le laisser subsister pendant le XXIIe siecle; ce sera enfin celui-ci, XXVIII, IX, XX, &c, dans le XXIIIe siecle. Tel est précisément la marche des différens cycles dans le Calendrier Grégorien, suivant les différens siecles. Mais comme il auroit été embarrassant de faire ces calculs & ces raisonnemens à chaque fois, on a dressé deux Tables. Dans l'une on voit ces 30 lettres *P, N, M, G, F, E, D, C, B A, u, t, s, r, q, p, o, n, m, l, k, i, h, g, f, e, d, c, b, a,* & vis-à-vis de chacune le cycle d'épactes dont elle est l'indice. Ainsi vis-à-vis de *P* on lit *, XI, XXII, III, &c; de sorte que cette Table représente les 30 cycles d'épactes possibles. Au haut de la Table sont les nombres d'or dans cet ordre 3, 4, 5, 6, &c, de sorte qu'au nombre 3 répondent dans la colonne verticale les épactes *, XXIX, XXVIII, &c, au nombre 4, celles-ci X, XI, IX, &c. Cette premiere Table se nomme *la Table développée des Epactes.*

La seconde Table qu'on nomme la Table de l'*équation des épactes*, représente dans une colonne les années séculaires 1600, 1700, 1800, &c, & vis-à-vis chacune la lettre du cycle épactal qui convient à tout le siecle suivant. Il faut remarquer que quoique dans l'usage ordinaire, l'année 1700, par exemple, soit du siecle passé, & non de celui-ci, cependant dans le Calendrier Grégorien, comme elle dénomme ce siecle, elle est censée en être la premiere.

L'usage de ces Tables est facile; qu'on demande, par exemple, quelle sera l'épacte de 2251, on cherchera d'abord dans la Table de l'équation l'année 2200, qui a A pour lettre épactale. Vis-à-vis de cettre lettre on a dans la premiere Table le cycle XX, I, XII, &c, qui convient à ce siecle. Cherchez à présent dans la ligne des nombres d'or celui de cette année qui est 8, vous trouverez dans la cellule commune à la colonne verticale au dessous de 8 & à l'horizontale à côté de A, le nombre XV, qui sera l'épacte cherchée de l'année 2251.

Il nous resteroit à rendre raison de quelques singularités qu'on observe dans l'arrangement des épactes, en parcourant d'un œil attentif tous les jours des mois. Mais cela nous meneroit trop loin, & d'ailleurs l'objet de cet ouvrage n'est pas de donner un Traité complet de chaque matiere dont nous parlons, c'est pourquoi nous renvoyons aux Traités particuliers du Calendrier.

Après *Lilius* personne n'a eu plus de part à la réformation dont nous venons de parler, que le *P. Clavius*. Son sçavoir lui mérita d'être principalement chargé de l'arrangement du nouveau Calendrier, & ce fut sur lui que roula tout le soin des calculs nécessaires pour en éprouver la bonté. Enfin lorsqu'il eut été adopté, ce fut lui qui eut la commission importante de l'exposer aux siecles à venir, & de répondre aux critiques de ses ennemis. Il s'en acquitta par son Traité *de Calendario Gregoriano*, qui parut en 1603. Ce sçavant & important ouvrage est digne de grandes louanges, & mérite à son Auteur une place honorable dans la mémoire de la postérité.

La réformation du Calendrier a eu le sort de presque tous les ouvrages considérables qui, malgré les soins & l'habileté de ceux qui les ont conduits, ne laissent pas d'éprouver des critiques. Ce n'est pas que le nouveau Calendrier soit entiérement exempt de défauts; mais l'on remarque dans la plûpart de ses contradicteurs, plus de précipitation que de justesse. *Mœstlin*, Astronome habile, mais Protestant & par cette raison peu favorable à tout ce qui émanoit de la Cour de Rome, s'éleva le premier contre le Calendrier Grégorien en 1583, dans une dissertation Allemande; & il réitéra ses attaques en 1586, par une autre écrite en Latin, & intitulée: *Alterum examen novi Calendarii Greg.* &c. *Clavius* lui a répondu solidement en 1588.

Le fameux *Joseph Scaliger* ne censura pas avec moins d'ardeur le nouveau Calendrier. Mais on reconnoît dans l'examen qu'il en fit, des effets de sa précipitation ordinaire. Le Calendrier qu'il prétendoit substituer au Grégorien, n'est précisément que celui de *Lilius*, que Grégoire avoit communiqué à tous les Princes Catholiques, & que *Scaliger* avoit mal entendu. C'est pourquoi *Clavius* le réfuta avec avantage, & ce fut le sujet d'une vive altercation entre l'un & l'autre. Le célébre M. *Viete* fut aussi un des adversaires du Calendrier Grégorien, & il accusa *Clavius* d'avoir gâté le plan de *Lilius*. Il y a quelque chose de vrai dans cette accusation, comme on le verra; mais M. *Viete* ne touchoit pas les vrais défauts, & ceux qu'il prétendoit y relever, n'ont point la réalité qu'il leur donne. Il se trompa, surtout dans le Calendrier qu'il adressa en 1600 au Pape Clement VII, prétendant qu'il répondoit mieux à toutes les conditions énoncées dans la Bulle de *Gregoire XIII*, & que par cette raison c'étoit le sien qui étoit véritablement le Calendrier Grégorien. Nous le dirons avec regret pour la mémoire de cet homme illustre; cet ouvrage n'est aucunement digne de lui, & son Calendrier, qu'il vante comme si supérieur à celui de *Clavius*, contient plusieurs absurdités. Telles sont celles de faire quelquefois les lunaisons de 27 ou 28 jours seulement, d'autrefois de 32; de ne donner aucun caractere de nouvelle lune à certains jours de l'année, quoique par l'anticipation de la lune il n'y ait point de jour dans la suite des siecles où il ne doive arriver une nouvelle lune. Aussi *Clavius* lui répondit-il avec force & solidité dans son Traité *du Calendrier Grégorien*. Il eut raison de ne faire aucune réponse à l'aigre plainte que la chaleur de la querelle inspira à *Viete*, & je ne sçais à quoi ont songé les éditeurs des ouvrages de cet homme célebre, de transmettre à la postérité une pareille piece; car il étoit bien facile de voir qu'il avoit tort & dans le fonds & dans la forme. Le dernier Auteur de réputation qui ait censuré le Calendrier Grégorien, est le Chronologiste célebre *Sethus Calvisius*, dans son *Elenchus Calendarii Greg.* Le P. *Guldin* a pris la défense du souverain Pontife, & de son confrere, dans une réponse à *Calvisius*, intitulée: *Elenchi Cal. Greg. Refutatio.*

Quoique la plûpart des Auteurs qui ont écrit contre le Calendrier Grégorien, ait été plutôt emportés par la passion, que

que guidés par la justice, l'impartialité m'oblige de ne point déguiser ici ce qu'il y a de défectueux & de manqué dans ce grand ouvrage. On peut le réduire à deux chefs. Le premier regarde la forme de l'intercalation Grégorienne, qui ne peut empêcher que l'équinoxe vrai ne passe successivement du 21 Mars au 20, & même au 19, avant que de revenir au 21, pendant que l'équinoxe moyen peut aller jusqu'au 23. Ainsi de quelque maniere qu'on l'entende, l'équinoxe n'a point une place constante. En 1696 l'équinoxe vrai est arrivé le 19 vers les 4 heures du soir, & la même chose aura lieu dans les autres années semblablement placées après l'année séculaire bissextile, comme 2096, 2496, &c. L'équinoxe arrivera aussi le 19 dans quelques-unes des dernieres années de ce siecle, & ce ne sera que par la suppression du bissextile de l'année séculaire 1800, qu'il sera rappellé à sa place. L'équinoxe moyen au contraire, qui suit à présent le vrai d'environ 46 heures, passe successivement du 21 au 22 & au 23. Il semble cependant que l'équinoxe vrai étoit celui auquel il falloit principalement avoir égard; car les lieux moyens ne sont que feints, dans la vue de calculer les mouvemens des planetes avec plus de facilité. Il auroit mieux valu le fixer au 21, d'où il auroit passé dans ses évagations extrêmes à la fin du 20 & au commencement du 23. Au contraire les réformateurs du Calendrier semblent avoir pris pour leur équinoxe, un équinoxe fictice tenant le milieu entre le vrai & le moyen. Dans ce sens seulement on peut dire que l'équinoxe arrive le plus souvent le 21, & qu'il y est constamment ramené tous les 400 ans.

Il y a encore une remarque à faire sur ce sujet, c'est qu'à mesure que le périgée du soleil avancera vers l'équateur, la différence de l'équinoxe vrai au moyen diminuera, & elle s'évanouira enfin quand le périgée sera arrivé au commencement du signe du belier. Alors aucun équinoxe n'arrivera le 21 que pendant très-peu de temps, & seulement pendant un siecle des quatre qui forment la période de l'intercalation. Car nous venons de voir que l'équinoxe vrai arrivoit le plus souvent le 20 ou le 19.

Quant à la forme de l'intercalation, il est certain qu'il en est une plus parfaite, & qui ne permet jamais à l'équinoxe des évagations aussi considérables. C'est celle des

Persans, qui consiste à intercaler sept fois de suite la quatrieme année, & à la huitieme fois de ne le faire qu'après cinq ans. Cependant on peut dire plusieurs choses en faveur des Auteurs du Calendrier Grégorien. L'une est qu'ayant une année lunaire à accorder avec la solaire, cette forme d'intercalation auroit beaucoup augmenté la difficulté. L'autre que la maniere de prévenir l'anticipation de l'équinoxe adoptée par les Réformateurs de notre Calendrier, est plus propre à servir de loi constante pendant une longue suite de siecles. Mais il est plus difficile de justifier leur prétendue fixation de l'équinoxe à un jour, où loin d'être le plus souvent, à peine y est-il pendant le quart de la période.

Le second chef d'accusation contre le Calendrier Grégorien regarde l'année lunaire. On n'a eu égard dans la réformation, qu'à trois jours d'anticipation des nouvelles lunes depuis le temps du Concile de Nicée, quoiqu'il y en eût quatre de l'aveu de tout le monde. Delà il arrive que les nouvelles lunes astronomiques devancent encore les civiles ou ecclésiastiques le plus souvent d'un jour entier, & quelquefois bien davantage. M. *Cassini* (a) prétend que cela est contre l'intention du Concile de Nicée, dans le temps duquel il n'y avoit point d'anticipation semblable, & même qu'on n'a point suivi en cela la volonté du Pape *Gregoire XIII*, qui dit avoir pris soin qu'on rétablît les choses comme elles étoient au temps de ce Concile. *Clavius* s'efforce de justifier cette disposition, du défaut de laquelle il convient à certains égards. Suivant lui on l'a choisie à dessein, afin que le 14 de la lune ne précede jamais la pleine lune astronomique de telle sorte, qu'on soit exposé à célébrer la Pâque avant cette phase. Cependant, ajoute-t-il, malgré ce soin il arrive quelquefois qu'on peche contre cette regle, d'où il conclud qu'on la violeroit bien plus souvent sans cette précaution. Nonobstant l'apparence de solidité de cette raison, M. *Cassini* & *Bianchini* désapprouvent tout à fait ce systême d'arrangement. M. *Bianchini* le trouve surtout formellement contraire aux hypotheses & aux réglemens que les Membres de la Congrégation du Calendrier arrêterent unanimement en 1580, pour

(a) Mem. de l'Acad. 1702.

ſervir de pierre de touche à un cycle quelconque. Le même Sçavant y trouve divers autres inconvéniens. Ainſi malgré la juſtification tentée par *Clavius*, on ne peut, ce ſemble, diſconvenir que ce défaut n'en ſoit un réel.

Je me borne à ces deux obſervations critiques ſur le Calendrier Grégorien, parce que ce ſont celles qui m'ont paru avoir le plus de juſteſſe. Mais les taches que nous venons de remarquer fuſſent-elles encore plus inexcuſables, il y auroit une grande injuſtice à méconnoître pour cela la beauté de cet ouvrage. A la vue de la difficulté de l'entrepriſe & des conditions nombreuſes qu'il s'agiſſoit d'allier, il n'y a point d'eſprit équitable qui ne faſſe grace de quelques défauts, ſurtout lorſqu'il étoit difficile, pour ne pas dire peut être impoſſible de les prévenir, ſans tomber dans d'autres égaux ou plus conſidérables.

La réformation du Calendrier, exécutée par *Gregoire XIII*, n'a pas été reçue d'abord dans tous les pays Chrétiens. Il ſuffiſoit qu'elle fût l'ouvrage d'un Pontife Romain, pour être auſſitôt rejettée par tous ceux qui s'étoient ſéparés de ſa Communion. Une partie conſidérable de l'Allemagne, la Hollande & l'Angleterre ont reſté juſqu'à ce ſiecle faiſant uſage de l'ancien Calendrier, malgré ſes vices reconnus. Ainſi l'on comptoit en Angleterre le 11 de Mars dans le ſiecle paſſé, & le 10 depuis le commencement de celui-ci, tandis que nous comptions ici le 21. Il ſeroit venu un temps où l'on eût été, dans les pays dont nous parlons, au mois de Décembre, pendant que nous aurions été au mois de Mars & à l'entrée du printemps. Enfin la néceſſité de ſe rapprocher du reſte de l'Europe, & de ſe mettre mieux d'accord avec le Ciel, engagea vers la fin du ſiecle paſſé les Etats Proteſtans d'Allemagne à corriger leur Calendrier. Ils admirerent la partie de la réformation Grégorienne qui concerne l'année ſolaire, & au mois de Février de 1700 ils retrancherent tous les jours paſſé le 18, de maniere qu'au lieu du 19 ils compterent avec nous le premier de Mars. Quant à la partie qui concerne l'année lunaire & la célébration de la Pâque, ils ne l'ont point admiſe : la difficulté, l'impoſſibilité même preſque abſolue d'imaginer des cycles qui ſoient exempts de défauts, leur ont ſervi de prétexte pour la rejetter. Afin donc de déterminer le premier mois de l'année eccléſiaſtique & le jour de Pâque, ils recourent immédiatement au calcul aſtronomique; ce qui fait que les Fêtes mobiles ſont quelquefois mieux rangées dans leur Calendrier que dans le nôtre. Les Anglois viennent auſſi d'admettre l'année Grégorienne, en rejettant les 11 jours dont ils différoient avec nous depuis l'année 1700, & en ſtatuant la ſuppreſſion des biſſextiles, comme *Gregoire* l'avoit ordonnée.

Les mouvemens qui ſe firent chez les Proteſtans d'Allemagne, au ſujet de la réformation du Calendrier, furent au commencement de ce ſiecle, l'occaſion de ſoumettre à un nouvel examen le Calendrier Grégorien. Cette affaire fut traitée avec le même appareil que celle de la réformation. *Clément XII* établit une Congrégation, à laquelle il donna le Cardinal *Noris* pour Préſident, & M. *Bianchini* ſon Camérier d'honneur pour Secrétaire; celui-là diſtingué par ſa vaſte érudition & ſes profondes connoiſſances dans la diſcipline Eccléſiaſtique; celui-ci par ſon ſçavoir en Aſtronomie & dans les Antiquités. Les plus habiles Aſtronomes, entr'autres ceux de l'Académie Royale des Sciences de Paris, furent conſultés, & M. *Maraldi*, qui étoit alors en Italie, eut entrée dans cette Congrégation, afin de travailler & de conférer avec ceux qui la compoſoient; pour faire enfin les obſervations néceſſaires, on éleva dans une des ſalles des Thermes de *Dioclétien*, un gnomon de 37 pieds de haut. M. *Bianchini* a donné dans ſon Livre *de numo & Gnomone Clementino*, la deſcription de ce monument aſtronomique, à l'érection duquel il préſida, & dont il ſe ſervit pour faire quantité d'obſervations. Ce gnomon avoit cela de particulier, que par le moyen d'une invention qui l'accompagnoit, on pouvoit appercevoir & prendre en plein midi la hauteur des fixes de la premiere grandeur.

Pluſieurs ouvrages très-ſçavans ſur le Calendrier doivent leur origine à ce nouvel examen qu'on en fit. Le ſçavant Cardinal *Noris* traita à cette occaſion, avec une érudition qui a peu d'exemples, la matiere des cycles dont l'Egliſe ſe ſervit autrefois. Mais cela appartient davantage à l'hiſtoire Eccléſiaſtique, qu'à l'Aſtronomie. M. *Bianchini* nous fourniroit une matiere plus propre à notre objet, ſi nous pouvions nous étendre à notre gré. Son Livre intitulé *Solutio problematis Paschalis*, contient une sçavante doctrine, soit en histoire Ecclésiastique, soit en Astronomie, & des vues fort justes sur la perfection du Calendrier. Parmi les nouveautés du ressort de cet ouvrage qu'on y rencontre, est une période remarquable de 1184 ans, tellement constituée que de quatre années séculaires la premiere seule soit bissextile suivant l'usage du Calendrier Grégorien ; mais que la derniere année du cycle, qui devroit être bissextile, ne le soit pas. Cette période a l'avantage de ramener à son renouvellement, les nouvelles lunes & la célébration de Pâques précisément au même jour & à la même minute. M. *Bianchini* applique cette découverte à un nouveau systême de Calendrier. Il propose aussi un nouveau cycle de huit lettres seulement, pour renfermer toutes les variations des nouvelles lunes & des Fêtes mobiles ; & dans un ouvrage particulier intitulé *de Calendario & Cyclo Cæsaris*, il fait voir que ces huit lettres, sur l'usage desquelles on s'étoit trompé jusqu'alors en les prenant pour *nundinales* ou servant à indiquer les jours de marché, dépendoient d'un cycle lunaire ; ce qui est un curieux morceau d'érudition & d'antiquité astronomique. Mais l'explication de toutes ces choses doit être puisée dans les sources mêmes que je viens d'indiquer.

M. *Cassini* communiqua aussi ses vues à la Congrégation du Calendrier, dans divers mémoires dont on voit le précis parmi ceux de l'Académie des Sciences des années 1701 & 1702. Ce n'étoit pas seulement à cette occasion que ce célebre Astronome avoit examiné le Calendrier Grégorien. Il y avoit déja long-temps que réfléchissant sur les légers défauts qui le ternissent, il avoit publié une nouvelle méthode pour fixer invariablement les équinoxes au même jour, & régler les épactes & les nouvelles lunes d'une maniere plus parfaite. Cet ouvrage avoit paru en 1679. *in*-4°. On trouve aussi dans le Catalogue de ses écrits, le projet d'une période luni-solaire & Paschale, mais qui n'a jamais vu le jour. A l'égard des mémoires qu'il communiqua à l'Assemblée du Calendrier, il se borna à remarquer la nécessité de suivre exactement le projet de réformation tel que *Gregoire XIII* l'avoit d'abord proposé, & de corriger l'anticipation des nouvelles lunes astronomiques sur les Eclésiastiques, que *Clavius* induit par des raisons qu'il n'approuve pas avoit laissé subsister, & qui est d'environ un jour. C'est-là l'unique endroit défectueux que, toutes réflexions faites, M. *Cassini* ait trouvé dans le Calendrier Grégorien. Il lui donne d'ailleurs de grands éloges, & il y observe plusieurs perfections remarquables, en ce qui concerne la détermination de la grandeur des années, soit solaire, soit lunaire (*a*). Il faut cependant remarquer ici qu'on n'a pas eu égard aux réflexions de MM. *Cassini* & *Bianchini*, que nous venons d'exposer. Les raisons de *Clavius* pour cette anticipation dont nous avons parlé plus haut, quoique rejettées par ces habiles Astronomes, paroissent avoir fait impression sur la Congrégation du Calendrier, ou du moins elle ne jugea pas ce défaut assez considérable pour devoir être corrigé, vu l'embarras que cette correction auroit occasionné. Les choses ont resté dans le même état qu'auparavant.

Je me borne à indiquer divers autres ouvrages sur le Calendrier Grégorien, qui ne me sont guere connus que par leurs titres, comme le sçavant ouvrage du *P. Bonjour*, intitulé *Calend. Rom.* (Rom. 1701. *in-fol.*); un écrit de M. *Quartaironi*, contre M. *Cassini*, sous ce titre : *Responsio ad assert.* D. Cassini, *pro emend. Calendarii* (Rom. 1703. *in*-4°.) auquel M. *Eustache Manfredi* a répliqué par un autre intitulé *Epist. ad D. Quartaironium*, *quâ assertiones* D. Cassini *vindicantur.* (Ven. 1705. *in*-4°.); enfin le Traité de M. *Thomas Maffei*, intitulé *de Cyclorum solilunarium inconst. & emendatione* (Ven. 1706. *in*-4°.) Je laisse aux Bibliographes le soin d'en accumuler un plus grand nombre. Je remarquerai seulement en finissant l'*Histoire du Calendrier Romain*, par M. *Blondel*, (Par. 1682. *in*-4°.) C'est un ouvrage très-propre à donner une idée distincte de toute cette matiere.

XII.

Nous n'avons pas cru devoir multiplier les divisions de cet ouvrage pour rendre compte des parties des Mathématiques

(*a*) Mem. de l'Acad. 1704.

qui ſont ſubordonnées à l'Aſtronomie. Cette liaiſon nous a paru un motif ſuffiſant pour ne les en point ſéparer, & nous nous ſommes déja conformés à ce plan, en faiſant dans l'article précédent l'hiſtoire de notre Calendrier. Nous allons parler dans celui-ci de la Gnomonique.

La Gnomonique ne conſiſte aux yeux du Géometre intelligent, qu'en quelques problêmes peu difficiles. Le principal & preſque l'unique auquel elle ſe réduit, eſt celui-ci. *Qu'on ait douze plans ſe coupant tous à angles égaux dans une même ligne, & que ces plans, indéfiniment prolongés, en rencontrent un autre dans une ſituation quelconque, il s'agit de déterminer les lignes dans leſquelles ils le coupent.* En effet, ſi l'on place l'interſection commune de ces douze plans parallélement à l'axe du monde, & l'un d'entr'eux dans le plan du méridien, il eſt viſible qu'ils repréſenteront les plans des douze cercles horaires qui diviſent la révolution du ſoleil en vingt-quatre parties égales. Car la diſtance où nous ſommes de cet aſtre eſt ſi grande en comparaiſon du diametre de la terre, que nous pouvons, ſans erreur ſenſible, nous réputer à ſon centre. A meſure donc que le ſoleil arrivera à un de ces cercles horaires, il arrivera auſſi à celui de ces douze plans qui eſt ſemblablement ſitué; & l'ombre de leur interſection commune que nous ſuppoſerons une ligne opâque, ſe projettera ſur l'interſection de ce plan avec celui du cadran: la marche de cette ombre marquera par conſéquent l'arrivée du ſoleil aux cercles horaires, c'eſt-à-dire les heures de la journée. Avant que d'aller plus loin, il eſt à propos de remarquer qu'il n'eſt pas néceſſaire que l'axe du monde ſoit repréſenté en entier par un ſtyle oblique qui lui ſoit parallele. Un ſeul point de cet axe, repréſenté par le ſommet d'un ſtyle droit ou courbe, ou dans une ſituation telle qu'on voudra, peut ſuffire. Il faut alors ſuppoſer le reſte de l'axe ſupprimé, & ce point ſera réputé le centre de tous les cercles horaires, ou celui du monde. Il y aura ſeulement cette différence, qu'il ne faudra dans ce cas avoir égard qu'à l'extrêmité de l'ombre du ſtyle, au lieu que celui qui eſt entier & parallele à l'axe du monde, montre ordinairement les heures par toute l'étendue de ſon ombre.

Le principe que nous venons d'expoſer une fois ſaiſi, le Géometre verra facilement la conſtruction de tous les cadrans ſolaires. Il ne ſera d'abord ici queſtion que des heures équinoxiales ou aſtronomiques, qui ſont égales & au nombre de 24 d'un midi au ſuivant. Premiérement le plan du cadran eſt-il parallele à l'équateur, ou perpendiculaire à l'axe du monde, il eſt évident que les lignes horaires, ou les interſections des plans horaires avec celui du cadran, feront entr'elles des angles égaux à ceux de ces plans, & par conſéquent de 15°.

Ce cas eſt le plus ſimple, & il ſert de fondement à la réſolution de tous les autres. Voici de quelle maniere. Qu'on imagine un plan parallele à l'équateur, avec les lignes horaires décrites ſur ce plan, & qu'il ſoit prolongé juſqu'à celui ſur lequel il s'agit de décrire un cadran. On voit d'abord qu'il le coupera dans une ligne qu'on nomme par cette raiſon l'*équinoxiale*. Qu'on conçoive enſuite les lignes horaires du plan équinoxial prolongées juſqu'à cette interſection, elles y déſigneront les points des heures. Il ſuffit de jetter les yeux
Fig. 43. ſur la figure 43, pour appercevoir toutes ces choſes. Suppoſons donc maintenant un plan à la fois incliné & déclinant, qui rencontre l'axe du monde en un point *P*; que cet axe ſoit *PC*, & que *PCD* ſoit un plan tiré perpendiculairement ſur le plan propoſé, il y déterminera la ligne *PD*, qu'on nomme la *ſouſtylaire*. Que l'angle *CPD* ſoit l'elévation du pole ſur le plan du cadran, & la ligne *P XII* la méridienne du lieu, ou l'interſection du méridien du lieu avec ce plan. Nous ſuppoſerons ici pour un moment toutes ces choſes déterminées par des opérations préliminaires. Concevons le cercle équinoxial prolongé, la ligne dans laquelle il coupera le plan du cadran, c'eſt-à-dire l'équinoxiale, ſera viſiblement perpendiculaire à *PD*, & ſi les lignes horaires ſont prolongées juſqu'à cette ligne, elles y détermineront les points horaires, comme on l'a dit plus haut. Pour les trouver, il n'y a qu'à ſe repréſenter le plan équinoxial tournant ſur l'équinoxiale comme ſur une charniere, s'appliquer au plan du cadran le point *C* ſur le point *E*. Il eſt évident que ce changement de ſituation n'en apportera aucun à celles des diviſions de la ligne équinoxiale; que la ligne *C 12 XII* viendra s'appliquer ſur *E 12 XII*, *C I* ſur *EI*, &c; ce qui nous ſuggere cette conſtruction. Prolongés la *ſouſtylaire*, & prenez ſur elle

elle DE égale à CD, ou au sinus de l'élévation du pole sur le plan, PD étant le sinus total. Décrivez ensuite un cercle ou une portion de cercle du centre E au rayon ED, & du point 12 où $EXII$ coupera ce cercle, prenez de côté & d'autre des arcs de 15 degrés, & tirez du centre E des lignes par ces divisions, elles iront couper l'équinoxiale aux points horaires que l'on cherche. Les lignes tirées du pole P du cadran à ces points, seront les lignes horaires, & le cadran sera construit.

L'analyse qu'on vient de faire du cas le plus composé de la Gnomonique, montre que toute sa difficulté ne consiste qu'à déterminer ces trois choses, la ligne soustylaire, l'élévation du pole sur le plan du cadran, & la méridienne du lieu. On peut trouver les deux premieres par observation immédiate, mais il est plus sûr de le faire à l'aide de la Trigonométrie, après avoir une fois trouvé la déclinaison & l'inclinaison du plan, & la hauteur du pole du lieu. Parmi les méthodes nombreuses qu'ont les Gnomonistes pour cet effet, nous nous contentons d'indiquer dans une note celle qui nous a paru la plus lumineuse (*a*). Nous négligeons de développer

(*a*) Quelle que soit l'inclinaison & la déclinaison d'un plan, il y a quelque pays de l'Univers à l'horizon duquel il est parallele, & il est facile de le déterminer. Car supposons que ce plan fasse avec l'horizon un angle de 10 degrés, & décline de 20 degrés de la méridienne, il est visible que si l'on conçoit sur la surface de la terre, un vertical faisant avec la méridienne un angle de 20 degrés, & qu'on s'avance de dix sur ce vertical & du côté que regarde le plan, on sera dans un lieu dont l'horizon lui sera parallele. On pourra donc déterminer par la Trigonométrie sphérique, 1°. la latitude de ce nouveau lieu, ce qui donnera la hauteur du pole sur le plan du cadran; 2°. l'angle du vertical avec le méridien de ce lieu, ce sera l'angle de la soustylaire avec la perpendiculaire à l'horizontale du plan; 3°. La différence des méridiens des lieux, ou l'angle $DCXII$, (*figure* 43.) qui est formé par la méridienne du plan & celle du lieu du cadran, dans le plan de l'équateur: or il sera facile à tout Trigonometre de réduire l'angle $DC\,XII$ a l'angle $D\,P\,XII$, que forment la soustylaire & la méridienne sur le plan proposé. Mais si l'on veut s'éviter ce circuit, voici une autre méthode. Que le plan AB (*fig.* 44,) soit un plan déclinant & incliné, HB l'horizontale, CF la verticale, FCG l'angle du plan avec l'horizon, ICD la méridienne du lieu, l'angle du cadran avec cette méridienne ICH, ou CDG; il est évident que CE, intersection du plan du méridien avec celui du cadran, sera la méridienne, & qu'on aura sa position quand on connoîtra le rapport des lignes CF, & FE ou GD. Pour le trouver je remarque que FC est à FE, en raison composée de CF à CG, & de CG à GD. Mais FC est à CG comme le sinus total au cosinus de l'angle du plan avec l'horizon, & CG est à GD comme la tangente de l'angle CDG ou l'angle du plan avec la méridienne au sinus total; c'est pourquoi, en composant ces deux raisons, l'on trouve que CF est à FE comme la tangente de l'angle du plan avec la méridienne au cosinus de l'angle de ce plan avec l'horizon. Ainsi l'angle FCE, ou celui de la méridienne du lieu avec FC la verticale du plan, sera facile à trouver dès qu'on connoîtra l'inclinaison & la déclinaison de ce plan.

davantage, & d'appliquer aux différens cas le principe de construction que nous avons exposé ci-dessus. Il doit nous suffire d'avoir donné l'esprit de la méthode ; & c'est ce que nous croyons avoir fait d'une maniere à mettre bien des lecteurs en état de se passer de Traités de Gnomonique.

On ne se borne pas dans la Gnomonique, à marquer les heures sur les cadrans solaires. Ceux qui ont cultivé cette Science, ont imaginé diverses autres curiosités ingénieuses. On y marque, par exemple, la trace de l'ombre que le sommet du style décrit à l'entrée du soleil dans chaque signe du zodiaque, ou certains jours déterminés. C'est-là ce qu'on appelle les arcs des signes. On trouve dans les Traités ordinaires de Gnomonique, une méthode facile pour les décrire ; je vais en indiquer une autre qui ne l'est guere moins, & qui est tirée d'une Géométrie plus sublime.

Cette maniere de décrire les arcs des signes, est fondée sur la nature des courbes qu'ils forment dans ces contrées. Lorsque le soleil parcourt des cercles également distans de l'équateur, par exemple les tropiques, il est visible que le rayon passant par le sommet du style est dans la surface des deux cônes opposés par la pointe qui ont les tropiques pour bases, leur axe dans celui de la révolution diurne, & pour sommet celui du style. L'intersection de ces surfaces coniques avec le plan du cadran, formera donc la trace de l'ombre de ce sommet quand le soleil décrira les tropiques ; & comme dans ces contrées ces cones sont coupés tous les deux par ce plan, ce seront des hyperboles opposées, qui auront la méridienne pour axe transverse, & leur sommet aux points *A* & *B* où se terminent les ombres solsticiales : leur centre sera donc le point *C* qui divise l'intervalle *AB* en deux parties égales. Je remarque encore que les asymptotes de ces hyperboles doivent être paralleles aux lignes horaires dans lesquelles se leve & se couche le soleil les jours qu'il décrit ces cercles. Supposons qu'à l'un des solstices il se leve à 8 heures & se couche à 4, les asymptotes seront paralleles aux lignes horaires de 8 & de 4 heures. Ainsi en tirant du centre que nous venons de trouver, des paralleles à ces lignes, ce seront ces asymptotes, & comme on a un point de chacune des hyperboles, il sera facile de les décrire suivant la théorie des

Fig. 45.

coniques. Il en ſera de même des traces de l'ombre, lorſque le ſoleil parcourra d'autres ſignes. On trouvera facilement par les hauteurs méridiennes du ſoleil, les ſommets *a* & *b* des hyperboles oppoſées, & par conſéquent leur centre *c*, auſſi-bien que leurs aſymptotes, puiſqu'elles ſont paralleles aux lignes des heures auxquelles le ſoleil ſe leve & ſe couche lorſqu'il entre dans ces ſignes.

Nous n'avons encore parlé que des cadrans à heures équinoxiales ou aſtronomiques, comme celles qui ſont ici en uſage. Mais il y a des pays où l'on compte différemment les diviſions de la journée. En Italie, par exemple, le jour ſe diviſe en 24 parties égales, dont la premiere commence au coucher du ſoleil, & la derniere finit à celui du lendemain. Cette façon de compter les heures, rend la Gnomonique de ces contrées plus difficile. On décrit auſſi quelquefois ces ſortes d'heures ſur les cadrans de ces pays, auſſi-bien que les Babyloniques, qui ſe comptent d'un lever du ſoleil au ſuivant. On a des méthodes aſſez faciles pour décrire ces heures. Nous remarquerons ici ſeulement leur génération particuliere. Les lignes horaires équinoxiales ſont les interſections du plan du cadran avec des cercles qui ſe coupent à angles égaux dans l'axe du monde. Les lignes des heures italiques ou Babyloniques, ſont les interſections de ce plan avec 24 grands cercles qui touchent dans 24 points également diſtans, les deux paralleles dont l'un borne la partie toujours apparente du Ciel, & l'autre celle qu'on n'apperçoit jamais. J'obſerve encore ce qui n'a, je crois, été remarqué par perſonne, que toutes ces lignes horaires ſont tangentes à une ſection conique. Il eſt facile de ſe le démontrer d'après ce que je viens de dire ſur leur génération : j'en laiſſe le plaiſir au lecteur Géometre.

Il y a une troiſieme ſorte d'heures que l'on conſidere auſſi quelquefois en Gnomonique. Ce ſont celles qu'on compte d'un lever du ſoleil au coucher, de ſorte qu'il y en ait toujours douze dans cet intervalle. Telles étoient celles de la plûpart des Anciens, & entr'autres des Juifs ; ce qui fait qu'on les nomme antiques ou Judaïques. Les lignes de ces ſortes d'heures ne ſont point droites comme les précédentes, mais courbes, & même d'une forme fort bizarre, de ſorte qu'on ne peut les décrire qu'en déterminant pluſieurs points de chacune ; la maniere de les trouver se présentera facilement à tout Géometre ; c'est pourquoi nous ne nous y arrêtons pas.

L'invention des cadrans solaires est attribuée par *Diogene Laerce* à *Anaximandre*, & par *Pline* à *Anaximene* : mais il ne nous est parvenu aucune lumiere sur les inventions de ces Philosophes ; on ne connoît même guere plus celles de leurs successeurs, & *Vitruve* qui nous en a rapporté quelque chose, ne nous apprend rien de satisfaisant. Nous sçavons seulement par le récit de cet écrivain, que *Berose* inventa le cadran appellé l'*Hemi-cycle ; Eudoxe*, l'*Aranea ; Aristarque*, la *Scaphé* ; *Appollonius*, celui qu'on nomma le *Carquois ; Scopas* de Syracuse, le *Plinthe ; Parmenion*, le *Pros-pan-clima*, qui étoit apparemment, comme son nom l'indique, une sorte d'horloge universelle ; *Théodose* & *Patrocles*, celui qui étoit appellé le *Pelecinon*, (*bipennis*) &c. *Vitruve* rapporte aussi les noms qu'on avoit donnés à d'autres cadrans, tel que le *Gonarke*, l'*Engonate*, l'*Antiborée*, &c. Notre curiosité lui sçauroit gré de quelque chose de plus détaillé sur ces inventions, mais nous ne nous amuserons pas à former des conjectures sur leur sujet.

La Gnomonique renaquit en Europe avec l'Astronomie. *Jean Stabius*, *André Stiborius*, & *Jean Werner*, Astronomes du commencement du XVIe siecle, s'en occuperent beaucoup : mais leurs ouvrages ont resté manuscrits. *Munster* & *Oronce Finée* sont, je crois, les premiers dont les traités de Gnomonique aient vu le jour. On doit néanmoins les ranger dans des classes fort différentes : l'ouvrage de *Munster* est bon ; celui d'*Oronce Finée*, comme plusieurs autres de ce Mathématicien peu heureux, & qui ne mérita ni la place de Professeur Royal, ni la réputation qu'il eût, n'est qu'un paralogisme perpétuel, comme l'a montré *Nonius* dans son Livre *de Erratis Orontii*. Le Géometre Sicilien *Maurolicus* a traité de la Gnomonique dans ses opuscules, & en particulier dans celui qui est intitulé *de Lineis Horariis*, mais il l'a plus envisagée du côté de la Géométrie pure, que du côté de la Pratique. La Gnomonique de *Clavius* en huit Livres (imprimée en 1581,) seroit un excellent ouvrage, sans l'embarras extrême qui regne dans ses figures & dans ses démonstrations. Il est tel, qu'au jugement du P. *Deschales*, Auteur du même Corps, il seroit plus facile à un bon esprit de créer la Gnomonique, que de la lire dans *Clavius*. On a une Gnomonique du P. *Voellus* Jésuite, qui est, en quelque sorte, le précis de celle de *Clavius*, & qui est beaucoup plus intelligible.

Il y auroit lieu à une prolixe énumération, si j'entreprenois d'indiquer tous les Traités de Gnomonique qui ont paru successivement. Je dirai seulement en général qu'il y en a de toutes sortes de formes, dans toutes les Langues, & pour toutes les capacités, depuis celle du Géometre à qui il suffit d'indiquer de loin le principe, jusqu'à celle de l'ouvrier à qui il faut continuellement guider la main. Parmi les meilleurs Traités de ce genre, on donne place à la Gnomonique de M. *de la Hire*, à celle de M. *Picard*, intitulée *la Pratique des grands Cadrans*, qu'on lit dans le VIe Volume de l'Académie avant le renouvellement. Cet ouvrage est, à la vérité, plus le fait des Astronomes, que des Gnomonistes ordinaires. Parmi les Traités récens de Gnomonique, celui que M. *Deparcieux* a mis à la suite de sa Trigonométrie, mérite une distinction particuliere, & contient en même-tems une pratique sûre & une théorie très-lumineuse. Celui de M. *Rivard* mérite aussi d'être recommandé. Terminons ceci en disant quelque chose des meilleures méthodes pour tracer les cadrans solaires.

La meilleure maniere de décrire les Cadrans, est de le faire par le moyen de la Trigonométrie. Elle consiste à calculer en parties égales d'une échelle les distances des lignes horaires sur l'équinoxiale, comme *DX*, *DXI*, *DXII*, &c. Le principe de cette méthode est aisé à appercevoir; car les lignes *DXII*, *DI*, *DII*, &c. sont les tangentes des angles *DCXII*, *DCI*, &c. Or ces angles sont connus, puisque l'angle *DCXII* doit être reconnu par une des opérations préliminaires de la construction du cadran, & qu'ensuite ces angles se surpassent, ou sont moindres continuellement de 15°. C'est pourquoi, si l'on prend les tangentes de ces angles en parties égales dont 1000 soient la grandeur du rayon *CD* de l'équinoxial, ces grandeurs transportées successivement de *D* sur la ligne équinoxiale, y détermineront les points horaires. Il est facile de voir que par-là on s'épargnera bien des opérations où l'on peut se tromper, & qui d'ailleurs peuvent être impraticables dans plusieurs cas. Ici toutes celles qu'il y aura à faire, après avoir déterminé la soustylaire, & placé le style, se réduiront à calculer à part les longueurs des lignes dont nous parlons, & à transporter ces longueurs sur la ligne équinoxiale, par le moyen d'une échelle de parties égales, ce qui est également commode & expéditif. M. *Picard* a exposé particuliérement cette méthode dans sa pratique des grands cadrans; mais comme il y a employé la Trigonométrie sphérique, & que cette Trigonométrie a des difficultés pour certaines personnes, M. *Clapiez*, ancien Ingénieur & Académicien de Montpellier, a montré comment on peut faire la même chose sans considérer que des triangles rectilignes. Ce morceau de Gnonomique se lit dans les Mémoires de l'Académie de l'année 1707. Cette façon de construire les cadrans solaires a été depuis exposée par tous les bons Auteurs de gnomonique, entr'autres par le P. *Gruber*, dans son *Horographia Trigonometrica*, (Prag. 1718. f.), le P. *Castroni*, dans son *Horographia universalis*, (Panorm 1730. 4.). C'est celle à laquelle s'est attaché M. *Deparcieux*, dans la sienne: M. *Rivard* lui a aussi donné place dans son Traité.

Il y a une façon particuliere d'envisager les cadrans solaires, qui mérite que nous l'exposions ici avec distinction. C'est de considérer tout cadran solaire, comme un cadran horizontal de quelque partie de l'Univers: en effet, quelle que soit l'exposition d'un plan, il sera parallele à l'horizon de quelque pays du monde; de sorte que si sur ce plan considéré comme horizontal, on décrit les heures, non du lieu où il seroit horizontal, mais du lieu pour lequel il est destiné, il est évident qu'il remplira l'objet qu'on desire. Je vais développer tout
Fig. 46. ceci plus clairement. Supposons dans un lieu *A*, un plan déclinant de 20°. vers l'Ouest, & faisant avec l'horizon un angle de 10°. Nous avons déja remarqué plus haut, que si l'on imagine un vertical déclinant de 20 degrés vers l'Ouest, & qu'on s'avance de 10° sur ce vertical du côté que regarde le plan proposé, on sera parvenu à un lieu *B*, dont l'horizon sera parallele à ce plan. Or il est facile de trouver par la Trigonométrie ces deux choses, la latitude du lieu *B*, & la différence des méridiens des lieux *A* & *B*. Que cette différence en temps soit, par exemple, de 40′; il sera donc 11 heures 20′, midi 20′, une heure 20′, &c, au lieu *B*, tandis qu'il sera midi,

une heure, deux heures, &c, au lieu *A* : ainſi après avoir trouvé la méridienne du plan propoſé, qui eſt celle du lieu *B*, par une opération ſemblable à celle par laquelle on la trouve ſur un plan horizontal, qu'on fixe le ſtyle dans la ſituation convenable, & qu'au lieu de chercher les lignes de midi, une heure, deux heures, &c, ſur ce cadran, on cherche celles de onze heures 20′, midi 20′, une heure 20′, &c, on aura celles qui répondent à midi, une heure, deux heures, &c, du lieu propoſé *A*, & le cadran ſera conſtruit. M. *Picard* emploie ce principe dans ſa pratique des grands cadrans, mais il me ſemble qu'il ne l'a pas expoſé dans un auſſi grand jour que je viens de le faire.

On doit à M. *s'Graveſande* une autre maniere de conſidérer les cadrans ſolaires, qui eſt extrêmement ingénieuſe. Imaginons un cadran horizontal, & qu'un œil placé au ſommet du ſtyle, l'apperçoive au travers d'un plan quelconque incliné & déclinant comme l'on voudra ; il eſt facile de voir que la repréſentation perſpective de ce cadran en formera un ſur le plan propoſé, qui montrera les mêmes heures au même moment. On pourra donc appliquer à la deſcription des cadrans ſolaires les regles de la perſpective, & c'eſt ce qu'a enſeigné briévement M. *s'Graveſande*, dans ſon *Eſſai de Perſpective.* Ce n'eſt pas ici le lieu de développer davantage cette idée ; je renvoie le lecteur au Livre que je viens de citer.

Les Auteurs de Gnomonique diviſent les cadrans en deux eſpeces ; les uns ſtables & uniquement deſtinés pour un lieu & une latitude particuliere, les autres portatifs. Parmi ces derniers, il y en a qui ne ſont faits que pour une latitude déterminée, il y en a d'autres qui peuvent ſervir ſous différens paralleles, & qu'on nomme univerſels par cette raiſon. La Gnomonique eſt fort riche en inventions de cette derniere eſpece. On a des cadrans portatifs & univerſels de toute ſorte de forme, ſur un cylindre, dans la ſurface concave d'un anneau, &c. Il y en a auſſi qui montrent à peu près l'heure à la lune ou aux étoiles. On a enfin imaginé des cadrans ſolaires à réflection, c'eſt-à-dire, qui marquent l'heure à l'aide d'un rayon du ſoleil réfléchi par un petit miroir ſur le plafond ou les murs d'une chambre. Le Pere *Kircher* en a, je crois, donné le premier eſſai dans ſon Livre intitulé : *Pri-*

mitiæ Gnomonicæ Catoptricæ (1635), & le P. *Magnan* en a aussi traité dans sa *Perspectiva Horaria*. Nous nous bornons à indiquer ces curiosités; des matieres plus importantes nous appellent, & ne nous permettent pas de nous arrêter davantage sur ce sujet. Passons à exposer les principaux traits de la navigation.

XIII.

La navigation n'a commencé à devenir un art sçavant, & à emprunter, autant qu'elle fait, les secours de l'Astronomie, que depuis l'invention de la boussole. Enhardi alors par l'assurance de pouvoir toujours s'orienter quelque mauvais temps qu'on essuyât, on osa perdre entiérement de vue le rivage; les fureurs même de l'Océan jusqu'alors en quelque sorte respecté, commencerent à causer moins de terreurs; l'esprit de découvertes aiguillonné par celui du gain, inspira de grandes entreprises: on vit enfin en moins de deux siecles la Géographie changer de face par la découverte d'un nouveau Continent, & par celle d'un passage qui rendit plus accessible & plus connue une partie considérable de l'ancien, sur laquelle on n'avoit que des relations peu exactes.

C'est aux Portugais, il faut le reconnoître, que nous devons l'exemple de cette ardeur qui nous a valu une connoissance plus parfaite de notre globe. Vers le milieu du 15.e siecle, l'Infant Don Henri fils de Jean Roi de Portugal, Prince Philosophe & Mathématicien, conçut le noble dessein de pousser plus loin les découvertes que le hazard & l'appas du gain avoient déja fait faire le long des côtes de l'Afrique. Aidé des deux Mathématiciens *Joseph* & *Roderic* qu'il s'étoit attachés, il enseigna aux Navigateurs des méthodes, & leur mit entre les mains des instrumens propres à se conduire en mer par la seule inspection du Ciel. Encouragés par ces instructions, ils franchirent bientôt les bornes qui les avoient arrêtés jusque-là. La découverte de toute la côte d'Afrique, celle d'un passage aux Indes Orientales, celle de l'Amérique enfin, furent les fruits que la navigation retira en moins d'un demi-siecle des secours nouveaux que ce Prince lui avoit procurés. Mais mon objet n'est pas ici de présenter le spectacle agréable des découvertes des Portugais & des Espagnols. Je vais

vais me resserrer à ce qui est essentiellement de mon plan, je veux dire, à exposer les progrès de la navigation considérée comme l'art de se conduire en mer à l'aide de l'Astronomie & de la Géométrie.

Le premier élément de la navigation est de connoître la position respective des lieux, & la route qu'on doit tenir pour aller de l'un à l'autre. C'est ce que les Navigateurs font par le moyen de leurs Cartes hydrographiques. Cette raison nous porte à commencer par-là le précis que nous nous proposons de donner de cette science.

L'invention des Cartes Hydrographiques est l'ouvrage du Prince Don Henri. Il y avoit long-temps que celles de Géographie étoient connues : mais des Cartes construites suivant le même principe, eussent été inutiles dans la navigation. Le Prince dont nous parlons, & ses Mathématiciens, préférerent, par les raisons qu'on verra bientôt, de développer la surface du globe terrestre en étendant les méridiens en ligne droites & paralleles entr'elles. Pour prendre une idée claire de ce développement, qu'on imagine que les paralleles du globe terrestre soient en même temps fléxibles & extensibles, & les méridiens seulement fléxibles ; qu'on déploie ensuite toute la surface de ce globe, en étendant les méridiens en lignes droites & paralleles, on aura la surface terrestre développée en un rectangle dont la longueur sera la circonférence de l'équateur, & la largeur celle d'un demi-méridien. Ce sont-là les premieres Cartes qu'employerent les Navigateurs, & qu'on nomme *plates*, parce qu'elles sont en quelque sorte formées de la surface du globe applatie. Le motif pour lequel on s'est astreint à désigner les méridiens par des lignes droites & paralleles, est celui-ci : c'étoit afin que la trace du vaisseau qui auroit parcouru un certain rhumb de vent, pût se marquer dans la Carte par une ligne droite. Car s'ils eussent été inclinés les uns aux autres, ou des lignes courbes comme dans les Cartes ordinaires de Géographie, cette trace n'auroit pu être qu'une ligne courbe ; ce qui n'auroit point répondu à l'intention du Navigateur.

Mais il y a dans ces sortes de Cartes deux inconvéniens ; l'un consiste en ce que la proportion des degrés des paralleles & de ceux des méridiens n'y est point conservée. Ils y sont repréſentés comme égaux, quoiqu'ils ſoient réellement d'autant plus inégaux, qu'on approche davantage du pole. C'eſt-là le défaut que *Ptolemée* (*a*) reprochoit dans ſa Géographie, aux Cartes de *Marin* de Tyr, qui étoient préciſément comme celles qu'on vient de décrire. Delà naît une erreur ſur l'eſtime du chemin qui paroît plus grand qu'il n'eſt réellement dans tous les rhumbs obliques, & dans ceux d'Eſt & Oueſt. A la vérité les Navigateurs ont des méthodes pour prévenir cette erreur, mais les réductions qu'ils pratiquent, à moins qu'il n'y ait pas une grande différence en latitude, ſont, ou peu exactes, ou fort laborieuſes. Le ſecond & le plus eſſentiel défaut des Cartes plates, eſt que le rhumb qu'elles indiquent en tirant une ligne d'un lieu à un autre, n'eſt point le véritable, excepté lorſque ces lieux ſont ſous le même méridien ou le même parallele. Je m'étonne que cette erreur ait échappé à la plûpart des Auteurs de navigation; car lorſqu'ils veulent enſeigner à trouver le rhumb de vent convenable pour aller d'un lieu à un autre, ils ordonnent de les joindre par une ligne droite, & d'examiner à quel rhumb de la roſe des vents cette ligne eſt parallele, ou quel angle elle fait avec les méridiens. Il eſt cependant facile de ſe convaincre que cet angle n'eſt point celui du véritable rhumb. Il ſuffit pour cela de faire attention que le rapport des degrés du méridien & des paralleles n'étant point conſervé, les deux côtés du triangle-rectangle qui déterminent l'angle du rhumb, ne ſont point dans leur vrai rapport: ainſi l'angle qu'on trouve par ce moyen ne ſçauroit être le véritable. On peut encore le montrer par un exemple fort ſimple: nous ſuppoſerons deux lieux, l'un ſous l'équateur & le premier méridien, l'autre à la latitude de 89 degrés, avec une longitude de 90°. Il eſt viſible que le véritable rhumb, pour aller de l'un à l'autre, différeroit à peine du méridien: cependant ſi l'on cherchoit ce rhumb ſuivant la méthode précédente, on trouveroit un angle preſque demi droit. L'angle qu'indiquent les Cartes plates, eſt donc faux. Heureuſement les Navigateurs ne cherchent jamais à faire des courſes auſſi conſidérables en ſuivant un ſeul rhumb. Les divers obſtacles qu'ils rencontrent en mer, comme les côtes,

(*a*) Lib. 1, c. 20.

les endroits dangereux par les bancs ou les écueils, les obligent de partager leur route en une multitude de petites portions. C'est par cette raison que l'erreur que nous venons de relever leur a échappé : car elle est d'autant moindre, que la distance est moins considérable ; & il leur est d'ailleurs familier d'attribuer aux courans, à la dérive, &c, la plûpart de celles qu'ils commettent dans leur estime, quoiqu'il y en ait parmi elles qui sont comme celle-ci des erreurs de théorie.

On remarquoit dès le milieu du seizieme siecle le premier des défauts dont je viens de parler, & on sentit dès-lors la nécessité de chercher quelqu'autre maniere de représenter la surface du globe terrestre, qui en fût exempte. *Mercator*, le fameux Géographe des Pays-Bas, en donna la premiere idée, en remarquant qu'il faudroit étendre les degrés des méridiens, d'autant plus qu'on s'éloigneroit davantage de l'équateur. Mais il s'en tint-là, & il ne paroît pas avoir connu la loi de cette augmentation. *Edouard Wright* la dévoila le premier, & il montra qu'en supposant le méridien divisé en petites parties, par exemple de dix en dix minutes, il falloit que ces petites parties fussent de plus en plus grandes en s'éloignant de l'équateur dans le même rapport que les sécantes de leur latitude. Ceci mérite d'être davantage développé : voici le raisonnement par lequel on a découvert ce rapport.

Puisque le degré du parallele qui décroît réellement est toujours représenté par la même ligne, si l'on veut conserver le rapport du degré du méridien avec celui du parallele adjacent, il faut augmenter celui du méridien en même raison que l'autre décroît. Mais on sçait que le degré du parallele décroît comme le cosinus de la latitude, c'est-à-dire, qu'un degré d'un parallele quelconque est à celui du méridien, ou de l'équateur, comme le cosinus de la latitude au sinus total. D'un autre côté, le cosinus d'un arc est au sinus total, comme celui-ci à la sécante : il faudra donc que chaque petite partie du méridien, interceptée entre deux paralleles très-voisins, soit à la partie semblable de l'équateur, comme la sécante de la latitude au sinus total ; & par conséquent le degré intercepté, par exemple, entre les paralleles qui passent par les 30 & 31e degrés de latitude, sera au degré de l'équateur, comme la somme des sécantes des petites parties dans lesquelles on aura divisé ce degré, à autant de fois le rayon. Si donc on additionne continuellement les sécantes, de minute en minute, par exemple, jusqu'à un certain parallele, cette somme des sécantes représentera la distance de ce parallele à l'équateur dans les Cartes réduites sans erreur sensible. *Wright* publia cette invention en 1599, dans un Livre imprimé à Londres, & intitulé : *Certains errors in Navigations detect'd and correct'd.* Dans cet ouvrage, *Wright* calcule l'accroissement des parties du méridien par l'addition continuelle des sécantes de dix en dix minutes. Cela est à peu près suffisant dans la pratique de la navigation : mais les Géometres qui ne se contentent pas d'approximations, quand ils peuvent atteindre à l'exactitude rigoureuse, ont depuis recherché le rapport précis de cet accroissement. Pour cela, ils ont supposé, en suivant les traces du raisonnement de *Wright*, que le méridien fût divisé en parties infiniment petites ; & ils ont démontré que cette somme des sécantes infinies en nombre, comprises entre l'équateur & un parallele quelconque, suit le rapport du logarithme de la tangente du demi-complément de la latitude de ce parallele. (*a*) On a dressé sur ce principe des Tables plus exactes de l'ac-

(*a*) C'est le hazard qui a d'abord appris que ces sommes de sécantes suivoient le même rapport que les logarithmes des tangentes des demi-complémens de latitude. Henri Bound en fit la premiere remarque vers 1650, dans une addition à la navigation de Norwood ; mais il ne pouvoit en donner la démonstration, qu'il étoit cependant important d'avoir. Cela engagea en 1666 M. Mercator, à en proposer la recherche aux Géometres : il offroit de son côté de donner cette démonstration sous certaines conditions, mais n'ayant trouvé personne qui voulût s'y astreindre, il ne l'a pas publiée. La premiere qui ait vu le jour, est celle que M. Jacques Gregori donna en 1658, dans ses *Exercitationes Mathematicæ*. M. Barrow en a aussi donné une dans ses *Lectiones Geom.* Il y fait voir que si r est le sinus total, e celui de la latitude, la somme des sécantes en question est analogue au logarithme de $\frac{r+e}{r-e}$; ce qu'on démontre être à la même chose que le rapport dont il est question. M. Hallei l'a déduit ingénieusement des propriétés de la spirale logarithmique (*Trans. Phil. n°. 219.*) Nous dirons un mot de sa démonstration en parlant des lignes loxodromiques. On trouve une démonstration de cette même vérité par M. Campbell dans les Tables loxodromiques de M. Murdoch. En voici une telle que la fournit le calcul intégral.

Pour se représenter plus distinctement cette somme de sécantes, qu'on imagine le quart de cercle A B, étendu en une ligne droite C b, (*fig.* 47.) & sur chaque point de cette ligne qu'on éleve la sécante correspondante, de sorte, par exemple, que C g étant égale à l'arc B G, la perpendiculaire g K soit égale à la sécante C K, & ainsi de tous les autres points. La courbe C A $k l m b$ représentera la somme des sécantes infiniment proches du quart de cercle, tandis que le rectangle C E représentera la somme des rayons. Ainsi la somme des sécantes d'un arc B H, sera à autant de fois le rayon, comme l'aire l A C h au rectangle C λ. Il s'agit donc de trouver la quadra-

croiſſement des parties du méridien, pour guider les conſtructeurs de Cartes hydrographiques. On trouve ces Tables dans divers Traités modernes de navigation, comme ceux de M. *Bouguer*, de M. *Robertſon*, &c.

Cette ſorte de Cartes remplit parfaitement toutes les vues des Navigateurs. A la vérité les parties de la terre y ſont repréſentées toujours en croiſſant du côté des poles, & d'une maniere tout-à-fait difforme. Mais cela importe peu, pourvu qu'elles fourniſſent un moyen facile & sûr de ſe guider dans ſa route. Or c'eſt l'avantage propre aux Cartes dont nous parlons. Les rhumbs de vents y ſont repréſentés comme dans les premieres par des lignes droites, & ces lignes indiquent par l'angle qu'elles forment avec le méridien, le véritable angle du rhumb. On a enfin ſur ces lignes la vraie diſtance des lieux, ou la longueur du chemin parcouru, pourvu que pour les meſurer on ſe ſerve de l'arc du méridien compris entre les mêmes paralleles, comme d'échelle; ce qui donne une ſolution en même temps aiſée & exacte de tous les problêmes de navigation. On nomme ces Cartes *réduites*, ou *par latitude croiſſante.* Elles commencerent à s'introduire chez les Navigateurs vers l'an 1630; & ce furent, ſuivant le P. Fournier, des Pilotes Diepois qui en firent uſage les premiers. Quoiqu'il en ſoit, ce ſont ſans contredit les meilleures, nous dirons plus, les ſeules bonnes pour des navigations de long cours, & il ſeroit à deſirer que ce fuſſent les ſeules qu'on vît entre les mains

ture de cette courbe. Pour cela, que x ſoit la tangente BL, & 1 le rayon, on trouvera $\frac{dx}{\sqrt{1+xx}}$ pour la différentielle de l'eſpace C*l*. Or l'intégrale de cette différentielle eſt, ſuivant les regles du calcul intégral, le logarithme de $x+\sqrt{1+xx}$. Mais x étant la tangente d'un arc, celle de ſon demi-complément ſe trouve $\frac{1}{x+\sqrt{xx+1}}$, dont le logarithme eſt le même que le précédent, mais ſeulement pris négativement. Ainſi le logarithme de la tangente du demi-complément d'un arc, celui du ſinus total étant o, ou, ce qui eſt la même choſe, le logarithme de la tangente de ce demi-complément pris dans les Tables ordinaires, & diminué de celui du ſinus total, le reſte étant conſidéré comme poſitif, donnera l'aire du ſegment AC*hl*.

Si nous avions nommé x le ſinus de la latitude BH, nous aurions trouvé pour la différence de l'eſpace ci-deſſus, cette expreſſion $\frac{dx}{1-xx}$, dont l'intégrale eſt le logarithme de $1+x$, moins celui de $1-x$, c'eſt-à-dire, celui de $\frac{1+x}{1-x}$; ce qui eſt le rapport donné par M. Barrow, & énoncé ci-deſſus. Cela vaut mieux que de réduire ce rapport à une ſuite infinie, comme a fait Wallis (*Tranſ. Phil.* ann. 1685. Wall. op. T. II.) M. Jean Percks a montré comment la conſtruction des Cartes réduites ſe rapportoit à celle de la chaînete, (*Tranſ. Ph.* ann. 1715.)

des Navigateurs. On ne ſçauroit aſpirer à trop d'exactitude dans un art où une légere erreur peut être funeſte à tant de monde, & cette exactitude fut-elle même moins importante, on n'a aucune raiſon de la négliger, lorſqu'on peut y atteindre ſans nuire en aucune maniere à la facilité de la pratique.

On fait uſage dans la navigation d'une théorie dont il faut donner ici une idée. Lorſqu'un vaiſſeau ſuit conſtamment le même rhumb de vent oblique au méridien, la ligne qu'il décrit n'eſt pas un grand cercle : il eſt facile d'en appercevoir la raiſon ; car un cercle oblique à un des méridiens, ne ſçauroit les couper tous ſous un même angle, au lieu qu'en ſuivant le même rhumb de vent, on décrit ſur la ſurface de la mer, une ligne également inclinée à tous les méridiens. Cette ligne a reçu le nom de *Loxodromie*, & elle a quelques propriétés qui méritent de nous arrêter.

Nous remarquerons d'abord que la ligne loxodromique, lorſqu'elle eſt oblique au méridien, eſt une ſpirale qui va toujours en s'approchant du pole, mais qui ne ſçauroit jamais l'atteindre. En effet, ſi elle l'atteignoit, il en naîtroit une abſurdité : car ſa nature étant de couper tous les méridiens ſous le même angle, en arrivant au pole elle couperoit à la fois avec la même obliquité une multitude de lignes diverſement inclinées entr'elles ; ce qui eſt abſurde.

La ligne loxodromique a beaucoup d'analogie avec une autre courbe célébre parmi les Géometres, ſçavoir la ſpirale logarithmique. Car cette derniere coupe tous les rayons partant de ſon centre ſous le même angle, & ſa propriété eſt que les angles des rayons entr'eux croiſſant arithmétiquement, ces rayons eux-mêmes croiſſent ou décroiſſent géométriquement, de maniere que les angles ſont entr'eux, comme les logarithmes des rayons. M. *Hallei* a montré (*a*) qu'en ſuppoſant l'œil au pole oppoſé à celui vers lequel s'approche la loxodromie, elle ſe projette ſur le plan de l'équateur en logarithmique ſpirale. Delà il tire cette conſéquence remarquable & fort utile dans la navigation ; ſçavoir que lorſqu'un vaiſſeau ſuit une loxodromie, la variation de longitude eſt comme le logarithme de la tangente du demi-complément de latitude :

(*a*) *Tranſ. Phil.* n. 217, ann. 1685.

car l'angle que font les méridiens repréſentent la variation de longitude, & les rayons de la ſpirale ſont viſiblement comme les tangentes des demi-complémens de latitude.

Repréſentons-nous maintenant une partie de la ſurface du globe, & que AF ſoit l'équateur, P le pole, PB, PC, PD, des méridiens fort voiſins les uns des autres. Qu'on mene les arcs de paralleles B*b*, C*c*, D*d*, &c. On voit facilement que tous ces triangles AB*b*, BC*c*, CD*d*, ſont ſemblables: donc AB : A*b* : : BC : B*c* : : CD : D*d*, &c. ou bien AB : B*b* : : BC : C*c* : : CD : D*d*, &c. ou comme le ſinus total au coſinus de l'inclinaiſon du rhumb, ainſi AB + BC + CD, &c. c'eſt-à-dire, la longueur entiere du chemin parcouru AE, eſt au changement de latitude E*e*; & comme AB eſt à B*b*, ou comme le ſinus total au ſinus du même angle, ainſi AB + BC, &c. ou la longueur de la route à la ſomme des petits côtés B*b*, C*c*, D*d*, &c. C'eſt de l'invention de cette ſomme, & de chacuns de ces petits côtés que dépend dans cette théorie la détermination de la longitude; car les ayant trouvés chacun en particulier, il faut trouver les côtés AG, GH, HI, &c. ſur l'équateur; c'eſt ce qui a fait donner à cette ſomme le nom de côté *Mecodynamique*, comme qui diroit, *qui contient la longitude en puiſſance.* *Fig.* 48.

On ne peut diſſimuler qu'en ſuivant cette méthode, la ſolution de tous les problêmes où la longitude entre de quelque maniere, eſt extrêmement laborieuſe. C'eſt pourquoi les Mathématiciens ont cherché à la faciliter, en prenant ſur eux la peine de tous les calculs. Dans cette vue on a conſtruit des Tables qu'on nomme *loxodromiques*, dont voici une idée. On a calculé pour chaque rhumb de vent partant de l'équateur, la longueur du chemin parcouru, & le changement de longitude, en ſuppoſant un changement de latitude de dix en dix minutes. On a enſuite diſpoſé ces nombres dans pluſieurs colonnes, vis-à-vis les latitudes correſpondantes, de telle ſorte qu'une différence de latitude étant donnée, on puiſſe voir facilement quelle différence de longitude lui répond ſous chaque rhumb, & quelle eſt la longueur du chemin parcouru. On réſoud par ce moyen tous les problêmes de navigation avec aſſez de facilité, & tout au plus par le moyen d'un petit tâtonnement, mais incomparablement moins embarraſſant que le calcul direct. On trouve des Tables loxodromiques & l'explication de leur uſage, dans divers Auteurs, entr'autres dans *Wright*, *Stevin*, *Snellius*, *Herigone*, *Deſchales*, &c. Mais depuis l'invention des *Cartes réduites*, ces Tables ſont plus curieuſes qu'utiles, & il eſt ſans comparaiſon plus facile de réſoudre tous les problêmes de navigation par le moyen de ces Cartes, que par celui des Tables loxodromiques.

Les premiers traits de la théorie des loxodromies, ſont dûs à Pierre *Nonius* ou *Nunes*. Ce Géometre Portugais conſidérant les défauts des Cartes plates qui étoient en uſage de ſon temps, chercha à les rectifier, & dans cette vue il examina les lignes dont nous parlons, & il propoſa la conſtruction d'une Table loxodromique (*a*). *Nonius* apperçut quelques-unes des propriétés des loxodromies : mais il ſe trompa en quelques points, par exemple, en celui-ci. Il ſe perſuada ſur une démonſtration fort ſpécieuſe, que les ſinus des diſtances au pole, comme PA, PB, PC, étoient en proportion continue, lorſque les angles formés par les méridiens étoient égaux. Nous avons vu plus haut que ce ſont ſeulement les tangentes des demi-complémens de latitude qui croiſſent ſuivant cette loi. *Stevin* s'apperçut de l'erreur de *Nonius* : il la corrigea dans ſon *Traité de Navigation*, & il y donna une théorie plus exacte de ces lignes. *Wright* en a auſſi traité dans ſon Livre que nous avons cité plus haut, de même que *Snellius* dans ſon *Typhis Batavus*. Une foule d'autres Auteurs ont expoſé cette théorie au long, & avec une clarté ſuffiſante : c'eſt pourquoi il eſt facile de s'en inſtruire dans leurs écrits, & nous y renvoyons.

Il manquoit à la théorie des loxodromies une perfection qu'elle a reçue de la Géométrie moderne. On a trouvé que la longitude croiſſoit comme le logarithme de la tangente du demi-complément de la latitude, celui du ſinus total étant o. On a fait connoître plus haut la démonſtration ingénieuſe qu'en donne M. *Hallei*. C'eſt encore une ſuite naturelle de ce qu'on a dit ſur l'accroiſſement des parties du méridien dans la projection de *Wright*, ou les Cartes réduites. M. *Leibnitz* (*b*) a trouvé que cet accroiſſement de longitude eſt comme le logarithme

(*a*) *De Regul. & Inſtrum. op.* Baſil. 1567.
(*b*) *Act. Lipſ. ann.* 1691.

de

de $\frac{1+e}{1-e}$, 1 étant le ſinus total, & *e* celui de la latitude : cette belle propriété des loxodromies facilite beaucoup, & met preſqu'à la portée des Navigateurs ordinaires, la ſolution directe de la plûpart des problêmes de navigation dans leſquels la longitude entre au nombre des donnés ou des cherchés. Mais nous ne ſçaurions nous livrer à de plus grands détails ſur ce ſujet.

Nous nous propoſions de raſſembler ici tout ce qui concerne la navigation, & d'y donner une idée des autres méthodes dont on ſe ſert pour ſe diriger dans ſa route, ou la reconnoître. Mais nous nous appercevons que ce volume s'eſt déja accru à une groſſeur conſidérable, ſans avoir encore touché à certaines matieres qui exigent que nous en parlions. Cela nous oblige de rompre ici la chaîne de ce que nous avions à dire ſur cet art important; nous nous réſervons de la renouer dans quelqu'autre endroit du volume ſuivant.

Fin du Livre IV.

HISTOIRE DES MATHÉMATIQUES.

TROISIEME PARTIE,

Histoire des Mathématiques en Occident, jusqu'au commencement du dix-septieme siecle.

LIVRE CINQUIEME.

Qui contient les progrès de la Méchanique & de l'Optique, pendant le seizieme siecle.

SOMMAIRE.

I. *La Méchanique ne fait presqu'aucun progrès durant le seizieme siecle. Ignorance où sont les Méchaniciens de ce siecle sur les loix du Mouvement, & même sur certains principes de la Statique. Guido-Ubaldi débrouille quelques-uns des derniers. Tartalea traite des projectiles, & rencontre par hazard quelques vérités.* II. *De l'Optique. Précis de cette science à l'époque du seizieme siecle. Maurolicus entrevoit la maniere dont on apperçoit les objets, & donne la solution d'un problême optique qui avoit fort embarrassé jusqu'alors. Porta touche aussi à la découverte de la cause de la vision, & cependant se trompe grossiérement à ce sujet. On lui attribue avec peu de fondement la premiere idée du Télescope. Antonio de Dominis, ébauche l'explication de l'Arc-en-Ciel : il rencontre la vérité en ce qui concerne l'intérieur, mais il se trompe à l'égard de l'extérieur.* III. *Nouvelle branche de l'Optique qui prend naissance dans le seizieme siecle ; sçavoir la Perspective. Précis de l'histoire & des principes de cette science.*

I.

LE tableau que nous présente ce Livre, n'est pas aussi intéressant que celui des deux précédens. Les Mathématiques mixtes eurent dans le seizieme siecle un sort assez semblable à celui qu'elles éprouverent chez les Anciens ; & de même que ce furent la Méchanique & l'Optique qui se ressentirent le plus de l'état de foiblesse où la Physique resta toujours parmi eux, ce furent aussi elles qui prirent des accroissemens moins sensibles dans ces premiers temps du renouvellement des Sciences. Sans quelques hommes plus heureux, ou un peu moins esclaves des préjugés que le reste de leurs contemporains, ce que nous aurions à dire ici de ces deux branches des Mathématiques, se réduiroit ou à rien, ou à ne rappeller que des erreurs.

Les travaux des Sçavans du seizieme siecle sur la Méchanique, ne consistent presque qu'en de prolixes Commentaires sur les *Questions Méchaniques* d'Aristote. On a montré ailleurs combien peu cet ouvrage méritoit l'estime qu'on lui a prodiguée pendant long-temps : on feroit cependant une liste assez longue de ceux qui crurent rendre un grand service aux Sciences, en développant les mauvais raisonnemens qu'il contient. Tels furent *Leonicus Thomæus*, *Piccolomini*, *Bernardin Baldi*, &c. dont on a des Commentaires sur cet ouvrage, sans compter ceux qui dans des temps où l'on commençoit à être plus éclairé dans ces matieres, entreprirent le même travail, comme *Monantheuil*, *Guevara*, *le P. Blancanus*, *Septalius*, &c. Tous ces écrits, qui n'ont pas ajouté la moindre vérité au peu de doctrine solide du Philosophe ancien, sont dignes de l'oubli où ils sont aujourd'hui.

Il ne faut pas chercher parmi les Physiciens de ce siecle,

aucune idée juste des loix du mouvement. Pourquoi une pierre que l'on jette continue-t'elle à se mouvoir long-temps après avoir été lâchée ? c'est, disoit-on avec *Aristote*, que l'air qui la suit par derriere continue à lui imprimer du mouvement. On étoit encore loin de soupçonner que tout mouvement étoit de sa nature rectiligne, & qu'il se perpétueroit dans la même direction & avec la même vîtesse, si aucun obstacle ne s'y opposoit. Ainsi il y avoit des mouvemens circulaires de leur nature, & c'étoient, suivant la doctrine d'*Aristote*, les seuls malterables; il y avoit des mouvemens rectilignes qui étoient l'effet d'un certain *appetitus* de certains corps à se réunir au centre de l'Univers, ou à le fuir; ce qui formoit la pésanteur ou la légereté. On divisoit aussi les mouvemens en naturels & violens : les premiers étoient de l'essence des corps, comme le mouvement circulaire des astres, & celui des corps graves; les autres étoient des qualités si contraires à la nature des corps, qu'ils ne pouvoient pas subsister long-temps sans une application continuelle de la force motrice. Une pierre qu'on jette étoit dans ce cas. Tel est à peu près le précis de la physique ancienne, & de celle du seizieme siecle sur le mouvement.

Les traits suivans montrent combien la théorie de la Statique étoit encore foible dans le même temps. *Cardan* examine dans son Traité *de Ponderibus & Mensuris*, quelle est la force nécessaire pour soutenir un poids sur un plan incliné, & il la fait proportionnelle à l'angle que le plan forme avec l'horizon. Il se fondoit sur cette raison, sçavoir que lorsque cet angle est nul, c'est-à-dire quand le plan est horizontal, il ne faut aucune force pour soutenir le poids, & qu'elle lui est égale quand l'angle est droit. Mais les Mathématiques ne se contentent pas de ces raisonnemens vagues, & d'ailleurs *Cardan* auroit dû appercevoir que le sinus de l'inclinaison est aussi zero quand le plan est horizontal, & qu'il est égal au rayon lorsque le plan est vertical. Cette remarque lui eût appris que la force qui contre-balance un poids sur un plan incliné, pouvoit être aussi proportionnelle au sinus de l'inclinaison, & c'est ce dernier rapport qui est le véritable.

Une autre question qui fut agitée avec chaleur parmi les Méchaniciens de ce temps, est celle de sçavoir ce qui arriveroit à une balance à bras égaux, & chargée de poids égaux, qu'on auroit tirée de la situation horizontale. Y retournera-t'elle d'elle-même, ou restera-t'elle dans cette nouvelle position? On fut partagé sur cette question. *Jordanus Nemorarius*, Mathématicien du XIIIe siecle, avoit décidé dans son Livre *de Ponderositate*, que la balance reprendroit la situation parallele à l'horizon; & ce fut le sentiment qu'adopterent *Cardan*, *Tartalea*, & quelques autres. Mais ils tomboient dans plusieurs erreurs à la fois; car ils ne faisoient point de distinction entre le cas des directions paralleles, & celui des directions convergentes à un point. Dans le premier, la balance restera dans la situation inclinée: dans le second, tant s'en faut qu'elle revienne à la situation horizontale, qu'au contraire elle continuera à s'incliner de plus en plus jusqu'à ce qu'elle soit devenue verticale. *Guido Ubaldi* qui les réfuta, n'évita qu'une partie de ces erreurs: car après avoir montré que la balance resteroit dans la situation inclinée, si les directions étoient paralleles, il s'efforça d'étendre la même décision au cas dans lequel elles convergent. La cause de son illusion fut d'avoir pensé que dans le cas des directions convergentes, le centre de gravité étoit le même, soit que la balance fût horizontale, soit qu'elle fût inclinée. Une théorie plus approfondie de la Statique, nous apprend que ce centre de gravité n'est fixe que dans le cas des directions paralleles, quelle que soit la situation du corps; mais dans l'autre cas, il varie, soit que le corps approche du centre des directions, soit qu'il change de position à l'égard de ce centre. Dans la question dont il s'agit ici, le centre de gravité passe du côté du bras qu'on incline, & s'éloigne d'autant plus du point d'appui, que la balance approche davantage de la situation verticale. Il y auroit plusieurs choses curieuses à dire sur ce sujet, mais je laisse au lecteur versé dans la Méchanique, le plaisir de les trouver.

Le Marquis *Guido Ubaldi* (*a*) débrouilla enfin un peu la

(*a*) Guido Ubaldi étoit de l'illustre Maison des Marquis *del Monte*, qui etoit un rameau de celle de Bourbon, & qui possédoit en Italie quelques châteaux en toutes souveraineté. Il fut éleve de Commandin, sous les instructions duquel il fit de rapides progrès dès sa plus tendre jeunesse. Il passa la plus grande partie de sa vie, occupé de l'étude, dans son château de *Monte-Barocio*: on a de lui divers ouvrages, dont les titres sont, *Mechanicorum*, *l.* 6. c'est lui dont on vient de parler; *in Planisph. Demonstrationes*; *in Archimed. de equipond. paraphrasis*; *della correzzione dell' anno*, *e*

Statique dans sa Méchanique imprimée en 1577. Cet ouvrage contient sur plusieurs points une doctrine judicieuse & solide. *Ubaldi* y fait usage de la méthode employée au rapport de *Pappus* par les Méchaniciens anciens, sçavoir de réduire toutes les machines au levier, & il l'applique heureusement à quelques puissances méchaniques, entr'autres aux poulies dont il examine avec soin la plûpart des combinaisons. Ce Livre au reste n'est pas entiérement exempt d'erreurs. Outre celle dont nous avons parlé plus haut, *Ubaldi* en commet une autre en ce qui concerne le plan incliné : car il admet la détermination que *Pappus* avoit donnée autrefois, du rapport de la puissance au poids dans cette machine; détermination qui est vicieuse à plusieurs égards (*a*). C'est à *Stevin* le premier que nous devons la résolution exacte de ce problême méchanique, aussi bien que de divers autres. Nous remettons au volume suivant à rendre compte des idées heureuses de ce Méchanicien.

La vis d'*Archimede* fut l'objet d'un Traité particulier de *Guido Ubaldi*. On sçait que cette machine n'est autre chose qu'un canal spiral pratiqué autour d'un cylindre, & que ce cylindre étant incliné à l'horizon, un poids quelconque entrant par l'embouchure inférieure du canal, s'éleve à mesure que la machine tourne sur son axe, & sort par l'embouchure supérieure. Cette machine a cela de remarquable, que c'est en quelque sorte le propre poids du corps & sa propension à descendre, qui le fait s'élever. *Ubaldi* examine cet effet & diverses autres propriétés de cette machine, dans ce Traité qui est un mêlange de Méchanique & de Géométrie pure. Il fut publié seulement en 1615 par son fils, sous le titre *de Cochleâ*. M. *Daniel Bernoulli* a traité depuis ce sujet plus briévement dans son *Hydrodynamique;* je n'ai que faire d'ajouter avec plus de profondeur; il n'est aucun Lecteur qui ne me prévienne dans ce jugement.

La Science du mouvement des projectiles occupa aussi quelques Méchaniciens du seizieme siecle; mais faute de

della emendazione del Calendario; Perspectivæ, l. 3, qu'il dédia à son frere le Cardinal *Alessandro del Monte; de Cochleâ*, ouvrage posthume qui parut en 1615. Nous ignorons la date précise de sa naissance & de sa mort. *Voyez* Bernard. Baldi, *Chronica Mathem.*

(*a*) Voyez Papp. *Coll. Math.* l. VIII; prop. 9.

principes solides sur le mouvement, ils n'enfanterent que des erreurs. Les premiers qui traiterent cette question, imaginerent qu'un corps poussé avec violence, comme un boulet de canon, décrivoit une ligne droite, jusqu'à ce que ce mouvement fût entiérement détruit, & qu'alors il tomboit perpendiculairement. On voit dans quelques Auteurs (*a*) de ce siecle une théorie d'Artillerie établie sur ce principe ridicule. Il y en eut d'autres qui penserent que le boulet décrivoit à la vérité une ligne droite au sortir de la bouche du canon, mais qu'après un certain terme son mouvement se ralentissant, il décrivoit une courbe en obéissant à la fois au mouvement de projection & à la pesanteur; qu'enfin il retomboit perpendiculairement. On supposoit aussi que cette partie de courbe qui raccordoit la ligne oblique avec la perpendiculaire, étoit un arc de cercle tangent à l'une & à l'autre. *Tartalea* paroît être l'Auteur de ce nouveau principe aussi erroné que le précédent. Il le propose dans son Livre intitulé, *la nuova scientia di Nicolo Tartaglia,* aussi bien que dans ses *quesiti ed invenzioni diverse.* Divers Auteurs bâtirent sur ce principe une théorie de leur Art, qui ne devoit pas faire honneur aux Mathématiques.

Quelque faux que soit le principe de *Tartalea*, ce Mathématicien ne laissa pas de découvrir, ou plutôt de deviner une vérité de la théorie des projectiles. C'est que l'obliquité nécessaire pour pousser le corps le plus loin qu'il est possible, avec la même force, est celle de 45°. *Tartalea* raisonnoit à peu près comme *Cardan* avoit fait sur le plan incliné. Il remarquoit que sous l'angle zero le jet du corps n'avoit aucune amplitude, ou que l'éloignement auquel on parvenoit par la projection, étoit nulle; qu'en haussant la ligne de projection, l'étendue du jet augmentoit jusqu'à un certain terme, qu'ensuite elle diminuoit, & qu'enfin elle étoit zero, quand la projection se faisoit dans la perpendiculaire. Delà il concluoit que la plus grande projection devoit être également éloignée de ces deux termes, & conséquemment à l'angle de 45°. Ce raisonnement étoit mauvais, & ne concluoit que par hazard. Les Modernes ont découvert que l'étendue du jet

(*a*) Daniel Santbech. *Problem. Astron.* l. VI. 1561.

croît comme le ſinus du double de l'angle avec l'horizon. C'eſt pour cela qu'elle eſt la plus grande à 45° ; car le ſinus du double de 45 degrés eſt le ſinus total, ou le plus grand des ſinus.

II.

Avant que de faire l'hiſtoire du peu de découvertes que le ſeizieme ſiecle ajouta à l'Optique, il ne ſera pas hors de propos de raſſembler ſous un point de vue général les progrès qu'elle avoit faits juſqu'alors.

La premiere ébauche de l'Optique ſemble être dûe aux Platoniciens. Ils découvrirent, à ce qu'on conjecture, deux principes féconds de cette Science, la propagation de la lumiere en ligne droite, & l'égalité des angles d'incidence & de réflection. Il eſt même probable que doués, comme ils l'étoient, de beaucoup de ſçavoir en Géométrie, ils bâtirent dès-lors une partie conſidérable de la théorie à laquelle ces deux principes ſervent de baſe. Mais ils furent moins heureux dans la partie de cette Science qui dépend davantage de la Phyſique. Ils ne débiterent que des puérilités ſur la maniere dont on apperçoit les objets, & ſur la cauſe de divers phénomenes. *Ariſtote* dont les écrits nous préſentent les premiers traits de l'Optique ancienne, ne fut guere plus heureux que dans ſa Méchanique. Ce qu'il dit ſur la cauſe de la viſion, ſur celle de l'Arc-en-Ciel, ſur la rondeur conſtante de l'image du ſoleil ou de la lune reçue à travers une ouverture quelconque, n'a rien de ſolide, & ne peut être regardé que comme une ébauche groſſiere de cette partie des Mathématiques mixtes.

Le ſeul Traité ancien, & de quelque importance ſur l'Optique qui nous ſoit parvenu, eſt celui qu'on attribue à *Euclide*. Des deux Livres qu'il contient, l'un regarde l'Optique directe, l'autre la Catoptrique. Mais cet ouvrage n'eſt guere propre à donner une idée avantageuſe de l'Optique ancienne. Pluſieurs des principes qu'on y emploie, ſont peu ſolides, ou ont beſoin de modification. On y fait dépendre la grandeur apparente des objets uniquement des angles ſous leſquels ils paroiſſent. On y détermine le lieu apparent de l'image dans les miroirs quelconques par le concours du rayon réfléchi

réfléchi avec la perpendiculaire tirée de l'objet sur le miroir. A la vérité l'un & l'autre de ces principes sont séduisans ; le premier est même vrai à bien des égards, & le second explique si bien les phénomenes des miroirs convexes & concaves, que les Anciens sont excusables de les avoir adoptés ; mais ils le sont moins de n'avoir pas apperçu la foiblesse de quantité de mauvaises démonstrations qu'on trouve dans ce même ouvrage, & qui ont porté plusieurs des Modernes un peu zélés pour la gloire d'*Euclide*, à faire des efforts pour en décharger sa mémoire.

Ptolémée avoit écrit un Traité d'Optique plus considérable, &, suivant nos conjectures, plus estimable. Nous pouvons nous en former une idée d'après l'Optique d'*Alhazen*, qui a probablement fait grand usage de celle de l'Ecrivain Grec. Quelques citations de *Roger Bâcon*, au temps duquel cet ouvrage subsistoit encore, nous apprennent que *Ptolémée* connut la réfraction Astronomique, & qu'il raisonna plus judicieusement que divers Modernes, sur la cause de la grandeur extraordinaire des astres vus à l'horizon. Nous nous sommes davantage étendus sur ces articles en rendant compte des travaux de *Ptolémée* : c'est pourquoi nous y renvoyons. A en juger par le Traité d'*Alhazen*, la théorie de *Ptolémée* sur la Catoptrique, étoit fort étendue, quoique fondée sur le principe dont on a parlé plus haut : mais il ne fut pas plus heureux que ses prédécesseurs, en ce qui concerne celle de la vision. Quant à la Dioptrique, elle ne consistoit presque encore que dans la connoissance de la réfraction. On voit, il est vrai, dans l'Optique d'*Alhazen*, & dans celle de *Vitellion* qui le suit pas à pas, quelques tentatives ingénieuses pour expliquer la réfraction, ou pour en déterminer la loi ; il y a aussi quelque chose sur les foyers des spheres de verre, sur la grandeur apparente des objets vus au travers de ces verres ; mais tout cela est peu exact, de même que ce que dit dans la suite sur le même sujet *Roger Bâcon*. Tel étoit l'état de l'Optique au commencement du seizieme siecle. Quoiqu'elle y ait pris en général peu d'accroissemens, nous y trouvons néanmoins quelques ouvrages qui contiennent des idées dignes d'être remarquées.

Maurolicus de Messine, Géometre dont nous avons parlé

plusieurs fois avec éloge, est l'Auteur de l'un de ces ouvrages. Il est intitulé : *De lumine & umbrâ*, & il parut en 1575. On ne peut y méconnoître une explication fort avancée de la maniere dont on apperçoit les objets. Car *Maurolicus* y dévoile l'usage du crystallin, & il le fait consister à rassembler sur la rétine les rayons émanés des objets. Ce principe lui sert à expliquer ce qui fait les presbites & les myopes, aussi-bien qu'à rendre raison pourquoi la vue des uns est aidée par les verres convexes, & celle des autres par les concaves. Il touchoit enfin de fort près à la découverte des petites images qui se peignent dans le fond de l'œil : & l'on ne conçoit guere comment cette découverte lui échappa ; car dans un autre endroit de son ouvrage, il explique la formation de l'image que forme un miroir concave, par la réunion des rayons partis de chaque point de l'objet dans autant d'autres points du plan opposé au miroir. Il semble que ce qui l'arrêta au moment qu'il alloit faire la découverte mémorable de ce méchanisme de la vision, fut la difficulté d'allier le renversement de l'image au fond de l'œil avec la situation droite dans laquelle nous appercevons les objets. Mais on en sera moins surpris quand on sçaura que *Képler* faillit aussi à manquer cette découverte par l'embarras où le jetta la même difficulté.

Maurolicus mérite encore que nous lui fassions ici honneur de la premiere solution qu'on ait donnée d'un problême optique, autrefois proposé par *Aristote*, & que ce Philosophe ancien avoit mal résolu, suivant son ordinaire. Il s'agit d'un phénomene fort connu. Pourquoi, demandoit *Aristote*, un rayon du Soleil passant au travers d'un trou d'une figure quelconque, triangulaire par exemple, & étant intercepté à une certaine distance, forme-t'il un cercle ? Et ce qui est plus merveilleux, pourquoi si le Soleil est en partie éclipsé, ce rayon forme-t'il, en passant au travers du même trou, une figure exactement semblable à la partie du disque solaire, qui n'est pas encore cachée ? Cette question, jusqu'alors le désespoir des Physiciens, les avoit réduits à dire avec *Aristote*, que la lumiere affectoit une certaine rondeur, ou une ressemblance avec le corps lumineux, qu'elle reprenoit bientôt après avoir franchi l'obstacle qui l'avoit gênée. *Mau-*

iolicus s'en tire plus heureusement, comme nous allons voir. Pour expliquer ce phénomene, nous remarquerons d'abord avec *Maurolicus*, que chaque point de l'ouverture est le sommet de deux cônes opposés, dont l'un a le soleil pour base, & l'autre étant coupé par un plan perpendiculaire à son axe, produiroit un cercle lumineux d'autant plus grand, que le le plan de l'intersection seroit plus éloigné de l'ouverture. Ainsi il se peint sur le plan opposé autant de cercles égaux de lumiere qu'il y a de points dans cette ouverture. C'est pourquoi, si l'on décrit sur ce plan une figure égale & semblablement posée à celle de l'ouverture, & que de chacun de ces points, ou seulement de ceux de son contour, on décrive une multitude de cercles, la figure qu'ils formeront sera précisément celle de l'image du soleil, reçue à une distance proportionnée à la grandeur de ces cercles. Mais à mesure qu'on décrira de plus grands cercles, on verra que la figure qui en résultera, approchera davantage d'un cercle unique, & il est même aisé de le démontrer. Lors donc qu'on interceptera perpendiculairement la lumiere du soleil à une distance un peu considérable du trou, la figure qu'elle formera sera sensiblement circulaire.

Mais pourquoi le soleil éclipsé présente-t'il dans la chambre obscure la figure d'un croissant, quelle que soit l'ouverture? L'explication est la même que celle qu'on vient de donner. Si on a une figure quelconque sur un plan, & que de chacun des points de son contour on décrive une suite d'autres figures semblables & semblablement posées, celle qui en résultera, approchera d'autant plus de chacune d'elles, qu'elles seront plus grandes. Si ce sont des triangles, la figure totale sera un triangle; si ce sont des croissans, la figure qui en naîtra, ressemblera à un croissant. Il n'est pas nécessaire d'en dire davantage: le Lecteur intelligent achevera l'explication, qui est facile après cette remarque. *Kepler* a résolu ce problême d'une autre maniere également juste, & qu'on peut voir dans son *Astronomiæ pars optica, seu Paralipomena in Vitellionis Opticam.*

Dans le même temps que *Maurolicus* ébauchoit l'explication de la vision, un autre Physicien Italien y touchoit aussi. C'est le fameux *Jean Baptiste Porta*, Auteur de divers ouvrages, & entr'autres de la magie naturelle, livre rempli d'obſervations compilées avec beaucoup plus de crédulité que de jugement. Dans le chapitre 17 de ce Livre *Porta* parle de la chambre obſcure, & après avoir dit que ſans autre préparation qu'une ouverture pratiquée à la fenêtre, on verra ſe peindre au dedans les objets extérieurs avec leurs couleurs naturelles, il ajoute : « mais je vais dévoiler un ſecret dont » j'ai toujours fait myſtere avec raiſon. Si vous mettez une » lentille convexe à l'ouverture, vous verrez les objets beau» coup plus diſtinctement, au point de reconnoître les traits » de ceux qui ſe promeneront au dehors, comme ſi vous les » voyiez de près. »

Qui ne diroit que *Porta* alloit être en poſſeſſion de la vraie explication de la viſion; qu'il alloit comparer le cryſtallin à cette lentille, la rétine à la muraille oppoſée; cependant rien de tout cela. Tout le mérite de ſon explication conſiſte à avoir dit que la cavité de l'œil eſt une chambre obſcure. Mais il ſe trompe, & même groſſiérement, dans tout le reſte, par exemple, lorſqu'il aſſigne au cryſtallin l'emploi de recevoir les images, comme la muraille ou le carton mobile dans la chambre obſcure. Il eſt ſurprenant que *Porta*, qui étoit Médecin & Anatomiſte, n'ait pas mieux connu & la forme & la nature du cryſtallin : elle indique, ce ſemble, d'une maniere à ne pouvoir s'y méprendre, qu'il eſt deſtiné à faire dans cette chambre obſcure naturelle l'office de la lentille dans l'artificielle. L'œil eſt, à la vérité, comme le remarque *Porta*, une chambre obſcure; mais c'eſt une chambre obſcure compoſée, c'eſt-à-dire ſemblable à celle dont l'ouverture eſt garnie d'un verre, & qui donne une peinture diſtincte à une diſtance déterminée. Le tableau, c'eſt la rétine, comme le remarqua *Kepler* en 1604, dans l'excellent ouvrage que nous venons de citer.

Il y a eu des perſonnes qui ont fait honneur à *Porta* de l'invention du Téleſcope. Elles ſe fondoient ſur des paroles aſſez ſpécieuſes de ſa magie naturelle. « Avec un verre con» cave, dit *Porta*, on voit diſtinctement les objets éloignés, » un convexe ſert à faire appercevoir diſtinctement ceux qui » ſont proches. Si vous ſçavez les arranger comme il faut, » vous verrez avec diſtinction les objets proches & ceux qui

» sont éloignés. J'ai été par-là d'un grand secours à quelques » amis qui ne voyoient plus que confusément, & je les ai » mis en état de voir fort distinctement. »

Ces paroles décrivent un effet fort ressemblant à celui du Télescope : cependant M. de *la Hire* examinant ce qu'on peut conclure delà en faveur de *Porta*, ne laisse pas de lui en refuser l'invention (*a*). Il pense que ce que *Porta* a eu en vue, n'est qu'une combinaison de verre convexe & concave, par laquelle on éloigne ou l'on rapproche leur foyer commun; ce qui peut les rendre propres à éclaircir la vue, & à faire appercevoir distinctement les objets à différentes distances. Cette explication me paroît assez raisonnable, & il me paroît difficile à croire que si *Porta* eût eu jamais entre les mains quelque chose de ressemblant au Télescope, porté, comme il l'étoit, à exalter ses inventions, & à les décrire en termes pompeux, il n'en eût pas dit bien davantage. On a de *Porta* un Traité *sur les réfractions* en neuf Livres, qui ne contient rien de solide, ou qui mérite de nous arrêter.

Quoique ce siecle ait été peu heureux en découvertes physico-mathématiques, nous y trouvons néanmoins une découverte remarquable, sçavoir la premiere explication solide de l'Arc-en-Ciel. On la doit à *Antonio de Dominis*, Archevêque de Spalato en Dalmatie, dont le Traité *de radiis visûs & lucis*, parut en 1611 après sa mort. Si quelque chose peut prouver que le hazard a quelquefois part à des découvertes intéressantes, c'est sans doute cet ouvrage : car il est, nous l'osons dire, de la plus méchante Physique, & après l'avoir parcouru, nous avons eu peine à concevoir que la solution du plus beau problême d'Optique ait été réservée à un Physicien de cet ordre. Avant que de l'exposer, il faut dire quelques mots des tentatives qu'on avoit faites jusqu'alors pour expliquer ce phénomene.

Il y avoit long-temps qu'on sçavoit que l'Arc-en-Ciel étoit produit par les rayons du soleil renvoyés dans un certain ordre par des gouttes de pluie ou des vapeurs ; mais on s'étoit toujours obstiné à rechercher dans la réflection seule la variété

(*a*) Mem. de l'Acad. *ann.* 1717.

des couleurs qu'il présente. Cette voie ne pouvoit mener à la véritable explication : aussi tout ce qu'on lit dans les Physiciens depuis *Aristote* jusqu'à la fin du seizieme siecle, ne consiste-t-il qu'en des raisonnemens vagues peu satisfaisans.

Il y avoit cependant une observation qui semble n'avoir pas dû échapper aussi long-temps, & qui étoit propre à conduire à la vérité. C'est que la réflection d'un rayon de lumiere qui n'est point coloré, n'y produit jamais de couleurs, au lieu que la réfraction y en produit ordinairement. Ce fut peut-être ce qui porta un Physicien du siecle dont nous parlons, a tenter la voie de la réfraction. Ce Physicien, nommé *Fletcher* de Breslau, dans un Livre imprimé en 1571, tâche d'expliquer l'Arc-en-Ciel par une double réfraction & une réflection. Mais il se trompoit encore ; car il imaginoit que le rayon du soleil tombant sur une goutte de vapeurs, la pénétroit, & en sortoit après une double réfraction, puis rencontrant une autre goutte, en étoit réfléchi aux yeux du spectateur.

Enfin *Antonio de Dominis* trouva plutôt par hazard que par un effet de son génie le dénouement du problême. Il imagina de faire entrer le rayon solaire par la partie supérieure de la goutte, de le faire réfléchir contre la partie postérieure, & enfin de le faire sortir par la partie inférieure, d'où il se rendoit à l'œil du spectateur ; de sorte qu'il y avoit une réflection précédée & suivie d'une réfraction. A l'égard des différentes couleurs, il les expliquoit ainsi : les rayons rouges étoient, suivant lui, ceux qui en sortant étoient les plus voisins de la partie postérieure de la goutte, parce que c'étoient ceux qui traversoient le moins d'eau, & qui conservoient le plus de force ; car on a été persuadé pendant long-temps que la lumiere qui avoit le plus de vivacité produisoit le rouge. Les rayons verds & bleus étoient ceux qui sortoient plus loin de ce fond, & les autres couleurs étoient, suivant l'opinion reçue alors, uniquement formées du mêlange des trois premieres.

De Dominis remarquoit ensuite que tous les rayons qui forment une même couleur, sortant d'un endroit semblablement situé dans les gouttes de vapeurs, ils doivent faire avec l'axe tiré du soleil par l'œil du spectateur, des angles égaux ; delà vient que les bandes de couleurs paroissent circulaires.

Mais les rayons rouges ſortant, diſoit-il, de la partie la plus voiſine du fond de la goutte, ils doivent faire avec l'axe un angle plus grand : c'eſt pourquoi ils paroîtront les plus élevés, & la bande rouge ſera l'extérieure. Après elle viendront les bandes vertes & bleues par une raiſon ſemblable. *Antonio de Dominis* confirmoit ſon explication par l'exemple d'une boule de verre, qui expoſée au Soleil, & regardée de la maniere convenable, préſente les mêmes couleurs & dans le même ordre, à meſure qu'on la hauſſe ou qu'on la baiſſe.

La découverte d'*Antonio de Dominis*, eſt le fondement de la vraie explication de l'Arc-en-Ciel; on ſe tromperoit cependant beaucoup, ſi on la regardoit comme l'explication complette de ce phénomene. Il y a encore diverſes obſervations à faire pour en rendre parfaitement raiſon : *Deſcartes* en fit dans la ſuite une partie, en examinant de plus près la route des petits faiſceaux de lumiere, & quelles ſont les conditions néceſſaires pour qu'ils parviennent à l'œil du ſpectateur. Mais on doit dire que cette explication n'a reçu ſa perfection que de la découverte de la différente réfrangibilité de la lumiere. Sans cette différente réfrangibilité, quelque peine que ſe ſoit donné *Deſcartes* pour expliquer les couleurs de l'Iris, on verroit un arc lumineux, mais il ne ſeroit point coloré.

Il s'en faut beaucoup que *de Dominis* mérite les mêmes éloges pour ſon explication de l'Arc-en-Ciel extérieur. Il manqua ici tout-à-fait le vrai chemin, & il eſt eſſentiel de le remarquer, afin de montrer l'injuſtice de quelques étrangers qui lui ont attribué l'une & l'autre, par l'envie, ce ſemble, de déprimer *Deſcartes*. *Antonio de Dominis* tentoit d'expliquer l'Arc-en-Ciel extérieur préciſément comme l'intérieur, c'eſt-à-dire, par une ſeule réflection contre le fond de la goutte, précédée d'une réfraction & ſuivie d'une autre. Il prétendoit ſeulement que les rayons qui formoient la ſeconde Iris, étoient réfléchis par des parties plus voiſines du fond de la goutte, que ceux qui formoient le rouge dans la premiere; & il paroît qu'il faiſoit venir les uns de la partie ſupérieure du diſque du Soleil, & les autres de l'inférieure. Il eſt aiſé de voir la fauſſeté de cette explication, par l'impoſſibilité d'expliquer, non ſeulement pourquoi les deux Iris ne ſont pas contiguës, mais encore pourquoi les couleurs de l'extérieure ſont rangées dans un ordre opposé à celles de l'intérieure. Je puis assurer que *de Dominis* ne soupçonna jamais la double réflection de la seconde Iris. *Descartes* est le premier qui en ait fait la découverte, & *Newton* qui, après lui avoir attribué dans ses *Leçons optiques*, les deux explications, se borne dans son *Optique*, à lui faire honneur d'avoir rectifié la seconde, avoit apparemment été surpris par le rapport de quelques-unes de ces personnes dont nous avons parlé, qui auroient très-bien sçu remarquer jusqu'où avoit été *de Dominis*, & où il s'étoit arrêté, si *Descartes* eût été leur compatriote.

III.

De la Perspective.

L'Optique s'accrut durant le seizieme siecle d'une nouvelle branche, qui forme aujourd'hui la quatrieme de celles qui composent cette science. C'est la perspective, cet art d'imiter sur une surface les dégradations de grandeur & de position que paroissent éprouver les objets, de maniere à faire sur l'œil la même impression que les objets mêmes. On eût pu, à la rigueur, ne regarder cette branche de l'Optique, que comme un problême de Géométrie; & effectivement elle ne tient à l'Optique que par son principe fondamental, qui étant une fois admis & conçu d'une maniere abstraite, laisse tout le reste à faire à la Géométrie pure. Mais l'importance de ce problême l'ayant en quelque sorte élevé à la dignité d'une science particuliere, je me conformerai en cela à l'usage. Et comme on ne trouve, je crois, aucune part la plus légere esquisse de son histoire, le morceau suivant pourra intéresser quelques lecteurs. Pour le rendre plus complet, je remonterai jusqu'à la premiere origine, & pour ainsi dire aux premiers linéamens de cette science.

La Perspective doit sa naissance à la Peinture, & surtout à celle des décorations théâtrales. Dans la nécessité où l'on fut de représenter sur un même plan des objets qui affectassent les yeux des spectateurs, comme s'ils eussent été en relief, & à diverses profondeurs, on fit des réflexions sur la diminution de grandeurs, sur les changemens de position que présentent à l'œil ces différens objets, suivant qu'ils sont plus ou moins éloignés.

Une

Une rangée d'objets placés ſur des lignes paralleles, comme une allée d'arbres, paroît ſe rétrecir plus elle eſt longue : une plaine, quoique de niveau, ſemble s'élever comme une douce pente : un plafond d'une certaine longueur ſemble s'abaiſſer à meſure qu'il s'éloigne de l'œil. Ces remarques furent ſans doute les premieres qui guiderent les Peintres intelligens. Mais les Géometres dont l'inquiétude n'eſt ſatisfaite que quand ils ont atteint la rigoureuſe exactitude, ont recherché les cauſes de ces effets, & les moyens de les imiter avec préciſion. C'eſt le ſyſtême de ces regles qui compoſe la perſpective.

Le principe général dont les Anciens ſe ſervirent, ainſi que nous, conſiſte à ſuppoſer les objets au-delà d'un tableau tranſparent, & que les rayons qu'ils envoient & qui parviennent à l'œil en traverſant ce tableau, y laiſſent une trace. Dans cette ſuppoſition il y reſteroit une image, qui feroit ſur l'œil placé au point convenable, préciſément le même effet que l'objet lui-même. Cela eſt évident, puiſque cette image envoyant ſur cet œil, les mêmes rayons que feroit cet objet, ne ſçauroit y produire une autre ſenſation. Le ſpectateur en ſera donc ſemblablement affecté, & l'illuſion ſera complette, ſi la dégradation de grandeur & de poſition eſt ſecondée par celle des couleurs.

L'Art de la Perſpective ne conſiſte donc qu'à déterminer géométriquement ces points où les rayons partis de chacun de ceux de l'objet, entrecoupent le tableau. Une repréſentation Perſpective n'eſt enfin qu'une projection des objets à l'égard de l'œil. On peut même concevoir le principe ci-deſſus plus généralement; car il n'eſt pas néceſſaire d'imaginer l'objet au-delà du tableau, & celui-ci tranſparent; on peut concevoir l'objet au devant, & que chacun des rayons viſuels par leſquels on l'apperçoit, ſoit prolongé juſqu'au tableau, & y marque un point analogue à celui d'où il eſt parti : tous ces rayons y formeroient une image qui feroit encore la repréſentation perſpective de cet objet. Le premier principe eſt cependant le plus employé, mais le Géometre ſçaura ſe ſervir de l'un ou de l'autre ſuivant l'occaſion.

Vitruve nous a conſervé (*a*) quelques traces de l'ancienne

(1) *Archit. l. VII. c. I.*

Perspective des Grecs. Il dit qu'un certain *Agatarchus* ayant été instruit par *Eschyle*, de la maniere de faire les décorations théâtrales, écrivit le premier sur ce sujet; qu'*Agatarchus* apprit son art à *Démocrite* & à *Anaxagore*, & que ces deux Géometres en traiterent. *Vitruve*, » ajoute qu'ils déterminerent comment un point étant pris dans un lieu, on pouvoit imiter » si bien la disposition des lignes qui sortent des yeux en » s'écartant, que bien que cette disposition soit inconnue, » on ne laissât pas de représenter fort bien les édifices dans » les décorations, & de faire ensorte que ce qui est décrit sur » une surface plane, parût avancer dans un endroit & reculer dans un autre. » Il y avoit en effet parmi les écrits d'*Anaxagore*, un Traité intitulé: *Actinographia*, ou *Radiorum Descriptio*, qui est probablement celui dont parle *Vitruve*.

C'est ainsi que l'Architecte Latin explique l'invention d'*Anaxagore* & de *Démocrite*. Il ne faut qu'être initié dans l'Optique pour y reconnoître la ressemblance des principes de l'ancienne perspective avec ceux de la nôtre. Ce point qui est pris dans un certain lieu, est la place de l'œil qui détermine la position de presque tous les linéamens de l'objet. Quant à cette disposition inconnue dont il parle, c'est sans doute le peu de connoissance qu'on avoit alors de la maniere dont on apperçoit les objets; mais quel que fût le systême qu'on eût adopté à cet égard, pourvu qu'on eût reconnu que la vision se faisoit toujours par des lignes droites, il n'en falloit pas davantage pour établir les regles de la perspective.

Il ne nous reste rien sur la Perspective des Anciens, de sorte que nous devons regarder les Modernes comme les seconds inventeurs de cet art. Il commença parmi nous avec les beaux jours de la peinture; c'est-à-dire, vers la fin du quinzieme siecle, ou le commencement du seizieme. Deux Artistes Géometres de ce temps, *Albert Durer* en Allemagne, & *Pietro del Borgo San-Stephano* en Italie, donnerent des regles pour mettre les objets en perspective: *Albert Durer* le fait méchaniquement, à l'aide d'une machine dont la construction & l'usage sont fondés sur le principe fondamental dont nous avons parlé plus haut. Quant à *Pietro del Borgo*, qui est un peu plus ancien que *Durer*, il avoit écrit sur cet art trois

Livres, dont *Egnazio Dante* fait de grands éloges. Il faut nous en tenir à ce témoignage; car ils ne subsistent point, si ce n'est peut-être en manuscrit dans quelques Bibliothéques d'Italie. Après cet Auteur, *Daniel Barbaro*, Patriarche d'Aquilée, s'en occupa beaucoup, & en donna un Traité en 1569.

Balthazar Peruzzi de Sienne, est celui qui a le plus heureusement débrouillé la Perspective chez les Italiens: car il donna à l'invention encore brute & embarrassée de *Pietro del Borgo*, l'élégance qui lui manquoit, en imaginant l'usage de ce qu'on appelle les points de distances. *Vignole*, dans son Traité de Perspective, a suivi exactement & pas à pas *Balthazar* de Sienne. Ce Traité est très-propre pour l'instruction des Artistes qui ne prétendent pas pénétrer les raisons des pratiques. Au reste, *Egnazio Dante* en donne les démonstrations dans son Commentaire; ouvrage à la mode du temps, c'est-à-dire fort prolixe dans des choses fort aisées.

Guido-Ubaldi envisagea la Perspective d'une maniere plus sçavante que tous ceux dont nous venons de parler. Il est le premier qui ait entrevu toute la généralité des principes de cette science. Dans le Traité qu'il en donna en 1600, il établit ce principe extrêmement fécond, sçavoir que toutes les lignes paralleles entr'elles & à l'horizon, quoique inclinées au plan du tableau, convergent toujours vers un point de la ligne horizontale, & que ce point est celui où cette ligne est rencontrée par celle qui est tirée de l'œil parallélement à ces premieres. *Guido-Ubaldi* auroit même pu donner à son principe encore plus de généralité en faisant voir que toutes les lignes paralleles entr'elles, sans l'être à l'horizon, concourent dans le même point du tableau, sçavoir celui où il est rencontré par celle de ces paralleles qui est tirée de l'œil. Il seroit nécessaire de recourir à ce principe pour résoudre certains problêmes de Perspective que l'on pourroit proposer; mais je me contente de cette indication, & je reviens à celui de *Guido-Ubaldi*, qui satisfait à tous les cas ordinaires de la Perspective, où il n'est le plus souvent question que d'objets terminés par des lignes perpendiculaires, ou paralleles à l'horizon. En partant de ce principe, on voit que le concours apparent de toutes les lignes perpendiculaires au plan du tableau dans le point principal, n'en est qu'un cas particulier. Car le point principal n'est que celui où le tableau est rencontré par la perpendiculaire tirée de l'œil. De même les lignes inclinées au plan du tableau de 45°, concourront dans un point de l'horizontale, où elle sera rencontrée par la ligne tirée de l'œil à angles de 45°. Toutes les paralleles entr'elles inclinées de 30° au plan du tableau, auront des apparences qui concourront au point où la ligne menée à angles de 30°, le rencontrera, & il en sera de même des autres. Ainsi il étoit aisé de résoudre non seulement de 25 manieres différentes, comme fait *Ubaldi*, mais d'une infinité, le problême général & fondamental de toute la Perspective, sçavoir de déterminer l'apparence d'un point quelconque donné. Au reste, l'ouvrage de *Guido-Ubaldi* a le défaut ordinaire de ceux de son temps; ce qu'on y trouve exposé en une multitude de propositions, pouvoit être dit avec plus de netteté en peu de pages.

C'est-là à peu près tout ce qu'on peut dire sur la Perspective, & je me croirois responsable envers les Mathématiciens d'un temps perdu, si je m'attachois à approfondir davantage un sujet dont les plus grandes difficultés ne sont pas au-delà de la portée d'un Géometre médiocre. Voici seulement quelques-uns des nombreux écrits qu'on possede sur cette partie des Mathématiques. On a fait cas autrefois des *Institutions Perspectives* d'*Hondius*, des *Leçons de Perspective* de *Ducerceau*, de la Perspective du Pere *Dubreuil*: celle d'*Alleaume* mérite d'être plus connue qu'elle ne l'est, & peut être conseillée principalement aux Artistes: celle du P. *Deschales* est recommandable, de même que la plûpart de ses autres ouvrages, par beaucoup de netteté. Si l'on veut des Auteurs plus récens, on a le P. *Lami*, *Ozanam*, & surtout M. *s'Gravesande*. L'*Essai de Perspective* que ce sçavant Professeur de Leide donna en 1711, contient des choses nouvelles sur un sujet déja traité tant de fois, & l'on ne sçauroit trop le recommander à ceux qui desirent acquérir une pratique éclairée & facile de cet art. Le célebre Géometre M. *Tailor*, n'a pas dédaigné de traiter le même sujet: on a de lui un Traité de Perspective fort estimé en Angleterre. On vient de le traduire & de l'imprimer avec un autre de M. *Patrice Murdoch*, sous le titre de *nouveaux Principes de Perspective lineaire*. (in-8°. Lyon).

Il est une autre sorte de Perspective dont il nous faut dire un mot, mais avec la brièveté convenable au peu d'importance du sujet : c'est l'art des déformations. Il s'agit ici de décrire sur une surface plane ou courbe, une figure qui, regardée de partout ailleurs que d'un certain point, paroîtra difforme, & qui, vue de ce point, sera bien proportionnée. Le principe de ces déformations est le même que celui de la Perspective ordinaire. On suppose l'image réguliere placée devant ou derriere le plan sur lequel on veut faire la déformation, & l'œil situé de maniere que les rayons par lesquels il la regarde, soient très-obliques à ce plan. Mais comme il seroit trop difficile de trouver géométriquement chacun des points de la déformation, on divise le tableau original en parties égales & quarrées, dont on détermine facilement la représentation. Ainsi tout le champ de la déformation est divisée en quarrés déformés, dont chacun a son correspondant dans le tableau. Cela fait, on transporte dans chacun de ces carreaux la partie de la figure qui est dans le carreau correspondant du tableau régulier, en l'alongeant ou la rétrecissant à proportion que ce carreau est lui-même alongé ou racourci. L'œil étant placé à l'endroit convenable, verra cette image dans ses justes proportions, ou à peu près. J'ajoute cette restriction, car l'expérience montre qu'il y a un peu à rabattre des merveilles que promet la théorie.

Les déformations directes sont les plus simples : la Catoptrique & la Dioptrique en fournissent d'autres plus composées & plus ingénieuses. On dépeint, par exemple, sur un plan une image si irréguliere, que la voyant directement, il est impossible d'y rien discerner, & néanmoins elle paroît fort réguliere à l'aide d'un miroir cylindrique, conique, ou prismatique. Ce jeu d'Optique semble avoir pris naissance au commencement du siecle passé. Un Mathématicien qui vivoit alors, nommé M. de *Vaulezard*, en donna les principes en 16.., sous le titre de *Perspective Conique & Cylindrique*. Le P. *Niceron* en a traité au long dans sa *Perspective curieuse* imprimée en 163.. qui est toute occupée de ces bagatelles (*a*). Les

(*a*) Cet ouvrage a été réimprimé en latin sous le titre de *Thaumaturgus Opticus*.

Auteurs qui ont ramassé les Curiosités Mathématiques, comme *Bachet*, *Ozanam*, &c, n'ont pas oublié celle-là. Parmi les Modernes, l'ingénieux M. *Leupold*, connu par son *Théâtre des Machines*, en a donné une pour dessiner les déformations destinées aux miroirs coniques. Nous renvoyons aux Actes de Leipsick (*a*) pour la description de cette Machine.

(*a*) Ann. 1712.

Fin du Livre V de la IVe partie, & du Tome I.

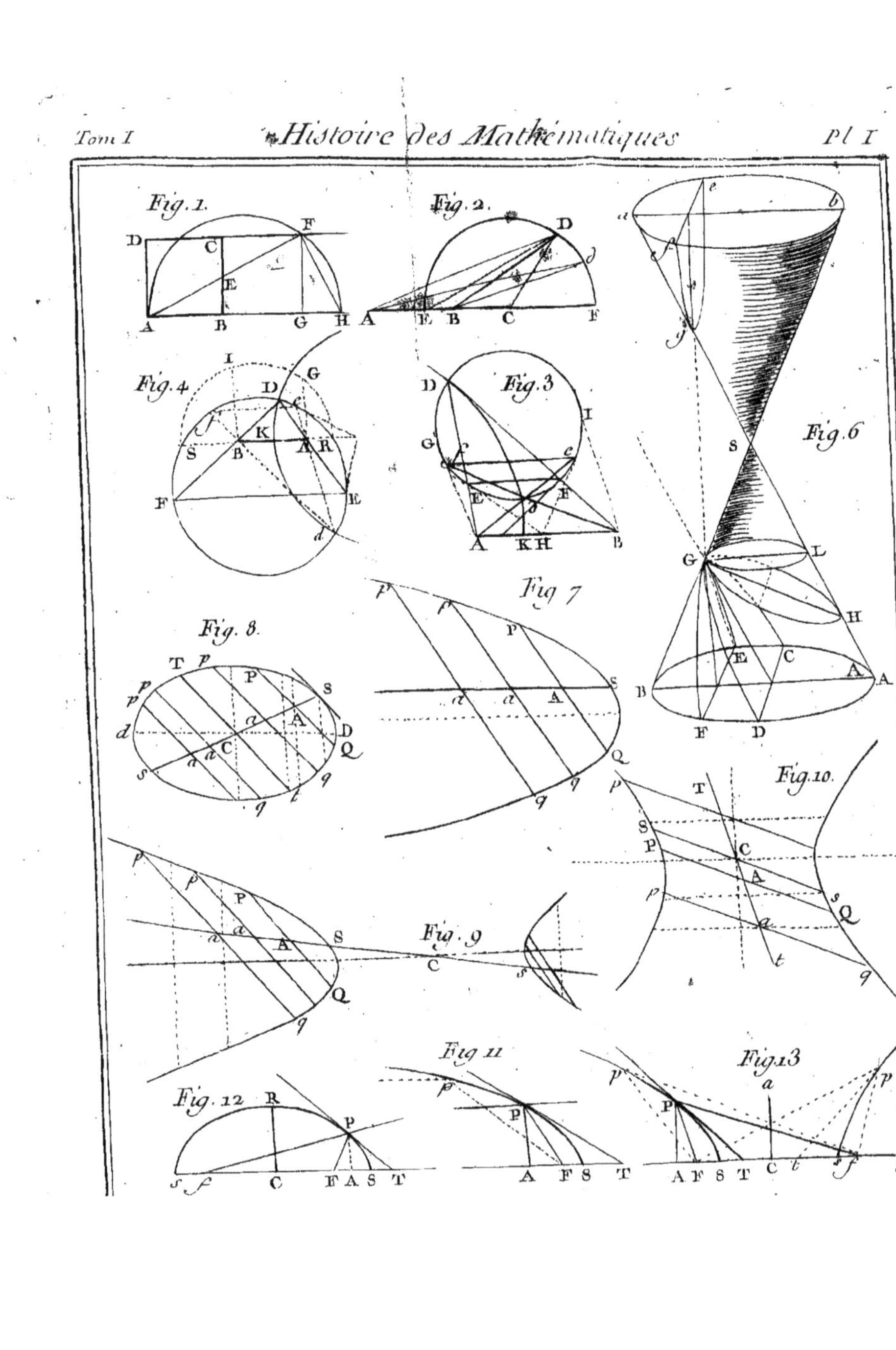
Fig. 1.
Fig. 2.
Fig. 3
Fig. 4
Fig. 6
Fig 7
Fig. 8.
Fig. 9
Fig. 10.
Fig 11
Fig. 12
Fig 13

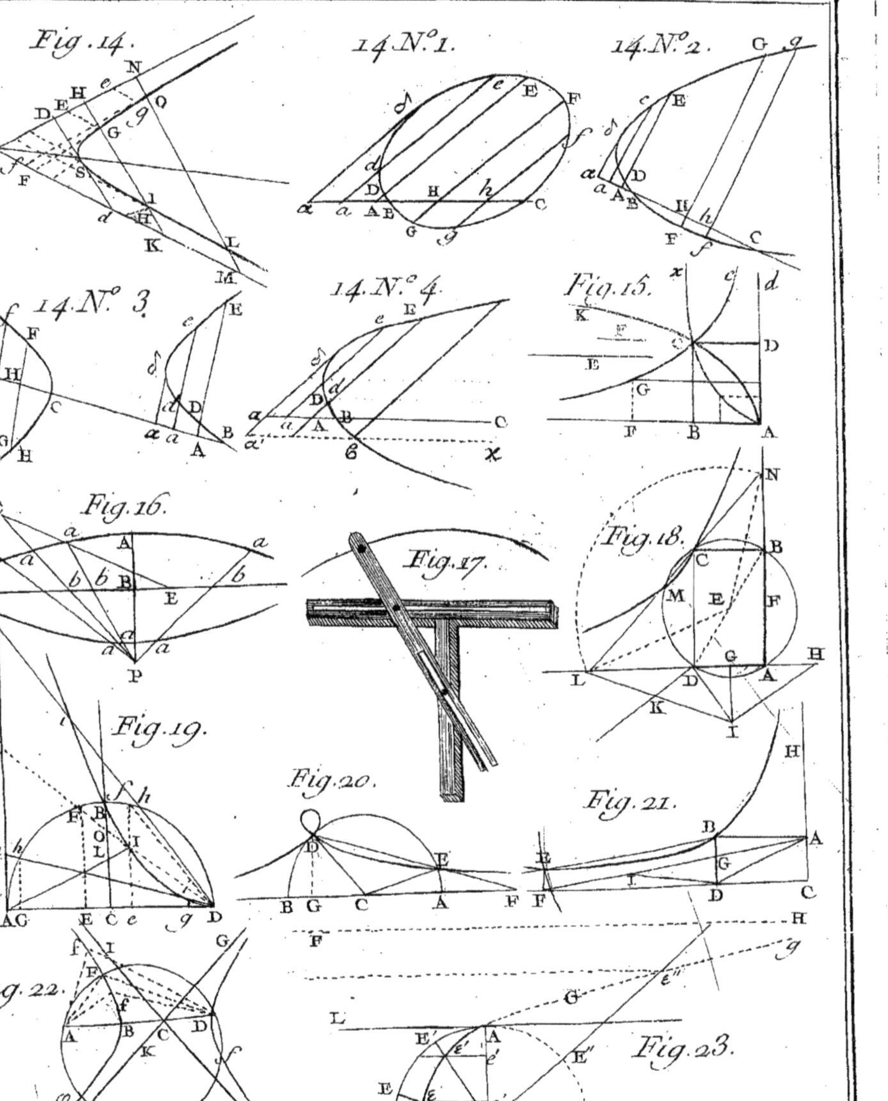
Fig. 14.
14. N.° 1.
14. N.° 2.
14. N.° 3.
14. N.° 4.
Fig. 15.
Fig. 16.
Fig. 17.
Fig. 18.
Fig. 19.
Fig. 20.
Fig. 21.
Fig. 22.
Fig. 23.

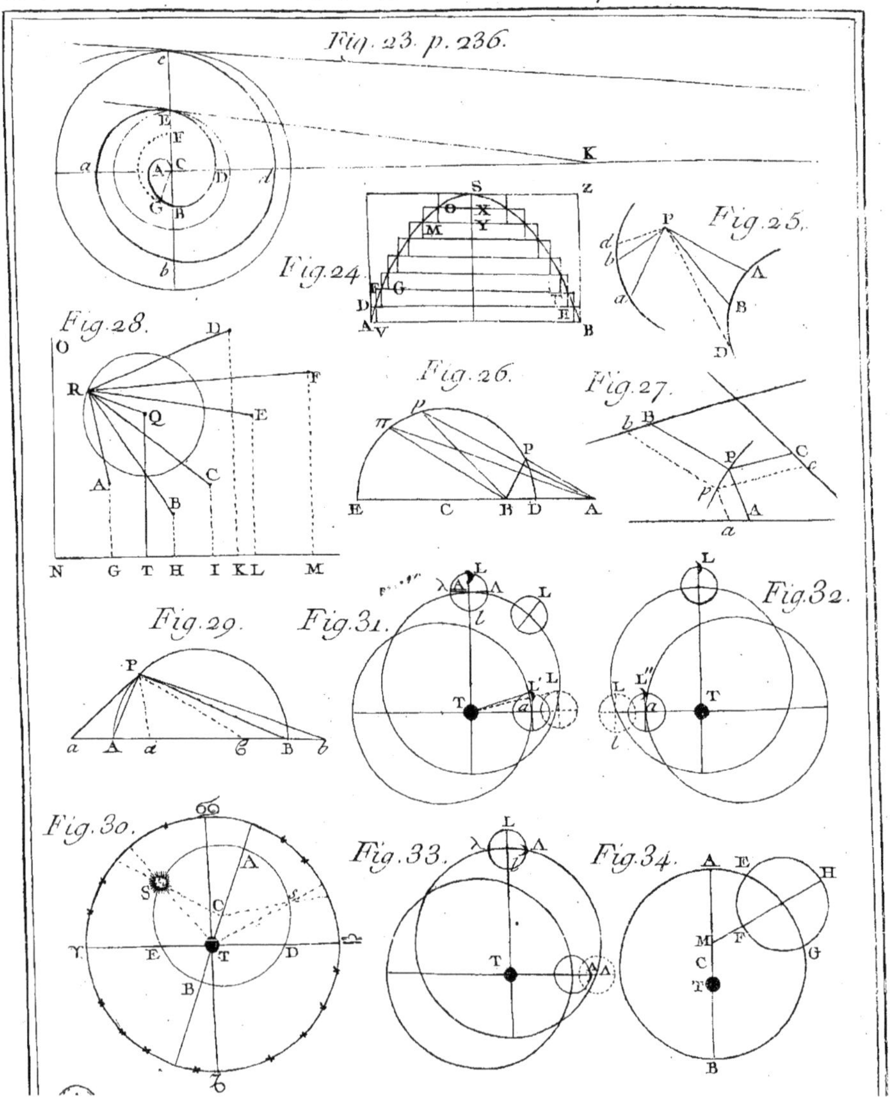

Fig. 23. p. 236.

Fig. 24.

Fig. 25.

Fig. 28.

Fig. 26.

Fig. 27.

Fig. 29.

Fig. 31.

Fig. 32.

Fig. 30.

Fig. 33.

Fig. 34.

Anciens Caracteres Arithmétiques

1.	Notes de Boece.	I	[illegible]	[illegible]	[illegible]	[illegible]	[illegible]	[illegible]	8	9	
2.	De Planude.	1	μ	ш	[illegible]	[illegible]	4	v	ʌ	9	10
3.	Caracteres d'Alséphadi.	1	μ	ш	[illegible]	8	4	v	ʌ	9	1.
4.	Chiffres de Sacro Bosco.	1	ζ	3	[illegible]	[illegible]	6	ʌ	8	9	10
5.	De Roger Bacon.	1	7	3	[illegible]	[illegible]	6	ʌ	8	9	10
6.	Des Indiens Modernes.	[illegible]	[illegible]	ε	[illegible]	y	3	9	[illegible]	[illegible]	9
7.	Chiffres Modernes.	1	2	3	4	5	6	7	8	9	10
8.	Nombre d'Alséphadi.	1 ʌ [illegible] 4 v [illegible] . v ш v . 9 8 8 1 4 1 8									

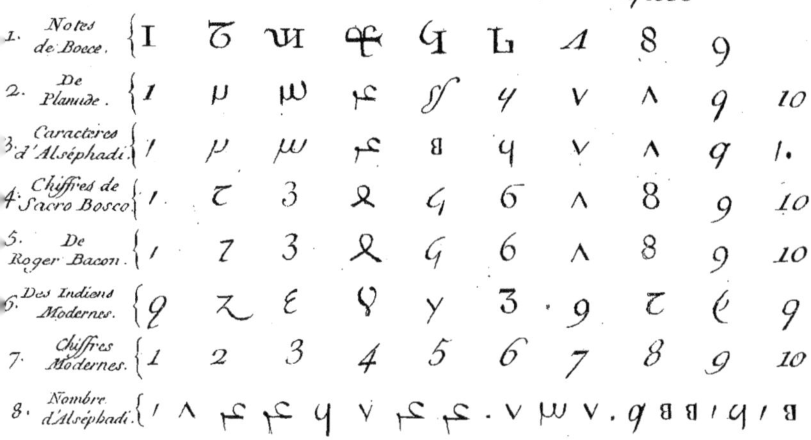

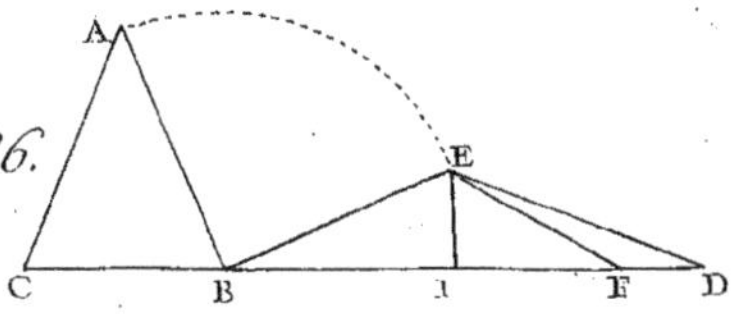

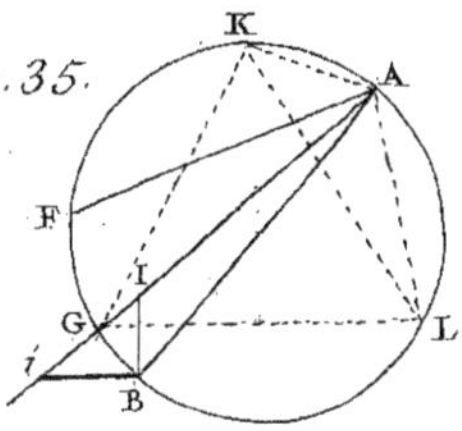

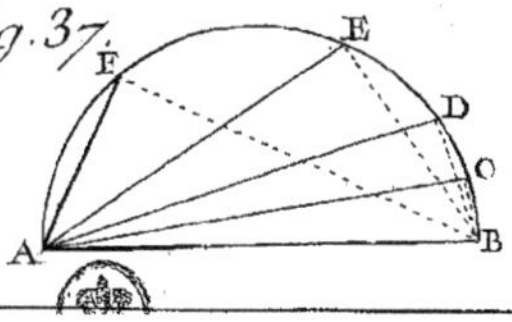

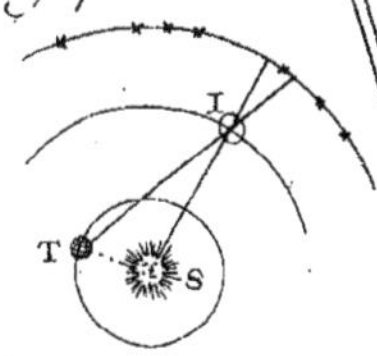

Fig. 36.

Fig. 40.

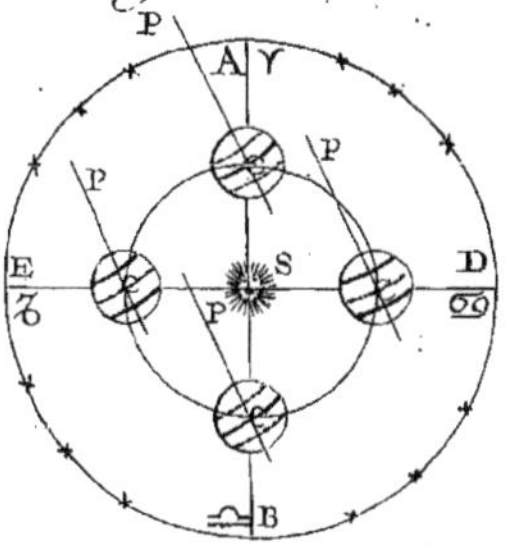

Fig. 39.

Fig. 35.

Fig. 38.

Fig. 37.

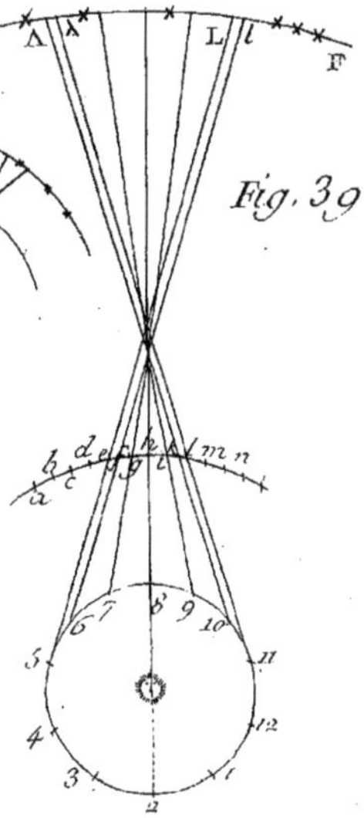

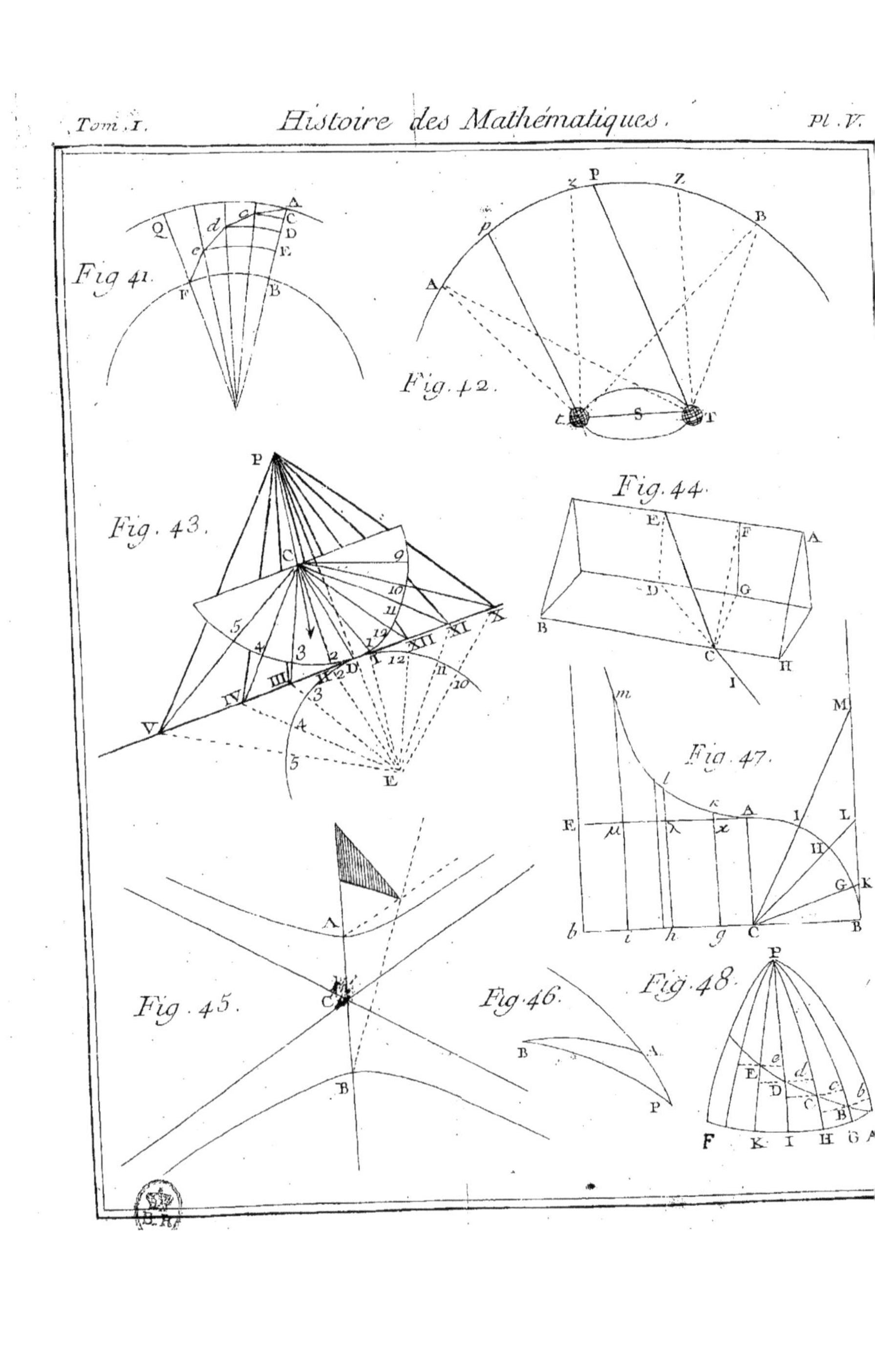
Fig 41.
Fig. 42.
Fig. 43.
Fig. 44.
Fig. 45.
Fig. 46.
Fig. 47.
Fig. 48.

www.ingramcontent.com/pod-product-compliance
Ingram Content Group UK Ltd.
Pitfield, Milton Keynes, MK11 3LW, UK
UKHW020302200726
13857UKWH00001B/60